手把手教你学系列丛书

手把手教你学 AVR 单片机 C 程序设计

周兴华　编著

北京航空航天大学出版社

内 容 简 介

作者从 2006 年 8 月起，在《电子世界》杂志上连载了《AVR 单片机入门及 C 语言高效设计实践》一文。本书以此为母本，以实践（实验）为主线，以生动短小的实例为灵魂，穿插介绍了 C 语言语法及新型高性价比 AVR 单片机的结构、特性及编程。本书理论与实践完美结合，引导读者循序渐进地学习。每学习一段理论，必有与之对应的短小精悍的程序可供实践，这样读者学得进、记得牢，不会产生畏难情绪，直至彻底掌握 AVR 单片机的 C 语言高效编程。

本书的学习风格与《手把手教你学单片机》的风格相同，本书附有光盘，内有书中所有软件设计的程序文件。可用作大学本科或专科、中高等职业学校、电视大学等的教学用书，也可用作 AVR 单片机爱好者自学单片机 C 语言的教材。

图书在版编目(CIP)数据

手把手教你学 AVR 单片机 C 程序设计 / 周兴华编著． — 北京：北京航空航天大学出版社，2009.4
ISBN 978 - 7 - 81124 - 515 - 8

Ⅰ．手… Ⅱ．周… Ⅲ．①单片微型计算机—程序设计②C 语言—程序设计　Ⅳ．TP368.1　TP312

中国版本图书馆 CIP 数据核字(2009)第 040680 号

© 2009，北京航空航天大学出版社，版权所有。

未经本书出版者书面许可，任何单位和个人不得以任何形式或手段复制本书及其所附光盘内容。
侵权必究。

手把手教你学 AVR 单片机 C 程序设计

周兴华　编著

责任编辑　张军香　刘福军　朱红芳

*

北京航空航天大学出版社出版发行

北京市海淀区学院路 37 号(100191)　发行部电话：010 - 82317024　传真：010 - 82328026
http://www.buaapress.com.cn　E-mail：emsbook@gmail.com
涿州市新华印刷有限公司印装　各地书店经销

*

开本：787 mm×1 092 mm　1/16　印张：36.5　字数：934 千字
2009 年 4 月第 1 版　2011 年 6 月第 2 次印刷　印数：5 001～7 000 册
ISBN 978 - 7 - 81124 - 515 - 8　定价：59.50 元(含光盘 1 张)

前 言

进入 21 世纪后，由于电子技术及计算机技术的迅猛发展，新型电子产品的更新换代速度越来越快。以单片机为核心构成的智能化产品具有体积小、功能强、应用面广等优点，目前正以前所未有的速度取代着传统电子线路构成的经典系统，蚕食着传统数字电路与模拟电路固有的领地。

自从笔者以实践为主的入门系列书籍《手把手教你学单片机》和《手把手教你学单片机 C 程序设计》（北京航空航天大学出版社 2005 年 4 月）出版后，受到广大学生、工程技术人员、电子爱好者的欢迎。该系列丛书教学方式新颖独特，入门难度明显降低，结合边学边练的实训模式，很快就有数十万读者入了单片机这扇门。从系列丛书上市仅 2 年多就已重印多次，就可知道对单片机初学者及入门者的巨大帮助及引导作用，它使一大批读者从传统的电子技术领域步入了微型计算机领域，进入了一个崭新的天地。

AVR 单片机是 ATMEL 公司推出的新型高速 8 位单片机，运行速度高达 1 MIPS。AVR 单片机的片上资源非常丰富，具有极高的性价比，可以广泛应用于计算机外部设备、工业实时控制、仪器仪表、通信设备、家用电器等领域。笔者是较早接触 AVR 单片机并将其应用于自动控制领域的，多年来一直用 AVR 单片机进行新产品的设计与开发。

为了满足读者对学习及学会 AVR 单片机设计的强烈要求，笔者采用手把手系列丛书相同的教学方式（本书也作为手把手系列丛书之一），手把手地教读者学习 AVR 单片机设计，使读者能尽快掌握其设计要领并应用于实际产品中。

本书以初学者为对象，从零开始，循序渐进地教读者学习当前最热门的 AVR 单片机的 C 程序设计。在介绍 AVR 单片机的各单元部分基本特性的同时，使用入门难度低、程序短且又能立竿见影的实例，详细介绍如何使用 ATMEGA16(L) 的丰富片上资源，帮助初学者快速掌握 AVR 单片机的高效设计。

本书的学习成本也很低，学习时可以采用"程序完成后软件仿真→单片机下载程序→实验板通电实验"的方法，这样实验器材的基本配置只有 400 多元（已经包含字符型及图型液晶）。如果按照完全配置配备 JTAG 仿真器，也只有 600 元左右，对大部分爱好者来说都有能力承受。

随书所附的光盘中提供了本书的所有软件设计程序文件，读者朋友可参考。

参与本书编写工作的主要人员有周兴华、吕超亚、傅飞峰、周济华、沈惠莉、周渊、周国华、丁月妹、周晓琼、钱真、周桂华、刘卫平、周军、李德英、朱秀娟、刘君礼、毛雪琼、邱华锋、胡颖静、吴辉东、冯骏、孔雪莲、王锛、方渝、刘郑州、王菲、付毛仙、吕丁才、唐群苗、吕亚波等，全书由周兴华统稿并审校。

本书的编写工作得到了我国单片机权威何立民教授的关心与鼓励，北京航空航天大学出版社的嵌入式系统事业部主任胡晓柏也做了大量耐心细致的工作，使得本书得以顺利完成，在此表示衷心感谢。

由于作者水平有限,书中必定还存在不少缺点或漏洞,诚挚欢迎广大读者提出意见并不吝赐教。

周兴华

2009 年 3 月

附：

工欲善其事,必先利其器。学习 AVR 单片机设计需要一定的学习、实验器材。当前市场上的学习书籍与学习器材可谓琳琅满目,但往往许多教科书缺乏廉价的配套实验器材,而销售实验器材的供应商又不会提供配套的教学用书,导致许多读者学了多年还是一头雾水,没有长进。

因此,一本优秀的入门书籍与一套与之相配的实验器材是学会单片机的必要条件,在此前提下,加上自己的刻苦努力、持之以恒,才能在最短时间内学会、学好单片机的设计。

如读者朋友自制或购买书中介绍的学习、实验器材有困难时,可与作者联系,咨询购买事宜。

本书所配的实验器材如下：
- AVR DEMO 单片机综合实验板
- 并口下载器
- AVR 单片机 JTAG 仿真器
- 16×2 字符型液晶显示模组(带背光照明)
- 128×64 点阵图型液晶显示模组(带背光照明)
- 5 V 高稳定专用稳压电源
- 配套开发软件
- USB 下载线(器)
- 通用型多功能 USB 编程器(可选购)

联系方式如下：

地址：上海市闵行区莲花路 2151 弄 57 号 201 室

邮编：201103

联系人：周兴华

电话(传真)：021-64654216　　13774280345　　13044152947

技术支持 E-mail：zxh2151@sohu.com
　　　　　　　　zxh2151@yahoo.com.cn

作者主页：http://www.hlelectron.com

目 录

第1章 概 述
1.1 采用C语言提高编制单片机应用程序的效率 ………………………………………… 1
1.2 C语言具有突出的优点 …………………………………………………………………… 2
1.3 AVR单片机简介 …………………………………………………………………………… 3
1.4 AVR单片机的C编译器简介 …………………………………………………………… 5

第2章 学习AVR单片机C程序设计所用的软件及实验器材介绍
2.1 IAR Embedded Workbench IDE C语言编译器 …………………………………… 6
2.2 AVR Studio集成开发环境 ……………………………………………………………… 6
2.3 PonyProg2000下载软件及SL-ISP下载软件 ………………………………………… 8
2.4 AVR DEMO单片机综合实验板 ………………………………………………………… 9
2.5 AVR单片机JTAG仿真器 ……………………………………………………………… 15
2.6 并口下载器 ………………………………………………………………………………… 16
2.7 通用型多功能USB编程器 ……………………………………………………………… 16

第3章 AVR单片机开发软件的安装及第一个入门程序
3.1 安装IAR for AVR 4.30集成开发环境 ………………………………………………… 17
3.2 安装AVR Studio集成开发环境 ………………………………………………………… 19
3.3 安装PonyProg2000下载软件 …………………………………………………………… 21
3.4 安装SLISP下载软件 …………………………………………………………………… 22
3.5 AVR单片机开发过程 …………………………………………………………………… 22
3.6 第一个AVR入门程序 …………………………………………………………………… 24

第4章 AVR单片机的主要特性及基本结构
4.1 ATMEGA16(L)单片机的产品特性 …………………………………………………… 49
4.2 ATMEGA16(L)单片机的基本组成及引脚配置 ……………………………………… 51
4.3 AVR单片机的CPU内核 ………………………………………………………………… 55
4.4 AVR的存储器 …………………………………………………………………………… 60
4.5 系统时钟及时钟选项 …………………………………………………………………… 67
4.6 电源管理及睡眠模式 …………………………………………………………………… 73
4.7 系统控制和复位 ………………………………………………………………………… 76
4.8 中 断 ……………………………………………………………………………………… 81

第5章 C语言基础知识
5.1 C语言的标识符与关键字 ……………………………………………………………… 83
5.2 数据类型 ………………………………………………………………………………… 84

5.3 AVR 单片机的数据存储空间 ……………………………………………………… 85
5.4 常量、变量及存储方式 ………………………………………………………… 87
5.5 数　组 …………………………………………………………………………… 87
5.6 C 语言的运算 …………………………………………………………………… 90
5.7 流程控制 ………………………………………………………………………… 95
5.8 函　数 …………………………………………………………………………… 99
5.9 指　针 …………………………………………………………………………… 101
5.10 结构体 ………………………………………………………………………… 105
5.11 共用体 ………………………………………………………………………… 109
5.12 中断函数 ……………………………………………………………………… 111

第 6 章　ATMEGA16(L)的 I/O 端口使用

6.1 ATMEGA16(L)的 I/O 端口 …………………………………………………… 113
6.2 ATMEGA16(L)中 4 组通用数字 I/O 端口的应用设置 ……………………… 116
6.3 ATMEGA16(L)的 I/O 端口使用注意事项 …………………………………… 117
6.4 ATMEGA16(L) PB 口输出实验 ……………………………………………… 118
6.5 8 位数码管测试 ………………………………………………………………… 121
6.6 独立式按键开关的使用 ………………………………………………………… 125
6.7 发光二极管的移动控制(跑马灯实验) ……………………………………… 128
6.8 0～99 数字的加减控制 ………………………………………………………… 131
6.9 4×4 行列式按键开关的使用 …………………………………………………… 134

第 7 章　ATMEGA16(L)的中断系统使用

7.1 ATMEGA16(L)的中断系统 …………………………………………………… 138
7.2 相关的中断控制寄存器 ………………………………………………………… 139
7.3 INT1 外部中断实验 …………………………………………………………… 142
7.4 INT0/INT1 中断计数实验 …………………………………………………… 144
7.5 INT0/INT1 中断嵌套实验 …………………………………………………… 147
7.6 2 路防盗报警器实验 …………………………………………………………… 150
7.7 低功耗睡眠模式下的按键中断 ………………………………………………… 153
7.8 4×4 行列式按键的睡眠模式中断唤醒设计 …………………………………… 155

第 8 章　ATMEGA16(L)驱动 16×2 点阵字符液晶模块

8.1 16×2 点阵字符液晶显示器概述 ……………………………………………… 161
8.2 液晶显示器的突出优点 ………………………………………………………… 162
8.3 16×2 字符型液晶显示模块(LCM)特性 ……………………………………… 162
8.4 16×2 字符型液晶显示模块(LCM)引脚及功能 ……………………………… 162
8.5 16×2 字符型液晶显示模块(LCM)的内部结构 ……………………………… 163
8.6 液晶显示控制驱动集成电路 HD44780 特点 ………………………………… 163
8.7 HD44780 工作原理 …………………………………………………………… 165
8.8 LCD 控制器指令 ……………………………………………………………… 168
8.9 LCM 工作时序 ………………………………………………………………… 171

8.10　8位数据传送的ATMEGA16(L)驱动16×2点阵字符液晶模块的子函数 …… 173
8.11　8位数据传送的16×2 LCM演示程序1 …………………………………… 175
8.12　8位数据传送的16×2 LCM演示程序2 …………………………………… 181
8.13　4位数据传送的ATMEGA16(L)驱动16×2点阵字符液晶模块的子函数 …… 186
8.14　4位数据传送的16×2 LCM演示程序 ……………………………………… 187

第9章　ATMEGA16(L)的定时/计数器

9.1　预分频器和多路选择器 ………………………………………………………… 194
9.2　8位定时/计时器T/C0 ………………………………………………………… 194
9.3　8位定时/计数器0的寄存器 …………………………………………………… 196
9.4　16位定时/计数器T/C1 ………………………………………………………… 200
9.5　16位定时/计数器1的寄存器 …………………………………………………… 202
9.6　8位定时/计数器T/C2 ………………………………………………………… 207
9.7　8位T/C2的寄存器 …………………………………………………………… 209
9.8　ICC6.31A　C语言编译器安装 ………………………………………………… 215
9.9　定时/计数器1的计时实验 ……………………………………………………… 216
9.10　定时/计数器0的中断实验 …………………………………………………… 221
9.11　4位显示秒表实验 …………………………………………………………… 224
9.12　比较匹配中断及定时溢出中断的测试实验 ………………………………… 230
9.13　PWM测试实验 ……………………………………………………………… 234
9.14　0～5 V数字电压调整器 ……………………………………………………… 240
9.15　定时器(计数器)0的计数实验 ……………………………………………… 245
9.16　定时/计数器1的输入捕获实验 ……………………………………………… 249

第10章　ATMEGA16(L)的USART与PC机串行通信

10.1　ATMEGA16(L)的异步串行收发器 ………………………………………… 254
10.2　USART的主要特点 ………………………………………………………… 255
10.3　时钟产生 ……………………………………………………………………… 256
10.4　帧格式 ………………………………………………………………………… 258
10.5　USART的寄存器及设置 …………………………………………………… 259
10.6　USART的初始化 …………………………………………………………… 263
10.7　数据发送——USART发送器 ……………………………………………… 263
10.8　数据接收——USART接收器 ……………………………………………… 265
10.9　ATMEGA16(L)与PC机的通信实验1 …………………………………… 268
10.10　ATMEGA16(L)与PC机的通信实验2 ………………………………… 275
10.11　ATMEGA16(L)与PC机的通信实验3 ………………………………… 281
10.12　ATMEGA16(L)与PC机的通信实验4 ………………………………… 287

第11章　ATMEGA16(L)的两线串行接口TWI

11.1　AVR单片机两线串行接口TWI的特点 …………………………………… 298
11.2　两线串行接口总线定义 ……………………………………………………… 298
11.3　TWI模块综述 ………………………………………………………………… 299

11.4	ATMEGA16(L)的 TWI 寄存器	301
11.5	使用 TWI	303
11.6	ATMEGA16(L)的内部 EEPROM	305
11.7	与 EEPROM 相关的寄存器	305
11.8	ATMEGA16(L)内部 EEPROM 读/写操作实验 1	306
11.9	ATMEGA16(L)内部 EEPROM 读/写操作实验 2	311
11.10	长期保存预置定时的电子钟实验	320
11.11	EEPROM AT24CXX 的性能特点	334
11.12	AT24CXX 引脚定义	334
11.13	AT24CXX 系列存储器特点	334
11.14	AT24CXX 系列 EEPROM 的内部结构	335
11.15	AT24CXX 系列 EEPROM 芯片的寻址	336
11.16	写操作方式	338
11.17	读操作方式	339
11.18	ATMEGA16(L)对 AT24C01A 的读/写实验	340
11.19	使用库函数读/写内部的 EEPROM	347
11.20	利用 ATMEGA16(L)的内部 EEPROM 设计电子密码锁	352

第 12 章 ATMEGA16(L)的模拟比较器

12.1	模拟比较器介绍	362
12.2	模拟比较器实验 1	364
12.3	模拟比较器实验 2	367
12.4	模拟比较器实验 3	370

第 13 章 ATMEGA16(L)的模/数转换器

13.1	ATMEAG16(L)的模/数转换器介绍	375
13.2	ADC 工作过程	376
13.3	启动一次转换	377
13.4	预分频及 ADC 转换时序	378
13.5	差分增益信道	378
13.6	改变通道或基准源	379
13.7	ADC 输入通道	379
13.8	ADC 基准电压源	380
13.9	模/数转换器相关寄存器	380
13.10	模/数转换器的使用	383
13.11	0～5 V 数字式直流电压表实验	383
13.12	"施密特"电压比较器实验	388
13.13	用模/数转换器测量 PWM 输出的电压值	395

第 14 章 ATMEGA16(L)的同步串行接口 SPI

14.1	ATMEGA16(L)的 SPI 特点	404
14.2	主机和从机之间的 SPI 连接及原理	404

14.3	SPI 的配置及使用	407
14.4	SPI 的相关寄存器	407
14.5	两片 ATMEGA16(L)的同步串口数据高速通信实验 1	409
14.6	两片 ATMEGA16(L)的同步串口数据高速通信实验 2	415
14.7	两片 ATMEGA16(L)的同步串口数据高速通信实验 3	422
14.8	同步串行 EEPROM AT93CXX 的性能特点	431
14.9	AT93CXX 引脚定义	431
14.10	AT93CXX 系列存储器特点	432
14.11	AT93CXX 系列 EEPROM 的内部结构	432
14.12	AT93CXX 系列 EEPROM 的指令集	432
14.13	器件操作	434
14.14	ATMEGA16(L)驱动 AT93C46 的子函数	437
14.15	ATMEGA16(L)对 AT93C46 的读/写实验	441

第 15 章 ATMEGA16(L)驱动 128×64 点阵图形液晶模块

15.1	128×64 点阵图形液晶模块特性	451
15.2	128×64 点阵图形液晶模块引脚及功能	451
15.3	128×64 点阵图形液晶模块的内部结构	452
15.4	HD61203 特点	454
15.5	HD61202 特点	454
15.6	HD61202 工作原理	455
15.7	HD61202 的工作过程	459
15.8	点阵图形液晶模块的控制器指令	459
15.9	HD61202 的操作时序图	461
15.10	ATMEGA16(L)驱动 128×64 点阵图形液晶模块子函数	462
15.11	在 AVR 单片机综合实验板上实现液晶的汉字显示	466
15.12	在 AVR 单片机综合实验板上实现液晶的汉字滚屏显示	477
15.13	在 AVR 单片机综合实验板上实现液晶的图片显示	486

第 16 章 ATMEGA16(L)的系统控制、复位和看门狗定时器

16.1	ATMEGA16(L)的系统控制和复位	498
16.2	ATMEGA16(L)的复位源	499
16.3	看门狗定时器的使用	501
16.4	具有看门狗功能的流水灯实验	502
16.5	看门狗失控的流水灯实验	506
16.6	熔丝位的设置	509

第 17 章 多功能测温汉字时钟实验

17.1	实验目的	512
17.2	实验要求	513
17.3	控制指令的定义	517
17.4	单线数字温度传感器 DS18B20	519

17.5 程序设计 …………………………………………………………………………… 525

17.6 实验操作 …………………………………………………………………………… 558

第18章 C++语言开发 AVR 单片机初步

18.1 C++语言简介 ……………………………………………………………………… 560

18.2 对象和类 …………………………………………………………………………… 561

18.3 类的定义 …………………………………………………………………………… 561

18.4 对象的创建 ………………………………………………………………………… 562

18.5 对象的初始化和构造函数 ………………………………………………………… 562

18.6 析构函数 …………………………………………………………………………… 563

18.7 C++语言开发 AVR 单片机的一个实例 ………………………………………… 564

参考文献 ………………………………………………………………………………… 573

第 1 章
概 述

自从笔者出版了《手把手教你学单片机》(北京航空航天大学出版社 2005 年 4 月)一书后,由于教学方式新颖独特,入门难度明显降低,结合边学边练的实训模式,很快有一大批读者进入了单片机这扇门。据不完全统计,全国各地(包括港澳台地区)跟着《手把手教你学单片机》学习的读者超过 50 万名,其中不少读者已取得了丰硕的成果。有的读者给笔者来电说研制的"包装线控制器"已稳定运行数月,还有的读者利用单片机做"霓虹灯程序控制器"并投放市场……总之,《手把手教你学单片机》使不少读者从传统的电子技术领域步入了微型计算机领域,进入了一个崭新的天地。

《手把手教你学单片机》一书是以汇编语言为主进行讲解实验的。所谓汇编语言,就是一种用文字助记符来表示机器指令的符号语言,是最接近机器码的一种语言。汇编语言的主要优点是占用资源少,程序执行效率高。作为初学者必须基本掌握汇编语言的设计方法,因为汇编语言直接操作计算机的硬件,学习汇编语言对于了解单片机的硬件构造是有帮助的。

汇编语言曾经是单片机工程师进行软件开发的唯一选择,汇编语言写程序代码效率高,在时序要求严格的场合下用得多;但相对而言开发难度较大,而且汇编语言程序的可读性较差,尤其是遇到算法复杂点的问题时,用汇编写代码很容易把自己搞得稀里糊涂;并且汇编语言程序的可移植性也差,基本上不能在各种不同类型的单片机之间进行移植。采用汇编语言编写单片机应用系统的程序不仅周期长,而且调试和排错也比较困难。许多读者都发现,采用汇编语言设计一个大型复杂程序时,读起来较困难,往往隔一段时间再看,又要花脑力从头再来。更为重要的是,随着社会竞争的日益激烈,开发效率已成为商战致胜的最重要法宝之一。为了较好地解决这些问题,在单片机的开发中引入了高级语言编程,目前 C 语言是首选的单片机高级开发语言。

1.1 采用 C 语言提高编制单片机应用程序的效率

为了提高编制计算机系统和应用程序的效率,改善程序的可读性和可移植性,最好的办法是采用高级语言编程。目前,C 语言逐渐成为国内外开发单片机的主流语言。

C 语言是一种通用的编译型结构化计算机程序设计语言,在国际上十分流行,它兼顾了多种高级语言的特点,并具备汇编语言的功能。它支持当前程序设计中广泛采用的由顶向下的结构化程序设计技术。一般的高级语言难以实现汇编语言对于计算机硬件直接进行操作(如对内存地址的操作、移位操作等)的功能,而 C 语言既具有一般高级语言的特点,又能直接对计算机的硬件进行操作。C 语言有功能丰富的库函数、运算速度快、编译效率高,并且采用 C 语言编写的程序能够很容易地在不同类型的计算机之间进行移植。因此,C 语言的应用范围越来越广泛。

用 C 语言来编写目标系统软件,会大大缩短开发周期,且明显地改善软件的可读性,便于改进和扩充,从而研制出规模更大、性能更完备的系统。

因此,用 C 语言进行单片机程序设计是单片机开发与应用的必然趋势。对于汇编语言,掌握到只要可以读懂程序,在时间要求比较严格的模块中进行程序的优化即可。采用 C 语言进行设计也不必对单片机和硬件接口的结构有很深入的了解,编译器可以自动完成变量存储单元的分配,编程者可以专注于应用软件部分的设计,大大加快了软件的开发速度。采用 C 语言可以很容易地进行单片机的程序移植工作,有利于产品中的单片机重新选型。

C 语言的模块化程序结构特点,可以使程序模块大家共享,不断丰富。C 语言可读性的特点,更容易使大家借鉴前人的开发经验,提高自己的软件设计水平。采用 C 语言,可针对单片机常用的接口芯片编制通用的驱动函数,可针对常用的功能模块、算法等编制相应的函数,这些函数经过归纳、整理可形成专家库函数,供广大的工程技术人员和单片机爱好者使用、完善,可大大提高国内单片机软件设计水平。

过去长时间困扰人们的"高级语言产生代码太长,运行速度太慢,不适合单片机使用"的致命缺点已被大幅度地克服。目前,用于单片机的 C 语言编译代码长度,已超过中等程序员的水平。而且,一些先进的新型单片机(例如 AVR 系列单片机)片上 SRAM、FLASH 空间都很大,运行速度很快(AVR 单片机的主频最高达 16~20 MHz,相当于 200 多 MHz 的 80C51 单片机),代码效率所差的 10%~20% 已经不是什么重要问题。关于速度优化的问题,只要有好的仿真器的帮助,用人工优化关键代码就是很简单的事了。至于谈到开发速度、软件质量、结构严谨、程序坚固等方面的话,则 C 语言的完美绝非是汇编语言编程所能比拟的。

1.2 C 语言具有突出的优点

1. 语言简洁,使用方便灵活

C 语言是现有程序设计语言中规模最小的语言之一,而小的语言体系往往能设计出较好的程序。C 语言的关键字很少,ANSI C 标准一共只有 32 个关键字,9 种控制语句,压缩了一切不必要的成份。C 语言的书写形式比较自由,表达方法简洁,使用一些简单的方法就可以构造出相当复杂的数据类型和程序结构。

2. 可移植性好

用过汇编语言的读者都知道,即使是功能完全相同的一种程序,对于不同的单片机,必须采用不同的汇编语言来编写。这是因为汇编语言完全依赖于单片机硬件。而现代社会中新器件的更新换代速度非常快,也许我们每年都要跟新的单片机打交道。如果每接触一种新的单片机就要学习一次新的汇编语言,那么我们将一事无成,因为每学一种新的汇编语言,少则几月,多则上年,那么我们还有多少时间真正用于产品开发呢?

C语言是通过编译得到可执行代码的,统计资料表明,不同机器上的C语言编译程序80%的代码是公共的,C语言的编译程序便于移植,从而使在一种单片机上使用的C语言程序,可以不加修改或稍加修改即可方便地移植到另一种结构类型的单片机上去。这大大增强了我们使用各种单片机进行产品开发的能力。

3. 表达能力强

C语言具有丰富的数据结构类型,可以根据需要采用整型、实型、字符型、数组类型、指针类型、结构类型、联合类型、枚举类型等多种数据类型来实现各种复杂数据结构的运算。C语言还具有多种运算符,灵活使用各种运算符可以实现其他高级语言难以实现的运算。

4. 表达方式灵活

利用C语言提供的多种运算符,可以组成各种表达式,还可采用多种方法来获得表达式的值,从而使用户在程序设计中具有更大的灵活性。C语言的语法规则不太严格,程序设计的自由度比较大,程序的书写格式自由灵活。程序主要用小写字母来编写,而小写字母是比较容易阅读的,这些充分体现了C语言灵活、方便和实用的特点。

5. 可进行结构化程序设计

C语言是以函数作为程序设计的基本单位的,C语言程序中的函数相当于汇编语言中的子程序。C语言对于输入和输出的处理也是通过函数调用来实现的。各种C语言编译器都会提供一个函数库,其中包含有许多标准函数,如各种数学函数、标准输入/输出函数等。此外C语言还具有自定义函数的功能,用户可以根据自己的需要编制满足某种特殊需要的自定义函数。实际上C语言程序就是由许多函数组成的,一个函数即相当于一个程序模块,因此C语言可以很容易地进行结构化程序设计。

6. 可以直接操作计算机硬件

C语言具有直接访问单片机物理地址的能力,可以直接访问片内或片外存储器,还可以进行各种位操作。

7. 生成的目标代码质量高

众所周知,汇编语言程序目标代码的效率是最高的,这就是为什么汇编语言仍是编写计算机系统软件的重要工具的原因。但是统计表明,对于同一个问题,用C语言编写的程序生成代码的效率仅比用汇编语言编写的程序低10%~20%。

尽管C语言具有很多的优点,但和其他任何一种程序设计语言一样也有其自身的缺点,如不能自动检查数组的边界,各种运算符的优先级别太多,某些运算符具有多种用途等。但总的来说,C语言的优点远远超过了它的缺点。经验表明,程序设计人员一旦学会使用C语言,就会对它爱不释手,尤其是单片机应用系统的程序设计人员更是如此。

1.3 AVR单片机简介

AVR单片机是ATMEL公司于1997年研发的增强型内置FLASH的RISC(Reduced Instruction Set CPU)精简指令集高速8位单片机,设计时吸取了80C51及PIC单片机的优点,具备单时钟周期执行一条指令的能力,运行速度高达 1 MIPS。AVR 单片机的片上资源非常丰富,可以广泛应用于计算机外部设备、工业实时控制、仪器仪表、通信设备、家用电器等领域。

AVR 单片机硬件结构采取 8 位机与 16 位机的折中策略,即采用局部寄存器存储(32 个寄存器文件)和单体高速输入/输出的方案(输入捕获寄存器、输出比较匹配寄存器及相应控制逻辑),提高了指令执行速度,克服了数据处理的瓶颈,增强了功能;同时又减少了对外设管理的开销,相对简化了硬件结构,降低了成本。AVR 单片机在软/硬件开销、速度、性能和成本诸多方面取得了优化平衡,是一种高性价比的单片机。AVR 单片机主要分成低端的 TINY 系列、中端的 AT90 系列和高端的 MEGA 系列,其中 AT90 系列目前已经停产,被高端的 MEGA 系列所取代。

AVR 单片机的主要特性简介如下:

(1) 超功能精简指令集。具有 32 个通用工作寄存器(相当于 80C51 单片机中的 32 个累加器),克服了单一累加器在数据处理时造成的瓶颈现象。

(2) 内嵌高质量的 FLASH 程序存储器,可反复擦写 1 000~10 000 次(AVR 单片机中新型的 MEGA 系列可反复擦写 10 000 次),支持 ISP(在系统中编程)和 IAP(在应用中编程),便于产品的调试、开发、生产、更新。内嵌长寿命的 EEPROM,可反复擦写 100 000 次,便于长期保存关键数据,避免断电丢失。片内具有大容量的 RAM,有效支持使用高级语言开发系统程序。

(3) 高速度、低功耗,具有 SLEEP(省电休眠)功能。每一指令执行时间短,为 50 ns(20 MHz),而耗电则在 1~2.5 mA 之间(典型功耗,WDT 关闭时为 100 nA),AVR 运用 Harvard 结构概念(具有预取指令功能),即程序存储和数据有不同的存储器和总线。当执行某一指令时,下一指令被预先从程序存储器中取出,使得指令可以在每一个时钟周期内被执行,其运行速度可达 1 MIPS,理论上是传统 80C51 单片机的 12 倍,实际上在 10 倍左右。AVR 单片机可宽电压运行(2.7~5.5 V),抗干扰能力强,可降低一般 8 位机中的软件抗干扰设计工作量和硬件的使用量。

(4) AVR 单片机的 I/O 口线全部带可设置的上拉电阻,并行 I/O 口输入/输出特性与 PIC 的 HI/LOW 输出及三态高阻抗 HI-Z 输入类似,也可设定类似 80C51 系列内部拉高电阻作输入端的功能,可单独设定为输入/输出,可设定(初始)高阻输入。I/O 口资源灵活、功能强大、可充分利用。并且 I/O 口线驱动能力强(输入/输出达 20 mA),可以直接驱动数码管、LED、小型继电器等器件,节省很多外围电路,AVR 的 I/O 口是真正的 I/O 口,能正确反映 I/O 口的输入/输出真实情况。

(5) AVR 单片机片内具备多种独立的时钟分频器,分别供 USART、I^2C、SPI 使用。其中与 8/16 位定时器配合的具有多达 10 位的预分频器,可通过软件设定分频系数,提供多种档次的定时时间。AVR 单片机中的定时/计数器(单)可双向计数形成三角波,再与输出比较匹配寄存器配合,生成占空比可变、频率可变、相位可变的脉宽调制输出 PWM,令人耳目一新。

(6) AVR 单片机的片上资源非常丰富,含有看门狗电路、程序存储器 FLASH、数据存储器 RAM、同步串行接口 SPI、异步串口 USART、多通道 10 位 A/D 转换器、EEPROM、模拟比较器、PWM 定时计数器、TWI(I^2C)总线接口、硬件乘法器、独立振荡器的实时计数器 RTC、片内标定的 RC 振荡器等,可以满足各种系统开发需求并极大地降低了系统的成本。AVR 单片机均具有在线下载功能,其中 MEGA 系列单片机片上还具备 JTAG 仿真/下载功能。用 AVR 单片机开发智能仪器仪表或其他工业控制项目,在很多场合下,仅需一片"纯单片机"即可完成,大大降低了成本,也减小了设备的体积,减轻了重量。

(7) AVR 单片机片上的模拟比较器、I/O 口可作 A/D 转换用,组成廉价的 A/D 转换器。

(8) AVR 单片机有自动上电复位电路、独立的看门狗电路、低电压检测电路 BOD,多个复位源(自动上下电复位、外部复位、看门狗复位、BOD 复位等)。可设置的启动后延时运行程序,增强了系统的可靠性。

(9) AVR 单片机含有串行异步通信 USART,不占用定时器和 SPI 传输功能,因其速度高,故可以工作在一般标准整数频率下,波特率可达 576 kbps。

(10) 多通道 10 位 A/D 转换器及实时时钟 RTC 在处理实时模拟量时得心应手。

(11) 工业级产品,具有大电流 10~20 mA 或 40 mA(单一输出),可直接驱动 SSR 或继电器。内置的看门狗定时器(WDT)用于防止程序跑飞,提高产品的抗干扰能力。

(12) 像 80C51 单片机一样,AVR 单片机有多个固定中断向量入口地址,因此可快速响应中断,而不会像 PIC 单片机一样所有中断都在同一向量地址,需要程序判别后才可响应。

(13) 高性价比。AVR 单片机在高性能的前提下,并没有大幅增加芯片的售价,其价格仅比 80C51 略高一些,而功能却是 80C51 不可比拟的。

AVR 单片机技术表现出现代单片机集多种器件(包括 FLASH 程序存储器、看门狗、EEPROM、同/异步串行口、TWI、SPI、A/D 模数转换器、定时/计数器等)和多种功能(增强可靠性的复位系统、降低功耗抗干扰的休眠模式、品种多门类全的中断系统、具输入捕获和比较匹配输出等多样化功能的定时/计数器、具替换功能的 I/O 端口……)于一身,充分体现了现代单片机技术向"片上系统 SoC"过渡及发展的方向。

本书中,我们选择 AVR 单片机中高端的 MEGA 系列的典型芯片 ATMEGA16(L)进行介绍。

1.4 AVR 单片机的 C 编译器简介

目前世界上几乎所有系列的单片机都支持 C 语言开发,开发 AVR 单片机的 C 编译器主要有:IAR Embedded Workbench(简称 IAREW)、Codevision AVR(简称 CAVR)、Imagecraft C Compiler(简称 ICC)、GNU C For AVR(简称 GCCAVR)等。

IAREW 是瑞典 IAR SYSTEMS 公司开发的 AVR 单片机集成开发环境(IDE),包含嵌入式编译器、汇编器、连接定位器、库管理器、项目管理及调试器等。其特点是编译效率高、功能齐全,但价格高。

CVAVR 也是一个开发 AVR 单片机的集成开发环境,其界面友好,很容易上手。它带有一个叫 Codewizard 的代码生成器,可生成外围器件的相应初始化代码,另外,它还提供了很多常用的器件库代码,如:LCD、USART、SPI、实时时钟、温度传感器等。其价格适中。

ICC 是 Imagecraft 公司开发的使用标准 C 语言的 AVR 单片机集成开发环境,它有一个 Application Wizard 的代码生成器,也可生成外围器件的初始化代码。其价格适中。

GCCAVR 是一个公开源代码的自由软件,因此使用时不必考虑价格因素,其缺点是没有集成开发环境(IDE),使用时麻烦一些。

本书中,我们使用 IAR 公司的 IAR Embedded Workbench 集成开发环境进行学习开发。IAR Embedded Workbench 集成开发环境软件能够产生形式简洁、效率最高的程序代码,如果程序较大时在代码质量上可以与汇编语言程序相媲美。

第 2 章 学习 AVR 单片机 C 程序设计所用的软件及实验器材介绍

学习一种新的单片机技术,实验与实践是必不可少的,否则只能是纸上谈兵。这里我们使用以下的廉价实验器材进行 AVR 单片机的 C 语言学习及设计。

(1) IAR Embedded Workbench IDE C 语言编译器(简称 IAREW)。
(2) ATMEL 公司的 AVR Studio 集成开发环境。
(3) PonyProg2000 下载软件或 SL-ISP 下载软件(也可使用其他的下载软件)。
(4) AVR DEMO 单片机综合实验板。
(5) AVR 单片机 JTAG 仿真器。
(6) 并口下载器。
(7) 5V 高稳定专用稳压电源。
(8) 通用型多功能 USB 编程器(可选购)。
(9) 一台奔腾级及以上的家用电脑(PC 机)。

下面简介一下这些实验工具及器材。

2.1 IAR Embedded Workbench IDE C 语言编译器

IAR Embedded Workbench IDE 是瑞典 IAR SYSTEMS 公司开发的用于 AVR 单片机的集成开发环境(IDE),它是与 AVR 单片机同步开发的一个设计软件,包括嵌入式 C/C++ 编译器、汇编器、链接定位器、库管理、项目管理及调试器等的集成开发环境(IDE)。IAREW 功能极其强大,能生成效率极高的目标代码,是目前开发 AVR 单片机最优秀的软件。IAREW 具有自己的调试器 C-SPY,也可以生成 *.dbg 调试文件,在 ATMEL 的 AVR Studio 集成开发环境中调试。图 2-1 为 IAREW 的工作界面。

2.2 AVR Studio 集成开发环境

AVR Studio 是一个 ATMEL 公司开发的集项目管理、程序汇编、程序调试、程序下载、JTAG 仿真等功能于一体的集成开发环境。但 AVR Studio 不支持 C 语言编译,因此当我们用 C 语言开发 AVR 单片机时,需先用其他软件(例如 IAREW)编写 C 语言并进行编译,生成调试文件,然后使用 AVR Studio 打开编译生成的调试文件,进行程序的仿真调试。图 2-2 为 AVR Studio 的工作界面。

第 2 章 学习 AVR 单片机 C 程序设计所用的软件及实验器材介绍

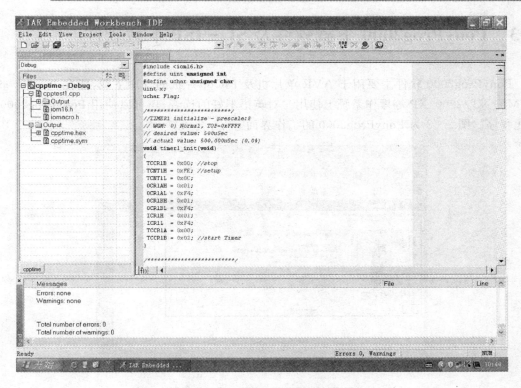

图 2-1 IAREW 的工作界面

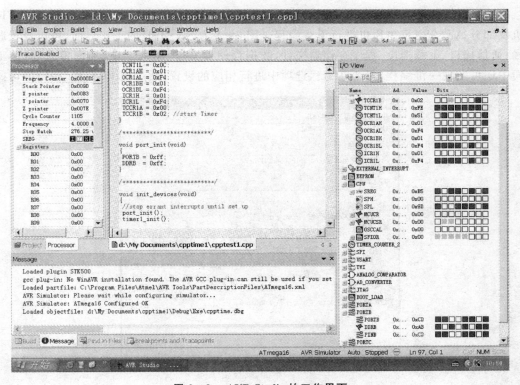

图 2-2 AVR Studio 的工作界面

2.3 PonyProg2000 下载软件及 SL-ISP 下载软件

PonyProg2000 软件主要用于 AVR 单片机及 PIC 单片机的程序下载,能在 Windows95/98/ME/NT/2000/XP 等操作系统上使用。对英语不好的读者,还可以使用 PonyProg2000 的汉化程序。图 2-3 为 PonyProg2000 的工作界面。

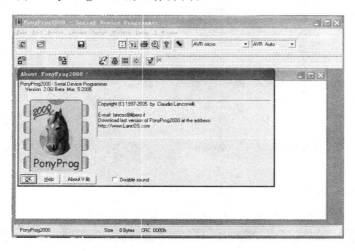

图 2-3 PonyProg2000 的工作界面

SL-ISP 软件是广州双龙公司研制的一款下载软件,可使用串口、并口及 USB 对 AVR 单片机及部分 AT89SXX 单片机进行下载编程。图 2-4 为 SL-ISP 的工作界面,可以设置芯片型号、通信接口、下载速度、程序存储器文件、数据存储器文件、编程选项、加密模式等,在工作界面中还可实现一键编程,只要在编程选项中进行相应的设置,然后按下"编程"按键即可。

图 2-4 SL-ISP 的工作界面

第 2 章　学习 AVR 单片机 C 程序设计所用的软件及实验器材介绍

2.4　AVR DEMO 单片机综合实验板

AVR DEMO 单片机综合实验板为多功能实验板,对入门实习及学成后开发产品特别有帮助,其主要的学习实验功能有:

(1) AVR 单片机的输入/输出实验。
(2) 音响实验。
(3) A/D 实验。
(4) PWM(D/A)实验。
(5) 8 位数码管动态扫描输出及驱动。
(6) 8 位 LED 输出指示。
(7) I^2C 及 SPI 总线实验。
(8) DS18B20 温度控制实验。
(9) 红外遥控实验。
(10) 16×2 液晶驱动实验。
(11) 128×64 液晶驱动实验。
(12) 与 PC 机连接做 RS-232 通信实验。

图 2-5~图 2-7 为 AVR 单片机综合实验板外形。

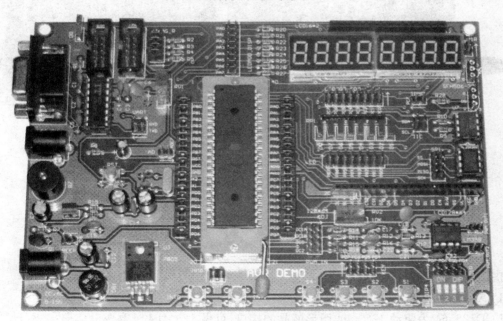

图 2-5　AVR DEMO 单片机综合实验板外形

图 2-8 为 AVR DEMO 单片机综合实验板电路原理图。各单元部分的功能简介如下:
U1 为单片机 ATMEAG16(L)。
JP1,JP2 为双排针,它将单片机的 40PIN 引出,便于单片机外扩其他器件。
D1~D8 为 8 个发光二极管,通过 LED 双排针与 PB0~PB7 连接,可作开关量输出的

图 2-6　AVR DEMO 单片机综合实验板外形(驱动 16×2 字符型液晶)

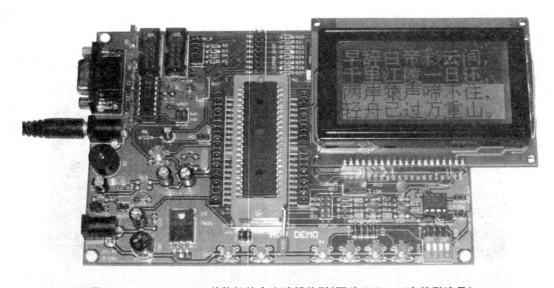

图 2-7　AVR DEMO 单片机综合实验板外型(驱动 128×64 字符型液晶)

指示。

　　ISP 为在线下载程序的接口。

　　JTAG 为在线 JTAG 仿真接口。

　　LCD128_64 为驱动 128×64 图形液晶的接口,可做 128×64 液晶驱动实验。

　　LCD16_2 为驱动 16×2 液晶的接口,可做 16×2 液晶驱动实验。

　　JTAG_R 双排针连接 R2～R5 这 4 个 10 kΩ 的上拉电阻,这是进行 JTAG 仿真所需的,一般情况下用短路块将 JTAG_R 双排针短接。

　　U2 为 232 通信芯片,通过 UART 双排针与单片机 ATMEAG16L 的 PD0、PD1 连接,方便与 PC 机连接做 RS-232 通信实验。

第2章 学习AVR单片机C程序设计所用的软件及实验器材介绍

SW_DIP4 为 4 位拨码开关，通过 SW_DIP 短路块与 PD4~PD7 连接，可做状态转换的实验。

RV1 为多圈电位器，所取得的模拟电压通过排针 AD 后送单片机的 PA7，可做 A/D 实验。

Q1 及蜂鸣器 BZ 组成音响电路，通过排针 BEEP 与单片机的 PD5 连接，可做音响实验。

S1~S4 为 4 个轻触式按键开关，通过 KEY 双排针与 PD4~PD7 连接，可做开关量的输入实验。

INT0、INT1 为 2 个轻触式按键开关，通过 INT 双排针与 PD2、PD3 连接，可进行 AVR 单片机的外部中断实验。

LEDMOD1、LEDMOD2 为 8 位数码管显示器，其中字段码经 LEDMOD_DATA 双排针后由单片机的 PA0~PA7 送出，位选码经 LEDMOD_COM 双排针后单片机的 PC0~PC7 送出，可做 8 位数码管动态扫描输出及驱动。

U4 为 I^2C 总线实验器件 24C01，通过 I^2C 双排针与 PC0、PC1 连接，可做 I^2C 总线实验。

U5 为 SPI 总线实验器件 93C46，通过 SPI 双排针与 PB4~PB7 连接，可做 SPI 总线实验。

U7 为测温器件，通过排针将 DS18B20 与 PC7 连接，能进行测温及控温实验。

U8 为 38 kHz 的红外接收器，通过排针 IR 与 PD6 连接，可做红外遥控实验。

U6A、U6B 及外围器件组成有源滤波电路，通过双排针 PWM_IN 与单片机的 PB3、PD4、PD5、PD7 连接，可做 PWM(D/A)实验。

J1、J2 为外接电源插口，其中 J1 输入 9~12 V 直流电压，供 U6 运放使用，同时经 U3 稳压获得的 5 V 电压供其他部分使用。若实验中不需从 PWM_OUT1、PWM_OUT2 端口取得 PWM 的模拟量，那么直接从 J2 口输入 5 V 稳压电源即可，而不用 J1 口。

2.5 AVR 单片机 JTAG 仿真器

这是一款经典的 AVR 仿真器，支持的芯片为：ATmega128、ATmega128L、ATmega16、ATmega162、ATmega162V、ATmega165、ATmega165V、ATmega169、ATmega169V、ATmega16L、ATmega32、ATmega323、ATmega323L、ATmega32L、ATmega64、ATmega64L。图 2-9 为 AVR 单片机 JTAG 仿真器外形。

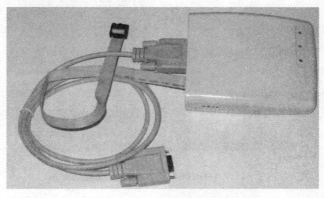

图 2-9 AVR 单片机 JTAG 仿真器外形

2.6 并口下载器

廉价、可靠、实用，支持 AVR 单片机及 AT89S51/52 单片机，是下载程序时必用的工具。图 2-10 为并口下载器外形。

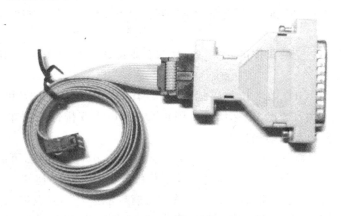

图 2-10　并口下载器外形

2.7 通用型多功能 USB 编程器

通用型多功能 USB 接口编程器种类较多，读者可自己选购。这里以 TOP2004 为例进行介绍：TOP2004 支持 AT89、AT87F、AT90、ATINY、ATMEGA、SST89、SM、MSU、GSM97、i87C/LC、P87、W77(78)E/LE、IS89C/LV、PIC12/16/17/18、EM78P 系列单片机，27/28/29/39/49/24C/93C 系列存储器，16V8、20V8、22V10，支持 74、4000/4500 SRAM 数字电路测试。支持芯片超过 2 000 种，适合学习、开发、手机维修、电脑 BIOS 烧写。图 2-11 为 TOP2004 多功能 USB 编程器外形。

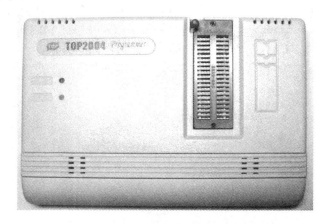

图 2-11　TOP2004 多功能 USB 编程器外形

第3章 AVR 单片机开发软件的安装及第一个入门程序

3.1 安装 IAR for AVR 4.30 集成开发环境

在电脑中放入配套光盘,打开 IAR Embedded Workbench 安装文件,双击 ewavr-ks-web-430A.exe 图标后进入安装界面(图 3-1),单击 Next 进入单界面(图 3-2),提示需要 License。单击 Accept 进入输入 License 的界面(图 3-3),将光盘中的 License(四组数字)复制上去(图 3-4)。单击 Next 后需输入 License Key,将光盘中的 Key 值复制上去(图 3-5)。再单击 Next 后出现安装路径的提示(图 3-6),安装目录可使用默认方式将其安装在 C 盘中。接下来单击 Next 后出现安装选择的提示(图 3-7),选择 Full,单击 Next 进行文件拷贝(图 3-8),直到安装完成(图 3-9)。可发送一个快捷方式到桌面上,以后使用时只须双击桌面的快捷图标即可。

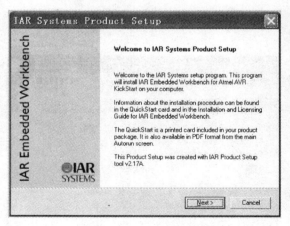

图 3-1 安装界面

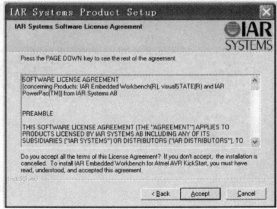

图 3-2 许可声明界面

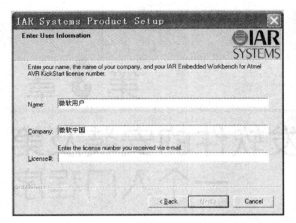

图 3-3 输入 License 界面

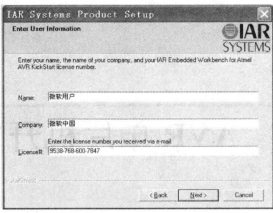

图 3-4 复制 License(四组数字)

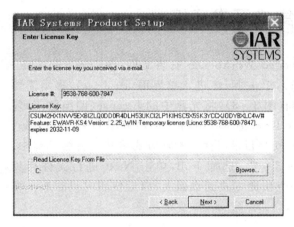

图 3-5 复制 Key 值

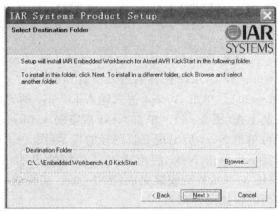

图 3-6 安装路径提示(默认 C 盘)

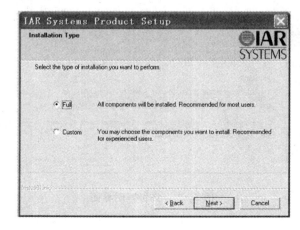

图 3-7 选择 Full

图 3-8 文件拷贝界面

第 3 章 AVR 单片机开发软件的安装及第一个入门程序

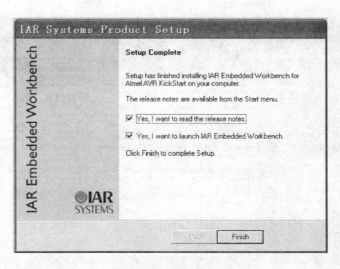

图 3-9 安装完成

3.2 安装 AVR Studio 集成开发环境

　　打开配套光盘内的 AVR Studio 安装文件,双击 Setup.exe 文件进入安装界面(图 3-10),单击 Next 后出现安装协议声明,选择同意安装协议(图 3-11)。再单击 Next 出现安装路径的提示(图 3-12),可使用默认方式将其安装在 C 盘中。单击 Next 进行文件拷贝(图 3-13),直到安装完成(图 3-14)。可以在桌面上生成一个快捷方式,以后只须双击桌面的快捷图标即可使用。

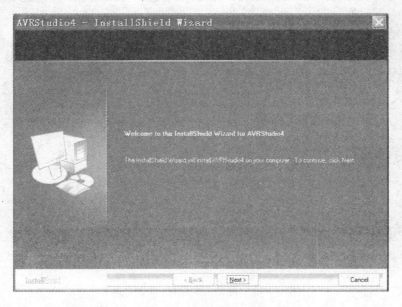

图 3-10 进入安装界面

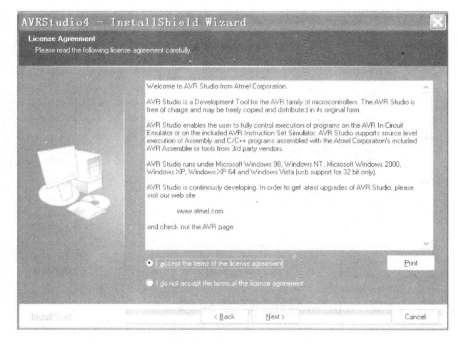

图 3-11　选择同意安装协议

图 3-12　提示安装路径（默认 C 盘）

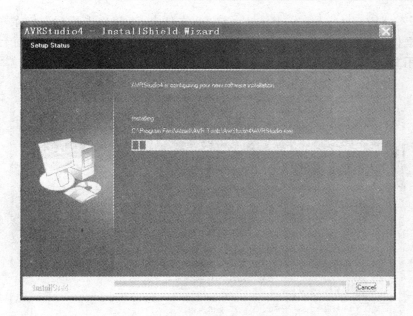

图 3-13　文件拷贝

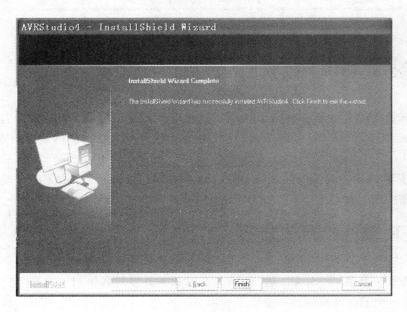

图 3-14　安装完成

3.3　安装 PonyProg2000 下载软件

　　PonyProg2000 软件主要用于 AVR 单片机及 PIC 单片机的程序下载,能在 Windows95/98/ME/NT/2000/XP 等操作系统上使用。双击配套光盘内的 PonyProgV206f.exe 软件进行安装,安装过程中只须按照提示,单击 Next 按钮,逐步进行即可。安装完成后,还可以进行汉化。选中汉化程序包中的 PonyProg2000 文件(注意不要打开),然后单击鼠标右键菜单的复制;随后打开 C:\Program Files\ PonyProg2000 文件夹,直接单击鼠标右键菜单粘贴即可。当弹出对话框提示是否须替换时,单击确定,原文件即成为中文版。可以在桌面上生成一个快捷方式来使用 PonyProg2000 软件,图 3-15 为 PonyProg2000 的启动界面。

图 3-15　PonyProg2000 的启动界面

3.4　安装 SLISP 下载软件

　　SLISP 下载软件主要用于 AVR 单片机、PIC 单片机及部分 AT89SXX 单片机的程序下载,能在 Windows95/98/ME/NT/2000/XP 等操作系统上使用。目前的最新版本是 V1.605,读者可以到 http://www.sl.com.cn 上进行下载。双击 SLISP_V1605.exe 软件进行安装(图 3-16),安装过程中只需按照提示,单击 Next 按钮,逐步进行即可完成安装(图 3-17)。安装完成会在桌面上自动生成 SLISP 快捷图标。

3.5　AVR 单片机开发过程

　　使用 IAREW 及 AVR Studio 进行 AVR 单片机的开发过程可归纳为 9 个要点:
　　(1) 建立一个工作区及创建一个新工程项目。
　　(2) 设置 IAREW 工程项目的选项。
　　(3) 输入 C 源文件。
　　(4) 向工程项目中添加源文件。
　　(5) 编译源文件。
　　(6) 在 IAREW 中进行软件模拟仿真或实时在线仿真。
　　(7) 在 AVR Studio 集成开发环境中进行软件模拟仿真或实时在线仿真。
　　(8) 使用 PonyProg2000 软件或 SLISP 将 HEX 文件下载到单片机中。
　　(9) 应用。

第3章 AVR单片机开发软件的安装及第一个入门程序

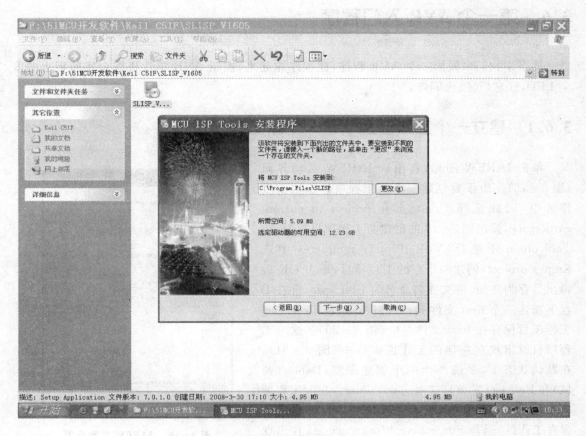

图 3-16 软件安装

图 3-17 完成安装

3.6 第一个 AVR 入门程序

接下来我们来做第一个 AVR 程序，让程序跑起来，控制 AVR 单片机综合实验板上的 8 个 LED，让它们亮、灭闪烁。

3.6.1 建立一个工作区及创建一个新工程项目

单击 IAREW 图标，将出现 IAREW 启动界面（图 3-18）。由于要创建一个新工程项目于当前工作区中，因此选择 Create new project in current workspace，弹出图 3-19 的创建新工程项目界面，在 Tool chain 中选择 AVR，Project templates 中选 Empty project，创建一个空的工程项目，单击 OK 后弹出另存为界面，将文件名命名为 first.ewp，并在 D 盘下新建一个 first 文件夹，单击保存后将 first.ewp 工程项目保存在 first 文件夹中（图 3-20）。这时工程项目就出现在左侧的工作区窗口中（图 3-21）。在默认状态下，系统产生两个创建配置：Debug（调试）和 Release（发布），这里选择 Debug。在向工程项目添加任何文件时（如输入的 C 源程序），首先应该保存工作区，选择 File→Save Workspace 后，在出现的 Save Workspace As 对话框中，选择工作区存放的

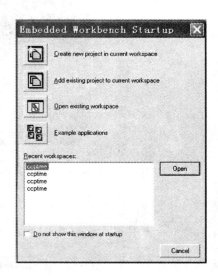

图 3-18　IAREW 启动界面

路径（存放在刚才新建的 first 文件夹中）并输入工作区的名称（这里我们取名 first.eww），单击保存按钮，如图 3-22 所示。

图 3-19　创建一个新工程项目

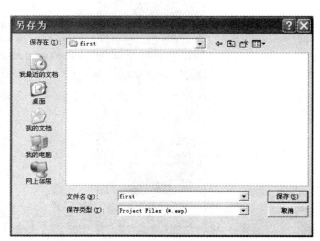

图 3-20　另存为界面

第3章　AVR单片机开发软件的安装及第一个入门程序

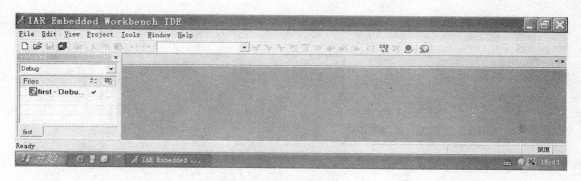

图3-21　新建的工程项目窗口

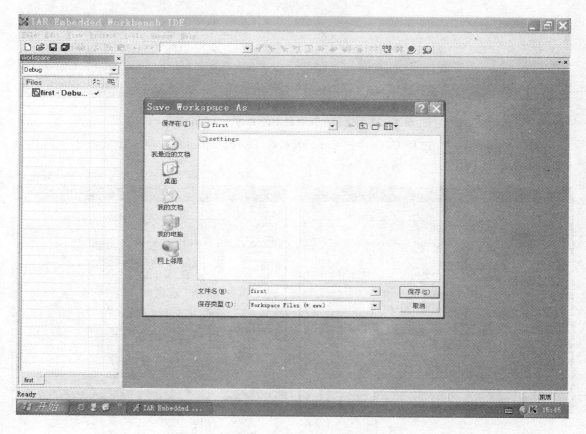

图3-22　输入工作区的名称并单击保存按钮

3.6.2　设置IAREW工程项目的选项

在工作区窗口中选中first-Debug,然后选择主菜单栏中的Project→Options(图3-23),此时,弹出Option for node"first"的界面。在Category栏中,选择General Options;在Target选项卡的Processor configuration选择框中选择--cpu=m16,ATmega16;Memory model选择框中选择Small(如图3-24所示)。

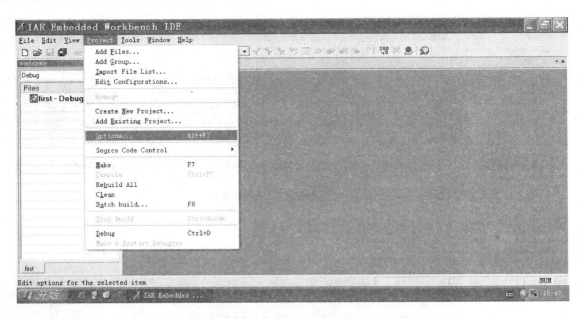

图 3-23 选择主菜单栏中的 Project→Options

在 Category 栏中,选择 C/C++ Compiler,在 Optimizations 选项卡中选择 None(Best debug support),如图 3-25 所示。

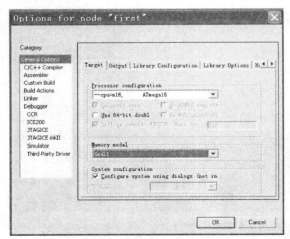

图 3-24 选择--cpu=m16,ATmega16

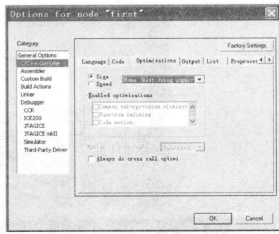

图 3-25 选择 None(Best debug support)

在 Category 栏中,选择 Linker,在 Output 选项卡中选择如图 3-26 所示的参数,该设置生成可以在 IAREW 中进行软件模拟仿真或实时在线仿真的文件。

如果要生成可以烧写用的文件,在 Category 栏中,选择 Linker,在 Output 选项卡中选择如图 3-27 所示的参数。

在 Category 栏中,选择 Debugger,在 Setup 选项卡中选择如图 3-28 所示参数,该设置是在 IAREW 中使用软件仿真 Simulator,当进行硬件调试时,可在 IAREW 中选择 JTAGICE 等 JTAG 仿真器。

单击 OK 完成工程项目的选项设置。

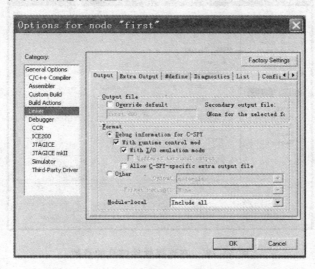

图 3-26　在 Output 选项卡中选择生成仿真文件的参数

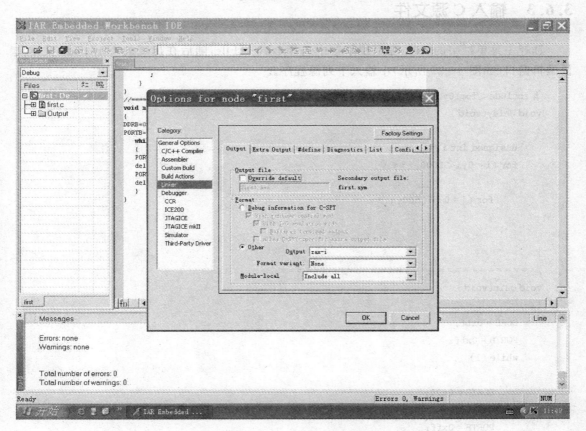

图 3-27　在 Output 选项卡中选择生成可烧写文件的参数

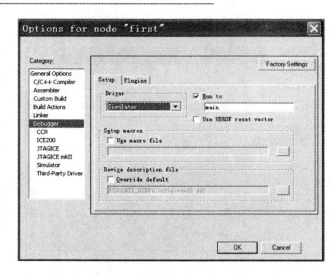

图 3-28　在选择软件仿真的参数

3.6.3　输入 C 源文件

选择主菜单栏中的 File,在下拉菜单中选择 New→File,随后在出现的 Untitled1 文本文件编辑窗口(如图 3-29 所示)中输入下列源程序。

```c
#include<iom16v.h>
void delay(void)
{
    unsigned int i,j;
    for(i=0;i<1000;i++)
    {
        for(j=0;j<500;ji++)
        ;
    }
}
//===========================
void main(void)
{
    DDRB = 0xff;
    PORTB = 0xff;
    while(1)
    {
        PORTB = 0x00;
        delay();
        PORTB = 0xff;
        delay();
    }
}
```

第3章　AVR单片机开发软件的安装及第一个入门程序

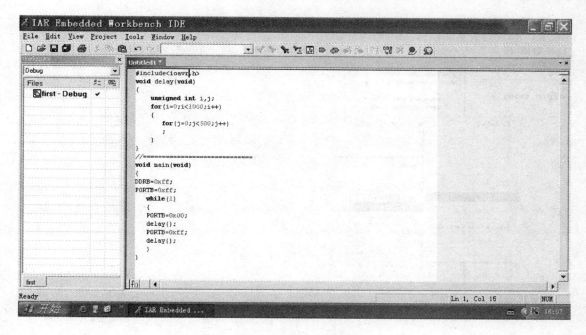

图 3-29　输入源程序

程序输入完成后,选择 File,在下拉菜单中选中 Save as,保存在 first 文件夹中,源文件名为 first.c(图 3-30),保存后可看到源文件名由 Untitled1 变为 first.c。

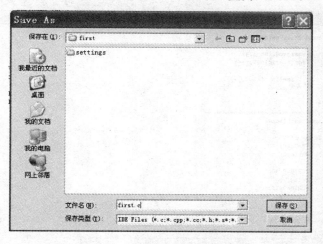

图 3-30　保存在 first 文件夹中

3.6.4　向工程项目中添加源文件

把鼠标移到 Workspace 框里,右击,在出现的下拉菜单中选择 add,再选择 add"first.c"源文件,如图 3-31 所示。这样,first.c 文件便加入到工程项目中了(图 3-32)。添加文件后,可以看到在图 3-32 中,多了 first.c 和一个 Output 文件夹。first.c 是我们刚才添加的文件,Output 文件夹是用于放置编译后结果的文件。

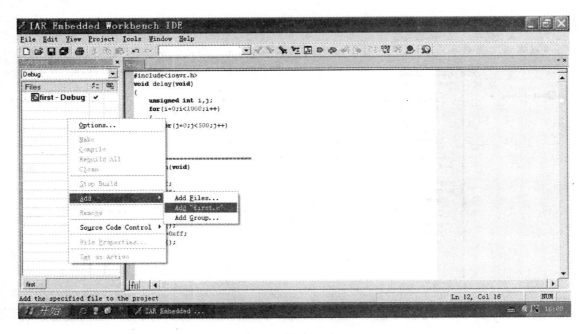

图 3-31　向工程项目中添加 first.c 源文件

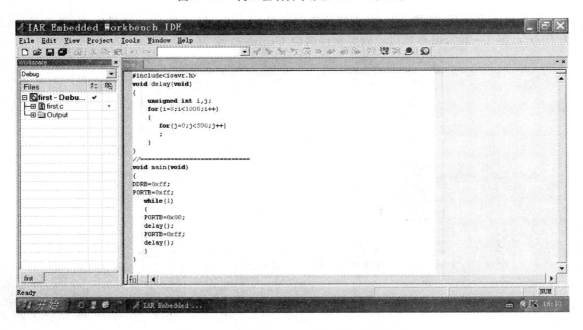

图 3-32　源文件 first.c 加入到工程项目中

3.6.5　编译源文件

选择主菜单栏中的 Project,在下拉菜单中选择 Make 或 Rebuild All,这时 Messages 窗口中出现源程序的编译信息,如图 3-33 所示。如果编译出错,错误信息会在 Messages 窗口中显示出来。用户可以在源程序编辑窗口重新输入、修改源程序文件,并再次编译,直到编译通过并生成用户所需的文件。

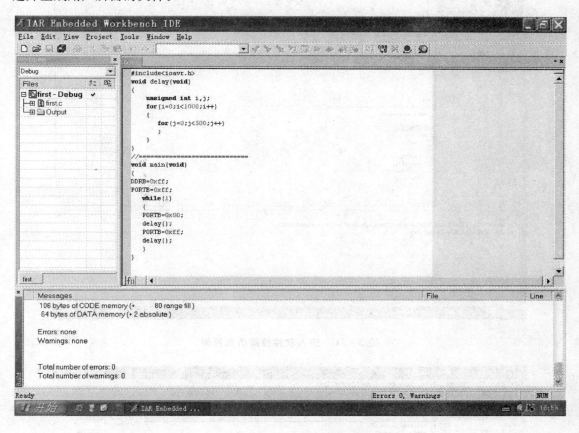

图 3-33　Messages 窗口出现源程序的编译信息

3.6.6　在 IAREW 中进行软件模拟仿真

选择主菜单栏中的 Project,在下拉菜单中选择 Debug,即可进入软件模拟仿真界面(图 3-34),可以使用 Debug 下的菜单快捷键进行调试。选择 View→Register 后出现图 3-35 所示的界面,在右侧 Register 工作区中,单击 CPU Register 旁的箭头,下拉菜单中选择 PORTB(图 3-36)。将 PORTB、DDRB、PINB 展开后如图 3-37 所示。

可使用 Step Over 方式进行调试(快捷键为 F10)。鼠标在程序的光标箭头上点一下,随后按动 F10,可发现 PORTB 口的各寄存器会发生变化,DDRB 全部为 0xFF,说明方向寄存器的设置为输出方式,而随着继续按动 F10,PORTB 则一会儿变为 0xFF(高电平),一会儿变为 0x00(低电平),如图 3-38 所示,说明 PORTB 外接的 8 个发光二极管会点亮或熄灭。仿真调试通过后,选择 Debug→Stop Debugging 退出仿真界面,然后关闭 IAREW 开发环境。

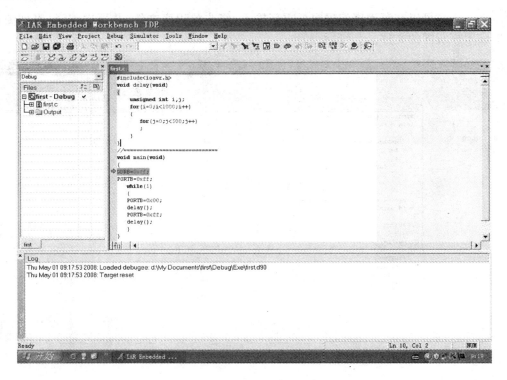

图 3-34　进入软件模拟仿真界面

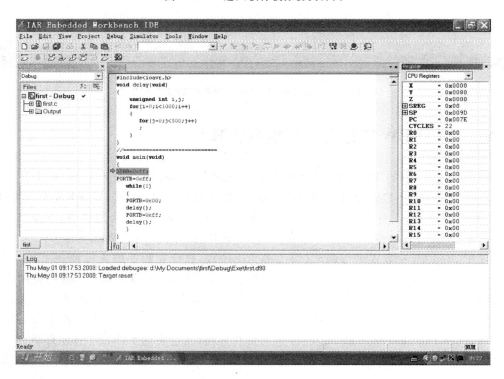

图 3-35　选择 View→Register 后出现寄存器窗口

第3章 AVR单片机开发软件的安装及第一个入门程序

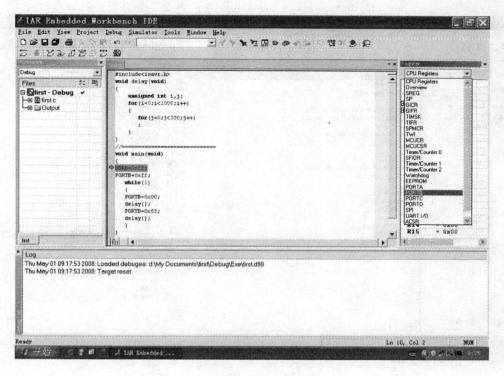

图 3-36　下拉菜单中选择 PORTB

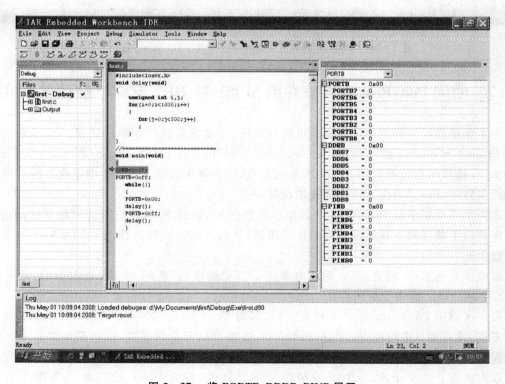

图 3-37　将 PORTB、DDRB、PINB 展开

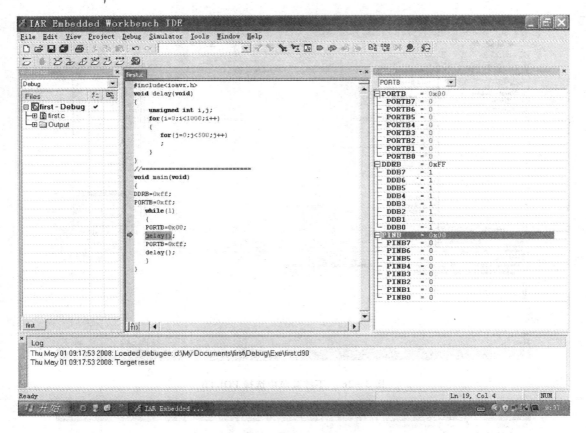

图 3-38 PORTB 的值变化为 0xFF(高电平)或 0x00(低电平)

3.6.7 使用 PonyProg2000 软件或 SLISP 将 HEX 文件下载到单片机中

为了生成能够下载到单片机中的可烧写文件,还须重新进行简单的设置。选择主菜单栏中的 Project→Options 后弹出 Option for node"first"的界面。在 Category 栏中,选择 Linker,在 Output 选项卡中选择如图 3-27 所示的参数,该设置可以在 IAREW 中生成英特尔格式的可烧写文件 *.hex。单击 OK 完成选项设置。

选择主菜单栏中的 Project,在下拉菜单中选择 Make 或 Rebuild All 完成源程序的编译。

将并口下载器的下载线与电脑的并口相连,下载线的另一端连接 AVR DEMO 单片机综合实验板的 ISP 口。

实验板通电工作,注意,5 V 稳压电源接 DC5V 插座;若使用 9～15 V 电源时,则只能插 9～15 V 的插座。插错会损坏芯片!

第一次使用 PonyProg2000 下载程序时,需对 PonyProg2000 进行设置,选择合适的下载接口方式,并对端口进行校正。PonyProg2000 支持串口及并口下载,这里采用并口 ISP 方式下载程序。

双击桌面上的 PonyProg2000 快捷图标运行软件(图 3-39),出现小马头图标后单击确认。

第3章 AVR单片机开发软件的安装及第一个入门程序

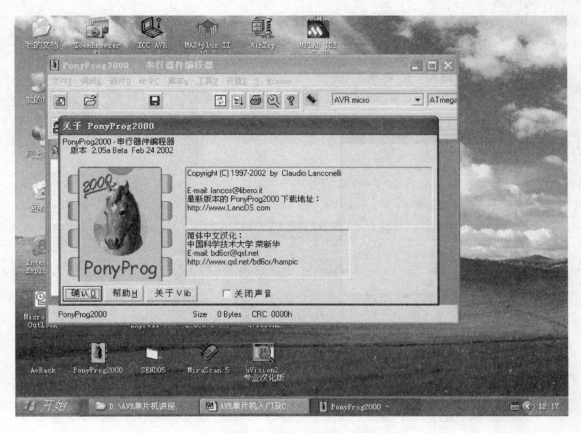

图 3-39 运行 PonyProg2000 软件

程序下载前先进行端口设置及校正。在菜单栏中，选择设置→接口设置，出现图 3-40 所示的对话框。如果电脑使用的操作系统是 Windows 95/98/ME，则单击并行，选择 Avr ISP API，并选择 LPT1；如果电脑使用的操作系统是 Windows NT/2000/XP，则单击并行，选择 Avr ISP I/O，并选择 LPT1。

在菜单栏中，选择设置→校正，对端口进行校正，弹出图 3-41 所示窗口。单击 Yes 开始校正。校正完成后弹出校准完成提示（图 3-42），单击 OK 即可。首次校正完成后，以后不必每次都校正。

在菜单栏中，选择器件→AVR micro→Atmega16，如图 3-43 所示。

在菜单栏中，选择文件→打开程序（FLASH）文件，文件类型选 * HEX，装载编程文件（图 3-44）。

在菜单栏中，选择命令→擦除，先擦除器件（图 3-45）。

在菜单栏中，选择命令→Security and Configuration Bits…，按图 3-46 配置熔丝位。单击写入，写入熔丝位配置。

在菜单栏中，选择命令→写入所有，开始下载烧写文件（图 3-47）。

在下载文件时，ISP 旁的发光二极管 D0 会点亮。

用 SLISP 软件也能将 HEX 文件下载到单片机中，由于使用比较简单，这里不再详述。

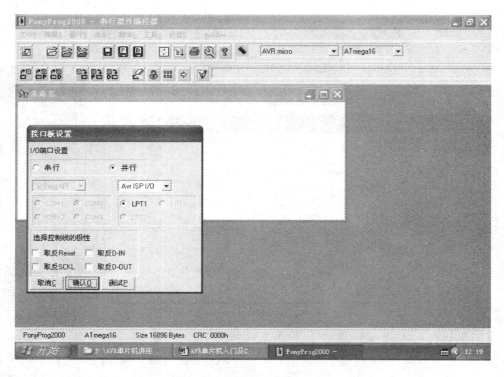

图 3-40　进行端口设置及校正

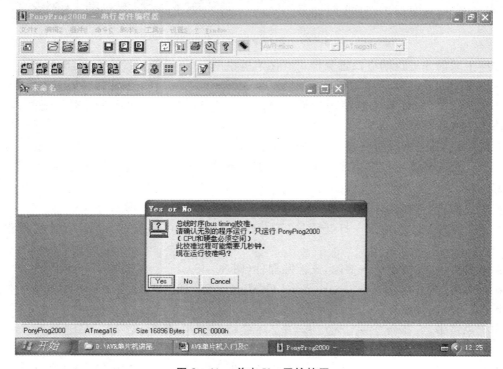

图 3-41　单击 Yes 开始校正

第3章 AVR单片机开发软件的安装及第一个入门程序

图 3-42 校正完成

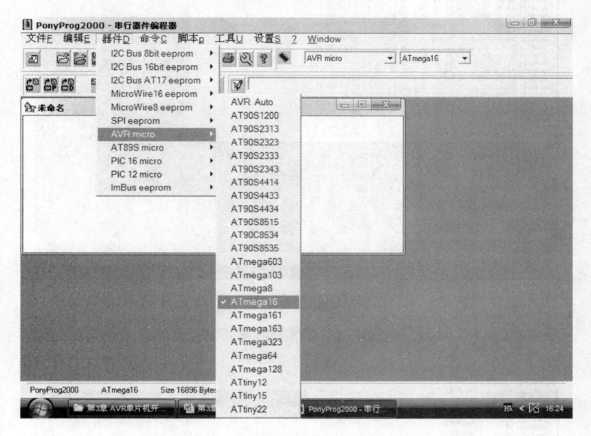

图 3-43 选择器件→AVR micro→Atmega16

3.6.8 应 用

下载烧写完成时，将 JP2 双排针标识 PB0~PB7 的短路块拔下，并插到 LED 双排针上（PB0~PB7），即可看到 PB 口驱动的 8 个发光二极管开始闪亮，周期约 1 秒，即点亮 0.5 s，熄灭 0.5 s，反复进行。

这样，就成功实现了第一个 AVR 高速单片机的入门程序设计，我们的信心大增，请继续跟着本书学习及实践，你必将彻底掌握 AVR 单片机的高效设计。

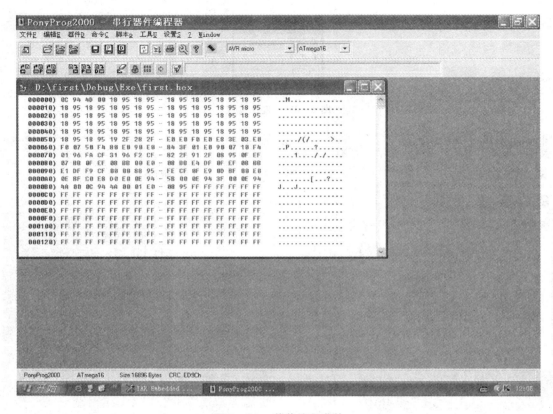

图 3-44　装载编程文件

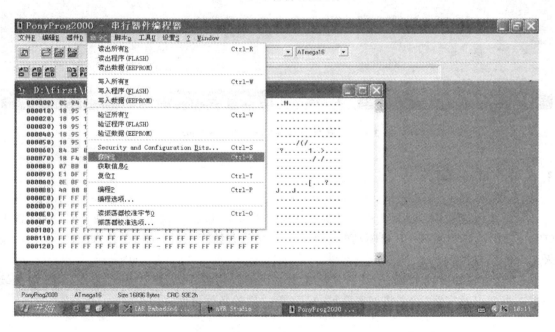

图 3-45　选择命令→擦除

第 3 章 AVR 单片机开发软件的安装及第一个入门程序

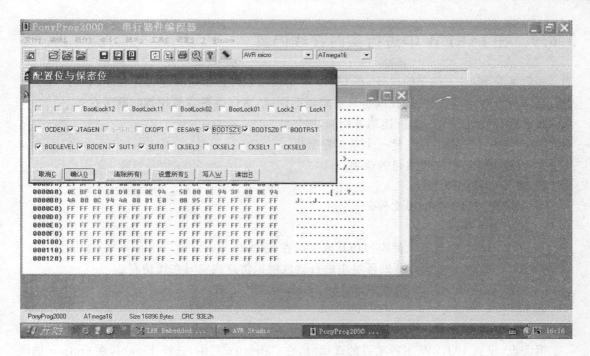

图 3-46 写入熔丝位配置

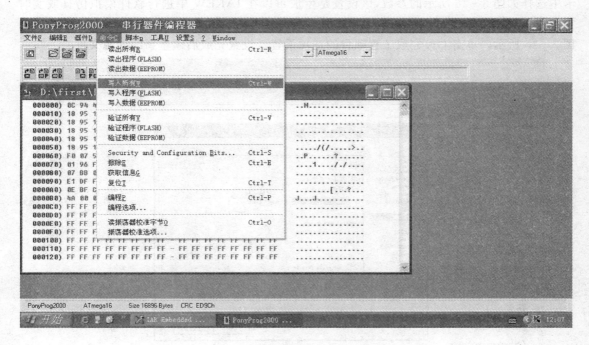

图 3-47 选择命令→写入所有

3.6.9 在 IAREW 中进行实时在线仿真

一般情况下,对于简单的设计,在 IAREW 中使用软件模拟仿真即可将程序调通。对于一些较复杂的设计,有时须使用在线仿真器来辅助调试,这样会更容易找到问题所在。

其设计开发过程与上面所述基本相同,即:

① 建立一个工作区及创建一个新工程项目。
② 设置 IAREW 工程项目的选项。
③ 输入 C 源文件。
④ 向工程项目中添加源文件。
⑤ 编译源文件。
⑥ 在 IAREW 中进行软件模拟仿真或实时在线仿真。
⑦ 在 AVR Studio 集成开发环境中进行软件模拟仿真或实时在线仿真。
⑧ 使用 PonyProg2000 软件或 SLISP 将 HEX 文件下载到单片机中。
⑨ 应用。

不同之处列出如下:

第②点,设置 IAREW 工程项目的选项时,在 Category 栏中,选择 Linker,在 Output 选项卡中选择如图 3-26 所示的参数,该设置是生成可以在 IAREW 中进行软件模拟仿真或实时在线仿真的文件。在 Category 栏中,选择 Debugger,在 Setup 选项卡中选择 JTAGICE,如图 3-48 所示。单击 OK 完成工程项目的选项设置。设置完成后须重新编译源文件。

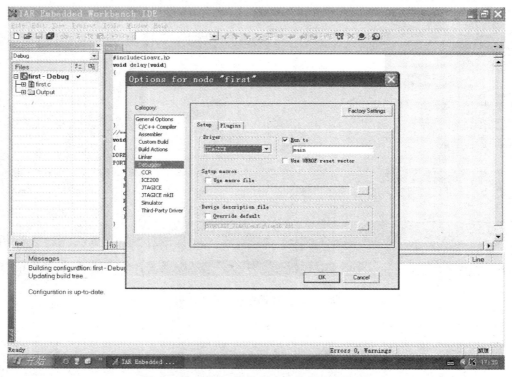

图 3-48 在 Setup 选项卡中选择 JTAGICE

第3章　AVR 单片机开发软件的安装及第一个入门程序

第⑥点,IAREW 中进行实时在线仿真之前,必须把 JTAGICE(JTAG 在线仿真器)连接到上位 PC 机和目标板(实验板)之间,用 RS-232 通信电缆将空闲的 PC 串口同 JTAGICE 相连,JTAGICE 的排线连到 AVR DEMO 单片机综合实验板的 JTAG 口,然后实验板通电工作。这里提示一下,JTAGICE 的工作电源由 AVR DEMO 实验板经 10PIN 的排线提供,因此,JTAGICE 不需要另外供电。

选择主菜单栏中的 Project,在下拉菜单中选择 Debug,可以自动检测到仿真器并进入仿真界面(图 3-49)。

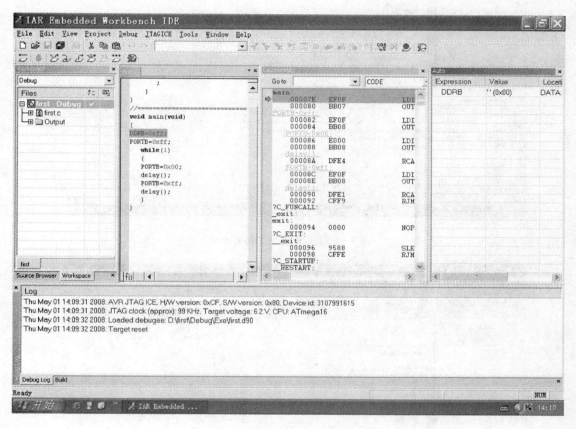

图 3-49　自动检测到仿真器并进入仿真界面

可使用 Step Over 方式进行调试(快捷键为 F10)。鼠标在程序的光标箭头上单击,随后按动 F10,可发现在 Auto 窗口中的 PORTB 的数值变化。按动 F10,PORTB 全部为 0x00(低电平);继续按动 F10,PORTB 又变为 0xFF(高电平),如图 3-50、图 3-51 所示。相应地实验板上 PORTB 外接的 8 个发光二极管 D1~D8 点亮或熄灭。在线仿真结束后,选择主菜单栏中 Debug→Stop Debugging 退出仿真界面,然后关闭 IAREW 开发环境。

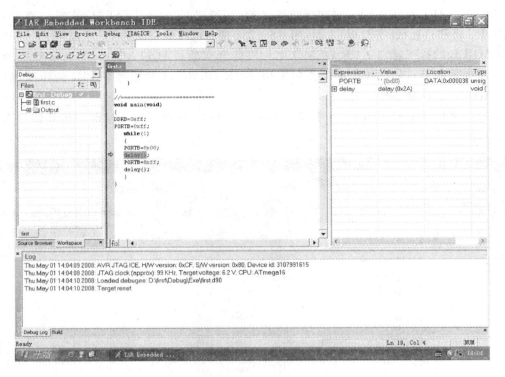

图 3-50　8 个发光二极管点亮

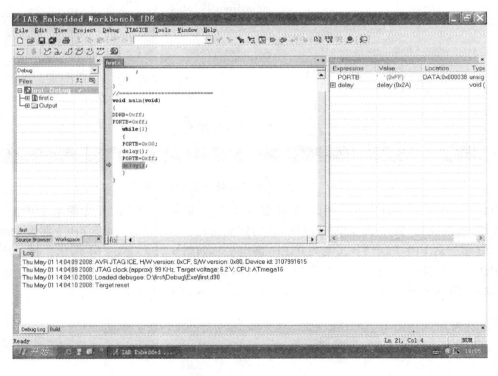

图 3-51　8 个发光二极管熄灭

3.6.10 在 AVR Studio 中进行软件模拟仿真

使用 AVR Studio 进行软件模拟仿真时,其设计开发过程与上面所述基本相同,不同之处列出如下:

第②点,设置 IAREW 工程项目的选项时,在 Category 栏中,选择 Linker,在 Output 选项卡中选择如图 3-52 所示的参数,该设置是生成可以在 AVR Studio 中进行软件模拟仿真或实时在线仿真的文件。单击 OK 完成工程项目的选项设置。设置完成后须重新编译源文件。

第⑥点,"在 IAREW 进行软件模拟仿真或实时在线仿真"的这一步不需要做。

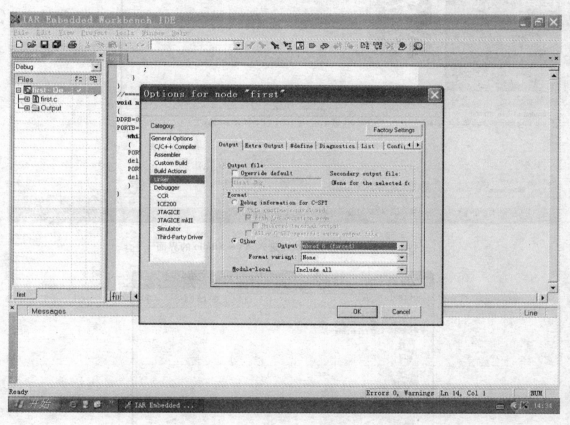

图 3-52 设置生成可以在 AVR Studio 中进行软件模拟仿真或实时在线仿真的文件

打开 AVR Studio 集成开发环境,弹出欢迎进入 AVR Studio 的界面(图 3-53)。

单击 Open 按钮,选中 D 盘→first→Debug→Exe→first.dbg 文件后单击打开(图 3-54),弹出生成 AVR Studio 工程项目文件的界面后单击保存(图 3-55),然后弹出选择仿真平台界面(图 3-56)。这里我们进行软件模拟仿真,在 Debug Platform 栏中选择 AVR Simulator,在 Device 栏中选择 ATmega16 芯片(图 3-57)。单击 Finish 后进入仿真界面(图 3-58)。

在主菜单中选择 Debug,在 Debug 的下拉菜单中可看到常用的仿真快捷键,选择 F10 (Step Over)进行调试。

在主菜单中选择 Debug→AVR Simulator Options,弹出图 3-59 所示的仿真选项,将

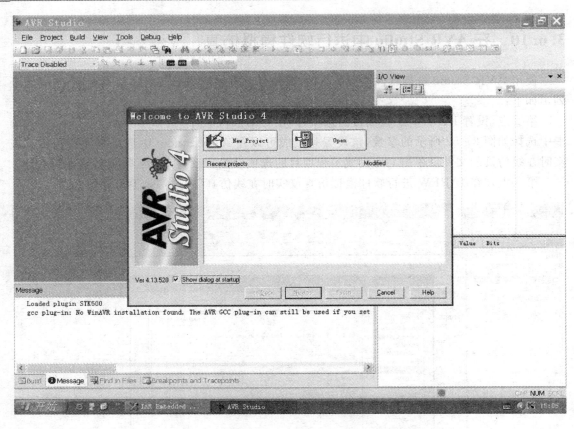

图 3-53　出现一个欢迎进入 AVR Studio 的界面

图 3-54　单击打开 D 盘→first→Debug→Exe→first.dbg 文件

Frequency 一项中的仿真频率改为 8.00 MHz，单击 OK 使其与实验板上的实际工作频率相符。

右侧的窗口中，显示出 ATmeag16 的各种寄存器的状态值，我们将 I/O ATMEGA16 前的加号展开，再将 PORTB 前的加号展开，将 PORTB 输出口打开（图 3-60）。鼠标在程序的

第3章　AVR单片机开发软件的安装及第一个入门程序

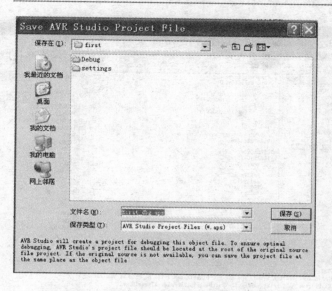

图 3-55　生成 AVR Studio 工程项目文件界面

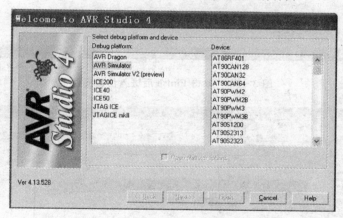

图 3-56　选择仿真平台界面

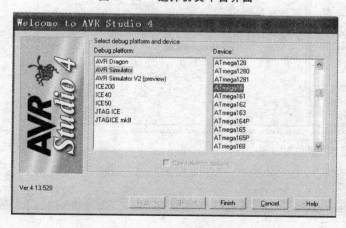

图 3-57　在 Device 栏中选择 ATmega16 芯片

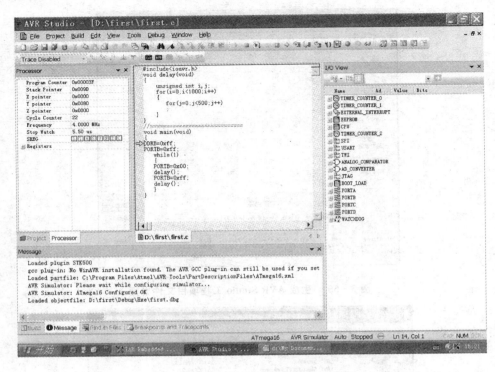

图 3-58 单击 Finish 后进入仿真界面

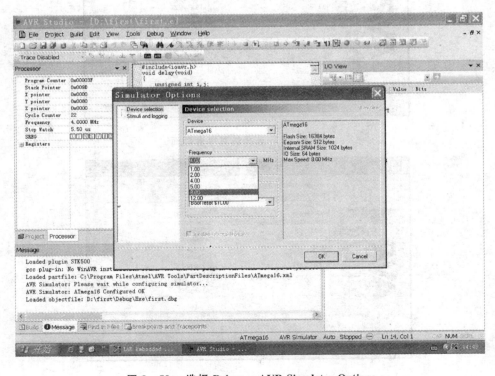

图 3-59 选择 Debug→AVR Simulator Options

光标箭头上单击,随后按动 F10,可发现 PORTB 口的各寄存器会发生变化,DDRB 全部为黑色(0xFF),说明方向寄存器的设置为输出方式,而随着继续按动 F10,PORTB 与 PINB 则一会儿变黑(0xFF),一会儿变白(0x00)。在 Processor 窗口中有个 Stop Watch 项,该项就是 AVR Studio 在选定时钟频率下计算出的运行时间(图 3-61)。可发现,PORTB 输出低电平到高电平的时间间隔约 0.501 s,反复循环。仿真调试通过后,关闭 AVR Studio 开发环境。

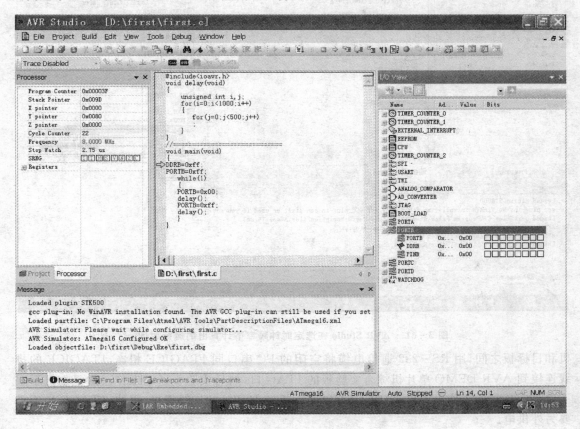

图 3-60 将 PORTB 输出口打开

3.6.11 在 AVR Studio 中进行实时在线仿真

使用 AVR Studio 进行实时在线仿真时,其设计开发过程与上面所述基本相同,不同之处列出如下:

第②点,设置 IAREW 工程项目的选项时,在 Category 栏中,选择 Linker,在 Output 选项卡中选择如图 3-52 所示参数,该设置是生成可以在 AVR Studio 中进行软件模拟仿真或实时在线仿真的文件。单击 OK 完成工程项目的选项设置。设置完成后须重新编译源文件。

第⑥点,"在 IAREW 中进行软件模拟仿真或实时在线仿真"的这一步不需要做。

打开 AVR Studio 集成开发环境后的操作按照图 3-53~图 3-61 所示进行,但在出现图 3-56、图 3-57 选择仿真平台界面时,Debug Platform 栏中改为选择 JTAG ICE。同样也不要忘记,在进入实时在线仿真之前,必须把 JTAGICE(JTAG 在线仿真器)连接在上位 PC

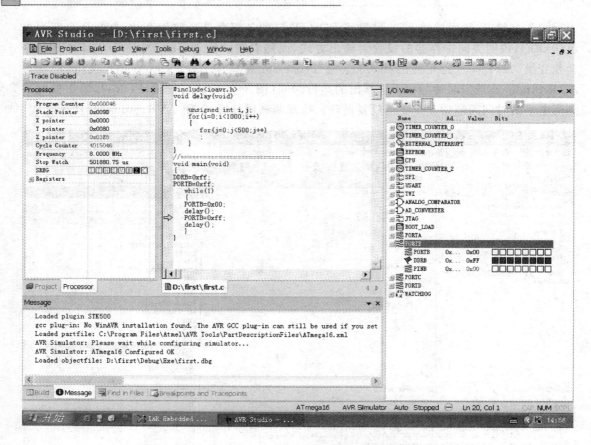

图 3-61　AVR Studio 在选定时钟频率下计算出的运行时间

机和目标板之间,用 RS-232 通信电缆将空闲的 PC 串口同 JTAGICE 相连,JTAGICE 的排线连接到 AVR DEMO 单片机综合实验板的 JTAG 口,然后实验板通电工作。这里也提示一下,JTAGICE 的工作电源由 AVR DEMO 实验板经 10PIN 的排线提供,因此,JTAGICE 不需要另外供电。

　　AVR Studio 仿真结束后,如要将程序下载到单片机中,请参考"3.6.7 使用PonyProg2000软件或 SLISP 将 HEX 文件下载到单片机中"一节。

第 4 章

AVR 单片机的主要特性及基本结构

AVR 为采用 RISC 精简指令集单片机,从而使单片机运行速度更快,其绝大部分指令可以在一个处理器时钟周期内完成。如果使用 MIPS(Millions of Instructions per Second,每秒执行百万条指令数)来衡量计算速度,那么一个时钟频率为 16 MHz 的 AVR 单片机可以在 1 s 内执行 1 600 万条左右的指令,也就是将近 16 MIPS 的速度。AVR 单片机的结构主要分为 3 部分:CPU(Central Processing Unit)、存储器和 I/O 口。

4.1 ATMEGA16(L)单片机的产品特性

1. 高性能、低功耗的 8 位微处理器

① 先进的 RISC 结构;
② 131 条指令中大多数指令执行时间为单个时钟周期;
③ 32 个 8 位通用工作寄存器;
④ 全静态工作;
⑤ 工作于 16 MHz 时钟频率时高达 16 MIPS;
⑥ 只需两个时钟周期的硬件乘法器。

2. 非易失性程序和数据存储器

① 16 KB 的系统内可编程 FLASH:
  ➢ 擦写寿命达 10 000 次;
  ➢ 具有独立锁定位的可选 Boot 代码区。
  ➢ 通过片上 Boot 程序实现系统内编程,真正的同时读/写操作;
② 512 B 的 EEPROM,擦写寿命达 10 0000 次;
③ 1 KB 的片内 SRAM;
④ 可以对锁定位进行编程以实现用户程序的加密。

3. JTAG 接口

JTAG 接口与 IEEE 1149.1 标准兼容。

① 符合 JTAG 标准的边界扫描功能；
② 支持扩展的片内调试功能；
③ 通过 JTAG 接口实现对 FLASH、EEPROM、熔丝位和锁定位的编程。

4. 片上丰富的外设

① 2 个具有独立预分频器和比较器功能的 8 位定时器/计数器；
② 1 个具有预分频器、比较功能和捕捉功能的 16 位定时器/计数器；
③ 具有独立振荡器的实时计数器 RTC；
④ 4 通道 PWM；
⑤ 8 路 10 位 ADC：
   ➢ 8 个单端通道；
   ➢ TQFP 封装的 7 个差分通道；
   ➢ 2 个具有可编程增益(1×、10× 或 200×)的差分通道；
⑥ 面向字节的两线接口；
⑦ 2 个可编程的串行 USART；
⑧ 可工作于主机/从机模式的 SPI 串行接口；
⑨ 具有独立片内振荡器的可编程看门狗定时器；
⑩ 片内模拟比较器。

5. 处理器的特点

① 上电复位以及可编程的掉电检测；
② 片内经过标定的 RC 振荡器；
③ 片内/片外中断源；
④ 6 种睡眠模式：空闲模式、ADC 噪声抑制模式、省电模式、掉电模式、待机模式以及扩展的待机模式。

6. I/O 和封装

① 32 个可编程的 I/O 口；
② 40 引脚 PDIP 封装，44 引脚 TQFP 封装，以及 44 引脚 MLF 封装。

7. 工作电压

① ATMEGA16L：2.7～5.5 V；
② ATMEGA16：4.5～5.5 V。

8. 速度等级

① 0～8 MHz ATMEGA16L；
② 0～16 MHz ATMEGA16。

9. ATMEGA16L 的功耗(1 MHz, 3 V, 25℃)

① 正常模式：1.1 mA；
② 空闲模式：0.35 mA；
③ 掉电模式：<1 μA。

4.2 ATMEGA16(L)单片机的基本组成及引脚配置

4.2.1 ATMEGA16(L)单片机的基本组成

图 4-1 为 ATMEGA16(L) 的内部组成方框图。图 4-2 为 ATMEGA16(L) 的引脚配置。

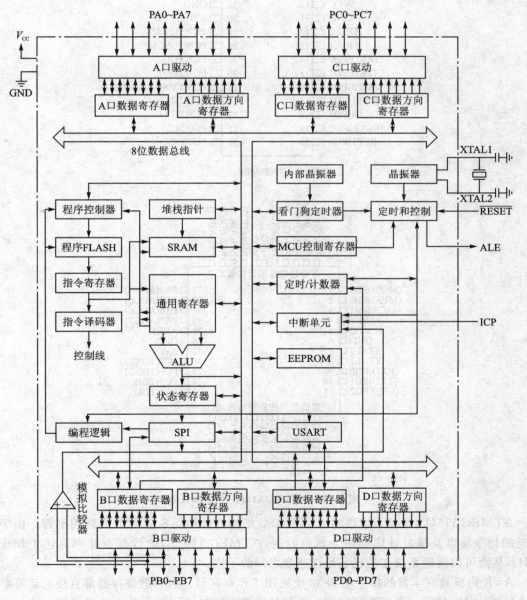

图 4-1 ATMEGA16(L)的内部组成方框图

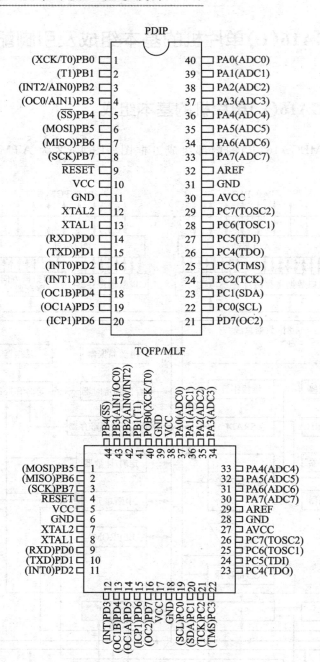

图 4-2 ATMEGA16(L)的引脚配置

ATMEGA16(L)是基于增强的 AVR RISC 结构的低功耗 8 位 CMOS 微控制器。由于其先进的指令集以及单时钟周期指令执行时间,ATMEGA16(L)的数据吞吐率高达 1 MIPS/MHz,从而可以缓解系统在功耗和处理速度之间的矛盾。

AVR 内核具有丰富的指令集和 32 个通用工作寄存器。所有的寄存器都直接与运算单元(ALU)相连接,使得一条指令可以在一个时钟周期内同时访问两个独立的寄存器。这种结构大大提高了代码效率,并且具有比普通的 CISC 微控制器快至 10 倍的数据吞吐率。

ATMEGA16(L)的 16 KB 的系统内可编程 FLASH 具有同时读/写的能力(即 RWW,Read-While-write),片上的 SRAM 高达 1 KB,还有 512 字节的 EEPROM 可用于断电时的数据记忆,其通用的 I/O 口线达 32 个。

ATMEGA16(L)具有 32 个通用工作寄存器(相当于 80C51 的 32 个累加器),有效避免了工作时的瓶颈效应,大大提升了工作速度与效率。ATMEGA16(L)还配置有用于边界扫描的 JTAG 接口,支持片内调试与编程。

片上还有 3 个具有比较功能的灵活的定时器/计数器(T/C)、片内/外中断、可编程串行 USART、有起始条件检测器的通用串行接口、8 路 10 位具有可选差分输入级可编程增益(TQFP 封装)的 ADC;具有片内振荡器的可编程看门狗定时器、1 个 SPI 串行端口、以及 6 个可通过软件进行选择的省电模式。

ATMEGA16(L)工作于空闲模式时,CPU 停止工作,而 USART、2 线接口、A/D 转换器、SRAM、T/C、SPI 端口以及中断系统继续工作。

工作于掉电模式时,晶体振荡器停止振荡,所有功能(除了中断和硬件复位之外)都停止工作。

在省电模式下,异步定时器继续运行,允许用户保持一个时间基准,而其余功能模块处于休眠状态。

工作于 ADC 噪声抑制模式时,将终止 CPU 和所有 I/O 模块的工作(除了异步定时器与 ADC 以外),以降低 ADC 转换时的开关噪声。

在 Standby(待机)模式下,只有晶体或谐振振荡器运行,其余功能模块处于休眠状态,使得器件只消耗极少的电流,同时具有快速启动能力。

扩展 Standby 模式下,则允许振荡器和异步定时器继续工作。

ATMEGA16(L)是以 ATMEL 公司高密度非易失性存储器技术生产的。片内 ISP FLASH 允许程序存储器通过 ISP 串行接口,或者通用编程器进行编程,也可以通过运行于 AVR 内核之中的引导程序进行编程。引导程序可以使用任意接口将应用程序下载到应用 FLASH 存储区(Application FLASH Memory)。在更新应用 FLASH 存储区时,引导 FLASH 区(Boot FLASH Memory)的程序继续运行,实现了 RWW 操作(支持引导装入程序:在写的同时可以读的自我编程能力)。通过将 8 位 RISC CPU 与系统内可编程的 FLASH 集成在一个芯片内,ATMEGA16(L)成为一个功能强大的单片机,为许多嵌入式控制应用提供了灵活而低成本的解决方案。

4.2.2 ATMEGA16(L)单片机的引脚功能

1. VCC

数字电路的电源。

2. GND

地。

3. 端口 A

端口 A(PA0~PA7)为 8 位双向 I/O 口,具有可编程的内部上拉电阻。其输出缓冲器具有对称的驱动特性,可以输出和吸收大电流。作为输入使用时,若内部上拉电阻使能,端口被外部电路拉低时将输出电流。在复位过程中,即使系统时钟还未起振,端口 A 也处于高阻状态。端口 A 的第 2 功能是作为 A/D 转换器的模拟输入端。

4. 端口 B

端口 B(PB0～PB7)为 8 位双向 I/O 口,具有可编程的内部上拉电阻。其输出缓冲器具有对称的驱动特性,可以输出和吸收大电流。作为输入使用时,若内部上拉电阻使能,端口被外部电路拉低时将输出电流。在复位过程中,即使系统时钟还未起振,端口 B 也处于高阻状态。端口 B 也可以用做其他不同的特殊用途。

5. 端口 C

端口 C(PC0～PC7)为 8 位双向 I/O 口,具有可编程的内部上拉电阻。其输出缓冲器具有对称的驱动特性,可以输出和吸收大电流。作为输入使用时,若内部上拉电阻使能,端口被外部电路拉低时将输出电流。在复位过程中,即使系统时钟还未起振,端口 C 也处于高阻状态。如果 JTAG 接口使能,即使复位出现,引脚 PC5(TDI)、PC3(TMS)与 PC2(TCK)的上拉电阻还是被激活。端口 C 也可以用做其他不同的特殊用途。

6. 端口 D

端口 D(PD0～PD7)为 8 位双向 I/O 口,具有可编程的内部上拉电阻。其输出缓冲器具有对称的驱动特性,可以输出和吸收大电流。作为输入使用时,若内部上拉电阻使能,端口被外部电路拉低时将输出电流。在复位过程中,即使系统时钟还未起振,端口 D 也处于高阻状态。端口 D 也可以用做其他不同的特殊用途。

7. $\overline{RESET}$

复位输入引脚。持续时间超过最小门限时间的低电平将引起系统复位。持续时间小于门限时间的脉冲不能保证可靠复位。

8. XTAL1

反向振荡放大器与片内时钟操作电路的输入端。

9. XTAL2

反向振荡放大器的输出端。

10. AVCC

AVCC 是端口 A 与 A/D 转换器的电源。不使用 ADC 时,该引脚应直接与 VCC 连接。使用 ADC 时应通过一个低通滤波器与 VCC 连接。

11. AREF

A/D 的模拟基准输入引脚。

4.3 AVR 单片机的 CPU 内核

4.3.1 AVR 单片机结构综述

图 4-3 为 AVR 单片机结构方框图。

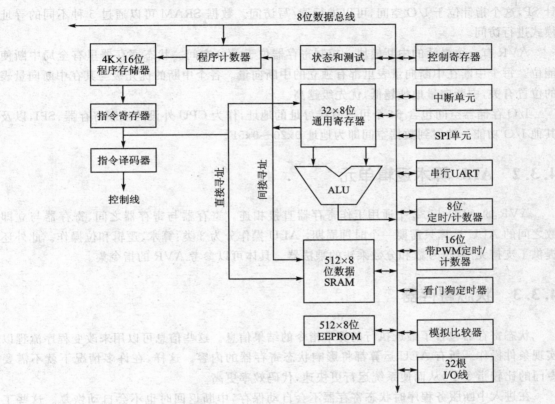

图 4-3　AVR 单片机结构的方框图

为了获得并行处理的最高性能,AVR 单片机采用了 Harvard 结构,具有独立的数据和程序总线。程序存储器里的指令通过一级流水线运行,CPU 在执行一条指令的同时读取下一条指令(称为预取指令),这个概念实现了指令的单时钟周期运行。程序存储器是可以在线编程的 FLASH。

当快速访问寄存器时(包括 32 个 8 位通用工作寄存器),访问时间仅为一个时钟周期,从而实现了单时钟周期的 ALU 操作。在典型的 ALU 操作中,两个位于寄存器中的操作数同时被访问,然后执行运算,结果再被送回到寄存器,整个过程仅需一个时钟周期。

寄存器里有 6 个寄存器可以用作 3 个 16 位的间接寻址寄存器指针以寻址数据空间,实现高效的地址运算,其中一个指针还可以作为程序存储器查询表的地址指针,这些附加的功能寄存器即为 16 位的 X、Y、Z 寄存器。

ALU 支持寄存器之间以及寄存器和常数之间的算术和逻辑运算,ALU 也可以执行单寄存器操作,运算完成之后状态寄存器的内容得到更新以反映操作结果。

程序流程通过有/无条件的跳转指令和调用指令来控制,从而直接寻址整个地址空间,大多数指令长度为 16 位,亦即每个程序存储器地址都包含一条 16 位或 32 位的指令。

程序存储器空间分为两个区:引导程序区(Boot 区)和应用程序区。这两个区都有专门的锁定位以实现读和读/写保护,用于写应用程序区的 SPM 指令必须位于引导程序区。

在中断和调用子程序时返回地址的程序计数器(PC)保存于堆栈之中,堆栈位于通用数据存储器 SRAM 中,因此其深度仅受限于 SRAM 的大小。在复位时用户首先要初始化堆栈指针 SP,这个指针位于 I/O 空间,可以进行读/写访问。数据 SRAM 可以通过 5 种不同的寻址模式进行访问。

AVR 有一个灵活的中断模块。控制寄存器位于 I/O 空间。状态寄存器里有全局中断使能位。每个中断在中断向量表里都有独立的中断向量。各个中断的优先级与其在中断向量表的位置有关,中断向量地址越低,优先级越高。

I/O 存储器空间包含 64 个可以直接寻址的地址,作为 CPU 外设的控制寄存器、SPI,以及其他 I/O 功能。映射到数据空间即为地址 0x20～0x5F。

4.3.2 ALU 算术逻辑单元

AVR 的 ALU 与 32 个通用工作寄存器直接相连。寄存器与寄存器之间、寄存器与立即数之间的 ALU 运算只需要一个时钟周期。ALU 操作分为 3 类:算术、逻辑和位操作。此外还提供了支持无/有符号数和分数乘法的乘法器。具体可以参考 AVR 的指令集。

4.3.3 状态寄存器

状态寄存器包含了最近执行的算术指令的结果信息。这些信息可以用来改变程序流程以实现条件操作。所有 ALU 运算都将影响状态寄存器的内容。这样,在许多情况下就不需要专门的比较指令了,从而使系统运行更快速,代码效率更高。

在进入中断服务程序时状态寄存器不会自动保存,中断返回时也不会自动恢复。这些工作需要软件来处理。

AVR 中断寄存器 SREG 定义如下:

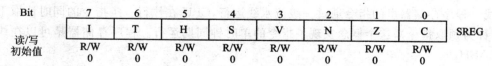

> Bit7 - I:全局中断使能,I 置位时使能全局中断。单独的中断使能由其他独立的控制寄存器控制。如果 I 清零,则不论单独中断标志置位与否,都不会产生中断。任意一个中断发生后 I 清零,而执行 RETI 指令后 I 恢复置位以使能中断。I 也可以通过 SEI 和 CLI 指令来置位和清零。

> Bit6 - T:位复制存储。位拷贝指令 BLD 和 BST 利用 T 作为目的或源地址。BST 把寄存器的某一位拷贝到 T,而 BLD 把 T 拷贝到寄存器的某一位。

第4章 AVR单片机的主要特性及基本结构

- Bit5 - H:半进位标志,表示算术操作发生了半进位。此标志对于 BCD 运算非常有用。
- Bit4 - S:符号位,$S = N \oplus V$。S 为负数标志 N 与 2 的补码溢出标志 V 的异或。
- Bit3 - V:2 的补码溢出标志,支持 2 的补码运算。
- Bit2 - N:负数标志,表明算术或逻辑操作结果为负。
- Bit1 - Z:零标志,表明算术或逻辑操作结果为零。
- Bit0 - C:进位标志,表明算术或逻辑操作发生了进位。

4.3.4 通用寄存器

寄存器针对 AVR 增强型 RISC 指令集做了优化。为了获得需要的性能和灵活性,寄存器支持以下的输入/输出方案:

- 输出 1 个 8 位操作数,输入 1 个 8 位结果
- 输出 2 个 8 位位操作数,输入 1 个 8 位结果
- 输出 2 个 8 位位操作数,输入 1 个 16 位结果
- 输出 1 个 16 位位操作数,输入 1 个 16 位结果

图 4-4 为 AVR 单片机的 CPU 32 个通用工作寄存器的结构。

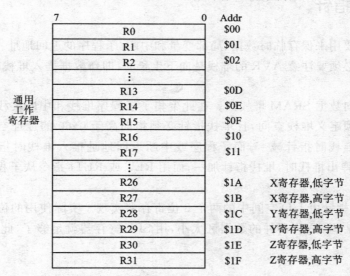

图 4-4 AVR 单片机的 CPU 32 个通用工作寄存器的结构

AVR 单片机中,大多数操作寄存器的指令都可以直接访问所有的寄存器,而且多数这样的指令执行时间为单个时钟周期。

如图 4-4 所示,每个寄存器都有一个数据内存地址,将它们直接映射到用户数据空间的头 32 个地址。虽然寄存器的物理实现不是 SRAM,但这种内存组织方式在访问寄存器方面具有极大的灵活性,因为 X、Y、Z 寄存器可以设置为指向任意寄存器的指针。

4.3.5 X、Y、Z 寄存器

寄存器 R26~R31 除了用作通用寄存器外，还可以作为数据间接寻址用的地址指针。这 3 个间接寻址寄存器如图 4-5 所示。

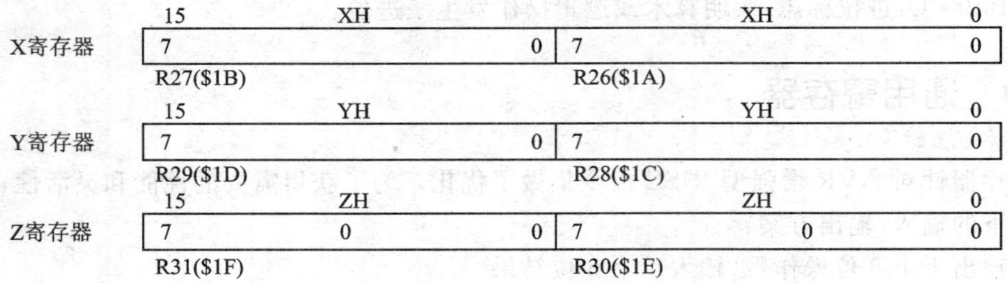

	15	XH			XH		0
X寄存器	7		0	7			0
		R27($1B)			R26($1A)		
	15	YH			YH		0
Y寄存器	7		0	7			0
		R29($1D)			R28($1C)		
	15	ZH			ZH		0
Z寄存器	7		0	7			0
		R31($1F)			R30($1E)		

图 4-5 X、Y、Z 寄存器

X、Y、Z 寄存器在不同的寻址模式中，可以实现固定偏移量、自动加一和自动减一功能。

4.3.6 堆栈指针

堆栈指针主要用来保存临时数据、局部变量和中断/子程序的返回地址。堆栈指针总是指向堆栈的顶部。必须要注意 AVR 的堆栈是向下生长的，即新数据推入堆栈时，堆栈指针的数值将减小。

堆栈指针指向数据 SRAM 堆栈区。在此聚集了子程序堆栈和中断堆栈。调用子程序和使能中断之前必须定义堆栈空间，且堆栈指针必须指向高于 0x60 的地址空间。使用 PUSH 指令将数据推入堆栈时指针减一；而子程序或中断返回地址推入堆栈时指针将减二。使用 POP 指令将数据弹出堆栈时，堆栈指针加一；而用 RET 或 RETI 指令从子程序或中断返回时堆栈指针加二。

AVR 的堆栈指针由 I/O 空间中的两个 8 位寄存器实现。实际使用的位数与具体器件有关。须注意的是某些 AVR 器件的数据区太小，用 SPL 寄存器就足够了，此时将不需要 SPH 寄存器。

4.3.7 指令执行时序

AVR CPU 由系统时钟 clk$_{CPU}$ 驱动。此时钟直接来自选定的时钟源。芯片内部不对此时钟进行分频。

图 4-6 所示为由 Harvard 结构决定的并行取指和指令执行，以及可以进行快速访问的寄存器文件的概念。这是一个基本的流水线概念，性能高达 1 MIPS，具有优良的性价比、功能/时钟比、功能/功耗比。

图 4-7 所示为由寄存器内部单时钟周期 ALU 操作时序。在一个时钟周期里，ALU 可以同时对两个寄存器操作数进行操作，同时将结果保存到目的寄存器中。

第4章 AVR单片机的主要特性及基本结构

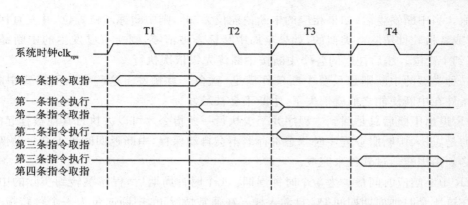

图 4-6 并行取指和指令执行

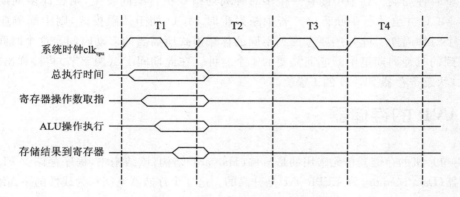

图 4-7 单时钟周期 ALU 操作时序

4.3.8 复位与中断处理

AVR 有不同的中断源。每个中断和复位在程序空间都有独立的中断向量。所有的中断事件都有自己的使能位。当使能位置位,且状态寄存器的全局中断使能位 I 也置位时,中断被使能。根据程序计数器 PC 的不同,在引导锁定位 BLB02 或 BLB12 被编程的情况下,中断可能被自动禁止。这个特性提高了软件的安全性。

程序存储区的最低地址缺省为复位向量和中断向量。向量所在的地址越低,优先级越高。RESET 具有最高的优先级,第二个为 INT0——外部中断请求 0。通过置位 MCU 控制寄存器(MCUCR)的 IVSEL,中断向量可以移至引导 FLASH 的起始处。编程熔丝位 BOOTRST 也可以将复位向量移至引导 FLASH 的起始处。

任一中断发生时全局中断使能位 I 被清零,从而禁止了所有其他的中断。用户软件可以在中断程序里置位 I 来实现中断嵌套。此时所有的中断都可以中断当前的中断服务程序。执行 RETI 指令后 I 自动置位。

从根本上说有两种类型的中断。

第一种由事件触发并置位中断标志。对于这些中断,程序计数器跳转到实际的中断向量以执行中断处理程序,同时硬件将清除相应的中断标志。中断标志也可以通过对其写"1"的方式来清除。当中断发生后,如果相应的中断使能位为"0",则中断标志位置位,并一直保持到中断执行,或者被软件清除。类似的,如果全局中断标志被清零,则所有已发生的中断都不会被执行,直到 I 置位。然后挂起的各个中断按中断优先级依次执行。

第二种类型的中断则是只要中断条件满足,就会一直触发。这些中断不需要中断标志。若中断条件在中断使能之前就消失了,中断不会被触发。

AVR 退出中断后总是回到主程序并至少执行一条指令才可以去执行其他被挂起的中断。须注意的是,进入中断服务程序时状态寄存器不会自动保存,中断返回时也不会自动恢复。这些工作必须由用户通过软件来完成。

AVR 中断响应时间最少为 4 个时钟周期。4 个时钟周期后,程序跳转到实际的中断处理例程。在这 4 个时钟周期期间 PC 自动入栈。在通常情况下,中断向量为一个跳转指令,此跳转需要 3 个时钟周期。如果中断在一个多时钟周期指令执行期间发生,则在此多周期指令执行完毕后 MCU 才会执行中断程序。若中断发生时 MCU 处于休眠模式,则中断响应时间还须增加 4 个时钟周期。此外还要考虑到不同的休眠模式所需要的启动时间。这个时间不包括在前面提到的时钟周期里中断返回需要的 4 个时钟。在此期间 PC(两字节)将被弹出栈,堆栈指针加二,状态寄存器 SREG 的 I 置位。

4.4　AVR 的存储器

AVR 单片机的存储器单元采用的是哈佛(Harvard)结构,该结构中,程序存储器 FLASH 和数据存储器(Data Memory 和 EEPROM)是分离的。这 3 个存储器空间都为线性的平面结构。

4.4.1　程序存储器

程序存储器是一个首地址为 0x0000 的闪速存储器(FLASH),容量因具体的单片机型号不同而不同。

ATMEGA16(L) 具有 16 KB 的在线编程 FLASH,用于存放程序指令代码。因为所有的 AVR 指令为 16 位或 32 位,故而 FLASH 组织成 8K×16 位的形式。用户程序的安全性要根据 FLASH 程序存储器的两个区——引导(Boot)程序区和应用程序区,分开来考虑。

FLASH 存储器至少可以擦写 10 000 次。ATMEGA16(L)的程序计数器(PC)为 13 位,因此可以寻址 8 K 字的程序存储器空间。图 4-8 所示为程序存储器单元的映射图。

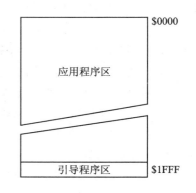

图 4-8　程序存储器单元的映射图

4.4.2　SRAM 数据存储器

ATMEGA16(L)的 SRAM 数据存储器一般包括 3 个相互独立的读/写存储区。最低的区域是 32 个通用工作寄存器,接着是 64 个 I/O 寄存器,之后就是内部 SRAM。

通用工作存储器一般用于存储程序运行过程中的局部变量、全局变量和其他暂时性的数据。64 个 I/O 寄存器用作控制单片机上 I/O 和外设的接口。内部 SRAM 则作为通用的变量存储空间,同时也用作产生中断时的堆栈。图 4-9 为数据存储器的映射图。

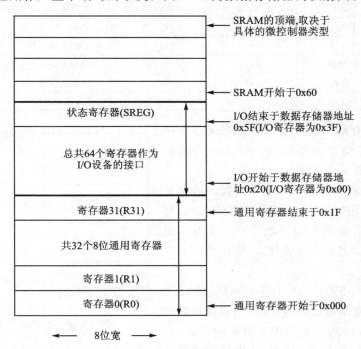

图 4-9 数据存储器的映射图

通用工作寄存器占据了数据存储器最低的 32 个单元。这些寄存器就和计数器里面的存储单元一样,只是在里面保存暂时或者中间的计算结果。它们有时用于存储局部变量,有时用于存储全局变量,有时用于存储指向处理器要用的存储器单元的指针。简而言之,处理器在运行程序时才用到这 32 个工作寄存器。这些寄存器的使用一般由 C 编译器来控制,而不是由程序员来控制的,除非使用汇编语言。

I/O 寄存器则占据了通用寄存器后面的最高 64 字节的数据存储器空间。其中每一个寄存器都提供对微控制器内部的 I/O 外设的控制寄存器或数据寄存器的访问。程序员可以大量使用 I/O 寄存器来作为微控制器的 I/O 外设的接口。表 4-1 为常用 I/O 寄存器的列表。

表 4-1 常用 I/O 寄存器的列表

I/O 寄存器名	I/O 寄存器地址	SRAM 地址	说 明
PORTA	0x1B	0x3B	PortA 的输出寄存器
DDRA	0x1A	0x3A	PortA 的数据方向寄存器
PINA	0x19	0x39	PortA 的输入引脚
PORTB	0x18	0x38	PortB 的输出寄存器
DDRB	0x17	0x37	PortB 的数据方向寄存器

续表 4-1

I/O 寄存器名	I/O 寄存器地址	SRAM 地址	说　明
PINB	0x16	0x36	PortB 的输入引脚
PORTC	0x15	0x35	PortC 的输出寄存器
DDRC	0x14	0x34	PortC 的数据方向寄存器
PINC	0x13	0x33	PortC 的输入引脚
PORTD	0x12	0x32	PortD 的输出寄存器
DDRD	0x11	0x31	PortD 的数据方向寄存器
PIND	0x10	0x30	PortD 的输入引脚
SREG	0x1F	0x5F	CPU 的状态寄存器

SRAM 用来存储那些不适合存放在寄存器中的变量，并用于存储处理器堆栈。SRAM 存储器区域如图 4-10 所示。

在 SRAM 中没有特别的存储器区间或内存分块。数据一般从 SRAM 的底部开始存储，而处理器的堆栈则是从存储器顶部开始存储。也就是说数据存储是由下而上利用存储器，而堆栈是由上而下利用存储器。

存储空间的顶端，取决于具体的微控制器类型
开始于0X0000
8位宽

图 4-10　SRAM 存储器区域

每个单片机的 SRAM 大小是有限的，所以在应用时要确保堆栈不会延伸得太向下，或者数据不会移动到太向上，以防止它们相互重叠和干扰，这是非常重要的。数据重写了堆栈，或者堆栈重写了数据，都会使程序产生不可预测的结果。

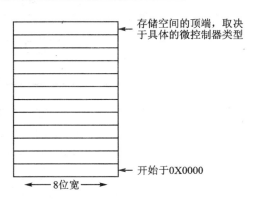

图 4-11 为 ATMEGA16(L)的 SRAM 空间组织结构。

寄存器堆
R0
R1
R2
R29
R30
R31
I/O寄存器
$00
$01
$02
$3D
$3E
$3F
数据地址空间
$0000
$0001
$0002
$001D
$001E
$001F
$0020
$0021
$0022
$005D
$005E
$005F
内部SRAM
$0060
$0061
$045E
$045F

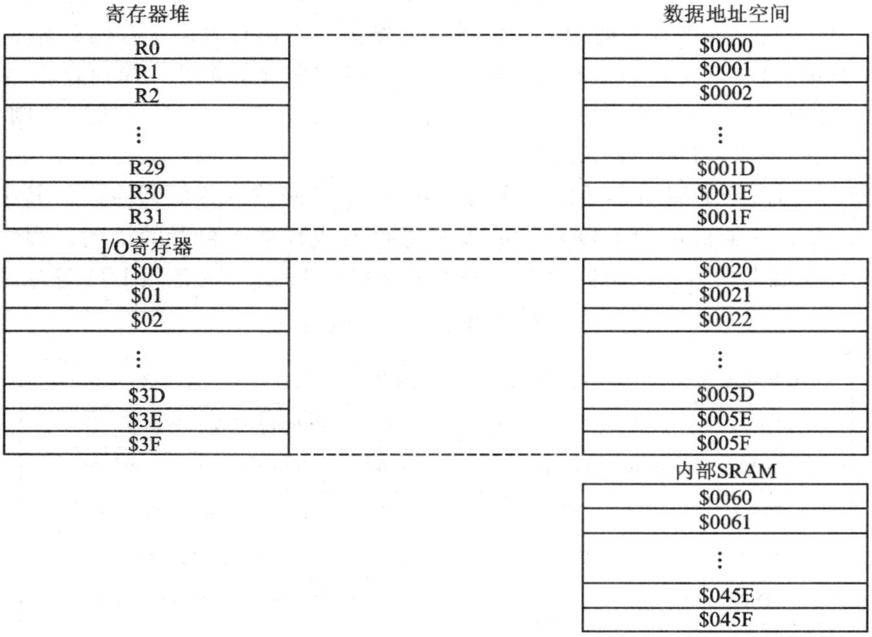

图 4-11　ATMEGA16(L)的 SRAM 空间组织结构

前 1 120 个数据存储器包括了寄存器、I/O 存储器及内部数据 SRAM。起始的 96 个地址为寄存器与 64 个 I/O 存储器,接着是 1 024 B 的内部数据 SRAM。

数据存储器的寻址方式分为 5 种:直接寻址、带偏移量的间接寻址、间接寻址、带预减量的间接寻址和带后增量的间接寻址。寄存器 R26~R31 为间接寻址的指针寄存器。

直接寻址范围可达整个数据区。

带偏移量的间接寻址模式能够寻址到由寄存器 Y 和 Z 给定的基址附近的 63 个地址。

在自动预减和后加的间接寻址模式中,寄存器 X、Y 和 Z 自动增加或减少。

ATMEGA16(L)的全部 32 个通用寄存器、64 个 I/O 寄存器及 1 024 字节的内部数据 SRAM 可以通过所有上述的寻址模式进行访问。

4.4.3 数据存储器访问时序

访问内部数据存储器的时序如图 4-12 所示,内部 SRAM 访问时间为两个 clk_{CPU} 时钟。

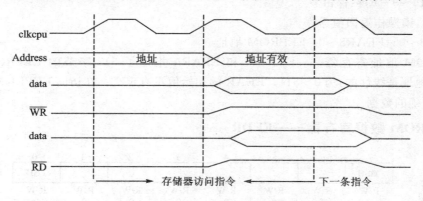

图 4-12 内部 SRAM 访问时序

4.4.4 EEPROM 数据存储器

ATMEGA16(L)包含 512 字节的 EEPROM 数据存储器。它是作为一个独立的数据空间而存在的,可以按字节读/写。EEPROM 常被用来存放那些在掉电以后不能丢失的和微控制器要反复运用的数据。EEPROM 的首地址是 0x000。EEPROM 的寿命至少为 100 000 次擦除周期。EEPROM 的访问由地址寄存器、数据寄存器和控制寄存器决定。

虽然 EEPROM 存储器是可读/写的,但很少用它来存放一般的变量。这是因为 EEPROM 的写入速度非常慢,须用几个毫秒才能完成 1 字节数据的写操作。大量地使用这类存储器来存放变量会大幅度降低处理器的速度。同时,EEPROM 只能经受有限次数(大于 100 000 次)的写周期。所以,EEPROM 通常只是为那些在掉电的情况下必须保存的数据预留的。

1. EEPROM 读/写访问

EEPROM 的访问寄存器位于 I/O 空间。自定时功能可以让用户软件监测何时可以开始写下一字节。在操作 EEPROM 时须注意如下问题:在电源滤波时间常数比较大的电路中,上电/断电时 V_{CC} 上升/下降速度会比较慢。此时 CPU 可能工作于低于晶振所要求的电源电压。为了防止无意识的 EEPROM 写操作,须执行一个特定的写时序。具体参看下面 EEPROM 控制寄存器的内容。

执行 EEPROM 读操作时,CPU 会停止工作 4 个周期,然后再执行后续指令;执行 EEPROM 写操作时,CPU 会停止工作 2 个周期,然后再执行后续指令。

2. EEPROM 地址寄存器——EEARH 和 EEARL

Bit	15	14	13	12	11	10	9	8	
	—	—	—	—	—	—	—	EEAR8	EEARH
	EEAR7	EEAR6	EEAR5	EEAR4	EEAR3	EEAR2	EEAR1	EEAR0	EEARL
	7	6	5	4	3	2	1	0	
读/写	R	R	R	R	R	R	R	R/W	
	R/W	R/W	R/W	R/W	R/W	R/W	R/W	R/W	
初始值	0	0	0	0	0	0	0	X	
	X	X	X	X	X	X	X	X	

➤ Bits15～9 - Res:保留

保留位,读操作返回值为零。

➤ Bits8～0 - EEAR8～0：EEPROM 地址

EEPROM 地址寄存器——EEARH 和 EEARL 指定了 512 字节的 EEPROM 空间。EEPROM 地址是线性的,为 0～511。EEAR 的初始值没有定义。在访问 EEPROM 之前必须为其赋予正确的数据。

3. EEPROM 数据寄存器——EEDR

Bit	7	6	5	4	3	2	1	0	
	MSB							LSB	EEDR
读/写	R/W	R/W	R/W	R/W	R/W	R/W	R/W	R/W	
初始值	0	0	0	0	0	0	0	0	

➤ Bits7～0 - EEDR7～0：EEPROM 数据

对于 EEPROM 写操作,EEDR 是将要写到 EEAR 单元的数据;对于读操作,EEDR 是从地址 EEAR 读取的数据。

4. EEPROM 控制寄存器——EECR

Bit	7	6	5	4	3	2	1	0	
	—	—	—	—	EERIE	EEMWE	EEWE	EERE	EECR
读/写	R	R	R	R	R/W	R/W	R/W	R/W	
初始值	0	0	0	0	0	0	X	0	

➤ Bits7～4 - Res:保留

保留位,读操作返回值为零。

➤ Bit3 - EERIE:使能 EEPROM 准备好中断

若 SREG 的 I 为"1",则置位 EERIE 将使能 EEPROM 准备好中断。清零 EERIE 则禁止此中断。当 EEWE 清零时 EEPROM 准备好中断即可发生。

➤ Bit2 - EEMWE：EEPROM 主机写使能

EEMWE 决定了 EEWE 置位是否可以启动 EEPROM 写操作。当 EEMWE 为"1"时,在

4个时钟周期内置位 EEWE 将把数据写入 EEPROM 的指定地址;若 EEMWE 为"0",则操作 EEWE 不起作用。EEMWE 置位后4个周期,硬件对其清零。见 EEPROM 写过程中对 EEWE 位的描述。

➤ Bit1 – EEWE:EEPROM 写使能

EEWE 为 EEPROM 写操作的使能信号。当 EEPROM 数据和地址设置好之后,须置位 EEWE 以便将数据写入 EEPROM。此时 EEMWE 必须置位,否则 EEPROM 写操作将不会发生。

写时序如下(第③步和第④步的次序并不重要):
① 等待 EEWE 位变为零;
② 等待 SPMCSR 中的 SPMEN 位变为零;
③ 将新的 EEPROM 地址写入 EEAR(可选);
④ 将新的 EEPROM 数据写入 EEDR(可选);
⑤ 对 EECR 寄存器的 EEMWE 写"1",同时清零 EEWE;
⑥ 在置位 EEMWE 的4个周期内,置位 EEWE。

在 CPU 写 FLASH 存储器的时候不能对 EEPROM 进行编程。在启动 EEPROM 写操作之前软件必须检查 FLASH 写操作是否已经完成。第②步(等待 SPMCSR 中的 SPMEN 位变为零)仅在软件包含引导程序并允许 CPU 对 FLASH 进行编程时才有用。如果 CPU 永远都不会写 FLASH,第2步可省略。

注意:如果在第⑤步和第⑥步之间发生了中断,写操作将失败。因为此时 EEPROM 写使能操作将超时。如果一个操作 EEPROM 的中断打断了另一个 EEPROM 操作,EEAR 或 EEDR 寄存器可能被修改,引起 EEPROM 操作失败。建议此时关闭全局中断标志 I。

经过写访问时间之后,EEWE 硬件清零。用户可以凭借这一位判断写时序是否已经完成。

EEWE 置位后,CPU 要停止两个时钟周期才会运行下一条指令。

➤ Bit0 – EERE:EEPROM 读使能

EERE 为 EEPROM 读操作的使能信号。当 EEPROM 地址设置好之后,需置位 EERE 以便将数据读入 EEAR。EEPROM 数据的读取只需要一条指令,且无须等待。读取 EEPROM 后 CPU 要停止4个时钟周期才可以执行下一条指令。

用户在读取 EEPROM 时应该检测 EEWE。如果一个写操作正在进行,就无法读取 EEPROM,也无法改变寄存器 EEAR。

经过校准的片内振荡器用于 EEPROM 定时。表 4 – 2 为 CPU 访问 EEPROM 的典型时间。

表 4 – 2 CPU 访问 EEPROM 的典型时间

符　号	校正的 RC 振荡器周期数 (使用时钟频率为 1 MHz,不依赖于 CKSEL 熔丝位的设置)	典型的编程时间
EEPROM 写操作(CPU)	8448	8.5 ms

可用 C 函数实现 EEPROM 的写操作。在此,假设中断不会在执行这些函数的过程当中

发生。同时还假设软件没有 Boot Loader。若 Boot Loader 存在,则 EEPROM 写函数还须等待正在运行的 SPM 命令结束。C 代码例程:

```
void EEPROM_write(unsigned int uiAddress,unsigned char ucData)
{
    while(EECR & (1 << EEWE));    /* 等待上一次写操作结束 */
    EEAR = uiAddress;             /* 设置地址和数据寄存器 */
    EEDR = ucData;
    EECR |= (1 << EEMWE);         /* 置位 EEMWE */
    EECR |= (1 << EEWE);          /* 置位 EEWE 以启动写操作 */
}
```

可用 C 函数读取 EEPROM。在此,假设中断不会在执行这些函数的过程中发生。C 代码例程如下:

```
unsigned char EEPROM_read(unsigned int uiAddress)
{
    while(EECR & (1 << EEWE));    /* 等待上一次写操作结束 */
    EEAR = uiAddress;             /* 设置地址寄存器 */
    EECR |= (1 << EERE);          /* 设置 EERE 以启动读操作 */
    return EEDR;                  /* 自数据寄存器返回数据 */
}
```

5. 在掉电休眠模式下的 EEPROM

若程序执行掉电指令时,EEPROM 的写操作正在进行,则 EEPROM 的写操作将继续,并在指定的写访问时间之前完成。但写操作结束后,振荡器还将继续运行,单片机并非处于完全的掉电模式。因此在执行掉电指令之前应结束 EEPROM 的写操作。

6. 防止 EEPROM 数据丢失

若电源电压过低,CPU 和 EEPROM 有可能工作不正常,造成 EEPROM 数据的毁坏(丢失)。这种情况在使用独立的 EEPROM 器件时也会遇到。因而需要使用相同的保护方案。由于电压过低造成 EEPROM 数据损坏有两种可能:一是电压低于 EEPROM 写操作所需要的最低电压;二是 CPU 本身已经无法正常工作。

EEPROM 数据损坏的问题可以通过以下方法解决:

当电压过低时保持 AVR RESET 信号为低。这可以通过使能芯片的掉电检测电路 BOD 来实现。如果 BOD 电平无法满足要求则可以使用外部复位电路。若写操作过程当中发生了复位,只要电压足够高,写操作仍将正常结束。

4.4.5 I/O 存储器

ATMEGA16(L)所有的 I/O 及外设都被置于 I/O 空间。所有的 I/O 位置都可以通过 IN 与 OUT 指令来访问,在 32 个通用工作寄存器和 I/O 之间传输数据。地址为 0x00~0x1F 的 I/O 寄存器还可用汇编指令 SBI 和 CBI 直接进行位寻址,而 SBIS 和 SBIC 汇编指令则用来检查某一位的值。使用 IN 和 OUT 指令时地址必须在 0x00～0x3F 之间。如果要像 SRAM 一样通过 LD 和 ST 指令访问 I/O 寄存器,则相应的地址要加上 0x20。

为了与 AVR 后续产品兼容,保留未用的位应写"0",而保留的 I/O 寄存器则不应进行写操作。

4.5 系统时钟及时钟选项

4.5.1 时钟系统及其分布

图 4-13 为 AVR 的主要时钟系统及其分布。这些时钟并不需要同时工作。为了降低功耗,可以通过使用不同的睡眠模式来禁止无需工作的模块的时钟。

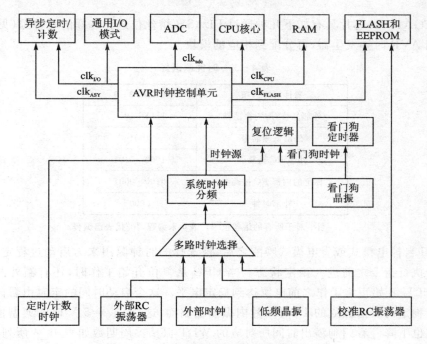

图 4-13 AVR 的主要时钟系统及其分布

1. CPU 时钟 clk_{CPU}

CPU 时钟与操作 AVR 内核的子系统相连,如通用寄存器、状态寄存器及保存堆栈指针的数据存储器。终止 CPU 时钟将使内核停止工作和计算。

2. I/O 时钟 $clk_{I/O}$

I/O 时钟用于主要的 I/O 模块,如定时/计数器、SPI 和 USART。I/O 时钟还用于外部中断模块。要注意的是有些外部中断由异步逻辑检测,因此即使 I/O 时钟停止了,这些中断仍然可以得到监控。

3. FLASH 时钟 clk$_{FLASH}$

FLASH 时钟控制 FLASH 接口的操作。此时钟通常与 CPU 时钟同时挂起或激活。

4. 异步定时器时钟 clk$_{ASY}$

异步定时器时钟允许异步定时/计数器与 LCD 控制器直接由外部 32 kHz 时钟晶体驱动。使得此定时/计数器即使在睡眠模式下，仍然可以为系统提供一个实时时钟。

5. ADC 时钟 clk$_{ADC}$

ADC 具有专门的时钟。这样可以在 ADC 工作的时候停止 CPU 和 I/O 时钟以降低数字电路产生的噪声，从而提高 ADC 转换精度。

4.5.2 时钟源

ATMEGA16(L)芯片具有如下几种通过 FLASH 熔丝位进行选择的时钟源(见表 4-3)。时钟输入到 AVR 时钟发生器，再分配到相应的模块。

表 4-3 时钟源选择

器件时钟选项	CKSEL3-0
外部晶体/陶瓷振荡器	1111-1010
外部低频晶振	1001
外部 RC 振荡器	1000-0101
标定的内部 RC 振荡器	0100-0001
外部时钟	0000

注：对于所有的熔丝位，"1"表示未编程，"0"代表已编程。

当 CPU 自掉电模式或省电模式唤醒之后，被选择的时钟源用来为启动过程定时，保证振荡器在开始执行指令之前进入稳定状态。当 CPU 从复位开始工作时，还有额外的延迟时间以保证在 MCU 开始正常工作之前电源达到稳定电平。这个启动时间的定时由看门狗振荡器完成。看门狗定时器由独立的 1 MHz 片内振荡器驱动，这是 $V_{CC}=5$ V 时的典型值，V_{CC} 下降则振荡频率也下降。看门狗溢出时间所对应的 WDT 振荡器周期数如表 4-4 所列。

表 4-4 看门狗振荡器周期数

典型的溢出时间($V_{CC}=5.0$ V)	典型的溢出时间($V_{CC}=3.0$ V)	时钟周期数
4.1 ms	4.3 ms	4 K(4096)
65 ms	69 ms	64 K(65536)

4.5.3 默认时钟源

器件出厂时 CKSEL="0010"，SUT="10"。这个默认设置的时钟源是 1 MHz 的内部 RC 振荡器，启动时间为最长。这种设置保证用户可以通过 ISP 或并行编程器得到所需的时钟源。

4.5.4 晶体振荡器

XTAL1 与 XTAL2 分别为用作片内振荡器的反向放大器的输入和输出，如图 4-14 所示。这个振荡器可以使用石英晶体，也可以使用陶瓷谐振器。熔丝位 CKOPT 用来选择这两种放大器模式之一。当 CKOPT 被编程时，振荡器在输出引脚产生满幅度的振荡，这种模式适合于噪声环境，以及需要通过 XTAL2 驱动第二个时钟缓冲器的情况，而且这种模式的频率范围比较宽。当保持 CKOPT 为未编程状态时，振荡器的输出信号幅度比较小，其优点是大大降低了功耗，但是频率范围比较窄，而且不能驱动其他时钟缓冲器。

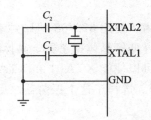

图 4-14 晶体振荡器的连接图

对于谐振器，CKOPT 未编程时的最高频率为 8 MHz，CKOPT 编程时为 16 MHz。C_1 和 C_2 的数值要一样。最佳的数值与使用的晶体或谐振器有关，还与杂散电容和环境的电磁噪声有关。表 4-5 给出了针对晶体选择电容的一些指南。对于陶瓷谐振器，应该使用厂商提供的数值。

表 4-5 晶体振荡器工作模式

CKOPT	CKSEL3~1	频率范围/MHz	使用晶体时电容 C_1 和 C_2 的推荐范围
1	101（此选项不适用于晶体，只能用于陶瓷谐振器）	0.4~0.9	—
1	110	0.9~3.0	12~22
1	111	3.0~8.0	12~22
0	101,110,111	≥1.0	12~22

振荡器可以工作于 3 种不同的模式，每一种都有一个优化的频率范围。工作模式通过熔丝位 CKSEL3~1 来选择，如表 4-5 所列。

熔丝位 CKSEL0 以及 SUT1~0 用于选择启动时间，如表 4-6 所列。

表 4-6 晶体振荡器时钟选项对应的启动时间

CKSEL0	SUT1~0	掉电与节电模式下的启动时间	复位时额外的延迟时间（$V_{CC}=5.0$ V）/ms	推荐用法
0	00	258 CK①	4.1	陶瓷谐振器，电源快速上升
0	01	258 CK①	65	陶瓷谐振器，电源缓慢上升
0	10	1K CK②	—	陶瓷谐振器，BOD 使能
0	11	1K CK②	4.1	陶瓷谐振器，电源快速上升
1	00	1K CK②	65	陶瓷谐振器，电源缓慢上升
1	01	16K CK	—	石英振荡器，BOD 使能
1	10	16K CK	4.1	石英振荡器，电源快速上升
1	11	16K CK	65	石英振荡器，电源慢速上升

注：① 这些选项只能用于工作频率不太接近于最大频率，而且启动时的频率稳定性对于应用而言不重要的情

况,不适用于晶体。表中 CK 表示时钟脉冲,以下同。

② 这些选项是为陶瓷谐振器设计的,可以保证启动时频率足够稳定。若工作频率不太接近于最高频率,而且启动时的频率稳定性对于应用而言不重要,则也适用于晶体。

4.5.5 低频晶体振荡器

为了使用 32.768 kHz 钟表晶体作为器件的时钟源,必须将熔丝位 CKSEL 设置为"1001"以选择低频晶体振荡器。晶体的连接方式如图 4-14 所示。通过对熔丝位 CKOPT 的编程,用户可以使能 XTAL1 和 XTAL2 的内部电容,从而去除外部电容。内部电容的标称数值为 36 pF。选择了这个振荡器之后,启动时间由熔丝位 SUT 确定,如表 4-7 所列。

表 4-7 低频晶体振荡器的启动时间

SUT1~0	掉电模式和省电模式的启动时间	复位时的额外延迟时间(V_{CC}=5.0 V)/ms	推荐用法
00	1K CK(1)①	4.1	电源快速上升,或是 BOD 使能
01	1K CK(1)①	65	电源缓慢上升
10	32K CK(1)	65	启动时频率已经稳定
11	保留		

注:① 这些选项只能用于启动时的频率稳定性对应用而言不重要的情况。

4.5.6 外部 RC 振荡器

对于时间精度不高的应用可以使用图 4-15 的外部 RC 振荡器。频率通过 $f=1/(3RC)$ 进行粗略估计。电容要求至少要 22 pF。

通过编程熔丝位 CKOPT,用户可以使能 XTAL1 和 GND 之间的片内 36 pF 电容,从而无需外部电容。

振荡器可以工作于 4 种不同的模式,每种模式有自己的优化频率范围。工作模式通过熔丝位 CKSEL3.0 选取,如表 4-8 所列。

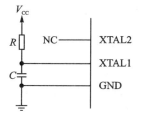

图 4-15 外部 RC 振荡器

表 4-8 外部 RC 振荡器工作模式

CKSEL3~0	频率范围/MHz	CKSEL3~0	频率范围/MHz
0101	≤0.9	0111	3.0~8.0
0110	0.9~3.0	1000	8.0~12.0

选择了振荡器之后,启动时间由熔丝位 SUT 确定,如表 4-9 所列。

第4章 AVR单片机的主要特性及基本结构

表 4-9 外部 RC 振荡器的启动时间

SUT1~0	掉电模式和省电模式的启动时间	复位时的额外延迟时间($V_{CC}=5.0$ V)/ms	推荐用法
00	18 CK	—	BOD 使能
01	18 CK	4.1	电源快速上升
10	18 CK	65	电源缓慢上升
11	6CK(这些选项只能用于工作频率不太接近于最大频率时的情况。)	4.1	电源快速上升,或是 BOD 使能

4.5.7 标定的片内 RC 振荡器

片内标定的 RC 振荡器提供了固定的 1.0、2.0、4.0 或 8.0 MHz 的时钟。这些频率都是 5 V、25℃下的标称数值。这个时钟也可以作为系统时钟,只要按照表 4-10 对熔丝位 CKSEL 进行编程即可。选择片内时钟(此时不能对 CKOPT 进行编程)之后就无需外部器件了。复位时硬件将标定字节加载到 OSCCAL 寄存器,自动完成对 RC 振荡器的标定。在 5 V、25℃和频率为 1.0 MHz 时,这种标定可以提供标称频率±1%的精度。当使用这

表 4-10 片内标定 RC 振荡器工作模式

CKSEL3~0	标称频率/MHz
0001(出厂时的设置)	1.0
0010	2.0
0100	4.0
0111	8.0

个振荡器作为系统时钟时,看门狗仍然使用自己的看门狗定时器作为溢出复位的依据。

选择了振荡器之后,启动时间由熔丝位 SUT 确定,如表 4-11 所列。XTAL1 和 XTAL2 引脚要保持悬空(NC)。

表 4-11 片内标定 RC 振荡器的启动时间

SUT1~0	掉电模式和省电模式的启动时间	复位时的额外延迟时间($V_{CC}=5.0$ V)/ms	推荐用法
00	6 CK	—	BOD 使能
01	6 CK	4.1	电源快速上升
10(出厂时的设置)	6 CK	65	电源缓慢上升
11		保留	

4.5.8 振荡器标定寄存器 OSCCAL

振荡器标定寄存器如下:

Bit	7	6	5	4	3	2	1	0	
	CAL7	CAL6	CAL5	CAL4	CAL3	CAL2	CAL1	CAL0	OSCCAL
读/写	R/W	R/W	R/W	R/W	R/W	R/W	R/W	R/W	
初始值									

➢ Bits7～0 - CAL7～0：振荡器标定数据

将标定数据写入这个地址可以对内部振荡器进行调节以消除由于生产工艺所带来的振荡器频率偏差。复位时,1 MHz 的标定数据(标识数据的高字节,地址为 0x00)自动加载到 OSC-CAL 寄存器。如果需要内部 RC 振荡器工作于其他频率,标定数据必须人工加载,如见表 4 - 12 所列。

表 4 - 12 内部 *RC* 振荡器频率范围

OSCCAL 数值	最低频率,标称频率的百分比/%	最高频率,标称频率的百分比/%
$ 00	50	100
$ 7F	75	150
$ FF	100	200

首先通过编程器读取标识数据,然后将标定数据保存到 FLASH 或 EEPROM 之中。这些数据可以通过软件读取,然后加载到 OSCCAL 寄存器。当 OSCCAL 为零时,振荡器以最低频率工作。当对其写不为零的数据时,内部振荡器的频率将增长,写入 0xFF 即得到最高频率。标定的振荡器用来作为访问 EEPROM 和 FLASH 的定时,写 EEPROM 和 FLASH 的操作时不要将频率标定到超过标称频率的 10%,否则写操作有可能失败。要注意振荡器只对 1.0、2.0、4.0 和 8.0 MHz 这 4 种频率进行了标定,其他频率则无法保证。

4.5.9 外部时钟

为了使用外部时钟源驱动芯片,XTAL1 必须进行如图 4 - 16 所示的连接。同时,熔丝位 CK-SEL 必须编程为"0000"。若熔丝位 CKOPT 也被编程,用户就可以使用内部的 XTAL1 和 GND 之间的 36 pF 电容。

选择了外部时钟之后,启动时间由熔丝位 SUT 确定,如表 4 - 13 所列。

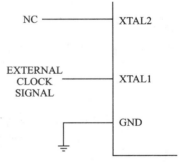

图 4 - 16 外部时钟配置图

表 4 - 13 外部时钟的启动时间

SUT1～0	掉电模式和省电模式的启动时间	复位时的额外延迟时间(V_{CC} = 5.0 V)/ms	推荐用法
00	6 CK	—	BOD 使能
01	6 CK	4.1	电源快速上升
10	6 CK	65	电源缓慢上升
11	保留		

注:为了保证单片机(MCU)能够稳定工作,不能突然改变外部时钟源的振荡频率。工作频率突变超过 2% 将会产生异常现象。应该在单片机保持复位状态时改变外部时钟的振荡频率。

4.5.10 定时/计数器振荡器

对于拥有定时/振荡器引脚(TOSC1 和 TOSC2)的 AVR 微处理器,晶体可以直接与这两个引脚连接,无需外部电容。此振荡器针对 32.768 kHz 的钟表晶体作了优化。不建议在 TOSC1 引脚上直接输入振荡信号。

4.6 电源管理及睡眠模式

睡眠模式可以使应用程序关闭 MCU 中没有使用的模块,从而降低功耗。AVR 具有不同的睡眠模式,允许用户根据自己的应用要求实施剪裁。

进入睡眠模式的条件是置位寄存器 MCUCR 的 SE,然后执行 SLEEP 指令。具体哪一种模式(空闲模式、ADC 噪声抑制模式、掉电模式、省电模式、Standby 模式和扩展 Standby 模式)由 MCUCR 的 SM2、SM1 和 SM0 决定,如表 4-14 所列。使能的中断可以将进入睡眠模式的 MCU 唤醒。经过启动时间,外加 4 个时钟周期后,MCU 就可以运行中断例程了。然后返回到 SLEEP 的下一条指令。唤醒时不会改变寄存器和 SRAM 的内容。如果在睡眠过程中发生了复位,则 MCU 唤醒后从中断向量开始执行。

表 4-14 休眠模式选择

SM2	SM1	SM0	休眠模式	SM2	SM1	SM0	休眠模式
0	0	0	空闲模式	1	0	0	保留
0	0	1	ADC 噪声抑制模式	1	0	1	保留
0	1	0	掉电模式	1	1	0	Standby 模式①
0	1	1	省电模式	1	1	1	扩展 Standby 模式①

注:① 仅在使用外部晶体或谐振器时 Standby 模式与扩展 Standby 模式才可用。

4.6.1 MCU 控制寄存器 MCUCR

MCU 控制寄存器如下所示:

Bit	7	6	5	4	3	2	1	0	
	SM2	SE	SMI	SM0	ISC11	ISC10	ISC01	ISC00	MCUCR
读/写	R/W	R/W	R/W	R/W	R/W	R/W	R/W	R/W	
初始值	0	0	0	0	0	0	0	0	

MCU 控制寄存器包含了电源管理的控制位。

➢ Bits7,5,4——SM2~0:休眠模式选择位 2、1 和 0

这些位用于选择具体的休眠模式(见表 4-14)。

➢ Bit6——SE:休眠使能

为了使 MCU 在执行 SLEEP 指令后进入休眠模式,SE 必须置位。为了确保进入休眠模式是程序员的有意行为,最好仅在 SLEEP 指令的前一条指令置位 SE。MCU 一旦唤醒立即清除 SE。

4.6.2 空闲模式

当 SM2～0 为 000 时，SLEEP 指令将使 MCU 进入空闲模式。在此模式下，CPU 停止运行，而 LCD 控制器（某些型号的 AVR 芯片内置有 LCD 控制器）、SPI、USART、模拟比较器、ADC、USI、定时/计数器、看门狗和中断系统继续工作。这个休眠模式只停止了 clk_{CPU} 和 clk_{FLASH}，其他时钟则继续工作。

像定时器溢出与 USART 传输完成等内外部中断都可以唤醒 MCU。如果不需要从模拟比较器中断唤醒 MCU，为了减少功耗，可以切断比较器的电源，方法是置位模拟比较器控制和状态寄存器 ACSR 的 ACD。如果 ADC 使能，进入此模式后将自动启动一次转换。

4.6.3 ADC 噪声抑制模式

当 SM2～0 为 001 时，SLEEP 指令将使 MCU 进入噪声抑制模式。在此模式下，CPU 停止运行，而 ADC、外部中断、两线接口地址配置、定时/计数器 0 和看门狗继续工作。

这个睡眠模式只停止了 $clk_{I/O}$、clk_{CPU} 和 clk_{FLASH}，其他时钟则继续工作。此模式提高了 ADC 的噪声环境，使得转换精度更高。ADC 使能时，进入此模式将自动启动一次 A/D 转换。ADC 转换结束中断、外部复位、看门狗复位、BOD 复位、两线接口地址匹配中断、定时/计数器 2 中断、SPM/EEPROM 准备好中断、外部中断 INT0 或 INT1、或外部中断 INT2 可以将 MCU 从 ADC 噪声抑制模式唤醒。

4.6.4 掉电模式

当 SM2～0 为 010 时，SLEEP 指令将使 MCU 进入掉电模式。在此模式下，外部晶体停振，而外部中断、两线接口地址匹配及看门狗（如果使能的话）继续工作。只有外部复位、看门狗复位、BOD 复位、两线接口地址匹配中断、外部电平中断 INT0 或 INT1、或外部中断 INT2 可以使 MCU 脱离掉电模式。这个睡眠模式停止了所有的时钟，只有异步模块可以继续工作。

当使用外部电平中断方式将 MCU 从掉电模式唤醒时，必须保持外部电平一定的时间。从施加掉电唤醒条件到真正唤醒有一个延迟时间，此时间用于时钟重新启动并稳定下来。

4.6.5 省电模式

当 SM2～0 为 011 时，SLEEP 指令将使 MCU 进入省电模式。这一模式与掉电模式只有一点不同：如果定时/计数器 2 为异步驱动，即寄存器 ASSR 的 AS2 置位，则定时/计数器 2 在睡眠时继续运行。

除了掉电模式的唤醒方式，定时/计数器 2 的溢出中断和比较匹配中断也可以将 MCU 从休眠方式唤醒，只要 TIMSK 使能了这些中断，而且 SREG 的全局中断使能位 I 置位。

如果异步定时器不是异步驱动的，建议使用掉电模式，而不是省电模式。因为在省电模式下,若 AS2 为 0,则 MCU 唤醒后异步定时器的寄存器数值是没有定义的。

这个睡眠模式停止了除 clk$_{ASY}$以外所有的时钟,只有异步模块可以继续工作。

4.6.6　Standby(待机)模式

当 SM2~0 为 110 时,SLEEP 指令将使 MCU 进入 Standby 模式。这一模式与掉电模式唯一的不同之处在于振荡器继续工作。其唤醒时间只需要 6 个时钟周期。

4.6.7　扩展 Standby(待机)模式

当 SM2~0 为 111 时,SLEEP 指令将使 MCU 进入扩展的 Standby 模式。这一模式与省、掉电模式唯一的不同之处在于振荡器继续工作。其唤醒时间只需要 6 个时钟周期。

4.6.8　最低化功耗

降低 AVR 控制系统的功耗时需要考虑几个问题。一般来说,要尽可能利用睡眠模式,并且使尽可能少的模块继续工作。不需要的功能必须禁止。下面的模块需要特殊考虑以达到尽可能低的功耗。

1. 模/数转换器

使能时,ADC 在睡眠模式下继续工作。为了降低功耗,在进入睡眠模式之前须禁止 ADC。重新启动后的第一次转换为扩展的转换。

2. 模拟比较器

在空闲模式,如果没有使用模拟比较器,可将其关闭。在 ADC 噪声抑制模式下也是如此。在其他睡眠模式模拟比较器是自动关闭的。如果模拟比较器使用了内部电压基准源,则不论在什么睡眠模式下都须关闭它。否则内部电压基准源将一直使能。

3. 掉电检测 BOD

如果系统没有利用掉电检测器 BOD(Brown-Out Detection),这个模块也可关闭。如果熔丝位 BODEN 被编程,使能了 BOD 功能,它将在各种休眠模式下继续工作。

4. 片内基准电压

使用 BOD、模拟比较器和 ADC 时可能需要内部电压基准源。若这些模块都禁止了,则基准源也可以禁止。重新使能后用户必须等待基准源稳定之后才可以使用它。如果基准源在休眠过程中是使能的,其输出立即可以使用。

5. 看门狗定时器

如果系统无须利用看门狗,这个模块也可以关闭。若使能,则在任何休眠模式下都持续工作,从而消耗电流。

6. 端口引脚

进入休眠模式时,所有的端口引脚都应该配置为只消耗最低的功耗。最重要的是避免驱动电阻性负载。在休眠模式下 I/O 时钟 $clk_{I/O}$ 和 ADC 时钟 clk_{ADC} 都被停止了,输入缓冲器也禁止了,从而保证输入电路不会消耗电流。在某些情况下输入逻辑是使能的,用来检测唤醒条件。如果输入缓冲器是使能的,此时输入不能悬空,信号电平也不应该接近 $V_{CC}/2$,否则输入缓冲器会消耗额外的电流。

7. JTAG 接口与片上调试系统

如果通过熔丝位 OCDEN 使能了片上调试系统,则当芯片进入掉电或省电模式时主时钟保持运行。在休眠模式中这个电流占总电流的很大比重。有 3 种替代方法可降低系统功耗:
- 不编程 OCDEN
- 不编程 JTAGEN
- 置位 MCUCSR 的 JTD

当 JTAG 接口使能而 JTAG TAP 控制器没有进行数据交换时,引脚 TDO 将悬空。如果与 TDO 引脚连接的硬件电路没有上拉电阻,功耗将增加,器件的引脚 TDI 包含一个上拉电阻。通过置位 MCUCSR 寄存器的 JTD 或不对 JTAG 熔丝位编程可以禁止 JTAG 接口。

4.7 系统控制和复位

4.7.1 复位 AVR

AVR 复位时所有的 I/O 寄存器都被设置为初始值,程序从复位向量处开始执行。复位向量处的指令必须是绝对跳转 JMP 指令,以使程序跳转到复位处理程序。

复位源有效时 I/O 端口立即复位为初始值。此时不要求任何时钟处于正常运行状态。所有的复位信号消失之后,芯片内部的一个延迟计数器被激活,将内部复位的时间延长。这种处理方式使得在 MCU 正常工作之前有一定的时间让电源达到稳定的电平。延迟计数器的溢出时间通过熔丝位 SUT 与 CKSEL 设定。

4.7.2 复位源

ATMEGA16(L)有 5 个复位源:
① 上电复位。电源电压低于上电复位门限 V_{POT} 时,MCU 复位。
② 外部复位。引脚 $\overline{RESET}$ 上的低电平持续时间大于最小脉冲宽度时 MCU 复位。
③ 看门狗复位。看门狗使能并且看门狗定时器溢出时复位发生。
④ 掉电检测复位。掉电检测复位功能使能,且电源电压低于掉电检测复位门限 V_{BOT} 时 MCU 复位。
⑤ JTAG AVR 复位。复位寄存器为 1 时 MCU 复位。

4.7.3 上电复位

上电复位(POR)脉冲由片内检测电路产生。无论何时 V_{CC} 低于检测电平 V_{POR} 即发生。POR 电路可以用来触发启动复位,或者用来检测电源故障。

POR 电路保证器件在上电时复位。V_{CC} 达到上电门限电压后触发延迟计数器。在计数器溢出之前器件一直保持为复位状态。当 V_{CC} 下降时,只要低于检测门限,$\overline{\text{RESET}}$ 信号立即生效。

4.7.4 外部复位

外部复位由外加于 $\overline{\text{RESET}}$ 引脚的低电平产生(图 4-17)。当复位低电平持续时间大于最小脉冲宽度时即触发复位过程,即使此时并没有时钟信号在运行。当外加信号达到复位门限电压 V_{RST}(上升沿)时,t_{TOUT} 延时周期开始。延时结束后 MCU 即启动。

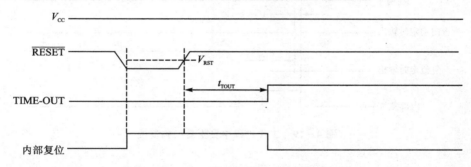

图 4-17 工作过程中发生外部复位

4.7.5 掉电检测

ATMEGA16(L)具有片内 BOD 电路,通过与固定的触发电平的对比来检测工作过程中 V_{CC} 的变化。此触发电平通过熔丝位 BODLEVEL 来设定:2.7 V(BODLEVEL 未编程)或 4.0 V(BODLEVEL 已编程)。BOD 的触发电平具有迟滞功能以消除电源尖峰的影响。BOD 电路的开关由熔丝位 BODEN 控制。当 BOD 使能后(BODEN 被编程),一旦 V_{CC} 下降到触发电平以下(V_{BOT-}),BOD 复位立即被激发。当 V_{CC} 上升到触发电平以上时(V_{BOT+}),延时计数器开始计数,一旦超过溢出时间 t_{TOUT},MCU 即恢复工作。工作过程中发生掉电检测复位的时序如图 4-18 所示。

4.7.6 看门狗复位

看门狗定时器溢出时将产生持续时间为 1 个 CK 周期的复位脉冲。在脉冲的下降沿,延时定时器开始对 t_{TOUT} 计数。工作过程中发生看门狗复位,时序如图 4-19 所示。

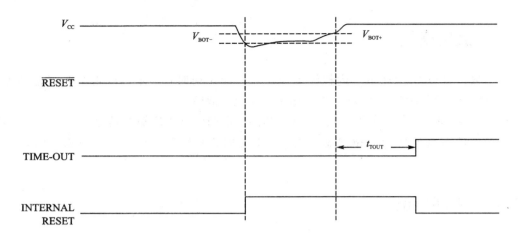

图 4-18 工作过程中发生掉电检测复位时序

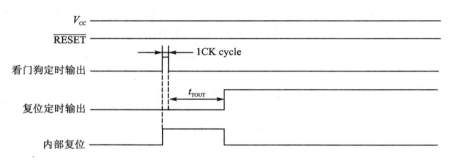

图 4-19 工作过程中发生看门狗复位

4.7.7 MCU 控制和状态寄存器

MCU 控制和状态寄存器(MCUCSR)提供了有关引起 MCU 复位的复位源信息,如下所示:

Bit	7	6	5	4	3	2	1	0	
	JTD	ISC2	—	JTRF	WDRF	BORF	EXTRF	PORF	MCUCSR
读/写	R/W	R/W	R	R/W	R/W	R/W	R/W	R/W	
初始值	0	0	0						

➢ Bit4——JTRF:JTAG 复位标志

通过 JTAG 指令 AVR_RESET 可以使 JTAG 复位寄存器置位,并引发 MCU 复位,并使 JTRF 置位。上电复位将使其清零,也可以通过写"0"来清除。

➢ Bit3——WDRF:看门狗复位标志

看门狗复位发生时置位。上电复位将使其清零,也可以通过写"0"来清除。

➢ Bit2——BORF:掉电检测复位标志

掉电检测复位发生时置位。上电复位将使其清零,也可以通过写"0"来清除。

➢ Bit1——EXTRF:外部复位标志

外部复位发生时置位。上电复位将使其清零,也可以通过写"0"来清除。

> Bit0——PORF：上电复位标志

上电复位发生时置位。只能通过写"0"来清除。

为了使用这些复位标志来识别复位条件,用户应该尽早读取此寄存器的数据,然后将其复位。如果在其他复位发生之前将此寄存器复位,则后续复位源可以通过检查复位标志来了解。

4.7.8 片内基准电压

ATMEGA16(L)具有片内能隙基准源,用于掉电检测,或者是作为模拟比较器或 ADC 的输入。ADC 的 2.56 V 基准电压由片内能隙基准源产生。内部能隙基准源特性如表 4-15 所列。

表 4-15 内部能隙基准源特性

符号	参数	最小值	典型值	最大值	单位
V_{BG}	能隙基准源电压	1.15	1.23	1.35	V
t_{BG}	能隙基准源启动时间		40	70	μs
I_{BG}	能隙基准源功耗				μA

电压基准的启动时间可能影响其工作方式。为了降低功耗,可以控制基准源仅在如下情况打开：

① BOD 使能(熔丝位 BODEN 被编程)；
② 能隙基准源连接到模拟比较器(ACSR 寄存器的 ACBG 置位)；
③ ADC 使能。

因此,当 BOD 被禁止时,置位 ACBG 或使能 ADC 后要启动基准源。为了降低掉电模式的功耗,用户可以禁止上述 3 种条件,并在进入掉电模式之前关闭基准源。

4.7.9 看门狗定时器

看门狗定时器由独立的 1 MHz 片内振荡器驱动。通过设置看门狗定时器的预分频器可以调节看门狗复位的时间间隔。看门狗复位指令 WDR 用来复位看门狗定时器。此外,禁止看门狗定时器或发生复位时定时器也被复位。复位时间有 8 个选项。如果没有及时复位定时器,一旦时间超过复位周期,ATMEGA16(L)就复位,并执行复位向量指向的程序。为了防止无意之间禁止看门狗定时器,在看门狗禁用后必须跟一个特定的修改序列。看门狗定时器控制寄存器结构如图 4-20 所示。

看门狗定时器控制寄存器(WDTCR)如下：

Bit	7	6	5	4	3	2	1	0	
	—	—	—	WDTOE	WDE	WDP2	WDP1	WDP0	WDP0
读/写	R	R	R	R/W	R/W	R/W	R/W	R/W	
初始值	0	0	0	0	0	0	0	0	

> Bits7~5——Res：保留位

ATmega16(L)保留位,读操作返回值为零。

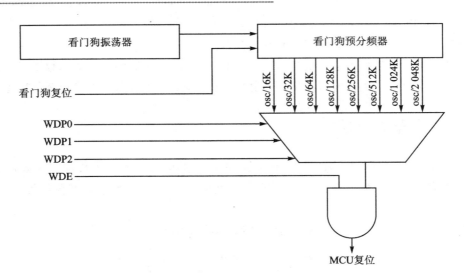

图 4-20 看门狗定时器结构

➢ Bit4——WDTOE：看门狗修改使能

清零 WDE 时必须置位 WDTOE，否则不能禁止看门狗。一旦置位，硬件将在紧接的 4 个时钟周期之后将其清零。

➢ Bit3——WDE：使能看门狗

WDE 为"1"时，看门狗使能，否则看门狗将被禁止。只有在 WDTOE 为"1"时 WDE 才能清零。关闭看门狗的步骤为：

① 在同一个指令内对 WDTOE 和 WDE 写"1"，即使 WDE 已经为"1"；

② 在紧接的 4 个时钟周期之内对 WDE 写"0"。

➢ Bits2～0——WDP2、WDP1、WDP0：看门狗定时器预分频器 2、1 和 0

WDP2、WDP1 和 WDP0 决定看门狗定时器的预分频器，如表 4-16 所列。

表 4-16 看门狗定时器预分频器选项

WDP2	WDP1	WDP0	看门狗振荡器周期	$V_{CC}=3.0\ V$ 时典型的溢出周期	$V_{CC}=5.0\ V$ 时典型的溢出周期
0	0	0	16K(16384)	17.1 ms	16.3 ms
0	0	1	32K(32768)	34.3 ms	32.5 ms
0	1	0	64K(65536)	68.5 ms	65 ms
0	1	1	128K(131072)	0.14 s	0.13 s
1	0	0	256K(262144)	0.27 s	0.26 s
1	0	1	512K(524288)	0.55 s	0.52 s
1	1	0	1024K(1048576)	1.1 s	1.0 s
1	1	1	2048K(2097152)	2.2 s	2.1 s

可用 C 语言实现关闭 WDT 的操作。在此假定中断处于用户控制之下（比如禁止全局中断），因而在执行下面程序时中断不会发生。C 代码例程如下：

```
void WDT_off(void)
{
    _WDR();                              /* WDT 复位 */
    WDTCR|=(1 << WDTOE)|(1 << WDE);      /*置位 WDTOE 和 WDE */
    WDTCR = 0x00;                        /* 关闭 WDT */
}
```

4.8 中　断

4.8.1 ATMEGA16(L)的中断向量

ATMEGA16(L)的中断向量如表 4-17 所列。

表 4-17　ATMEGA16(L)的复位和中断向量

向量号	程序地址②	中断源	中断定义
1	$000①	RESET	外部引脚电平引发的复位,上电复位,掉电检测复位,看门狗复位,以及 JTAG AVR 复位
2	$002	INT0	外部中断请求 0
3	$004	INT1	外部中断请求 1
4	$006	TIMER2 COMP	定时/计数器 2 比较匹配
5	$008	TIMER2 OVF	定时/计数器 2 溢出
6	$00A	TIMER1 CAPT	定时/计数器 1 事件捕捉
7	$00C	TIMER1 COMPA	定时/计数器 1 比较匹配 A
8	$00E	TIMER1 COMPB	定时/计数器 1 比较匹配 B
9	$010	TIMER1 OVF	定时/计数器 1 溢出
10	$012	TIMER0 OVF	定时/计数器 0 溢出
11	$014	SPI,STC	SPI 串行传输结束
12	$016	USART,RXC	USART RX 结束
13	$018	USART,UDRE	USART 数据寄存器空
14	$01A	USART,TXC	USART TX
15	$01C	ADC	ADC 转换结束
16	$01E	EE_RDY	EEPROM 就绪
17	$020	ANA_COMP	模拟比较器
18	$022	TW	两线串行接口
19	$024	INT2	外部中断请求 2
20	$026	TIMER0 COMP	定时/计数器 0 比较匹配
21	$028	SPM_RDY	保存程序存储器内容就绪

注:① 熔丝位 BOOTRST 编程时,MCU 复位后程序跳转到 Boot Loader。

② 当寄存器 GICR 的 IVSEL 置位时,中断向量转移到 Boot 区的起始地址。此时各中断向量的实际地址为表中地址与 Boot 区起始地址之和。

表 4-18 给出了不同的 BOOTRST 和 IVSEL 设置下的复位和中断向量的位置。如果程序永远不使能中断,中断向量就没有意义。用户可以在此直接写程序。同样,如果复位向量位于应用区,而其他中断向量位于 Boot 区,则复位向量之后可以直接写程序。反过来亦是如此。

表 4-18　复位和中断向量位置的确定

BOOTRST	IVSEL	复位地址	中断向量起始地址
1	0	$0000	$0002
1	1	$0000	Boot 区复位地址 + $0002
0	0	Boot Reset Address	$0002
0	1	Boot Reset Address	Boot 区复位地址 + $0002

注:对于熔丝位 BOOTRST,"1"表示未编程,"0"表示已编程。

4.8.2　通用中断控制寄存器

通用中断控制寄存器(GICR)如下:

Bit	7	6	5	4	3	2	1	0	
	INT1	INT0	INT2	—	—	—	IVSEL	IVCE	GICR
读/写	R/W	R/W	R/W	R	R	R	R/W	R/W	
初始值	0	0	0	0	0	0	0	0	

➤ Bit1 - IVSEL:中断向量选择。当 IVSEL 为"0"时,中断向量位于 FLASH 存储器的起始地址;当 IVSEL 为"1"时,中断向量转移到 Boot 区的起始地址。实际的 Boot 区起始地址由熔丝位 BOOTSZ 确定。

为了防止无意识地改变中断向量表,修改 IVSEL 时须遵照如下过程:
① 置位中断向量修改使能位 IVCE;
② 在紧接的 4 个时钟周期里将需要的数据写入 IVSEL,同时对 IVCE 写"0"。

执行上述序列时中断自动被禁止。其实,在置位 IVCE 时中断就被禁止了,并一直保持到写 IVSEL 操作之后的下一条语句。如果没有 IVSEL 写操作,则中断在置位 IVCE 之后的 4 个时钟周期保持禁止。须注意的是,虽然中断被自动禁止,但状态寄存器的位 I 的值并不受此操作的影响。

若中断向量位于 Boot 区,且 Boot 锁定位 BLB02 被编程,则执行应用区的程序时中断被禁止;若中断向量位于应用区,且 Boot 锁定位 BLB12 被编程,则执行 Boot 区的程序时中断被禁止。

➤ Bit0 - IVCE:中断向量修改使能。改变 IVSEL 时 IVCE 必须置位。在 IVCE 或 IVSEL 写操作之后 4 个时钟周期,IVCE 被硬件清零。置位 IVCE 将禁止中断。C 代码例程如下:

```
void Move_interrupts(void)
{
    GICR = (1 << IVCE);      /* 使能中断向量的修改 */
    GICR = (1 << IVSEL);     /* 将中断向量转移到 boot 区 */
}
```

第 5 章

C 语言基础知识

　　C 语言是目前应用非常普遍的计算机高级程序设计语言,这里我们先简要复习一下 C 语言的基本语法,如果读者没有学过 C 语言,建议先学《手把手教你学单片机 C 程序设计》一书(北京航空航天大学出版社出版 2005 年 4 月)。

5.1　C 语言的标识符与关键字

　　标识符是用来标识源程序中某个对象的名字的,这些对象可以是语句、数据类型、函数、变量、常量、数组等。一个标识符由字符串、数字和下划线等组成,第一个字符必须是字母或下划线,通常以下划线开头的标识符是编译系统专用的,因此在编写 C 语言源程序时一般不要使用以下划线开头的标识符,而将下划线用作分段符。C 语言是大小写敏感的一种高级语言,如果要定义一个时间"秒"标识符,可以写做"sec",如果程序中有"SEC",那么这两个是完全不同定义的标识符。

　　关键字则是编程语言保留的特殊标识符,有时又称为保留字,它们具有固定名称和含义,在 C 语言的程序编写中不允许标识符与关键字相同。与其他计算机语言相比,C 语言的关键字较少,ANSI C 标准一共规定了 32 个关键字,如表 5-1 所列。

表 5-1　ANSI C 标准一共规定了 32 个关键字

关键字	用途	说明
auto	存储种类说明	用于说明局部变量,默认值为此
break	程序语句	退出最内层循环体
case	程序语句	switch 语句中的选择项
char	数据类型说明	单字节整型数或字符型数据
const	存储类型说明	在程序执行过程中不可更改的常量值
continue	程序语句	转向下一次循环
default	程序语句	switch 语句中的失败选择项
do	程序语句	构成 do…while 循环结构

续表 5-1

关键字	用途	说明
double	数据类型说明	双精度浮点数
else	程序语句	构成 if…else 选择结构
enum	数据类型说明	枚举
extern	存储种类说明	在其他程序模块中说明了的全局变量
float	数据类型说明	单精度浮点数
for	程序语句	构成 for 循环结构
goto	程序语句	构成 goto 转移结构
if	程序语句	构成 if…else 选择结构
int	数据类型说明	基本整型数
long	数据类型说明	长整型数
register	存储种类说明	使用 CPU 内部寄存器的变量
return	程序语句	函数返回
short	数据类型说明	短整型数
signed	数据类型说明	有符号数,二进制数据的最高位为符号位
sizeof	运算符	计算表达式或数据类型的字节数
static	存储种类说明	静态变量
struct	数据类型说明	结构类型数据
switch	程序语句	构成 switch 选择结构
typedef	数据类型说明	重新进行数据类型定义
union	数据类型说明	联合类型数据
unsigned	数据类型说明	无符号数据
void	数据类型说明	无类型数据
volatile	数据类型说明	该变量在程序执行中可被隐含地改变
while	程序语句	构成 while 和 do…while 循环结构

5.2 数据类型

单片机的程序设计离不开对数据的处理,数据在单片机内存中的存放情况由数据结构决定。C 语言的数据结构是以数据类型出现的,数据类型可分为基本数据类型和复杂数据类型,复杂数据类型由基本数据类型构造而成。C 语言中的基本数据类型有 char、int、short、long、float 和 double。表 5-2 为 IAREW 所支持的基本数据类型。

对于上面的数据类型,IAREW 在使用枚举"enum"时,应选用占用空间最小的数据类型,通常都定义为 char 类型;对于字节类型"char",编译器默认为 unsigned 类型,与 ANSI C 标准是不同的(ANSI C 默认为 signed 类型);IAREW 使用的浮点数类型符合 IEEE-754 标准,其浮点数据类型定义为 32 位的数据(表 5-3)。此外,IAREW 还支持复杂的构造型数据,如数组、结构类型、联合类型等。

表 5-2 IAREWB 编译器所支持的数据类型

数据类型	长度	值域
char	单字节	0~255
unsigned char	单字节	0~255
signed char	单字节	−128~127
short	双字节	−32768~32767
unsigned short	双字节	0~65535
signed short	双字节	−32768~32767
int	双字节	−32768~32767
unsigned int	双字节	0~65535
signed int	双字节	−32768~32767
long	四字节	-2^{31}~$2^{31}-1$
unsigned long	四字节	0~$2^{32}-1$
signed long	四字节	-2^{31}~$2^{31}-1$

表 5-3 浮点数据类型定义

数据类型	数据范围	小数部分	指数部分	尾数部分
float	$\pm1.18\times10^{-38}$~$\pm3.39\times10^{38}$	7	8	23
double	$\pm2.23\times10^{-308}$~$\pm1.79\times10^{308}$	15	11	52

注:64 位的"double"类型可以通过编译参数"--64bit_doubles"来定义

5.3 AVR 单片机的数据存储空间

AVR 单片机是哈佛结构的微处理器,其程序存储区和数据存储区互相独立,具有程序空间 FLASH、数据空间 DATA 和 EEPROM 空间。AVR 系列单片机的程序存储区覆盖范围从 1 KB~8 MB,可以满足几乎所有的应用场合。如 ATMEGA2560,其 FLASH 达 256 KB,RAM 达 8 KB,EEPROM 达 4 KB。AVR 的另一些型号则具有并行总线扩展能力,如 AT-MEGA8515,它可完全替代传统的 AT89C51/52 单片机。ATMEGA16(L)单片机则具有 16 KB 的 FLASH,1 KB 的 RAM,512 B 的 EEPROM,性价比非常优秀。表 5-4 所列为 IAREW 支持的各数据空间扩展类型,各种数据类型的声明使用"♯pragma location"伪指令。

表 5-4 IAREW 支持的各数据空间扩展类型

数据空间	描述
CODE	声明为程序空间_nearfunc
CSTACK	使用内部数据堆栈
DIFUNCT	声明在 main 函数之前执行的构造函数 CSTARTUP
EEPROM_AN	存放本地初始化的 EEPROM 变量
EEPROM_I	存放下载时才初始化的 EEPROM 变量
EEPROM_N	存放已经初始化的 EEPROM 变量
FAR_C	用于存放_far 类型常数数据
FAR_F	存放静态和全局的程序空间(_farflash)变量
FAR_I	存放静态和全局的声明为 non-zero 类型的数据和变量
FAR_ID	存放声明在 FAR_ID 数据空间中的变量的初始化数据
FAR_N	存放静态和全局的_far 变量(非易失性)
FAR_Z	存放静态和全局未初始化或 non-zero 类型的_far 变量
FARCODE	存放声明为_farfunc 的程序代码
HEAP	存放用于 malloc、calloc 和 free 指令的堆栈数据
HUGE_C	用于存放_huge 类型常量数据,包括字符串
HUGE_F	存放静态和全局的_hugeflash 型的变量
HUGE_I	存放静态和全局的_hugeflash 型的 non-zero 变量
HUGE_ID	存放声明在 HUGE_I 数据空间中的变量的初始化数值
HUGE_N	存放静态和全局的_huge 变量(非易失性)
HUGE_Z	存放静态和全局未初始化或 non-zero 型的_huge 变量
INTVEC	存放复位和中断向量
NEAR_C	用于存放_tiny 和_near 类型常量数据,包括字符串
NEAR_F	存放静态和全局的_flash 型的变量
NEAR_I	存放静态和全局的_near 型的 non-zero 变量
NEAR_ID	存放声明在 NEAR_I 数据空间中的变量的初始化数值
NEAR_N	存放静态和全局的_near 变量(非易失性)
NEAR_Z	存放静态和全局未初始化或 non-zero 型的_near 变量
RSTACK	存放用于函数返回数据的堆栈空间
TINY_F	存放静态和全局的_tinyflash 型变量
TINY_I	存放静态和全局的_tiny 型的 non-zero 变量
TINY_ID	存放声明在 TINY_I 数据空间中的变量的初始化数值
TINY_N	存放静态和全局的_tiny 变量(非易失性)

5.4 常量、变量及存储方式

所谓常量就是在程序运行过程中,其值不能改变的数据。同理,所谓变量就是在程序运行过程中,其值可以被改变的数据。

如果在每个变量定义前不加任何关键字进行限定,那么 IAREW 编译器默认将该变量存放在 RAM 中。例如,设计一个计时装置时需用到时间变量,在定义时将其定位于 RAM 中,可以这样定义:

```
char sec,min,hour;
```

对于在程序运行中不需改变的字符串、数据表格等,存放在 FLASH 中比存放在 RAM 中更合适,在变量名前使用"__flash"进行限定的,表示此变量(实际上为一常量)存放在 FLASH 中。如定义 LED 数码管的字形码表为:

```
__flash unsigned char SEG7[10] = {0x3f,0x06,0x5b,0x4f,0x66,0x6d,0x7d,0x07,0x7f,0x6f};
```

或

```
unsigned char __flash SEG7[10] = {0x3f,0x06,0x5b,0x4f,0x66,0x6d,0x7d,0x07,0x7f,0x6f};
```

因此在设计 AVR 单片机的程序时,应当将频繁使用的变量存放在内部数据存储器 RAM 中,而把不变的常量存放在 FLASH 中。对于有些需要在断电后进行保存的变量,可以在断电前将它们转存到 EEPROM 中。

5.5 数　组

基本数据类型(如字符型、整型、浮点型)的一个重要特征是只能具有单一的值。然而,许多情况下需要用一种类型表示数据的集合,例如:如果使用基本类型表示整个班级学生的数学成绩,则 30 名学生需要 30 个基本类型变量。如果可以构造一种类型来表示 30 名学生的全部数学成绩,将会大大简化操作。

C 语言中除了基本的的数据类型(例如整型、字符型、浮点型数据等属于基本数据类型)外,还提供了构造类型的数据,构造类型数据是由基本类型数据按一定规则组合而成的,因此也称为导出类型数据。C 语言提供了 3 种构造类型:数组类型、结构体类型和共用体类型。构造类型可以更为方便地描述现实问题中各种复杂的数据结构。

数组是一组有序数据的集合,数组中的每一个数据都属于同一个数据类型。

数组类型的所有元素都属于同一种类型,并且是按顺序存放在一个连续的存储空间中,即最低的地址存放第一个元素,最高的地址存放最后一个元素。

数组类型的优点主要有 2 个:

① 让一组同一类型的数据共用一个变量名,而不需要为每一个数据都定义一个名字。

② 由于数组的构造方法采用的是顺序存储,极大地方便了对数组中元素按照同一方式进行的各种操作。此外须说明的是数组中元素的次序是由下标来确定的,下标从 0 开始顺序编号。

数组中的各个元素可以用数组名和下标来唯一确定。数组可以是一维数组、二维数组或者多维数组。常用的有一维、二维数组和字符数组等。一维数组只有一个下标,多维数组有两个以上的下标。在 C 语言中数组必须先定义,然后才能使用。

5.5.1 一维数组的定义

一维数组的定义形式如下:

数据类型 数组名［常量表达式］;

其中,"数据类型"说明了数组中各个元素的类型。"数组名"是整个数组的标识符,它的定名方法与变量的定名方法一样。"常量表达式"说明了该数组的长度,即该数组中的元素个数。常量表达式必须用方括号"[ ]"括起来,而且其中不能含有变量。

例如定义数组 char math[30];则该数组可以用来描述 30 名学生的数学成绩。

5.5.2 二维及多维数组的定义

定义多维数组时,只要在数组名后面增加相应于维数的常量表达式即可。对于二维数组的定义形式为:

数据类型 数组名［常量表达式 1］［常量表达式 2］;

例如要定义一个 3 行 5 列共 3×5＝15 个元素的整数矩阵 first,可以采用如下的定义方法:

 int first[3][5];

再如我们要在点阵液晶上显示"爱我中华"4 个汉字,可这样定义点阵码:

```
char Hanzi[4][32] = {
0x00,0x40,0x40,0x20,0xB2,0xA0,0x96,0x90,0x9A,0x4C,0x92,0x47,0xF6,0x2A,0x9A,0x2A,0x93,0x12,
0x91,0x1A,0x99,0x26,0x97,0x22,0x91,0x40,0x90,0xC0,0x30,0x40,0x00,0x00,/*爱*/
0x20,0x04,0x20,0x04,0x22,0x42,0x22,0x82,0xFE,0x7F,0x21,0x01,0x21,0x01,0x20,0x10,0x20,0x10,
0xFF,0x08,0x20,0x07,0x22,0x1A,0xAC,0x21,0x20,0x40,0x20,0xF0,0x00,0x00,/*我*/
0x00,0x00,0x00,0x00,0xFC,0x07,0x08,0x02,0x08,0x02,0x08,0x02,0x08,0x02,0xFF,0xFF,0x08,0x02,
0x08,0x02,0x08,0x02,0x08,0x02,0xFC,0x07,0x08,0x00,0x00,0x00,0x00,0x00,/*中*/
0x20,0x00,0x10,0x04,0x08,0x04,0xFC,0x05,0x03,0x04,0x02,0x04,0x10,0x04,0x10,0xFF,0x7F,0x04,
0x88,0x04,0x88,0x04,0x84,0x04,0x86,0x04,0xE4,0x04,0x00,0x04,0x00,0x00/*华*/
}
```

数组的定义要注意以下几个问题:

① 数组名的命名规则同变量名的命名,要符合 C 语言标识符的命名规则。

② 数组名后面的"[ ]"是数组的标志,不能用圆括号或其他符号代替。

③ 数组元素的个数必须是一个固定的值,可以是整型常量、符号常量或者整型常量表达式。

5.5.3 字符数组

基本类型为字符类型的数组称为字符数组。字符数组是用来存放字符的。字符数组是 C 语言中常用的一种数组。字符数组中的每个元素都是一个字符,因此可用字符数组来存放不

同长度的字符串。字符数组的定义方法与一般数组相同,下面是定义字符数组的例子:

```
char second[6]={'H','E','L','L','O','\0'};
char third[6]={"HELLO"};
```

在 C 语言中字符串是作为字符数组来处理的。一个一维的字符数组可以存放一个字符串,这个字符串的长度应小于或等于字符数组的长度。为了测定字符串的实际长度,C 语言规定以'\0',作为字符串结束标志,对字符串常量也自动加一个'\0'作为结束符。因此字符数组 char second[6]或 char third[6]可存储一个长度≤5 的不同长度的字符串。在访问字符数组时,遇到'\0'就表示字符串结束,因此在定义字符数组时,应使数组长度大于它允许存放的最大字符串的长度。

对于字符数组的访问可以通过数组中的元素逐个进行访问,也可以对整个数组进行访问。

5.5.4　数组元素赋初值

数组的定义方法,可以在存储器空间中开辟一个相应于数组元素个数的存储空间,数组的赋值除了可以通过输入或者赋值语句为单个数组元素赋值来实现外,还可以在定义的同时给出元素的值,即数组的初始化。如果希望在定义数组的同时给数组中各个元素赋以初值,可以采用如下方法:

数据类型　数组名［常量表达式］={常量表达式表};

其中,"数据类型"指出数组元素的数据类型。"常量表达式表"中给出各数组元素的初值。例如:

```
char SEG7[10]={0x3f,0x06,0x5b,0x4f,0x66,0x6d,0x7d,0x07,0x7f,0x6f};
```

有关数组初始化的说明如下:

① 元素值列表,可以是数组所有元素的初值,也可以是前面部分元素的初值。如:

```
int a[5]={1,2,3};
```

数组 a 的前 3 个元素 a[0]、a[1]、a[2]分别等于 1、2、3,后 2 个元素未说明。但是系统约定:当数组为整型时,数组在进行初始化时未明确设定初值的元素,其值自动被设置为 0。所以 a[3]、a[4]的值为 0。

② 当对全部数组元素赋初值时,元素个数可以省略。但"[]"不能省。例如:

```
char c[]={'a','b','c'};
```

此时系统将根据数组初始化时大括号内值的个数,决定该数组的元素个数。所以上例数组 c 的元素个数为 3。但是如果提供的初值小于数组希望的元素个数,那么方括号内的元素个数不能省。

5.5.5　数组作为函数的参数

除了可以用变量作为函数的参数之外,还可以用数组名作为函数的参数。一个数组的数组名表示该数组的首地址。数组名作为函数的参数时,形式参数和实际参数都是数组名,传递的是整个数组,即形式参数数组和实际参数数组完全相同,是存放在同一空间的同一个数组。这样调用的过程中参数传递方式实际上是地址传递,将实际参数数组的首地址传递给被调函数中的形式参数数组。当形式参数数组修改时,实际参数数组也同时被修改了。

用数组名作为函数的参数,应该在主调函数和被调函数中分别进行数组定义,而不能只在一方定义数组。而且在两个函数中定义的数组类型必须一致,如果类型不一致将导致编译出错。实参数组和形参数组的长度可以一致也可以不一致,编译器对形参数组的长度不作检查,只是将实参数组的首地址传递给形参数组。如果希望形参数组能得到实参数组的全部元素,则应使两个数组的长度一致。定义形参数组时可以不指定长度,只在数组名后面跟一个空的方括号[],但为了在被调函数中处理数组元素的需要,应另外设置一个参数来传递数组元素的个数。

5.6　C语言的运算

C语言对数据有很强的表达能力,具有十分丰富的运算符,利用这些运算符可以组成各种表达式及语句。运算符就是完成某种特定运算的符号。表达式则是由运算符及运算对象所组成的具有特定含义的一个式子。由运算符或表达式可以组成C语言程序的各种语句。C语言是一种表达式语言,在任意一个表达式的后面加一个分号";"就构成了一个表达式语句。

按照运算符在表达式中所起的作用,可分为算术运算符、关系运算符、逻辑运算符、赋值运算符、增量与减量运算符、逗号运算符、条件运算符、位运算符、指针和地址运算符、强制类型转换运算符和sizeof运算符等。运算符按其在表达式中与运算对象的关系,又可分为单目运算符、双目运算符和三目运算符等。单目运算符只需要有1个运算对象,双目运算符要求有2个运算对象,三目运算符要求有3个运算对象。

5.6.1　算术运算符

C语言提供的算术运算符有:

+ 　　加或取正值运算符。如:1+2的结果为3。
− 　　减或取负值运算符。如:4−3的结果为1。
* 　　乘运算符。如:2*3的结果为6。
/ 　　除运算符。如:6/3的结果为2。
% 　　模运算符,或称取余运算符。如:7%3的结果为1。

上面这些运算符中加、减、乘、除为双目运算符,它们要求有两个运算对象。取余运算要求两个运算对象均为整型数据,如果不是整型数据,则可采用强制类型转换,例如8%3的结果为2。取正值和取负值为单目运算符,它们的运算对象只有一个,分别是取运算对象的正值和负值。

5.6.2　关系运算符

C语言中有以下的关系运算符:

>　　　大于。如:x>y。

<   小于。如:a<4。
>=   大于或等于。如:x>=2。
<=   小于或等于。如:a<=5。
==   测试等于。如:a==b。
!=   测试不等于。如:x!=5。

前 4 种关系运算符(>、<、>=、<=)具有相同的优先级,后两种关系运算符(==、!=)也具有相同的优先级,但前 4 种的优先级高于后 2 种。

关系运算符通常用来判别某个条件是否满足,关系运算的结果只有"真"和"假"两种值。当所指定的条件满足时结果为 1,条件不满足时结果为 0。1 表示"真",0 表示"假"。

5.6.3 逻辑运算符

C 语言中提供的逻辑运算符有 3 种:
|| 逻辑或。
&&   逻辑与。
!   逻辑非。

逻辑运算的结果也只有两个:"真"为 1,"假"为 0。
逻辑表达式的一般形式为:
逻辑与:条件式 1&&条件式 2
逻辑或:条件式 1||条件式 2
逻辑非:!条件式

5.6.4 赋值运算符

在 C 语言中,最常见的赋值运算符为"=",赋值运算符的作用是将一个数据的值赋给一个变量,利用赋值运算符将一个变量与一个表达式连接起来的式子称为赋值表达式,在赋值表达式的后面加一个分号";"便构成了赋值语句。例如:x=5;

在赋值运算符"="的前面加上其他运算符,就构成了所谓复合赋值运算符。具体如下所示:

+=   加法赋值运算符。
-=   减法赋值运算符。
*=   乘法赋值运算符。
/=   除法赋值运算符。
%=   取模(取余)赋值运算符。
>>=   右移位赋值运算符。
<<=   左移位赋值运算符。
&=   逻辑与赋值运算符。
|=   逻辑或赋值运算符。
^=   逻辑异或赋值运算符。
~=   逻辑非赋值运算符。

复合赋值运算首先对变量进行某种运算,然后将运算的结果再赋给该变量。复合运算的一般形式为:

变量　复合赋值运算符　表达式

例如:a+=5 等价于 a=a+5;

采用复合赋值运算符,可以使程序简化,同时还可以提高程序的编译效率。

5.6.5　自增和自减运算符

自增和自减运算符是 C 语言中特有的一种运算符,它们的作用分别是对运算对象作加 1 和减 1 运算,其功能如下:

++　　　自增运算符。如:a++、++a

--　　　自减运算符。如:a--、--a。

看起来 a++ 和 ++a 的作用都是使变量 a 的值加 1,但是由于运算符 ++ 所处的位置不同,使变量 a+1 的运算过程也不同。++a(或 --a)是先执行 a+1(或 a-1)操作,再使用 a 的值;而 a++(或 a--)则是先使用 a 的值,再执行 a+1(或 a-1)操作。

增量运算符 ++ 和减量运算符 -- 只能用于变量,不能用于常数或表达式。

5.6.6　逗号运算符

在 C 语言中,逗号","运算符可以将两个(或多个)表达式连接起来,称为逗号表达式。逗号表达式的一般形式为:

表达式1,表达式2,…表达式n

逗号表达式的运算过程是:先算表达式1,再算表达式2,…依次算到表达式n。

5.6.7　条件运算符

条件运算符是 C 语言中唯一的一个三目运算符,它要求有 3 个运算对象,用它可以将 3 个表达式连接构成一个条件表达式。条件表达式的一般形式如下:

表达式1? 表达式2:表达式3

其功能是首先计算表达式1,当其值为真(非 0 值)时,将表达式2 的值作为整个条件表达式的值;当逻辑表达式的值为假(0 值)时,将表达式3 的值作为整个条件表达式的值。例如:

max = (a>b)?a:b

当 a>b 成立时,max=a,否则 a>b 不成立,max=b。

5.6.8　位运算符

能对运算对象进行按位操作是 C 语言的一大特点,正是由于这一特点使 C 语言具有了汇编语言的一些功能,从而使之能对计算机的硬件直接进行操作。C 语言中共有 6 种位运算符。

位运算符的作用是按位对变量进行运算,并不改变参与运算的变量的值。若希望按位改变运算变量的值,则应利用相应的赋值运算。另外位运算符不能用来对浮点型数据进行操作。

位运算符的优先级从高到低依次是:

按位取反(~)→左移(<<)和右移(>>)→按位与(&)→按位异或(^)→按位或(|)。

表 5-5 列出了按位取反、按位与、按位或和按位异或的逻辑真值。

表 5-5 按位取反、按位与、按位或和按位异或的逻辑真值

x	y	~x	~y	x&y	x|y	x^y
0	0	1	1	0	0	0
0	1	1	0	0	1	1
1	0	0	1	0	1	1
1	1	0	0	1	1	0

IAREW 不能直接访问寄存器的某一位(即不支持 80C51 单片机中的 bit、sbit 数据类型),但我们对寄存器的位操作可以使用 ANSI C 的位运算功能。

1. 输出操作

① 清零寄存器某一位可使用按位与(&)运算符。

例如:要将 PB1 清零而其他位不变,PORTB&=0xfd;

或 PORTB&=~(1<<1);

② 置位寄存器某一位可使用按位或(|)运算符。

例如:要将 PB3 置位而其他位不变,PORTB|=0x08;

或 PORTB|=(1<<3);

③ 翻转寄存器某一位可使用按位异或(^)运算符。

例如:要将 PB7 翻转而其他位不变,PORTB^=0x80;

或 PORTB^=1<<7;

2. 读取某一位的操作

假设 PB7 通过一个 10 kΩ 的上拉电阻接 5 V 电源,并且 PB7 还接有一个按键,按键的另一端接地。如果按键按下,则执行程序语句 1,否则执行程序语句 2。

if((PINB&0x80)==0) 程序语句 1;

else 程序语句 2;

或

if(PINB&(1<<7)==0) 程序语句 1;

else 程序语句 2;

除此之外,我们还可以用结构体或宏定义来代替 bit、sbit 数据类型。例如:

```
struct data
{
    unsigned bit0:1;
    unsigned bit1:1;
    unsigned bit2:1;
```

```
        unsigned bit3:1;
        unsigned bit4:1;
        unsigned bit5:1;
        unsigned bit6:1;
        unsigned bit7:1;
}a,b;
```

定义以后就能直接使用位变量了,如:a.bit2=0;a.bit7=1;if(a.bit5)…等等。
使用宏定义的话也许更方便直观,例如:

```
#define BIT(x) (1 << (x))
#define PORTB0 0
#define PORTB1 1
#define PORTB2 2
#define PORTB3 3
#define PORTB4 4
#define PORTB5 5
#define PORTB6 6
#define PORTB7 7
```

要将 PB1 清零而其他位不变,PORTB&=~BIT(PORTB1);
要将 PB3 置位而其他位不变,PORTB|= BIT(PORTB3);
要将 PB7 翻转而其他位不变,PORTB^= BIT(PORTB7);
在工程中常用的方法还有:

```
#define PB0 0
#define PB1 1
#define PB2 2
#define PB3 3
#define PB4 4
#define PB5 5
#define PB6 6
#define PB7 7

#define CPL_BIT(x,y) (x^= (1 << y))
如:CPL_BIT(PORTB,PB2)        //将 PB2 取反而其他位不变

#define SET_BIT(x,y) (x|= (1 << y))
如:SET_BIT(PORTB,PB4)        //将 PB4 置位而其他位不变

#define CLR_BIT(x,y) (x&= ~(1 << y))
如:CLR_BIT(PORTB,PB6)        //将 PB6 清零而其他位不变

#define GET_BIT(x,y) (x&(1 << y))
如:if(!GET_BIT(PINB,PB5))     //读取 PB5 的引脚状态
    {程序 1}                  //如果 PB5 的引脚为 0,执行程序 1
    else                      //否则如果 PB5 的引脚为 1,执行程序 2
    {程序 2}
```

5.6.9 sizeof 运算符

C 语言中提供了一种用于求取数据类型、变量以及表达式的字节数的运算符 sizeof,该运算符的一般使用形式为:

sizeof(表达式)或 sizeof(数据类型)

注意:sizeof 是一种特殊的运算符,不要认为它是一个函数。实际上,字节数的计算在编译时就完成了,而不是在程序执行的过程中才计算出来的。

5.7 流程控制

计算机软件工程师通过长期的实践,总结出一套良好的程序设计规则和方法,即结构化程序设计。按照这种方法设计的程序具有结构清晰、层次分明、易于阅读修改和维护。

结构化程序设计的基本思想是:任何程序都可以用 3 种基本结构的组合来实现。这 3 种基本结构是:顺序结构、选择结构和循环结构。如图 5-1~图 5-3 所示。

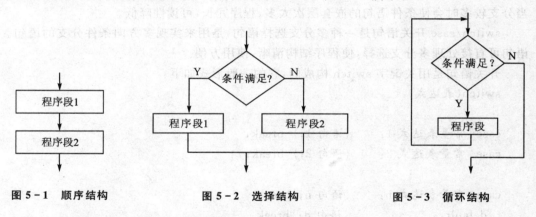

图 5-1 顺序结构   图 5-2 选择结构   图 5-3 循环结构

- 顺序结构的程序流程是按照书写顺序依次执行的程序。
- 选择结构则是对给定的条件进行判断,再根据判断的结果决定执行哪一个分支。
- 循环结构是在给定条件成立时反复执行某段程序。

这 3 种结构都具有一个入口和一个出口。3 种结构中,顺序结构是最简单的,它可以独立存在,也可以出现在选择结构或循环结构中,总之程序都存在顺序结构。在顺序结构中,函数、一段程序或者语句是按照出现的先后顺序执行的。

5.7.1 条件语句与控制结构

条件语句又称为分支语句,用关键字 if 构成。C 语言提供了 3 种形式的条件语句:
(1) if(条件表达式)语句

其含义为:若条件表达式的结果为真(非 0 值),就执行后面的语句;反之,若条件表达式的结果为假(0 值),就不执行后面的语句。这里的语句也可以是复合语句。

（2）if（条件表达式）语句 1
　　　else　　　　语句 2

其含义为：若条件表达式的结果为真（非 0 值），就执行语句 1；反之，若条件表达式的结果为假（0 值），就执行语句 2。这里的语句 1 和语句 2 均可以是复合语句。

（3）if（条件表达式 1）语句 1
　　　else if（条件表达式 2）语句 2
　　　else if（条件表达式 3）语句 3
　　　　　　⋮
　　　　　else if（条件表达式 n）语句 m
　　　　　　else　　语句 n

这种条件语句常用来实现多方向条件分支，其实，它是由 if－else 语句嵌套而成的，在此种结构中，else 总是与最临近的 if 相配对的。

（4）switch/case 开关语句

"if（条件表达式）语句 1　else 语句 2"能从两条分支中选择一个。但有时需要从多个分支中选择一个分支，虽然从理论上讲采用 if…else 条件语句也可以实现多方向条件分支，但是当分支较多时会使条件语句的嵌套层次太多，程序冗长，可读性降低。

switch/case 开关语句是一种多分支选择语句，是用来实现多方向条件分支的语句。开关语句可直接处理多分支选择，使程序结构清晰，使用方便。

开关语句是用关键字 switch 构成的，它的一般形式如下：

switch（表达式）
{
case　常量表达式 1：　　{语句 1；} break;
case　常量表达式 2：　　{语句 2；} break;
　　　　⋮
case　常量表达式 n：　　{语句 n；}break;
　default：　　　　　　{语句 d；}break;
}

开关语句的执行过程是：

① 当 switch 后面表达式的值与某一"case"后面的常量表达式的值相等时，就执行该"case"后面的语句，然后遇到 break 语句而退出 switch 语句。若所有"case"中常量表达式的值都没有与表达式的值相匹配，就执行 default 后面的语句。

② switch 后面括号内的表达式，可以是整型或字符型表达式，也可以是枚举类型数据。

③ 每一个 case 常量表达式的值必须不同，否则就会出现自相矛盾的现象（对同一个值，有两种或者多种解决方案提供）。

④ 每个 case 和 default 的出现次序不影响执行结果，可先出现"default"再出现其他的"case"。

⑤ 假如在 case 语句的最后没有加"break;"，则流程控制转移到下一个 case 继续执行。因此，在执行一个 case 分支后，使流程跳出 switch 结构，即终止 switch 语句的执行，可用一个 break 语句完成。

5.7.2 循环语句

在许多实际问题中,需要程序进行有规律的重复执行,这时可以用循环语句来实现。在 C 语言中,用来实现循环的语句有 while 语句、do—while 语句、for 语句及 goto 语句等。

1. while 语句

while 语句构成循环结构的一般形式如下:

while(条件表达式) {语句;}

其执行过程是:当条件表达式的结果为真(非 0 值)时,程序就重复执行后面的语句,一直执行到条件表达式的结果变化为假(0 值)时为止。这种循环结构是先检查条件表达式所给出的条件,再根据检查的结果决定是否执行后面的语句。如果条件表达式的结果一开始就为假,则后面的语句一次也不会被执行。这里的语句可以是复合语句。图 5-4 为 while 语句的流程图。

2. do-while 语句

do-while 语句构成循环结构的一般形式如下:

do

{语句;}

while(条件表达式);

其执行过程是:先执行给定的循环体语句,然后再检查条件表达式的结果。当条件表达式的值为真(非 0 值)时,则重复执行循环体语句,直到条件表达式的值变为假(0 值)时为止。因此,用 do-while 语句构成的循环结构在任何条件下,循环体语句至少会被执行一次。

对于同一个循环问题,可以用 while 语句处理,也可以用 do-while 结构处理。do-while 结构等价为一个语句加上一个 while 结构。do-while 结构适用于需要循环体语句执行至少一次以上的循环的情况。while 语句构成的循环结构可以用于循环体语句一次也不执行的情况。图 5-5 为 do-while 语句的流程图。

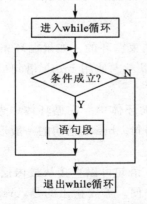

图 5-4 while 语句的流程图

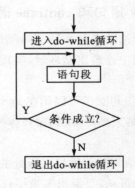

图 5-5 do-while 语句的流程图

3. for 语句

采用 for 语句构成循环结构的一般形式如下：

for([初值设定表达式 1];[循环条件表达式 2];[更新表达式 3]){语句;}

for 语句的执行过程是：先计算出初值表达式 1 的值作为循环控制变量的初值，再检查循环条件表达式 2 的结果，当满足循环条件时就执行循环体语句并计算更新表达式 3，然后再根据更新表达式 3 的计算结果来判断循环条件 2 是否满足……一直进行到循环条件表达式 2 的结果为假（0 值）时，退出循环体。图 5-6 所示为 for 语句的流程图。

在 C 语言程序的循环结构中，for 语句的使用最为灵活，它不仅可以用于循环次数已经确定的情形，而且可以用于循环次数不确定而只给出循环结束条件的情况。另外，for 语句中的 3 个表达式是相互独立的，并不一定要求 3 个表达式之间有依赖关系。并且 for 语句中的 3 个表达式都可能缺省，但无论缺省哪一个表达式，其中的两个分号都不能缺省。

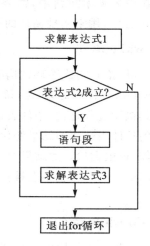

图 5-6 for 语句的流程图

例如，我们要把 50～100 之间的偶数取出相加，用 for 语句就显得十分方便。

4. goto 语句

goto 语句是一个无条件转向语句，它的一般形式如下：

goto   语句标号；

其中语句标号是一个带冒号"："的标识符，标识符标识语句的地址。当执行跳转语句时，使控制跳转到标识符指向的地址，从该语句继续执行程序。将 goto 语句和 if 语句一起使用，可以构成一个循环结构。但更常见的是在 C 语言程序中采用 goto 语句来跳出多重循环。注意，只能用 goto 语句从内层循环跳到外层循环，而不允许从外层循环跳到内层循环。

5. break 语句和 continue 语句

上面介绍的 3 种循环结构都是当循环条件不满足时，结束循环的。如果循环条件不只一个或者需要中途退出循环时，实现起来比较困难。此时可以考虑使用 break 语句或 continue 语句。

break 语句除了可以用在 switch 语句中，还可以用在循环体中。在循环体中遇见 break 语句，立即结束循环，跳到循环体外，执行循环结构后面的语句。break 语句的一般形式为：

break；

break 语句只能跳出它所处的那一层循环，而不像 goto 语句可以直接从最内层循环中跳出来。由此可见，要退出多重循环时，采用 goto 语句比较方便。需要指出的是，break 语句只能用于开关语句和循环语句之中，它是一种具有特殊功能的无条件转移语句。

continue 语句也是一种中断语句，它一般用在循环结构中，其功能是结束本次循环，即跳过循环体中下面尚未执行的语句，把程序流程转移到当前循环语句的下一个循环周期，并根据循环控制条件决定是否重复执行该循环体。continue 语句的一般形式如下：

continue；

continue 语句和 break 语句的区别在于：continue 语句只结束本次循环而不是终止整个循环的执行；break 语句则是结束整个循环，不再进行条件判断。

5.8　函　数

C 语言程序是由函数构成的，函数是 C 语言中的一种基本模块。一个 C 源程序至少包括一个名为 main() 的函数（主函数），也可能包含其他函数。

C 语言程序总是由主函数 main() 开始执行的，main() 函数是一个控制程序流程的特殊函数，它是程序的起点。

所有函数在定义时是相互独立的，它们之间是平行关系，所以不能在一个函数内部定义另一个函数，即不能嵌套定义。函数之间可以互相调用，但不能调用主函数。

从使用者的角度来看，有两种函数：标准库函数和用户自定义的功能子函数。标准库函数是编译器提供的，用户不必自己定义这些函数。C 语言系统能够提供功能强大、资源丰富的标准函数库，作为使用者，在进行程序设计时应善于利用这些资源，以提高效率，节省开发时间。

5.8.1　函数定义的一般形式

函数定义的一般形式为：

函数类型标识符　函数名　（形式参数）
形式参数类型说明列表
{
　　局部变量定义
　　函数体语句
}

ANSIC 标准允许在形式参数表中对形式参数的类型进行说明，因此也可这样定义：

函数类型标识符　函数名　（形式参数类型说明列表）
{
　　局部变量定义
　　函数体语句
}

其中：

"函数类型标识符"说明了函数返回值的类型，当"函数类型标识符"缺省时默认为整型。

"函数名"是程序设计人员自己定义的函数名字。

"形式参数类型说明列表"中列出的是在主调用函数与被调用函数之间传递数据的形式参数，如果定义的是无参函数，则形式参数类型说明列表用 void 来注明。

"局部变量定义"是对在函数内部使用的局部变量进行定义。

"函数体语句"是为完成该函数的特定功能而设置的各种语句。

5.8.2 函数的参数和函数返回值

C语言采用函数之间的参数传递方式,使一个函数能对不同的变量进行处理,从而大大提高了函数的通用性与灵活性。在函数调用时,通过主调函数的实际参数与被调函数的形式参数之间进行数据传递来实现函数间参数的传递。在被调函数最后,通过return语句返回函数的返回值给主调函数。

return语句形式如下:

return (表达式);

对于不需要有返回值的函数,可以将该函数定义为void类型。void类型又称"空类型"。这样,编译器会保证在函数调用结束时不使函数返回任何值。为了使程序减少出错,保证函数的正确调用,凡是不要求有返回值的函数,都应将其定义成void类型。

函数中指定的变量,当未出现函数调用时,它们并不占用内存中的存储单元。只有在发生函数调用时,函数的形参才被分配内存单元。在调用结束后,形参所占的内存单元也被释放。实参可以是常量、变量或表达式,要求实参必须有确定的值。在调用时将实参的值赋给形参变量(如果形参是数组名,则传递的是数组首地址而不是变量的值)。

从函数定义的形式看,又可划分为无参数函数、有参数函数及空函数3种。

1. 无参数函数

此种函数在被调用时无参数,主调函数并不将数据传送给被调用函数。无参数函数可以返回或不返回函数值,一般以不带返回值的居多。

2. 有参数函数

调用此种函数时,在主调函数和被调函数之间有参数传递。也就是说,主调函数可以将数据传递给被调函数使用,被调函数中的数据也可以返回供主调函数使用。

3. 空函数

如果定义函数时只给出一对大括号{},不给出其局部变量和函数体语句(即函数体内部是"空"的),则该函数为"空函数"。这种空函数开始时只设计最基本的模块(空架子),其他作为扩充功能在以后需要时再加上,这样可使程序的结构清晰,可读性好,而且易于扩充。

5.8.3 函数调用的3种方式

C语言程序中函数是可以互相调用的。所谓函数调用就是在一个函数体中引用另外一个已经定义了的函数,前者称为主调用函数,后者称为被调用函数。主调用函数调用被调用函数的一般形式为:

函数名(实际参数列表)

其中,"函数名"指出被调用的函数。

"实际参数列表"中可以包含多个实际参数,各个参数之间用逗号隔开。实际参数的作用是将它的值传递给被调用函数中的形式参数。须注意的是,函数调用中的实际参数与函数定义中的形式参数必须在个数、类型及顺序上严格保持一致,以便将实际参数的值正确地传递给形式参数。否则在函数调用时会产生意想不到的错误结果。如果调用的是无参函数,则可以没有实际参数表列,但圆括号不能省略。

C语言中可以采用3种方式完成函数的调用:

1. 函数语句调用

在主调函数中将函数调用作为一条语句,例如:

```
fun1();
```

这是无参调用,它不要求被调函数返回一个确定的值。

2. 函数表达式调用

只要求函数完成一定的操作。在主调函数中将函数调用作为一个运算对象直接出现在表达式中,这种表达式称为函数表达式。例如:

```
c = power(x,n) + power(y,m);
```

这其实是一个赋值语句,它包括两个函数调用,每个函数调用都有一个返回值,将两个返回值相加的结果,赋值给变量c。因此这种函数调用方式要求被调函数返回一个确定的值。

3. 作为函数参数调用

在主调函数中将函数调用作为另一个函数调用的实际参数。例如:

```
m = max(a,max(b,c));
```

max(b,c)是一次函数调用,它的返回值作为函数 max 另一次调用的实参。最后 m 的值为变量 a、b、c 三者中值最大者。

这种在调用一个函数的过程中又调用了另外一个函数的方式,称为嵌套函数调用。

【说 明】

在一个函数中调用另一个函数(即被调函数),须具备如下的条件:

① 被调用的函数必须是已经存在的函数(库函数或者用户自定义过的函数)。

② 如果程序使用了库函数,或者使用不在同一文件中的另外的自定义函数,则程序的开头须用#include 预处理命令将调用有关函数时所需要的信息包含到本文中来。对于自定义函数,如果不是在本文件中定义的,那么在程序开始须用 extern 修饰符进行原型声明。使用库函数时,用#include< * .h>的形式,使用自己编辑的函数头文件等时,用#include" * .h/c"的格式。

5.9 指 针

指针是 C 语言中的一个重要概念,指针类型数据在 C 语言程序中的使用十分普遍。C 语言区别于其他程序设计语言的主要特点就是处理指针时所表现出的能力和灵活性。正确地使用指针类型数据,可以有效地表示复杂的数据结构,直接处理内存地址,而且可以更为有效、合理地使用数组。

5.9.1 指针与地址

计算机程序的指令、常量和变量等都要存放在以字节为单位的内存单元中,内存的每个字节都具有一个唯一的编号,这个编号就是存储单元的地址。

各存储单元中所存放的数据,称为该单元的内容。计算机在执行任何一个程序时都要涉及许多的单元访问,按照内存单元的地址来访问该单元中的内容,即按地址来读或写该单元中的数据。由于通过地址可以找到所需要的单元,因此这种访问是"直接访问"方式。

另外一种访问是"间接访问",它首先将要访问单元的地址存放在另一个单元中,访问时,先找到存放地址的单元,从中取出地址,然后才能找到需访问的单元,再读或写该单元的数据。在这种访问方式中使用了指针。

C语言中引入了指针类型的数据,指针类型数据是专门用来确定其他类型数据地址的,因此一个变量的地址就称为该变量的指针。例如,有一个整型变量i存放在内存单元60H中,则该内存单元地址60H就是变量i的指针。

如果有一个变量专门用来存放另一个变量的地址,则该变量称之为指向变量的指针变量(简称指针变量)。例如,如果用另一个变量pi存放整型变量i的地址60H,则pi即为一个指针变量。

5.9.2 指针变量的定义

指针变量与其他变量一样,必须先定义,后使用。指针变量定义的一般形式为:

数据类型 指针变量名;

其中,"指针变量名"是定义的指针变量名称。"数据类型"说明了该指针变量所指向的变量的类型。例如:

```
int *pt;
```

定义一个指向对象类型为int的指针。

特别要注意,变量的指针和指针变量是两个不同的概念。变量的指针就是该变量的地址,而一个指针变量里面存放的内容是另一个变量在内存中的地址,拥有这个地址的变量则称为该指针变量所指向的变量。每一个变量都有自己的指针(即地址),而每一个指针变量都是指向另一个变量的。为了表示指针变量和它所指向的变量之间的关系,C语言中用符号"*"来表示"指向"。例如,整型变量i的地址60H存放在指针变量pi中,则可用*pi来表示指针变量pi所指向的变量,即*pi也表示变量i。

5.9.3 指针变量的引用

指针变量是含有一个数据对象地址的特殊变量,指针变量中只能存放地址。在实际的编程和运算过程中,变量的地址和指针变量的地址是不可见的。因此,C语言提供了一个取地址运算符"&",使用取地址运算符"&"和赋值运算符"="就可以使一个指针变量指向一个变量。

例如：

  int t;
  int *pt;
  pt = &t;

通过取地址运算和赋值运算后，指针变量 pt 就指向了变量 t。

当完成了变量、指针变量的定义以及指针变量的引用后，就可以对内存单元进行间接访问了。此时，须用到指针运算符（又称间接运算符）"*"。

例如：将变量 t 的值赋给变量 x。直接访问方式为：

  int x;
  int t;
  x = t;

间接访问方式为：

  int x;
  int t;
  int *pt;
  pt = &t;
  x = *pt;

有关的运算符有两个，它们是"&"和"*"。在不同的场合所代表的含义是不同的，一定要搞清楚。例如：

  int *pt; //进行指针变量的定义，此时 *pt 的 * 为指针变量说明符。
  pt = &t; //此时 &t 的 & 为取 t 的地址并赋给 pt（取地址）。
  x = *pt; //此时 *pt 的 * 为指针运算符，即将指针变量 pt 所指向的变量值赋给 x（取内容）。

5.9.4 数组指针与指向数组的指针变量

任何变量都占有存储单元，都有地址。数组及其元素同样占有存储单元，都有相应的地址。因此，指针既然可以指向变量，当然也可以指向数组。其中，指向数组的指针是数组的首地址，指向数组元素的指针则是数组元素的地址。

例如定义一个数组 x[10] 和一个指向数组的指针变量 px：

  int x[10];
  int *px;

当未对指针变量 px 进行引用时，px 与 x[10] 毫不相干，即此时指针变量 px 并未指向数组 x[10]。

当将数组的第一个元素的地址 &x[0] 赋予 px 时，px = &x[0]；指针变量 px 即指向数组 x[]。这时，可以通过指针变量 px 来操作数组 x 了，即 *px 代表 x[0]，*(px+1) 代表 x[1]，……*(px+i) 代表 x[i]。i = 1, 2, ⋯。

C 语言规定，数组名代表数组的首地址，也是第一个数组元素的地址，因此上面的语句也可改写为：

```
int x[10];
int *px;
px = x;
```

形式上更简单一些。

5.9.5 指针变量的运算

若先使指针变量 px 指向数组 x[ ](即 px=x;),则:

① px++(或 px+=1);将使指针变量 px 指向下一个数组元素,即 x[1]。

② *px++;因为++与*运算符优先级相同,而结合方向为自右向左,因此,*px++ 等价于*(px++)。

③ *++px;先使 px 自加 1,再取*px 值。若 px 的初值为 &x[0],则执行 y=*++px 时,y 值为 a[1]的值。而执行 y=*px++后,等价于先取*px 的值,后使 px 自加 1。

④ (*px)++;表示 px 所指向的元素值加 1。要注意的是元素值加 1 而不是指针变量值加 1。

要特别注意对 px+i 的含义的理解。C 语言规定:px+1 指向数组首地址的下一个元素,而不是将指针变量 px 的值简单地加 1,例如:若数组的类型是整型(int),每个数组元素占 2 字节,则对于整型指针变量 px 来说,px+1 意味着使 px 的原值(地址)加 2 字节,使它指向下一个元素。px+2 则使 px 的原值(地址)加 4 字节,使它指向下下个元素。

5.9.6 指向多维数组的指针和指针变量

指针除了可以指向一维数组外,也可以指向多维数组。下面以二维数组为例进行说明。
假定已定义了一个三行四列的二维数组:

```
int x[3][4]={ {1,3,5,7},
              {9,11,13,15},
              {17,19,21,23}};
```

对这个数组的理解为:x 是数组名,数组包含 3 个元素:x[0]、x[1]、x[2]。每个元素又是一个一维数组,包含 4 个元素。如 x[0]代表的一维数组包含 x[0][0]={1}, x[0][1]={3}, x[0][2]={5}, x[0][3]={7}。

从二维数组的地址角度看,x 代表整个数组的首地址,也就是第 0 行的首地址。x+1 代表第 1 行的首地址,即数组名为 x[1]的一维数组首地址。

根据 C 语言的规定,由于 x[0]、x[1]、x[2]都是一维数组,因此它们分别代表了各数组的首地址。即 x[0]=&x[0][0],x[1]=&x[1][0],x[2]=&x[2][0]。

我们同时定义一个指针变量 int (*p)[4];其含义是 P 指向一个包含 4 个元素的一维数组。

当 p=x 时,指向数组 x[3][4]的第 0 行首址。
p+1 和 x+1 等价,指向数组 x[3][4]的第 1 行首址。
p+2 和 x+2 等价,指向数组 x[3][4]的第 2 行首址。

  *(p+1)+3 和 &x[1][3]等价,指向数组 x[1][3]的地址。
  ((p+1)+3)和 x[1][3]等价,表示 x[1][3]的值。
  ……
  一般地,对于数组元素 x[i][j]来讲:
  *(p+i)+j 就相当于 &x[i][j],表示数组第 i 行第 j 列的元素的地址。
  ((p+i)+j)就相当于 x[i][j],表示数组第 i 行第 j 列的元素的值。

5.10 结构体

  前面已经介绍了 C 语言的基本数据类型,但是在实际设计一个较复杂程序时,仅有这些基本类型的数据是不够的,有时需要将一批各种类型的数据放在一起使用,从而引入了所谓构造类型的数据,例如前面介绍的数组就是一种构造类型的数据,一个数组实际上是将一批相同类型的数据顺序存放。这里还要介绍 C 语言中另一类更为常用的构造类型数据:结构体、共用体及枚举。

5.10.1 结构体的概念

  结构体是一种构造类型的数据,它是将若干个不同类型的数据变量有序地组合在一起而形成的一种数据的集合体。组成该集合体的各个数据变量称为结构成员,整个集合体使用一个单独的结构变量名。一般来说结构中的各个变量之间是存在某些关系的,例如时间数据中的时、分、秒,日期数据中的年、月、日等。由于结构是将一组相关联的数据变量作为一个整体来进行处理,因此在程序中使用结构将有利于对一些复杂而又具有内在联系的数据进行有效的管理。

5.10.2 结构体类型变量的定义

1. 先定义结构体类型再定义变量名

  定义结构体类型的一般格式为:
```
struct   结构体名
{
    成员列表
};
```
  其中,"结构体名"用作结构体类型的标志。"成员列表"为该结构体中的各个成员,由于结构体可以由不同类型的数据组成,因此对结构体中的各个成员都要进行类型说明。
  例如定义一个日期结构体类型 date,它可由 6 个结构体成员 year、month、day、hour、min、sec 组成:
```
struct date
{
```

```
    int year;
    char month;
    char day;
    char hour;
    char min;
    char sec;
};
```

定义好一个结构体类型之后,就可以用它来定义结构体变量。一般格式为：
struct 结构体名 结构体变量名1,结构体变量名2,…结构体变量名n;
例如可以用结构体 date 来定义两个结构体变量 time1 和 time2：

```
struct date time1,time2;
```

这样结构体变量 time1 和 time2 都具有 struct date 类型的结构,即它们都由 1 个整型数据和 5 个字符型数据所组成。

2. 在定义结构体类型的同时定义结构体变量名

一般格式为：
struct 结构体名
{
    成员列表
}结构体变量名1,结构体变量名2,…结构体变量名n;
例如对于上述日期结构体变量也可按以下格式定义：

```
struct date
{
    int year;
    char month;
    char day;
    char hour;
    char min;
    char sec;
}time1,time2;
```

3. 直接定义结构体变量

一般格式为：
struct
{
    成员列表
}结构体变量名1,结构体变量名2,…结构体变量名n;

第 3 种方法与第 2 种方法十分相似,所不同的只是第 3 种方法中省略了结构体名。这种方法一般只用于定义几个确定的结构变量的场合。例如,如果只需要定义 time1 和 time2 而不打算再定义任何别的结构变量,则可省略掉结构体名"date"。

不过为了便于记忆和以备将来进一步定义其他结构体变量的需要,一般还是不要省略结构名为好。

5.10.3 关于结构体类型的几点注意事项

① 结构体类型与结构体变量是两个不同的概念。定义一个结构体类型时只是给出了该结构体的组织形式,并没有给出具体的组织成员。因此结构体名不占用任何存储空间,也不能对一个结构体名进行赋值、存取和运算。而结构体变量则是一个结构体中的具体对象,编译器会给具体的结构体变量名分配确定的存储空间,因此可以对结构体变量名进行赋值、存取和运算。

② 将一个变量定义为标准类型与定义为结构体类型有所不同。前者只需要用类型说明符指出变量的类型即可,如 int x;。后者不仅要求用 struct 指出该变量为结构体类型,而且还要求指出该变量是哪种特定的结构类型,即要指出它所属的特定结构类型的名称。如上面的 date 就是这种特定的结构体类型(日期结构体类型)的名称。

③ 一个结构体中的成员还可以是另外一个结构体类型的变量,即可以形成结构体的嵌套。

5.10.4 结构体变量的引用

定义了一个结构体变量之后,就可以对它进行引用,即可以进行赋值、存取和运算。一般情况下,结构体变量的引用是通过对其成员的引用来实现的。

① 引用结构体变量中的成员的一般格式为:

结构体变量名.成员名

其中"."是存取成员的运算符。

例如:time1.year=2006;表示将整数 2006 赋给 time1 变量中的成员 year。

② 如果一个结构体变量中的成员又是另外一个结构体变量,即出现结构体的嵌套时,则须采用若干个成员运算符,一级一级地找到最低一级的成员,而且只能对这个最低级的结构元素进行存取访问。

③ 对结构体变量中的各个成员可以像普通变量一样进行赋值、存取和运算。例如:

time2.sec++;

④ 可以在程序中直接引用结构体变量和结构体成员的地址。结构体变量的地址通常用作函数参数,用来传递结构体的地址。

5.10.5 结构体变量的初始化

和其他类型的变量一样,对结构体类型的变量也可以在定义时赋初值进行初始化。例如:

struct date
{
    int year;

```
    char month;
    char day;
    char hour;
    char min;
    char sec;
}time1 = {2006,7,23,11,4,20};
```

5.10.6 结构体数组

一个结构体变量可以存放一组数据（如一个时间点 time1 的数据），在实际使用中，结构体变量往往不只一个（例如要对 20 个时间点的数据进行处理），这时可将多个相同的结构体组成一个数组，这就是结构体数组。

结构体数组的定义方法与结构体变量完全一致，例如：

```
struct date
{
    int year;
    char month;
    char day;
    char hour;
    char min;
    char sec;
};
struct date time[20];
```

这就定义了一个包含 20 个元素的结构体数组变量 time，其中每个元素都是具有 date 结构体类型的变量。

5.10.7 指向结构体类型数据的指针

一个结构体变量的指针，就是该变量在内存中的首地址。可以设一个指针变量，将它指向一个结构体变量，则该指针变量的值是它所指向的结构体变量的起始地址。

定义指向结构体变量的指针的一般格式为：

struct　结构体类型名　*指针变量名；

或

struct
{
　　成员表列
} *指针变量名；

与一般指针相同，对于指向结构体变量的指针也必须先赋值后才能引用。

5.10.8 用指向结构体变量的指针引用结构体成员

通过指针来引用结构体成员的一般格式为：

指针变量名—＞结构体成员

例如：

```
struct date
{
    int year;
    char month;
    char day;
    char hour;
    char min;
    char sec;
};
struct date time1;
struct date *p;
p = &time1;
p->year = 2006;
```

5.10.9　指向结构体数组的指针

我们已经了解到，一个指针变量可以指向数组。同样，指针变量也可以指向结构体数组。指向结构体数组的指针变量的一般格式为：

struct　结构体数组名 *指针变量名；

5.10.10　将结构体变量和指向结构体的指针作函数参数

结构体既可作为函数的参数，也可作为函数的返回值。当结构体被用作函数的参数时，其用法与普通变量作为实际参数传递一样，属于"传值"方式。

但当一个结构体较大时，若将该结构体作为函数的参数，由于参数传递采用值传递方式，所以需要较大的存储空间（堆栈）来将所有的成员压栈和出栈，此外还影响程序的执行速度。

这时可以用指向结构体的指针来作为函数的参数，此时参数的传递是按地址传递方式进行的。由于采用的是"传址"方式，只需要传递一个地址值，因此与前者相比，大大节省了存储空间，同时还加快了程序的执行速度。其缺点是在调用函数时对指针所作的任何变动都会影响到原来的结构体变量。

5.11　共用体

结构体变量占用的内存空间大小是其各成员所占长度的总和，如果同一时刻只存放其中的一个成员数据，则对内存空间是很大的浪费。共用体也是 C 语言中一种构造类型的数据结构，它所占内存空间的长度是其中最长的成员长度。各成员的数据类型及长度虽然可能都不同，但都从同一个地址开始存放，即采用了所谓的"覆盖技术"。这种技术可使不同的变量分时使用同一个内存空间，有效提高了内存的利用率。

5.11.1 共用体类型变量的定义

共用体类型变量的定义方式与结构体类型变量的定义相似,也有 3 种方法。

1. 先定义共用体类型再定义变量名

定义共用体类型的一般格式为:
union 共用体名
{
    成员列表
};
定义好一个共用体类型之后,就可以用它来定义共用体变量。一般格式为:
union 共用体名 共用体变量名1,共用体变量名2,…,共用体变量名n;

2. 在定义共用体类型的同时定义共用体变量名

一般格式为:
union 共用体名
{
    成员列表
}共用体变量名1,共用体变量名2,…,共用体变量名n;

3. 直接定义共用体变量

一般格式为:
union
{
    成员列表
}共用体变量名1,共用体变量名2,…,共用体变量名n;

可见,共用体类型与结构体类型的定义方法是很相似的,只是将关键字 struct 改成了 union,但是在内存的分配上两者却有着本质的区别。结构体变量所占用的内存长度是其中各个元素所占用内存长度的总和,而共用体变量所占用的内存长度是其中最长的成员长度。例如:

```
struct exmp1
{
    int a;
    char b;
};
```

struct exmp1 x;结构体变量 x 所占用的内存长度是成员 a、b 长度的总和,a 占用 2 字节,b 占用 1 字节,总共占用 3 字节。再如:

```
union exmp2
{
```

```
    int a;
    char b;
};
```

union exmp2 y;共用体变量 y 所占用的内存长度是最长的成员 a 的长度,a 占用 2 字节,故总共占用 2 字节。

5.11.2 共用体变量的引用

与结构体变量类似,对共用体变量的引用也是通过对其成员的引用来实现的。引用共用体变量的成员的一般格式为:

共用体变量名.共用体成员

结构体变量、共用体变量都属于构造类型数据,都用于计算机工作时的各种数据存取。但很多刚学单片机的读者搞不明白,什么情况下要定义为结构体变量?什么情况下要定义为共用体变量?这里我们打一通俗比方帮助大家加深理解。

假定甲方和乙方都购买了 2 辆汽车(一辆大汽车、一辆小汽车),大汽车停放时占地 10 m^2,小汽车停放时占地 5 m^2。现在他们都要为新买的汽车建造停放的车库(相当于定义构造类型数据),但甲方和乙方的状况不一样。甲方的运输工作白天就结束了,每天晚上 2 辆车(大、小汽车)同时停放车库内;而乙方由于产品关系,同一时刻只有一辆车停放车库内(大汽车运货时小汽车停车库内,或小汽车运货时大汽车停车库内)。显然,甲方的车库要建 15 m^2(相当于定义结构体变量);而乙方的车库只要建 10 m^2 就足够了(相当于定义共用体变量),建得再大也是浪费。

5.12 中断函数

5.12.1 中断的定义

什么是"中断"?顾名思义中断就是中断某一工作过程去处理一些与本工作过程无关或间接相关或临时发生的事件,处理完后,则继续原工作过程。比如:你在看书,电话响了,你在书上做个记号后去接电话,接完后在原记号处继续往下看书。如有多个中断发生,依优先法则,中断还具有嵌套特性。又比如:看书时,电话响了,你在书上做个记号后去接电话,你拿起电话和对方通话,这时门铃响了,你让打电话的对方稍等一下,你去开门,并在门旁与来访者交谈,谈话结束,关好门,回到电话机旁,拿起电话,继续通话,通话完毕,挂上电话,从作记号的地方继续往下看书。由于一个人不可能同时完成多项任务,因此只好采用中断方法,一件一件地做。

类似的情况在单片机中也同样存在,通常单片机中只有一个 CPU,但却要应付诸如运行程序、数据输入/输出以及特殊情况处理等多项任务,为此也只能采用停下一项工作去处理另一项工作的中断方法。

在单片机中,"中断"是一个很重要的概念。中断技术的进步使单片机的发展和应用大大地推进了一步。所以,中断功能的强弱已成为衡量单片机功能完善与否的重要指标。

单片机采用中断技术后,大大提高了它的工作效率和处理问题的灵活性,主要表现在3方面:

① 解决了快速 CPU 和慢速外设之间的矛盾,可使 CPU、外设并行工作(宏观上看)。
② 可及时处理控制系统中许多随机的参数和信息。
③ 具备了处理故障的能力,提高了单片机系统自身的可靠性。

中断处理程序类似于程序设计中的调用子程序,但它们又有区别,主要是:

中断产生是随机的,它既保护断点,又保护现场,主要为外设服务和为处理各种事件服务。保护断点是由硬件自动完成的,保护现场须在中断处理程序中用相应的指令完成。

调用子程序是程序中事先安排好的,它只保护断点,主要为主程序服务(与外设无关)。

5.12.2 编写 AVR 单片机中断函数时应严格遵循的规则

① 在 IAREW 中定义中断处理函数的形式为:

```
#pragma vector=中断向量
__interrupt void 函数名(void)
{
/****中断服务程序中的程序代码***/
}
```

例如:

```
#pragma vector= TIMER0_OVF_VECT
__interrupt void timer0(void)
{
……
……
}
```

② 中断向量号从1开始排列,不同的芯片其中断向量号是不同的。第4章的表4-17为 ATMEGA16(L)的中断向量号。

③ 中断函数不能进行参数传递,如果中断函数中包含任何参数声明都将导致编译出错。

④ 中断函数没有返回值,如果企图定义一个返回值将得到不正确的结果。因此最好在定义中断函数时将其定义为 void 类型,以明确说明没有返回值。

⑤ 在任何情况下都不能直接调用中断函数,否则会产生编译错误。因为中断函数的返回是由指令 RETI 完成的,RETI 指令影响单片机的硬件中断系统。

第 6 章
ATMEGA16(L)的 I/O 端口使用

6.1 ATMEGA16(L)的 I/O 端口

作为通用数字 I/O 使用时,所有 AVR I/O 端口都具有真正的读-改-写功能。这意味着用指令改变某些引脚的方向(或者是端口电平、禁止/使能上拉电阻)时不会无意地改变其他引脚的方向(或者是端口电平、禁止/使能上拉电阻)。输出缓冲器具有对称的驱动能力,可以输出或吸收大电流,直接驱动 LED。所有的端口引脚都具有与电压无关的上拉电阻。并有保护二极管与 V_{CC} 和地相连,I/O 端口等效原理如图 6-1 所示。

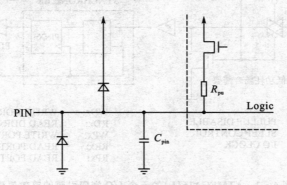

图 6-1 I/O 端口等效原理

这里所有的寄存器和位以通用格式表示:小写的"x"表示端口的序号,而小写的"n"代表位的序号。但是在写程序时要写完整。例如,PORTB3 表示端口 B 的第 3 位,在这里的通用格式为 PORTxn。

每个端口都有 3 个 I/O 存储器地址:数据寄存器(PORTx)、数据方向寄存器(DDRx)和端口输入引脚(PINx)。

数据寄存器和数据方向寄存器为读/写寄存器,而端口输入寄存器为只读寄存器。但是需要特别注意的是,对 PINx 寄存器某一位写入逻辑"1"将造成数据寄存器相应位的数据发生"0"与"1"的交替变化。当寄存器 MCUCR 的上拉禁止位 PUD 置位时,所有端口引脚的上拉电阻都被禁止。

6.1.1 作为通用数字 I/O 端口

端口为具有可选上拉电阻的双向 I/O 端口。图 6-2 为 ATMEGA16(L)的一个 I/O 端口引脚的等效原理。

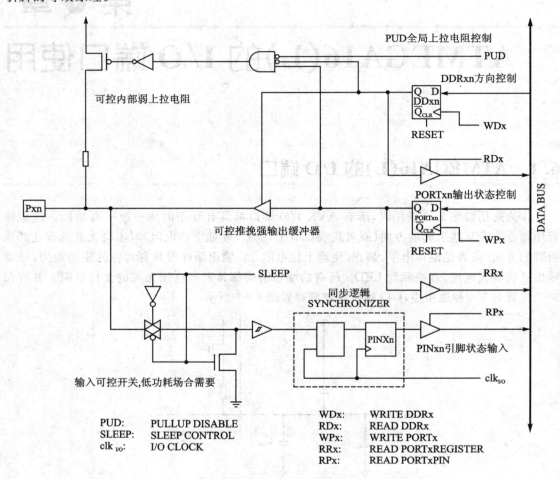

图 6-2 ATMEGA16(L)的一个 I/O 端口引脚的等效原理

WRx、WPx、WDx、RRx、RPx 和 RDx 对于同一端口的所有引脚都是一样的。$clk_{I/O}$、SLEEP 和 PUD 则对所有的端口都是一样的。

6.1.2 配置引脚

每个端口引脚都具有 3 个寄存器位：DDxn、PORTxn 和 PINxn，参见第 4 章的表 4-1。DDxn 位于 DDRx 寄存器，PORTxn 位于 PORTx 寄存器，PINxn 位于 PINx 寄存器。

DDxn 用来选择引脚的方向，DDxn 为"1"时，Pxn 配置为输出，否则配置为输入。

引脚配置为输入时，若 PORTxn 为"1"，上拉电阻将使能。如果需要关闭这个上拉电阻，

可以将 PORTxn 清零,或者将这个引脚配置为输出。

复位时各引脚为高阻态,即使此时并没有时钟运行。

表 6-1 为端口的引脚配置。

表 6-1 端口的引脚配置

DDxn	PORTxn	PUD(in SFIOR)	I/O	上拉电阻	说 明
0	0	X	Input	No	高阻态(Hi-Z)
0	1	0	Input	Yes	被外部电路拉低时将输出电流
0	1	1	Input	No	高阻态(Hi-Z)
1	0	X	Output	No	输出低电平(吸收电流)
1	1	x	Output	No	输出高电平(输出电流)

6.1.3 数字输入使能和休眠模式

如图 6-2 所示,SLEEP 信号由 MCU 休眠控制器在各种掉电模式、省电模式以及 Stand-by 模式下设置,以防止在输入悬空或模拟输入电平接近 $V_{CC}/2$ 时消耗太多的电流。引脚作为外部中断输入时 SLEEP 信号无效。但若外部中断没有使能,SLEEP 信号仍然有效。

引脚的第二功能使能时 SLEEP 让位于第二功能。

6.1.4 未连接引脚的处理

如果有引脚未被使用,应该给这些引脚赋予一个确定电平,以避免因没有确定的电平而造成引脚悬空,使其在其他数字输入使能模式(复位、工作模式、空闲模式)多消耗电流。最简单的方法是使能内部上拉电阻。但要注意复位时上拉电阻将被禁用。如果复位时的功耗有严格要求则建议使用外部上拉或下拉电阻。不推荐直接将未用引脚与 V_{CC} 或 GND 连接,因为这样可能会在引脚偶然作为输出时出现冲击电流而损坏芯片。

6.1.5 端口的第二功能

AVR 单片机的端口除了具有通用数字 I/O 功能之外,大多数端口引脚都具有第二功能。

表 6-2 为端口 A 的第二功能。表 6-3 为端口 B 的第二功能。表 6-4 为端口 C 的第二功能。若 JTAG 接口使能,即使出现复位,引脚 PC5(TDI)、PC3(TMS)与 PC2(TCK)的上拉电阻仍将被激活。表 6-5 为端口 D 的第二功能。

表 6-2 端口 A 的第二功能

端口引脚	第二功能
PA7	ADC7（ADC 输入通道 7）
PA6	ADC6（ADC 输入通道 6）
PA5	ADC5（ADC 输入通道 5）
PA4	ADC4（ADC 输入通道 4）
PA3	ADC3（ADC 输入通道 3）
PA2	ADC2（ADC 输入通道 2）
PA1	ADC1（ADC 输入通道 1）
PA0	ADC0（ADC 输入通道 0）

表 6-3 端口 B 的第二功能

端口引脚	第二功能
PB7	SCK（SPI 总线的串行时钟）
PB6	MISO（SPI 总线的主机输入/从机输出信号）
PB5	MOSI（SPI 总线的主机输出/从机输入信号）
PB4	$\overline{SS}$（SPI 从机选择引脚）
PB3	AIN1（模拟比较负输入）OC0（T/C0 输出比较匹配输出）
PB2	AIN0（模拟比较正输入）INT2（外部中断 2 输入）
PB1	T1（T/C1 外部计数器输入）
PB0	T0（T/C0 外部计数器输入）XCK（USART 外部时钟输入/输出）

表 6-4 端口 C 的第二功能

端口引脚	第二功能
PC7	TOSC2（定时振荡器引脚 2）
PC6	TOSC1（定时振荡器引脚 1）
PC5	TDI（JTAG 测试数据输入）
PC4	TDO（JTAG 测试数据输出）
PC3	TMS（JTAG 测试模式选择）
PC2	TCK（JTAG 测试时钟）
PC1	SDA（两线串行总线数据输入/输出线）
PC0	SCL（两线串行总线时钟线）

表 6-5 端口 D 的第二功能

端口引脚	第二功能
PD7	OC2（T/C2 输出比较匹配输出）
PD6	ICP1（T/C1 输入捕捉引脚）
PD5	OC1A（T/C1 输出比较 A 匹配输出）
PD4	OC1B（T/C1 输出比较 B 匹配输出）
PD3	INT1（外部中断 1 的输入）
PD2	INT0（外部中断 0 的输入）
PD1	TXD（USART 输出引脚）
PD0	RXD（USART 输入引脚）

6.2 ATMEGA16(L)中 4 组通用数字 I/O 端口的应用设置

ATMEAG16(L)单片机有 32 个 4 组通用 I/O 口，分为 PA、PB、PC 和 PD，每组都是 8 位。这些 I/O 口都可以通过各自的端口寄存器设置成输入和输出（即作为普通端口使用），I/O 口的第二功能将在后面使用时介绍。

ATMEAG16(L)单片机每一组 I/O 口的所有引脚都可以单独选择上拉电阻。引脚缓冲器可以吸收 20 mA 的电流，能够直接驱动 LED 显示。如果设置了弱上拉电阻，当引脚被拉低时，会输出电流。

1. 设置 DDRx 寄存器

DDRx 为端口方向寄存器。当 DDRx 的某一位置 1 时相应引脚作为输出使用。反之，当 DDRx 的某一位置 0 时，对应的引脚作为输入使用。例：

```
DDRB = 0xF0;   //此语句将 PB 端口的 PB0～PB3 位设为输入，而 PB4～PB7 位设为输出
```

2. 设置 PORTx 寄存器

PORTx 为端口数据寄存器。如果引脚设为输出,则对 PORTx 进行写操作即改变引脚的输出值。例:

```
DDRB = 0xFF;    //此语句将 PB 端口的 PB0~PB7 位设为输出
PORTB = 0x55;   //PB 端口输出 01010101
DDRB = 0x00;    //此语句将 PB 端口的 PB0~PB7 位设为输入
PORTB = 0xF0;   //PB0~PB3 位不设上拉,无信号输入时处高阻态。PB4~PB7 位设为上拉,无信号输
                //入时处高电平
```

3. 设置 PINx

PINx 是相应端口的输入引脚地址。如果希望读取引脚的逻辑电平值,一定要读取 PINx,而不是 PORTx。注意:PINx 是只读的,不能对其赋值。例:

```
DDRB = 0x00;    //此语句将 PB 端口的 PB0~PB7 位设为输入
PORTB = 0xFF;   // PB0~PB7 位设为上拉,无信号输入时处高电平
temp = PINB;    //将 PB 口引脚信号读入到变量 temp 中
```

下面的 C 代码例程示出了如何置位端口 B 的引脚 0 和 1,清零引脚 2 和 3,以及将引脚 4~7 设置为输入,并且为引脚 6 和 7 设置上拉电阻。然后将各个引脚的数据读回来。

```
unsigned char    i;
...
PORTB = (1 << PB7)|(1 << PB6)|(1 << PB1)|(1 << PB0);  /*定义上拉电阻和设置高电平输出*/
DDRB = (1 << DDB3)|(1 << DDB2)|(1 << DDB1)|(1 << DDB0);  /*端口引脚定义方向*/
_NOP();   /*插入 nop 指令*/
i = PINB;  /*读取端口引脚信号*/
...
```

6.3 ATMEGA16(L)的 I/O 端口使用注意事项

① 用于高阻模拟信号输入时(例如 ADC 数/模转换器输入,模拟比较器输入),应将输入设为高阻态。

② 按键输入或低电平中断触发信号输入时,可将输入设为弱上拉状态(上拉电阻 R_{up} = 20~50 kΩ),省去外部上拉电阻。悬空(高阻态)将会很容易受干扰,并且由于 AVR 单片机使用 CMOS 工艺制造的特点,当输入悬空或模拟输入电平接近 $V_{CC}/2$,将会消耗太多的电流。

③ 作输出时具有很强的驱动能力(>20 mA),可直接推动 LED 或高灵敏继电器,而且高低驱动能力对称。尽量不要把引脚直接接到 GND/V_{CC},否则当设定不当时,I/O 端口将会输出/灌入 80 mA(V_{CC}=5 V)的大电流,导致器件损坏。

④ 功能模块(中断,定时器)的输入可以是低电平触发,也可以是上升沿触发或下降沿触发。

⑤ 复位时,内部上拉电阻将被禁用。休眠时,作输出的,输出状态维持不变;作输入的,一般无效,但如果使能了第二功能(中断使能),其输入功能有效,如外部中断的唤醒功能。

6.4 ATMEGA16(L) PB口输出实验

此实验使用 ATMEGA16(L),使 PB 口交替输出 0xaa 和 0x55。

6.4.1 实现方法

将 PB 口设置为输出,交替输出 0xaa、0x55,使 LED 闪烁,点亮/熄灭时间控制在 500 ms 左右。

6.4.2 源程序文件

打开 IAREW 集成开发环境,按第 3 章介绍的方法(见第 3 章的"3.5 AVR 单片机开发过程")进行。重温使用 IAREW 及 AVR Studio 进行 AVR 单片机的开发过程如下:
① 建立一个工作区并创建一个新工程项目。
② 设置 IAREW 工程项目的选项。
③ 输入 C 源文件。
④ 向工程项目中添加源文件。
⑤ 编译源文件。
⑥ 在 IAREW 中进行软件模拟仿真或实时在线仿真。
⑦ 在 AVR Studio 集成开发环境中进行软件模拟仿真或实时在线仿真。
⑧ 使用 PonyProg2000 软件或 SLISP 将 HEX 文件下载到单片机中。
⑨ 应用。
在 D 盘中建立一个文件目录(iar6-1),创建一个新工程项目 iar6-1.ewp 并建立 iar6-1.eww 的工作区。输入 C 源程序文件 iar6-1.c 如下:

```
#include<iom16.h>            //1
#define uchar unsigned char   //2
#define uint unsigned int     //3
//======================4
void delay_ms(uint k)         //5
{                             //6
    uint i,j;                 //7
    for(i=0;i<k;i++)          //8
    {                         //9
        for(j=0;j<1140;j++)   //10
        ;                     //11
    }                         //12
}                             //13
//======================14
void main(void)               //15
{                             //16
    DDRB = 0xff;              //17
```

第6章 ATMEGA16(L)的 I/O 端口使用

```
    PORTB = 0xff;                //18
    while(1)                     //19
    {                            //20
        PORTB = 0xaa;            //21
        delay_ms(500);           //22
        PORTB = 0x55;            //23
        delay_ms(500);           //24
    }                            //25
}                                //26
```

　　编译通过后,在 IAREW 中进行软件模拟仿真或 JTAG 实时在线仿真,也可在 AVR Studio 集成开发环境中进行软件模拟仿真或 JTAG 实时在线仿真。在 AVR DEMO 实验板通电前,在标有"LED"的双排针上插上 8 个短路块(注意:没有提到的其他双排针均不插短路块;而 JP1、JP2、JTAG_R 上留有的短路块可以保留)。仿真结束后,将 iar6－1.hex 文件下载到 AVR DEMO 实验板上。

　　在进行 JTAG 实时在线仿真时,注意:JTAGICE 的工作电源由 AVR DEMO 实验板经 10PIN 的排线提供,因此,JTAGICE 不需要另外供电。此外,AVR DEMO 实验板接通电源时,使用 5 V 稳压电源则接 DC5V 插座;若使用 9~15 V 电源,则插 9~15 V 的插座。插错电源会损坏芯片!在做以上实验时我们看到,D1~D8 发光管的奇数位与偶数位会交替点亮,间隔约 0.5 s。图 6－3 为 IAREW 软件仿真输出界面。图 6－4 为 AVR Studio 软件仿真输出界面,在左侧的 Processor 窗口中,我们看到 Stop Watch 项的数值为 499568.63 μs,大约为 0.5 s。图 6－5 为 iar6－1 的实验照片。

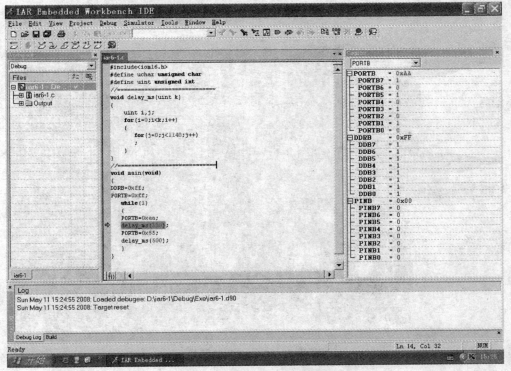

图 6－3　IAREW 软件仿真输出界面

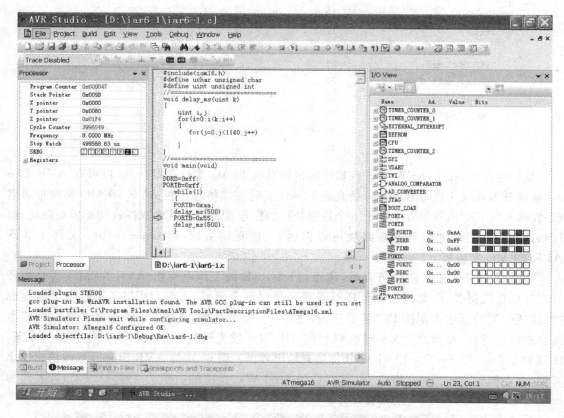

图 6-4 AVR Studio 软件仿真输出界面

图 6-5 iar6-1 实验照片

6.4.3 程序分析解释

序号1:包含头文件;
序号2～3:数据类型的宏定义;
序号4:程序分隔;
序号5:定义毫秒级的延时子函数;
序号6～13:延时子函数;
序号14:程序分隔;
序号15:定义主函数;
序号16:主函数开始;
序号17:将 PB 端口设为输出;
序号18:PB 端口初始化输出 11111111;
序号19:无限循环;
序号20:无限循环语句开始;
序号21:PB 端口输出 10101010(0xaa);
序号22:延时 500 ms;
序号23:PB 端口输出 01010101(0x55);
序号24:延时 500 ms;
序号25:无限循环语句结束;
序号26:主函数结束。

6.5 8位数码管测试

6.5.1 实现方法

先选通第 1 位数码管,向 PA 口送数使其显示"0～9、A～F 及小数点";然后再依次选通第 2～8 位数码管,也使其显示"0～9、A～F 及小数点"。如果显示的笔段有问题,说明数码管是坏的。

6.5.2 源程序文件

打开 IAREW 集成开发环境,在 D 盘中建立一个文件目录(iar6-2),创建一个新工程项目 iar6-2.ewp 并建立 iar6-2.eww 的工作区。输入 C 源程序文件 iar6-2.c 如下:

```
#include<iom16.h>                                    //1
#define uchar unsigned char                          //2
#define uint unsigned int                            //3
__flash uchar SEG7[17]={0x3f,0x06,0x5b,0x4f,0x66,0x6d,0x7d,0x07,//4
        0x7f,0x6f,0x77,0x7c,0x39,0x5e,0x79,0x71,0x80};//5
__flash uchar ACT[8]={0xfe,0xfd,0xfb,0xf7,0xef,0xdf,0xbf,0x7f};//6
```

```c
//===========================7
void delay_ms(uint k)                //8
{                                    //9
    uint i,j;                        //10
    for(i=0;i<k;i++)                 //11
    {                                //12
        for(j=0;j<1140;j++);         //13
    }                                //14
}                                    //15
//===========================16
void main(void)                      //17
{                                    //18
    uchar i;                         //19
    DDRA = 0xff;                     //20
    DDRC = 0xff;                     //21
    PORTA = 0x00;                    //22
    PORTC = 0xff;                    //23
    while(1)                         //24
    {                                //25
        for(i=0;i<17;i++)            //26
        {                            //27
            PORTA = SEG7[i];         //28
            PORTC = ACT[0];          //29
            delay_ms(500);           //30
        }                            //31
        //*********************32
        for(i=0;i<17;i++)            //33
        {                            //34
            PORTA = SEG7[i];         //35
            PORTC = ACT[1];          //36
            delay_ms(500);           //37
        }                            //38
        //*********************39
        for(i=0;i<17;i++)            //40
        {                            //41
            PORTA = SEG7[i];         //42
            PORTC = ACT[2];          //43
            delay_ms(500);           //44
        }                            //45
        //*********************46
        for(i=0;i<17;i++)            //47
        {                            //48
            PORTA = SEG7[i];         //49
            PORTC = ACT[3];          //50
```

```
        delay_ms(500);              //51
    }                               //52
    //********************53
    for(i = 0;i<17;i++)             //54
    {                               //55
        PORTA = SEG7[i];            //56
        PORTC = ACT[4];             //57
        delay_ms(500);              //58
    }                               //59
    //********************60
    for(i = 0;i<17;i++)             //61
    {                               //62
        PORTA = SEG7[i];            //63
        PORTC = ACT[5];             //64
        delay_ms(500);              //65
    }                               //66
    //********************67
    for(i = 0;i<17;i++)             //68
    {                               //69
        PORTA = SEG7[i];            //70
        PORTC = ACT[6];             //71
        delay_ms(500);              //72
    }                               //73
    //********************74
    for(i = 0;i<17;i++)             //75
    {                               //76
        PORTA = SEG7[i];            //77
        PORTC = ACT[7];             //78
        delay_ms(500);              //79
    }                               //80
  }                                 //81
}                                   //82
```

编译通过后,在 IAREW 或 AVR Studio 中进行软件模拟仿真。这个实验,我们不使用 JTAG 在线仿真,原因是 PC 口的 8 条输出线已作为 8 位数码管的位选线,而 JTAG 在线仿真时须用到 PC 口的 4 条线(PC2～PC5),这样会造成冲突,故使用软件模拟仿真进行调试。仿真结束后,将 iar6-2.hex 文件下载到 AVR DEMO 实验板上。下载完成后,在熔丝位中关闭 JTAG 功能,具体操作为:在 PonyProg2000 下载软件中,选择命令→Security and Configuration Bits…,打开配置熔丝位(见第 3 章的图 3-46),将 JTAGEN 的打勾取消,单击写入,写入熔丝位配置。在 AVR DEMO 实验板通电前,在标有"LEDMOD_DISP"及"LEDMOD_COM"的双排针上各插上 8 个短路块。

如果开发产品时必须要进行 JTAG 在线仿真,而产品交付使用后也需要用到 PC2～PC5 这 4 条线,那么我们在设计系统时可将 PC2～PC5 这 4 条线定义用于一些简单的信号指示(如驱动 LED)或简单的按键输入,在调试过程中断开外部的 LED 或按键,在程序中注释掉相关的对 PC2~PC5 这 4 条线的操作语句并使能 JTAG 仿真(通过熔丝位使能),就可对程序的复杂部分进行 JTAG 仿真调试了。仿真通过后再将 PC2~PC5 这 4 条线恢复为普通的 I/O 口(重写熔丝位并撤销程序中相关的注释),重新下载程序代码到芯片中即可。

通电运行后,第 1~8 位数码管依次轮流显示"0~9、A~F 及小数点"。图 6-6 为 iar6-2 的实验照片。

图 6-6 为 iar6-2 的实验照片

6.5.3 程序分析解释

序号 1:包含头文件;

序号 2~3:数据类型的宏定义;

序号 4~5:数码管的字段码;

序号 6:8 位数码管位选码;

序号 7:程序分隔;

序号 8~15:延时子函数;

序号 16:程序分隔;

序号 17:定义主函数;

序号 18:主函数开始;

序号 19:定义无符号字符型局部变量 i;

序号 20:将 PA 端口设为输出;

序号 21:将 PC 端口设为输出;

序号 22:PA 端口初始化输出 0x00;

序号23:PC端口初始化输出 0xff;
序号24:无限循环;
序号25:无限循环语句开始;
序号26:for 循环语句;
序号27:for 循环语句开始;
序号28:向 PA 口送显示的段码;
序号29:向 PC 口送数码管位选码;
序号30:延时 0.5 s;
序号31:for 循环语句结束;
序号32:程序分隔;
序号33~38:for 循环语句;
序号39:程序分隔;
序号40~45:for 循环语句;
序号46:程序分隔;
序号47~52:for 循环语句;
序号53:程序分隔;
序号54~59:for 循环语句;
序号60:程序分隔;
序号61~66:for 循环语句;
序号67:程序分隔;
序号68~73:for 循环语句;
序号74:程序分隔;
序号75~80:for 循环语句;
序号81:无限循环语句结束;
序号82:主函数结束。

6.6 独立式按键开关的使用

6.6.1 实现方法

将 PD 口的状态传送到局部变量 temp 中,由于独立式按键开关(拨码开关)SW_DIP4 与 PD4~PD7 相接,即读取的状态在 temp 变量的高 4 位,须将其移至低 4 位。拨码开关 ON 时单片机输入低电平,因此对读取的状态进行反相才能正确显示出来。

6.6.2 源程序文件

打开 IAREW 集成开发环境,在 D 盘中建立一个文件目录(iar6-3),创建一个新工程项目 iar6-3.ewp 并建立 iar6-3.eww 的工作区。输入 C 源程序文件 iar6-3.c 如下:

```
#include<iom16.h>          //1
#define uchar unsigned char //2
```

```c
#define uint unsigned int              //3
__flash uchar SEG7[16] = {0x3f,0x06,0x5b,0x4f,0x66,//4
0x6d,0x7d,0x07,0x7f,0x6f,0x77,0x7c,0x39,0x5e,0x79,0x71};//5
//=========================6
void delay_ms(uint k)                  //7
{                                      //8
    uint i,j;                          //9
    for(i=0;i<k;i++)                   //10
    {                                  //11
        for(j=0;j<1140;j++);           //12
    }                                  //13
}                                      //14
//=========================15
void main(void)                        //16
{                                      //17
    uchar temp;                        //18
    DDRA = 0xff;                       //19
    DDRC = 0xff;                       //20
    DDRD = 0x00;                       //21
    PORTA = 0x00;                      //22
    PORTC = 0xff;                      //23
    PORTD = 0xff;                      //24
    while(1)                           //25
    {                                  //26
        temp = ~(PIND&0xf0);           //27
        temp = temp >> 4;              //28
        PORTA = SEG7[temp];            //29
        PORTC = 0xfe;                  //30
        delay_ms(10);                  //31
    }                                  //32
}                                      //33
```

编译通过后，在 IAREW 中进行软件模拟仿真或 JTAG 实时在线仿真，也可在 AVR Studio 集成开发环境中进行软件模拟仿真或 JTAG 实时在线仿真。在 AVR DEMO 实验板通电前，须在标有"LEDMOD_DISP"、"LEDMOD_COM"及"SW_DIP"的双排针上插短路块。这个实验，没有用到 PC 口的 PC2～PC5，因此可以使用 JTAG 在线仿真。

仿真结束后，将 iar6-3.hex 文件下载到 AVR DEMO 实验板上。拨动 4 位拨码开关 SW_DIP4 后，相应的 8421 码显示在第 1 位数码管上（显示 0～F）。图 6-7 为 iar6-3 的实验照片，可见 4 位拨码开关的第 1 位和第 4 位拨上去后，相当于 8421 码的 8 和 1，因此数码管显示为 9。

第 6 章 ATMEGA16(L)的 I/O 端口使用

图 6-7 iar6-3 的实验照片

6.6.3 程序分析解释

序号 1:包含头文件;
序号 2～3:数据类型的宏定义;
序号 4～5:数码管的字段码;
序号 6:程序分隔;
序号 7～14:延时子函数;
序号 15:程序分隔;
序号 16:定义主函数;
序号 17:主函数开始;
序号 18:定义无符号字符型局部变量 temp;
序号 19:将 PA 端口设为输出;
序号 20:将 PC 端口设为输出;
序号 21:将 PD 端口设为输入;
序号 22:PA 端口初始化输出 0x00;
序号 23:PC 端口初始化输出 0xff;
序号 24:PD 端口初始化输出 0xff;
序号 25:无限循环;
序号 26:无限循环语句开始;
序号 27:读取 PD 的高 4 位并反相;
序号 28:将高 4 位移成低 4 位;
序号 29:送 PA 口显示;
序号 30:显示在第 1 位数码管上;

序号 31：延时 10 ms；
序号 32：无限循环语句结束；
序号 33：主函数结束。

6.7 发光二极管的移动控制（跑马灯实验）

6.7.1 实现方法

按下 S1 键，变量 counter 做加法（1～8）；按下 S2 键，变量 counter 做减法（8～1）。程序根据 counter 的值控制对应的 1 个 LED 点亮即可。

6.7.2 源程序文件

打开 IAREW 集成开发环境，在 D 盘中建立一个文件目录（iar6-4），创建一个新工程项目 iar6-4.ewp 并建立 iar6-4.eww 的工作区。输入 C 源程序文件 iar6-4.c 如下：

```
#include<iom16.h>                          //1
#define uchar unsigned char                //2
#define uint unsigned int                  //3
//==============================          4
void delay_ms(uint k)                      //5
{                                          //6
    uint i,j;                              //7
    for(i=0;i<k;i++)                       //8
    {                                      //9
        for(j=0;j<1140;j++);               //10
    }                                      //11
}                                          //12
//==============================          13
void main(void)                            //14
{                                          //15
    char counter = 0;                      //16
    DDRB = 0xff;                           //17
    DDRD = 0x00;                           //18
    PORTB = 0xff;                          //19
    PORTD = 0xff;                          //20
    while(1)                               //21
    {                                      //22
        if((PIND&0x10) == 0)               //23
        {                                  //24
            if(++counter>8)counter = 1;    //25
            delay_ms(300);                 //26
        }                                  //27
        if((PIND&0x20) == 0)               //28
```

```
            {                                    //29
                if(--counter<1)counter = 8;      //30
                delay_ms(300);                   //31
            }                                    //32
            switch (counter)                     //33
            {                                    //34
                case 1:PORTB = 0xfe;break;       //35
                case 2:PORTB = 0xfd;break;       //36
                case 3:PORTB = 0xfb;break;       //37
                case 4:PORTB = 0xf7;break;       //38
                case 5:PORTB = 0xef;break;       //39
                case 6:PORTB = 0xdf;break;       //40
                case 7:PORTB = 0xbf;break;       //41
                case 8:PORTB = 0x7f;break;       //42
                default: break;                  //43
            }                                    //44
        }                                        //45
}                                                //46
```

编译通过后，可在 IAREW 中进行软件模拟仿真或 JTAG 实时在线仿真，也可在 AVR Studio 集成开发环境中进行软件模拟仿真或 JTAG 实时在线仿真。在 AVR DEMO 实验板通电前，须在标有"KEY"及"LED"的双排针上插短路块。

仿真结束后，将 iar6-4.hex 文件下载到 AVR DEMO 实验板上。按下 S1 键，LED 以 0.3 s 的速度向右移动并循环；按下 S2 键，LED 以 0.3 s 的速度向左移动并循环。类似跑马灯。图 6-8、图 6-9 为 iar6-4 的实验照片。

图 6-8　iar6-4 的实验照片 1

图 6-9 iar6-4 的实验照片 2

6.7.3　程序分析解释

序号 1：包含头文件；
序号 2～3：数据类型的宏定义；
序号 4：程序分隔；
序号 5～12：延时子函数；
序号 13：程序分隔；
序号 14：定义主函数；
序号 15：主函数开始；
序号 16：定义无符号字符型局部变量 counter 并初始化为 0；
序号 17：将 PB 端口设为输出；
序号 18：将 PD 端口设为输入；
序号 19：PB 端口初始化输出 0xff；
序号 20：PD 端口初始化输出 0xff；
序号 21：无限循环；
序号 22：无限循环语句开始；
序号 23：如果 S1 键按下；
序号 24：if 语句开始；
序号 25：counter 变量 1～8 递加并循环；
序号 26：每递加一次后延时 300 ms；
序号 27：if 语句结束；
序号 28：如果 S2 键按下；

第 6 章 ATMEGA16(L)的 I/O 端口使用

序号 29:if 语句开始；
序号 30:counter 变量 8~1 减少并循环；
序号 31:每减少一次后延时 300 ms；
序号 32:if 语句结束；
序号 33:switch 语句；
序号 34:switch 语句开始；
序号 35:如 counter 为 1 点亮 D1；
序号 36:如 counter 为 2 点亮 D2；
序号 37:如 counter 为 3 点亮 D3；
序号 38:如 counter 为 4 点亮 D4；
序号 39:如 counter 为 5 点亮 D5；
序号 40:如 counter 为 6 点亮 D6；
序号 41:如 counter 为 7 点亮 D7；
序号 42:如 counter 为 8 点亮 D8；
序号 43:如 counter 为其他值不执行；
序号 44:switch 语句结束；
序号 45:无限循环语句结束；
序号 46:主函数结束。

6.8　0~99 数字的加减控制

6.8.1　实现方法

设置一个变量 counter，按下 S1 键，变量 counter 做加法(0~99)；按下 S2 键，变量 counter 做减法(99~0)。然后将 counter 的值拆分开来，分别在第 1、2 位的数码管上显示。

6.8.2　源程序文件

打开 IAREW 集成开发环境，在 D 盘中建立一个文件目录(iar6-5)，创建一个新工程项目 iar6-5.ewp 并建立 iar6-5.eww 的工作区。输入 C 源程序文件 iar6-5.c 如下：

```
#include<iom16.h>                              //1
#define uchar unsigned char                    //2
#define uint unsigned int                      //3
__flash uchar SEG7[10] = {0x3f,0x06,0x5b,0x4f,0x66,//4
            0x6d,0x7d,0x07,0x7f,0x6f};         //5
__flash uchar ACT[2] = {0xfe,0xfd};            //6
//==============================               7
void delay_ms(uint k)                          //8
{                                              //9
    uint i,j;                                  //10
    for(i = 0;i<k;i++)                         //11
```

```
            {                                    //12
                for(j=0;j<1140;j++);             //13
            }                                    //14
}                                                //15
//==============================                 //16
void main(void)                                  //17
{                                                //18
    uchar i,counter = 0;                         //19
    DDRA = 0xff;                                 //20
    DDRC = 0xff;                                 //21
    DDRD = 0x00;                                 //22
    PORTA = 0x00;                                //23
    PORTC = 0xff;                                //24
    PORTD = 0xff;                                //25
    while(1)                                     //26
    {                                            //27
        if((PIND&0x10) == 0)                     //28
        {if(counter<99)counter ++;}              //29
        if((PIND&0x20) == 0)                     //30
        {if(counter>0)counter --;}               //31
        for(i=0;i<100;i++)                       //32
        {                                        //33
            PORTA = SEG7[counter % 10];          //34
            PORTC = ACT[0];                      //35
            delay_ms(1);                         //36
            PORTA = SEG7[counter/10];            //36
            PORTC = ACT[1];                      //37
            delay_ms(1);                         //38
        }                                        //39
    }                                            //40
}                                                //41
```

编译通过后,可在 IAREW 中进行软件模拟仿真或 JTAG 实时在线仿真,也可在 AVR Studio 集成开发环境中进行软件模拟仿真或 JTAG 实时在线仿真。在 AVR DEMO 实验板通电前,须在标有"KEY"、"LEDMOD_DISP"的双排针上插短路块,此外还要在"LEDMOD_COM"双排针上的 PC0、PC1 上插短路块。

仿真结束后,将 iar6-5.hex 文件下载到 AVR DEMO 实验板上。按下 S1 键,最右的 2 位数码管从 00~99 做加法计数;按下 S2 键,最右的 2 位数码管从 99~00 做减法计数。图 6-10 为 iar6-5 的实验照片。

第 6 章 ATMEGA16(L)的 I/O 端口使用

图 6-10 iar6-5 的实验照片

6.8.3 程序分析解释

序号 1:包含头文件;
序号 2~3:数据类型的宏定义;
序号 4~5:数码管的字段码;
序号 6:数码管位选码;
序号 7:程序分隔;
序号 8~15:延时子函数;
序号 16:程序分隔;
序号 17:定义主函数;
序号 18:主函数开始;
序号 19:定义无符号字符型局部变量 i、counter,并将 counter 初始化为 0;
序号 20:将 PA 端口设为输出;
序号 21:将 PC 端口设为输出;
序号 22:将 PD 端口设为输入;
序号 23:PA 端口初始化输出 0x00;
序号 24:PC 端口初始化输出 0xff;
序号 25:PD 端口初始化输出 0xff;
序号 26:无限循环;
序号 27:无限循环语句开始;
序号 28:如果 S1 键按下;

序号29:counter 变量 00～99 递加;
序号30:如果 S2 键按下;
序号31:counter 变量 99～00 减少;
序号32:for 循环语句;
序号33:for 循环语句开始;
序号34:显示 counter 变量的个位;
序号35:选通个位数码管;
序号35:延时 1 ms;
序号36:显示 counter 变量的十位;
序号37:选通十位数码管;
序号38:延时 1 ms;
序号39:if 语句结束;
序号40:无限循环语句结束;
序号41:主函数结束。

6.9 4×4 行列式按键开关的使用

6.9.1 实现方法及效果

由于 AVR DEMO 实验板上没有设计 16×16 行列式按键开关,因此须外接行列式按键。图 6-11 所示为外部的 16×16 行列式按键开关与 AVR DEMO 实验板的连接。

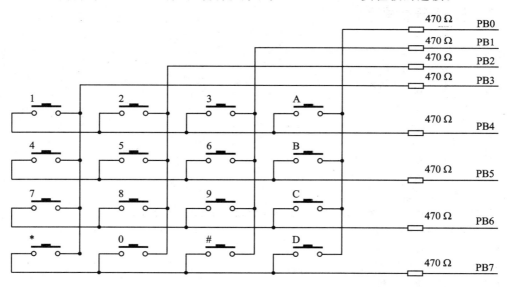

图 6-11 外部的 16×16 行列式按键开关与 AVR DEMO 实验板的连接

达到的效果为:通电后个位数码管无显示。按下 0 号键,PA 口的个位数码管显示"0";按下 1 号键,PA 口的个位数码管显示"1";……;按下 9 号键,PA 口的个位数码管显示"9";按下 A、B、C、D、#、* 键,PA 口的个位数码管显示"A"、"B"、"C"、"D"、"E"、"F"。

6.9.2 源程序文件

打开 IAREW 集成开发环境,在 D 盘中建立一个文件目录(iar6-6),创建一个新工程项目 iar6-6.ewp 并建立 iar6-6.eww 的工作区。输入 C 源程序文件 iar6-6.c 如下:

```c
#include<iom16.h>                                          //1
#define uchar unsigned char                                 //2
#define uint unsigned int                                   //3
//*******************************                          //4
__flash uchar SKEY[16] = {10,11,12,13,3,6,9,14,2,5,8,0,1,4,7,15};   //5
__flash uchar act[4] = {0xfe,0xfd,0xfb,0xf7};               //6
//*******************************                          //7
uchar const SEG7[16] = {0x3f,0x06,0x5b,0x4f,0x66,           //8
0x6d,0x7d,0x07,0x7f,0x6f,0x77,0x7c,0x39,0x5e,0x79,0x71};   //9
//*******************************                         //10
void delay_ms(uint k)                                      //11
{                                                          //12
    uint i,j;                                              //13
    for(i=0;i<k;i++)                                       //14
    {  for(j=0;j<1140;j++);    }                           //15
}                                                          //16
//=============================                           //17
uchar scan_key(void)                                       //18
{                                                          //19
    uchar i,j,in,ini,inj;                                  //20
    uchar find = 0;                                        //21
    for(i=0;i<4;i++)                                       //22
    {                                                      //23
        PORTB = act[i];                                    //24
        delay_ms(10);                                      //25
        in = PINB;                                         //26
        in = in >> 4;                                      //27
        in = in|0xf0;                                      //28
        for(j=0;j<4;j++)                                   //29
        {                                                  //30
            if(act[j] == in)                               //31
            {find = 1;                                     //32
             inj = j;ini = i;                              //33
            }                                              //34
        }                                                  //35
    }                                                      //36
    if(find == 0)return 16;                                //37
    return (ini*4 + inj);                                  //38
}                                                          //39
```

```
//============================40
void main(void)                    //41
{                                  //42
    uchar c,key_value;             //43
    DDRA = 0xff;                   //44
    DDRC = 0xff;                   //45
    DDRB = 0x0f;                   //46
    PORTA = 0x00;                  //47
    PORTC = 0xff;                  //48
    PORTB = 0xff;                  //49
    while(1)                       //50
    {                              //51
        c = scan_key();            //52
        if(c! = 16)key_value = SKEY[c]; //53
        PORTA = SEG7[key_value];   //54
        PORTC = 0xfe;              //55
        delay_ms(1);               //56
    }                              //57
}                                  //58
```

编译通过后，可在 IAREW 中进行软件模拟仿真或 JTAG 实时在线仿真，也可在 AVR Studio 集成开发环境中进行软件模拟仿真或 JTAG 实时在线仿真。在 AVR DEMO 实验板通电前，须在标有"LEDMOD_DISP"的双排针上插短路块，此外还要在"LEDMOD_COM"双排针上的 PC0 上插短路块。

仿真结束后，将 iar6-6.hex 文件下载到 AVR DEMO 实验板上。按下 0 号键，PA 口的个位数码管显示"0"；按下 1 号键，PA 口的个位数码管显示"1"；……；按下 9 号键，PA 口的个位数码管显示"9"；按下 A、B、C、D、#、* 键，PA 口的个位数码管显示"A"、"B"、"C"、"D"、"E"、"F"。达到设计要求。

6.9.3 程序分析解释

序号 1:包含头文件；
序号 2~3:数据类型的宏定义；
序号 4:程序分隔；
序号 5:键号值转换数组；
序号 6:键盘扫描控制信号；
序号 7:程序分隔；
序号 8~9:数码管 0~F 的字段码；
序号 10:程序分隔；
序号 11~16:延时子程序；
序号 17:程序分隔；
序号 18:定义函数名为 scan_key 的子函数；
序号 19:scan_key 子函数开始；
序号 20:定义局部变量 i、j、in、ini、inj；

第6章 ATMEGA16(L)的I/O端口使用

序号21:定义位find标志并赋初值0;
序号22:for循环;
序号23:for循环语句开始;
序号24:由PB口送出扫描控制信号;
序号25:延时10 ms再判,以避开干扰;
序号26:读取PB口内容至in中;
序号27:右移4位;
序号28:高4位置为1;
序号29:for循环;
序号30:for循环开始;
序号31:if语句检查是否有按键;
序号32:如有按键,设定按键标志;
序号33:记录扫描的指针值;
序号34:if语句结束;
序号35:for循环结束;
序号36:for循环语句结束;
序号37:如果没按键返回16;
序号38:有按键则返回按键值;
序号39:scan_key子函数结束;
序号40:程序分隔;
序号41:定义函数名为main的主函数;
序号42:main主函数开始;
序号43:定义无符号字符型局部变量c及key_value;
序号44:将PA端口设为输出;
序号45:将PC端口设为输出;
序号46:将PB端口的高4位设为输入,低4位设为输出;
序号47:PA端口初始化输出0x00;
序号48:PC端口初始化输出0xff;
序号49:PB端口初始化输出0xff;
序号50:无限循环语句;
序号51:无限循环语句开始;
序号52:调用scan_key子函数,返回值送c;
序号53:如果c不等于16,说明有键按下,转换后的键号值送key_value;
序号54:显示键号值;
序号55:点亮个位数码管;
序号56:延时1 ms;
序号57:无限循环语句结束;
序号58:main主函数结束。

第 7 章
ATMEGA16(L)的中断系统使用

在单片机中,"中断"是一个很重要的概念。中断技术的进步使单片机的发展和应用大大地推进了一步。所以,中断功能的强弱已成为衡量单片机功能完善与否的重要指标。中断系统的引入解决了微处理器和外设之间数据传输速率的问题,增强了微处理器的实时性和处理能力。

只有当微处理器处于中断开放时,才能接受外部的中断申请。一个完整的中断处理过程包括中断请求、中断响应、申断处理和中断返回。

中断请求是中断源向微处理器发出的信号,要求微处理器暂停原来执行的程序并为之服务。中断请求可以是电平信号或者脉冲信号。中断请求信号一般保持到微处理器作出响应为止。微处理器在检测到中断请求信号之后,将中止当前正在执行的程序,并对断点实行保护,即将断点的地址(PC 值)推入堆栈保护,以便在中断结束时从堆栈弹出断点地址,继续执行中断前的任务。然后,微处理器由中断地址表获取中断入口地址,并将此地址送入程序计数器(PC),从而开始执行中断服务程序。在中断服务程序中一般须完成现场保护、开关中断、执行中断服务程序、现场恢复和中断返回等工作。

7.1 ATMEGA16(L)的中断系统

ATMEGA16(L)具有 20 个中断源和 1 个复位中断,在中断源中处于低地址的中断具有高的优先级。所有中断源都有独立的中断使能位,当相应的使能位和全局中断使能位(SREG 寄存器的位 I)都置位时,中断才可以发生,相应的中断服务程序才会执行。表 7 - 1 所列为 ATMEGA16 (L)的中断源。

表 7 - 1 ATMEGA16(L)的中断源

向量号	程序地址	中断源	中断定义
1	0x000	RESET	外部引脚电平引发的复位,上电复位,掉电检测复位,看门狗复位,以及 JTAG AVR 复位
2	0x002	INT0	外部中断请求 0
3	0x004	INT1	外部中断请求 1

续表 7-1

向量号	程序地址	中断源	中断定义
4	0x006	TIMER2 COMP	定时/计数器2比较匹配
5	0x008	TIMER2 OVF	定时/计数器2溢出
6	0x00A	TIMER1 CAPT	定时/计数器1事件捕捉
7	0x00C	TIMER1 COMPA	定时/计数器1比较匹配A
8	0x00E	TIMER1 COMPB	定时/计数器1比较匹配B
9	0x010	TIMER1 OVF	定时/计数器1溢出
10	0x012	TIMER0 OVF	定时/计数器0溢出
11	0x014	SPI, STC	SPI串行传输结束
12	0x016	USART, RXC	USART, Rx结束
13	0x018	USART, UDRE	USART数据寄存器空
14	0x01A	USART, TXC	USART, Tx结束
15	0x01C	ADC	ADC转换结束
16	0x01E	EE_RDY	EEPROM就绪
17	0x020	ANA_COMP	模拟比较器
18	0x022	TWI	两线串行接口
19	0x024	INT2	外部中断请求2
20	0x026	TIMER0 COMP	定时器/计数器0比较匹配
21	0x028	SPM_RDY	保存程序存储器内容就绪

一个中断产生后，SREG寄存器的全局中断使能位I将被清零，后续中断被屏蔽。用户可以在中断服务程序中对I置位从而开放中断。

在中断返回后，全局中断位I将重新置位。当程序计数器指向中断向量，开始执行相应的中断服务程序时，对应中断标志位将被硬件清零。当一个符合条件的中断发生后，如果相应的中断使能位为0，中断标志位将挂起并一直保持到中断执行或者被软件清除。如果全局中断标志I被清零，则所有的中断都不会被执行直到I置位。然后，被挂起的各个中断按中断优先级依次被处理。

7.2 相关的中断控制寄存器

7.2.1 MCU控制寄存器

MCU控制寄存器(MCUCR)包含中断触发控制位与通用MCU功能，其定义如下：

Bit	7	6	5	4	3	2	1	0	
	SM2	SE	SM1	SM0	ISC11	ISC10	ISC01	ISC00	MCUCR
读/写	R/W	R/W	R/W	R/W	R/W	R/W	R/W	R/W	
初始值	0	0	0	0	0	0	0	0	

➢ Bit3,2——ISC11,ISC10：中断1(INT1)触发方式控制位。

外部中断1由引脚INT1激发,如果SREG寄存器的I标志位和相应的中断屏蔽位置位的话。触发方式如表7-2所列。在检测边沿前MCU首先采样INT1引脚上的电平。如果选择了边沿触发方式或电平变化触发方式,那么持续时间大于一个时钟周期的脉冲将触发中断,过短的脉冲则不能保证触发中断。如果选择低电平触发方式,那么低电平必须保持到当前指令执行完成。

表7-2 中断1触发方式控制

ISC11	ISC10	说 明
0	0	INT1为低电平时产生中断请求
0	1	INT1引脚上任意的逻辑电平变化都将引发中断
1	0	INT1的下降沿产生异步中断请求
1	1	INT1的上升沿产生异步中断请求

➢ Bit1,0——ISC01,ISC00：中断0(INT0)触发方式控制位。

外部中断0由引脚INT0激发,如果SREG寄存器的I标志位和相应的中断屏蔽位置位的话。触发方式如表7-3所列。在检测边沿前MCU首先采样INT0引脚上的电平。如果选择了边沿触发方式或电平变化触发方式,那么持续时间大于一个时钟周期的脉冲将触发中断,过短的脉冲则不能保证触发中断。如果选择低电平触发方式,那么低电平必须保持到当前指令执行完成。

表7-3 中断0触发方式控制

ISC01	ISC00	说 明
0	0	INT0为低电平时产生中断请求
0	1	INT0引脚上任意的逻辑电平变化都将引发中断
1	0	INT0的下降沿产生异步中断请求
1	1	INT0的上升沿产生异步中断请求

7.2.2 MCU控制与状态寄存器

MCU控制与状态寄存器(MCUCSR)定义如下所示：

Bit	7	6	5	4	3	2	1	0	
	JTD	ISC2	—	JTRF	WDRF	BORF	EXTRF	PORF	MCUCSR
读/写	R/W	R/W	R	R/W	R/W	R/W	R/W	R/W	
初始值	0	0	0	0	0	0	0	0	

➢ Bit6——ISC2：中断2(INT2)触发方式控制。

异步外部中断2由外部引脚INT2激活,如果SREG寄存器的I标志和GICR寄存器相应的中断屏蔽位置位的话。若ISC2写0,则INT2的下降沿激活中断;若ISC2写1,则INT2的上升沿激活中断。INT2的边沿触发方式是异步的。只要INT2引脚上产生宽度大于50 ns

第 7 章 ATMEGA16(L)的中断系统使用

的脉冲就会引发中断。若选择了低电平中断,则低电平必须保持到当前指令完成,然后才会产生中断。而且只要将引脚拉低,就会引发中断请求。改变 ISC2 时有可能发生中断。因此最好首先在寄存器 GICR 里清除相应的中断使能位 INT2,然后再改变 ISC2。最后,在重新使能中断之前通过对 GIFR 寄存器的相应中断标志位 INTF2 写"1"使其清零。

7.2.3 通用中断控制寄存器

通用中断控制寄存器(GICR)定义如下:

Bit	7	6	5	4	3	2	1	0	
	INT1	INT0	INT2	—	—	—	IVSEL	IVCE	GICR
读/写	R/W	R/W	R/W	R	R	R	R/W	R/W	
初始值	0	0	0	0	0	0	0	0	

➢ Bit7——INT1:使能外部中断请求 1。

当 INT1 为"1",而且状态寄存器 SREG 的 I 标志置位时,相应的外部引脚中断就使能了。由 MCU 通用控制寄存器(MCUCR)的中断敏感电平控制位(ISC11 与 ISC10)决定中断是由上升沿、下降沿,还是 INT1 电平触发的。

如果中断被使能,那么即使 INT1 引脚被配置为输出,只要引脚电平发生了相应的变化,中断仍将产生。

➢ Bit6——INT0:使能外部中断请求 0。

当 INT0 为"1",而且状态寄存器 SREG 的 I 标志置位时,相应的外部引脚中断就使能了。由 MCU 通用控制寄存器(MCUCR)的中断敏感电平控制位(ISC01 与 ISC00)决定中断是由上升沿、下降沿,还是 INT0 电平触发的。

如果中断被使能,那么即使 INT0 引脚被配置为输出,只要引脚电平发生了相应的变化,中断仍将产生。

➢ Bit5——INT2:使能外部中断请求 2。

当 INT2 为"1",而且状态寄存器 SREG 的 I 标志置位时,相应的外部引脚中断就使能了。MCU 通用控制寄存器(MCUCR)的中断敏感电平控制位(ISC2 与 ISC2)决定中断是由上升沿、下降沿,还是 INT2 电平触发的。

如果中断被使能,那么即使 INT2 引脚被配置为输出,只要引脚电平发生了相应的变化,中断仍将产生。

7.2.4 通用中断标志寄存器

通用中断标志寄存器(GIFR)定义如下:

Bit	7	6	5	4	3	2	1	0	
	INTF1	INTF0	INTF2	—	—	—	—	—	GIFR
读/写	R/W	R/W	R/W	R	R	R	R	R	
初始值	0	0	0	0	0	0	0	0	

➢ Bit7——INTF1:外部中断标志 1。

INT1 引脚电平发生跳变时触发中断请求,并置位相应的中断标志 INTF1。如果 SREG

的位 I 以及 GICR 寄存器相应的中断使能位 INT1 为"1",MCU 即跳转到相应的中断向量。进入中断服务程序之后该标志自动清零。此外,标志位也可以通过写入"1"来清零。

> Bit6——INTF0:外部中断标志 0。

INT0 引脚电平发生跳变时触发中断请求,并置位相应的中断标志 INTF0。如果 SREG 的位 I 以及 GICR 寄存器相应的中断使能位 INT0 为"1",MCU 即跳转到相应的中断向量。进入中断服务程序之后该标志自动清零。此外,标志位也可以通过写入"1"来清零。

> Bit5—— INTF2:外部中断标志 2。

INT2 引脚电平发生跳变时触发中断请求,并置位相应的中断标志 INTF2。如果 SREG 的位 I 以及 GICR 寄存器相应的中断使能位 INT2 为"1",MCU 即跳转到相应的中断向量。进入中断服务程序之后该标志自动清零。此外,标志位也可以通过写入"1"来清零。

注意:当 INT2 中断禁用进入某些休眠模式时,该引脚的输入将禁用。因为这会导致 INTF2 标志设置信号的逻辑变化。

7.3 INT1 外部中断实验

7.3.1 实现方法

D1~D8 8 个 LED 闪烁,点亮/熄灭时间约 500 ms。一旦 INT1 触发中断后,蜂鸣器就会发出 10 s 的报警声。

7.3.2 源程序文件

打开 IAREW 集成开发环境,在 D 盘中建立一个文件目录(iar7-1),创建一个新工程项目 iar7-1.ewp 并建立 iar7-1.eww 的工作区。输入 C 源程序文件 iar7-1.c 如下:

```
#include<iom16.h>                              //1
#define uchar unsigned char                    //2
#define uint unsigned int                      //3
#define BZ_0    (PORTD = PORTD&0xdf)           //4
#define BZ_1    (PORTD = PORTD|0x20)           //5
uint cnt;                                      //6
//==============================7
void delay_ms(uint k)                          //8
{                                              //9
    uint i,j;                                  //10
    for(i=0;i<k;i++)                           //11
    {                                          //12
        for(j=0;j<1140;j++)                    //13
        ;                                      //14
    }                                          //15
}                                              //16
```

第 7 章　ATMEGA16(L)的中断系统使用

```
// ============================== 17
void main(void)                         //18
{                                       //19
    DDRB = 0xff;                        //20
    PORTB = 0xff;                       //21
    DDRD = 0xdf;                        //22
    PORTD = 0xff;                       //23
    MCUCR = 0x08;                       //24
    GICR  = 0x80;                       //25
    SREG = 0x80;                        //26
    while(1)                            //27
    {                                   //28
        PORTB = 0x00;                   //29
        delay_ms(500);                  //30
        PORTB = 0xff;                   //31
        delay_ms(500);                  //32
    }                                   //33
}                                       //34
// ****************************** 35
#pragma vector = INT1_vect              //36
__interrupt void int1_isr(void)         //37
{                                       //38
    for(cnt = 0;cnt<5000;cnt++)         //39
    {BZ_0;delay_ms(1); BZ_1;delay_ms(1);} //40
}                                       //41
```

编译通过后,可在 IAREW 中进行软件模拟仿真或 JTAG 实时在线仿真,也可在 AVR Studio 集成开发环境中进行软件模拟仿真或 JTAG 实时在线仿真。在 AVR DEMO 实验板通电前,须在标有"INT"、"LED"及"BEEP"的双排针上插短路块。

仿真结束后,将 iar7-1.hex 文件下载到 AVR DEMO 实验板上。D1~D8 发光管闪亮,间隔约 0.5 s。按下 INT1 键后,单片机进入中断,蜂鸣器发声 10 s。

7.3.3　程序分析解释

序号 1:包含头文件;
序号 2~3:变量类型的宏定义;
序号 4:定义蜂鸣器端口为低电平;
序号 5:定义蜂鸣器端口为高电平;
序号 6:全局变量;
序号 7:程序分隔;
序号 8~16:延时子函数;
序号 17:程序分隔;
序号 18:定义主函数;
序号 19:主函数开始;

序号 20：将 PB 端口设为输出；
序号 21：PB 端口初始化输出 0xff；
序号 22：将 PIND3 设为输入；
序号 23：PD 端口初始化输出 0xff；
序号 24：INT1 为下降沿触发；
序号 25：使能 INT1 中断；
序号 26：使能总中断；
序号 27：无限循环；
序号 28：无限循环语句开始；
序号 29：PB 端口输出 0x00；
序号 30：延时 500 ms；
序号 31：PB 端口输出 0xff；
序号 32：延时 500 ms；
序号 33：无限循环语句结束；
序号 34：主函数结束；
序号 35：程序分隔；
序号 36：INT1 中断函数声明；
序号 37：INT1 中断服务子函数；
序号 38：INT1 中断服务子函数开始；
序号 39：for 循环，蜂鸣器发声 10 s；
序号 40：置蜂鸣器 1 ms 低电平，1 ms 高电平；
序号 41：INT1 中断服务子函数结束。

7.4　INT0/INT1 中断计数实验

7.4.1　实现方法

设置两个计数变量 cnt0、cnt1，数码管的最低 2 位显示 cnt1 计数值，数码管的最高 2 位显示 cnt0 计数值。每按动一下 INT0 的中断按键，cnt0 加 1（最大到 99）。每按动一下 INT1 的中断按键，cnt1 加 1（最大到 99）。

7.4.2　源程序文件

打开 IAREW 集成开发环境，在 D 盘中建立一个文件目录（iar7-2），创建一个新工程项目 iar7-2.ewp 并建立 iar7-2.eww 的工作区。输入 C 源程序文件 iar7-2.c 如下：

```
#include<iom16.h>                                        //1
#define uchar unsigned char                              //2
#define uint unsigned int                                //3
__flash uchar SEG7[10]={0x3f,0x06,0x5b,0x4f,0x66,        //4
                       0x6d,0x7d,0x07,0x7f,0x6f};        //5
__flash uchar ACT[8]={0xfe,0xfd,0xfb,0xf7,0xef,0xdf,0xbf,0x7f};  //6
```

第7章 ATMEGA16(L)的中断系统使用

```c
#define BZ_0    (PORTD = PORTD&0xdf)          //7
#define BZ_1    (PORTD = PORTD|0x20)          //8
uchar cnt0 = 0,cnt1 = 0;                      //9
//==============================10
void delay_ms(uint k)                         //11
{                                             //12
    uint i,j;                                 //13
    for(i = 0;i<k;i++)                        //14
    {                                         //15
        for(j = 0;j<1140;j++)                 //16
        ;                                     //17
    }                                         //18
}                                             //19
//==============================20
void main(void)                               //21
{                                             //22
    DDRA = 0xff;                              //23
    PORTA = 0x00;                             //24
    DDRC = 0xff;                              //25
    PORTC = 0xff;                             //26
    DDRD = 0xf3;                              //27
    PORTD = 0xff;                             //28
    MCUCR = 0x0a;                             //29
    GICR = 0xc0;                              //30
    SREG = 0x80;                              //31
    while(1)                                  //32
    {                                         //33
        PORTA = SEG7[cnt1 % 10];PORTC = ACT[0];  //34
        delay_ms(1);                          //35
        PORTA = SEG7[cnt1/10];PORTC = ACT[1]; //36
        delay_ms(1);                          //37
        //------------------------38
        PORTA = SEG7[cnt0 % 10];PORTC = ACT[6];  //39
        delay_ms(1);                          //40
        PORTA = SEG7[cnt0/10];PORTC = ACT[7]; //41
        delay_ms(1);                          //42
    }                                         //43
}                                             //44
//*****************************45
#pragma vector = INT0_vect                    //46
__interrupt void int0_isr(void)               //47
{                                             //48
    if(++cnt0>99)cnt0 = 99;                   //49
}                                             //50
//*****************************51
```

```
#pragma vector = INT1_vect                    //52
__interrupt void int1_isr(void)               //53
{                                             //54
    if(++cnt1>99)cnt1 = 99;                   //55
}                                             //56
```

编译通过后,可在 IAREW 中进行软件模拟仿真或 JTAG 实时在线仿真,也可在 AVR Studio 集成开发环境中进行软件模拟仿真或 JTAG 实时在线仿真。在 AVR DEMO 实验板通电前,须在标有"INT"、"LED"、"LEDMOD_DISP"的双排针上插短路块。

仿真结束后,将 iar7-2.hex 文件下载到 AVR DEMO 实验板上。数码管的第 1、2 位及第 7、8 位均显示 00。按动一下 INT0 的中断按键,7、8 位显示值递增(最大到 99);按动一下 INT1 的中断按键,1、2 位显示值递增(最大到 99)。

7.4.3　程序分析解释

序号 1:包含头文件;
序号 2~3:变量类型的宏定义;
序号 4~5:数码管的字段码;
序号 6:数码管位选码;
序号 7:定义蜂鸣器端口为低电平;
序号 8:定义蜂鸣器端口为高电平;
序号 9:定义全局变量 cnt0、cnt1;
序号 10:程序分隔;
序号 11~19:延时子函数;
序号 20:程序分隔;
序号 21:定义主函数;
序号 22:主函数开始;
序号 23:将 PA 端口设为输出;
序号 24:PA 端口初始化输出 0x00;
序号 25:将 PC 端口设为输出;
序号 26:PC 端口初始化输出 0xff;
序号 27:将 PIND2、PIND3 设为输入;
序号 28:PD 端口初始化输出 0xff;
序号 29:INT0、INT1 为下降沿触发;
序号 30:使能 INT0、INT1 中断;
序号 31:使能总中断;
序号 32:无限循环;
序号 33:无限循环语句开始;
序号 34:点亮第 1 位数码管;
序号 35:延时 1 ms;
序号 36:点亮第 2 位数码管;
序号 37:延时 1 ms;
序号 38:程序分隔;
序号 39:点亮第 7 位数码管;

第 7 章 ATMEGA16(L)的中断系统使用

序号 40:延时 1 ms;
序号 41:点亮第 8 位数码管;
序号 42:延时 1 ms;
序号 43:无限循环语句结束;
序号 44:主函数结束;
序号 45:程序分隔;
序号 46:INT0 中断函数声明;
序号 47:INT0 中断服务子函数;
序号 48:INT0 中断服务子函数开始;
序号 49:计数变量 cnt0 递增;
序号 50:INT0 中断服务子函数结束;
序号 51:程序分隔;
序号 52:INT1 中断函数声明;
序号 53:INT1 中断服务子函数;
序号 54:INT1 中断服务子函数开始;
序号 55:计数变量 cnt1 递增;
序号 56:INT1 中断服务子函数结束。

7.5 INT0/INT1 中断嵌套实验

7.5.1 实现方法

D1~D8 8 个 LED 闪烁,点亮/熄灭时间约 500 ms。INT1 触发中断后,蜂鸣器发出 10 s 的报警声。在 INT1 的中断服务子函数中,再开放总中断使能位 I,这样可进行 INT0 中断嵌套。当 INT0 触发中断时,进入 INT0 中断服务子函数,将 8 个 LED 的一半熄灭。

7.5.2 源程序文件

打开 IAREW 集成开发环境,在 D 盘中建立一个文件目录(iar7-3),创建一个新工程项目 iar7-3.ewp 并建立 iar7-3.eww 的工作区。输入 C 源程序文件 iar7-3.c:

```
#include<iom16.h>                        //1
#define uchar unsigned char              //2
#define uint unsigned int                //3
#define BZ_0   (PORTD = PORTD&0xdf)      //4
#define BZ_1   (PORTD = PORTD|0x20)      //5
uint cnt;                                //6
//==============================7
void delay_ms(uint k)                    //8
{                                        //9
    uint i,j;                            //10
    for(i = 0;i<k;i++)                   //11
    {                                    //12
```

```
        for(j = 0;j<1140;j ++ )            //13
            ;                              //14
    }                                      //15
}                                          //16
// ============================= 17
void main(void)                            //18
{                                          //19
    PORTB = 0xff;                          //20
    DDRB = 0xff;                           //21
    PORTD = 0xff;                          //22
    DDRD = 0xf3;                           //23
    MCUCR = 0x0a;                          //24
    GICR = 0xc0;                           //25
    SREG = 0x80;                           //26
    while(1)                               //27
    {                                      //28
        PORTB = 0x00;                      //29
        delay_ms(500);                     //30
        PORTB = 0xff;                      //31
        delay_ms(500);                     //32
    }                                      //33
}                                          //34
// ****************************** 35
#pragma vector = INT0_vect                 //36
__interrupt void int0_isr(void)            //37
{                                          //38
    PORTB = 0x0f;                          //39
    delay_ms(2000);                        //40
}                                          //41
// ****************************** 42
#pragma vector = INT1_vect                 //43
__interrupt void int1_isr(void)            //44
{                                          //45
    SREG = 0x80;                           //46
    for(cnt = 0;cnt<5000;cnt ++ )          //47
    {BZ_0;delay_ms(1); BZ_1;delay_ms(1);}  //48
}                                          //49
```

编译通过后,可在 IAREW 中进行软件模拟仿真或 JTAG 实时在线仿真,也可在 AVR Studio 集成开发环境中进行软件模拟仿真或 JTAG 实时在线仿真。在 AVR DEMO 实验板通电前,须在标有"INT"、"LED"及"BEEP"的双排针上插短路块。

仿真结束后,将 iar7 - 3.hex 文件下载到 AVR DEMO 实验板上。可看到 D1~D8 8 个 LED 闪烁,点亮/熄灭时间约 500 ms。按下 INT1 键触发中断后,蜂鸣器发出 10 s 的报警声。如果在 INT1 的中断服务子函数中,再按下 INT0 键触发中断,则进入 INT0 中断服务子函数,将 8 个 LED 的一半熄灭。

7.5.3 程序分析解释

序号 1：包含头文件；
序号 2～3：变量类型的宏定义；
序号 4：定义蜂鸣器端口为低电平；
序号 5：定义蜂鸣器端口为高电平；
序号 6：定义全局变量 cnt；
序号 7：程序分隔；
序号 8～16：延时子函数；
序号 17：程序分隔；
序号 18：定义主函数；
序号 19：主函数开始；
序号 20：PB 端口初始化输出 0xff；
序号 21：将 PB 端口设为输出；
序号 22：PD 端口初始化输出 0xff；
序号 23：将 PIND2、PIND3 设为输入；
序号 24：INT0、INT1 为下降沿触发；
序号 25：使能 INT0、INT1 中断；
序号 26：使能总中断；
序号 27：无限循环；
序号 28：无限循环语句开始；
序号 29：PB 端口输出 0x00；
序号 30：延时 500 ms；
序号 31：PB 端口输出 0xff；
序号 32：延时 500 ms；
序号 33：无限循环语句结束；
序号 34：主函数结束；
序号 35：程序分隔；
序号 36：INT0 中断函数声明；
序号 37：INT0 中断服务子函数；
序号 38：INT0 中断服务子函数开始；
序号 39：将 8 个 LED 的一半熄灭；
序号 40：延时 2 s；
序号 41：INT0 中断服务子函数结束；
序号 42：程序分隔；
序号 43：INT1 中断函数声明；
序号 44：INT1 中断服务子函数；
序号 45：INT1 中断服务子函数开始；
序号 46：在 INT1 中断中再次开放总中断；
序号 47～48：for 循环语句，蜂鸣器发出 10 s 的报警声；
序号 49：INT1 中断服务子函数结束。

7.6 2路防盗报警器实验

7.6.1 实现方法

常态时一个(最低位)数码管熄灭。当盗情发生时自动显示"1"或"2",同时一个LED点亮(代表报警)。若2路同时产生盗情,则数码管每隔2秒轮流显示"1"、"2"。值班人员按下复位按钮后,解除报警。

7.6.2 源程序文件

打开IAREW集成开发环境,在D盘中建立一个文件目录(iar7-4),创建一个新工程项目iar7-4.ewp并建立iar7-4.eww的工作区。输入C源程序文件iar7-4.c如下:

```c
#include<iom16.h>                              //1
#define uchar unsigned char                    //2
#define uint unsigned int                      //3
__flash uchar SEG7[10] = {0x3f,0x06,0x5b,0x4f, //4
      0x66,0x6d,0x7d,0x07,0x7f,0x6f};          //5
#define ALM_ON   (PORTB = PORTB&0xfe)          //6
uchar alm_flag1,alm_flag2;                     //7
//*************************************8
void delay_ms(uint k)                          //9
{                                              //10
uint i,j;                                      //11
   for(i=0;i<k;i++)                            //12
    {                                          //13
       for(j=0;j<1140;j++)                     //14
         ;                                     //15
    }                                          //16
}                                              //17
//==========================18
void main(void)                                //19
{                                              //20
   DDRA = 0xff;                                //21
   DDRC = 0xff;                                //22
   PORTA = 0x00;                               //23
   PORTC = 0xff;                               //24
   PORTB = 0xff;                               //25
   DDRB = 0xff;                                //26
   PORTD = 0xff;                               //27
   DDRD = 0xf3;                                //28
   MCUCR = 0x0a;                               //29
```

第 7 章 ATMEGA16(L)的中断系统使用

```
    GICR = 0xc0;                        //30
    SREG = 0x80;                        //31
    while(1)                            //32
    {                                   //33
        if(alm_flag1 == 1)              //34
        {PORTA = SEG7[1];               //35
        PORTC = 0xfe;                   //36
        ALM_ON;                         //37
        delay_ms(2000);                 //38
        }                               //39
        //----------------------------- 40
        if(alm_flag2 == 1)              //41
        {PORTA = SEG7[2];               //42
        PORTC = 0xfe;                   //43
        ALM_ON;                         //44
        delay_ms(2000);                 //45
        }                               //46
    }                                   //47
}                                       //48
//************************** 49
#pragma vector = INT0_vect              //50
__interrupt void int0_isr(void)         //51
{                                       //52
    alm_flag1 = 1;                      //53
}                                       //54
//************************** 55
#pragma vector = INT1_vect              //56
__interrupt void int1_isr(void)         //57
{                                       //58
    alm_flag2 = 1;                      //59
}                                       //60
```

编译通过后,可在 IAREW 中进行软件模拟仿真或 JTAG 实时在线仿真,也可在 AVR Studio 集成开发环境中进行软件模拟仿真或 JTAG 实时在线仿真。在 AVR DEMO 实验板通电前,须在标有"INT"、"LED"、"LEDMOD_DISP"的双排针上插短路块,另外还要将"LED-MOD_COM"的个位(标有 PC0 的双排针)插上短路块。

仿真结束后,将 iar7-4.hex 文件下载到 AVR DEMO 实验板上。可看到数码管是熄灭的。按下"INT0"模拟盗情 1 发生,数码管自动显示"1",同时发光管 D1 点亮(代表报警器启动)。再按下"INT1"模拟盗情 2 发生,则数码管每隔 2 秒轮流显示"1"、"2",发光管 D1 维持点亮。直到值班人员按下复位按钮后才解除报警。

7.6.3 程序分析解释

序号 1:包含头文件;

序号2~3:变量类型的宏定义;
序号4~5:数码管的字段码;
序号6:定义发光管D1点亮为低电平;
序号7:定义第1、2路盗情标志;
序号8:程序分隔;
序号9~17:延时子函数;
序号18:程序分隔;
序号19:定义主函数;
序号20:主函数开始;
序号21:将PA端口设为输出;
序号22:将PC端口设为输出;
序号23:PA端口初始化输出0x00;
序号24:PC端口初始化输出0xff;
序号25:PB端口初始化输出0xff;
序号26:将PB端口设为输出;
序号27:PD端口初始化输出0xff;
序号28:将PIND2、PIND3设为输入;
序号29:INT0、INT1为下降沿触发;
序号30:使能INT0、INT1中断;
序号31:使能总中断;
序号32:无限循环;
序号33:无限循环语句开始;
序号34:如果第1路产生盗情;
序号35:if语句开始,数码管显示1;
序号36:点亮个位的数码管;
序号37:报警器启动;
序号38:延时2 s;
序号39:if语句结束;
序号40:程序分隔;
序号41:如果第2路产生盗情;
序号42:if语句开始,数码管显示2;
序号43:点亮个位的数码管;
序号44:报警器启动;
序号45:延时2 s;
序号46:if语句结束;
序号47:无限循环语句结束;
序号48:主函数结束;
序号49:程序分隔;
序号50:INT0中断函数声明;
序号51:INT0中断服务子函数;
序号52:INT0中断服务子函数开始;
序号53:置第1路盗情标志为1;
序号54:INT0中断服务子函数结束;
序号55:程序分隔;
序号56:INT1中断函数声明;

第7章 ATMEGA16(L)的中断系统使用

序号 57:INT1 中断服务子函数;
序号 58:INT1 中断服务子函数开始;
序号 59:置第 2 路盗情标志为 1;
序号 60:INT1 中断服务子函数结束。

7.7 低功耗睡眠模式下的按键中断

7.7.1 实现方法

上电后 LED 的高 4 位和低 4 位各点亮 1 秒钟,然后熄灭,单片机进入 SLEEP(睡眠)状态。按下 INT0 键时,将单片机从睡眠模式下唤醒,8 个 LED 点亮,同时蜂鸣器鸣响 10 s。随后 LED 熄灭,单片机又进入睡眠模式,直到下一次被唤醒。

7.7.2 源程序文件

打开 IAREW 集成开发环境,在 D 盘中建立一个文件目录(iar7-5),创建一个新工程项目 iar7-5.ewp 并建立 iar7-5.eww 的工作区。输入 C 源程序文件 iar7-5.c 如下:

```
#include<iom16.h>                    //1
#include<intrinsics.h>               //2
#define uchar unsigned char          //3
#define uint unsigned int            //4
#define BZ_0   (PORTD = PORTD&0xdf)  //5
#define BZ_1   (PORTD = PORTD|0x20)  //6
uint cnt = 0;                        //7
//*************************          *8
void delay_ms(uint k)                //9
{                                    //10
    uint i,j;                        //11
    for(i = 0;i<k;i++)               //12
    {                                //13
        for(j = 0;j<1140;j++);       //14
    }                                //15
}                                    //16
//=========================17
void main(void)                      //18
{                                    //19
    DDRB = 0xff;                     //20
    PORTB = 0xff;                    //21
    DDRD = 0xfb;                     //22
    PORTD = 0xff;                    //23
    MCUCR = 0x60;                    //24
```

```
        GICR = 0x40;                      //25
        SREG = 0x80;                      //26
        BZ_1;                             //27
        PORTB = 0xf0;delay_ms(1000);      //28
        PORTB = 0x0f;delay_ms(1000);      //29
        PORTB = 0xff;                     //30
        while(1)                          //31
        {                                 //32
           delay_ms(10);                  //33
           __sleep();                     //34
           do                             //35
           {                              //36
              BZ_0;delay_ms(1);           //37
              BZ_1;delay_ms(1);           //38
              cnt--;                      //39
           }                              //40
           while(cnt! = 0);               //41
           PORTB = 0xff;                  //42
        }                                 //43
    }                                     //44
//*************************45
#pragma vector = INT0_vect                //46
__interrupt void int1_isr(void)           //47
{                                         //48
    cnt = 5000;                           //49
    PORTB = 0x00;                         //50
}                                         //51
```

编译通过后,可在 IAREW 中进行软件模拟仿真或 JTAG 实时在线仿真,也可在 AVR Studio 集成开发环境中进行软件模拟仿真或 JTAG 实时在线仿真。在 AVR DEMO 实验板通电前,须在标有"INT"、"LED"、"BEEP"的双排针上插短路块。

仿真结束后,将 iar7-5.hex 文件下载到 AVR DEMO 实验板上。LED 的高 4 位和低 4 位各点亮 1 s,然后熄灭,单片机进入 SLEEP(睡眠)状态。按一下 INT0 键,8 个 LED 点亮,同时蜂鸣器鸣响 10 s。随后 LED 熄灭,单片机又进入睡眠模式。

7.7.3 程序分析解释

序号 1~2:包含头文件;
序号 3~4:变量类型的宏定义;
序号 5:定义蜂鸣器端口为低电平;
序号 6:定义蜂鸣器端口为高电平;
序号 7:定义全局变量 cnt;
序号 8:程序分隔;
序号 9~16:延时子函数;

序号17:程序分隔；
序号18:定义主函数；
序号19:主函数开始；
序号20:将 PB 端口设为输出；
序号21:PB 端口初始化输出 0xff；
序号22:将 PD2 设为输入；
序号23:PD 端口初始化输出 0xff；
序号24:睡眠使能,掉电模式；
序号25:使能 INT0 中断；
序号26:使能总中断；
序号27:关闭蜂鸣器；
序号28:LED 的低 4 位点亮 1 s；
序号29:LED 的高 4 位点亮 1 s；
序号30:熄灭 LED；
序号31:无限循环；
序号32:无限循环语句开始；
序号33:延时 10 ms；
序号34:进入睡眠模式；
序号35:从睡眠模式唤醒后,进入 do - while 循环语句；
序号36:do - while 循环语句开始；
序号37:置蜂鸣器端口低电平 1 ms(使蜂鸣器发声)；
序号38:置蜂鸣器端口高电平 1 ms(使蜂鸣器发声)；
序号39:计数值 cnt 自减；
序号40:do - while 循环语句结束；
序号41:判断 cnt 是否为 0,如不为 0 则继续循环；
序号42:10 s 后,关闭蜂鸣器；
序号43:无限循环语句结束；
序号44:主函数结束；
序号45:程序分隔；
序号46:INT0 中断函数声明；
序号47:INT0 中断服务子函数；
序号48:INT0 中断服务子函数开始；
序号49:计数值 cnt 置为 5000；
序号50:8 个 LED 全部点亮；
序号51:INT0 中断服务子函数结束。

7.8　4×4 行列式按键的睡眠模式中断唤醒设计

7.8.1　实现方法

实现电路如图 7-1 所示,AVR DEMO 实验板上没有设计 4×4 行列式按键,读者可参考图 7-1 用外接的 4×4 行列式按键连接于 PB 端口上。图 7-1 中,PB 端口上的 8 个电阻起保护作用。任一个按键按下,都会使 PD2 为低电平,触发单片机从睡眠模式下唤醒,单片机将键

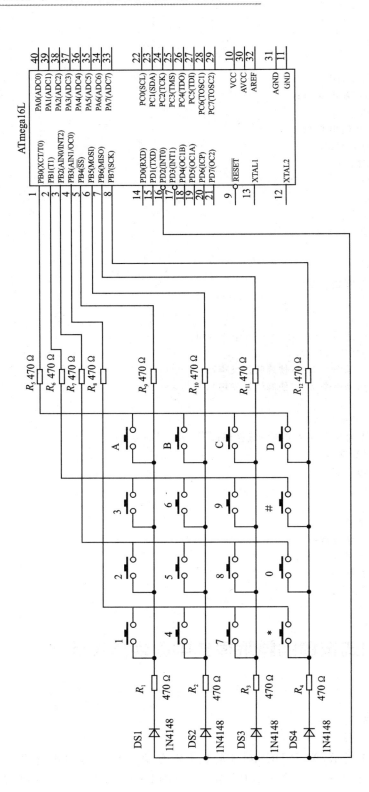

图7-1 4×4行列式按键的睡眠模式中断唤醒设计

第7章 ATMEGA16(L)的中断系统使用

值显示在个位的数码管上。2 s后显示熄灭,单片机又进入睡眠模式,直到下一次被唤醒。该设计如用于电池供电的遥控器等应用中,则对延长电池寿命非常有帮助,是一种省电的高效设计。

7.8.2 源程序文件

打开 IAREW 集成开发环境,在 D 盘中建立一个文件目录(iar7-6),创建一个新工程项目 iar7-6.ewp 并建立 iar7-6.eww 的工作区。输入 C 源程序文件 iar7-6.c:

```
#include<iom16.h>                                     //1
#include<intrinsics.h>                                //2
#define uchar unsigned char                           //3
#define uint unsigned int                             //4
//****************************5
__flash uchar SKEY[16] = {10,11,12,13,3,6,9,14,2,5,8,0,1,4,7,15};   //6
__flash uchar act[4] = {0xfe,0xfd,0xfb,0xf7};         //7
//****************************8
__flash uchar SEG7[16] = {0x3f,0x06,0x5b,0x4f,0x66,   //9
0x6d,0x7d,0x07,0x7f,0x6f,0x77,0x7c,0x39,0x5e,0x79,0x71};   //10
uchar c;                                              //11
//****************************12
void delay_ms(uint k)                                 //13
{                                                     //14
    uint i,j;                                         //15
    for(i=0;i<k;i++)                                  //16
    {                                                 //17
        for(j=0;j<1140;j++);                          //18
    }                                                 //19
}                                                     //20
//==========================21
void main(void)                                       //22
{                                                     //23
    uchar key_value;                                  //24
    DDRA = 0xff;                                      //25
    DDRC = 0xff;                                      //26
    DDRB = 0x0f;                                      //27
    DDRD = 0xfb;                                      //28
    PORTA = 0x00;                                     //29
    PORTC = 0xff;                                     //30
    PORTB = 0xf0;                                     //31
    PORTD = 0xff;                                     //32
    MCUCR = 0x60;                                     //33
    GICR = 0x40;                                      //34
    SREG = 0x80;                                      //35
    while(1)                                          //36
```

```c
        {                                   //37
            delay_ms(10);                   //38
            __sleep();                      //39
            if(c! = 16)key_value = SKEY[c]; //40
            PORTA = SEG7[key_value];        //41
            PORTC = 0xfe;                   //42
            delay_ms(2000);                 //43
            PORTA = 0x00;                   //44
            PORTC = 0xff;                   //45
        }                                   //46
}                                           //47
//******************************            //48
#pragma vector = INT0_vect                  //49
__interrupt void int0_isr(void)             //50
{                                           //51
    uchar i,j,in,ini,inj;                   //52
    uchar find = 0;                         //53
    for(i = 0;i<4;i ++ )                    //54
    {                                       //55
        PORTB = act[i];                     //56
        delay_ms(10);                       //57
        in = PINB;                          //58
        in = in >> 4;                       //59
        in = in|0xf0;                       //60
        for(j = 0;j<4;j ++ )                //61
        {                                   //62
            if(act[j] == in)                //63
            {find = 1;                      //64
              inj = j;ini = i;              //65
            }                               //66
        }                                   //67
    }                                       //68
    if(find == 0)c = 16;                    //69
    else c = (ini * 4 + inj);               //70
}                                           //71
```

编译通过后,可在 IAREW 中进行软件模拟仿真或 JTAG 实时在线仿真,也可在 AVR Studio 集成开发环境中进行软件模拟仿真或 JTAG 实时在线仿真。在 AVR DEMO 实验板通电前,须在标有"INT"、"LEDMOD_DISP"以及"LEDMOD_COM"的 PC0 上的双排针插上短路块。

仿真结束后,将 iar7-6.hex 文件下载到 AVR DEMO 实验板上。按下 0 号键,P0 口的数码管显示"0";按下 1 号键,P0 口的数码管显示"1";…;按下 9 号键,P0 口的数码管显示"9";按下 A、B、C、D、#、* 键,个位数码管显示"A"、"B"、"C"、"D"、"E"、"F"。释放按键 2s 后单片机又进入睡眠模式。

7.8.3 程序分析解释

序号 1～2:包含头文件；
序号 3～4:变量类型的宏定义；
序号 5:程序分隔；
序号 6～7:数码管的字段码；
序号 8:程序分隔；
序号 9～10:数码管 0～F 的字形码；
序号 11:定义全局变量 c；
序号 12:程序分隔；
序号 13～20:延时子函数；
序号 21:程序分隔；
序号 22:定义主函数；
序号 23:主函数开始；
序号 24:定义局部变量 key_value；
序号 25:将 PA 端口设为输出；
序号 26:将 PC 端口设为输出；
序号 27:将 PB 端口高 4 位设为输入；
序号 28:将 PD2 设为输入；
序号 29:PA 端口初始化输出 0x00；
序号 30:PC 端口初始化输出 0xff；
序号 31:PB 端口初始化输出 0xf0；
序号 32:PD 端口初始化输出 0xff；
序号 33:睡眠使能,掉电模式；
序号 34:使能 INT0 中断；
序号 35:使能总中断；
序号 36:无限循环；
序号 37:无限循环语句开始；
序号 38:延时 10 ms；
序号 39:进入睡眠模式；
序号 40:从睡眠模式唤醒后,如果 c 不等于 16,说明有键按下,转换后的键号值送 key_value；
序号 41:显示键号值；
序号 42:点亮个位数码管；
序号 43:延时 2 s；
序号 44～45:关闭显示；
序号 46:无限循环语句结束；
序号 47:主函数结束；
序号 48:程序分隔；
序号 49:INT0 中断函数声明；
序号 50:INT0 中断服务子函数；
序号 51:INT0 中断服务子函数开始；
序号 52:定义局部变量 i、j、in、ini、inj；
序号 53:定义位 find 标志并赋初值 0；
序号 54:for 循环；

序号 55:for 循环语句开始；
序号 56:由 PB 口送出扫描控制信号；
序号 57:延时 10 ms 再判,以避开干扰；
序号 58:读取 PB 口内容至 in 中；
序号 59:右移 4 位；
序号 60:高 4 位置为 1；
序号 61:for 循环；
序号 62:for 循环开始；
序号 63:if 语句检查是否有按键；
序号 64:如有按键,设定按键标志；
序号 65:记录扫描的指针值；
序号 66:if 语句结束；
序号 67:for 循环结束；
序号 68:for 循环语句结束；
序号 69:如果没按键置 c 为 16；
序号 70:有按键则置 c 为按键值；
序号 71:INT0 中断服务子函数结束。

第 8 章
ATMEGA16(L)驱动 16×2 点阵字符液晶模块

在小型的智能化电子产品中，普通的 7 段 LED 数码管只能用来显示数字，若要显示英文字母或图像、汉字，则必须选择使用液晶显示器(简称 LCD)。

LCD 显示器的应用很广，简单的如手表、计算器上的液晶显示器，复杂如笔记本电脑上的显示器等，都使用 LCD。在一般的商务办公机器上，如复印机和传真机，以及一些娱乐器材、医疗仪器上，LCD 也很常见。

LCD 可分为两种类型，一种是字符模式 LCD，另一种为图形模式 LCD。本章介绍的 16×2 LCD 为字符型点矩阵式 LCD 模组(Liquid Crystal Display Module 简称，LCM)，或称字符型 LCD。市场上有各种不同品牌的字符显示类型的 LCD，但大部分的控制器都是使用同一块芯片来控制的，编号为 HD44780，或是兼容的控制芯片。

8.1 16×2 点阵字符液晶显示器概述

字符型液晶显示模块是一类专门用于显示字母、数字、符号等的点阵型液晶显示模块。在显示器件的电极图形设计上，由若干个 5×7 或 5×11 等点阵字符位组成。每一个点阵字符位都可以显示一个字符。点阵字符位之间空有一个点距的间隔起到了字符间距和行距的作用。

目前常用的有 16 字×1 行、16 字×2 行、20 字×2 行和 40 字×2 行等的字符模组。这些 LCM 虽然显示的字数各不相同，但是都具有相同的输入/输出界面。

16×2 点阵字符液晶模块是由点阵字符液晶显示器件和专用的行、列驱动器、控制器及必要的连接件、结构件装配而成，可以显示数字和英文字符。这种点阵字符模块本身具有字符发生器，显示容量大，功能丰富。

液晶点阵字符模块的点阵排列由 5×7 或 5×8、5×11 的一组组像素点阵排列组成。每组为 1 位，每位间有一点的间隔，每行间也有一行的间隔，所以不能显示图形。

一般在模块控制、驱动器内具有已固化好 192 个字符字模的字符库 CGROM，还具有让用户自定义建立专用字符的随机存储器 CGRAM，允许用户建立 8 个 5×8 点阵的字符。点阵字符模块具有丰富的显示功能，其控制器主要为日立公司的 HD44780 及其替代集成电路，驱动器为 HD44100 及其替代的兼容集成电路。

8.2 液晶显示器的突出优点

液晶显示器和其他显示器相比,具有以下突出的优点:
- 低电压、场致驱动;
- 微功耗,仅 1 $\mu W/cm^2$;
- 平板显示,体积小而薄;
- 与集成电路匹配方便、简单;
- 被动显示,不怕光冲刷;
- 可彩色、黑白显示,效果逼真;
- 显示面积可大可小,目前世界上最大的液晶电视尺寸已超过 50 英寸;
- 易于大批量生产;
- 随着工艺的提高,成品率还会进一步提高,成本也会进一步下降。

液晶显示器的缺点:
- 视角较小;
- 显示质量不算最高;
- 响应速度较慢,对快速移动图像可能有一些拖尾,目前正在克服中。

8.3 16×2 字符型液晶显示模块(LCM)特性

- +5 V 电压,反视度(明暗对比度)可调整;
- 内含振荡电路,系统内含重置电路;
- 提供各种控制命令,如清除显示器、字符闪烁、光标闪烁、显示移位等多种功能;
- 显示用数据 DDRAM 共有 80 字节;
- 字符发生器 CGROM 有 160 个 5×7 点阵字型;
- 字符发生器 CGRAM 可由使用者自行定义 8 个 5×7 的点阵字型。

8.4 16×2 字符型液晶显示模块(LCM)引脚及功能

1 脚(V_{dd}/V_{ss}):电源 5(1±10%) V 或接地。

2 脚(V_{ss}/V_{dd}):接地或电源 5(1±10%) V。

3 脚(V_O):反视度调整。使用可变电阻调整,通常接地。

4 脚(RS):寄存器选择。1 为选择数据寄存器;0 为选择指令寄存器。

5 脚(R/W):读/写选择。1 为读;0 为写。

6 脚(E):使能操作。1 为 LCM 可做读/写操作;0 为 LCM 不能做读/写操作。

7 脚(DB0):双向数据总线的第 0 位。

8 脚(DB1):双向数据总线的第 1 位。

9 脚(DB2):双向数据总线的第 2 位。

11 脚(DB3):双向数据总线的第 3 位。

11 脚(DB4):双向数据总线的第 4 位。
12 脚(DB5):双向数据总线的第 5 位。
13 脚(DB6):双向数据总线的第 6 位。
14 脚(DB7):双向数据总线的第 7 位。
15 脚(V_{dd}):背光显示器电源+5 V。
16 脚(V_{ss}):背光显示器接地。

说明:由于生产 LCM 厂商众多,使用时应注意电源引脚 1、2 的不同。LCM 数据读/写方式可以分为 8 位及 4 位 2 种。若以 8 位数据进行读/写,则 DB7~DB0 都有效;若以 4 位方式进行读/写,则只用到 DB7~DB4。

8.5 16×2 字符型液晶显示模块(LCM)的内部结构

LCM 的内部结构可分为 3 个部分:LCD 控制器、LCD 驱动器、LCD 显示装置。如图 8-1 所示。

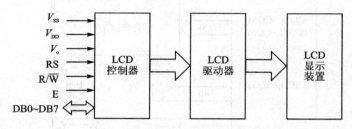

图 8-1 LCM 的内部结构

LCM 与单片机(MCU)之间利用 LCM 的控制器进行通信。HD44780 是集驱动器与控制器于一体,专用于字符显示的液晶显示控制驱动集成电路。HD44780 是字符型液晶显示控制器的代表电路,熟知 HD44780,将可通晓字符型液晶显示控制器的工作原理。

8.6 液晶显示控制驱动集成电路 HD44780 特点

- 不仅作为控制器而且还具有驱动 40×16 点阵液晶像素的能力,并且 HD44780 的驱动能力可通过外接驱动器扩展 360 列驱动。
- 其显示缓冲区及用户自定义的字符发生器 CGRAM 全部内藏在芯片内。
- 具有适用于 M6800 系列 MCU 的接口,并且接口数据传输可为 8 位数据传输和 4 位数据传输两种方式。
- 具有简单而功能较强的指令集,可实现字符移动、闪烁等显示功能。

图 8-2 为 HD44780 的内部组成结构。

HD44780 可控制的字符为每行 80 个字,也就是 5×80=400 点。HD44780 内藏有 16 路行驱动器和 40 路列驱动器,所以 HD44780 本身就具有驱动 16×40 点阵 LCD 的能力(即单行 16 个字符或两行 8 个字符)。增加一个 HD44100 芯片,可外扩展多于 40 路/列驱动,则可驱动 16×2LCD(图 8-3)。

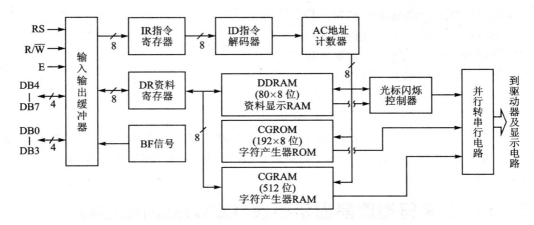

图 8-2 HD44780 的内部组成结构

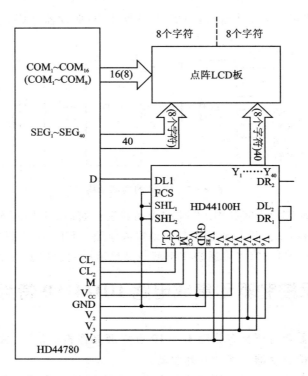

图 8-3 HD44780 加 HD44100 外扩展

当 MCU 写入指令设置了显示字符体的形式和字符行数后,驱动器的液晶显示驱动的占空比系数就确定了下来,驱动器在时序发生器的作用下,产生帧扫描信号和扫描时序,同时把由字符代码确定的字符数据通过并/串转换电路串行输出给外部列驱动器和内部列驱动器,数据的传输顺序总是起始于显示缓冲区所对应一行显示字符的最高地址的数据。当全部一行数据到位后,锁存时钟 CL1 将数据锁存在列驱动器的锁存器内,最后传输的 40 位数据,也就是说各显示行的前 8 个字符位总是被锁存在 HD44780 的内部列驱动器的锁存器中。CL1 同时也是行驱动器的移位脉冲,使得扫描行更新。如此循环,使得屏上呈现字符的组合。

8.7 HD44780 工作原理

HD44780 的引脚图如图 8-4 所示。

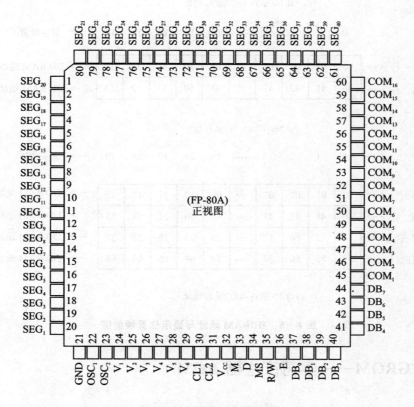

图 8-4 HD44780 引脚图

8.7.1 DDRAM——数据显示用 RAM

DDRAM——数据显示用 RAM(Data Display RAM,简称 DDRAM)

DDRAM 用来存放 LCD 显示的数据,只要将标准的 ASCII 码送入 DDRAM,内部控制电路会自动将数据传送到显示器上,例如要 LCD 显示字符 A,则只须将 ASCII 码 41H 存入 DDRAM 即可。DDRAM 有 80 B(bytes 字节)空间,共可显示 80 个字(每个字为 1 B),其存储器地址与实际显示位置的排列顺序与 LCM 的型号有关,如图 8-5 所示。

图 8-5(a)为 16 字×1 行的 LCM,它的地址从 00H~0FH;图 8-5(b)为 20 字×2 行的 LCM,第一行的地址从 00H~13H,第二行的地址从 40H~53H;图 8-5(c)为 20 字×4 行的 LCM,第一行的地址从 00H~13H,第二行的地址从 40H~53H,第三行的地址从 14H~27H,第四行的地址从 54H~67H。

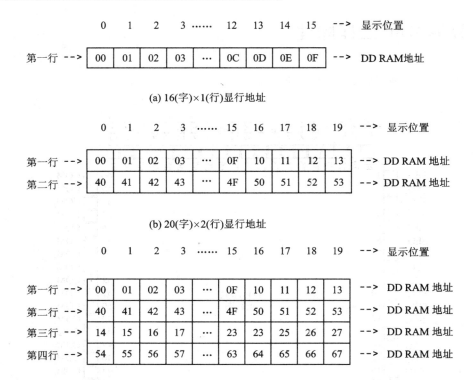

图 8-5 DDRAM 地址与显示位置映射图

8.7.2 CGROM——字符产生器 ROM

CGROM——字符产生器 ROM(Character Generator 的 ROM,简称 CGROM)

  CGROM 储存了 192 个 5×7 的点矩阵字型,CGROM 的字型要经过内部电路的转换才会传到显示器上,仅能读出不可写入。字型或字符的排列方式与标准的 ASCⅡ 码相同,例如字符码 31H 为 1 字符,字符码 41H 为 A 字符。如我们要在 LCD 中显示 A,就是将 A 的 ASCⅡ 代码 41H 写入 DDRAM 中,同时通过电路将 CGROM 中的 A 字型点阵数据找出来显示在 LCD 上。字符与字符码对照表如表 8-1 所列。

8.7.3 CGRAM——字型、字符产生器 RAM

CGRAM——字型、字符产生器 RAM(Character Generator RAM,简称 CGRAM)

  CGRAM 是供使用者储存自行设计的特殊造型的造型码 RAM,CGRAM 共有 512 位(64 字节)。一个 5×7 点矩阵字型占用 8×8 位,所以 CGRAM 最多可存 8 个造型。

第8章 ATMEGA16(L)驱动 16×2 点阵字符液晶模块

表8-1 字符与字符码对照表

(字符点阵图，略)

8.7.4 IR——指令寄存器

IR——指令寄存器(Instruction Register,简称 IR)

IR 寄存器负责储存 MCU 写入 LCM 的指令码。当 MCU 要发送一个命令到 IR 寄存器时,必须控制 LCM 的 RS、R/W 及 E 这 3 个引脚,当 RS 及 R/W 引脚信号为 0,E 引脚信号由 1 变为 0 时,就会把 DB0～DB7 引脚上的数据送入 IR 寄存器。

8.7.5 DR——数据寄存器

DR——数据寄存器(Data Register,简称 DR)

DR 寄存器负责储存 MCU 写入 CGRAM 或 DDRAM 的数据,或储存 MCU 从 CGRAM 或 DDRAM 读出的数据,因此 DR 寄存器可视为一个数据缓冲区,它也由 LCM 的 RS、R/W 及 E 3 个引脚来控制。当 RS 及 R/W 引脚信号为 1,E 引脚信号由 1 变为 0 时,LCM 会将 DR 寄存器内的数据由 DB0～DB7 输出以供 MCU 读取;当 RS 引脚信号为 1,R/W 引脚信号为 0,E 引脚信号由 1 变为 0 时,就会把在 DB0～DB7 引脚上的数据存入 DR 寄存器。

8.7.6 BF——忙碌标志信号

BF——忙碌标志信号(Busy Flag,简称 BF)

BF 的功能是告诉 MCU,LCM 内部是否正忙着处理数据。当 BF=1 时,表示 LCM 内部正在处理数据,不能接收 MCU 送来的指令或数据。LCM 设置 BF 的原因为 MCU 处理一个指令的时间很短,只需几微秒左右,而 LCM 得花上 40 μs～1.64 ms 的时间,所以 MCU 写数据或指令到 LCM 之前,必须先查看 BF 是否为 0。

8.7.7 AC——地址计数器

AC——地址计数器(Address Counter,简称 AC)

AC 的工作是负责计数写到 CGRAM、DDRAM 数据的地址,或从 DDRAM、CGRAM 读出数据的地址。使用地址设定指令写到 IR 寄存器后,则地址数据会经过指令解码器(Instruction Decoder),再存入 AC。当 MCU 从 DDRAM 或 CGRAM 存取资料时,AC 依照 MCU 对 LCM 的操作而自动修改它的地址计数值。

8.8 LCD 控制器指令

用 MCU 来控制 LCD 模块,方式十分简单,LCD 模块内部可以看成两个寄存器,一个为指令寄存器,一个为数据寄存器,由 RS 引脚来控制。所有对指令寄存器或数据寄存器的存取均

第8章 ATMEGA16(L)驱动 16×2 点阵字符液晶模块

须检查 LCD 内部的忙碌标志 BF,此标志用来告知 LCD 内部正在工作,并不允许接收任何控制命令。此位的检查可以令 RS=0,读取 DB7 来加以判断,当 DB7 为 0 时,才可以写入指令或数据寄存器。LCD 控制器的指令共有 11 组,以下分别介绍。

8.8.1 清除显示器

RS	R/W	E	DB7	DB6	DB5	DB4	DB3	DB2	DB1	DB0
0	0	1	0	0	0	0	0	0	0	1

指令代码为 01H,将 DDRAM 数据全部填入"空白",其 ASCII 代码为 20H,执行此指令将清除显示器的内容,同时光标移到左上角。

8.8.2 光标归位设定

RS	R/W	E	DB7	DB6	DB5	DB4	DB3	DB2	DB1	DB0
0	0	1	0	0	0	0	0	0	1	*

指令代码为 02H,地址计数器被清 0,DDRAM 数据不变,光标移到左上角。* 表示可以为 0 或 1。

8.8.3 设定字符进入模式

RS	R/W	E	DB7	DB6	DB5	DB4	DB3	DB2	DB1	DB0
0	0	1	0	0	0	0	0	1	I/D	S

指令代码由于 I/D 位和 S 位的不同,为 04H、05H、06H、07H,其工作情形如表 8-2 所列。

表 8-2 4 种字符进入模式

I/D	S	工作情形
0	0	光标左移一格,AC 值减一,字符全部不动
0	1	光标不动,AC 值减一,字符全部右移一格
1	0	光标右移一格,AC 值加一,字符全部不动
1	1	光标不动,AC 值加一,字符全部左移一格

8.8.4 显示器开关

RS	R/W	E	DB7	DB6	DB5	DB4	DB3	DB2	DB1	DB0
0	0	1	0	0	0	0	1	D	C	B

D：显示屏开启或关闭控制位，D＝1时，显示屏开启；D＝0时，显示屏关闭，但显示数据仍保存于 DDRAM 中。

C：光标出现控制位，C＝1时，光标会出现在地址计数器所指的位置；C＝0时，光标不出现。

B：光标闪烁控制位，B＝1时，光标出现后会闪烁；B＝0时，光标不闪烁。

8.8.5　显示光标移位

RS	R/W	E	DB7	DB6	DB5	DB4	DB3	DB2	DB1	DB0
0	0	1	0	0	0	1	S/C	R/L	*	*

＊表示可以为0或1。

显示光标移位工作情形如表 8-3 所列。

表 8-3　显示光标移位

S/C	R/L	工作情形
0	0	光标左移一格，AC 值减一
0	1	光标右移一格，AC 值加一
1	0	字符和光标同时左移一格
1	1	字符和光标同时右移一格

8.8.6　功能设定

RS	R/W	E	DB7	DB6	DB5	DB4	DB3	DB2	DB1	DB0
0	0	1	0	0	1	DL	N	F	*	*

＊表示可以为0或1。

DL：数据长度选择位。DL＝1时为8位（DB7～DB0）数据传送；DL＝0时则为4位数据传送，使用 DB7～DB4 位，分2次送入一个完整的字符数据。

N：显示屏为单行或双行选择。N＝1为双行显示；N＝0则为单行显示。

F：大小字符显示选择。当F＝1时，为5×10字型（有的产品无此功能）；当F＝0时，则为5×7字型。

8.8.7　CGRAM 地址设定

RS	R/W	E	DB7	DB6	DB5	DB4	DB3	DB2	DB1	DB0
0	0	1	0	1	A5	A4	A3	A2	A1	A0

设定下一个要读/写数据的 CGRAM 地址（A5～A0）。

8.8.8 DDRAM 地址设定

RS	R/W	E	DB7	DB6	DB5	DB4	DB3	DB2	DB1	DB0
0	0	1	1	A6	A5	A4	A3	A2	A1	A0

设定下一个要读/写数据的 DDRAM 地址(A6～A0)。

8.8.9 忙碌标志 BF 或 AC 地址读取

RS	R/W	E	DB7	DB6	DB5	DB4	DB3	DB2	DB1	DB0
0	1	1	BF	A6	A5	A4	A3	A2	A1	A0

LCD 的忙碌标志 BF 用于指示 LCD 目前的工作情况,当 BF=1 时,表示正在做内部数据的处理,不接收 MCU 送来的指令或数据。当 BF=0 时,表示已准备接收命令或数据。当程序读取此数据的内容时,DB7 表示忙碌标志,DB6～DB0 的值表示 CGRAM 或 DDRAM 中的地址,至于是指向哪一地址,则根据最后写入的地址设定指令而定。

8.8.10 写数据到 CGRAM 或 DDRAM 中

RS	R/W	E	DB7	DB6	DB5	DB4	DB3	DB2	DB1	DB0
1	0	1								

先设定 CGRAM 或 DDRAM 地址,再将数据写入 DB7～DB0 中,以使 LCD 显示出字形。也可将使用者自创的图形存入 CGRAM。

8.8.11 从 CGRAM 或 DDRAM 中读取数据

RS	R/W	E	DB7	DB6	DB5	DB4	DB3	DB2	DB1	DB0
1	1	1								

先设定 CGRAM 或 DDRAM 地址,再读取其中的数据。

8.9 LCM 工作时序

控制 LCD 所使用的芯片 HD44780 其读/写周期约为 1 μs 左右。

1. 读取时序

读取时序如图 8-6 所示。

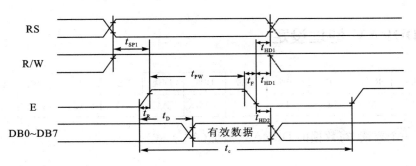

图 8-6 读取时序图

2. 写入时序

写入时序如图 8-7 所示。

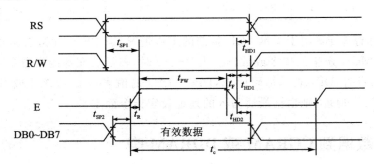

图 8-7 写入时序图

时序参数如表 8-4 所列。

表 8-4 时序参数表

时序参数	符 号	极限值			单 位	测试条件
		最小值	典型值	最大值		
E 信号周期	t_C	400	—	—	ns	引脚 E
E 脉冲宽度	t_{PW}	150	—	—	ns	
E 上升沿/下降沿时间	t_R、t_F	—	—	25	ns	
地址建立时间	t_{SPI}	30	—	—	ns	引脚 E、RS、R/W
地址保持时间	t_{HIM}	10	—	—	ns	
数据建立时间(读操作)	t_D	—	—	100	ns	引脚 DB0~DB7
数据保持时间(读操作)	t_{TD2}	20	—	—	ms	
数据建立时间(读操作)	t_{SP2}	40	—	—	ns	
数据保持时间(写操作)	t_{HD2}	40	—	—	ns	

第8章 ATMEGA16(L)驱动16×2点阵字符液晶模块

8.10 8位数据传送的ATMEGA16(L)驱动16×2点阵字符液晶模块的子函数

要实现对16×2点阵字符液晶模块的高效控制，必须按照模块设计方式，建立起相关的子函数。根据点阵字符液晶模块的数据口线与单片机的连接，可分为8位(DB7～DB0)数据传送或4位(DB7～DB4)数据传送，下面先详细介绍8位数据传送驱动16×2点阵字符液晶模块的各功能子函数。

8.10.1 写命令到LCM子函数

```
void LcdWriteCommand(uchar CMD,uchar Attribc)    //函数名为Lcd WriteCommandLCM的写指令到LCM
                                                 //子函数。定义CMD,Attribc为无符号字符型变量
{                                                //WriteCommandLCM子函数开始
    if(Attribc)WaitForEnable();                  //若Attribc为"真",则调用WaitForEnable子函数
                                                 //进行忙检测
    LCM_RS_0;LCM_RW_0; __no_operation();         //选中指令寄存器,写模式
    DataPort = CMD; __no_operation();            //将变量CMD中的指令传送至数据口
    LCM_EN_1;__no_operation();
    __no_operation();LCM_EN_0;                   //LCM_EN端产生脉冲下降沿
}                                                //WriteCommandLCM子函数结束
```

8.10.2 写数据到LCM子函数

```
void LcdWriteData(uchar dataW)                   //函数名为LcdWriteData的写数据到
                                                 //LCM子函数。定义dataW为无符号字符型变量
{                                                //WriteDataLCM子函数开始
    WaitForEnable();                             //调用WaitForEnable子函数检测忙信号
    LCM_RS_1;LCM_RW_0;__no_operation();          //选中数据寄存器,写模式
    DataPort = dataW;__no_operation();           //将变量dataW中数据传送至数据口
    LCM_EN_1; __no_operation();
    __no_operation();LCM_EN_0;                   //LCM_EN端产生脉冲下降沿
}                                                //WriteDataLCM子函数结束
```

8.10.3 检测LCD忙信号子函数

```
void WaitForEnable(void)                         //函数名为WaitForEnable的检测忙信号子函数
{                                                //WaitForEnable子函数开始
    uchar val;                                   //定义局部变量val
    DataPort = 0xff;                             //置数据口为全1
    LCM_RS_0;__no_operation();__no_operation();  //选中指令寄存器,读模式
    LCM_RW_1;__no_operation();__no_operation();
```

```c
    LCM_EN_1;__no_operation();__no_operation();    //置LCM_EN端为高电平,读使能
    DDRA = 0x00;__no_operation();__no_operation(); //数据口置为输入
    val = PINA;__no_operation();__no_operation();  //读取数据
    while(val&Busy) {val = PINA;__no_operation();__no_operation();}//检测忙信号。当数据口内
                                                   //  容与0x80相与后不为零时,
                                                   //  程序原地踏步继续读取数据
                                                   //  并检测忙信号
    __no_operation();__no_operation();
    LCM_EN_0;__no_operation();__no_operation();    //置LCM_EN端为低电平。
    DDRA = 0xff;                                   //数据口置为输出
}                                                  //WaitForEnable子函数结束
```

8.10.4 显示光标定位子函数

```c
void LocateXY(char posx,char posy)           //显示光标定位子函数,函数名为LocateXY,
                                             //定义posx、posxy为字符型变量
{                                            //LocateXY子函数开始
    uchar temp = 0x00;                       //定义temp为无符号字符型变量
    temp& = 0x7f;                            //temp的变化范围0~15
    temp = posx&0x0f;                        //屏蔽高4位
    posy& = 0x01;                            //posy的变化范围0~1
    if(posy == 1)temp| = 0x40;               //若posy为1(显示第二行),地址码+0x40
    temp| = 0x80;                            //指令码为地址码+0x80
    LcdWriteCommand(temp,1);                 //将指令temp写入LCM,进行忙信号检测
}                                            //LocateXY子函数结束
```

8.10.5 显示指定坐标的一个字符子函数

```c
void DisplayOneChar(uchar x,uchar y,uchar Wdata) //显示指定坐标的一个字符(x = 0~15,y = 0~1)
                                                 //  子函数,函数名为DisplayOneChar,定义x、y、Wda-
                                                 //  ta为无符号字符型变量
{                                                // DispOneChar函数开始
    LocateXY(x,y);                               //调用LocateXY函数定位显示地址
    WriteDataLCM(Wdata);                         //将数据Wdata写入LCM
}                                                //DisplagOneChar函数结束
```

8.10.6 演示第二行移动字符串子函数

```c
void DisplayLine2(uchar dd)                  //演示第二行移动字符串子函数,函数名为Dis-
                                             //  playLine2,定义dd为无符号字符型变量
{                                            //Display Line2子函数开始
    uchar i;                                 //定义i为无符号字符型变量
```

第 8 章　ATMEGA16(L)驱动 16×2 点阵字符液晶模块

```
    for(i = 0;i<16;i++){                //进入 for 语句循环
        DisplayOneChar(i,1,dd++);       //显示单个字符
        dd& = 0x7f;                     //dd 的变化范围为 0～127
        if(dd<32)dd = 32;               //dd 的最小值为 32,这样 dd 的变化范围为 32～127
    }                                   //for 语句结束
}                                       //Display 函数结束
```

8.10.7　显示指定坐标的一串字符子函数

```
void ePutstr(uchar x,uchar y,uchar code * ptr)   //显示指定坐标的一串字符(x = 0～15,y = 0～1)
                                                 //子函数,函数名为 ePutstr,定义 x、y 为无符号
                                                 //字符型变量,ptr 为指向 code 区的无符号字符型指
                                                 //针变量
{                                                //ePutstr 子函数开始
    uchar i,l = 0;                               //定义 i、l 为无符号字符型变量
    while(ptr[l]>31){l++;}                       //ptr[l]大于 31 时,为 ASCII 码,进入 while 语句
                                                 //循环,l 累加,计算出字符串长度
    for(i = 0;i<l;i++){                          //进入 for 语句循环
        DisplayOneChar(x++,y,ptr[i]);            //显示单个字符,同时 x 轴坐标递增
        if(x == 16){                             //若 x 等于 16,进入 if 语句
            x = 0;y^ = 1;                        //x 赋 0,y 与 1 按位异或(取反)
        }                                        //if 语句结束
    }                                            //for 语句结束
}                                                //ePutstr 子函数结束
```

8.11　8 位数据传送的 16×2 LCM 演示程序 1

8.11.1　实现方法

第一行显示"- This is a LCD -!",第二行的第 1 个字符位置显示"A"。过 2 s 后变为第一行的第 8 个字符位置显示"B",第二行显示"- Design by ZXH -!"。然后无限循环。

8.11.2　源程序文件

打开 IAREW 集成开发环境,在 D 盘中建立一个文件目录(iar8 - 1),创建一个新工程项目 iar8 - 1. ewp 并建立 iar8 - 1. eww 的工作区。输入 C 源程序文件 iar8 - 1. c 如下:

```
#include <iom16.h>                               //1
#include <intrinsics.h>                          //2
```

```c
//------------------------------------------//3
#define uchar unsigned char                  //4
#define uint unsigned int                    //5
//------------------------------------------//6
#define LCM_RS_1 PORTB|=1                    //7
#define LCM_RS_0 PORTB&=~1                   //8
#define LCM_RW_1 PORTB|=2                    //9
#define LCM_RW_0 PORTB&=~2                   //10
#define LCM_EN_1 PORTB|=4                    //11
#define LCM_EN_0 PORTB&=~4                   //12
//==========================================//13
#define DataPort PORTA                       //14
#define Busy 0x80                            //15
#define xtal 8                               //16
//==========================================//17
uchar __flash str0[] = {"-This is a LCD-!"}; //18
uchar __flash str1[] = {"-Design by ZXH-!"}; //19
//================ 函数声明 ================//20
void Delay_1ms(void);                        //21
void Delay_nms(uint n);                      //22
void WaitForEnable(void);                    //23
void LcdWriteData(uchar W);                  //24
void LcdWriteCommand(uchar CMD,uchar Attribc);//25
void InitLcd(void);                          //26
void Display(uchar dd);                      //27
void DisplayOneChar(uchar x,uchar y,uchar Wdata);//28
void ePutstr(uchar x,uchar y, uchar __flash * ptr);//29
//******************************************//30
void main(void)                              //31
{                                            //32
    Delay_nms(400);                          //33
    DDRA = 0xff;PORTA = 0x00;                //34
    DDRB = 0xff;PORTB = 0x00;                //35
    InitLcd();                               //36
//******************************************//37
    while(1)                                 //38
    {                                        //39
        LcdWriteCommand(0x01,1);             //40
        LcdWriteCommand(0x0c,1);             //41
        DisplayOneChar(0,1,0x41);            //42
            ePutstr(0,0,str0);               //43
        Delay_nms(2000);                     //44
        LcdWriteCommand(0x01,1);             //45
        LcdWriteCommand(0x0c,1);             //46
        DisplayOneChar(8,0,0x42);            //47
```

```c
        ePutstr(0,1,str1);                              //48
        Delay_nms(2000);                                //49
    }                                                   //50
}                                                       //51
// ********* 显示指定坐标的一串字符子函数 *********** 52
void ePutstr(uchar x,uchar y, uchar __flash *ptr)       //53
{                                                       //54
    uchar i,l = 0;                                      //55
    while(ptr[l]>31){l++;}                              //56
    for(i = 0;i<l;i++){                                 //57
        DisplayOneChar(x++,y,ptr[i]);                   //58
        if(x == 16){                                    //59
            x = 0;y = 1;                                //60
        }                                               //61
    }                                                   //62
}                                                       //63
// *********** 显示光标定位子函数 *************** *64
void LocateXY(char posx,char posy)                      //65
{                                                       //66
    uchar temp = 0x00;                                  //67
    temp&= 0x7f;                                        //68
    temp = posx&0x0f;                                   //69
    posy&= 0x01;                                        //70
    if(posy == 1)temp|= 0x40;                           //71
    temp|= 0x80;                                        //72
    LcdWriteCommand(temp,1);                            //73
}                                                       //74
// ********* 显示指定坐标的一个字符子函数 ***********75
void DisplayOneChar(uchar x,uchar y,uchar Wdata)        //76
{                                                       //77
    LocateXY(x,y);                                      //78
    LcdWriteData(Wdata);                                //79
}                                                       //80
// ************* LCD 初始化子函数 *************** 81
void InitLcd(void)                                      //82
{                                                       //83
    LcdWriteCommand(0x38,0);                            //84
    Delay_nms(5);                                       //85
    LcdWriteCommand(0x38,0);                            //86
    Delay_nms(5);                                       //87
    LcdWriteCommand(0x38,0);                            //88
    Delay_nms(5);                                       //89
    LcdWriteCommand(0x38,1);                            //90
    LcdWriteCommand(0x08,1);                            //91
    LcdWriteCommand(0x01,1);                            //92
```

```c
        LcdWriteCommand(0x06,1);                        //93
        LcdWriteCommand(0x0c,1);                        //94
}                                                        //95
//********** 写命令到LCM子函数 ******************96
void LcdWriteCommand(uchar CMD,uchar Attribc)           //97
{                                                        //98
        if(Attribc)WaitForEnable();                     //99
        LCM_RS_0;LCM_RW_0;__no_operation();             //100
        DataPort = CMD;__no_operation();                //101
        LCM_EN_1;__no_operation();__no_operation();LCM_EN_0; //102
}                                                        //103
//********** 写数据到LCM子函数 ******************104
void LcdWriteData(uchar dataW)                          //105
{                                                        //106
        WaitForEnable();                                //107
        LCM_RS_1;                                        //108
        LCM_RW_0;__no_operation();                      //109
        DataPort = dataW;__no_operation();              //110
        LCM_EN_1;__no_operation();__no_operation();LCM_EN_0; //111
}                                                        //112
//********** 检测LCD忙信号子函数 ***************113
void WaitForEnable(void)                                //114
{                                                        //115
        uchar val;                                       //116
        DataPort = 0xff;                                 //117
        LCM_RS_0;LCM_RW_1;__no_operation();             //118
        LCM_EN_1;__no_operation();__no_operation();    //119
        DDRA = 0x00;                                     //120
        val = PINA;                                      //121
        while(val&Busy)val = PINA;                      //122
        LCM_EN_0;                                        //123
        DDRA = 0xff;                                     //124
}                                                        //125
//*******************************************126
void Delay_1ms(void)                                    //127
{   uint i;                                              //128
        for(i = 1;i<(uint)(xtal * 143 - 2);i++)         //129
            ;                                            //130
}                                                        //131
//==========================================132
void Delay_nms(uint n)                                  //133
{                                                        //134
        uint i = 0;                                      //135
        while(i<n)                                       //136
        {   Delay_1ms();                                 //137
```

```
            i++;                                              //138
        }                                                     //139
}                                                             //140
```

编译通过后,可在 IAREW 中进行 JTAG 实时在线仿真,也可在 AVR Studio 集成开发环境中进行 JTAG 实时在线仿真。

注意:在标示"LCD16*2"的单排座上正确插上 16×2 液晶模块(引脚号对应,不能插反),标示"DC5V"电源端输入 5 V 稳压电压。

仿真结束后,将 iar8-1.hex 文件下载到 AVR DEMO 实验板上。液晶屏上的显示与我们设计的目标完全一致。图 8-8 为 iar8-1 的实验照片。

图 8-8　iar8-1 的实验照片

8.11.3　程序分析解释

序号 1~2:包含头文件;
序号 3:程序分隔;
序号 4~5:变量类型的宏定义;
序号 6:程序分隔;
序号 7:RS 引脚输出高电平的宏定义;
序号 8:RS 引脚输出低电平的宏定义;
序号 9:RW 引脚输出高电平的宏定义;
序号 10:RW 引脚输出低电平的宏定义;
序号 11:EN 引脚输出高电平的宏定义;
序号 12:EN 引脚输出低电平的宏定义;
序号 13:程序分隔;
序号 14:数据端口宏定义;
序号 15:忙信号的宏定义;
序号 16:晶振频率宏定义;

序号 17:程序分隔；
序号 18～19:待显字符串；
序号 20:程序分隔；
序号 21～29:函数声明；
序号 30:程序分隔；
序号 31:定义主函数；
序号 32:主函数开始；
序号 33:延时 400 ms 等待电源稳定；
序号 34～35:初始化 I/O 口；
序号 36:LCD 初始化；
序号 37:程序分隔；
序号 38:无限循环；
序号 39:无限循环语句开始；
序号 40:清屏；
序号 41:开显示；
序号 42:第二行的第 1 个字符位置显示 A；
序号 43:第一行显示 - This is a LCD - !；
序号 44:延时 2 s；
序号 45:清屏；
序号 46:开显示；
序号 47:第一行的第 9 个字符位置显示 B；
序号 48:第二行显示 - Design by ZXH - !；
序号 49:延时 2 s；
序号 50:无限循环语句结束；
序号 51:主函数结束；
序号 52:程序分隔；
序号 53～63:显示指定坐标的一串字符子函数；
序号 64:程序分隔；
序号 65～74:显示光标定位子函数；
序号 75:程序分隔；
序号 76～80:显示指定坐标的一个字符子函数；
序号 81:程序分隔；
序号 82:LCD 初始化子函数；
序号 83:LCD 初始化子函数开始；
序号 84:8 位数据传送,2 行显示,5×7 字形,不检测忙信号；
序号 85:延时 5 ms；
序号 86:8 位数据传送,2 行显示,5×7 字形,不检测忙信号；
序号 87:延时 5 ms；
序号 88:8 位数据传送,2 行显示,5×7 字形,不检测忙信号；
序号 89:延时 5 ms；
序号 90:8 位数据传送,2 行显示,5×7 字形,检测忙信号；
序号 91:关闭显示,检测忙信号；
序号 92:清屏,检测忙信号；
序号 93:显示光标右移设置,检测忙信号；
序号 94:显示屏打开,光标不显示、不闪烁,检测忙信号；

序号 95:LCD 初始化子函数结束;
序号 96:程序分隔;
序号 97~103:写命令到 LCM 子函数;
序号 104:程序分隔;
序号 105~112:写数据到 LCM 子函数;
序号 113:程序分隔;
序号 114~125:检测 LCD 忙信号子函数;
序号 126:程序分隔;
序号 127~131:1 ms 延时子函数;
序号 132:程序分隔;
序号 133~140:n×1 ms 延时子函数。

8.12 8 位数据传送的 16×2 LCM 演示程序 2

8.12.1 实现方法

一开始第一行及第二行显示预定的字符串(第一行显示"ShangHaiHongLing",第二行显示"Electronic co."),随后第二行显示移动的 ASCⅡ字符。因为 LCD 的驱动程序都是相同的,并且重复使用,为了使主程序清晰明了,便于阅读和理解,我们把程序设计分主控程序文件 iar8-2.c 和液晶驱动程序文件 lcd1602_8bit.c 两部分。

8.12.2 源程序文件

打开 IAREW 集成开发环境,在 D 盘中建立一个文件目录(iar8-2),创建一个新工程项目 iar8-2.ewp 并建立 iar8-2.eww 的工作区。输入 C 源程序文件 1 如下:

```
#include <iom16.h>                                    //1
#include <intrinsics.h>                               //2
#include "lcd1602_8bit.c"                             //3
#define uchar unsigned char                           //4
#define uint unsigned int                             //5
//--------------------------------                    6
uchar __flash exampl[] = "ShangHaiHongLing Electronic co. \n";   //7
//*************************8
void main(void)                                       //9
{                                                     //10
    uchar temp;                                       //11
    Delay_nms(400);                                   //12
    DDRA = 0xff;PORTA = 0x00;                         //13
    DDRB = 0xff;PORTB = 0x00;                         //14
    InitLcd();                                        //15
    temp = 32;                                        //16
```

```
    ePutstr(0,0,exampl);            //17
    Delay_nms(3200);                //18
    while(1)                        //19
    {                               //20
        temp& = 0x7f;               //21
        if(temp<32)temp = 32;       //22
        DisplayLine2(temp++);       //23
        Delay_nms(400);             //24
    }                               //25
}                                   //26
```

将以上源程序文件命名为 iar8-2.c,输入 C 源程序文件 2 如下:

```c
#include <iom16.h>
#include <intrinsics.h>
#define xtal 8
#define PB0 0
#define PB1 1
#define PB2 2
//-----------------------------
#define uchar unsigned char
#define uint unsigned int
#define SET_BIT(x,y) (x|=(1<<y))
#define CLR_BIT(x,y) (x&=~(1<<y))
#define GET_BIT(x,y) (x&(1<<y))
//-------------- 端口电平的宏定义 ---------------
#define LCM_RS_1 SET_BIT(PORTB,PB0)
#define LCM_RS_0 CLR_BIT(PORTB,PB0)
#define LCM_RW_1 SET_BIT(PORTB,PB1)
#define LCM_RW_0 CLR_BIT(PORTB,PB1)
#define LCM_EN_1 SET_BIT(PORTB,PB2)
#define LCM_EN_0 CLR_BIT(PORTB,PB2)
//-----------------------------
#define DataPort PORTA
#define Busy 0x80
//*************** 函数声明 ***************
void Delay_1ms(void);
void Delay_nms(uint n);
void WaitForEnable(void);
void LcdWriteData(uchar W);
void LcdWriteCommand(uchar CMD,uchar Attribc);
void InitLcd(void);
void DisplayLine2(uchar dd);
void DisplayOneChar(uchar x,uchar y,uchar Wdata);
void ePutstr(uchar x,uchar y,uchar __flash * ptr);
/*************** 显示指定坐标的一串字符子函数 ***************/
```

```c
void ePutstr(uchar x,uchar y,uchar __flash *ptr)
{
    uchar i,l = 0;
    while(ptr[l]>31){l++;}
    for(i = 0;i<l;i++){
    DisplayOneChar(x++,y,ptr[i]);
    if(x == 16){
        x = 0;y = 1;
    }
   }
}
//***************演示第二行移动字符串子函数****************
void DisplayLine2(uchar dd)
{
    uchar i;
    for(i = 0;i<16;i++){
        DisplayOneChar(i,1,dd++);
        dd&= 0x7f;
        if(dd<32)dd = 32;
    }
}
//***************显示光标定位子函数***************
void LocateXY(char posx,char posy)
{
    uchar temp = 0;
    temp&= 0x7f;
    temp = posx&0x0f;
    posy&= 0x01;
    if(posy)temp|= 0x40;
    temp|= 0x80;
    LcdWriteCommand(temp,1);
}
//***************显示指定坐标的一个字符子函数*****************
void DisplayOneChar(uchar x,uchar y,uchar Wdata)
{
    LocateXY(x,y);
    LcdWriteData(Wdata);
}
//***************LCD初始化子函数****************
void InitLcd(void)
{
    LcdWriteCommand(0x38,0);
    Delay_nms(5);
    LcdWriteCommand(0x38,0);
    Delay_nms(5);
```

```c
        LcdWriteCommand(0x38,0);
        Delay_nms(5);
        LcdWriteCommand(0x38,1);
        LcdWriteCommand(0x08,1);
        LcdWriteCommand(0x01,1);
        LcdWriteCommand(0x06,1);
        LcdWriteCommand(0x0c,1);
}
// *************** 写命令到 LCM 子函数 ****************
void LcdWriteCommand(uchar CMD,uchar Attribc)
{
        if(Attribc)WaitForEnable();
        LCM_RS_0;LCM_RW_0;__no_operation();
        DataPort = CMD;__no_operation();
        LCM_EN_1;__no_operation();__no_operation();LCM_EN_0;
}
// *************** 写数据到 LCM 子函数 *****************
void LcdWriteData(uchar dataW)
{
        WaitForEnable();
        LCM_RS_1;LCM_RW_0;__no_operation();
        DataPort = dataW;__no_operation();
        LCM_EN_1;__no_operation();__no_operation();LCM_EN_0;
}
// *************** 检测 LCD 忙信号子函数 ***************
void WaitForEnable(void)
{
        uchar val;
        DataPort = 0xff;
        LCM_RS_0;LCM_RW_1;__no_operation();
        LCM_EN_1;__no_operation();__no_operation();
        DDRA = 0x00;
        val = PINA;
        while(val&Busy)val = PINA;
        LCM_EN_0;
        DDRA = 0xff;
}
// ***************1 ms 延时子函数 *******************
void Delay_1ms(void)
{   uint i;
        for(i = 1;i<(uint)(xtal * 143 - 2);i++)
            ;
}
// ================ n * 1 ms 延时子函数 ===============
void Delay_nms(uint n)
```

```
{
    uint i = 0;
    while(i<n)
    {Delay_1ms();
    i++;
    }
}
```

将以上源程序文件命名为 lcd1602_8bit.c。

编译通过后,可在 IAREW 中进行 JTAG 实时在线仿真,也可在 AVR Studio 集成开发环境中进行 JTAG 实时在线仿真。

注意: 在标示"LCD16*2"的单排座上正确插上 16×2 液晶模块(引脚号对应,不能插反),标示"DC5V"电源端输入 5 V 稳压电压。

仿真结束后,将 iar8-2.hex 文件下载到 AVR DEMO 实验板上。液晶显示器上第一行显示"ShangHaiHongLing",第二行显示" Electronic co. "。数秒钟后,第二行变为移动的 ASCⅡ字符。图 8-9 为 iar8-2 的实验照片。

图 8-9　iar8-2 的实验照片

8.12.3　程序分析解释

lcd1602_8bit.c 源程序文件的分析见"8.10　8 位数据传送的 ATMEAG16(L)驱动 16×2 点阵字符液晶模块的子函数",这里不再赘述。

iar8-2.c 源程序文件的分析如下:

序号 1~2:包含头文件;
序号 3:文件包含;
序号 4~5:变量类型的宏定义;
序号 6:程序分隔;

序号 7:待显字符串;
序号 8:程序分隔;
序号 9:定义主函数;
序号 10:主函数开始;
序号 11:定义局部变量 temp;
序号 12:延时 400 ms 等待电源稳定;
序号 13~14:初始化 I/O 口;
序号 15:LCD 初始化;
序号 16:temp 赋初值 32;
序号 17:第一行、第二行显示一个预定字符串;
序号 18:延时 3200 ms 便于观察;
序号 19:无限循环;
序号 20:无限循环语句开始;
序号 21:temp 的最高位置 0;
序号 22:temp 的最大值限制为 32;
序号 23:第二行显示移动字符串;
序号 24:延时 400 ms;
序号 25:无限循环语句结束;
序号 26:主函数结束。

8.13　4 位数据传送的 ATMEGA16(L)驱动 16×2 点阵字符液晶模块的子函数

　　前面介绍的是 8 位数据传送的模块子函数。有时在设计一个系统时,单片机的口线可能不够用,这时会用到 4 位数据的传送,下面详细介绍驱动 16×2 点阵字符液晶模块的 4 位数据传送子函数。8 位数据传送的模块子函数与 4 位数据传送的模块子函数基本上是相同的,我们只介绍其不同部分。

8.13.1　写命令到 LCM 子函数

`void LcdWriteCommand(uchar CMD,uchar Attribc)`	//函数名为 Lcd WriteCommandLCM 的写指令到 LCM 子函数。定义 CMD、Attribc 为无符号字符型变量
`{`	//WriteCommandLCM 子函数开始
`if(Attribc)WaitForEnable();`	//若 Attribc 为"真",则调用 WaitForEnable 子函数 //进行忙检测
`LCM_RS_0;LCM_RW_0; __no_operation();`	//选中指令寄存器,写模式
`DataPort = CMD; __no_operation();`	//将变量 CMD 中的高 4 位指令传送至数据口
`LCM_EN_1; __no_operation();`	
`__no_operation();LCM_EN_0;`	//LCM_EN 端产生脉冲下降沿
`if(Attribc)WaitForEnable();`	//若 Attribc 为"真",则调用 WaitForEnable 子函数 //进行忙检测
`LCM_RS_0;LCM_RW_0;__no_operation();`	//选中指令寄存器,写模式
`DataPort = (CMD << 4);__no_operation();`	//将变量 CMD 中的低 4 位指令传送至数据口
`LCM_EN_1;__no_operation();`	

```
        __no_operation();LCM_EN_0;             // LCM_EN 端产生脉冲下降沿
    }                                           //Lcd WriteCommandLCM 子函数结束
```

8.13.2 写数据到 LCM 子函数

```
    void LcdWriteData(uchar dataW)              //函数名为 LadWriteDataLCM 的写数据到
                                                //LCM 子函数。定义 dataW 为无符号字符型变量。
    {                                           // WriteDataLCM 子函数开始
        WaitForEnable();                        //调用 WaitForEnable 子函数检测忙信号
        LCM_RS_1;LCM_RW_0;__no_operation();     //选中数据寄存器,写模式
        DataPort = dataW;__no_operation();      //将变量 dataW 的高 4 位传送至数据口
        LCM_EN_1; __no_operation();
        __no_operation();LCM_EN_0;              //LCM_EN 端产生脉冲下降沿。
        WaitForEnable();                        //调用 WaitForEnable 子函数检测忙信号。
        LCM_RS_1;LCM_RW_0;__no_operation();     //选中数据寄存器,写模式
        DataPort = (dataW << 4);__no_operation(); //将变量 dataW 的低 4 位传送至数据口
        LCM_EN_1;__no_operation();
        __no_operation();LCM_EN_0;              // LCM_EN 端产生脉冲下降沿
    }                                           // WriteDataLCM 子函数结束
```

8.14 4 位数据传送的 16×2 LCM 演示程序

8.14.1 实现方法

第一行显示"--ATmega16(L)--",第二行显示" Testing...... "。3 s 后第二行显示移动的 ASCⅡ字符。

8.14.2 源程序文件

打开 IAREW 集成开发环境,在 D 盘中建立一个文件目录(iar8 - 3),创建一个新工程项目 iar8 - 3.ewp 并建立 iar8 - 3.eww 的工作区。输入 C 源程序文件 iar8 - 3.c 如下:

```
    #include <iom16.h>                          //1
    #include <intrinsics.h>                     //2
    #define PB0 0                               //3
    #define PB1 1                               //4
    #define PB2 2                               //5
    //--------------------------------------   //6
    #define uchar unsigned char                 //7
    #define uint unsigned int                   //8
    #define SET_BIT(x,y) (x|= (1 << y))         //9
```

```c
#define CLR_BIT(x,y) (x&=~(1<<y))                           //10
#define GET_BIT(x,y) (x&(1<<y))                             //11
//-----------------------------------------------12
#define LCM_RS_1 SET_BIT(PORTB,PB0)                         //13
#define LCM_RS_0 CLR_BIT(PORTB,PB0)                         //14
#define LCM_RW_1 SET_BIT(PORTB,PB1)                         //15
#define LCM_RW_0 CLR_BIT(PORTB,PB1)                         //16
#define LCM_EN_1 SET_BIT(PORTB,PB2)                         //17
#define LCM_EN_0 CLR_BIT(PORTB,PB2)                         //18
//-----------------------------------------------19
#define DataPort PORTA                                      //20
#define Busy 0x80                                           //21
#define xtal 8                                              //22
//-----------------------------------------------23
uchar __flash exampl[] = "--ATmega16(L)--  Testing......  \n";//24
void Delay_1ms(void);                                       //25
void Delay_nms(uint n);                                     //26
void WaitForEnable(void);                                   //27
void LcdWriteData(uchar W);                                 //28
void LcdWriteCommand(uchar CMD,uchar Attribc);              //29
void InitLcd(void);                                         //30
void DisplayLine2(uchar dd);                                //31
void DisplayOneChar(uchar x,uchar y,uchar Wdata);           //32
void ePutstr(uchar x,uchar y,uchar __flash *ptr);           //33
//*********************************************34
void main(void)                                             //35
{                                                           //36
    uchar temp;                                             //37
    Delay_nms(400);                                         //38
    DDRA = 0xf0;PORTA = 0x00;                               //39
    DDRB = 0xff;PORTB = 0x00;                               //40
    InitLcd();                                              //41
    temp = 32;                                              //42
    ePutstr(0,0,exampl);                                    //43
    Delay_nms(3200);                                        //44
    while(1)                                                //45
    {                                                       //46
        temp&=0x7f;                                         //47
        if(temp<32)temp = 32;                               //48
        DisplayLine2(temp++);                               //49
        Delay_nms(400);                                     //50
    }                                                       //51
}                                                           //52
//*********************************************53
void ePutstr(uchar x,uchar y,uchar __flash *ptr)            //54
```

```c
{                                                       //55
    uchar i,l = 0;                                      //56
    while(ptr[l]>31){l++;}                              //57
    for(i = 0;i<l;i++){                                 //58
    DisplayOneChar(x++,y,ptr[i]);                       //59
    if(x == 16){                                        //60
        x = 0;y = 1;                                    //61
    }                                                   //62
  }                                                     //63
}                                                       //64
//*******************************************65
void DisplayLine2(uchar dd)                             //66
{                                                       //67
    uchar i;                                            //68
    for(i = 0;i<16;i++){                                //69
    DisplayOneChar(i,1,dd++);                           //70
    dd&= 0x7f;                                          //71
    if(dd<32)dd = 32;                                   //72
    }                                                   //73
}                                                       //74
//*******************************************75
void LocateXY(char posx,char posy)                      //76
{                                                       //77
    uchar temp = 0;                                     //78
    temp&= 0x7f;                                        //79
    temp = posx&0x0f;                                   //80
    posy&= 0x01;                                        //81
    if(posy)temp|= 0x40;                                //82
    temp|= 0x80;                                        //83
    LcdWriteCommand(temp,1);                            //84
}                                                       //85
//*******************************************86
void DisplayOneChar(uchar x,uchar y,uchar Wdata)        //87
{                                                       //88
    LocateXY(x,y);                                      //89
    LcdWriteData(Wdata);                                //90
}                                                       //91
//*******************************************92
void InitLcd(void)                                      //93
{                                                       //94
    LcdWriteCommand(0x28,0);                            //95
    Delay_nms(5);                                       //96
    LcdWriteCommand(0x28,0);                            //97
    Delay_nms(5);                                       //98
    LcdWriteCommand(0x28,0);                            //99
```

```c
        Delay_nms(5);                                           //100
        LcdWriteCommand(0x28,1);                                //101
        LcdWriteCommand(0x08,1);                                //102
        LcdWriteCommand(0x01,1);                                //103
        LcdWriteCommand(0x06,1);                                //104
        LcdWriteCommand(0x0c,1);                                //105
    }                                                           //106
//*******************************************************107
void LcdWriteCommand(uchar CMD,uchar Attribc)                   //108
{                                                               //109
        if(Attribc)WaitForEnable();                             //110
        LCM_RS_0;LCM_RW_0;__no_operation();                     //111
        DataPort = CMD;__no_operation();                        //112
        LCM_EN_1;__no_operation();__no_operation();LCM_EN_0;    //113
        if(Attribc)WaitForEnable();                             //114
        LCM_RS_0;LCM_RW_0;__no_operation();                     //115
        DataPort = (CMD << 4);__no_operation();                 //116
        LCM_EN_1;__no_operation();__no_operation();LCM_EN_0;    //117
}                                                               //118
//*******************************************************119
void LcdWriteData(uchar dataW)                                  //120
{                                                               //121
        WaitForEnable();                                        //122
        LCM_RS_1;LCM_RW_0;__no_operation();                     //123
        DataPort = dataW;__no_operation();                      //124
        LCM_EN_1;__no_operation();__no_operation();LCM_EN_0;    //125
        WaitForEnable();                                        //126
        LCM_RS_1;LCM_RW_0;__no_operation();                     //127
        DataPort = (dataW << 4);__no_operation();               //128
        LCM_EN_1;__no_operation();__no_operation();LCM_EN_0;    //129
}                                                               //130
//*******************************************************131
void WaitForEnable(void)                                        //132
{                                                               //133
        uchar val;                                              //134
        DataPort = 0xff;                                        //135
        LCM_RS_0;LCM_RW_1;__no_operation();                     //136
        LCM_EN_1;__no_operation();__no_operation();             //137
        DDRA = 0x00;                                            //138
        val = PINA;                                             //139
        while(val&Busy)val = PINA;                              //140
        LCM_EN_0;                                               //141
        DDRA = 0xff;                                            //142
}                                                               //143
//*******************************************************144
```

```
void Delay_1ms(void)                                    //145
{   uint i;                                             //146
    for(i = 1;i<(uint)(xtal * 143 - 2);i++)             //147
        ;                                               //148
}                                                       //149
// ============================================== 150
void Delay_nms(uint n)                                  //151
{                                                       //152
    uint i = 0;                                         //153
    while(i<n)                                          //154
    {   Delay_1ms();                                    //155
      i++;                                              //156
    }                                                   //157
}                                                       //158
```

编译通过后,可在 IAREW 中进行 JTAG 实时在线仿真,也可在 AVR Studio 集成开发环境中进行 JTAG 实时在线仿真。

注意:在标示"LCD16 * 2"的单排座上正确插上 16×2 液晶模块(引脚号对应,不能插反),标示"DC5V"电源端输入 5 V 稳压电压。

仿真结束后,将 iar8-3. hex 文件下载到 AVR DEMO 实验板上。液晶屏上的显示第一行为"--ATmega16(L)--",第二行为" Testing……"。3.2 s 后第二行显示移动的 ASCⅡ字符,与我们设计的目标完全一致。图 8-10 为 iar8-3 的实验照片。

图 8-10 iar8-3 的实验照片

8.14.3 程序分析解释

序号 1～2:包含头文件；
序号 3～5:端口位定义；
序号 6:程序分隔；
序号 7～8:变量类型的宏定义；
序号 9:位置 1 的宏定义；
序号 10:位清 0 的宏定义；
序号 11:读取位的宏定义；
序号 12:程序分隔；
序号 13:RS 引脚输出高电平的宏定义；
序号 14:RS 引脚输出低电平的宏定义；
序号 15:RW 引脚输出高电平的宏定义；
序号 16:RW 引脚输出低电平的宏定义；
序号 17:EN 引脚输出高电平的宏定义；
序号 18:EN 引脚输出低电平的宏定义；
序号 19:程序分隔；
序号 20:数据端口宏定义；
序号 21:忙信号的宏定义；
序号 22:晶振频率宏定义；
序号 23:程序分隔；
序号 24:待显字符串；
序号 25～33:函数声明；
序号 34:程序分隔；
序号 35:定义主函数；
序号 36:主函数开始；
序号 37:定义局部变量 temp；
序号 38:延时 400 ms 等待电源稳定；
序号 39～40:初始化 I/O 口；
序号 41:LCD 初始化；
序号 42:temp 赋初值 32；
序号 43:第一行、第二行显示一个预定字符串；
序号 44:延时 3200 ms 便于观察；
序号 45:无限循环；
序号 46:无限循环语句开始；
序号 47:temp 的最高位置 0；
序号 48:temp 的最大值限制为 32；
序号 49:第二行显示移动字符串；
序号 50:延时 400 ms；
序号 51:无限循环语句结束；
序号 52:主函数结束；
序号 53:程序分隔；
序号 54～64:显示指定坐标的一串字符子函数；
序号 65:程序分隔；

第 8 章 ATMEGA16(L)驱动 16×2 点阵字符液晶模块

序号 66~74：演示第二行移动字符串子函数；

序号 75：程序分隔；

序号 76~85：显示光标定位子函数；

序号 86：程序分隔；

序号 87~91：显示指定坐标的一个字符子函数；

序号 92：程序分隔；

序号 93~106：LCD 初始化子函数；

序号 107：程序分隔；

序号 108~118：写命令到 LCM 子函数；

序号 119：程序分隔；

序号 120~130：写数据到 LCM 子函数；

序号 131：程序分隔；

序号 132~143：检测 LCD 忙信号子函数；

序号 144：程序分隔；

序号 145~149：1 ms 延时子函数；

序号 150：程序分隔；

序号 151~158：$n \times 1$ ms 延时子函数。

此外，也可以模仿"8.12 8位数据传送的 16×2 LCM 演示程序 2"，把程序设计分主控程序文件和液晶驱动程序文件两部分。具体内容可参考附书光盘内第 8 章实验程序的 iar8-4 文件夹，其中主控程序文件为 iar8-4.c，液晶驱动程序文件为 lcd1602_4bit.c。

第 9 章
ATMEGA16(L)的定时/计数器

ATMEGA16(L)有两个 8 位定时/计数器(T/C0、T/C2)和一个 16 位定时/计数器(T/C1)。每个计数器都支持 PWM(脉冲宽度调制)输出功能。PWM 输出在电机控制、开关电源、信号发生等领域有着广泛的应用。

9.1 预分频器和多路选择器

ATMEGA16(L)的定时/计数器时钟是可选择的。其时钟部分包括预分频器和一个多路选择器。预分频器可被认为是一个有多级输出的分频器。ATMEGA16(L)用一个 10 位的计数器把输入时钟分为 4 种可选择的分频输出。多路选择器可设置使用其中一个分频输出,或者不使用分频输出和使用外部引脚输入时钟。图 9-1 所示为预分频器的基本结构。

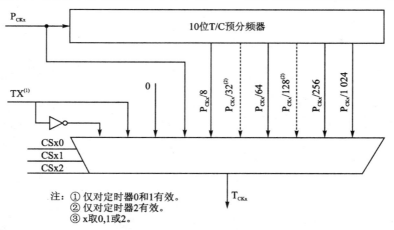

图 9-1 预分频器的基本结构

9.2 8 位定时/计时器 T/C0

T/C0 是一个通用的单通道 8 位定时/计数器模块。具有如下主要特点:

- 单通道计数器;
- 比较匹配发生时清除定时器(自动加载);
- 无干扰脉冲,相位正确的PWM;
- 频率发生器;
- 外部事件计数器;
- 10位的时钟预分频器;
- 溢出和比较匹配中断源(TOV0 和 OCF0)。

图 9-2 为 T/C0 的简化框图。

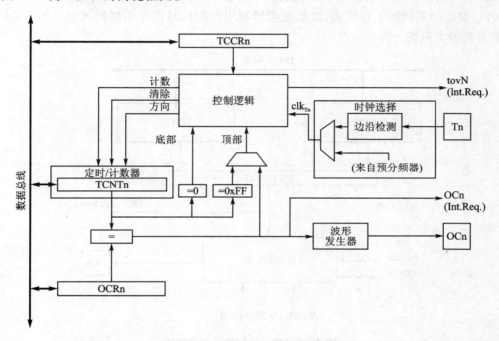

图 9-2　T/C0 的简化框图

T/C0 的计数寄存器(TCNT0)和输出比较寄存器(OCR0)为 8 位寄存器。中断请求(图 9-2 中简写为 Int. Req.)信号在定时器中断标志寄存器 TIFR 都有反映。所有中断都可以通过定时器中断屏蔽寄存器 TIMSK 单独进行屏蔽。

T/C0 可以通过预分频器由内部时钟源驱动,或者是通过 T0 引脚的外部时钟源来驱动。时钟选择逻辑模块控制使用哪一个时钟源与什么边沿来增加(或降低)T/C0 的数值。如果没有选择时钟源,T/C0 就不工作。时钟选择模块的输出定义为定时器时钟 clk_{T0}。

双缓冲的输出比较寄存器 OCR0 一直与计数寄存器 TCNT0 的数值进行比较。比较的结果可用来产生 PWM 波,或在输出比较引脚 OC0 上产生变化频率的输出。比较匹配事件还将置位比较标志 OCF0。此标志可用来产生输出比较中断请求。

8 位 T/C 的主要部分为可编程的双向计数单元。根据不同的工作模式,计数器针对每一个 clk_{T0} 实现清零、加 1 或减 1 操作。clk_{T0} 可以由内部同步时钟或外部异步时钟源产生,具体由时钟选择位 CS02:0 确定。没有选择时钟源时(CS02:0=0)定时器即停止。但是不管有没有 clk_{T0},CPU 都可以访问 TCNT0。CPU 写操作比计数器其他操作(如清零、加减操作)的优先级高。

计数序列由 T/C0 控制寄存器(TCCR0)的 WGM01 和 WGM00 决定。计数器计数行为与输出比较 OC0 的波形有紧密的关系。T/C0 溢出中断标志 TOV0 根据 WGM01:0 设定的工作模式来设置。TOV0 可用于产生 CPU 中断。

8 位比较器持续对 TCNT0 和输出比较寄存器 OCR0 进行比较。一旦 TCNT0 等于 OCR0,比较器就给出匹配信号。在匹配发生的下一个定时器时钟周期输出比较标志 OCF0 置位。若此时 OCIE0=1 且 SREG 的全局中断标志 I 置位,CPU 将产生输出比较中断。执行中断服务程序时 OCF0 自动清零,或者通过软件写"1"的方式来清零。根据由 WGM21:0 和 COM01:0 设定的不同的工作模式,波形发生器利用匹配信号产生不同的波形。图 9-3 为输出比较单元的方框图。

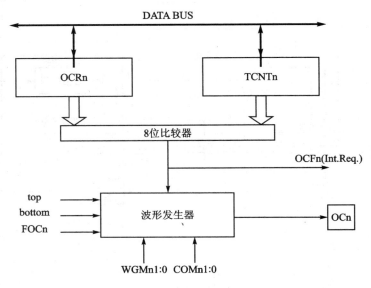

图 9-3 输出比较单元的方框图

使用 PWM 模式时,OCR0 寄存器为双缓冲寄存器,而在正常工作模式和匹配时,清零模式双缓冲功能是禁止的。双缓冲可以将更新 OCR0 寄存器与 TOP 或 BOTTOM 时刻同步起来,从而防止产生不对称的 PWM 脉冲,消除干扰脉冲。访问 OCR0 寄存器看起来很复杂,其实不然。使能双缓冲功能时,CPU 访问的是 OCR0 缓冲寄存器;禁止双缓冲功能时 CPU 访问的则是 OCR0 本身。

9.3 8 位定时/计数器 0 的寄存器

9.3.1 T/C0 控制寄存器

T/C0 控制寄存器(TCCR0)定义如下:

➢ Bit7——FOC0:强制输出比较

FOC0 仅在 WGM00 指明非 PWM 模式时才有效。对其写 1 后,波形发生器将立即进行

第9章 ATMEGA16(L)的定时/计数器

Bit	7	6	5	4	3	2	1	0	
	FOC0	WGM01	COM01	COM00	WGM00	CS02	CS01	CS00	TCCR0
读/写	R/W	R/W	R/W	R/W	R/W	R/W	R/W	R/W	
初始值	0	0	0	0	0	0	0	0	

比较操作。

比较匹配输出引脚 OC0 将按照 COM01:0 的设置输出相应的电平。要注意 FOC0 类似一个锁存信号,真正对强制输出比较起作用的是 COM01:0 的设置。FOC0 不会引发任何中断,也不会在利用 OCR0 作为 TOP 的 CTC 模式下对定时器进行清零的操作。读 FOC0 的返回值永远为 0。

➤ Bit 6,3——WGM01:0:波形产生模式

控制计数器的计数序列,计数器的最大值 TOP,以及产生何种波形。T/C0 支持的模式有:普通模式、比较匹配发生时清除计数器模式(CTC)和两种 PWM 模式,如表 9-1 所列。

表 9-1 波形产生模式的位定义

模式	WGM01 (CTC0)	WGM00 (PWM0)	T/C 的工作模式	TOP	OCR0 的更新时间	TOV0 的置位时刻
0	0	0	普通	0xFF	立即更新	MAX
1	0	1	PWM,相位修正	0xFF	TOP	BOTTOM
2	1	0	CTC	OCR0	立即更新	MAX
3	1	1	快速 PWM	0xFF	TOP	MAX

➤ Bit 5:4——COM01:0:比较匹配输出模式

这些位决定了比较匹配发生时输出引脚 OC0 的电平。如果 COM01:0 中的一位或全部都置位,则 OC0 以比较匹配输出的方式进行工作;同时其方向控制位要设置为 1,以使能输出驱动器。

当 OC0 连接到物理引脚上时,COM01:0 的功能依赖于 WGM01:0 的设置。表 9-2 所列为当 WGM01:0 设置为普通模式或 CTC 模式时 COM01:0 的功能。

表 9-2 比较输出模式,非 PWM 模式

COM01	COM00	说明
0	1	比较匹配发生时 OC0 取反
1	0	比较匹配发生时 OC0 清零
1	1	比较匹配发生时 OC0 置位

表 9-3 所列为当 WGM01:0 设置为快速 PWM 模式时 COM01:0 的功能。

表 9-3 比较输出模式(快速 PWM 模式)

COM01	COM00	说明
0	0	正常的端口操作,不与 OC0 相连接
0	1	保留
1	0	比较匹配发生时 OC0A 清零,计数到 TOP 时 OC0 置位
1	1	比较匹配发生时 OC0A 置位,计数到 TOP 时 OC0 清零

注:一个特殊情况是 OCR0 等于 TOP,且 COM01 置位。此时比较匹配将被忽略,而计数到 TOP 时 OC0 的动作继续有效。

表 9-4 给出了当 WGM01:0 设置为相位修正 PWM 模式时 COM01:0 的功能。

表 9-4　比较输出模式(快速 PWM 模式)

COM01	COM00	说　明
0	0	正常的端口操作，不与 OC0 相连接
0	1	保留
1	0	在升序计数时发生比较匹配将清零 OC0；降序计数时发生比较匹配将置位 OC0
1	1	在升序计数时发生比较匹配将置位 OC0；降序计数时发生比较匹配将清零 OC0

注：一个特殊情况是 OCR0 等于 TOP，且 COM01 置位。此时比较匹配将被忽略，而计数到 TOP 时 OC0 的动作继续有效。

➢ Bit 2:0——CS02:0：时钟选择

可使用系统时钟作为预分频器的输入，不过系统时钟的频率一般比较高，所以一般只能实现比较短的定时。

预分频比可通过设置 CS02、CS01 和 CS00 来选定。表 9-5 给出一个预分频设置值和分频比关系。

表 9-5　预分频设置值和分频比关系

CS02	CS01	CS00	说　明
0	0	0	无时钟，系统不工作
0	0	1	$clk_{I/O}/1$(没有预分频)
0	1	0	$clk_{I/O}/8$(来自预分频器)
0	1	1	$clk_{I/O}/64$(来自预分频器)
1	0	0	$clk_{I/O}/258$(来自预分频器)
1	0	1	$clk_{I/O}/1024$(来自预分频器)
1	1	0	时钟由 T0 引脚输入，下降沿触发
1	1	1	时钟由 T0 引脚输入，上升沿触发

当选用外部时钟源时，无论 T0 引脚是否定义为输出功能，在 T0 引脚上的逻辑信号电平的变化都会驱动 T/C0 计数，这个特性允许用户通过软件来控制计数。

9.3.2　T/C0 计数寄存器

T/C0 计数寄存器(TCNT0)定义如下：

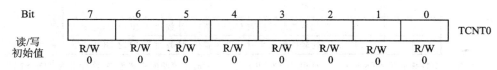

TCNT0 是 T/C0 的计数器,可以直接对计数器的 8 位数据进行读/写访问。对 TCNT0 寄存器的写访问将在下一个时钟周期中阻塞比较匹配。在计数器运行的过程中修改 TCNT0 的数值有可能丢失一次 TCNT0 和 OCR0 的比较匹配。

9.3.3 输出比较寄存器

输出比较寄存器(OCR0)定义如下:

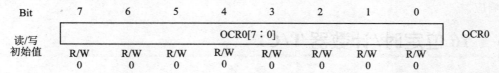

输出比较寄存器包含一个 8 位的数据,不间断地与计数器数值 TCNT0 进行比较。匹配事件可以用来产生输出比较中断,或者用来在 OC0 引脚上产生波形。

9.3.4 中断屏蔽寄存器

中断屏蔽寄存器(TIMSK)定义如下:

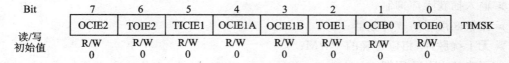

> Bit 1——OCIE0:T/C0 输出比较匹配中断使能

当 OCIE0 和状态寄存器的全局中断使能位 I 都为"1"时,T/C0 的输出比较匹配中断使能。当 T/C0 的比较匹配发生,即 TIFR 中的 OCF0 置位时,中断服务程序得以执行。

> Bit 0——TOIE0:T/C0 溢出中断使能

当 TOIE0 和状态寄存器的全局中断使能位 I 都为"1"时,T/C0 的溢出中断使能。当 T/C0 发生溢出,即 TIFR 中的 TOV0 位置位时,中断服务程序得以执行。

9.3.5 定时/计数器中断标志寄存器

定时/计数器中断标志寄存器(TIFR)定义如下:

Bit	7	6	5	4	3	2	1	0	
	OCF2	TOV2	ICF1	OCF1A	OCF1B	TOV1	OCF0	TOV0	TIFR
读/写	R/W	R/W	R/W	R/W	R/W	R/W	R/W	R/W	
初始值	0	0	0	0	0	0	0	0	

> Bit 1——OCF0:输出比较标志 0

当 T/C0 与 OCR0(输出比较寄存器 0)的值匹配时,OCF0 置位。此位在中断服务程序中由硬件清零,也可以对其写 1 来清零。当 SREG 中的位 I、OCIE0(T/C0 比较匹配中断使能)和 OCF0 都置位时,中断服务程序得以执行。

> Bit 0——TOV0:T/C0 溢出标志

当T/C0溢出时，TOV0置位。执行相应的中断服务程序时此位硬件清零。此外，TOV0也可以通过写1来清零。当SREG中的位I、TOIE0(T/C0溢出中断使能)和TOV0都置位时，中断服务程序得以执行。在相位修正PWM模式中，当T/C0在0x00改变计数方向时，TOV0置位。

当T/C0产生溢出时，TOV0位被设置为"1"。当MCU转入T/C0溢出中断处理程序时，TOV0由硬件自动清"0"。写入一个逻辑"1"到TOV0标志位将清除该标志位，当SREG寄存器中的I位、TIMSK寄存器中的TOIE0、TIFR寄存器中的TOV0均为"1"时，T/C0的溢出中断被响应。

9.4 16位定时/计数器 T/C1

T/C1是一个16位的多功能定时/计数器，可以实现精确的程序定时（事件管理）、波形产生和信号测量。其主要特点是：
- 真正的16位设计；
- 两个独立的输出比较单元；
- 双缓冲输出比较寄存器；
- 一个输入捕获单元；
- 输入捕获噪声抑制；
- 比较匹配时清0计数器；
- 无干扰脉冲，相位正确的PWM；
- 可变的PWM周期；
- 频率发生器；
- 外部事件计数；
- 4个独立的中断源(TOV1、OCF1A、OCF1B与ICF1)。

图9-4为T/C1的简化框图。

T/C1的计数寄存器TCNT1、输出比较寄存器OCR1A和OCR1B以及输入捕获寄存器ICR1都是16位寄存器。对这些16位寄存器的读/写操作应遵循特定的步骤。T/C1的中断请求信号可以在定时器中断标志寄存器TIFR中找到，在定时器中断屏蔽寄存器TIMSK中，可以找到各自独立的中断屏蔽位。

T/C1时钟源可来自芯片内部，也可来自外部引脚T1。T/C1与T/C0共用一个预分频器。时钟源选择由寄存器TCCR1B中的标志位CS12:0确定。

T/C1的计数单元是一个可编程的16位双向计数器，计数值保存在16位寄存器TCNT1中。TCNT1由两个8位寄存器TCNT1H和TCNTL组成。MCU对TCNT1的访问操作应遵循特定的步骤。计数器的计数序列取决于寄存器TCCR1A和TCCR1B中的标志位WGM13:0的设置，WGM13:0的设置直接影响到计数器的运行方式、OC1A和OC1B的输出形式，同时也影响和涉及T/C1的溢出标志位TOV1的置位。标志位TOV1可用于产生中断申请。

T/C1内部的输入捕捉单元，外部事件发生的触发信号由引脚ICP1输入。此外，模拟比较器的ACO单元的输出信号也可作为外部事件捕捉的触发信号。

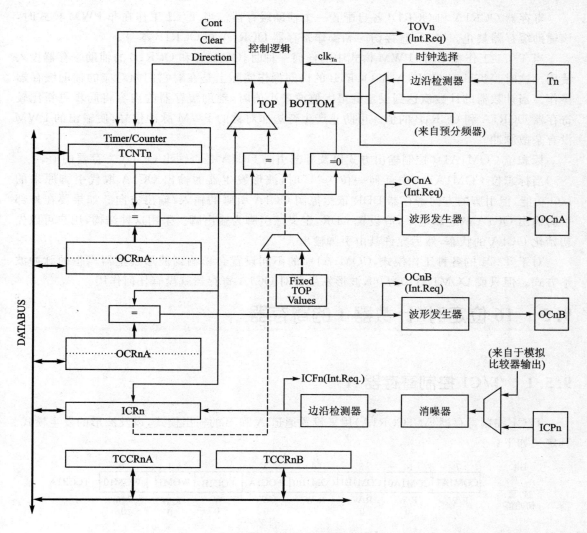

图 9-4　T/C1 的简化框图

一个输入捕捉发生在外部引脚 ICP1 上的逻辑电平变化,或者模拟比较器输出电平变化,此时 T/C1 计数器 TCNT1 中的计数值被写入输入捕捉寄存器 ICR1 中,并置位输入捕获标志位 ICF1。输入捕获功能可用于频率和周期的精确测量。

当 T/C1 运行在 PWM 方式时,允许对寄存器 ICR1 进行写操作。应在设置 T/C1 的运行方式为 PWM 后,再设置 ICR1,此时写入 ICR1 的值将作为计数器计数序列的上限值。

置位标志位 ICNC1 将使能对输入捕捉触发信号的噪声抑制功能。噪声抑制功能电路是一个数字滤波器,它对输入触发信号进行 4 次采样,当 4 次采样值相等才确认此触发信号。确认的触发信号比真实的触发信号延时了 4 个系统时钟周期。

在 T/C1 运行期间,输出比较单元一直将寄存器 TCNT1 的计数值与寄存器 OCR1A 和 OCR1B 的内容进行比较,一旦发现与其中之一相等,比较器即会产生一个比较匹配信号,在下一个计数时钟脉冲到达时置位 OCF1A 和 OCF1B 中断标志位。根据 WGM12:0、COM1A1:0 和 COM1B1:0 的不同设置,比较相等匹配的信号还用于控制和产生各种类型的脉冲 PWM 波形。

寄存器 OCR1A 和 OCR1B 各自配置一个辅助缓存器。当 T/C1 工作在非 PWM 模式时，该辅助缓存器禁止。MCU 直接访问和操作寄存器 OCR1A 和 OCR1B 本身。

当 T/C1 工作在 12 种 PWM 模式中的任何一种时，OCR1A 和 OCR1B 的辅助缓存器投入使用。这时，MCU 对 OCR1A 和 OCR1B 的访问操作实际上是在对它们相对应的辅助缓存器操作。当计数器的计数值达到设定的最大值或最小值时，辅助缓存器的内容将同步更新比较寄存器 OCR1A 和 OCR1B 的值。可防止产生奇边非对称的 PWM 脉冲信号，使输出的 PWM 没有杂散脉冲。

标志位 COM1A1:0 控制输出方式以及外部引脚 OC1A 是否输出 OC1A 寄存器的值。

当标志位 COM1A1:0 中任何一位为"1"时，波形发生器的输出 OC1A 取代引脚原来的 I/O 功能，但引脚的方向寄存器 DDR 依然控制 OC1A 引脚的输入/输出方向。如果要在外部引脚输出 OC1A 的逻辑电平，应设置 DDR，定义该引脚为输出脚。采用这种结构，用户可以先初始化 OC1A 的状态，然后允许其由引脚输出。

对于 T/C1 的各种工作模式，COM1A1:0 的不同设置会影响到波形发生器产生的脉冲波形方式。但只要 COM1A1:0 为 00，波形发生器对 OC1A 寄存器就没有任何作用。

9.5 16 位定时/计数器 1 的寄存器

9.5.1 T/C1 控制寄存器 A

T/C1 控制寄存器 A(TCCR1A)用来设置通道 A 和 B 的输出模式，以及波形的发生模式。其定义如下：

Bit	7	6	5	4	3	2	1	0	
	COM1A1	COM1A0	COM1B1	COM1B0	FOC1A	FOC1B	WGM11	WGM10	TCCR1A
读/写	R/W	R/W	R/W	R/W	W	W	R/W	R/W	
初始值	0	0	0	0	0	0	0	0	

- Bit 7:6——COM1A1:0：通道 A 的比较输出模式
- Bit 5:4——COM1B1:0：通道 B 的比较输出模式

COM1A1:0 与 COM1B1:0 分别控制 OC1A 与 OC1B 的状态。如果 COM1A1:0 (COM1B1:0)的一位或两位被写入"1"，OC1A(OC1B)输出功能将取代 I/O 端口功能。此时 OC1A(OC1B)相应的输出引脚数据方向控制必须置位以使能输出驱动器。

OC1A(OC1B)与物理引脚相连时，COM1x1:0 的功能由 WGM13:0 的设置决定。表 9-6 所列为当 WGM13:0 设置为普通模式与 CTC 模式(非 PWM)时 COM1x1:0 的功能定义。

表 9-6 比较输出模式(非 PWM)

COM1A1/COM1B1	COM1A1/COM1B1	说明
0	0	普通端口操作，非 OC1A/OC1B 功能
0	1	比较匹配时 OC1A/OC1B 电平取反
1	0	比较匹配时清零 OC1A/OC1B(输出低电平)
1	1	比较匹配时置位 OC1A/OC1B(输出高电平)

第9章 ATMEGA16(L)的定时/计数器

表9-7所列为WGM13:0设置为快速PWM模式时COM1x1:0的功能定义。

表9-7 比较输出模式——快速PWM

COM1A1/COM1B1	COM1A0/COM1B0	说　明
0	0	普通端口操作,非OC1A/OC1B功能
0	1	WGM13:0=15,比较匹配时OC1A取反,OC1B不占用物理引脚 WGM13:0为其他值时为普通端口操作,非OC1A/OC1B功能
1	0	比较匹配时清零OC1A/OC1B, OC1A/OC1B在TOP时置位
1	1	比较匹配时置位OC1A/OC1B, OC1A/OC1B在TOP时清零

注:当OCR1A/OCR1B等于TOP且COM1A1/COM1B1置位时,比较匹配被忽略,但OC1A/OC1B的置位/清零操作有效。

表9-8所列为当WGM13:0设置为相位修正PWM模式或相频修正PWM模式时,COM1x1:0的功能定义。

表9-8 比较输出模式——相位修正及相频修正PWM模式

COM1A1/COM1B1	COM1A0/COM1B0	说　明
0	0	普通端口操作,非OC1A/OC1B功能
0	1	WGM13:0=9或14,比较匹配时OC1A取反,OC1B不占用物理引脚 WGM13:0为其他值时为普通端口操作,非OC1A/OC1B功能
1	0	升序计数时比较匹配将清零OC1A/OC1B 降序计数时比较匹配将置位OC1A/OC1B
1	1	升序计数时比较匹配将置位OC1A/OC1B 降序计数时比较匹配将清零OC1A/OC1B

注:OCR1A/OCR1B等于TOP且COM1A1/COM1B1置位是一个特殊情况。

- Bit 3——FOC1A:通道A强制输出比较
- Bit 2——FOC1B:通道B强制输出比较

FOC1A/FOC1B只有当WGM13:0指定为非PWM模式时被激活。为与未来器件兼容,工作在PWM模式下,对TCCR1A写入时,这两位必须清零。当FOC1A/FOC1B位置1,立即强制波形产生单元进行比较匹配。COM1x1:0的设置改变OC1A/OC1B的输出。

注意:FOC1A/FOC1B位作为选通信号。COM1x1:0位的值决定强制比较的效果。

在CTC模式下使用OCR1A作为TOP值,FOC1A/FOC1B选通即不会产生中断也不好清除定时器。

读FOC1A/FOC1B位总为0。

- Bit 1:0——WGM11:0:波形发生模式

这两位与位于TCCR1B寄存器的WGM13:2相结合,用于控制计数器的计数序列——计数器计数的上限值和确定波形发生器的工作模式,如表9-9所列。T/C1支持的工作模式有:普通模式(计数器)、比较匹配时清零定时器(CTC)模式及3种脉宽调制(PWM)模式。

表 9-9　波形产生模式的位描述

模式	WGM13	WGM12 (CTC1)	WGM11 (PWM11)	WGM10 (PWM10)	定时/计数器工作模式	计数上限值 TOP	OCR1x 更新时刻	TOV1 置位时刻
0	0	0	0	0	普通模式	0xFFFF	立即更新	MAX
1	0	0	0	1	8 位相位修正 PWM	0x00FF	TOP	BOTTOM
2	0	0	1	0	9 位相位修正 PWM	0x01FF	TOP	BOTTOM
3	0	0	1	1	10 位相位修正 PWM	0x03FF	TOP	BOTTOM
4	0	1	0	0	CTC	OCR1A	立即更新	MAX
5	0	1	0	1	8 位快速 PWM	0x00FF	TOP	TOP
6	0	1	1	0	9 位快速 PWM	0x01FF	TOP	TOP
7	0	1	1	1	10 位快速 PWM	0x03FF	TOP	TOP
8	1	0	0	0	相位与频率修正 PWM	ICR1	BOTTOM	BOTTOM
9	1	0	0	1	相位与频率修正 PWM	OCR1A	BOTTOM	BOTTOM
10	1	0	1	0	相位修正 PWM	ICR1	TOP	BOTTOM
11	1	0	1	1	相位修正 PWM	OCR1A	TOP	BOTTOM
12	1	1	0	0	CTC	ICR1	立即更新	MAX
13	1	1	0	1	保留	—	—	—
14	1	1	1	0	快速 PWM	ICR1	TOP	TOP
15	1	1	1	1	快速 PWM	OCR1A	TOP	TOP

9.5.2　T/C1 控制寄存器 B

T/C1 控制寄存器 B(TCCR1B)定义如下：

Bit	7	6	5	4	3	2	1	0	
	ICNC1	ICES1	—	WGM13	WGM12	CS12	CS11	CS10	TCCR1B
读/写	R/W	R/W	R	R/W	W	W	R/W	R/W	
初始值	0	0	0	0	0	0	0	0	

➢ Bit 7——ICNC1：输入捕捉噪声抑制允许

设置 ICNC1 为"1"时，使能输入捕捉噪声抑制功能。此时，外部引脚 lCP1 的输入捕捉触发信号将通过噪声滤波抑制单元，其作用是从 ICP1 引脚连续进行 4 次采样。如果 4 个采样值都相等，那么信号送入边沿检测器。这样输入捕捉触发信号比 ICP1 引脚上实际的触发信号延时 4 个机器时钟周期。

➢ Bit 6——ICES1：输入捕获触发方式选择

ICES1=0 时，外部引脚 ICP1 上逻辑电平变化的下降沿触发一次输入捕获；ICES1＝1 时，外部引脚 ICP1 上逻辑电平变化的上升沿触发一次输入捕获。按照 ICES1 的设置捕获到一个事件后，计数器的数值被复制到 ICR1 寄存器。捕获事件还会置位 ICF1。如果此时中断使能，输入捕捉事件即被触发。

> Bit 5——保留位

该位保留。为保证与将来器件的兼容性,写 TCCR1B 时,该位必须写入 "0"。

> Bit 4:3——WGM13:2:波形发生模式

这两个标志位与 WGM11:0 相组合,用于控制 T/C1 的计数和工作方式。

> Bit 2:0——CS12:0:时钟源选择

这 3 个标志位用于选择 T/C1 的时钟源,T/C1 的时钟源真值表如表 9-10 所列。

表 9-10　T/C1 的时钟源选择位真值表

CS12	CS11	CS10	说　　明
0	0	0	无时钟源(T/C 停止)
0	0	1	clkI/O/1(无预分频)
0	1	0	clkI/O/8(来自预分频器)
0	1	1	clkI/O/64(来自预分频器)
1	0	0	clkI/O/256(来自预分频器)
1	0	1	clkI/O/1024(来自预分频器)
1	1	0	外部 T1 引脚,下降沿驱动
1	1	1	外部 T1 引脚,上升沿驱动

注:当选择使用外部时钟源时,无论 T1 引脚是否定义为输出功能,在 T1 引脚上的逻辑信号电平的变化都会驱动 T/C1 计数,这个特性允许用户通过软件来控制计数器。

9.5.3　T/C1 计数寄存器

T/C1 计数寄存器(TCNT1H 和 TCN1L)定义如下:

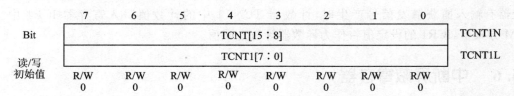

TCNT1H 和 TCNT1L 组成 T/C1 的 16 位计数寄存器 TCNT1,该寄存器可以直接被 CPU 读/写访问,但应遵循特定的步骤。写 TCNT1 寄存器将在下一个定时器时钟周期中阻塞比较匹配,因此,在计数器运行期间修改 TCNT1 的内容,有可能丢失一次 TCNT1 与 OCR1A 的匹配比较操作。

9.5.4　输出比较寄存器

输出比较寄存器(OCR1A 和 OCR1B)定义如下:

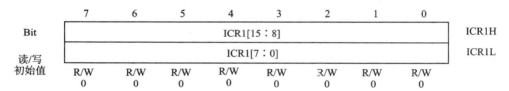

16位输出比较寄存器OCR1A由OCR1AH和OCR1AL组成。该寄存器中的16位数据用于同TCNT1寄存器中的计数值进行连续的比较。一旦数据匹配相等,将产生一个输出比较匹配相等的中断申请,或改变OCR1A的输出逻辑电平。16位输出比较寄存器OCR1B的使用与OCR1A完全相同。

9.5.5 输入捕捉寄存器

输入捕捉寄存器(ICR1H 和 ICR1L)定义如下:

Bit	7	6	5	4	3	2	1	0	
				ICR1[15:8]					ICR1H
				ICR1[7:0]					ICR1L
读/写	R/W	R/W	R/W	R/W	R/W	R/W	R/W	R/W	
初始值	0	0	0	0	0	0	0	0	

ICR1H 和 ICR1L 组成16位输入捕获寄存器 ICR1。当外部引脚 ICP1 或(T/C1 的模拟比较器有输入捕获触发信号产生时,计数器 TCNT1 中的计数值写入寄存器 ICR1 中。在 PWM 方式下,ICR1 的设定值将作为计数器计数上限值。

9.5.6 中断屏蔽寄存器

中断屏蔽寄存器(TIMSK)定义如下:

Bit	7	6	5	4	3	2	1	0	
	OCIE2	TOIE2	TICIE1	OCIE1A	OCIE1B	TOIE1	OCIE0	TOIE0	TIMSK
读/写	R/W	R/W	R/W	R/W	R/W	R/W	R/W	R/W	
初始值	0	0	0	0	0	0	0	0	

➢ Bit 5——TICIE1:T/C1 输入捕获中断使能位

当 TICIE1 被设为"1",且状态寄存器 SREG 中的 I 位被设为"1"时,将使能 T/C1 的输入捕捉中断。若在 T/C1 上发生输入捕捉,则执行 T/C1 输入捕捉中断服务程序。

➢ Bit 4——OCIE1A:T/C1 输出比较 A 匹配中断使能

当 OCIE1A 被设为"1",且状态寄存器 SREG 中的 I 位被设置为"1"时,将使能 T/C1 的输入比较 A 匹配中断。若在 T/C1 上发生输出比较 A 匹配,则执行 T/C1 输出比较 A 匹配中断服务程序。
- Bit 3——OCIE1B：T/C1 输出比较 B 匹配中断使能

OCIE1B 被设为"1"，且状态寄存器 SREG 中的 I 位被设置为"1"时，将使能 T/C1 的输入比较 B 匹配中断。若在 T/C1 上发生输出比较 B 匹配，则执行 T/C1 输出比较 B 匹配中断服务程序。

- Bit 2——TOIE1：T/C1 溢出中断使能

当 TOIE1 被设为"1"，且状态寄存器 SREG 中的 I 位被设置为"1"时，将使能 T/C1 的溢出中断。如在 T/C1 上发生溢出时，则执行 T/C1 溢出中断服务程序。

9.5.7 定时/计数器中断标志寄存器

定时/计数器中断标志寄存器（TIFR）定义如下：

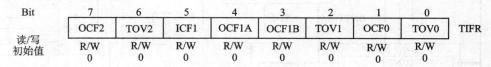

- Bit 5——ICF1：T/C1 输入捕捉中断标志位

当 T/C1 由外部引脚 ICP1 触发输入捕获时，ICF1 位被设为"1"。在 T/C1 运行方式为 PWM，寄存器 ICR1 内容作为计数器计数上限值时，一旦计数器 TCNT1 计数值与 ICR1 相等，也将置位 ICF1。当转入 T/C1 输入捕获中断向量执行中断处理程序时，ICF1 由硬件自动清 0。写入一个逻辑"1"到 ICF1 标志位将清除该标志位。

- Bit 4——OCF1A：T/C1 输出比较 A 匹配中断标志位

当 T/C1 由外部引脚 ICP1 触发输入捕获时，OCF1A 位被设为"1"。当转入 T/C1 输出比较 A 匹配中断向量执行中断处理程序时，OCF1A 由硬件自动清 0。写入一个逻辑"1"到 OCF1A 立将清除该标志位。设置强制输出比较 A 匹配时，不会置位 OCF1A 标志位。

- Bit 3——OCF1B：T/C1 输出比较 B 匹配中断标志位

当 T/C1 由外部引脚 ICP1 触发输入捕获时，OCF1B 位被设为"1"。当转入 T/C1 输出比较匹配中断向量执行中断处理程序时，OCF1B 由硬件自动清 0。写入一个逻辑"1"到 OCF1B 标志位将清除该标志。设置强制输出比较 B 匹配时，不会置位 OCF1B 标志位。

- Bit 2——TOV1：T/C1 溢出中断标志位

当 T/C1 产生溢出时，TOV1 位被设为"1"。当转入 T/C1 溢出中断向量执行中断处理程序时，TOV1 由硬件自动清 0。写入一个逻辑"1"到 TOV1 标志位将清除该标志位。TOV1 标志位置位的条件与 T/C1 的工作方式有关。

9.6 8 位定时/计数器 T/C2

T/C2 是一个通用的单通道 8 位定时/计数器模块，有如下主要特点：
- 单通道计数器；
- 比较匹配时清 0 计数器；

➢ 无干扰脉冲,相位正确的脉宽调制输出 PWM；
➢ 频率发生器；
➢ 10 位时钟预分频器；
➢ 溢出和比较匹配中断源（TOV2 与 OCF2）；
➢ 允许使用外部的 32.768 kHz 晶振作为独立的计数时钟源。

图 9-5 所示为 T/C2 的简化框图。

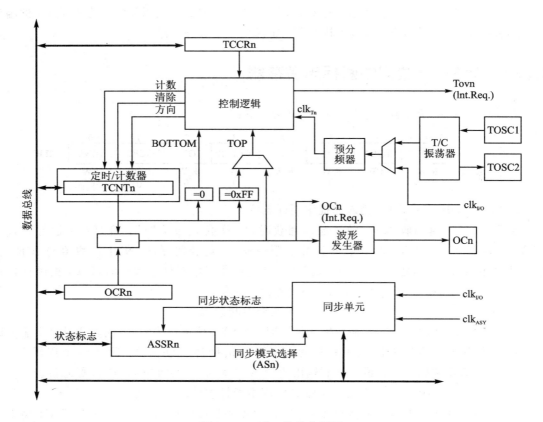

图 9-5 T/C2 的简化框图

T/C2 的计数单元是一个可编程的 8 位双向计数器。根据计数器的工作模式,在每一个时钟到来时,计数器进行加 1、减 1 或清 0 操作。时钟的来源由标志位 CSR2:0 设定。当 CSR22:0=0 时,计数器停止计数。

计数值保存在寄存器 TCNT2 中,MCU 可以在任何时间访问读/写 TCNT2,MCU 写入 TCNT2 的值将立即覆盖其中原有的内容,并会影响计数器的运行。

计数器的计数序列取决于寄存器 TCCR2 中标志位的设置。WGM21:0 的设置直接影响到计数器的计数方式和 OC2（PD7 端口,T/C2 比较匹配输出）的输出,同时也影响 T/C2 的溢出标志位 TOV2 的置位。标志位 TOV2 可用于产生申请中断。

在 T/C2 运行期间,输出比较单元一直将寄存器 TCNT2 的计数值与寄存器 OCR2 的内容进行比较。一旦两者相等,在下一个计数时钟脉冲到达时置位 OCR2 标志位。根据 WGM21:0 和 COM21:0 的不同设置,比较相等匹配的输出还控制产生各种类型的脉冲波形。

寄存器 OCR2 配置了一个辅助缓存器,当 T/C2 工作在非 PWM 模式下时,该辅助缓存器被禁止,MCU 直接访问操作寄存器 OCR2。当 T/C2 工作在 PWM 模式下时,该辅助缓存器投入使用,这时 MCU 对 OCR2 访问操作,实际上就是在对 OCR2 的辅助缓存器操作。当计数器的计数值达到设定的最大值或最小值时,辅助缓存器中的内容将同步更新比较寄存器 OCR2 的值。

当标志位 COM21:0 中的任何一位为"1"时,波形发生器的输出取代 OC2 引脚原来的 I/O 功能,但引脚的方向寄存器 DDR 仍然控制 OC2 引脚的输入/输出方向。如果要在外部引脚输出 OC2 的逻辑电平,应设置 DDR 定义该引脚为输出。采用这种结构,用户可以先初始化 OC2 的状态,然后再允许其由引脚输出。

在 4 种工作模式(普通模式、CTC 比较匹配时清除定时器模式、快速 PWM 模式和相位修正 PWM 模式)下,根据 COM21:0 的不同设定,波形发生器将产生各种不同的脉冲波形,只要 COM21:0=0,波形发生器对 OC2 寄存器就没有任何作用。

9.7　8 位 T/C2 的寄存器

9.7.1　T/C2 控制寄存器

T/C2 控制寄存器(TCCR2)定义如下:

Bit	7	6	5	4	3	2	1	0	
	FOC2	WGM20	COM21	COM20	WGM21	CS22	CS21	CS20	TCCR2
读/写	W	R/W	R/W	R/W	R/W	R/W	R/W	R/W	
初始值	0	0	0	0	0	0	0	0	

➤ Bit 7——FOC2:强制输出比较

FOC2 位仅在 WGM 位被设置为非 PWM 模式下有效,但为了保证同以后的器件兼容,在 PWM 模式下写 TCCR2 寄存器时,该位必须被写零。当写入一个逻辑"1"到 FOC2 位时,将在波形发生器上强加一个比较匹配成功信号,使波形发生器依据 COM21:0 位的设置而改变 OC2 输出状态。

注意:FOC2 的作用仅如同一个选通脉冲,而 OC2 的输出还是取决于 COM21:0 位的设置。一个 FOC2 选通脉冲不会产生任何中断申请,也不影响计数器 TCNT2 和寄存器 OCR2 的值,一旦一个真正的比较匹配发生,OC2 的输出将根据 COM21:0 位的设置而更新。

➤ Bit 3,6——WGM21:0:波形产生模式

这两个标志位控制 T/C2 的计数和工作方式:计数器计数的上限值和确定波形发生器的工作模式。T/C2 支持的工作模式有:普通模式、比较匹配时定时器清 0 模式和两种脉宽调制模式。如表 9-11 所列波形产生模式的位定义。

➤ Bit 5:4——COM21:0:比较匹配输出模式

这些控制位决定了比较匹配发生时输出引脚 OC0 的电平。如果 COM21:0 中的一位或全部都置位,则 OC0 以比较匹配输出的方式进行工作;同时其方向控制位要设置为 1,以使能输出驱动。

表 9-11　波形产生模式的位定义

模式	WGM21（CTC2）	WGM20（PWM2）	T/C 的工作模式	TOP	OCR2 的更新时间	TOV2 的置位时刻
0	0	0	普通	0xFF	立即更新	MAX
1	0	1	相位修正 PWM	0xFF	TOP	BOTTOM
2	1	0	CTC	OCR2	立即更新	MAX
3	1	1	快速 PWM	0xFF	TOP	MAX

当 OC0 连接到物理引脚上时，COM21:0 的功能依赖于 WGM21:0 的设置。表 9-12 所列为当 WGM21:0 设置为普通模式或 CTC 模式时 COM21:0 的功能。

表 9-12　比较输出模式——非 PWM 模式

COM21	COM20	说　明
0	0	正常的端口操作，不与 OC2 相连接
0	1	比较匹配发生时 OC2 取反
1	0	比较匹配发生时 OC2 清零
1	1	比较匹配发生时 OC2 置位

表 9-13 所列为当 WGM21:0 设置为快速 PWM 模式时 COM21:0 的功能。

表 9-13　比较输出模式——快速 PWM 模式

COM21	COM20	说　明
0	0	正常的端口操作，不与 OC2 相连接
0	1	保留
1	0	比较匹配发生时 OC2 清零，计数到 TOP 时 OC2 置位
1	1	比较匹配发生时 OC2 置位，计数到 TOP 时 OC2 清零

注：一个特殊情况是 OCR2 等于 TOP，且 COM21 置位。此时比较匹配将被忽略，而计数到 TOP 时的动作继续有效。

表 9-14 所列为当 WGM21:0 设置为相位修正 PWM 模式时 COM21:0 的功能。

表 9-14　比较输出模式——相位修正 PWM 模式

COM21	COM20	说　明
0	0	正常的端口操作，不与 OC2 相连接
0	1	保留
1	0	在升序计数时发生比较匹配将清零 OC2；降序计数时发生比较匹配将置位 OC2
1	1	在升序计数时发生比较匹配将置位 OC2；降序计数时发生比较匹配将清零 OC2

注：一个特殊情况是 OCR2 等于 TOP，且 COM21 置位。此时比较匹配将被忽略，而计数到 TOP 时的动作继续有效。

> Bit 2:0——CS22:0：时钟选择

T/C2 时钟源选择真值表见表 9-15。

表 9-15 时钟选择位真值表定义

CS22	CS21	CS20	说 明
0	0	0	无时钟，T/C 不工作
0	0	1	clk$_{T2S}$/(没有预分频)
0	1	0	clk$_{T2S}$/8（来自预分频器）
0	1	1	clk$_{T2S}$/32（来自预分频器）
1	0	0	clk$_{T2S}$/64（来自预分频器）
1	0	1	clk$_{T2S}$/128（来自预分频器）
1	1	0	clk$_{T2S}$/256（来自预分频器）
1	1	1	clk$_{T2S}$/1024（来自预分频器）

9.7.2 T/C2 计数寄存器

T/C2 计数寄存器(TCNT2)定义如下：

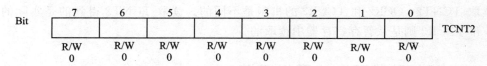

TCNT2 是 T/C2 的计数寄存器，该寄存器可以直接读/写访问。写 TCNT2 寄存器在下一个定时器时钟周期中阻塞比较匹配。因此，在计数器运行期间修改 TCNT2 的内容，可能将丢失一次 TCNT2 与 OCR2 的匹配比较操作。

9.7.3 输出比较寄存器

输出比较寄存器(OCR2)定义如下：

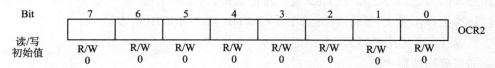

该寄存器中的 8 位数据用于与 TCNT2 寄存器中的计数值进行连续的匹配比较。一旦 TCNT2 的计数值与 OCR2 的数据匹配相等，将产生一个输出比较匹配相等的中断申请，或改变 OCR2 的输出逻辑电平从而产生波形。

9.7.4 异步状态寄存器

异步状态寄存器(ASSR)定义如下：

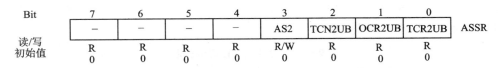

> Bit 3——AS2：异步 T/C2 控制位

AS2 为"0"时，T/C2 由 I/O 时钟 $clk_{I/O}$ 驱动；AS2 为"1"时，T/C2 由连接到 TOSC1 引脚的晶体振荡器驱动。改变 AS2 有可能破坏 TCNT2、OCR2 与 TCCR2 的内容。

> Bit 2——TCN2UB：T/C2 更新计数值状态位

T/C2 工作于异步模式时，写 TCNT2 将引起 TCN2UB 置位。当 TCNT2 从暂存寄存器更新完毕后 TCN2UB 由硬件清零。TCN2UB 为 0 表明 TCNT2 可以写入新值了。

> Bit 1——OCR2UB：输出比较寄存器 2 更新状态位

T/C2 工作于异步模式时，写 OCR2 将引起 OCR2UB 置位。当 OCR2 从暂存寄存器更新完毕后 OCR2UB 由硬件清零。OCR2UB 为 0 表明 OCR2 可以写入新值了。

> Bit 0——TCR2UB：T/C2 控制寄存器更新状态位

T/C2 工作于异步模式时，写 TCCR2 将引起 TCR2UB 置位。当 TCCR2 从暂存寄存器更新完毕后 TCR2UB 由硬件清零。TCR2UB 为 0 表明 TCCR2 可以写入新值了。

如果在更新忙标志置位时写上述任何一个寄存器，都将引起数据的破坏，并引发不必要的中断。

读取 TCNT2、OCR2 和 TCCR2 的机制是不同的。读取 TCNT2 得到的是实际的值，而 OCR2 和 TCCR2 则是从暂存寄存器中读取的。

9.7.5　定时/计数器 2 的异步操作

T/C2 工作于异步模式时要考虑如下几点：

(1) 警告：在同步和异步模式之间的转换有可能造成 TCNT2、OCR2 和 TCCR2 数据的损毁。安全的步骤应该是：

① 清零 OCIE2 和 TOIE2 以关闭 T/C2 的中断；
② 设置 AS2 以选择合适的时钟源；
③ 对 TCNT2、OCR2 和 TCCR2 写入新的数据；
④ 切换到异步模式：等待 TCN2UB、OCR2UB 和 TCR2UB 清零；
⑤ 清除 T/C2 的中断标志；
⑥ 如需要则使能中断。

(2) 振荡器最好使用 32.768 kHz 手表晶振。如果给 TOSC1 提供外部时钟，可能会造成 T/C2 工作错误。系统主时钟必须比晶振高 4 倍以上。

(3) 写 TCNT2、OCR2 和 TCCR2 时数据首先送入暂存器，两个 TOSC1 时钟正跳变后才锁存到对应的寄存器。在数据从暂存器写入目的寄存器之前不能执行新的数据写入操作。3 个寄存器具有各自独立的暂存器，因此写 TCNT2 并不会干扰 OCR2 的写操作。异步状态寄存器 ASSR 用来检查数据是否已经写入到目的寄存器。

(4) 如果要用 T/C2 作为 MCU 省电模式或扩展 Standby 模式的唤醒条件，则在 TCNT2、

OCR2 和 TCCR2 更新结束之前不能进入这些休眠模式,否则 MCU 可能会在 T/C2 设置生效之前进入休眠模式。这对于用 T/C2 的比较匹配中断唤醒 MCU 尤其重要,因为在更新 OCR2 或 TCNT2 时比较匹配是禁止的。如果在更新完成之前(OCR2UB 为 0)MCU 就进入了休眠模式,那么比较匹配中断永远不会发生,MCU 也永远无法唤醒了。

(5) 如果要用 T/C2 作为省电模式或扩展 Standby 模式的唤醒条件,必须注意重新进入这些休眠模式的过程。中断逻辑需要一个 TOSC1 周期进行复位。如果从唤醒到重新进入休眠的时间小于一个 TOSC1 周期,中断将不再发生,器件也无法唤醒。如果用户怀疑自己程序是否满足这一条件,可以采取如下方法:

① 对 TCCR2、TCNT2 或 OCR2 写入合适的数据;
② 等待 ASSR 相应的更新忙标志清零;
③ 进入省电模式或扩展 Standby 模式。

(6) 若选择了异步工作模式,T/C2 的 32.768KHz 振荡器将一直工作,除非进入掉电模式或 Standby 模式。用户应该注意,此振荡器的稳定时间可能长达 1 s。因此,建议用户在器件上电复位,或从掉电/Standby 模式唤醒时至少等待 1 s 后再使用 T/C2。同时,由于启动过程时钟的不稳定性,唤醒时所有的 T/C2 寄存器的内容都可能不正确,不论使用的是晶体还是外部时钟信号,必须重新给这些寄存器赋值。

(7) 使用异步时钟时省电模式或扩展 Standby 模式的唤醒过程:中断条件满足后,在下一个定时器时钟唤醒过程启动。也就是说,在处理器可以读取计数器的数值之前计数器至少又累加了一个时钟。唤醒后 MCU 停止 4 个时钟,接着执行中断服务程序。中断服务程序结束之后开始执行 SLEEP 语句之后的程序。

(8) 从省电模式唤醒之后的短时间内读取 TCNT2 可能返回不正确的数据。因为 TCNT2 是由异步的 TOSC 时钟驱动的,而读取 TCNT2 必须通过一个与内部 I/O 时钟同步的寄存器来完成。同步发生于每个 TOSC1 的上升沿。从省电模式唤醒后 I/O 时钟重新激活,而读到的 TCNT2 数值为进入休眠模式前的值,直到下一个 TOSC1 上升沿的到来。从省电模式唤醒时 TOSC1 的相位是完全不可预测的,而且与唤醒时间有关。因此,读取 TCNT2 的推荐序列为:

① 写一个任意数值到 OCR2 或 TCCR2;
② 等待相应的更新忙标志清零;
③ 读 TCNT2。

(9) 在异步模式下,中断标志的同步需要 3 个处理器周期加一个定时器周期。在处理器可以读取引起中断标志置位的计数器数值之前,计数器至少又累加了一个时钟。输出比较引脚的变化与定时器时钟同步,而不是处理器时钟。

9.7.6 定时/计数器中断屏蔽寄存器

定时/计数器中断屏蔽寄存器(TIMSK)定义如下:

Bit	7	6	5	4	3	2	1	0	
	OCIE2	TOIE2	TICIE1	OCIE1A	OCIE1B	TOIE1	OCIE0	TOIE0	TIMSK
读/写	R/W	R/W	R/W	R/W	R/W	R/W	R/W	R/W	
初始值	0	0	0	0	0	0	0	0	

➢ Bit 7——OCIE2：T/C2 输出比较匹配中断使能位

当 OCIE2 被设为"1"，且状态寄存器 SREG 中的 I 位被设置为"1"时，将使能 T/C2 输出比较匹配中断。若在 T/C2 上发生输出比较匹配，则执行 T/C2 输出比较匹配中断服务程序。

➢ Bit 6——TOIE2：T/C2 溢出中断使能位

当 TOIE2 被设为"1"，且状态寄存器 SREG 中的 I 位被设置为"1"时，将使能 T/C2 溢出中断。若在 T/C2 上发生溢出时，则执行 T/C2 溢出中断服务程序。

9.7.7 定时/计数器中断标志寄存器

定时/计数器中断标志寄存器(TIFR)定义如下：

Bit	7	6	5	4	3	2	1	0	
	OCF2	TOV2	ICF1	OCF1A	OCF1B	TOV1	OCF0	TOV0	TIFR
读/写	R/W	R/W	R/W	R/W	R/W	R/W	R/W	R/W	
初始值	0	0	0	0	0	0	0	0	

➢ Bit 7——OCF2：T/C2 输出比较匹配中断标志位

当 T/C2 与 OCR2(输出比较寄存器 2)的值匹配时，OCF2 置位。此位在中断服务程序里由硬件清零，也可以通过对其写 1 来清零。当 SREG 中的位 I、OCIE2 和 OCF2 都置位时，T/C2 输出比较匹配中断得到执行。

➢ Bit 6——TOV2：T/C2 溢出中断标志位

当 T/C2 溢出时，TOV2 位被置为"1"。当转入 T/C2 溢出中断向量执行中断处理程序时，TOV2 由硬件自动清 0。写入一个逻辑"1"到 OCF2 标志位，将清除该标志位。当寄存器 SREG 中的 I 位、TOIE2、TOV2 均为"1"时，T/C2 溢出中断被执行。在 PWM 模式中，当 T/C2 计数器的值为 0x00 并改变计数方向时，TOV2 被置位"1"。

9.7.8 特殊功能 I/O 寄存器

特殊功能 I/O 寄存器(SFIOR)定义如下：

Bit	7	6	5	4	3	2	1	0	
	ADTS2	ADTS1	ADTS0	—	ACME	PUD	PSR2	PSR10	SFIOR
读/写	R/W	R/W	R/W	R	W	W	R/W	R/W	
初始值	0	0	0	0	0	0	0	0	

➢ Bit 1——PSR2：T/C2 预定比例分频器复位

当写"1"到该位时，将复位 T/C2 预定比例分频器，一旦预定比例分频器复位，硬件自动清 0 该标志位；而写"0"到该位，则不会产生任何操作。当 T/C2 使用内部时钟源时，读取 PSR2 位的值，PSR2 的值总是为"0"。当 T/C2 工作在异步方式下，写"1"到该位后，PSR2 一直保持为"1"，直到预定比例分频器复位。

OCR2 和 TCCR2 更新结束之前不能进入这些休眠模式,否则 MCU 可能会在 T/C2 设置生效之前进入休眠模式。这对于用 T/C2 的比较匹配中断唤醒 MCU 尤其重要,因为在更新 OCR2 或 TCNT2 时比较匹配是禁止的。如果在更新完成之前(OCR2UB 为 0)MCU 就进入了休眠模式,那么比较匹配中断永远不会发生,MCU 也永远无法唤醒了。

(5) 如果要用 T/C2 作为省电模式或扩展 Standby 模式的唤醒条件,必须注意重新进入这些休眠模式的过程。中断逻辑需要一个 TOSC1 周期进行复位。如果从唤醒到重新进入休眠的时间小于一个 TOSC1 周期,中断将不再发生,器件也无法唤醒。如果用户怀疑自己程序是否满足这一条件,可以采取如下方法:

① 对 TCCR2、TCNT2 或 OCR2 写入合适的数据;
② 等待 ASSR 相应的更新忙标志清零;
③ 进入省电模式或扩展 Standby 模式。

(6) 若选择了异步工作模式,T/C2 的 32.768KHz 振荡器将一直工作,除非进入掉电模式或 Standby 模式。用户应该注意,此振荡器的稳定时间可能长达 1 s。因此,建议用户在器件上电复位,或从掉电/Standby 模式唤醒时至少等待 1 s 后再使用 T/C2。同时,由于启动过程时钟的不稳定性,唤醒时所有的 T/C2 寄存器的内容都可能不正确,不论使用的是晶体还是外部时钟信号,必须重新给这些寄存器赋值。

(7) 使用异步时钟时省电模式或扩展 Standby 模式的唤醒过程:中断条件满足后,在下一个定时器时钟唤醒过程启动。也就是说,在处理器可以读取计数器的数值之前计数器至少又累加了一个时钟。唤醒后 MCU 停止 4 个时钟,接着执行中断服务程序。中断服务程序结束之后开始执行 SLEEP 语句之后的程序。

(8) 从省电模式唤醒之后的短时间内读取 TCNT2 可能返回不正确的数据。因为 TCNT2 是由异步的 TOSC 时钟驱动的,而读取 TCNT2 必须通过一个与内部 I/O 时钟同步的寄存器来完成。同步发生于每个 TOSC1 的上升沿。从省电模式唤醒后 I/O 时钟重新激活,而读到的 TCNT2 数值为进入休眠模式前的值,直到下一个 TOSC1 上升沿的到来。从省电模式唤醒时 TOSC1 的相位是完全不可预测的,而且与唤醒时间有关。因此,读取 TCNT2 的推荐序列为:

① 写一个任意数值到 OCR2 或 TCCR2;
② 等待相应的更新忙标志清零;
③ 读 TCNT2。

(9) 在异步模式下,中断标志的同步需要 3 个处理器周期加一个定时器周期。在处理器可以读取引起中断标志置位的计数器数值之前,计数器至少又累加了一个时钟。输出比较引脚的变化与定时器时钟同步,而不是处理器时钟。

9.7.6 定时/计数器中断屏蔽寄存器

定时/计数器中断屏蔽寄存器(TIMSK)定义如下:

Bit	7	6	5	4	3	2	1	0	
	OCIE2	TOIE2	TICIE1	OCIE1A	OCIE1B	TOIE1	OCIE0	TOIE0	TIMSK
读/写	R/W	R/W	R/W	R/W	R/W	R/W	R/W	R/W	
初始值	0	0	0	0	0	0	0	0	

➤ Bit 7——OCIE2：T/C2 输出比较匹配中断使能位

当 OCIE2 被设为"1",且状态寄存器 SREG 中的 I 位被设置为"1"时,将使能 T/C2 输出比较匹配中断。若在 T/C2 上发生输出比较匹配,则执行 T/C2 输出比较匹配中断服务程序。

➤ Bit 6——T0IE2：T/C2 溢出中断使能位

当 TOIE2 被设为"1",且状态寄存器 SREG 中的 I 位被设置为"1"时,将使能 T/C2 溢出中断。若在 T/C2 上发生溢出时,则执行 T/C2 溢出中断服务程序。

9.7.7 定时/计数器中断标志寄存器

定时/计数器中断标志寄存器(TIFR)定义如下：

Bit	7	6	5	4	3	2	1	0	
	OCF2	TOV2	ICF1	OCF1A	OCF1B	TOV1	OCF0	TOV0	TIFR
读/写	R/W	R/W	R/W	R/W	R/W	R/W	R/W	R/W	
初始值	0	0	0	0	0	0	0	0	

➤ Bit 7——OCF2：T/C2 输出比较匹配中断标志位

当 T/C2 与 OCR2(输出比较寄存器 2)的值匹配时,OCF2 置位。此位在中断服务程序里由硬件清零,也可以通过对其写 1 来清零。当 SREG 中的位 I、OCIE2 和 OCF2 都置位时,T/C2 输出比较匹配中断得到执行。

➤ Bit 6——TOV2：T/C2 溢出中断标志位

当 T/C2 溢出时,TOV2 位被置为"1"。当转入 T/C2 溢出中断向量执行中断处理程序时,TOV2 由硬件自动清 0。写入一个逻辑"1"到 OCF2 标志位,将清除该标志位。当寄存器 SREG 中的 I 位、TOIE2、TOV2 均为"1"时,T/C2 溢出中断被执行。在 PWM 模式中,当 T/C2 计数器的值为 0x00 并改变计数方向时,TOV2 被置位"1"。

9.7.8 特殊功能 I/O 寄存器

特殊功能 I/O 寄存器(SFIOR)定义如下：

Bit	7	6	5	4	3	2	1	0	
	ADTS2	ADTS1	ADTS0	—	ACME	PUD	PSR2	PSR10	SFIOR
读/写	R/W	R/W	R/W	R	W	W	R/W	R/W	
初始值	0	0	0	0	0	0	0	0	

➤ Bit 1——PSR2：T/C2 预定比例分频器复位

当写"1"到该位时,将复位 T/C2 预定比例分频器,一旦预定比例分频器复位,硬件自动清 0 该标志位;而写"0"到该位,则不会产生任何操作。当 T/C2 使月内部时钟源时,读取 PSR2 位的值,PSR2 的值总是为"0"。当 T/C2 工作在异步方式下,写"1"到该位后,PSR2 一直保持为"1",直到预定比例分频器复位。

9.8 ICC6.31A C语言编译器安装

我们学习开发 AVR 单片机所用的集成开发环境是瑞典 IAR SYSTEMS 公司开发的 IAREW,该软件的特点是编译效率高、功能齐全但价格较高,它没有初始化代码的生成功能,使用时会带来一些不便。通过前面的学习后大家知道,AVR 单片机的初始化过程中需要对内部寄存器及端口进行设置,而这一过程是比较麻烦且容易出错的。很多的 AVR 开发软件都有初始化代码的生成功能(尽管这些软件可能没有 IAREW 性能高),如 Codevision AVR、Imagecraft C Compiler 等,如果能借助它们的初始化代码生成功能而用于 IAREW 软件的 AVR 单片机开发中,那会是一件事半功倍的事。因此,须安装 Imagecraft C Compiler(ICC)开发软件。

在电脑中放入安装光盘,打开 ICCAVR6.31A 安装文件后进入安装界面(图 9-6),安装目录可使用默认方式将其安装在 C 盘的 icc 文件夹中(图 9-7)。如果安装的是完全版,那么进行注册后能得到无时间限制的完全版软件。

图 9-8 所示为 ICCAVR6.31A 的启动界面。

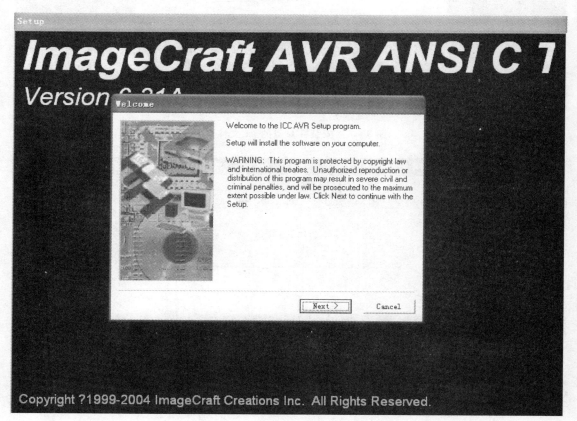

图 9-6 打开 ICCAVR6.31A 安装文件后进入安装界面

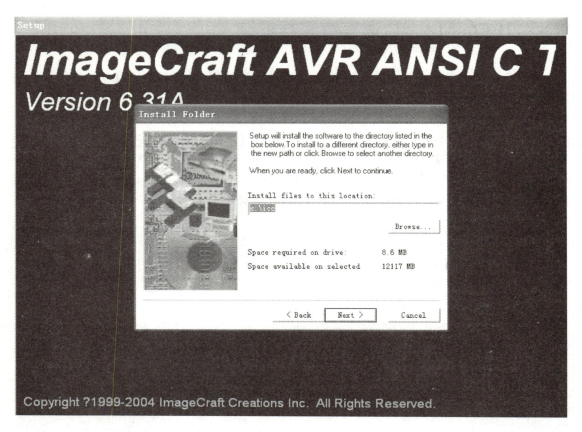

图 9-7　安装在 C 盘的 icc 文件夹中

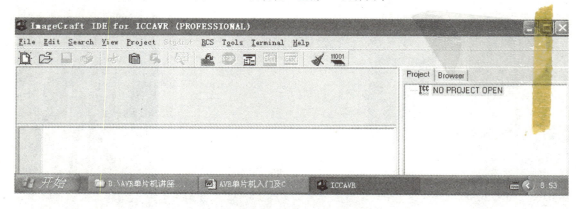

图 9-8　ICCAVR6.31A 的启动界面

9.9　定时/计数器 1 的计时实验

用定时/计数器 1 控制发光二极管 D1 闪烁,亮 0.1 s,灭 0.9 s,模拟一个路障灯的工作。要求用查询方式。

第 9 章 ATMEGA16(L)的定时/计数器

9.9.1 实现方法

启动 ICCAVR6.31A 开发软件,在菜单栏中选择 Project,在下拉菜单中选择 Options,弹出 Compiler Options 对话框。在 Target 选项卡中,配置 CPU 为 ATmega16(如图 9-9 所示),然后单击 OK 按钮。

图 9-9 配置 CPU 为 ATmega16

在菜单栏中选择 Tools,在下拉菜单中选择 Application Builder(也可单击快捷图标),启动初始化代码生成功能(如图 9-10 所示),在 CPU 选项卡中选择 Target CPU 为 M16。其默认振荡频率为 4.0000 MHz,实验板的晶振是 8.000 MHz,因此须将 4.0000 MHz 改为 8.0000 MHz。

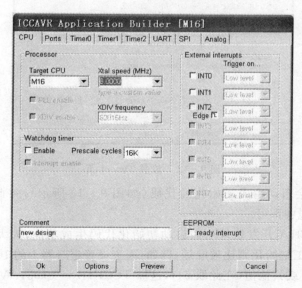

图 9-10 将 4.0000 MHz 改为 8.0000 MHz

在 Ports 选项卡中,将 Port B 口的 PB0 置为输出,初始值为 1(高电平),如图 9-11 所示。

·217·

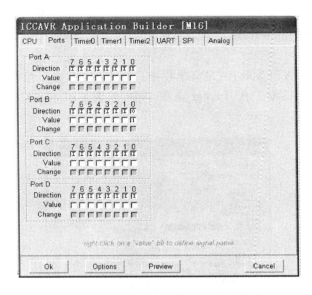

图 9-11　将 Port B 口的 PB0 置为输出

在 Timer1 选项卡，按图 9-12 所示设置，然后单击 OK。

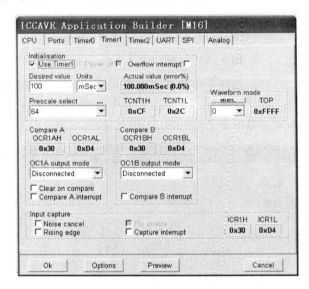

图 9-12　设置 Timer1 页

ICCAVR6.31A 会自动生成初始化的代码（如图 9-13 所示），将此初始化代码复制到 IAREW 集成开发环境中即可。

使用 ICCAVR6.31A 开发软件中的启动初始化代码生成功能，大大节省了时间和精力，而且不易出错。用人工初始化则比较麻烦，例如：人工设置定时器 1 的 100 ms 定时初值时，首先要确定预分频取 64 或其他值（在此取 64），这样 TCCR1B = 0x03；AVR 定时器对时钟的计数都是单周期指令，如果晶振是 1 MHz，则每 1 μs 计数一次（未分频时）。实验板使用的晶振频率为 8 MHz，则每 1/8 μs 计数一次（未分频时）。由于预分频取 64，因此每 64/8＝8 μs 计数

第 9 章 ATMEGA16(L)的定时/计数器

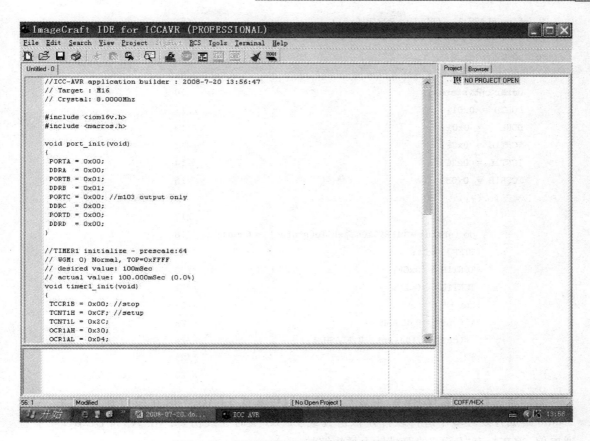

图 9-13 ICCAVR6.31A 自动生成初始化代码

一次,那么定时 100 ms(=100 000 μs)需要计数 100 000/8=12 500 次。由于定时器 1 为 16 位的,计数溢出值为 65 536,故定时器初值为 65 536-12 500=53 036,转换为十六进制为 0xCF2C,即 TCNT1H=0xCF,TCNT1L=0x2C。

定时器 1 启动工作后(实际上只要预分频数不取 0,定时器就启动了),程序不断查询寄存器 TIFR 中的 TOV1 位。当 TOV1 为 1 时,说明 100 ms 已到,定时器 1 溢出。可建立一个软件计数器 cnt,定时器 1 每溢出一次做一次加法,范围控制在 0~10(即时间为 0~1.0 s)。这样即可进行路障灯的闪烁处理(亮 0.1 s,灭 0.9 s)。

9.9.2 源程序文件

打开 IAREW 集成开发环境,在 D 盘中建立一个文件目录(iar9-1),创建一个新工程项目 iar9-1.ewp 并建立 iar9-1.eww 的工作区。输入 C 源程序文件 iar9-1.c 如下:

```
#include <iom16.h>                              //1
#include <intrinsics.h>                         //2
#define uchar unsigned char                     //3
/******************************* 4 ****/
#define FLASH_0    (PORTB = PORTB&0xfe)         //5
```

```
#define FLASH_1    (PORTB = PORTB|0x01)              //6
/**************************************************7***/
void main(void)                                       //8
{                                                     //9
    uchar cnt,status;                                 //10
    PORTB = 0x01;                                     //11
    DDRB  = 0x01;                                     //12
    TCNT1H = 0xCF;                                    //13
    TCNT1L = 0x2C;                                    //14
    TCCR1B = 0x03;                                    //15
        for(;;)                                       //16
        {                                             //17
            do{status = TIFR&0x04;}while(status! = 0x04); //18
            TIFR = 0x04;                              //19
            TCNT1H = 0xCF;                            //20
            TCNT1L = 0x2C;                            //21
            cnt ++ ;                                  //22
            if(cnt == 9)FLASH_0;                      //23
            if(cnt> = 10){cnt = 0;FLASH_1;}           //24
        }                                             //25
}                                                     //26
```

编译通过后，可在 IAREW 中进行软件模拟仿真或 JTAG 实时在线仿真，也可在 AVR Studio 集成开发环境中进行软件模拟仿真或 JTAG 实时在线仿真。在 AVR DEMO 实验板通电前，须在标有"LED"的双排针上插短路块。

仿真结束后，将 iar9 – 1.hex 文件下载到 AVR DEMO 实验板上，D1 发光管会闪亮，点亮 0.1 s，熄灭 0.9 s。

9.9.3　程序分析解释

序号 1～2：包含头文件；
序号 3：变量类型的宏定义；
序号 4：程序分隔；
序号 5：定义路障灯端口为低电平；
序号 6：定义路障灯端口为高电平；
序号 7：程序分隔；
序号 8：定义主函数；
序号 9：主函数开始；
序号 10：定义局部变量；
序号 11：PB 端口初始化输出 00000001；
序号 12：将 PB 端口的第 0 位设为输出；
序号 13～14：100 ms 的定时初值；
序号 15：定时器 1 的计数预分频取 64；
序号 16：无限循环；

序号 17:无限循环语句开始;
序号 18:读取 TOV1 值;
序号 19:若 TOV1 为 1,说明 100 ms 定时到,对 TOV1 重写 1 可使其清零;
序号 20~21:重装 100 ms 的定时初值;
序号 22:计数变量递加;
序号 23:900 ms 时,点亮路障灯;
序号 24:1000 ms 时,熄灭路障灯,同时时间又回到 0;
序号 25:无限循环语句结束;
序号 26:主函数结束。

9.10 定时/计数器 0 的中断实验

9.10.1 实现方法

前面所做的数码管扫描实验都是通过点亮数码管后再延时一段时间(如 1 ms)来实现的,如果 CPU 要处理的事情很多会造成编程困难或显示闪烁。现在使用定时/计数器 0 的中断处理来实现数码管的扫描。

9.10.2 源程序文件

打开 IAREW 集成开发环境,在 D 盘中建立一个文件目录(iar9-2),创建一个新工程项目 iar9-2.ewp 并建立 iar9-2.eww 的工作区。输入 C 源程序文件 iar9-2.c 如下:

```
#include <iom16.h>                               //1
#include <intrinsics.h>                          //2
#define uchar unsigned char                      //3
#define uint unsigned int                        //4
__flash uchar SEG7[10] = {0x3f,0x06,0x5b,        //5
      0x4f,0x66,0x6d,0x7d,0x07,0x7f,0x6f};       //6
__flash uchar ACT[8] = {0xfe,0xfd,0xfb,0xf7,     //7
0xef,0xdf,0xbf,0x7f};                            //8
uchar i;                                         //9
//******************************* 10
void port_init(void)                             //11
{                                                //12
    PORTA = 0x00;                                //13
    DDRA  = 0xFF;                                //14
    PORTB = 0xFF;                                //15
    DDRB  = 0x00;                                //16
    PORTC = 0xFF;                                //17
    DDRC  = 0xFF;                                //18
    PORTD = 0xFF;                                //19
```

```
    DDRD    = 0x00;                               //20
}                                                 //21
//*******************************************22
//TIMER0 initialize - prescale:64                 //23
// WGM: Normal                                    //24
// desired value: 1mSec                           //25
// actual value:  1.000mSec (0.0%)                //26
void timer0_init(void)                            //27
{                                                 //28
    TCCR0 = 0x00; //stop                          //29
    TCNT0 = 0x83; //set count                     //30
    OCR0  = 0x7D; //set compare                   //31
    TCCR0 = 0x03; //start timer                   //32
}                                                 //33
//*******************************************34
//call this routine to initialize all peripherals //35
void init_devices(void)                           //36
{                                                 //37
    SREG = 0x00;                                  //38
    port_init();                                  //39
    timer0_init();                                //40
    MCUCR = 0x00;                                 //41
    GICR  = 0x00;                                 //42
    TIMSK = 0x01; //timer interrupt sources       //43
    SREG = 0x80;                                  //44
}                                                 //45
//*******************************************46
void main(void)                                   //47
{                                                 //48
    init_devices();                               //49
    while(1);                                     //50
}                                                 //51
//*******************************************52
#pragma vector = TIMER0_OVF_vect                  //53
__interrupt void timer0_ovf_isr(void)             //54
{                                                 //55
    TCNT0 = 0x83; //reload counter value          //56
    if(++i>7)i=0;                                 //57
    PORTA = SEG7[i];                              //58
    PORTC = ACT[i];                               //59
}                                                 //60
```

编译通过后，可在 IAREW 中进行软件模拟仿真或在 AVR Studio 集成开发环境中进行软件模拟仿真。

仿真结束后，将 iar9-2.hex 文件下载到 AVR DEMO 实验板上。标示"LEDMOD_

DISP"及"LEDMOD_COM"的双排针应插上短路块。

8个数码管从低位(右)至高位(左)稳定地显示 0～7 这 8 个数。在实验中,由于要用到 PORTC 驱动数码管,所以我们不使用 JTAG 仿真,并把熔丝位的 JTAG EN 去除(重写熔丝位)。图 9-14 所示为 iar9-2 的实验照片。

图 9-14　iar9-2 的实验照片

9.10.3　程序分析解释

序号 1～2:包含头文件;
序号 3～4:变量类型的宏定义;
序号 5～6:共阴极数码管 0～9 的字型码;
序号 7～8:8 位共阴极数码管的位选码;
序号 9:全局变量;
序号 10:程序分隔;
序号 11:端口初始化子函数;
序号 12:端口初始化子函数开始;
序号 13:PA 端口初始化输出 0x00;
序号 14:将 PA 端口设为输出;
序号 15:PB 端口初始化输出 0xFF;
序号 16:将 PB 端口设为输入;
序号 17:PC 端口初始化输出 0xFF;
序号 18:将 PC 端口设为输出;
序号 19:PD 端口初始化输出 0xFF;
序号 20:将 PD 端口设为输入;
序号 21:端口初始化子函数结束;
序号 22～26:程序分隔;

序号 27:定时器 T0 初始化子函数;
序号 28:定时器 T0 初始化子函数开始;
序号 29:定时器 0 停止运行;
序号 30:设定 T0 的 1 ms 的定时初值;
序号 31:输出比较寄存器的设定值,0x7D 是系统默认的,在此并未使用 OCR0 的输出比较值;
序号 32:定时器 0 的计数预分频取 64;
序号 33:定时器 T0 初始化子函数结束;
序号 34~35:程序分隔;
序号 36:设备初始化子函数;
序号 37:设备初始化子函数开始;
序号 38:关闭总中断;
序号 39:调用端口初始化子函数;
序号 40:调用定时器 T0 初始化子函数;
序号 41:MCU 控制寄存器置 0x00;
序号 42:通用中断控制寄存器 GICR 置 0x00;
序号 43:使能 T/C0 中断;
序号 44:打开总中断;
序号 45:设备初始化子函数结束;
序号 46:程序分隔;
序号 47:定义主函数;
序号 48:主函数开始;
序号 49:调用设备初始化子函数;
序号 50:无限循环(程序原地踏步);
序号 51:主函数结束;
序号 52:程序分隔;
序号 53:定时器 T0 溢出中断函数声明;
序号 54:定时器 T0 溢出中断服务子函数;
序号 55:定时器 T0 溢出中断服务子函数开始;
序号 56:重装 1 ms 的定时初值;
序号 57:变量 i 的计数范围 0~7;
序号 58:输出 i 的字型码;
序号 59:输出位码点亮数码管;
序号 60:定时器 T0 溢出中断服务子函数结束。

9.11　4 位显示秒表实验

9.11.1　实现方法

在体育课或田径比赛时,老师经常会使用秒表来记录同学们的成绩。在此,进行一个秒表的设计实验。使用 INT0 键进行计时的开始/停止,使用 S1 键作计时值的清除,并且采用 8 位数码管的右 4 位进行显示。定时器 T0 被用作扫描 4 位数码管,而定时器 T1 则用来计时。

9.11.2　源程序文件

打开 IAREW 集成开发环境,在 D 盘中建立一个文件目录(iar9 - 3),创建一个新工程项

第 9 章 ATMEGA16(L)的定时/计数器

目 iar9-3.ewp 并建立 iar9-3.eww 的工作区。输入 C 源程序文件 iar9-3.c 如下：

```c
#include <iom16.h>                                    //1
#include <intrinsics.h>                               //2
#define uchar unsigned char                           //3
#define uint unsigned int                             //4
#define CPL_BIT(x,y) (x^=(1<<y))                      //5
__flash uchar SEG7[10] = {0x3f,0x06,0x5b,             //6
    0x4f,0x66,0x6d,0x7d,0x07,0x7f,0x6f};              //7
__flash uchar ACT[4] = {0xfe,0xfd,0xfb,0xf7};         //8
uint cnt;                                             //9
uchar start_flag;                                     //10
uchar i;                                              //11
#define S1 (PIND&0x10)                                //12
#define xtal 8                                        //13
//*****************************************14
void Delay_1ms(void)                                  //15
{ uint i;                                             //16
    for(i=1;i<(uint)(xtal*143-2);i++)                 //17
    ;                                                 //18
}                                                     //18
//=========================================19
void Delay_nms(uint n)                                //20
{                                                     //21
    uint i = 0;                                       //22
    while(i<n)                                        //23
    {Delay_1ms();                                     //24
        i++;                                          //25
    }                                                 //26
}                                                     //27
//*****************************************28
void port_init(void)                                  //29
{                                                     //30
  PORTA = 0x00;                                       //31
  DDRA  = 0xFF;                                       //32
  PORTC = 0xFF;                                       //33
  DDRC  = 0xFF;                                       //34
  DDRD  = 0xFF;                                       //35
  PORTD = 0xFF;                                       //36
  DDRD  = 0x00;                                       //37
    }                                                 //38
//*****************************************39
void timer0_init(void)                                //40
{                                                     //41
  TCNT0 = 0x83;                                       //42
  TCCR0 = 0x03;                                       //43
```

```c
    }                                                   //44
// *******************************************45
void timer1_init(void)                                  //46
{                                                       //47
    TCNT1H = 0xD8;                                      //48
    TCNT1L = 0xF0;                                      //49
}                                                       //50
// *******************************************51
void init_devices(void)                                 //52
{                                                       //53
    __disable_interrupt(); //disable all interrupts     //54
    port_init();                                        //55
    timer0_init();                                      //56
    timer1_init();                                      //57
    MCUCR = 0x02;                                       //58
    GICR  = 0x40;                                       //59
    TIMSK = 0x05;                                       //60
    __enable_interrupt(); //re-enable interrupts        //61
}                                                       //62
// *******************************************63
void scan_s1(void)                                      //64
{                                                       //65
    if(S1 == 0)                                         //66
    {                                                   //67
        Delay_nms(10);                                  //68
        if(S1 == 0)cnt = 0;                             //69
    }                                                   //70
}                                                       //71
// *******************************************72
void main(void)                                         //73
{                                                       //74
    init_devices();                                     //75
    while(1)                                            //76
    {                                                   //77
        if(start_flag == 0x01)TCCR1B = 0x02;            //78
        if(start_flag == 0x00){TCCR1B = 0x00;scan_s1();}//79
    }                                                   //80
}                                                       //81
// *******************************************82
#pragma vector = INT0_vect                              //83
__interrupt void int0_isr(void)                         //84
{                                                       //85
    CPL_BIT(start_flag,0);                              //86
    Delay_nms(10);                                      //87
}                                                       //88
```

第 9 章 ATMEGA16(L)的定时/计数器

```
//*******************************************89
#pragma vector = TIMER0_OVF_vect                //90
__interrupt void timer0_ovf_isr(void)           //91
{                                               //92
    SREG = 0x80;                                //93
    TCNT0 = 0x83;                               //94
    if(++i>3)i = 0;                             //95
    switch(i)                                   //96
    {                                           //97
        case 0:PORTA = SEG7[cnt%10]; PORTC = ACT[i];break;          //98
        case 1:PORTA = SEG7[(cnt/10)%10]; PORTC = ACT[i];break;     //99
        case 2:PORTA = SEG7[(cnt/100)%10]|0x80; PORTC = ACT[i];break; //100
        case 3:PORTA = SEG7[cnt/1000]; PORTC = ACT[i];break;        //101
        default:break;                          //102
    }                                           //103
}                                               //104
//*******************************************105
#pragma vector = TIMER1_OVF_vect                //106
__interrupt void timer1_ovf_isr(void)           //107
{                                               //108
    TCNT1H = 0xD8;                              //109
    TCNT1L = 0xF0;                              //110
    if(++cnt>9999)cnt = 0;                      //111
}                                               //112
```

编译通过后,可在 IAREW 中进行软件模拟仿真或在 AVR Studio 集成开发环境中进行软件模拟仿真。

仿真结束后,将 iar9-3.hex 文件下载到 AVR DEMO 实验板上。标示"KEY"、"LED-MOD_DISP"、"LEDMOD_COM"及"INT0"的双排针应插上短路块。接通 5 V 电源后,右边 4 个数码管显示 0000;按动"INT0"键,数码管开始显示增加的计时值。再按一下"INT0"键,数码管显示停止的计时值。此时按下 S1 键,可清除计时值。同样须把熔丝位的 JTAG EN 去除(重写熔丝位)。

9.11.3 程序分析解释

序号 1~2:包含头文件;
序号 3~4:变量类型的宏定义;
序号 5:位翻转的宏定义;
序号 6~7:共阴极数码管 0~9 的字型码;
序号 8:4 位共阴极数码管的位选码;
序号 9:全局变量(计时值);
序号 10:全局变量(秒表启动标志);
序号 11:全局变量;
序号 12:按键的端口定义;

序号 13:晶振频率定义;
序号 14:程序分隔;
序号 15~18:1 ms 延时子函数;
序号 19:程序分隔;
序号 20~27:n×1 ms 延时子函数;
序号 28:程序分隔;
序号 29:端口初始化子函数;
序号 30:端口初始化子函数开始;
序号 31:PA 端口初始化输出 0000 0000;
序号 32:将 PA 端口设为输出;
序号 33:PC 端口初始化输出 1111 1111;
序号 34:将 PC 端口设为输出;
序号 35:将 PD 端口设为输出;
序号 36:PD 端口初始化输出 1111 1111;
序号 37:将 PD 端口设为输入;
序号 38:端口初始化子函数结束;
序号 39:程序分隔;
序号 40:定时器 0 初始化子函数;
序号 41:定时器 0 初始化子函数开始;
序号 42:1 ms 的定时初值;
序号 43:定时器 0 的计数预分频取 64;
序号 44:定时器 0 初始化子函数结束;
序号 45:程序分隔;
序号 46:定时器 1 初始化子函数;
序号 47:定时器 1 初始化子函数开始;
序号 48~49:10 ms 的定时初值;
序号 50:定时器 1 初始化子函数结束;
序号 51:程序分隔;
序号 52:芯片的初始化子函数;
序号 53:芯片的初始化子函数开始;
序号 54:关闭总中断;
序号 55:调用端口初始化子函数;
序号 56:调用定时器 0 初始化子函数;
序号 57:调用定时器 1 初始化子函数;
序号 58:INT0 为下降沿触发;
序号 59:使能 INT0 中断;
序号 60:使能 T0、T1 中断;
序号 61:使能总中断;
序号 62:芯片的初始化子函数结束;
序号 63:程序分隔;
序号 64:扫描按键 S1 子函数;
序号 65:扫描按键 S1 子函数开始;
序号 66:如果 S1 键按下;
序号 67:进入 if 语句;

第9章 ATMEGA16(L)的定时/计数器

序号 68：延时 10 ms 再判；
序号 69：如果 S1 键确实按下，则清除计时值；
序号 70：if 语句结束；
序号 71：扫描按键 S1 子函数结束；
序号 72：程序分隔；
序号 73：定义主函数；
序号 74：主函数开始；
序号 75：芯片初始化；
序号 76：无限循环；
序号 77：无限循环开始；
序号 78：如果启动标志为 0x01，启动定时器 1；
序号 79：如果启动标志为 0x00，则关闭定时器 1 再调用扫描按键 S1 的子函数；
序号 80：无限循环结束；
序号 81：主函数结束；
序号 82：程序分隔；
序号 83：INT0 中断函数声明；
序号 84：INT0 中断服务子函数；
序号 85：INT0 中断服务子函数开始；
序号 86：取反启动标志；
序号 87：延时 10 ms；
序号 88：INT0 中断服务子函数结束；
序号 89：程序分隔；
序号 90：定时器 0 中断溢出函数声明；
序号 91：定时器 0 中断溢出服务子函数；
序号 92：定时器 0 中断溢出服务子函数开始；
序号 93：重新开放总中断，确保计时准确；
序号 94：重装 1 ms 的定时初值；
序号 95：变量 i 的计数范围 0～3；
序号 96：根据 i 的值，点亮 4 个数码管；
序号 97：switch 语句开始；
序号 98：点亮个位数码管；
序号 99：点亮十位数码管；
序号 100：点亮百位数码管；
序号 101：点亮千位数码管；
序号 102：不符合则退出；
序号 103：switch 语句结束；
序号 104：定时器 0 中断溢出服务子函数结束；
序号 105：程序分隔；
序号 106：定时器 1 中断溢出函数声明；
序号 107：定时器 1 中断溢出服务子函数；
序号 108：定时器 1 中断溢出服务子函数开始；
序号 109～110：重装 10 ms 的定时初值；
序号 111：计时范围 0～9999（即 0～99.99 s）；
序号 112：定时器 1 中断溢出服务子函数结束。

9.12 比较匹配中断及定时溢出中断的测试实验

9.12.1 实现方法

该实验可以实现 LED 亮度的自动变化。定时器 T1 的定时长度设置为 32.768 ms,定时器 T1 的比较匹配寄存器设置为 10 位快速 PWM 模式。在定时器 T1 发生溢出中断之前,首先比较匹配中断触发,点亮 LED;定时器 T1 继续运行直到溢出,将 LED 关闭。主程序不断改变着比较匹配值(从接近最小值 0 到接近最大值 1023),因此输出的脉宽(即 LED 的亮度)会自动变化。由于定时器 T1 具有 2 个比较匹配寄存器(OCR1A、OCR1B),故可实现 2 个 LED 亮度的自动变化。

9.12.2 源程序文件

打开 IAREW 集成开发环境,在 D 盘中建立一个文件目录(iar9-4),创建一个新工程项目 iar9-4.ewp 并建立 iar9-4.eww 的工作区。输入 C 源程序文件 iar9-4.c 如下:

```
#include <iom16.h>                              //1
#include <intrinsics.h>                         //2
#define uchar unsigned char                     //3
#define uint unsigned int                       //4
#define CPL_BIT(x,y) (x^=(1<<y))                //5
#define CLR_BIT(x,y) (x&=~(1<<y))               //6
#define SET_BIT(x,y) (x|(1<<y))                 //7
#define GET_BIT(x,y) (x&(1<<y))                 //8
#define xtal 8                                  //9
uchar flagA=1,flagB=0;                          //10
//*************************************        //11
void Delay_1ms(void)                            //12
{ uint i;                                       //13
    for(i=1;i<(uint)(xtal*143-2);i++)           //14
        ;                                       //15
}                                               //16
//===================================           //17
void Delay_nms(uint n)                          //18
{                                               //19
    uint i=0;                                   //20
    while(i<n)                                  //21
    {  Delay_1ms();                             //22
        i++;                                    //23
    }                                           //24
}                                               //25
```

```
//***************************26
void port_init(void)                            //27
{                                               //28
    PORTB = 0xFF;                               //29
    DDRB  = 0xFF;                               //30
}                                               //31
//***************************32
//TIMER1 initialize - prescale:256              //33
//WGM: 7) PWM 10bit fast, TOP = 0x03FF          //34
//desired value: 32.768mSec                     //35
//actual value: 32.768mSec (0.0%)               //36
void timer1_init(void)                          //37
{                                               //38
 TCCR1B = 0x00; //stop                          //39
 TCNT1H = 0x00; //setup                         //40
 TCNT1L = 0x00;                                 //41
 OCR1AH = 0x03;                                 //42
 OCR1AL = 0xFF;                                 //43
 OCR1BH = 0x03;                                 //44
 OCR1BL = 0xFF;                                 //45
 ICR1H  = 0x03;                                 //46
 ICR1L  = 0xFF;                                 //47
 TCCR1A = 0x03;                                 //48
 TCCR1B = 0x8C; //start Timer                   //49
}                                               //50
//***************************51
void init_devices(void)                         //52
{                                               //53
 __disable_interrupt();                         //54
 port_init();                                   //55
 timer1_init();                                 //56
 MCUCR = 0x00;                                  //57
 GICR  = 0x00;                                  //58
 TIMSK = 0x1C; //timer interrupt sources        //59
 __enable_interrupt();                          //60
}                                               //61
//***************************62
void main(void)                                 //63
{                                               //64
 init_devices();                                //65
 while(1)                                       //66
 {                                              //67
    Delay_nms(100);                             //68
    if(GET_BIT(flagA,0) == 1)OCR1A + = 20;      //69
    if(OCR1A>1000)CLR_BIT(flagA,0);             //70
```

```
//---------------------------------71
    if(GET_BIT(flagA,0)==0)OCR1A-=20;        //72
    if(OCR1A<20)SET_BIT(flagA,0);            //73
//---------------------------------74
    if(GET_BIT(flagB,0)==1)OCR1B+=10;        //75
    if(OCR1B>1010)CLR_BIT(flagB,0);          //76
//---------------------------------77
    if(GET_BIT(flagB,0)==0)OCR1B-=10;        //78
    if(OCR1B<10)SET_BIT(flagB,0);            //79
  }                                          //80
}                                            //81
//*******************************82
#pragma vector=TIMER1_COMPA_vect              //83
__interrupt void timer1_compa_isr(void)       //84
{                                             //85
 CLR_BIT(PORTB,0);                            //86
}                                             //87
//*******************************88
#pragma vector=TIMER1_COMPB_vect              //89
__interrupt void timer1_compb_isr(void)       //90
{                                             //91
 CLR_BIT(PORTB,7);                            //92
}                                             //93
//*******************************94
#pragma vector=TIMER1_OVF_vect                //95
__interrupt void timer1_ovf_isr(void)         //96
{                                             //97
 SET_BIT(PORTB,0);                            //98
 SET_BIT(PORTB,7);                            //99
}                                             //100
```

编译通过后,可在 IAREW 中进行软件模拟仿真或 JTAG 实时在线仿真,也可在 AVR Studio 集成开发环境中进行软件模拟仿真或 JTAG 实时在线仿真。在 AVR DEMO 实验板通电前,须在标有"LED"的双排针上插短路块。

仿真结束后,将 iar9-4.hex 文件下载到 AVR DEMO 实验板上。D1 和 D8 这 2 个 LED 亮度会分别自动变化。

9.12.3 程序分析解释

序号 1~2:包含头文件;
序号 3~4:变量类型的宏定义;
序号 5:位翻转的宏定义;
序号 6:位清除的宏定义;
序号 7:置位的宏定义;

第9章 ATMEGA16(L)的定时/计数器

序号 8：读取位的宏定义；
序号 9：晶振频率定义；
序号 10：全局变量，定义 2 个标志；
序号 11：程序分隔；
序号 12～16：1 ms 延时子函数；
序号 17：程序分隔；
序号 18～25：n×1 ms 延时子函数；
序号 26：程序分隔；
序号 27：端口初始化子函数；
序号 28：端口初始化子函数开始；
序号 29：PB 端口初始化输出 0xFF；
序号 30：将 PB 端口设为输出；
序号 31：端口初始化子函数结束；
序号 32：程序分隔；
序号 33～36：程序分隔；
序号 37：定时器 1 初始化子函数；
序号 38：定时器 1 初始化子函数开始；
序号 39：关闭定时器 1；
序号 40～41：定时初值为 0；
序号 42～43：置比较寄存器 OCR1A 初值；
序号 44～45：置比较寄存器 OCR1B 初值；
序号 46～47：输入捕获寄存器 ICR1 初值；
序号 48：10 位快速 PWM；
序号 49：定时器 1 的计数预分频取 256；
序号 50：定时器 1 初始化子函数结束；
序号 51：程序分隔；
序号 52：芯片的初始化子函数；
序号 53：芯片的初始化子函数开始；
序号 54：关闭总中断；
序号 55：调用端口初始化子函数；
序号 56：调用定时器 1 初始化子函数；
序号 57：MCUCR 寄存器置初值 0x00；
序号 58：GICR 寄存器置初值 0x00；
序号 59：使能 T1 中断；
序号 60：使能总中断；
序号 61：芯片的初始化子函数结束；
序号 62：程序分隔；
序号 63：定义主函数；
序号 64：主函数开始；
序号 65：芯片初始化；
序号 66：无限循环；
序号 67：无限循环开始；
序号 68：延时 100 ms；
序号 69：如果 flagA 标志的最低位为 1，OCR1A 比较寄存器值加 20；
序号 70：如果 OCR1A 值大于 1 000，置 flagA 标志的最低位为 0；

序号 71:程序分隔;
序号 72:如果 flagA 标志的最低位为 0,OCR1A 比较寄存器值减 20;
序号 73:如果 OCR1A 值小于 20,置 flagA 标志的最低位为 1;
序号 74:程序分隔;
序号 75:如果 flagB 标志的最低位为 1,OCR1B 比较寄存器值加 10;
序号 76:如果 OCR1B 值大于 1010,置 flagB 标志的最低位为 0;
序号 77:程序分隔;
序号 78:如果 flagB 标志的最低位为 0,OCR1B 比较寄存器值减 10;
序号 79:如果 OCR1B 值小于 10,置 flagB 标志的最低位为 1;
序号 80:无限循环结束;
序号 81:主函数结束;
序号 82:程序分隔;
序号 83:定时器 1 的比较匹配 A 中断函数声明;
序号 84:定时器 1 的比较匹配 A 中断服务子函数;
序号 85:定时器 1 的比较匹配 A 中断服务子函数开始;
序号 86:清除 PB0;
序号 87:定时器 1 的比较匹配 A 中断服务子函数结束;
序号 88:程序分隔;
序号 89:定时器 1 的比较匹配 B 中断函数声明;
序号 90:定时器 1 的比较匹配 B 中断服务子函数;
序号 91:定时器 1 的比较匹配 B 中断服务子函数开始;
序号 92:清除 PB7;
序号 93:定时器 1 的比较匹配 B 中断服务子函数结束;
序号 94:程序分隔;
序号 95:定时器 1 中断溢出函数声明;
序号 96:定时器 1 中断溢出服务子函数;
序号 97:定时器 1 中断溢出服务子函数开始;
序号 98:置位 PB0;
序号 99:置位 PB7;
序号 100:定时器 1 中断溢出服务子函数结束;

9.13 PWM 测试实验

9.13.1 实现方法

上一个实验的输出脉宽是自动变化的,这里进行一个手控 PWM 的实验,定时器 T2 通过比较寄存器 OCR2 后从 OC2 脚(PD7)输出 PWM 信号,从 000～255 共分 256 级,对应的输出电压为 0.00～5.00V。

9.13.2 源程序文件

打开 IAREW 集成开发环境,在 D 盘中建立一个文件目录(iar9-5),创建一个新工程项

第 9 章 ATMEGA16(L)的定时/计数器

目 iar9-5.ewp 并建立 iar9-5.eww 的工作区。输入 C 源程序文件 iar9-5.c 如下：

```c
#include <iom16.h>                                   //1
#include <intrinsics.h>                              //2
#include "lcd1602_8bit.c"                            //3
uchar __flash title[] = {"PWM test"};                //4
#define uchar unsigned char                          //5
#define uint unsigned int                            //6
//******************************************7
#define xtal 8                                       //8
#define GET_BIT(x,y) (x&(1 << y))                    //9
uchar wide;                                          //10
//******************************************11
void port_init(void)                                 //12
{                                                    //13
  PORTD = 0x70;                                      //14
  DDRD  = 0xF0;                                      //15
  __no_operation();                                  //16
  DDRD  = 0x80;                                      //17
}                                                    //18
//******************************************19
void timer2_init(void)                               //20
{                                                    //21
  TCCR2 = 0x00; //stop                               //22
  ASSR  = 0x00; //set async mode                     //23
  TCNT2 = 0x01; //setup                              //24
  OCR2  = 0xFF;                                      //25
  TCCR2 = 0x61; //start                              //26
}                                                    //27
//******************************************28
void init_devices(void)                              //29
{                                                    //30
  port_init();                                       //31
  timer2_init();                                     //32
  MCUCR = 0x00;                                      //33
  GICR  = 0x00;                                      //34
  TIMSK = 0x00; //timer interrupt sources            //35
}                                                    //36
//******************************************37
void scan_s1(void)                                   //38
{                                                    //39
  if(GET_BIT(PIND,4) == 0)                           //40
  {                                                  //41
    Delay_nms(10);                                   //42
    if(GET_BIT(PIND,4) == 0)                         //43
    {if(wide<255)wide++;                             //44
```

```c
         Delay_nms(200);}                         //45
    }                                             //46
}                                                 //47
//*******************************************48
void scan_s2(void)                                //49
{                                                 //50
    if(GET_BIT(PIND,5) == 0)                      //51
    {                                             //52
        Delay_nms(10);                            //53
        if(GET_BIT(PIND,5) == 0)                  //54
        {if(wide>0)wide -- ;                      //55
         Delay_nms(200);}                         //56
    }                                             //57
}                                                 //58
//*******************************************59
void main(void)                                   //60
{                                                 //61
      uint voltage;                               //62
      init_devices();                             //63
      Delay_nms(400);                             //64
      DDRA = 0xff;PORTA = 0x00;                   //65
      DDRB = 0xff;PORTB = 0x00;                   //66
      InitLcd();                                  //67
      ePutstr(4,0,title);                         //68
      DisplayOneChar(1,1,'O');                    //69
      DisplayOneChar(2,1,'C');                    //70
      DisplayOneChar(3,1,'R');                    //71
      DisplayOneChar(4,1,'2');                    //72
      DisplayOneChar(5,1,':');                    //73
      DisplayOneChar(12,1,'.');                   //74
      DisplayOneChar(15,1,'V');                   //75
      while(1)                                    //76
      {                                           //77
          scan_s1();                              //78
          scan_s2();                              //79
          DisplayOneChar(6,1,(wide/100) + 0x30);  //80
          DisplayOneChar(7,1,(wide/10) % 10 + 0x30); //81
          DisplayOneChar(8,1,(wide % 10) + 0x30); //82
          OCR2 = wide;                            //83
          voltage = (uint)wide;                   //84
          voltage = (voltage * 196)/100;          //85
          DisplayOneChar(11,1,(voltage/100) + 0x30); //86
          DisplayOneChar(13,1,(voltage/10) % 10 + 0x30); //87
          DisplayOneChar(14,1,(voltage % 10) + 0x30); //88
      }                                           //89
}                                                 //90
```

由于要使用 lcd1602_8bit.c 这个文件,因此编译前,须将 lcd1602_8bit.c 文件从第 8 章的实验程序文件夹 iar8-2 拷贝到当前目录中(iar9-5)。

编译通过后,可在 IAREW 中进行软件模拟仿真或 JTAG 实时在线仿真,也可在 AVR Studio 集成开发环境中进行软件模拟仿真或 JTAG 实时在线仿真。仿真结束后,将 iar9-5.hex 文件下载到 AVR DEMO 实验板上。在标示"LCD16*2"的单排座上正确插上 16x2 液晶模块(实脚号对应,不能插反),在标示"KEY"的双排针上插上短路块,标示"DC5V"电源端输入 5V 稳压电压。

液晶屏上的显示第一行为"PWM test",第二行为" OCR2:000 0.00V"。按下 S1 键,OCR2 的数值增加(最大到 255),对应的输出电压指示为 0.00~4.99 V,用一数字万用表监测 OC2 脚(PD7),发现输出电压与 LCD 指示基本吻合,电压越高则误差变得稍大一些,可能与芯片的输出内阻有关。按下 S2 键,OCR2 的数值减小(最小到 000),对应的输出电压减小。图 9-15、图 9-16 所示分别为 iar9-5 实验的液晶显示及数字万用表显示照片。

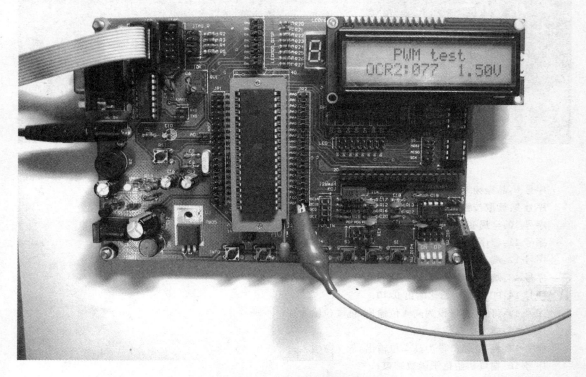

图 9-15　iar9-5 实验的液晶显示照片

9.13.3　程序分析解释

序号 1~2:包含头文件;
序号 3:包含 LCD 驱动文件;
序号 4:待显字符串;
序号 5~6:变量类型的宏定义;
序号 7:程序分隔;

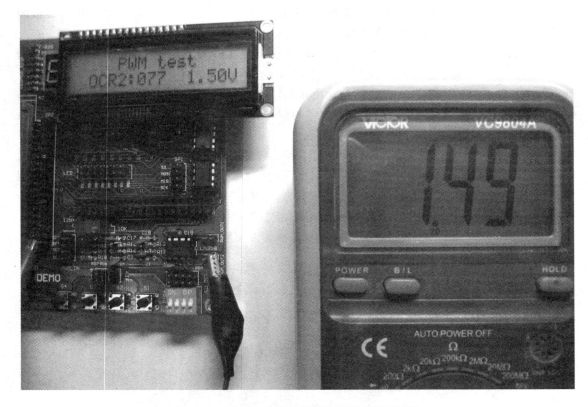

图 9-16　iar9-5 实验的数字万用表显示照片

序号 8：晶振频率定义；
序号 9：读取按键的位定义；
序号 10：全局变量；
序号 11：程序分隔；
序号 12：端口初始化子函数；
序号 13：端口初始化子函数开始；
序号 14：PD 端口初始化输出 0x70；
序号 15：将 PD 端口设为高 4 位输出，低 4 位输入；
序号 16：插入空操作指令；
序号 17：将 PD 端口设为高 1 位输出，低 7 位输入；
序号 18：端口初始化子函数结束；
序号 19：程序分隔；
序号 20：定时器 2 初始化子函数；
序号 21：定时器 2 初始化子函数开始；
序号 22：关闭定时器 2；
序号 23：设定异步状态寄存器为 0x00；
序号 24：TCNT2 初值为 0x01；
序号 25：置比较寄存器 OCR2 初值 0xff；
序号 26：相位修正 PWM，启动定时器 2（不分频）；
序号 27：定时器 1 初始化子函数结束；
序号 28：程序分隔；

第9章 ATMEGA16(L)的定时/计数器

序号 29:设备的初始化子函数;
序号 30:设备的初始化子函数开始;
序号 31:调用端口初始化子函数;
序号 32:调用定时器 2 初始化子函数;
序号 33:MCUCR 寄存器置初值 0x00;
序号 34:GICR 寄存器置初值 0x00;
序号 35:禁止定时器 2 中断;
序号 36:芯片的初始化子函数结束;
序号 37:程序分隔;
序号 38:扫描按键 S1 子函数;
序号 39:扫描按键 S1 子函数开始;
序号 40:如果 S1 键按下;
序号 41:进入 if 语句;
序号 42:延时 10 ms 再判;
序号 43:如果 S1 键确实按下;
序号 44:wide 增加(最大到 255);
序号 45:延时 200 ms,if 语句结束;
序号 46:if 语句结束;
序号 47:扫描按键 S1 子函数结束;
序号 48:程序分隔;
序号 49:扫描按键 S2 子函数;
序号 50:扫描按键 S2 子函数开始;
序号 51:如果 S2 键按下;
序号 52:进入 if 语句;
序号 53:延时 10 ms 再判;
序号 54:如果 S1 键确实按下;
序号 55:wide 减小(最小到 0);
序号 56:延时 200 ms,if 语句结束;
序号 57:if 语句结束;
序号 58:扫描按键 S1 子函数结束;
序号 59:程序分隔;
序号 60:定义主函数;
序号 61:主函数开始;
序号 62:定义局部无符号整型变量 voltage;
序号 63:芯片初始化;
序号 64:延时 400 ms;
序号 65:将 PA 端口设为输出,PA 端口初始化输出 0x00;
序号 66:将 PB 端口设为输出,PB 端口初始化输出 0x00;
序号 67:调用 LCD 初始化子函数;
序号 68:LCD 的第 1 行显示标题"PWM test";
序号 69~75:LCD 的第 2 行显示字符;
序号 76:无限循环;
序号 77:无限循环开始;
序号 78:调用扫描按键 S1 的子函数;
序号 79:调用扫描按键 S2 的子函数;

序号 80～82：显示 OCR2 的比较数值；
序号 83：将该数值赋予 OCR2 比较寄存器；
序号 84：同时将该数值赋予显示变量 voltage；
序号 85：将数值转成电压值；
序号 86～88：显示电压值；
序号 89：无限循环结束；
序号 90：主函数结束。

9.14　0～5 V 数字电压调整器

9.14.1　实现方法

上一个实验实现了手动调整 PWM，由于定时器 2 只能构成 8 位的 PWM，作为数字电压调整器其精度不够，这里用定时器 1 构成 10 位 PWM 来实现 0～5 V 的数字电压调整器。

9.14.2　源程序文件

打开 IAREW 集成开发环境，在 D 盘中建立一个文件目录（iar9 - 6），创建一个新工程项目 iar9 - 6.ewp 并建立 iar9 - 6.eww 的工作区。输入 C 源程序文件 iar9 - 6.c 如下：

```
#include <iom16.h>                                  //1
#include <intrinsics.h>                             //2
#include "lcd1602_8bit.c"                           //3
uchar __flash title[] = {"0 - 5 V Regulator"};      //4
#define uchar unsigned char                         //5
#define uint unsigned int                           //6
#define xtal 8                                      //7
#define GET_BIT(x,y) (x&(1 << y))                   //8
uint wide;                                          //9
void port_init(void)                                //10
{                                                   //11
  DDRA = 0xff;                                      //12
  PORTA = 0x00;                                     //13
  DDRB = 0xff;                                      //14
  PORTB = 0x00;                                     //15
  PORTD = 0x0f;                                     //16
  DDRD  = 0xff;                                     //17
  __no_operation();                                 //18
  DDRD  = 0xf0;                                     //19
}                                                   //20
//TIMER1 initialize - prescale:8                    //21
```

```c
// WGM: 0) Normal, TOP = 0xFFFF                          //22
// desired value: 1000Hz                                 //23
// actual value: 1000.000Hz (0.0%)                       //24
void timer1_init(void)                                   //25
{                                                        //26
  TCCR1A = 0x83;                                         //27
  TCCR1B = 0x02;                                         //28
}                                                        //29
/******************************************30*******/
void init_devices(void)                                  //31
{                                                        //32
  port_init();                                           //33
  timer1_init();                                         //34
}                                                        //35
//*****************************************36
void scan_INT1(void)                                     //37
{                                                        //38
if(GET_BIT(PIND,3) == 0)                                 //39
  {                                                      //40
    Delay_nms(10);                                       //41
    if(GET_BIT(PIND,3) == 0)                             //42
    {if(wide<1023)wide++;                                //43
    Delay_nms(200);}                                     //44
  }                                                      //45
}                                                        //46
//*****************************************47
void scan_INT0(void)                                     //48
{                                                        //49
  if(GET_BIT(PIND,2) == 0)                               //50
  {                                                      //51
    Delay_nms(10);                                       //52
    if(GET_BIT(PIND,2) == 0)                             //53
    {if(wide>0)wide--;                                   //54
    Delay_nms(200);}                                     //55
  }                                                      //56
}                                                        //57
/******************主函数 ******************58******/
void main(void)                                          //59
{                                                        //60
    long x;                                              //61
    uint voltage,Disval;                                 //62
    init_devices();                                      //63
    Delay_nms(400);                                      //64
```

```c
        InitLcd();                                              //65
        ePutstr(1,0,title);                                     //66
        DisplayOneChar(0,1,'0');                                //67
        DisplayOneChar(1,1,'C');                                //68
        DisplayOneChar(2,1,'R');                                //69
        DisplayOneChar(3,1,'1');                                //70
        DisplayOneChar(4,1,':');                                //71
        DisplayOneChar(11,1,'.');                               //72
        DisplayOneChar(15,1,'V');                               //73
        while(1)                                                //74
        {                                                       //75
            voltage = wide;                                     //76
            Disval = wide;                                      //77
            OCR1AH = (uchar)(wide >> 8);                        //78
            OCR1AL = (uchar)(wide&0x00ff);                      //79
            scan_INT1();                                        //80
            scan_INT0();                                        //81
            DisplayOneChar(5,1,(Disval/1000) + 0x30);           //82
            DisplayOneChar(6,1,(Disval%1000)/100 + 0x30);       //83
            DisplayOneChar(7,1,(Disval%100)/10 + 0x30);         //84
            DisplayOneChar(8,1,(Disval%10) + 0x30);             //85
            x = (long)voltage;                                  //86
            x = (x * 5000)/1023;                                //87
            voltage = (uint)x;                                  //88
            DisplayOneChar(10,1,(voltage/1000) + 0x30);         //89
            DisplayOneChar(12,1,(voltage%1000)/100 + 0x30);     //90
            DisplayOneChar(13,1,(voltage%100)/10 + 0x30);       //91
            DisplayOneChar(14,1,(voltage%10) + 0x30);           //92
        }                                                       //93
}                                                               //94
```

须使用 lcd1602_8bit.c 这个文件，因此编译前，将 lcd1602_8bit.c 文件从第 8 章的实验程序文件夹 iar8-2 拷贝到当前目录中(iar9-6)。

编译通过后，可在 IAREW 中进行软件模拟仿真或 JTAG 实时在线仿真，也可在 AVR Studio 集成开发环境中进行软件模拟仿真或 JTAG 实时在线仿真。仿真结束后，将 iar9-6. hex 文件下载到 AVR DEMO 实验板上。在标示"LCD16*2"的单排座上正确插上 16×2 液晶模块(实脚号对应，不能插反)，在标示"INT"的双排针上插上短路块，标示"DC5V"电源端输入 5V 稳压电压。

液晶屏上的显示第一行为"0-5 V Regulator"，第二行为"OCR1:0000 0.000V"。按下 INT1 键，OCR1 的数值增加(最大到 1023)，对应的输出电压指示为 0.000-5.000V，用一台 1/4 位数字万用表监测 OC1A 脚(PD5)，发现输出电压与 LCD 指示基本吻合，电压越高则误差变得稍大一些，可能与芯片的输出内阻有关。按下 INT0 键，OCR1 的数值减小(最小到 0000)，对应的输出电压减小到 0.000 V。图 9-17 为 iar9-6 的实验照片。

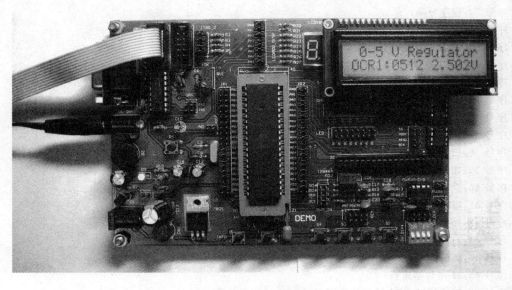

图 9-17 iar9-6 的实验照片

9.14.3 程序分析解释

序号 1~2:包含头文件;
序号 3:包含 LCD 驱动文件;
序号 4:待显字符串;
序号 5~6:变量类型的宏定义;
序号 7:晶振频率定义;
序号 8:读取按键的位定义;
序号 9:全局变量;
序号 10:端口初始化子函数;
序号 11:端口初始化子函数开始;
序号 12:将 PA 端口设为 8 位输出;
序号 13:PA 端口初始化输出 0x00;
序号 14:将 PB 端口设为 8 位输出;
序号 15:PB 端口初始化输出 0x00;
序号 16:PD 端口初始化输出 0x0f;
序号 17:将 PD 端口设为 8 位输出;
序号 18:插入空操作指令;
序号 19:将 PD 端口设为高 4 位输出,低 4 位输入;
序号 20:端口初始化子函数结束;
序号 21~24:程序分隔;
序号 25:定时器 1 初始化子函数;
序号 26:定时器 1 初始化子函数开始;
序号 27:比较匹配时清零 OC1A,10 位相位修正 PWM;
序号 28:定时器 1 的计数预分频取 8;
序号 29:定时器 1 初始化子函数结束;

序号 30:程序分隔;
序号 31:设备的初始化子函数;
序号 32:设备的初始化子函数开始;
序号 33:调用端口初始化子函数;
序号 34:调用定时器 1 初始化子函数;
序号 35:设备的初始化子函数结束;
序号 36:程序分隔;
序号 37:扫描按键 INT1 子函数;
序号 38:扫描按键 INT1 子函数开始;
序号 39:如果 INT1 键按下;
序号 40:进入 if 语句;
序号 41:延时 10 ms 再判;
序号 42:如果 INT1 键确实按下;
序号 43:wide 增加(最大到 1023);
序号 44:延时 200 ms,if 语句结束;
序号 45:if 语句结束;
序号 46:扫描按键 INT1 子函数结束;
序号 47:程序分隔;
序号 48:扫描按键 INT0 子函数;
序号 49:扫描按键 INT0 子函数开始;
序号 50:如果 INT0 键按下;
序号 51:进入 if 语句;
序号 52:延时 10 ms 再判;
序号 53:如果 INT0 键确实按下;
序号 54:wide 增加(最大到 1 023);
序号 55:延时 200 ms,if 语句结束;
序号 56:if 语句结束;
序号 57:扫描按键 INT0 子函数结束;
序号 58:程序分隔;
序号 59:定义主函数;
序号 60:主函数开始;
序号 61:定义局部长整型变量 x;
序号 62:定义局部无符号整型变量 voltage,Disval;
序号 63:芯片初始化;
序号 64:延时 400mS;
序号 65:调用 LCD 初始化子函数;
序号 66:LCD 的第 1 行显示标题"0－5 V Regulator";
序号 67~73:LCD 的第 2 行显示字符;
序号 74:无限循环;
序号 75:无限循环开始;
序号 76:将 OCR1A 的比较数值 wide 赋予变量 voltage;
序号 77:将 OCR1A 的比较数值 wide 赋予变量 Disval;
序号 78~79:将 wide 数值赋予 OCR1A 比较寄存器;
序号 80:调用扫描按键 INT1 的子函数;
序号 81:调用扫描按键 INT0 的子函数;

序号 82～85：显示 OCR1A 的比较数值；
序号 86～88：将数值转成电压值；
序号 89～92：显示电压值；
序号 93：无限循环结束；
序号 94：主函数结束。

9.15 定时器(计数器)0 的计数实验

9.15.1 实现方法

使定时器(计数器)0 工作在计数状态，用外部按键开关模拟脉冲的输入。主程序只用来扫描显示计数值。

9.15.2 源程序文件

打开 IAREW 集成开发环境，在 D 盘中建立一个文件目录(iar9-7)，创建一个新工程项目 iar9-7.ewp 并建立 iar9-7.eww 的工作区。输入 C 源程序文件 iar9-7.c 如下：

```
#include<iom16.h>                                    //1
#include<intrinsics.h>                               //2
#define uchar unsigned char                          //3
#define uint unsigned int                            //4
#define xtal 8                                       //5
uchar __flash SEG7[10]={0x3f,0x06,0x5b,0x4f,0x66,    //6
              0x6d,0x7d,0x07,0x7f,0x6f};             //7
uchar __flash ACT[8]={0xfe,0xfd,0xfb};               //8
uchar CNT;                                           //9
//*******************************************10
void Delay_1ms(void)                                 //11
{ uint i;                                            //12
 for(i=1;i<(uint)(xtal*143-2);i++)                   //13
   ;                                                 //14
}                                                    //15
//====================================16
void Delay_nms(uint n)                               //17
{                                                    //18
   uint i=0;                                         //19
   while(i<n)                                        //20
   {Delay_1ms();                                     //21
    i++;                                             //22
   }                                                 //23
}                                                    //24
```

```
//*******************************************        //25
void port_init(void)                                  //26
{                                                     //27
 DDRA = 0xff;                                         //28
 PORTA = 0x00;                                        //29
 DDRC = 0xff;                                         //30
 PORTC = 0xff;                                        //31
 DDRB = 0xff;                                         //32
 PORTB = 0xff;                                        //33
 DDRB = 0x00;                                         //34
}                                                     //35
//*******************************************        //36
void timer0_init(void)                                //37
{                                                     //38
 TCCR0 = 0x00;                                        //39
 TCNT0 = 0x00                                         //40
 OCR0  = 0x00                                         //41
 TCCR0 = 0x06;                                        //42
}                                                     //43
/*********************************************** 44 ********/
void init_devices(void)                               //45
{                                                     //46
 port_init();                                         //47
 timer0_init();                                       //48
}                                                     //49
/***************** 主函数 **************** 50 *****/
void main(void)                                       //51
{                                                     //52
    init_devices();                                   //53
    while(1)                                          //54
    {                                                 //55
        CNT = TCNT0;                                  //56
        PORTA = SEG7[CNT % 10];                       //57
        PORTC = ACT[0];                               //58
        Delay_nms(1);                                 //59
        PORTA = SEG7[(CNT/10) % 10];                  //60
        PORTC = ACT[1];                               //61
        Delay_nms(1);                                 //62
        PORTA = SEG7[CNT/100];                        //63
        PORTC = ACT[2];                               //64
        Delay_nms(1);                                 //65
    }                                                 //66
}                                                     //67
```

编译通过后,可在 IAREW 中进行软件模拟仿真。须在标有"LEDMOD_DISP"及"LED-MOD_COM"的双排针上插短路块。

仿真结束后,将 iar9-7.hex 文件下载到 AVR DEMO 实验板上。并用一根跳线一端插 JP1 双排针上 PB0 口,另一端插"INT0"双排针的下端("INT0"双排针上的短路块须取下),每按动一下 INT0 键,相当于给 PB0 一个脉冲,计数器 0 即计数一次,在数码管上显示出来。图 9-18 所示为 iar9-7 的实验照片。

图 9-18　iar9-7 的实验照片

9.15.3　程序分析解释

序号 1~2:包含头文件;

序号 3~4:变量类型的宏定义;

序号 5:晶振频率定义;

序号 6~7:共阴极数码管 0~9 的字形码;

序号 8:3 位共阴极数码管的位选码;

序号 9:全局变量(计数值);

序号 10:程序分隔;

序号 11~15:1 ms 延时子函数;

序号 16:程序分隔;

序号 17~24:$n \times 1$ ms 延时子函数;

序号25：程序分隔；
序号26：端口初始化子函数；
序号27：端口初始化子函数开始；
序号28：将 PA 端口设为 8 位输出；
序号29：PA 端口初始化输出 0x00；
序号30：将 PC 端口设为输出；
序号31：PC 端口初始化输出 0xff；
序号32：将 PB 端口设为输出；
序号33：PB 端口初始化输出 0xff；
序号34：将 PB 端口设为输入；
序号35：端口初始化子函数结束；
序号36：程序分隔；
序号37：计数器 0 初始化子函数；
序号38：计数器 0 初始化子函数开始；
序号39：关闭计数器 0；
序号40：计数器 0 的计数初值；
序号41：置比较寄存器 OCR0 的初值为 0x00；
序号42：启动计数器 0，计数脉冲从 PB0 口输入，下降沿触发；
序号43：定时器 1 初始化子函数结束；
序号44：程序分隔；
序号45：设备的初始化子函数；
序号46：设备的初始化子函数开始；
序号47：调用端口初始化子函数；
序号48：调用计数器 0 初始化子函数；
序号49：设备的初始化子函数结束；
序号50：程序分隔；
序号51：定义主函数；
序号52：主函数开始；
序号53：设备初始化；
序号54：无限循环；
序号55：无限循环开始；
序号56：读取 TCNT0 的计数值赋予变量 CNT；
序号57～58：显示个位的计数值；
序号59：延时 1 ms；
序号60～61：显示十位的计数值；
序号62：延时 1 ms；
序号63～64：显示百位的计数值；
序号65：延时 1 ms；
序号66：无限循环结束；
序号67：主函数结束。

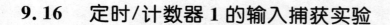

9.16 定时/计数器1的输入捕获实验

9.16.1 实现方法

外部按键开关模拟脉冲的输入,脉冲信号输入到定时/计数器1的输入捕获口PD6(ICP)。当输入捕获口发生脉冲信号的变化时,定时/计数器1的值被传送至ICR1,在输入捕获中断函数中,可将该值取出并显示在LCD上。

9.16.2 源程序文件

打开IAREW集成开发环境,在D盘中建立一个文件目录(iar9-8),创建一个新工程项目iar9-8.ewp并建立iar9-8.eww的工作区。输入C源程序文件iar9-8.c如下:

```
#include <iom16.h>                            //1
#include<intrinsics.h>                        //2
#include "lcd1602_8bit.c"                     //3
uchar __flash title1[] = {"ICP test"};        //4
uchar __flash title2[] = {"ICP1:"};           //5
#define uchar unsigned char                   //6
#define uint unsigned int                     //7
#define xtal 8                                //8
uint value;                                   //9
uchar flag = 0x00;                            //10
//*****************************************  11
void port_init(void)                          //12
{                                             //13
  DDRA = 0xff;                                //14
  PORTA = 0x00;                               //15
  DDRB = 0xff;                                //16
  PORTB = 0x00;                               //17
  PORTD = 0xff;                               //18
  DDRD = 0xff;                                //19
  __no_operation();                           //20
  DDRD = 0x00;                                //21
}                                             //22
//*****************************************  23
void timer1_init(void)                        //24
{                                             //25
  TCCR1B = 0x00; //stop                       //26
  TCNT1H = 0x00; //setup                      //27
  TCNT1L = 0x00;                              //28
  OCR1AH = 0x1E;                              //29
```

```c
    OCR1AL = 0x84;                                      //30
    OCR1BH = 0x1E;                                      //31
    OCR1BL = 0x84;                                      //32
    ICR1H  = 0x1E;                                      //33
    ICR1L  = 0x84;                                      //34
    TCCR1A = 0x00;                                      //35
    TCCR1B = 0x05; //start Timer                        //36
}                                                       //37
/*****************************38***************/
void init_devices(void)                                 //39
{                                                       //40
    __disable_interrupt();                              //41
    port_init();                                        //42
    timer1_init();                                      //43
    MCUCR = 0x00;                                       //44
    GICR  = 0x00;                                       //45
    TIMSK = 0x24;                                       //46timer interrupt sources
    __enable_interrupt();                               //47re-enable interrupts
}                                                       //48
/*****************主函数*****************49***********/
void main(void)                                         //50
{                                                       //51
    init_devices();                                     //52
    Delay_nms(400);                                     //53
    InitLcd();                                          //54
    ePutstr(4,0,title1);                                //55
    ePutstr(3,1,title2);                                //56
    while(1)                                            //57
    {                                                   //58
        DisplayOneChar(7,1,(value/10000) + 0x30);       //59
        DisplayOneChar(8,1,((value%10000)/1000) + 0x30);//60
        DisplayOneChar(9,1,((value%1000)/100) + 0x30);  //61
        DisplayOneChar(10,1,((value%100)/10) + 0x30);   //62
        DisplayOneChar(11,1,(value%10) + 0x30);         //63
    }                                                   //64
}                                                       //65
//*******************************************66
#pragma vector = TIMER1_CAPT_vect                       //67
__interrupt void timer1_capt_isr(void)                  //68
{                                                       //69
    value = (uint)ICR1L;                                //70Read low byte first (important)
    value|(uint)ICR1H << 8;                             //71Read high byte and shift into top
                                                        //byte
}                                                       //72
//*******************************************73
```

```
#pragma vector = TIMER1_OVF_vect                       //74
__interrupt void timer1_ovf_isr(void)                  //75
{ __enable_interrupt();                                //76
  TCNT1H = 0x00;                                       //77reload counter high value
  TCNT1L = 0x00;                                       //78reload counter low value
}                                                      //79
```

因须使用 lcd1602_8bit.c 文件,因此编译前,将 lcd1602_8bit.c 文件从第 8 章的实验程序文件夹 iar8-2 拷贝到当前目录中(iar9-8)。

编译通过后,可在 IAREW 中进行软件模拟仿真或 JTAG 实时在线仿真,也可在 AVR Studio 集成开发环境中进行软件模拟仿真或 JTAG 实时在线仿真。仿真结束后,将 iar9-8.hex 文件下载到 AVR DEMO 实验板上。

在标示"LCD16*2"的单排座上正确插上 16×2 液晶模块(引脚号对应,不能插反),在标示"DC5V"电源端输入 5 V 稳压电压。用一根跳线一端插 JP1 双排针上 PD6 口,另一端插"INT0"双排针的下端("INT0"双排针上的短路块须取下)。每按动一下 INT0 键,相当于给 PD6 一个脉冲,发生一次输入捕获,可将定时/计数器 1 的值取出并显示在 LCD 上。

液晶屏上的显示第一行为"ICP test",第二行为"ICP1:00000"。由于定时/计数器 1 已启动运行,每按下 INT0 键后,就会将当时的计数值显示在 LCD 上,每次的数值都是随机的(在 00 000～65 535 之间)。图 9-19 为 iar9-8 的实验照片。

图 9-19 iar9-8 的实验照片

9.16.3　程序分析解释

序号1～2：包含头文件；
序号3：包含LCD驱动文件；
序号4～5：待显字符串；
序号6～7：变量类型的宏定义；
序号8：晶振频率定义；
序号9：无符号整型全局变量；
序号10：无符号字符型全局变量；
序号11：程序分隔；
序号12：端口初始化子函数；
序号13：端口初始化子函数开始；
序号14：将PA端口设为输出；
序号15：PA端口初始化输出0x00；
序号16：将PB端口设为输出；
序号17：PB端口初始化输出0x00；
序号18：PD端口初始化输出0xff；
序号19：将PD端口设为输出；
序号20：插入空操作指令；
序号21：将PD端口设为输入；
序号22：端口初始化子函数结束；
序号23：程序分隔；
序号24：定时器1初始化子函数；
序号25：定时器1初始化子函数开始；
序号26：关闭定时器1；
序号27～28：定时器1的计数初值；
序号29～30：置比较寄存器OCR1A初值；
序号31～32：置比较寄存器OCR1B初值；
序号33～34：置输入捕获寄存器ICR1初值；
序号35：置控制寄存器TCCR1A初值；
序号36：启动定时器1，捕获脉冲从PD6口输入，下降沿触发；
序号37：定时器1初始化子函数结束；
序号38：程序分隔；
序号39：设备的初始化子函数；
序号40：设备的初始化子函数开始；
序号41：关闭总中断；
序号42：调用端口初始化子函数；
序号43：调用定时器1初始化子函数；
序号44：MCUCR寄存器置初值0x00；
序号45：GICR寄存器置初值0x00；
序号46：T/C1输入捕获中断使能，T/C1溢出中断使能；
序号47：使能总中断；
序号48：设备的初始化子函数结束；
序号49：程序分隔；

第 9 章　ATMEGA16(L)的定时/计数器

序号 50：定义主函数；
序号 51：主函数开始；
序号 52：设备初始化；
序号 53：延时 400 ms；
序号 54：调用 LCD 初始化子函数；
序号 55：LCD 的第 1 行显示标题"　ICP test　"；
序号 56：LCD 的第 2 行显示字符"ICP1："；
序号 57：无限循环；
序号 58：无限循环开始；
序号 59~63：显示定时器 1 的计数值；
序号 64：无限循环结束；
序号 65：主函数结束；
序号 66：程序分隔；
序号 67：定时器 1 输入捕获中断函数声明；
序号 68：定时器 1 输入捕获中断服务子函数；
序号 69：定时器 1 输入捕获中断服务子函数开始；
序号 70~71：将 ICR1 寄存器的值传送到变量 value 中；
序号 72：定时器 1 输入捕获中断服务子函数结束；
序号 73：程序分隔；
序号 74：定时器 1 中断溢出函数声明；
序号 75：定时器 1 中断溢出服务子函数；
序号 76：定时器 1 中断溢出服务子函数开始，再使能总中断；
序号 77~78：重装定时器 1 初值；
序号 79：定时器 1 中断溢出服务子函数结束。

第 10 章

ATMEGA16(L)的 USART 与 PC 机串行通信

单片机与外界的信息交换可分为并行通信与串行通信两种。

并行通信是指一个数据的各位同时进行传送的通信方式。优点是传送速度快,但传输线较多,并且只适合距离较短的通信。

串行通信是指一个数据是逐位顺序进行传送的通信方式。其突出优点是仅需单线就可进行通信,通信距离较远,缺点是传送的数据速率较低。

串行通信又有两种基本的通信方式:同步通信和异步通信。

10.1　ATMEGA16(L)的异步串行收发器

AVR 单片机的异步串行收发器 (USART) 是一个高度灵活的串行通信设备,图 10-1 为 USART 的方框图。

USART 主要分为 3 个部分:时钟发生器、发送器和接收器。控制寄存器由 3 个单元共享。时钟发生器包含同步逻辑,通过它将波特率发生器与为从机同步操作所使用的外部输入时钟同步起来。XCK(发送器时钟)引脚只用于同步传输模式。发送器包括写缓冲器、串行移位寄存器、奇偶发生器和处理不同的帧格式所需的控制逻辑。写缓冲器可以保持连续发送数据而不会在数据帧之间引入延迟。接收器具有时钟和数据恢复单元,是 USART 模块中最复杂的。恢复单元用于异步数据的接收。除了恢复单元,接收器还包括奇偶校验、控制逻辑、移位寄存器和一个两级接收缓冲器 UDR。接收器支持与发送器相同的帧格式,而且可以检测帧错误、数据过速和奇偶校验错误。

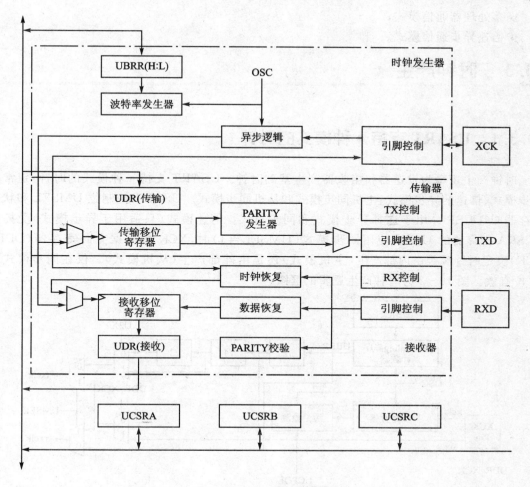

图 10-1 USART 的方框图

10.2 USART 的主要特点

ATMEGA16(L)的 USART 特点如下:
- 全双工操作(独立的串行接收和发送寄存器);
- 异步或同步操作;
- 主机或从机提供时钟的同步操作;
- 高精度的波特率发生器;
- 支持 5、6、7、8 或 9 个数据位和 1 个或 2 个停止位;
- 硬件支持的奇偶校验操作;
- 数据过速检测;
- 帧错误检测;
- 噪声滤波,包括错误的起始位检测以及数字低通滤波器;
- 三个独立的中断:发送结束中断、发送数据寄存器空中断和接收结束中断;

- 多处理器通信模式；
- 倍速异步通信模式。

10.3 时钟产生

10.3.1 USART 支持 4 种模式的时钟

时钟产生逻辑为发送器和接收器产生基础时钟。USART 支持 4 种模式的时钟：正常的异步模式、倍速的异步模式、主机同步模式和从机同步模式。USART 控制位 UMSEL 和状态寄存器 C(UCSRC) 用于选择异步模式和同步模式。倍速模式（只适用于异步模式）受控于 UCSRA 寄存器的 U2X。使用同步模式（UMSEL=1）时，XCK 的数据方向寄存器（DDR_XCK）决定时钟源是由内部产生（主机模式）还是由外部产生（从机模式）。仅在同步模式下 XCK 有效。图 10-2 为时钟产生逻辑的框图。

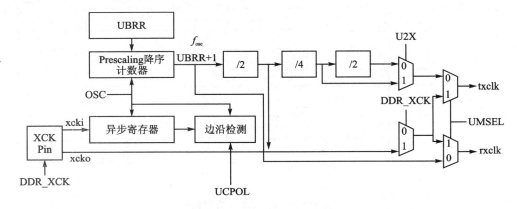

图 10-2 时钟产生逻辑的框图

图中信号说明如下：

txclk　　发送器时钟（内部信号）；
rxclk　　接收器基础时钟（内部信号）；
xcki XCK　引脚输入（内部信号），用于同步从机操作；
xcko　　输出到 XCK 引脚的时钟（内部信号），用于同步主机操作；
f_{osc}　　XTAL 频率（系统时钟）。

10.3.2 内部时钟用于异步模式与同步主机模式

USART 的波特率寄存器 UBRR 和降序计数器相连接，一起构成可编程的预分频器或波特率发生器。降序计数器对系统时钟计数，当其计数到零或 UBRRL 寄存器被写时，会自动装入 UBRR 寄存器的值。当计数到零时产生一个时钟，该时钟作为波特率发生器的输出时钟，输出时钟的频率为 $f_{osc}/(N_{UBRR}+1)$。发生器对波特率发生器的输出时钟进行 2、8 或 16 的分频,具体情况取决于工作模式。

波特率发生器的输出被直接用于接收器与数据恢复单元。数据恢复单元使用了一个有 2、8 或 16 个状态的状态机,具体状态数由 UMSEL、U2X 与 DDR_XCK 位设定的工作模式决定。表 10-1 给出了计算波特率(b/s)以及计算每一种使用内部时钟源工作模式的 UBRR 值 N_{UBRR} 的公式。

表 10-1 计算波特率公式

使用模式	波特率计算公式	N_{UBRR} 值的计算公式
异步正常模式(U2X=0)	$f_{BAUD}=\dfrac{f_{osc}}{16\times(N_{UBRR}+1)}$	$N_{UBRR}=\dfrac{f_{osc}}{16f_{BAUD}}-1$
异步倍速模式	$f_{BAUD}=\dfrac{f_{osc}}{8\times(N_{UBRR}+1)}$	$N_{UBRR}=\dfrac{f_{osc}}{8f_{BAUD}}-1$
同步主机模式	$f_{BAUD}=\dfrac{f_{osc}}{2\times(N_{UBRR}+1)}$	$N_{UBRR}=\dfrac{f_{osc}}{2f_{BAUD}}-1$

10.3.3 倍速工作模式

通过设定 UCSRA 寄存器的 U2X 可以使传输速率加倍。该位只对异步工作模式有效。当工作在同步模式时,设置该位为"0"。

设置该位把波特率分频器的分频值从 16 降到 8,使异步通信的传输速率加倍。此时接收器只使用一半的采样数对数据进行采样及时钟恢复,因此在该模式下需要更精确的系统时钟与更精确的波特率设置。发送器则没有这个要求。

10.3.4 外部时钟

同步从机操作模式由外部时钟驱动,如图 10-2 所示。输入到 XCK 引脚的外部时钟由同步寄存器进行采样,用以提高稳定性。同步寄存器的输出通过一个边沿检测器,然后应用于发送器与接收器。这一过程引入了两个 CPU 时钟周期的延时,因此外部 XCK 的最大时钟频率由以下公式限制:

$$f_{XCK}<f_{OSC}/4$$

10.3.5 同步时钟操作

使用同步模式时(UMSEL=1)XCK 引脚被用于时钟输入(从机模式)或时钟输出(主机模式)。时钟的边沿、数据的采样与数据的变化之间的关系的基本规律是:在改变数据输出端 TxD 的 XCK 时钟的相反边沿对数据输入端 RxD 进行采样。

UCRSC 寄存器的 UCPOL 位确定使用 XCK 时钟的哪个边沿对数据进行采样和改变输出数据。如图 10-3 所示,当 UCPOL=0 时,在 XCK 的上升沿改变输出数据,在 XCK 的下降沿进行数据采样;当 UCPOL=1 时,在 XCK 的下降沿改变输出数据,在 XCK 的上升沿进行数据采样。

10.4 帧格式

串行数据帧由数据字加上同步位(开始位与停止位)以及用于纠错的奇偶校验位构成。

10.4.1 数据帧格式

- 1 个起始位；
- 5、6、7、8 或 9 个数据位；
- 无校验位、奇校验或偶校验位；
- 1 或 2 个停止位。

数据帧以起始位开始，紧接着是数据字的最低位，数据字最多可以有 9 个数据位，以数据的最高位结束。如果使能了校验位，校验位将紧接着数据位，最后是结束位。当一个完整的数据帧传输后，可以立即传输下一个新的数据帧，或使传输线处于空闲状态。图 10-3 所示为数据帧结构组合。括号中的位是可选的。

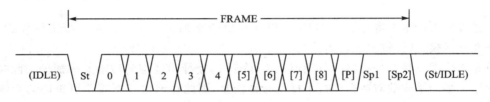

图 10-3 数据帧结构组合

图中：St 起始位，总是为低电平；
(n) 数据位(0～8)；
P 校验位，可以为奇校验或偶校验；
Sp 停止位，总是为高电平；
IDLE 通信线上没有数据传输(RxD 或 TxD)，线路空闲时必须为高电平。

数据帧的结构由 UCSRB 和 UCSRC 寄存器中的 UCSZ2：0、UPM1：0、USBS 设定。接收与发送使用相同的设置。设置的任何改变都可能破坏正在进行的数据传送与接收。

USART 的字长位 UCSZ2：0 确定了数据帧的数据位数；校验模式位 UPM1：0 用于使能与决定校验的类型；USBS 位设置帧有一位或两位结束位。接收器忽略第二个停止位，因此帧错误(FE)只在第一个结束位为"0"时被检测到。

10.4.2 校验位的计算

校验位的计算是对数据的各个位进行异或运算。如果选择了奇校验，则异或结果还须取反。校验位与数据位的关系如下：

$$P_{even} = d_{n-1} \oplus \cdots d_3 \oplus d_2 \oplus d_1 \oplus d_0 + 0$$
$$P_{odd} = d_{n-1} \oplus \cdots d_3 \oplus d_2 \oplus d_1 \oplus d_0 + 1$$

P_{even}:偶校验结果;

P_{odd}:奇校验位结果;

d_n:第 n 个数据位。

校验位处于最后一个数据位与第一个停止位之间。

10.5　USART 的寄存器及设置

10.5.1　USART I/O 数据寄存器

USART I/O 数据寄存器(UDR)定义如下:

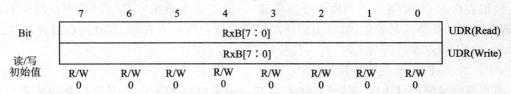

USART 发送数据缓冲寄存器和 USART 接收数据缓冲寄存器共享相同的 I/O 地址,称为 USART 数据寄存器或 UDR。将数据写入 UDR 时实际操作的是发送数据缓冲寄存器(TxB),读 UDR 时实际返回的是接收数据缓冲寄存器(RxB)的内容。

在 5、6、7 位字长模式下,未使用的高位被发送器忽略,而接收器则将它们设置为 0。只有当 UCSRA 寄存器的 UDRE 标志置位后才可以对发送缓冲器进行写操作。如果 UDRE 没有置位,那么写入 UDR 的数据会被 USART 发送器忽略。当数据写入发送缓冲器后,若移位寄存器为空,发送器将把数据加载到发送移位寄存器。然后数据串行地从 TxD 引脚输出。

接收缓冲器包括一个两级 FIFO,一旦接收缓冲器被寻址,FIFO 就会改变它的状态。因此不要对这一存储单元使用读-修改-写指令(SBI 和 CBI)。使用位查询指令(SBIC 和 SBIS)时也要小心,因为这也有可能改变 FIFO 的状态。

10.5.2　USART 控制和状态寄存器 A

USART 控制和状态寄存器 A(UCSRA)定义如下:

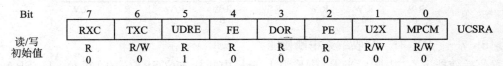

> Bit 7——RXC:USART 接收结束

接收缓冲器中有未读出的数据时 RXC 置位,否则清零。接收器禁止时,接收缓冲器被刷新,导致 RXC 清零。RXC 标志可用来产生接收结束中断。

> Bit 6——TXC:USART 发送结束

发送移位缓冲器中的数据被送出,且当发送缓冲器(UDR)为空时 TXC 置位。执行发送结束中断时 TXC 标志自动清零,也可以通过写 1 进行清除操作。TXC 标志可用来产生发送结束中断。

➢ Bit 5——UDRE:USART 数据寄存器空

UDRE 标志指示发送缓冲器(UDR)是否准备好接收新数据。UDRE 为 1 说明缓冲器为空,已准备好进行数据接收。UDRE 标志可用来产生数据寄存器空中断。复位后 UDRE 置位,表明发送器已经就绪。

➢ Bit 4——FE:帧错误

如果接收缓冲器接收到的下一个字符有帧错误,即接收缓冲器中的下一个字符的第一个停止位为 0,那么 FE 置位。这一位一直有效直到接收缓冲器(UDR)被读取。当接收到的停止位为 1 时,FE 标志为 0。对 UCSRA 进行写入时,这一位要写 0。

➢ Bit 3——DOR:数据溢出

数据溢出时 DOR 置位。当接收缓冲器满(包含了两个数据),接收移位寄存器又有数据时,若检测到一个新的起始位,数据溢出就产生了。这一位一直有效,直到接收缓冲器(UDR)被读取。对 UCSRA 进行写入时,这一位要写 0。

➢ Bit 2——PE:奇偶校验错误

当奇偶校验使能(UPM1=1),且接收缓冲器中接收到的下一个字符有奇偶校验错误时 UPE 置位。这一位一直有效,直到接收缓冲器(UDR)被读取。对 UCSRA 进行写入时,这一位要写 0。

➢ Bit 1——U2X:倍速发送

这一位仅对异步操作有影响。使用同步操作时将此位清零。此位置 1 可将波特率分频因子从 16 降到 8,从而有效地将异步通信模式的传输速率加倍。

➢ Bit 0——MPCM:多处理器通信模式

设置此位将启动多处理器通信模式。MPCM 置位后,USART 接收器接收到的那些不包含地址信息的输入帧都将被忽略。发送器不受 MPCM 设置的影响。

10.5.3　USART 控制和状态寄存器 B

USART 控制和状态寄存器 B(UCSRB)定义如下:

Bit	7	6	5	4	3	2	1	0	
	RXCIE	TXCIE	UDRIE	RXEN	TXEN	UCSZ2	RXB8	TXB8	UCSRB
读/写	R/W	R/W	R/W	R/W	R/W	R/W	R	R/W	
初始值	0	0	0	0	0	0	0	0	

➢ Bit 7——RXCIE:接收结束中断使能

置位后使能 RXC 中断。当 RXCIE 为 1,全局中断标志位 SREG 的 I 置位,UCSRA 寄存器的 RXC 亦为 1 时可以产生 USART 接收结束中断。

➢ Bit 6——TXCIE:发送结束中断使能

置位后使能 TXC 中断。当 TXCIE 为 1,全局中断标志位 SREG 的 I 置位,UCSRA 寄存器的 RXC 亦为 1 时可以产生 USART 发送结束中断。

➢ Bit 5——UDRIE:USART 数据寄存器空中断使能

置位后使能 UDRE 中断。当 UDRIE 为 1,全局中断标志位 SREG 的 I 置位,UCSRA 寄存器的 UDRE 亦为 1 时可以产生 USART 数据寄存器空中断。

➤ Bit 4——RXEN:接收使能

置位后将启动 USART 接收器。RxD 引脚的通用端口功能被 USART 功能所取代。禁止接收器将刷新接收缓冲器,并使 FE、DOR 及 PE 标志无效。

➤ Bit 3——TXEN:发送使能

置位后将启动 USART 发送器。TxD 引脚的通用端口功能被 USART 功能所取代。TXEN 清零后,只有等到所有的数据发送完成后发送器才能够真正禁止,即发送移位寄存器与发送缓冲寄存器中没有要传送的数据。发送器禁止后,TxD 引脚恢复其通用 I/O 功能。

➤ Bit 2——UCSZ2:字符长度

UCSZ2 与 UCSRC 寄存器的 UCSZ1:0 结合在一起可以设置数据帧所包含的数据位数(字符长度)。

➤ Bit 1——RXB8:接收数据位 8

对 9 位串行帧进行操作时,RXB8 是第 9 个数据位。读取 UDR 包含的低位数据之前首先要读取 RXB8。

➤ Bit 0——TXB8:发送数据位 8

对 9 位串行帧进行操作时,TXB8 是第 9 个数据位。写 UDR 之前首先要对它进行写操作。

10.5.4 USART 控制和状态寄存器 C

USART 控制和状态寄存器 C(UCSRC)定义如下:

Bit	7	6	5	4	3	2	1	0	
	URSEL	UMSEL	UPM1	UPM0	USBS	UCSZ1	UCSZ0	UCPOL	UCSRC
读/写	R/W	R/W	R/W	R/W	R/W	R/W	R/W	R/W	
初始值	1	0	0	0	0	1	1	0	

UCSRC 寄存器与 UBRRH 寄存器共用相同的 I/O 地址。

➤ Bit 7——URSEL:寄存器选择

通过该位选择访问 UCSRC 寄存器或 UBRRH 寄存器。当读 UCSRC 时,该位为 1;当写 UCSRC 时,该位为 1。

➤ Bit 6——UMSEL:USART 模式选择

通过这一位来选择同步或异步工作模式。UMSEL 为 0 时,选择异步操作;UMSEL 为 1 时,选择同步操作。

➤ Bit 5:4——UPM1:0:奇偶校验模式

这两位设置奇偶校验的模式并使能奇偶校验,如表 10-2 所列。如果使能了奇偶校验,发送数据时,发送器会自动产生并发送奇偶校验位。对每一个接收到的数据,接收器都会产生一个奇偶值,并与 UPM0 所设置的值进行比较。如果不匹配,那么就将 UCSRA 中的 PE 置位。

➤ Bit 3——USBS:停止位选择

通过这一位可以设置停止位的位数。USBS 为 0 时,停止位位数为 1;USBS 为 1 时,停止位位数为 2。接收器忽略这一位的设置。

表 10-2 奇偶校验模式选择

UPM1	UPM0	奇偶模式	UPM1	UPM0	奇偶模式
0	0	禁止	1	0	偶校验
0	1	保留	1	1	奇校验

➢ Bit 2:1——UCSZ1:0：字符长度

UCSZ1:0 与 UCSRB 寄存器的 UCSZ2 结合在一起可以设置数据帧包含的数据位数（字符长度），如表 10-3 所列。

表 10-3 字符长度设置

UCSZ2	UCSZ1	UCSZ0	字符长度	UCSZ2	UCSZ1	UCSZ0	字符长度
0	0	0	5 位	1	0	0	保留
0	0	1	6 位	1	0	1	保留
0	1	0	7 位	1	1	0	保留
0	1	1	8 位	1	1	1	9 位

➢ Bit 0——UCPOL：时钟极性

这一位仅用于同步工作模式。使用异步模式时，将该位清零。UCPOL 设置了输出数据的改变和输入数据采样，以及同步时钟 XCK 之间的关系。如表 10-4 所列。

表 10-4 时钟极性设置

UCPOL	发送数据的改变（TXD 引脚的输出）	接收数据的采样（RXD 引脚的输入）
0	XCK 上升沿	XCK 下降沿
1	XCK 下降沿	XCK 上升沿

10.5.5　USART 波特率寄存器

USART 波特率寄存器（UBRRL 和 UBRRH）定义如下：

Bit	15	14	13	12	11	10	9	8	
	—	—	—	—	UBRR[11 8]				UBRRH
	UBRTR[7:0]								UBRRL
	7	6	5	4	3	2	1	0	
读/写	R/W	R	R	R	R/W	R/W	R/W	R/W	
	R/W	R/W	R/W	R/W	R/W	R/W	R/W	R/W	
初始值	0	0	0	0	0	0	0	0	
	0	0	0	0	0	0	0	0	

UCSRC 寄存器与 UBRRH 寄存器共用相同的 I/O 地址。

➢ Bit 15——URSEL：寄存器选择

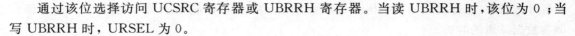

通过该位选择访问 UCSRC 寄存器或 UBRRH 寄存器。当读 UBRRH 时,该位为 0;当写 UBRRH 时,URSEL 为 0。

> Bit 14:12——为保留位

这些位是为以后的使用而保留的。为了与以后的器件兼容,写 UBRRH 时将这些位清零。

> Bit 11:0——UBRR11:0:USART 波特率寄存器

这个 12 位的寄存器包含了 USART 的波特率信息。其中 UBRRH 包含了 USART 波特率高 4 位,UBRRL 包含了低 8 位。波特率的改变将造成正在进行的数据传输受到破坏。写 UBRRL 将立即更新波特率分频器。

不同晶振下的波特率可参考 ATMEGA16(L)的 DataSheet。

10.6 USART 的初始化

进行通信之前首先要对 USART 进行初始化。初始化过程通常包括波特率的设定,帧结构的设定,以及根据需要使能接收器或发送器。对于中断驱动的 USART 操作,在初始化时首先要清零全局中断标志位(全局中断被屏蔽)。

重新改变 USART 的设置应该在没有数据传输的情况下进行。TXC 标志位可以用来检验一个数据帧的发送是否已经完成,RXC 标志位可以用来检验接收缓冲器中是否还有数据未读出。在每次发送数据之前(在写发送数据寄存器 UDR 前)TXC 标志位必须清零。

以下是 USART 初始化的 C 程序示例。例程采用了查询(中断被禁用)的异步操作,而且帧结构是固定的。波特率作为函数参数给出。当写入 UCSRC 寄存器时,由于 UBRRH 与 UCSRC 共用 I/O 地址,URSEL 位(MSB)必须置位。

C 代码例程(假定已经包含了合适的头文件):

```
void USART_Init( unsigned int baud )
{
    UBRRH = (unsigned char)(baud >> 8);    /*设置波特率*/
    UBRRL = (unsigned char)baud;
    UCSRB = (1 << RXEN)|(1 << TXEN);       /*接收器与发送器使能*/
    /*设置帧格式:8 个数据位,2 个停止位*/
    UCSRC = (1 << URSEL)|(1 << USBS)|(3 << UCSZ0);
}
```

更高级的初始化程序可将帧格式作为参数、禁止中断等等。然而许多应用程序使用固定的波特率与控制寄存器。此时初始化代码可以直接放在主程序中,或与其他 I/O 模块的初始化代码组合到一起。

10.7 数据发送——USART 发送器

置位 UCSRB 寄存器的发送允许位 TXEN 将使能 USART 的数据发送。使能后 TxD 引脚的通用 I/O 功能即被 USART 功能所取代,成为发送器的串行输出引脚。发送数据之前要设置好波特率、工作模式与帧结构。如果使用同步发送模式,施加于 XCK 引脚上的时钟信号即为数据发送的时钟。

10.7.1 发送 5～8 位数据位的帧

将需要发送的数据加载到发送缓存器将启动数据发送。加载过程即为 CPU 对 UDR 寄存器的写操作。当移位寄存器可以发送新一帧数据时,缓冲的数据将转移到移位寄存器。当移位寄存器处于空闲状态(没有正在进行的数据传输),或前一帧数据的最后一个停止位传送结束,它将加载新的数据。一旦移位寄存器加载了新的数据,就会按照设定的波特率完成数据的发送。

下面程序给出一个对 UDRE 标志采用查询方式发送数据的例子。当发送的数据少于 8 位时,写入 UDR 相应位置的高几位将被忽略。当然,执行本段代码之前首先要初始化 USART。

C 代码例程(假定已经包含了合适的头文件):
```
void USART_Transmit(unsigned char data )
{
    while ( ! ( UCSRA & (1 << UDRE))) ;      /* 等待发送缓冲器为空 */
    UDR = data;                               /* 将数据放入缓冲器,发送数据 */
}
```

10.7.2 发送 9 位数据位的帧

如果发送 9 位数据的数据帧(UCSZ=7),应先将数据的第 9 位写入寄存器 UCSRB 的 TXB8,然后再将低 8 位数据写入发送数据寄存器 UDR。以下程序给出发送 9 位数据的数据帧例子。

C 代码例程(假定已经包含了相应的头文件):
```
void USART_Transmit(unsigned int data )
{
    while ( ! ( UCSRA & (1 << UDRE))) ;      /* 等待发送缓冲器为空 */
    UCSRB &= ~(1 << TXB8);                    /* 将第 9 位复制到 TXB8 */
    if ( data & 0x0100 )
    UCSRB |= (1 << TXB8);
    UDR = data;                               /* 将数据放入缓冲器,发送数据 */
}
```

10.7.3 传送标志位与中断

USART 发送器有两个标志位:USART 数据寄存器空标志 UDRE 及传输结束标志 TXC,两个标志位都可以产生中断。

数据寄存器空 UDRE 标志位表示发送缓冲器是否可以接受一个新的数据。该位在发送缓冲器空时被置"1";当发送缓冲器包含需要发送的数据时清零。为与将来的器件兼容,写 UCSRA 寄存器时该位要写"0"。

当 UCSRB 寄存器中的数据寄存器空中断使能位 UDRIE 为"1"时,只要 UDRE 被置位(且全局中断使能),将产生 USART 数据寄存器空中断请求。对寄存器 UDR 执行写操作将清零 UDRE。当采用中断方式传输数据时,在数据寄存器空中断服务程序中必须写一个新的数据到 UDR 以清零 UDRE;或者是禁止数据寄存器空中断。否则一旦该中断程序结束,一个新的中断将再次产生。

当整个数据帧移出发送移位寄存器,同时发送缓冲器中又没有新的数据时,发送结束标志 TXC 置位。TXC 在传送结束中断执行时自动清零,也可在该位写"1"来清零。TXC 标志位对于采用如 RS-485 标准的半双工通信接口十分有用。在这些应用里,一旦传送完毕,应用程序必须释放通信总线并进入接收状态。

当 UCSRB 上的发送结束中断使能位 TXCIE 与全局中断使能位均被置为"1"时,随着 TXC 标志位的置位,USART 发送结束中断将被执行。一旦进入中断服务程序,TXC 标志位即被自动清零,中断处理程序不必执行 TXC 清零操作。

10.7.4 奇偶校验产生电路

奇偶校验产生电路为串行数据帧生成相应的校验位。校验位使能(UPM1=1)时,发送控制逻辑电路会在数据的最后一位与第一个停止位之间插入奇偶校验位。

10.7.5 禁止发送器

TXEN 清零后,只有等到所有的数据发送完成后发送器才能真正禁止,即发送移位寄存器与发送缓冲寄存器中没有要传送的数据。发送器禁止后,TxD 引脚恢复其通用 I/O 功能。

10.8 数据接收——USART 接收器

置位 UCSRB 寄存器的接收允许位(RXEN)即可启动 USART 接收器。接收器使能后,RxD 的通用引脚功能被 USART 功能所取代,成为接收器的串行输入口。进行数据接收之前首先要设置好波特率、操作模式及帧格式。如果使用同步操作,则 XCK 引脚上的时钟被用为传输时钟。

10.8.1 以 5~8 个数据位的方式接收数据帧

一旦接收器检测到一个有效的起始位,便开始接收数据。起始位后的每一位数据都将以所设定的波特率或 XCK 时钟进行接收,直到收到一帧数据的第一个停止位。接收到的数据被送入接收移位寄存器。第二个停止位会被接收器忽略。接收到第一个停止位后,接收移位寄存器就包含了一个完整的数据帧。这时移位寄存器中的内容将被转移到接收缓冲器中。通过读取 UDR 就可以获得接收缓冲器的内容。

以下程序给出一个对 RXC 标志采用查询方式接收数据的例子。当数据帧少于 8 位时,从 UDR 读取的相应的高几位为 0。当然,执行本段代码之前首先要初始化 USART。

C 代码例程(假定已经包含了相应的头文件)

```
unsigned char USART_Receive(void )
{
    while ( ! (UCSRA & (1 << RXC)) );      /*等待接收数据*/
    return UDR;                             /*从缓冲器中获取并返回数据*/
}
```

注:在读缓冲器并返回之前,函数通过检查 RXC 标志来等待数据送入接收缓冲器。

10.8.2 以 9 个数据位的方式接收帧

如果设定了 9 位数据的数据帧(UCSZ=7),在从 UDR 读取低 8 位之前必须首先读取寄存器 UCSRB 的 RXB8 以获得第 9 位数据。这个规则同样适用于状态标志位 FE、DOR 和 UPE。状态通过读取 UCSRA 获得,数据通过 UDR 获得。读取 UDR 存储单元会改变接收缓冲器 FIFO 的状态,进而改变同样存储在 FIFO 中的 TXB8、FE、DOR 和 UPE 位。

下面的代码示例展示了一个简单的 USART 接收函数,说明如何处理 9 位数据及状态位。

C 代码例程(假定已经包含了相应的头文件):

```
unsigned int USART_Receive(void)
{
    unsigned char status, resh, resl;
    while ( ! (UCSRA & (1 << RXC)) );         /*等待接收数据*/
    status = UCSRA;                            /*从缓冲器中获得状态、第9位及数据*/
    resh = UCSRB;
    resl = UDR;
    if ( status & (1 << FE)|(1 << DOR)|(1 << PE))   /*如果出错,返回-1*/
        return -1;
    resh = (resh >> 1) & 0x01;                 /*过滤第9位数据,然后返回*/
    return ((resh << 8) | resl);
}
```

上述例子在进行任何计算之前,将所有的 I/O 寄存器的内容读到寄存器文件中。这种方法优化了对接收缓冲器的利用。它尽可能早地释放了缓冲器以接收新的数据。

10.8.3 接收结束标志及中断

USART 接收器有一个标志用来指明接收器的状态。

接收结束标志(RXC)用来说明接收缓冲器中是否有未读出的数据。当接收缓冲器中有未读出的数据时,此位为 1,当接收缓冲器空时为 0(即不包含未读出的数据)。如果接收器被禁止(RXEN=0),接收缓冲器会被刷新,从而使 RXC 清零。

置位 UCSRB 的接收结束中断使能位(RXCIE)后,只要 RXC 标志置位(且全局中断使能)就会产生 USART 接收结束中断。使用中断方式进行数据接收时,数据接收结束中断服务程序必须从 UDR 读取数据以清除 RXC 标志,否则只要中断处理程序结束,一个新的中断就会产生。

10.8.4 接收器错误标志

USART 接收器有 3 个错误标志:帧错误(FE)、数据溢出(DOR)和奇偶校验错误(UPE),它们都位于寄存器 UCSRA。错误标志与数据帧一起保存在接收缓冲器中。由于读取 UDR 会改变缓冲器,UCSRA 的内容必须在读接收缓冲器(UDR)之前读入。错误标志的另一个同一性是它们都不能通过软件写操作来修改。但是为了保证与将来产品的兼容性,执行写操作时必须对这些错误标志所在的位置写"0"。所有的错误标志都不能产生中断。

帧错误标志(FE)表明了存储在接收缓冲器中的下一个可读帧的第一个停止位的状态。停止位正确(为 1)则 FE 标志为 0,否则 FE 标志为 1。这个标志可用来检测同步丢失、传输中断,也可用于协议处理。UCSRC 中 USBS 位的设置不影响 FE 标志位,因为除了第一位,接收器忽略所有其他的停止位。为了与以后的器件相兼容,写 UCSRA 时这一位必须置 0。

数据溢出标志(DOR)表明由于接收缓冲器满造成了数据丢失。当接收缓冲器满(包含了两个数据),接收移位寄存器又有数据,若此时检测到一个新的起始位,数据溢出就产生了。DOR 标志位置位即表明在最近一次读取 UDR 和下一次读取 UDR 之间丢失了一个或更多的数据帧。为了与以后的器件相兼容,写 UCSRA 时这一位必须置 0。当数据帧成功地从移位寄存器转入接收缓冲器后,DOR 标志被清零。

奇偶校验错标志(UPE)指示接收缓冲器中的下一帧数据在接收时有奇偶错误。如果不使能奇偶校验,那么 UPE 位应清零。为了与以后的器件相兼容,写 UCSRA 时这一位必须置 0。

10.8.5 奇偶校验器

奇偶校验模式位 UPM1 置位将启动奇偶校验器。校验的模式(偶校验还是奇校验)由 UPM0 确定。奇偶校验使能后,校验器将计算输入数据的奇偶并把结果与数据帧的奇偶位进行比较。校验结果将与数据和停止位一起存储在接收缓冲器中。这样就可以通过读取奇偶校验错误标志位(UPE)来检查接收的帧中是否有奇偶错误。

如果下一个从接收缓冲器中读出的数据有奇偶错误,并且奇偶校验使能(UPM1=1),则 UPE 置位。直到接收缓冲器(UDR)被读取,这一位一直有效。

10.8.6 禁止接收器

与发送器对比,禁止接收器即刻起作用,正在接收的数据将丢失。禁止接收器(RXEN)清零后,接收器将不再占用 RxD 引脚;接收缓冲器 FIFO 也会被刷新。缓冲器中的数据将丢失。

10.8.7 刷新接收缓冲器

禁止接收器时缓冲器 FIFO 被刷新,缓冲器被清空,导致未读出的数据丢失。如果由于出错而必须在正常操作下刷新缓冲器,则需要一直读取 UDR 直到 RXC 标志清零。下面的代码展示了如何刷新接收缓冲器。

C 代码例程(假定已经包含了相应的头文件):

```c
void USART_Flush (void)
{
    unsigned char dummy;
    while ( UCSRA & (1 << RXC) ) dummy = UDR;
}
```

10.9 ATMEGA16(L)与 PC 机的通信实验 1

该实验用查询法实现单个字符的通信。

10.9.1 实现方法

PC 机发送一个字符给单片机,单片机收到后即在发光管 D1～D8 上进行显示,同时将其回发给 PC 机。单片机的发送接收均采用查询方式。

10.9.2 源程序文件

打开 IAREW 集成开发环境,在 D 盘中建立一个文件目录(iar10-1),创建一个新工程项目 iar10-1.ewp 并建立 iar10-1.eww 的工作区。输入 C 源程序文件 iar10-1.c 如下:

```c
#include <iom16.h>                              //1
#include <intrinsics.h>                         //2
#define UDRE 5                                  //3
#define RXC 7                                   //4
/**********************5**********/
void port_init(void)                            //6
{                                               //7
    PORTA = 0xFF;                               //8
    DDRA  = 0x00;                               //9
    PORTB = 0xFF;                               //10
    DDRB  = 0xFF;                               //11
    PORTC = 0xFF;                               //12
    DDRC  = 0x00;                               //13
    PORTD = 0xFF;                               //14
    DDRD  = 0x02;                               //15
}                                               //16
```

第 10 章　ATMEGA16(L)的 USART 与 PC 机串行通信

```c
/************************17*********/
void uart0_init(void)                    //18
{                                        //19
 UCSRB = 0x00;                           //20
 UCSRA = 0x02;                           //21
 UCSRC = 0x06;                           //22
 UBRRL = 0x67;                           //23
 UBRRH = 0x00;                           //24
 UCSRB = 0x18;                           //25
}                                        //26
/************************27*********/
void init_devices(void)                  //28
{                                        //29
 __disable_interrupt();                  //30
 port_init();                            //31
 uart0_init();                           //32
}                                        //33
/************************34*********/
void uart0_send(unsigned char i)         //35
{                                        //36
while(!(UCSRA&(1 << UDRE)));             //37
UDR = i;                                 //38
}                                        //39
/************************40*********/
unsigned char uart0_receive(void)        //41
{                                        //42
    while(!(UCSRA&(1 << RXC)));          //43
    return UDR;                          //44
}                                        //45
/************************46*********/
void main(void)                          //47
{                                        //48
unsigned char temp;                      //49
init_devices();                          //50
 while(1)                                //51
 {                                       //52
   temp = uart0_receive();               //53
   PORTB = ~temp;                        //54
   uart0_send(temp);                     //55
 }                                       //56
}                                        //57
```

编译通过后，将 iar10 - 1. hex 文件下载到 AVR DEMO 实验板上。标示"UART"及"LED"的双排针应插上短路块。

实验时，须在 PC 机上进行信息发送或接收。这里使用的是一个名叫 COMPort Debuger（串口调试器软件）的免安装共享软件，其下载地址为：http://emouze.com 或 http://www.hlelectron.com。

打开串口调试器软件,其界面如图10-4所示。右上方为发送区,右下方为接收区。左上方的初始化区域(如波特率、数据位等)一般不必更改(初始化为:端口号1、波特率9600、数据位8、停止位1、校验位无)。若PC机串口COM1已占用时,才可考虑改用COM2。

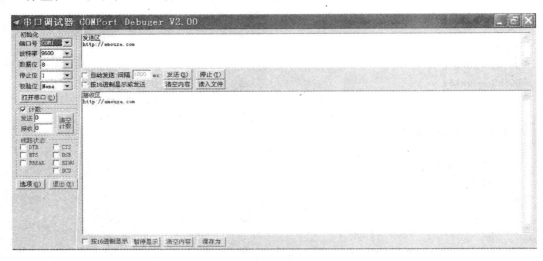

图10-4　打开串口调试器软件

将PC机的串口与AVR单片机综合实验板的串口用串口线连接好。清空发送区、接收区的原有内容,然后打开串口。

实验比较简单,每次只能输入一位字符进行发送。

发送区输入1,单击发送,AVR单片机综合实验板的8个LED(D1～D8)中,D6、D5、D1(即数据为0x31,见图10-5),同时接收区立即显示收到的1(见图10-6)。发送区输入A,单

图10-5　D6、D5、D1发光管亮(即数据为0x31)

第 10 章　ATMEGA16(L)的 USART 与 PC 机串行通信

击发送,D7、D1 亮(即数据为 0x41,见图 10-7),同时接收区立即显示收到的 A(见图 10-8)。通过查对 ASCII 码表可知,0x31 是数字 1 的 ASCII 码,0x41 是字母 A 的 ASCII 码。

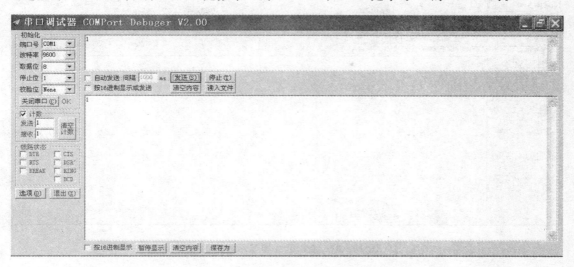

图 10-6　接收区立即显示收到的 1

图 10-7　D7、D1 发光管亮(即数据为 0x41)

　　发送区勾选"按十六进制显示或发送",接收区勾选"按十六进制显示",发送区输入 8,单击发送,AVR 单片机综合实验板的 D4 发光管亮(即数据为 0x08,见图 10-9),同时接收区立即显示收到的 08,其界面如图 10-10 所示。发送区输入 F,单击发送,AVR 单片机综合实验板的 D1～4 发光管亮(即数据为 0x0F,见图 10-11),同时接收区立即显示收到的 0F,其界面如图 10-12 所示。与十六进制的数据完全相符。

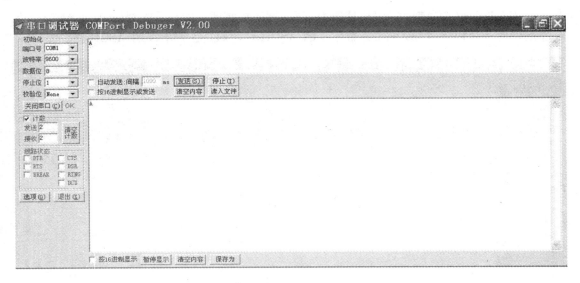

图 10-8　接收区立即显示收到的 A

图 10-9　D4 发光管亮（即数据为 0x08）

第10章 ATMEGA16(L)的 USART 与 PC 机串行通信

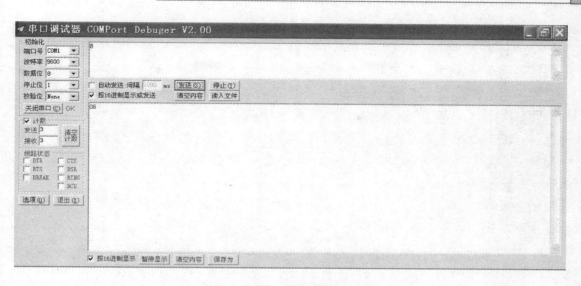

图 10-10　接收区立即显示收到的 08

图 10-11　D1～4 发光管亮（即数据为 0x0F）

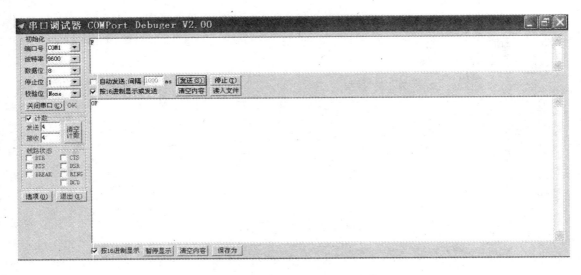

图 10-12　接收区立即显示收到的 0F

10.9.3　程序分析解释

序号 1~2:包含头文件；

序号 3~4:USART 控制和状态寄存器的位定义；

序号 5:程序分隔；

序号 6:初始化端口子函数；

序号 7:初始化端口子函数开始；

序号 8:PA 端口初始化输出 1111 1111；

序号 9:将 PA 端口设为输入；

序号 10:PB 端口初始化输出 1111 1111；

序号 11:将 PB 端口设为输出；

序号 12:PC 端口初始化输出 1111 1111；

序号 13:将 PC 端口设为输入；

序号 14:PD 端口初始化输出 1111 1111；

序号 15:将 PD 端口的 PD1 设为输出,其他设为输入；

序号 16:初始化端口子函数结束；

序号 17:程序分隔；

序号 18:初始化 USART 子函数；

序号 19:初始化 USART 子函数开始；

序号 20:禁止 USART 发送和接收；

序号 21:倍速；

序号 22:8 位数据位；

序号 23~24:波特率 9600；

序号 25:允许 USART 发送和接收；

序号 26:初始化 USART 子函数结束；

序号 27:程序分隔；

序号 28:芯片的初始化子函数；

第 10 章 ATMEGA16(L)的 USART 与 PC 机串行通信

序号 29:芯片的初始化子函数开始;
序号 30:关闭总中断;
序号 31:调用端口初始化子函数;
序号 32:调用 USART 初始化子函数;
序号 33:芯片的初始化子函数结束;
序号 34:程序分隔;
序号 35:发送 1 个字符的子函数;
序号 36:发送 1 个字符的子函数开始;
序号 37:等待发送缓冲区为空;
序号 38:发送 1 个字符;
序号 39:发送 1 个字符的子函数结束;
序号 40:程序分隔;
序号 41:接收 1 个字符的子函数;
序号 42:接收 1 个字符的子函数开始;
序号 43:等待接收数据;
序号 44:返回接收到的数据;
序号 45:接收 1 个字符的子函数结束;
序号 46:程序分隔;
序号 47:主函数;
序号 48:主函数开始;
序号 49:定义局部变量;
序号 50:调用芯片初始化子函数;
序号 51:无限循环;
序号 52:无限循环开始;
序号 53:等待接收数据;
序号 54:接收的数据转成低电平后点亮 LED;
序号 55:再将接收的数据发送出去;
序号 56:无限循环结束;
序号 57:主函数结束。

10.10 ATMEGA16(L)与 PC 机的通信实验 2

该实验用查询法实现多个字符的通信。

10.10.1 实现方法

上面完成了单个字符的发送/接收实验,现在进行多个字符的发送/接收实验。单片机收到多个字符后即将其回发给 PC 机,同时送入数组暂存,最后在液晶模块上显示出来。这里单片机的发送/接收也采用查询方式。

10.10.2 源程序文件

打开 IAREW 集成开发环境,在 D 盘中建立一个文件目录(iar10 - 2),创建一个新工程项目 iar10-2.ewp 并建立 iar10-2.eww 的工作区。输入 C 源程序文件 iar10-2.c 如下：

```c
#include <iom16.h>                                    //1
#include <intrinsics.h>                               //2
#include "lcd1602_8bit.c"                             //3
#define uchar unsigned char                           //4
#define uint unsigned int                             //5
#define UDRE 5                                        //6
#define RXC 7                                         //7
#define xtal 8                                        //8
uchar __flash str1[] = "ATmega16 LCD DIS";            //9
uchar dat[7];                                         //10
/***********************************11**********/
void port_init(void)                                  //12
{                                                     //13
  PORTA = 0xFF;                                       //14
  DDRA  = 0x00;                                       //15
  PORTB = 0xFF;                                       //16
  DDRB  = 0xFF;                                       //17
  PORTC = 0xFF;                                       //18
  DDRC  = 0x00;                                       //19
  PORTD = 0xFF;                                       //20
  DDRD  = 0x02;                                       //21
}                                                     //22
/***********************************23************/
void uart0_init(void)                                 //24
{                                                     //25
  UCSRB = 0x00;                                       //26
  UCSRA = 0x02;                                       //27
  UCSRC = 0x06;                                       //28
  UBRRL = 0x67;                                       //29
  UBRRH = 0x00;                                       //30
  UCSRB = 0x18;                                       //31
}                                                     //32
/*************************************33*****************/
void init_devices(void)                               //34
{                                                     //35
  port_init();                                        //36
  uart0_init();                                       //37
}                                                     //38
//*********************************** 39 *********
void uart0_send(unsigned char i)                      //40
{                                                     //41
  while(!(UCSRA&(1 << UDRE)));                        //42
  UDR = i;                                            //43
```

第 10 章　ATMEGA16(L)的 USART 与 PC 机串行通信

```
}                                               //44
/*******************************45******/
void str_send(char * s)                         //46
{                                               //47
  while(* s)                                    //48
  {                                             //49
    uart0_send(* s);                            //50
    s++;                                        //51
  }                                             //52
}                                               //53
/*******************************54******/
unsigned char uart0_receive(void)               //55
{                                               //56
  while(!(UCSRA&(1 << RXC)));                   //57
  return UDR;                                   //58
}                                               //59
/*******************************60******/
void main(void)                                 //61
{                                               //62
  uchar temp,s = 0;                             //63
  init_devices();                               //64
  Delay_nms(400);                               //65
  InitLcd();                                    //66
  ePutstr(0,0,str1);                            //67
  while(1)                                      //68
  {                                             //69
    while(s<7)                                  //70
    {                                           //71
      temp = uart0_receive();                   //72
      dat[s] = temp;                            //73
      s++;                                      //74
    }                                           //75
    s = 0;                                      //76
    str_send("当前的数据是:");                   //77
    while(s<7)                                  //78
    {                                           //79
      uart0_send(dat[s]);                       //80
      s++;                                      //81
    }                                           //82
    s = 0;                                      //83
    uart0_send(0x0D);                           //84
    uart0_send(0x0A);                           //85
    DisplayOneChar(0,1,'D');                    //86
    DisplayOneChar(1,1,':');                    //87
```

```
        DisplayOneChar(2,1,dat[0]);                    //88
        DisplayOneChar(4,1,dat[1]);                    //89
        DisplayOneChar(6,1,dat[2]);                    //90
        DisplayOneChar(8,1,dat[3]);                    //91
        DisplayOneChar(10,1,dat[4]);                   //92
        DisplayOneChar(12,1,dat[5]);                   //93
        DisplayOneChar(14,1,dat[6]);                   //94
    }                                                  //95
}                                                      //96
```

程序中须使用文件 lcd1602_8bit.c,因此须将文件 lcd1602_8bit.c 从第 8 章的实验程序文件夹 iar8-2 拷贝到当前目录中(iar10—2)。

编译通过后,将 iar10-2.hex 文件下载到 AVR DEMO 实验板上。标示"UART"的双排针应插上短路块。在标示"LCD16*2"的单排座上正确插上 16×2 液晶模块(引脚号对应,不能插反),在标示"DC5V"电源端输入 5V 稳压电压。

打开串口调试器软件 COMPort Debuger。左上方的初始化区域(如波特率、数据位等)不必更改(初始化为:端口号 1、波特率 9600、数据位 8、停止位 1、校验位无)。若 PC 机串口 COM1 已占用时,可考虑改用 COM2。

将 PC 机的串口与 AVR DEMO 实验板的串口连接好。清空发送区、接收区的原有内容,然后打开串口。

为防止接收区乱码,先按一下 AVR DEMO 实验板的 RST 键让单片机复位一下。

发送区输入 1234567,单击发送,PC 机上显示出实验板回发的"当前的数据是:1 2 3 4 5 6 7"的字符串(如图 10-13 所示)。并且 16×2 液晶模块的第 2 行显示"D:1 2 3 4 5 6 7"(见图 10-14 所示)。

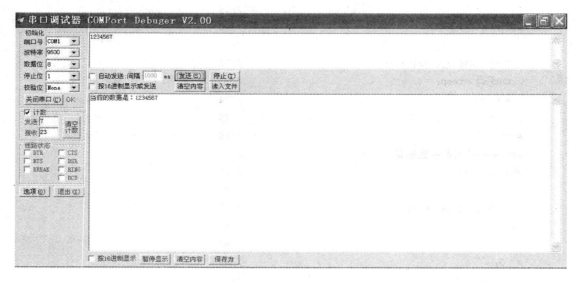

图 10-13　PC 机上显示出实验板回发的字符串"当前的数据是:1 2 3 4 5 6 7"

第 10 章　ATMEGA16(L)的 USART 与 PC 机串行通信

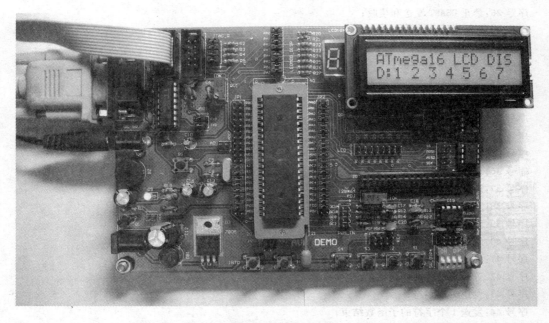

图 10-14　16x2 液晶模块的第 2 行显示"D:1 2 3 4 5 6 7"

10.10.3　程序分析解释

序号 1～2:包含头文件；
序号 3:包含 LCD 驱动文件；
序号 4～5:变量类型的宏定义；
序号 6～7:USART 控制和状态寄存器的位定义；
序号 8:晶振频率定义；
序号 9:待显字符串；
序号 10:定义数组；
序号 11:程序分隔；
序号 12:初始化端口子函数；
序号 13:初始化端口子函数开始；
序号 14:PA 端口初始化输出 1111 1111；
序号 15:将 PA 端口设为输入；
序号 16:PB 端口初始化输出 1111 1111；
序号 17:将 PB 端口设为输出；
序号 18:PC 端口初始化输出 1111 1111；
序号 19:将 PC 端口设为输入；
序号 20:PD 端口初始化输出 1111 1111；
序号 21:将 PD 端口的 PD1 设为输出，其他设为输入；
序号 22:初始化端口子函数结束；
序号 23:程序分隔；
序号 24:初始化 USART 子函数；
序号 25:初始化 USART 子函数开始；

序号 26：禁止 USART 发送和接收；
序号 27：倍速；
序号 28：8 位数据位；
序号 29~30：波特率 9600；
序号 31：允许 USART 发送和接收；
序号 32：初始化 USART 子函数结束；
序号 33：程序分隔；
序号 34：芯片的初始化子函数；
序号 35：芯片的初始化子函数开始；
序号 36：调用端口初始化子函数；
序号 37：调用 USART 初始化子函数；
序号 38：芯片的初始化子函数结束；
序号 39：程序分隔；
序号 40：发送 1 个字符的子函数；
序号 41：发送 1 个字符的子函数开始；
序号 42：等待发送缓冲区为空；
序号 43：发送 1 个字符；
序号 44：发送 1 个字符的子函数结束；
序号 45：程序分隔；
序号 46：发送 1 串字符的子函数；
序号 47：发送 1 串字符的子函数开始；
序号 48：等待发送的数据为空；
序号 49：While 循环开始；
序号 50：发送 1 个字符；
序号 51：指针指向下 1 个字符；
序号 52：While 循环结束；
序号 53：发送 1 串字符的子函数结束；
序号 54：程序分隔；
序号 55：接收 1 个字符的子函数；
序号 56：接收 1 个字符的子函数开始；
序号 57：等待接收数据；
序号 58：返回接收到的数据；
序号 59：接收 1 个字符的子函数结束；
序号 60：程序分隔；
序号 61：主函数；
序号 62：主函数开始；
序号 63：定义局部变量；
序号 64：调用芯片初始化子函数；
序号 65：延时 400 ms；
序号 66：调用 LCD 初始化子函数；
序号 67：显示 LCD 第 1 行一个预定字符串；
序号 68：无限循环；
序号 69：无限循环开始；
序号 70：While 循环；
序号 71：While 循环开始；

第10章 ATMEGA16(L)的 USART 与 PC 机串行通信

序号 72:等待接收 1 个字符数据；
序号 73:接收的字符数据转存到数组中；
序号 74:指针指向数组的下一个单元；
序号 75:While 循环结束；
序号 76:指针清 0；
序号 77:发送给 PC 机字符串；
序号 78:While 循环；
序号 79:While 循环开始；
序号 80:再将接收的字符数据发送出去；
序号 81:指针指向数组的下一个单元；
序号 82:While 循环结束；
序号 83:指针清 0；
序号 84～85:发送回车换行；
序号 86～87:显示 D 和":"；
序号 88～94:显示接收到的字符；
序号 95:无限循环结束；
序号 96:主函数结束。

10.11 ATMEGA16(L)与 PC 机的通信实验 3

该实验中用接收中断法实现一组十六进制数的通信。

10.11.1 实现方法

PC 机发送一组十六进制数(10 个)给单片机,单片机收到后即将其回发给 PC 机,同时送入数组暂存,最后在液晶模块上显示出来。这里单片机的发送采用查询方式,但接收采用中断方式,符合常用的工作模式,可大大提高单片机的工作效率。

10.11.2 源程序文件

打开 IAREW 集成开发环境,在 D 盘中建立一个文件目录(iar10-3),创建一个新工程项目 iar10-3.ewp 并建立 iar10-3.eww 的工作区。输入 C 源程序文件 iar10-3.c:

```
# include <iom16.h>                          //1
# include<intrinsics.h>                      //2
# include "lcd1602_8bit.c"                   //3
# define uchar unsigned char                 //4
# define uint unsigned int                   //5
# define UDRE 5                              //6
# define RXC 7                               //7
# define xtal 8                              //8
uchar __flash str1[] = " AVR RS232 TEST ";   //9
uchar __flash str2[] = "RECEIVING :";        //10
```

```c
uchar ReceverFlag;                                      //11
uchar ReceverCnt;                                       //12
uchar s,p;                                              //13
uchar temp;                                             //14
uchar dat[10] = {0x00,0x01,0x02,0x03,0x04,0x05,0x06,0x07,0x08,0x09};    //15
/****************************************16***********/
void Delay_1000ms(void)                                 //17
{                                                       //18
    uint i = 0;                                         //19
    while(i<1000)                                       //20
    {Delay_1ms();                                       //21
     i++;                                               //22
     if(ReceverFlag == 1)goto end;                      //23
    }                                                   //24
end:;                                                   //25
}                                                       //26
/****************************************27***********/
void port_init(void)                                    //28
{                                                       //29
 PORTA = 0xFF;                                          //30
 DDRA  = 0x00;                                          //31
 PORTB = 0xFF;                                          //32
 DDRB  = 0xFF;                                          //33
 PORTC = 0xFF;                                          //34
 DDRC  = 0x00;                                          //35
 PORTD = 0xFF;                                          //36
 DDRD  = 0x02;                                          //37
}                                                       //38
/*****************************************39***********/
void uart0_init(void)                                   //40
{                                                       //41
 UCSRB = 0x00;                                          //42
 UCSRA = 0x82;                                          //43
 UCSRC = 0x06;                                          //44
 UBRRL = 0x67;                                          //45
 UBRRH = 0x00;                                          //46
 UCSRB = 0x98;                                          //47
}                                                       //48
/******************************************49****************/
void init_devices(void)                                 //50
{                                                       //51
 port_init();                                           //52
 uart0_init();                                          //53
 }                                                      //54
//*****************************************55**********
void uart0_send(unsigned char i)                        //56
{                                                       //57
```

```c
while(!(UCSRA&(1<<UDRE)));                          //58
UDR=i;                                              //59
}                                                   //60
/******************************************61******/
void str_send(char *s)                              //62
{                                                   //63
 while(*s)                                          //64
 {                                                  //65
  uart0_send(*s);                                   //66
  s++;                                              //67
 }                                                  //68
}                                                   //69
/******************************************70******/
void main(void)                                     //71
{                                                   //72
 init_devices();                                    //73
 Delay_nms(400);                                    //74
 InitLcd();                                         //75
 ePutstr(0,0,str1);                                 //76
 SREG=0x80;                                         //77
 while(1)                                           //78
 {                                                  //79
   if(ReceverFlag==1)                               //80
   {                                                //81
      SREG=0x00;                                    //82
      uart0_send(temp);                             //83
      dat[p]=temp;                                  //84
      p++;                                          //85
      ReceverFlag=0;                                //86
        if(ReceverCnt==10)                          //87
        {                                           //88
         ReceverCnt=0;                              //89
         ePutstr(0,1,str2);                         //90
        }                                           //91
      SREG=0x80;                                    //92
   }                                                //93
   if(ReceverCnt==0)                                //94
   {                                                //95
    if(++s>9)s=0;                                   //96
    DisplayOneChar(12,1,(dat[s]/100)+0x30);         //97
    DisplayOneChar(13,1,(dat[s]/10)%10+0x30);       //98
    DisplayOneChar(14,1,(dat[s]%10)+0x30);          //99
    Delay_1000ms();                                 //100
   }                                                //101
 }                                                  //102
}                                                   //103
/******************************************104*********/
```

```
# pragma vector = USART_RXC_vect                    //105
__interrupt void uart0_rx_isr(void)                 //106
{                                                   //107
  temp = UDR;                                       //108
  ReceverCnt ++ ;                                   //109
  ReceverFlag = 1;                                  //110
}                                                   //111
```

将 lcd1602_8bit.c 文件从第 8 章的实验程序文件夹 iar8-2 拷贝到当前目录中(iar10-3)。

编译通过后,将 iar10-3.hex 文件下载到 AVR DEMO 实验板上。注意,标示"UART"的双排针应插上短路块。在标示"LCD16 * 2"的单排座上正确插上 16×2 液晶模块(引脚号对应,不能插反),在标示"DC5V"电源端输入 5V 稳压电压。

打开串口调试器软件 COMPort Debuger。左上方的初始化区域(如波特率、数据位等)不必更改(初始化为:端口号 1、波特率 9600、数据位 8、停止位 1、校验位无)。若 PC 机串口 COM1 已占用,可考虑改用 COM2。

将 PC 机的串口与 AVR DEMO 实验板的串口连接好。清空发送区、接收区的原有内容,然后打开串口。

为防止接收区乱码,先按一下 AVR DEMO 实验板的 RST 键让单片机复位一下。

在 AVR DEMO 实验板输入 5V 稳压电压后,液晶模块的第 2 行右侧循环显示"000"→"009",这是为了对比,在数组中已经存放了一组十六进制数(0x00→0x09)。

发送区输入一组十六进制数"0A 1B 2C 3D 4E 5F 61 72 83 94"共 10 个,单击发送,PC 机上显示出实验板回发出的"0A 1B 2C 3D 4E 5F 61 72 83 94"十六进制数(如图 10-15 所示),并且 16×2 液晶模块的第 2 行显示"RECEIVING: XXX"的信息(如图 10-16 所示),其中,XXX 为"0A 1B 2C 3D 4E 5F 61 72 83 94"这 10 个十六进制数的对应十进制数,循环显示,说明单片机的数组中已新存入了由 PC 机发出的一组十六进制数。

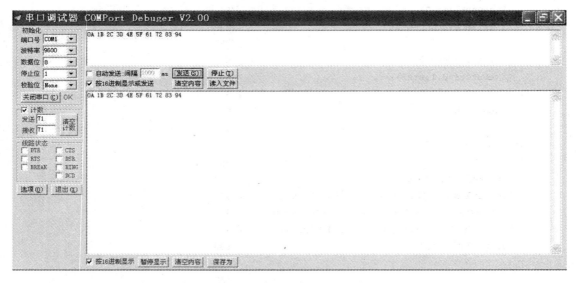

图 10-15　PC 机上显示出"0A 1B 2C 3D 4E 5F 61 72 83 94"十六进制数

第10章 ATMEGA16(L)的 USART 与 PC 机串行通信

图 10-16 16x2 液晶模块的第 2 行显示信息

10.11.3 程序分析解释

序号1~2:包含头文件;
序号3:包含 LCD 驱动文件;
序号4~5:变量类型的宏定义;
序号6~7:USART 控制和状态寄存器的位定义;
序号8:晶振频率定义;
序号9~10:待显字符串;
序号11:定义接收标志;
序号12:定义接收计数器;
序号13~14:定义变量;
序号15:定义数组并初始化一组数据;
序号16:程序分隔;
序号17~26:1 000 ms 的延时子函数,如接收标志 ReceverFlag 为 1 则立刻退出;
序号27:程序分隔;
序号28:初始化端口子函数;
序号29:初始化端口子函数开始;
序号30:PA 端口初始化输出 0xFF;
序号31:将 PA 端口设为输入;
序号32:PB 端口初始化输出 0xFF;
序号33:将 PB 端口设为输出;
序号34:PC 端口初始化输出 0xFF;
序号35:将 PC 端口设为输入;

序号 36:PD 端口初始化输出 0xFF;
序号 37:将 PD 端口的 PD1 设为输出,其他设为输入;
序号 38:初始化端口子函数结束;
序号 39:程序分隔;
序号 40:初始化 USART 子函数;
序号 41:初始化 USART 子函数开始;
序号 42:禁止 USART 发送和接收;
序号 43:倍速;
序号 44:8 位数据位;
序号 45~46:波特率 9600;
序号 47:允许 USART 发送和接收,接收中断使能;
序号 48:初始化 USART 子函数结束;
序号 49:程序分隔;
序号 50:芯片的初始化子函数;
序号 51:芯片的初始化子函数开始;
序号 52:调用端口初始化子函数;
序号 53:调用 USART 初始化子函数;
序号 54:芯片的初始化子函数结束;
序号 55:程序分隔;
序号 56:发送 1 个字符的子函数;
序号 57:发送 1 个字符的子函数开始;
序号 58:等待发送缓冲区为空;
序号 59:发送 1 个字符;
序号 60:发送 1 个字符的子函数结束;
序号 61:程序分隔;
序号 62:发送 1 串字符的子函数;
序号 63:发送 1 串字符的子函数开始;
序号 64:等待发送的数据为空;
序号 65:While 循环开始;
序号 66:发送 1 个字符;
序号 67:指针指向下 1 个字符;
序号 68:While 循环结束;
序号 69:发送 1 串字符的子函数结束;
序号 70:程序分隔;
序号 71:主函数;
序号 72:主函数开始;
序号 73:调用芯片初始化子函数;
序号 74:延时 400 ms;
序号 75:调用 LCD 初始化子函数;
序号 76:显示 LCD 第 1 行一个预定字符串;
序号 77:开总中断;
序号 78:无限循环;
序号 79:无限循环开始;
序号 80:如果接收的标志为 1;
序号 81:if 语句开始;

第10章 ATMEGA16(L)的 USART 与 PC 机串行通信

序号82:关总中断;
序号83:将接收的数据发送出去;
序号84:接收的数据转存到数组中;
序号85:指针指向数组的下一个单元;
序号86:清除接收标志;
序号87:如果收到了第10个数据;
序号88:if 语句开始;
序号89:接收计数器清0;
序号90:LCD 的第1行显示另一个预定字符串;
序号91:if 语句结束;
序号92:开总中断;
序号93:if 语句结束;
序号94:如果接收计数器为0;
序号95:if 语句开始;
序号96:轮流显示接收到的10个数据;
序号97:显示数据的百位;
序号98:显示数据的十位;
序号99:显示数据的个位;
序号100:延时1 000 ms;
序号101:if 语句结束;
序号102:无限循环结束;
序号103:主函数结束;
序号104:程序分隔;
序号105:串口接收中断函数声明;
序号106:串口接收中断服务子函数;
序号107:串口接收中断服务子函数开始;
序号108:将接收的数据送入变量 temp 中;
序号109:接收计数器加1;
序号110:接收标志置1;
序号111:串口接收中断服务子函数结束。

10.12 ATMEGA16(L)与 PC 机的通信实验4

该实验实现 PC 机控制单片机的 PWM 输出。

10.12.1 实现方法

PC 机发送一组控制指令给单片机,单片机收到指令去控制定时器 T2 比较匹配寄存器 OCR2,从 OC2 引脚(PD7)输出 PWM 信号。由于 T2 为8位定时器,因此 PWM 信号从0~255 共分256级,对应的输出电压为 0.00~5.00 V。PWM 信号及输出电压均可在液晶模块上显示。同时单片机将收到的控制指令再回发给 PC 机。单片机的发送采用查询方式,接收采用中断方式。

10.12.2 控制指令的定义

上位机(PC 机)界面中,需要用户输入控制下位机(单片机)的指令,因为传送的数据比较简单,因此控制指令也可定义的相对简单一些。

对控制指令作如下的规定:

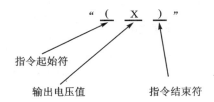

指令起始符"(":表示一条控制指令的开始。
输出电压值"X":X=0.00~5.00,表示选择的输出电压值。
指令结束符")":单片机收到此码后,知道此条控制指令已结束。

10.12.3 源程序文件

打开 IAREW 集成开发环境,在 D 盘中建立一个文件目录(iar10-4),创建一个新工程项目 iar10-4.ewp 并建立 iar10-4.eww 的工作区。输入 C 源程序文件 iar10-4.c 如下:

```
#include <iom16.h>                        //1
#include <iom16.h>                        //2
#include <intrinsics.h>                   //3
#include "lcd1602_8bit.c"                 //4
#define uchar unsigned char               //5
#define uint unsigned int                 //6
#define UDRE 5                            //7
#define RXC 7                             //8
#define xtal 8                            //9
uchar __flash str1[] = "RS232 & PWM TEST";//10
uchar ReceverFlag;                        //11
uchar Flag;                               //12
uchar ReceverCnt;                         //13
uchar temp;                               //14
uchar wide;                               //15
uint voltage;                             //16
uchar a[3]={0,0,0};                       //17
/************************18************/
void timer2_init(void)                    //19
{                                         //20
    TCCR2 = 0x00;                         //21
    ASSR  = 0x00;                         //22
```

```c
    TCNT2  = 0x01;                                  //23
    OCR2   = 0xFF;                                  //24
    TCCR2  = 0x61;                                  //25
}                                                   //26
/**********************************27***********/
void port_init(void)                                //28
{                                                   //29
    PORTA = 0xFF;                                   //30
    DDRA  = 0x00;                                   //31
    PORTB = 0xFF;                                   //32
    DDRB  = 0xFF;                                   //33
    PORTC = 0xFF;                                   //34
    DDRC  = 0x00;                                   //35
    PORTD = 0x7F;                                   //36
    DDRD  = 0x82;                                   //37
}                                                   //38
/***********************************39***********/
void uart0_init(void)                               //40
{                                                   //41
    UCSRB = 0x00;                                   //42
    UCSRA = 0x82;                                   //43
    UCSRC = 0x06;                                   //44
    UBRRL = 0x67;                                   //45
    UBRRH = 0x00;                                   //46
    UCSRB = 0x98;                                   //47
}                                                   //48
/*************************************49****************/
void init_devices(void)                             //50
{                                                   //51
    port_init();                                    //52
    uart0_init();                                   //53
    timer2_init();                                  //54
}                                                   //55
//*********************************56*********
void uart0_send(unsigned char i)                    //57
{                                                   //58
    while(!(UCSRA&(1 << UDRE)));                    //59
    UDR = i;                                        //60
}                                                   //61
/******************************62*****/
void str_send(char * s)                             //63
{                                                   //64
    while( * s)                                     //65
    {                                               //66
        uart0_send( * s);                           //67
```

```c
        s ++ ;                                          //68
    }                                                   //69
}                                                       //70
/***********************************71******/
void main(void)                                         //72
{                                                       //73
    uint x;                                             //74
    init_devices();                                     //75
    Delay_nms(400);                                     //76
    InitLcd();                                          //77
    ePutstr(0,0,str1);                                  //78
    SREG = 0x80;                                        //79
    while(1)                                            //80
    {                                                   //81
        if(Flag == 1)                                   //82
        {                                               //83
            SREG = 0x00;                                //84
            uart0_send(temp);                           //85
            switch(ReceverCnt)                          //86
            {                                           //87
            case 0:if(temp =='(')ReceverCnt = 1;        //88
                else ReceverFlag = 0;break;             //89
            case 1:if((temp>= 0x30)&&(temp<= 0x39)){a[2] = temp-0x30;ReceverCnt = 2;}//90
                else ReceverFlag = 0;break;             //91
            case 2:if(temp =='.')ReceverCnt = 3;        //92
                else ReceverFlag = 0;break;             //93
            case 3:if((temp>= 0x30)&&(temp<= 0x39)){a[1] = temp-0x30;ReceverCnt = 4;}//94
                else ReceverFlag = 0;break;             //95
            case 4:if((temp>= 0x30)&&(temp<= 0x39)){a[0] = temp-0x30;ReceverCnt = 5;}//96
                else ReceverFlag = 0;break;             //97
            case 5:if(temp ==')'){ReceverCnt = 0;ReceverFlag = 1;}  //98
                else ReceverFlag = 0;break;             //99
            default:ReceverCnt = 0;break;               //100
            }                                           //101
            Flag = 0;                                   //102
            SREG = 0x80;                                //103
        }                                               //104
        if(ReceverFlag == 1)                            //105
        {                                               //106
            x = (uint)a[2];   voltage = x * 100;        //107
            x = (uint)a[1];   x = x * 10; voltage = voltage + x;  //108
            x = (uint)a[0];   voltage = voltage + x;    //109
            voltage = (voltage * 100)/196;              //110
            wide = (uchar)voltage;                      //111
            OCR2 = wide;                                //112
```

第 10 章 ATMEGA16(L)的 USART 与 PC 机串行通信

```
        DisplayOneChar(0,1,'O');                            //113
        DisplayOneChar(1,1,'C');                            //114
        DisplayOneChar(2,1,'R');                            //115
        DisplayOneChar(3,1,'2');                            //116
        DisplayOneChar(4,1,':');                            //117
        DisplayOneChar(5,1,(wide/100) + 0x30);              //118
        DisplayOneChar(6,1,(wide/10) % 10 + 0x30);          //119
        DisplayOneChar(7,1,(wide % 10) + 0x30);             //120
        DisplayOneChar(11,1,a[2] + 0x30);                   //121
        DisplayOneChar(12,1,'.');                           //122
        DisplayOneChar(13,1,a[1] + 0x30);                   //123
        DisplayOneChar(14,1,a[0] + 0x30);                   //124
        DisplayOneChar(15,1,'V');                           //125
        ReceverFlag = 0;                                    //126
    }                                                       //127
  }                                                         //128
}                                                           //129
/*******************************130***********/
#pragma vector = USART_RXC_vect                             //131
__interrupt void uart0_rx_isr(void)                         //132
{                                                           //133
    temp = UDR;                                             //134
    Flag = 1;                                               //135
}                                                           //136
```

先将 lcd1602_8bit.c 文件从第 8 章的实验程序文件夹 iar8-2 拷贝到当前目录中(iar10-4)。

编译通过后,将 iar10-4.hex 文件下载到 AVR DEMO 实验板上。标示为"UART"的双排针应插上短路块。在标示"LCD16*2"的单排座上正确插上 16×2 液晶模块(引脚号对应,不能插反),在标示"DC5V"电源端输入 5 V 稳压电压。

打开串口调试器软件 COMPort Debuger。左上方的初始化区域(如波特率、数据位等)不必更改(初始化为:端口号 1、波特率 9600、数据位 8、停止位 1、校验位无)。若 PC 机串口 COM1 已占用,则可考虑改用 COM2。

将 PC 机的串口与 AVR DEMO 实验板的串口连接好。清空发送区、接收区的原有内容,然后打开串口。

为防止接收区乱码,先按一下 AVR DEMO 实验板的 RST 键让单片机复位一下。

发送区输入控制指令(0.50),单击发送,界面如图 10-17 所示,AVR DEMO 实验板的液晶模块第 2 行显示"OCR2:025 0.50V"(如图 10-18 所示);发送区输入控制指令(2.50),单击发送,界面如图 10-19 所示,AVR DEMO 实验板的液晶模块第 2 行显示"OCR2:127 2.50V"(如图 10-20 所示);发送区输入控制指令(5.00),单击发送,界面如图 10-21 所示,AVR DEMO 实验板的液晶模块第 2 行显示"OCR2:255 5.00V"(如图 10-22 所示)。用一台数字万用表监测 OC2 引脚(PD7),观察到输出电压与 LCD 指示基本吻合,电压高时则误差变得稍大一些。

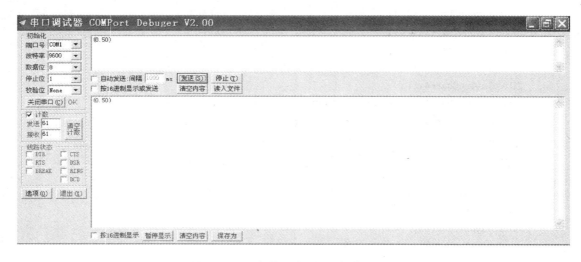

图 10-17　发送区输入控制指令(0.50)

图 10-18　液晶模块第 2 行显示"OCR2：025　0.50V"

10.12.4　程序分析解释

序号 1~3：包含头文件；
序号 4：包含 LCD 驱动文件；
序号 5~6：变量类型的宏定义；
序号 7~8：USART 控制和状态寄存器的位定义；
序号 9：晶振频率定义；
序号 10：待显字符串；

第10章 ATMEGA16(L)的USART与PC机串行通信

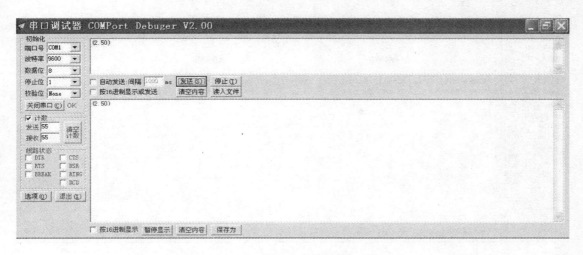

图10-19　发送区输入控制指令(2.50)

图10-20　液晶模块第2行显示"OCR2:127　2.50V"

序号11:定义完成接收标志;

序号12:定义接收标志;

序号13:定义接收计数器;

序号14:定义变量;

序号15:定义控制脉冲宽度的变量;

序号16:定义整型变量;

序号17:定义数组并初始化一组数据;

序号18:程序分隔;

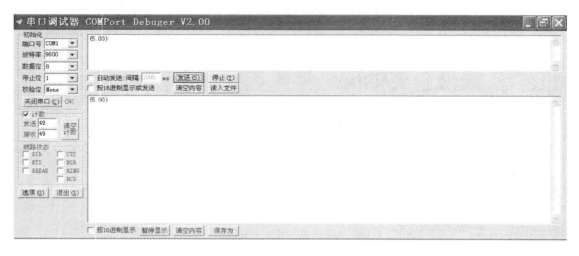

图 10-21　发送区输入控制指令(5.00)

图 10-22　液晶模块第 2 行显示"OCR2:255　5.00V"

序号 19:定时器 2 初始化子函数;

序号 20:定时器 2 初始化子函数开始;

序号 21:关闭定时器 2;

序号 22:设定异步状态寄存器为 0x00;

序号 23:TCNT2 初值为 0x01;

序号 24:置比较寄存器 OCR2 初值 0xff;

序号 25:相位修正 PWM,启动定时器 2(不分频);

序号 26:定时器 1 初始化子函数结束;

序号 27:程序分隔;

第 10 章　ATMEGA16(L)的 USART 与 PC 机串行通信

序号 28:初始化端口子函数;
序号 29:初始化端口子函数开始;
序号 30:PA 端口初始化输出 0xFF;
序号 31:将 PA 端口设为输入;
序号 32:PB 端口初始化输出 0xFF;
序号 33:将 PB 端口设为输出;
序号 34:PC 端口初始化输出 0xFF;
序号 35:将 PC 端口设为输入;
序号 36:PD 端口初始化输出 0x7F;
序号 37:将 PD 端口的 PD7、PD1 设为输出,其他设为输入;
序号 38:初始化端口子函数结束;
序号 39:程序分隔;
序号 40:初始化 USART 子函数;
序号 41:初始化 USART 子函数开始;
序号 42:禁止 USART 发送和接收;
序号 43:倍速;
序号 44:8 位数据位;
序号 45~46:波特率 9600;
序号 47:允许 USART 发送和接收,接收中断使能;
序号 48:初始化 USART 子函数结束;
序号 49:程序分隔;
序号 50:芯片的初始化子函数;
序号 51:芯片的初始化子函数开始;
序号 52:调用端口初始化子函数;
序号 53:调用 USART 初始化子函数;
序号 54:调用定时器 2 初始化子函数;
序号 55:芯片的初始化子函数结束;
序号 56:程序分隔;
序号 57:发送 1 个字符的子函数;
序号 58:发送 1 个字符的子函数开始;
序号 59:等待发送缓冲区为空;
序号 60:发送 1 个字符;
序号 61:发送 1 个字符的子函数结束;
序号 62:程序分隔;
序号 63:发送 1 串字符的子函数;
序号 64:发送 1 串字符的子函数开始;
序号 65:等待发送的数据为空;
序号 66:While 循环开始;
序号 67:发送 1 个字符;
序号 68:指针指向下 1 个字符;
序号 69:While 循环结束;
序号 70:发送 1 串字符的子函数结束;
序号 71:程序分隔;
序号 72:主函数;
序号 73:主函数开始;

序号 74:定义整型局部变量;
序号 75:调用芯片初始化子函数;
序号 76:延时 400 ms;
序号 77:调用 LCD 初始化子函数;
序号 78:显示 LCD 第 1 行一个预定字符串;
序号 79:开总中断;
序号 80:无限循环;
序号 81:无限循环开始;
序号 82:如果接收的标志为 1;
序号 83:if 语句开始;
序号 84:关总中断;
序号 85:将接收的数据发送出去;
序号 86:switch 语句,根据 ReceverCnt 内容进行散转;
序号 87:switch 语句开始;
序号 88:当 ReceverCnt 为 0 时:如果 temp 为'(',ReceverCnt 置 1;
序号 89:否则 ReceverFlag 置 0;
序号 90:当 ReceverCnt 为 1 时:如果 temp 为 0x30～0x39 之间的 ASCII 码,将 temp－0x30 存 a[2],
        ReceverCnt 置 2;
序号 91:否则 ReceverFlag 置 0;
序号 92:当 ReceverCnt 为 2 时:如果 temp 为'.',ReceverCnt 置 3;
序号 93:否则 ReceverFlag 置 0;
序号 94:当 ReceverCnt 为 3 时:如果 temp 为 0x30～0x39 之间的 ASCII 码,将 temp－0x30 存 a[1],
        ReceverCnt 置 4;
序号 95:否则 ReceverFlag 置 0;
序号 96:当 ReceverCnt 为 4 时:如果 temp 为 0x30～0x39 之间的 ASCII 码,将 temp－0x30 存 a[0],
        ReceverCnt 置 5;
序号 97:否则 ReceverFlag 置 0;
序号 98:当 ReceverCnt 为 5 时:如果 temp 为')',ReceverCnt 置 0,ReceverFlag 置 1;
序号 99:否则 ReceverFlag 置 0;
序号 100:一项也不符合则 ReceverCnt = 0,然后退出;
序号 101:switch 语句结束;
序号 102:清除接收标志;
序号 103:开总中断;
序号 104:if 语句结束;
序号 105:如果接收完成标志为 1;
序号 106:if 语句开始;
序号 107～109:合并数组中的数据为电压值;
序号 110:将电压值转换成调宽数据;
序号 111:将无符号整型数强制转换成无符号字符型数;
序号 112:将该数值赋予 OCR2 比较寄存器;
序号 113～117:LCD 的第 2 行显示预定字符;
序号 118:显示调宽数据的百位;
序号 119:显示调宽数据的十位;
序号 120:显示调宽数据的个位;
序号 121:显示电压值的百位;

第 10 章　ATMEGA16(L)的 USART 与 PC 机串行通信

序号 122：显示小数点；
序号 123：显示电压值的十位；
序号 124：显示电压值的个位；
序号 125：显示"V"；
序号 126：接收完成标志清 0；
序号 127：if 语句结束；
序号 128：无限循环结束；
序号 129：主函数结束；
序号 130：程序分隔；
序号 131：串口接收中断函数声明；
序号 132：串口接收中断服务子函数；
序号 133：串口接收中断服务子函数开始；
序号 134：将接收的数据送入变量 temp 中；
序号 135：接收标志置 1；
序号 136：串口接收中断服务子函数结束。

第 11 章
ATMEGA 16(L)的两线串行接口 TWI

11.1 AVR 单片机两线串行接口 TWI 的特点

- 简单、强大而且灵活的通信接口，只需要两根线；
- 支持主机和从机操作；
- 器件可以工作于发送器模式或接收器模式；
- 7 位地址空间允许有 128 个从机；
- 支持多主机仲裁；
- 高达 400 kHz 的数据传输率；
- 斜率受控的输出驱动器；
- 可以抑制总线尖峰的噪声抑制器；
- 完全可编程的从机地址以及公共地址；
- 睡眠时地址匹配可以唤醒 AVR。

11.2 两线串行接口总线定义

两线接口 TWI 适合于典型的单片机应用，实际上 TWI 即常用的 I^2C 总线。TWI 协议允许系统设计者只用两根双向传输线就可以将 128 个不同的设备互连到一起，这两根线一根是时钟 SCL，另一根是数据 SDA，外部硬件只需要两个上拉电阻，每根线分别接一个，所有连接到总线上的设备都有自己的地址。TWI 协议解决了总线仲裁的问题。图 11-1 为 TWI 总线的连接。

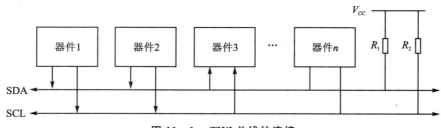

图 11-1 TWI 总线的连接

11.3 TWI 模块综述

TWI 模块由几个子模块组成,如图 11-2 所示。所有位于粗线框之中的寄存器可以通过 AVR 数据总线进行访问。

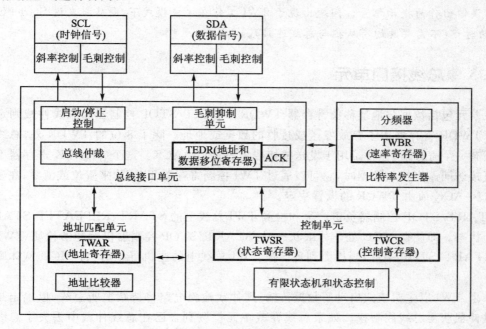

图 11-2 TWI 模块组成

11.3.1 SCL 和 SDA 引脚

SCL 与 SDA 为单片机的 TWI 接口引脚。引脚的输出驱动器包含一个波形斜率限制器以满足 TWI 规范。引脚的输入部分包括尖峰抑制单元以去除小于 50 ns 的毛刺。当相应的端口设置为 SCL 与 SDA 引脚时,可以使能 I/O 口内部的上拉电阻,这样可省掉外部上拉电阻。

11.3.2 比特率发生器单元

TWI 工作于主机模式时,比特率发生器控制时钟信号 SCL 的周期。具体由 TWI 状态寄存器 TWSR 的预分频系数以及比特率寄存器 TWBR 设定。当 TWI 工作在从机模式时,不需要对比特率或预分频进行设定,但从机的 CPU 时钟频率必须大于 TWI 时钟线 SCL 频率的 16 倍。

注意:从机可能会延长 SCL 低电平的时间,从而降低 TWI 总线的平均时钟周期。

SCL 的频率 f_{SCL} 根据以下的公式产生:

$$f_{SCL} = \frac{f_{CPUCLK}}{16 + 2 \times N_{TWBR} \times N_{TWPS}}$$

其中：f_{CPUCLK} 为 CPU 的时钟频率，N_{TWBR} 为 TWI 比特率寄存器的数值，N_{TWPS} 为 TWI 状态寄存器预分频的数值。

注意：TWI 工作在主机模式时，TWBR 值应该不小于 10；否则主机会在 SDA 与 SCL 中产生错误输出作为提示信号。问题出现于 TWI 工作在主机模式下，向从机发送 Start＋SLA＋R/W 的时候（不需要真的有从机与总线连接）。

11.3.3　总线接口单元

该单元包括数据与地址移位寄存器 TWDR、START/STOP 控制器和总线仲裁判定硬件电路。TWDR 寄存器用于存放发送或接收的数据或地址。除了 8 位的 TWDR 外，总线接口单元还有一个寄存器，包含了用于发送或接收应答的(N)ACK。这个(N)ACK 寄存器不能由程序直接访问。当接收数据时，它可以通过 TWI 控制寄存器 TWCR 来置位或清零；在发送数据时，(N)ACK 值由 TWCR 的设置决定。

START/STOP 控制器负责产生和检测 TWI 总线上的 START、REPEATED START 与 STOP 状态。即使在 MCU 处于休眠状态时，START/STOP 控制器仍然能够检测 TWI 总线上的 START/STOP 条件，当检测到自己被 TWI 总线上的主机寻址时，将 MCU 从休眠状态唤醒。

如果 TWI 以主机模式启动了数据传输，则仲裁检测电路将持续监听总线，以确定是否可以通过仲裁获得总线控制权。如果总线仲裁单元检测到自己在总线仲裁中丢失了总线控制权，则通知 TWI 控制单元执行正确的动作，并产生合适的状态码。

11.3.4　地址匹配单元

地址匹配单元将检测从总线上接收到的地址是否与 TWAR 寄存器中的 7 位地址相匹配。如果 TWAR 寄存器的 TWI 广播应答识别使能位 TWGCE 为"1"，从总线接收到的地址也会与广播地址进行比较。一旦地址匹配成功，控制单元将得到通知以进行正确的响应。TWI 可以响应，也可以不响应主机的寻址，这取决于 TWCR 寄存器的设置。即使 MCU 处于休眠状态，地址匹配单元仍可继续工作。一旦主机寻址到这个器件，就可以将 MCU 从休眠状态唤醒。

11.3.5　控制单元

控制单元监听 TWI 总线，并根据 TWI 控制寄存器 TWCR 的设置作出相应的响应。当 TWI 总线上产生需要应用程序干预处理的事件时，TWI 中断标志位 TWINT 置位。在下一个时钟周期，TWI 状态寄存器 TWSR 被表示这个事件的状态码字所更新。在其他时间里，TWSR 的内容为一个表示无事件发生的特殊状态字。一旦 TWINT 标志位置"1"，时钟线 SCL 即被拉低，暂停 TWI 总线上的数据传输，让用户程序处理事件。

11.4 ATMEGA16(L)的 TWI 寄存器

11.4.1 TWI 比特率寄存器

TWI 比特率寄存器(TWBR)定义如下：

Bit	7	6	5	4	3	2	1	0	
	TWBR7	TWBR6	TWBR5	TWBR4	TWBR3	TWBR2	TWBR1	TWBR0	TWBR
读/写	R/W	R/W	R/W	R/W	R/W	R/W	R/W	R/W	
初始值	0	0	0	0	0	0	0	0	

➤ Bits 7:0——TWI：比特率寄存器

TWBR 为比特率发生器分频因子。比特率发生器是一个分频器,在主机模式下产生 SCL 时钟频率。

11.4.2 TWI 控制寄存器

TWI 控制寄存器(TWCR)定义如下：

Bit	7	6	5	4	3	2	1	0	
	TWINT	TWEA	TWSTA	TWSTO	TWWC	TWEN	—	TWIE	TWCR
读/写	R/W	R/W	R/W	R/W	R/W	R/W	R	R/W	
初始值	0	0	0	0	0	0	0	0	

TWCR 用来控制 TWI 操作。使能 TWI,通过施加 START 到总线上来启动主机访问,产生接收器应答,产生 STOP 状态,以及在写入数据到 TWDR 寄存器时控制总线的暂停等。

➤ Bit 7——TWINT：TWI 中断标志

当 TWI 完成当前工作,希望应用程序介入时,TWINT 置位。若 SREG 的 I 标志以及 TWCR 寄存器的 TWIE 标志也置位,则 MCU 执行 TWI 中断例程。当 TWINT 置位时,SCL 信号的低电平被延长。TWINT 标志的清零必须通过软件写"1"来完成。执行中断时硬件不会自动将其改写为"0"。要注意的是,只要这一位被清零,TWI 立即开始工作。因此,在清零 TWINT 之前一定要首先完成对地址寄存器 TWAR、状态寄存器 TWSR 和数据寄存器 TWDR 的访问。

➤ Bit 6——TWEA：使能 TWI 应答

TWEA 标志控制应答脉冲的产生。若 TWEA 置位,出现如下条件时接口发出 ACK 脉冲：
① 器件的从机地址与主机发出的地址相符合；
② TWAR 的 TWGCE 置位时接收到广播呼叫；
③ 在主机/从机接收模式下接收到一字节的数据。
将 TWEA 清零可以使器件暂时脱离总线。置位后器件重新恢复地址识别。

➤ Bit 5——TWSTA：TWI START 状态标志

当 CPU 希望自己成为总线上的主机时,需要置位 TWSTA。TWI 硬件检测总线是否可用。若总线空闲,接口就在总线上产生 START 状态。若总线忙,接口就一直等待,直到检测到一个 STOP 状态,然后产生 START 以声明自己希望成为主机。发送 START 之后软件必须清零 TWSTA。

➤ Bit 4——TWSTO：TWI STOP 状态标志

在主机模式下,如果置位 TWSTO,TWI 接口将在总线上产生 STOP 状态,然后 TWSTO 自动清零。在从机模式下,置位 TWSTO 可以使接口从错误状态恢复到未被寻址的状态。此时总线上不会有 STOP 状态产生,但 TWI 返回一个定义好的未被寻址的从机模式且释放 SCL 与 SDA 为高阻态。

➤ Bit 3——TWWC：TWI 写碰撞标志

当 TWINT 为低时写数据寄存器 TWDR 将置位 TWWC。当 TWINT 为高时,每一次对 TWDR 的写访问都将更新此标志。

➤ Bit 2——TWEN：TWI 使能

TWEN 位用于使能 TWI 操作与激活 TWI 接口。当 TWEN 位被写为"1"时,TWI 引脚将 I/O 引脚切换到 SCL 与 SDA 引脚,使能波形斜率限制器与尖峰滤波器。如果该位清零,TWI 接口模块将被关闭,所有 TWI 传输将被终止。

➤ Bit 1——Res：保留

保留,读返回值为"0"。

➤ Bit 0——TWIE：使能 TWI 中断

当 SREG 的 I 以及 TWIE 置位时,只要 TWINT 为"1",TWI 中断就激活。

11.4.3　TWI 状态寄存器

TWI 状态寄存器(TWSR)定义如下：

Bit	7	6	5	4	3	2	1	0	
	TWS7	TWS6	TWS5	TWS4	TWS3	—	TWPS1	TWPS0	TWSR
读/写	R	R	R	R	R	R	R/W	R/W	
初始值	1	1	1	1	1	0	0	0	

➤ Bits 7:3——TWS：TWI 状态

这 5 位用来反映 TWI 逻辑和总线的状态。

注意：从 TWSR 读出的值包括 5 位状态值与 2 位预分频值。检测状态位时设计者应屏蔽预分频位为"0"。这使状态检测独立于预分频器设置。

➤ Bit 2——Res：保留

保留,读返回值为"0"。

➤ Bits 1:0——TWPS：TWI 预分频位

这两位可读/写,用于控制比特率预分频因子。TWI 比特率预分频器设置如表 11-1 所列。

表 11-1　TWI 比特率预分频器

TWPS1	TWPS0	预分频值	TWPS1	TWPS0	预分频值
0	0	1	1	0	16
0	1	4	1	1	64

11.4.4 TWI 数据寄存器

TWI 数据寄存器(TWDR)定义如下：

Bit	7	6	5	4	3	2	1	0	
	TWD7	TWD6	TWD5	TWD4	TWD3	TWD2	TWD1	TWD0	TWDR
读/写	R/W	R/W	R/W	R/W	R/W	R/W	R/W	R/W	
初始值	1	1	1	1	1	1	1	1	

➢ Bits 7:0——TWD：TWI 数据寄存器

在发送模式，TWDR 包含了要发送的字节；在接收模式，TWDR 包含了接收到的数据。当 TWI 接口没有进行移位工作(TWINT 置位)时，这个寄存器是可写的。在第一次中断发生之前，用户不能够初始化数据寄存器。只要 TWINT 置位，TWDR 的数据就是稳定的。在数据移出时，总线上的数据同时移入寄存器。TWDR 总是包含了总线上出现的最后一字节，除非 MCU 是从掉电或省电模式被 TWI 中断唤醒。此时 TWDR 的内容没有定义。总线仲裁失败时，主机将切换为从机，但总线上出现的数据不会丢失。ACK 的处理由 TWI 逻辑自动管理，CPU 不能直接访问 ACK。

11.4.5 TWI(从机)地址寄存器

TWI(从机)地址寄存器(TWAR)定义如下：

Bit	7	6	5	4	3	2	1	0	
	TWA6	TWA5	TWA4	TWA3	TWA2	TWA1	TWA0	TWGCE	TWAR
读/写	R/W	R/W	R/W	R/W	R/W	R/W	R/W	R/W	
初始值	1	1	1	1	1	1	1	0	

➢ Bits 7:1——TWA：TWI 从机地址寄存器，其值为从机地址

➢ Bit 0——TWGCE：使能 TWI 广播识别，置位后 MCU 可以识别 TWI 总线广播

TWAR 的高 7 位为从机地址。工作于从机模式时，TWI 将根据这个地址进行响应。主机模式不需要此地址。在多主机系统中，TWAR 需要进行设置以便其他主机访问自己。TWAR 的 LSB 用于识别广播地址(0x00)。器件内有一个地址比较器，一旦接收到的地址和本机地址一致，芯片就请求中断。

11.5 使用 TWI

AVR 的 TWI 接口是面向字节和基于中断的。所有的总线事件，如接收到一字节或发送了一个 START 信号等，都会产生一个 TWI 中断。由于 TWI 接口是基于中断的，因此 TWI 接口在字节发送和接收过程中，不需要应用程序的干预。TWCR 寄存器的 TWI 中断允许 TWIE 位和 SREG 寄存器的全局中断允许位一起决定了应用程序是否响应 TWINT 标志位产生的中断请求。如果 TWIE 被清零，应用程序只能采用查询 TWINT 标志位的方法来检测 TWI 总线状态。

当 TWINT 标志位置"1"时,表示 TWI 接口完成了当前的操作,等待应用程序的响应。在这种情况下,TWI 状态寄存器 TWSR 包含了表明当前 TWI 总线状态的值。应用程序可以读取 TWCR 的状态码,判别此时的状态是否正确,并通过设置 TWCR 与 TWDR 寄存器,决定在下一个 TWI 总线周期 TWI 接口应该如何工作。

下面是 TWI 数据传输过程中所有规则的总结:

① 当 TWI 完成一次操作并等待反馈时,TWINT 标志置位。直到 TWINT 清零,时钟线 SCL 才会拉低。

② TWINT 标志置位时,用户必须用与下一个 TWI 总线周期相关的值更新 TWI 寄存器。例如,TWDR 寄存器必须载入下一个总线周期中要发送的值。

③ 当所有的 TWI 寄存器得到更新,而且其他挂起的应用程序也已经结束,TWCR 被写入数据。写 TWCR 时,TWINT 位应置位。对 TWINT 写"1"清除此标志。TWI 将开始执行由 TWCR 设定的操作。

下面为 C 语言操作的例程,假设下面代码均已给出定义。

序 号	C 例程	说 明
1	TWCR=(1 << TWINT)|(1 << TWSTA)|(1 << TWEN);	发出 START 信号
2	while (!(TWCR & (1 << TWINT)));	等待 TWINT 置位,TWINT 置位表示 START 信号已发出
3	if ((TWSR & 0xF8) != START)ERROR();	检验 TWI 状态寄存器,屏蔽预分频位,如果状态字不是 START 转出错处理
	TWDR = SLA_W; TWCR = (1 << TWINT)	(1 << TWEN);	装入 SLA_W 到 TWDR 寄存器,TWINT 位清零,启动发送地址
4	while (!(TWCR & (1 << TWINT)));	等待 TWINT 置位,TWINT 置位表示总线命令 SLA+W 已发出,并收到应答信号 ACK/NACK
5	if ((TWSR & 0xF8) != MT_SLA_ACK) ERROR();	检验 TWI 状态寄存器,屏蔽预分频位,如果状态字不是 MT_SLA_ACK 转出错处理
	TWDR = DATA; TWCR = (1 << TWINT)	(1 << TWEN);	装入数据到 TWDR 寄存器,TWINT 清零,启动发送数据
6	while (!(TWCR & (1 << TWINT)));	等待 TWINT 置位,TWINT 置位表示总线数据 DATA 已发送,及收到应答信号 ACK/NACK
7	if ((TWSR & 0xF8) != MT_DATA_ACK) ERROR();	检验 TWI 状态寄存器,屏蔽预分频器,如果状态字不是 MT_DATA_ACK 转出错处理
	TWCR = (1 << TWINT)|(1 << TWEN)|(1 << TWSTO);	发送 STOP 信号

11.6 ATMEGA16(L)的内部 EEPROM

ATMEGA16(L)单片机片内有 512 字节的 EEPROM,它作为一个独立的数据空间存在。ATMEGA16(L)的 EEPROM 采用独立线性编址,其地址范围为 0~511。ATMEGA16(L)通过对相关寄存器的操作实现对 EEPROM 按字节进行读/写。ATMEGA16(L)的 EEPROM 至少可以擦写 100 000 次。

ATMEGA16(L)的 EEPROM 的写入时间约花数毫秒,取决于 V_{CC} 的电压。电源电压越低,写周期越长。

11.7 与 EEPROM 相关的寄存器

11.7.1 EEPROM 地址寄存器

EEPROM 地址寄存器(EEARH、EEARL)定义如下:

Bit	15	14	13	12	11	10	9	8	
	–	–	–	–	–	–	–	EEAR8	EEARH
	EEAR7	EEAR6	EEAR5	EEAR4	EEAR3	EEAR2	EEAR1	EEAR0	EEARL
	7	6	5	4	3	2	1	0	
读/写	R	R	R	R	R	R	R	R/W	
	R/W	R/W	R/W	R/W	R/W	R/W	R/W	R/W	
初始值	0	0	0	0	0	0	0	0	
	×	×	×	×	×	×	×	×	

EEPROM 地址寄存器 EEARH、EEARL 用于指定某个 EEPROM 单元的地址。512 字节的 EEPROM 线性编址为 0~511。地址寄存器 EEARH、EEARL 可读可写,初始值没有定义,访问前必须赋予正确的地址。

11.7.2 EEPROM 数据寄存器

EEPROM 数据寄存器(EEDR)定义如下:

Bit	7	6	5	4	3	2	1	0	
	MSB							LSB	EEDR
读/写	R/W	R/W	R/W	R/W	R/W	R/W	R/W	R/W	
初始值	0	0	0	0	0	0	0	0	

EEPROM 数据寄存器 EEDR 用于存放即将写入 EEPROM 或者从 EEPROM 读出的某个单元的数据。写入或者读出的地址由 EEPROM 的地址寄存器 EEARH、EEARL 给出。EEPROM 按字节读/写。EEPROM 数据寄存器 EEDR 可读可写,初始值为 0x00。

11.7.3　EEPROM 控制寄存器

EEPROM 控制寄存器(EECR)定义如下：

Bit	7	6	5	4	3	2	1	0	
	—	—	—	—	EERIE	EEMWE	EEWE	EERE	EECR
读/写	R	R	R	R	R/W	R/W	R/W	R/W	
初始值	0	0	0	0	0	0	×	0	

EEPROM 控制寄存器 EECR 用于控制单片机对 EEPROM 的操作。

➢ Bits 7:4——保留位，读时总为 0。

➢ Bits 3——EERIE：EERIE 为 EEPROM 中断准备好使能位。若 SREG 的 I 位为 1，则 EERIE 置位 1 将使能 EEPROM 准备好中断。清零 EERIE 则禁止此中断。

➢ Bits 2——EEMWE：EEMWE 为 EEPROM 主写使能位。只有 EEMWE 置位时，置位 EEWE 才能将数据寄存器 EEDR 中的内容写入由 EEAR 选择好的地址空间中。如果 EEMWE=0，置位 EEWE 不会产生写操作。EEMWE 在被用户置位后的 4 个时钟周期后被硬件清除。

➢ Bits 1——EEWE：EEWE 为 EEPROM 写使能位。当 EEPROM 的数据和地址被正确设置后，如果 EEMWE 被置位，则置位 EEWE 将执行写操作。EEPROM 写操作时序如下：

① 等待 EEWE 变为 0；
② 等待 SPMCSR 中的 SPMEN 位变为 0；
③ 把新的 EEPROM 地址写入 EEAR 中(可选)；
④ 把新的数据写入 EEDR 中(可选)；
⑤ 置位 EEMWE 同时清零 EEWE；
⑥ 在 EEMWE 置位后的 4 个时钟周期内置位 EEWE；

在 EEWE 置位后的 2.5～4 ms 后，EEWE 被硬件清零，用户可以通过查询此位判断写操作是否完成。

注意：在写 EEPROM 时，最好关闭全局中断标志位 I。如果在步骤⑤～⑥之间响应中断将导致写操作失败。

➢ Bits 0——EERE：EERE 为 EEPROM 的读使能位。当 EEPROM 的数据和地址被正确设置后，置位 EERE 将执行读操作。用户在读取 EEPROM 时应该检测 EEWE 位，如果一个写操作正在进行，则无法进行读取操作。

由于 AVR 单片机硬件上的原因，ATMEL 公司建议 EEPROM 中地址为 0 的存储空间尽量不要使用。支持 AVR 的所有 C 编译器，如 ICC、GCCAVR、IAREW 和 CAVR 都是从地址为 1 的空间开始存放数据。

11.8　ATMEGA16(L)内部 EEPROM 读/写操作实验 1

向 ATMEGA16(L)内部 EEPROM 读/写操作实验 1 写入一个数，然后读出，并在数码管上显示。

11.8.1 实现方法

进行 EEPROM 读/写需要 2 个参数:一个 16 位的地址和一个 8 位的数据。这里地址选为 345,数据选为 98。右边 4 位数码管显示从 EEPROM 中读出的数据。

11.8.2 源程序文件

打开 IAREW 集成开发环境,在 D 盘中建立一个文件目录(iar11-1),创建一个新工程项目 iar11-1.ewp 并建立 iar11-1.eww 的工作区。输入 C 源程序文件 iar11-1.c 如下:

```
#include <iom16.h>                          //1
#define  EEWE     1                          //2
#define  EEMWE    2                          //3
#define  EERE     0                          //4
#define  uchar unsigned char                 //5
#define  uint  unsigned int                  //6
uchar __flash SEG7[10] = {0x3f,0x06,0x5b,    //7
0x4f,0x66,0x6d,0x7d,0x07,0x7f,0x6f};         //8
uchar __flash ACT[3] = {0xfe,0xfd,0xfb};     //9
uchar val,DispBuff[3];                       //10
//*************************11*********
void delay_ms(uint k)                        //12
{                                            //13
    uint i,j;                                //14
    for(i=0;i<k;i++)                         //15
    {                                        //16
        for(j=0;j<1140;j++)                  //17
        ;                                    //18
    }                                        //19
}                                            //20
//*************************21*****************
void WRITE_EEP(uint address,uchar dat)       //22
{                                            //23
    while(EECR&(1 << EEWE));                 //24
    EEAR = address;                          //25
    EEDR = dat;                              //26
    EECR|(1 << EEMWE);                       //27
    EECR|(1 << EEWE);                        //28
}                                            //29
//*************************30*****************
uchar READ_EEP(uint address)                 //31
{                                            //32
    while(EECR&(1 << EEWE));                 //33
```

```
    EEAR = address;                          //34
    EECR|(1 << EERE);                        //35
    return EEDR;                             //36
}                                            //37
//************************** 38 *********************
void conv(uchar i)                           //39
{                                            //40
    uchar x;                                 //41
    x = i;                                   //42
    DispBuff[2] = x/100;                     //43
    x = i;                                   //44
    DispBuff[1] = (x/10) % 10;               //45
    x = i;                                   //46
    DispBuff[0] = x % 10;                    //47
}                                            //48
//************************** 49 *********
void display(uchar * p)                      //50
{                                            //51
    PORTA = SEG7[* p];                       //52
    PORTC = ACT[0];                          //53
    delay_ms(1);                             //54
    PORTA = SEG7[* (p + 1)];                 //55
    PORTC = ACT[1];                          //56
    delay_ms(1);                             //57
    PORTA = SEG7[* (p + 2)];                 //58
    PORTC = ACT[2];                          //59
    delay_ms(1);                             //60
}                                            //61
//************************** 62 *********
void port_init(void)                         //63
{                                            //64
    PORTA = 0xFF;                            //65
    DDRA  = 0xFF;                            //66
    PORTB = 0xFF;                            //67
    DDRB  = 0xFF;                            //68
    PORTC = 0xFF;                            //69
    DDRC  = 0xFF;                            //70
    PORTD = 0xFF;                            //71
    DDRD  = 0xFF;                            //72
}                                            //73
//************************** 74 *********
void main(void)                              //75
{                                            //76
    port_init();                             //77
    WRITE_EEP(345,98);delay_ms(10);          //78
```

```
val = READ_EEP(345);delay_ms(10);        //79
conv(val);                               //80
while(1)                                 //81
{                                        //82
    display(DispBuff);                   //83
}                                        //84
}                                        //85
```

编译通过后,将 iar11-1.hex 文件下载到 AVR DEMO 实验板上。

注意:标示"LEDMOD_DISP"、"LEDMOD_COM"的双排针应插上短路块。标示"DC5V"电源端输入 5 V 稳压电压。如图 11-3 所示,右侧 3 个数码管显示 098。

图 11-3 右侧 3 个数码管显示 098

11.8.3 程序分析解释

序号 1:包含头文件;
序号 2~4:寄存器的位宏定义;
序号 5~6:变量类型的宏定义;
序号 7~8:共阴极数码管 0~9 的字型码;
序号 9:3 位共阴极数码管的位选码;
序号 10:定义全局变量及数组;
序号 11:程序分隔;

序号 12～20：延时子函数；
序号 21：程序分隔；
序号 22：定义函数名为 WRITE_EEP 的写 EEPROM 子函数，dat 为待写数据，add 为 EEPROM 的单元地址；
序号 23：WRITE_EEP 子函数开始；
序号 24：等待前一次写操作完成；
序号 25：设定单元地址；
序号 26：将数据写入 EEDR；
序号 27：允许 EEPROM 操作；
序号 28：开始 EEPROM 写操作；
序号 29：WRITE_EEP 子函数结束；
序号 30：程序分隔；
序号 31：定义函数名为 READ_EEP 的读 EEPROM 子函数，add 为 EEPROM 的单元地址；
序号 32：READ_EEP 子函数开始；
序号 33：等待前一次写操作完成；
序号 34：设定单元地址；
序号 35：开始 EEPROM 写操作；
序号 36：返回读出的数据；
序号 37：READ_EEP 子函数结束；
序号 38：程序分隔；
序号 39：定义函数名为 conv 的数据转换子函数，将变量 i 分解成待显数据并存入数组；
序号 40：conv 子函数开始；
序号 41：定义局部变量 x；
序号 42：i 赋给 x；
序号 43：取得 x 的百位值；
序号 44：i 赋给 x；
序号 45：取得 x 的拾位值；
序号 46：i 赋给 x；
序号 47：取得 x 的个位值；
序号 48：conv 子函数结束；
序号 49：程序分隔；
序号 50：定义函数名为 display 的显示子函数；
序号 51：display 子函数开始；
序号 52：传送个位值；
序号 53：选通个位；
序号 54：延时 1 ms；
序号 55：传送十位值；
序号 56：选通十位；
序号 57：延时 1 ms；
序号 58：传送百位值；
序号 59：选通百位；
序号 60：延时 1 ms；
序号 61：display 子函数结束；
序号 62：程序分隔；
序号 63：定义函数名为 port_init 的端口初始化子函数；
序号 64：端口初始化子函数开始；

序号 65:PA 端口初始化输出 1111 1111;
序号 66:将 PA 端口设为输出;
序号 67:PB 端口初始化输出 1111 1111;
序号 68:将 PB 端口设为输出;
序号 69:PC 端口初始化输出 1111 1111;
序号 70:将 PC 端口设为输出;
序号 71:PD 端口初始化输出 1111 1111;
序号 72:将 PD 端口设为输出;
序号 73:端口初始化子函数结束;
序号 74:程序分隔;
序号 75:定义主函数;
序号 76:主函数开始;
序号 77:调用端口初始化子函数;
序号 78:将 98 写入 EEPROM 的 345 单元;
序号 79:从 EEPROM 的 345 单元中读出数据并传给 val;
序号 80:调用数据转换子函数;
序号 81:无限循环;
序号 82:无限循环开始;
序号 83:数码管显示;
序号 84:无限循环结束;
序号 85:主函数结束。

11.9 ATMEGA16(L)内部 EEPROM 读/写操作实验 2

选择 ATMEGA16(L)内部 EEPROM 读/写操作实验 2 的一个地址单元,选择一个数,进行写入与读出实验,并在 16×2 液晶上显示。

11.9.1 实现方法

用按键 S4 选择 4 种工作状态(INPUT VALUE、INPUT ADDRESS、WRITE VALUE、READ VALUE);INPUT VALUE 状态时:用 S1、S2 选定一个 0～255 之间的数(在 LCD 的第 2 行左边显示);INPUT ADDRESS 状态时:用 S1、S2 选定一个 1～511 之间的地址(在 LCD 的第 2 行右边显示);WRITE VALUE 状态时:点按 S3 后写入 ATMEGA16L 内部 EEP-ROM 的单元;READ VALUE 状态时:点按 S3 键读出刚才写入的数并在 LCD 的第 2 行中间显示。

11.9.2 源程序文件

打开 IAREW 集成开发环境,在 D 盘中建立一个文件目录(iar11-2),创建一个新工程项目 iar11-2.ewp 并建立 iar11-2.eww 的工作区。输入 C 源程序文件 1 如下:

```c
#include <iom16.h>                                      //1
#include "RW_EEPROM.h"                                  //2
#include <intrinsics.h>                                 //3
#include "lcd1602_8bit.c"                               //4
#define GET_BIT(x,y) (x&(1 << y))                       //5
#define S1 4                                            //6
#define S2 5                                            //7
#define S3 6                                            //8
#define S4 7                                            //9
#define uchar unsigned char                             //10
#define uint  unsigned int                              //11
uchar status;                                           //12
uint eepromaddress;                                     //13
uchar x,y;                                              //14
uchar __flash title[] = {"EEPROM R/W TEST "};           //15
uchar __flash title1[] = {"   INPUT VALUE   "};         //16
uchar __flash title2[] = {" INPUT ADDRESS   "};         //17
uchar __flash title3[] = {" WRITE VALUE     "};         //18
uchar __flash title4[] = {" READ VALUE      "};         //19
//*************************20*********
void port_init(void)                                    //21
{                                                       //22
    PORTA = 0xFF;                                       //23
    DDRA  = 0xFF;                                       //24
    PORTB = 0xFF;                                       //25
    DDRB  = 0xFF;                                       //26
    PORTC = 0xFF;                                       //27
    DDRC  = 0xFF;                                       //28
    PORTD = 0xFF;                                       //29
    DDRD  = 0xFF;                                       //30
}                                                       //31
//*************************32*********
void main(void)                                         //33
{                                                       //34
    port_init();                                        //35
    Delay_nms(400);                                     //36
    InitLcd();                                          //37
    ePutstr(0,0,title);                                 //38
    Delay_nms(2000);                                    //39
    while(1)                                            //40
    {                                                   //41
        switch(status)                                  //42
        {                                               //43
            case 0: ePutstr(0,0,title1);                //44
              if(GET_BIT(PIND,S4) == 0){status ++ ;Delay_nms(250);}//45
```

```c
      if(status>3)status = 0;                                       //46
   //---------------------47------
      if(GET_BIT(PIND,S1) == 0)                                     //48
      {                                                             //49
        if(x<255)x++;                                               //50
        Delay_nms(250);                                             //51
      }                                                             //52
   //---------------------53-----
      if(GET_BIT(PIND,S2) == 0)                                     //54
      {                                                             //55
        if(x>0)x--;                                                 //56
        Delay_nms(250);                                             //57
      }                                                             //58
      DisplayOneChar(0,1,(x/100) + 0x30);Delay_nms(10);             //59
      DisplayOneChar(1,1,((x%100)/10) + 0x30);Delay_nms(10);        //60
      DisplayOneChar(2,1,(x%10) + 0x30);Delay_nms(10);              //61
      break;                                                        //62
case 1:ePutstr(0,0,title2);                                         //63
      if(GET_BIT(PIND,S4) == 0){status++ ;Delay_nms(250);}          //64
      if(status>3)status = 0;                                       //65
   //---------------------66-----
      if(GET_BIT(PIND,S1) == 0)                                     //67
      {                                                             //68
        if(eepromaddress<511)eepromaddress++;                       //69
        Delay_nms(250);                                             //70
      }                                                             //71
   //---------------------72
      if(GET_BIT(PIND,S2) == 0)                                     //73
      {                                                             //74
        if(eepromaddress>1)eepromaddress--;                         //75
        Delay_nms(250);                                             //76
      }                                                             //77
      DisplayOneChar(13,1,(eepromaddress/100) + 0x30);Delay_nms(10);//78
      DisplayOneChar(14,1,((eepromaddress%100)/10) + 0x30);Delay_nms(10);//79
      DisplayOneChar(15,1,(eepromaddress%10) + 0x30);Delay_nms(10); //80
      break;                                                        //81
case 2:ePutstr(0,0,title3);                                         //82
      if(GET_BIT(PIND,S4) == 0){status++ ;Delay_nms(250);}          //83
      if(status>3)status = 0;                                       //84
   //---------------------85
      if(GET_BIT(PIND,S3) == 0)                                     //86
      { WRITE_EEPROM(eepromaddress,x);Delay_nms(10);                //87
        DisplayOneChar(14,0,'O');Delay_nms(10);                     //88
        DisplayOneChar(15,0,'K');Delay_nms(10);                     //89
        Delay_nms(100);                                             //90
```

```
                DisplayOneChar(14,0,~);Delay_nms(10);        //91
                DisplayOneChar(15,0,~);Delay_nms(10);        //92
            }                                                 //93
            break;                                            //94
        case 3:ePutstr(0,0,title4);                           //95
            if(GET_BIT(PIND,S4) == 0){status ++;Delay_nms(250);}//96
            if(status>3)status = 0;                           //97
            //---------------------98
            if(GET_BIT(PIND,S3) == 0)                         //99
            { y = READ_EEPROM(eepromaddress);Delay_nms(10);   //100
                DisplayOneChar(14,0,'O');Delay_nms(10);       //101
                DisplayOneChar(15,0,'K');Delay_nms(10);       //102
                Delay_nms(100);                               //103
                DisplayOneChar(14,0,~);Delay_nms(10);         //104
                DisplayOneChar(15,0,~);Delay_nms(10);         //105
            }                                                 //106
            DisplayOneChar(5,1,(y/100) + 0x30);Delay_nms(10);     //107
            DisplayOneChar(6,1,((y%100)/10) + 0x30);Delay_nms(10);//108
            DisplayOneChar(7,1,(y%10) + 0x30);Delay_nms(10);      //109
            break;                                            //110
        default:break;                                        //111
        }                                                     //112
    }                                                         //113
}                                                             //114
```

将以上源程序文件命名为 iar11 - 2.c。

输入 C 源程序文件 2：

```
#include <iom16.h>                                           //1
#define  EEWE    1                                           //2
#define  EEMWE   2                                           //3
#define  EERE    0                                           //4
//*******写 EEPROM 子函数*********5
void WRITE_EEPROM(unsigned int address,unsigned char dat)    //6
{                                                            //7
    while(EECR&(1 << EEWE));                                 //8
    EEAR = address;                                          //9
    EEDR = dat;                                              //10
    EECR|(1 << EEMWE);                                       //11
    EECR|(1 << EEWE);                                        //12
}                                                            //13
//********读 EEPROM 子函数**********14
unsigned int READ_EEPROM(unsigned int address)               //15
{                                                            //16
    while(EECR&(1 << EEWE));                                 //17
    EEAR = address;                                          //18
```

第 11 章 ATMEGA16(L)的两线串行接口 TWI

```
    EECR|(1 << EERE);                              //19
    return EEDR;                                    //20
}                                                   //21
```

将以上源程序文件命名为 RW_EEPROM.h。

须用到 lcd1602_8bit.c 文件，因此编译前，须将 lcd1602_8bit.c 文件从第 8 章的实验程序文件夹 iar8-2 拷贝到当前目录中(iar11-2)。

编译通过后，可进行实时在线仿真。仿真结束后，将 iar11-2.hex 文件下载到 AVR DEMO 实验板上。

注意：标示"LCD16*2"的单排座上要正确插上 16×2 液晶模块(引脚号对应，不能插反)。标示"KEY"的双排针应插上短路块。在标示"DC5V"电源端输入 5 V 稳压电压。

上电后，LCD 的第 1 行显示 INPUT VALUE，用 S1、S2 选定一个数(208)，这个数在 LCD 的第 2 行左边显示(如图 11-4 所示)；按一下 S4，LCD 的第 1 行显示 INPUT ADDRESS，用 S1、S2 选定一个 1～511 之间的地址(我们选 501)，这个地址在 LCD 的第 2 行右边显示(如图 11-5 所示)；再按一下 S4，LCD 的第 1 行显示 WRITE VALUE，这时点按 S3 后将数 208 写入 ATMEGA16(L)内部 EEPROM 的 501 号单元(如图 11-6 所示)，同时，第 1 行右边会闪显 OK 字样，表示已写入；再按一下 S4，LCD 的第 1 行显示 READ VALUE，点按 S3 键读出刚才写入的数(208)并在 LCD 的第 2 行中间显示(如图 11-7 所示)。

这个实验，表示可自己设定地址并读/写数据。

图 11-4 LCD 的第 2 行左边显示数 208

图 11-5　LCD 的第 2 行右边显示地址 501

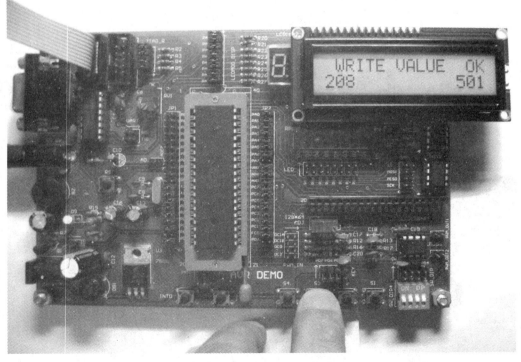

图 11-6　将数 208 写入 ATMEGA16(L)内部 EEPROM 的 501 号单元

第 11 章 ATMEGA16(L)的两线串行接口 TWI

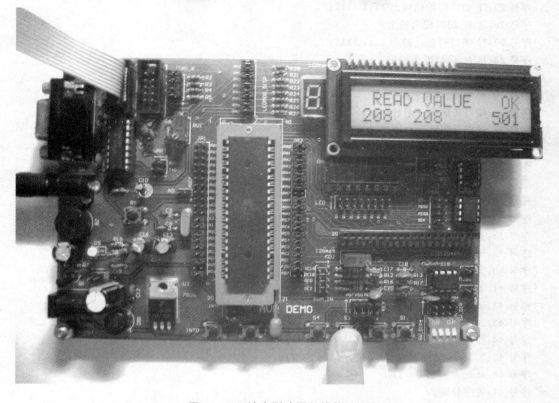

图 11-7 读出刚才写入的数(208)

11.9.3 程序分析解释

分析源程序文件 iar11-2.c 如下：

序号 1:包含头文件；
序号 2:包含 ATMEGA16(L)内部 EEPROM 读/写的头文件；
序号 3:包含头文件；
序号 4:包含 1602LCD 的驱动文件；
序号 5:读取位的宏定义；
序号 6~9:宏定义；
序号 10~11:变量类型的宏定义；
序号 12:定义状态变量 status；
序号 13:定义 ATMEGA16(L)内部 EEPROM 地址变量 eepromaddress；
序号 14:定义全局变量；
序号 15~19:待显字符串；
序号 20:程序分隔；
序号 21:定义端口初始化子函数；
序号 22:端口初始化子函数开始；
序号 23:PA 端口初始化输出 1111 1111；
序号 24:将 PA 端口设为输出；

序号 25：PB 端口初始化输出 1111 1111；
序号 26：将 PB 端口设为输出；
序号 27：PC 端口初始化输出 1111 1111；
序号 28：将 PC 端口设为输出；
序号 29：PD 端口初始化输出 1111 1111；
序号 30：将 PD 端口设为输出；
序号 31：端口初始化子函数结束；
序号 32：程序分隔；
序号 33：定义主函数；
序号 34：主函数开始；
序号 35：调用端口初始化子函数；
序号 36：延时 400 ms；
序号 37：调用 LCD 初始化子函数；
序号 38：显示 EEPROM R/W TEST；
序号 39：延时 2 s；
序号 40：无限循环；
序号 41：无限循环开始；
序号 42：switch 语句，根据 status 进行散转；
序号 43：switch 语句开始；
序号 44：如果 status 为 0 时，显示 INPUT VALUE；
序号 45：如果 S4 键按下，状态变量 status 递增；
序号 46：status 范围 0～3；
序号 47：程序分隔；
序号 48：if 语句，如果按键 S1 按下；
序号 49：if 语句开始；
序号 50：变量 x 递增，最大值为 255；
序号 51：延时 0.25 s；
序号 52：if 语句结束；
序号 53：程序分隔；
序号 54：if 语句，如果按键 S2 按下；
序号 55：if 语句开始；
序号 56：变量 x 递减，最小值为 0；
序号 57：延时 0.25 s；
序号 58：if 语句结束；
序号 59～61：将 x 值（即选定的待写数）显示在 LCD 第 2 行左边；
序号 62：break 语句退出；
序号 63：如果 status 为 1 时，显示 INPUT ADDRESS；
序号 64：如果 S4 键按下，状态变量 status 递增；
序号 65：status 范围 0～3；
序号 66：程序分隔；
序号 67：if 语句，如果按键 S1 按下；
序号 68：if 语句开始；
序号 69：变量 eepromaddress 递增，最大值为 511；
序号 70：延时 0.25 s；
序号 71：if 语句结束；

第11章 ATMEGA16(L)的两线串行接口 TWI

序号72:程序分隔;
序号73:if 语句,如果按键 S2 按下;
序号74:if 语句开始;
序号75:变量 eepromaddress 递减,最小值为 1;
序号76:延时 0.25 s;
序号77:if 语句结束;
序号78~80:将 eepromaddress 值(即选定的 ATMEGA16(L)内部 EEPROM 地址)显示在 LCD 第 2 行右边;
序号81:break 语句退出;
序号82:如果 status 为 2 时,显示 WRITE VALUE;
序号83:如果 S4 键按下,状态变量 status 递增;
序号84:status 范围 0~3;
序号85:程序分隔;
序号86:if 语句,如果按键 S3 按下;
序号87:if 语句开始,将变量 x 写入 ATMEGA16(L)内部 EEPROM 的地址 eepromaddress 中,延时 10 ms;
序号88~89:LCD 第 1 行右边显示 OK 字样;
序号90:延时 0.1 s;
序号91~92:熄灭 LCD 第 1 行右边 OK 字样;
序号93:if 语句结束;
序号94:break 语句退出;
序号95:如果 status 为 3 时,显示 READ VALUE;
序号96:如果 S4 键按下,状态变量 status 递增;
序号97:status 范围 0~3;
序号98:程序分隔;
序号99:if 语句,如果按键 S3 按下;
序号100:if 语句开始,从 ATMEGA16(L)内部 EEPROM 的地址 eepromaddress 中读取数据给变量 y,延时 10 ms;
序号101~102:LCD 第 1 行右边显示 OK 字样;
序号103:延时 0.1 s;
序号104~105:熄灭 LCD 第 1 行右边 OK 字样;
序号106:if 语句结束;
序号107~109:读取的数据显示在 LCD 第 2 行中间;
序号110:break 语句退出;
序号111:默认为退出;
序号112:switch 语句结束;
序号113:无限循环结束;
序号114:主函数结束。

分析源程序文件 RW_EEPROM.h 如下:

序号1:包含头文件;
序号2~4:宏定义;
序号5:程序分隔;
序号6:定义函数名为 WRITE_EEPROM 的写 EEPROM 子函数,dat 为待写数据,add 为 EEPROM 的某单元地址;
序号7:WRITE_EEPROM 子函数开始;
序号8:等待前一次写操作完成;
序号9:设定单元地址;

序号10：将数据写入 EEDR；
序号11：允许 EEPROM 操作；
序号12：开始 EEPROM 写操作；
序号13：WRITE_EEPROM 子函数结束；
序号14：程序分隔；
序号15：定义函数名为 READ_EEPROM 的读 EEPROM 子函数，add 为 EEPROM 的某单元地址；
序号16：READ_EEPROM 子函数开始；
序号17：等待前一次写操作完成；
序号18：设定单元地址；
序号19：开始 EEPROM 写操作；
序号20：返回读出的数据；
序号21：READ_EEPROM 子函数结束。

11.10 长期保存预置定时的电子钟实验

11.10.1 实现方法

图 11-8 为液晶的显示界面。上电后，右上角的状态为 0，表示正常走时。电子钟状态调整如下：

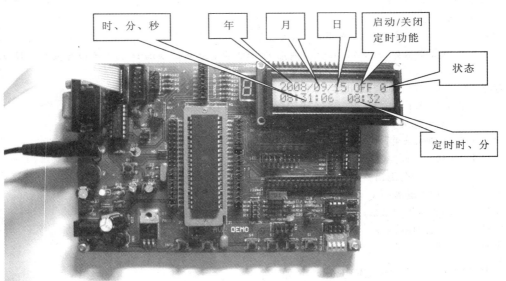

图 11-8 液晶的显示界面

① 按动按键 S4 后，右上角的状态从 0 变为 1：按下 S1 或 S2 可调整年的高 2 位。
② 按动按键 S4 后，右上角的状态变为 2：按下 S1 或 S2 可调整年的低 2 位。
③ 按动按键 S4 后，右上角的状态变为 3：按下 S1 或 S2 可调整月。
④ 按动按键 S4 后，右上角的状态变为 4：按下 S1 或 S2 可调整日。
⑤ 按动按键 S4 后，右上角的状态变为 5：按下 S1 或 S2 可调整时。

⑥ 按动按键 S4 后,右上角的状态变为 6;按下 S1 或 S2 可调整分。
⑦ 按动按键 S4 后,右上角的状态变为 7;按下 S1 或 S2 可调整定时设定时。
⑧ 按动按键 S4 后,右上角的状态变为 8;按下 S1 或 S2 可调整定时设定分。
⑨ 按动按键 S4 后,右上角的状态变为 9;按下 S3 后可将定时设定的时分存入 EEPROM。
⑩ 按动按键 S4 后,右上角的状态变为 0;进入正常走时状态。

11.10.2 源程序文件

打开 IAREW 集成开发环境,在 D 盘中建立一个文件目录(iar11-3),创建一个新工程项目 iar11-3.ewp 并建立 iar11-3.eww 的工作区。输入 C 源程序文件 iar11-3.c:

```
#include <iom16.h>                                    //1
#include "RW_EEPROM.h"                                //2
#include <intrinsics.h>                               //3
#include "lcd1602_8bit.c"                             //4
#define GET_BIT(x,y) (x&(1 << y))                     //5
#define CPL_BIT(x,y) (x^=(1 << y))                    //6
#define SET_BIT(x,y) (x|(1 << y))                     //7
#define CLR_BIT(x,y) (x&=~(1 << y))                   //8
#define S1 4                                          //9
#define S2 5                                          //10
#define S3 6                                          //11
#define S4 7                                          //12
#define uchar unsigned char                           //13
#define uint  unsigned int                            //14
uchar __flash title1[]={" This is a test "};          //15
uchar __flash title2[]={"   About Timer    "};        //16
uchar __flash title3[]={"    /  /      "};            //17
uchar __flash title4[]={"   :   :      "};            //18
uchar __flash title5[]={" Press S3      "};           //19
uchar __flash title6[]={" Write set_time "};          //20
uchar outflag,status;                                 //21
struct time                                           //22
{                                                     //23
    uint year;                                        //24
    uchar month,day;                                  //25
    uchar hour,minute,second;                         //26
};                                                    //27
struct time run_time,set_time;                        //28
/*******************************************29*****/
void port_init(void)                                  //30
{                                                     //31
    PORTA = 0xFF;                                     //32
    DDRA = 0xFF;                                      //33
```

```c
    PORTB = 0xFF;                                           //34
    DDRB = 0xFF;                                            //35
    PORTC = 0xFF;                                           //36
    DDRC = 0xFF;                                            //37
    PORTD = 0xFF;                                           //38
    DDRD = 0x00;                                            //39
}                                                           //40
//*******************************************41
void timer1_init(void)                                      //42
{                                                           //43
    TCCR1B = 0x00;                                          //44
    TCNT1H = 0xE1;                                          //45
    TCNT1L = 0x7C;                                          //46
    TCCR1A = 0x00;                                          //47
    TCCR1B = 0x05;                                          //48
    TIMSK = 0x04;                                           //49
}                                                           //50
/*******************************************51*******/
void init_devices(void)                                     //52
{                                                           //53
    port_init();                                            //54
    timer1_init();                                          //55
    SREG = 0x80;                                            //56
}                                                           //57
/*******************************************58***/
uchar conv(uint year,uchar month)                           //59
{   uchar len;                                              //60
    switch(month)                                           //61
    {                                                       //62
        case 1:len = 31;break;                              //63
        case 3:len = 31;break;                              //64
        case 5:len = 31;break;                              //65
        case 7:len = 31;break;                              //66
        case 8:len = 31;break;                              //67
        case 10:len = 31;break;                             //68
        case 12:len = 31;break;                             //69
        case 4:len = 30;break;                              //70
        case 6:len = 30;break;                              //71
        case 9:len = 30;break;                              //72
        case 11:len = 30;break;                             //73
        case 2:if(year % 4 == 0&&year % 100! = 0||year % 400 == 0)len = 29;   //74
            else len = 28;break;                            //75
        default:return 0;                                   //76
    }                                                       //77
    return len;                                             //78
```

```c
}                                                              //79
/*******************************************80***/
void scan_S4(void)                                             //81
{                                                              //82
    if(GET_BIT(PIND,S4) == 0)                                  //83
    {status ++ ;Delay_nms(250);}                               //84
}                                                              //85
/*******************************************86***/
void main(void)                                                //87
{                                                              //88
    init_devices();                                            //89
    Delay_nms(400);                                            //90
    InitLcd();                                                 //91
    ePutstr(0,0,title1);                                       //92
    ePutstr(0,1,title2);                                       //93
    Delay_nms(2000);                                           //94
    SREG = 0x00;                                               //95
    set_time.hour = READ_EEPROM(50);Delay_nms(10);             //96
    set_time.minute = READ_EEPROM(60);Delay_nms(10);           //97
    if(set_time.hour>24)set_time.hour = 0;                     //98
    if(set_time.minute>60)set_time.minute = 0;                 //99
    ePutstr(0,0,title3);                                       //100
    ePutstr(0,1,title4);                                       //101
    while(1)                                                   //102
    {                                                          //103
     switch(status)                                            //104
     {                                                         //105
     case 0:scan_S4();DisplayOneChar(15,0,status + 0x30);      //106
            SREG = 0x80;                                       //107
            if(GET_BIT(PIND,S3) == 0)                          //108
            {CPL_BIT(outflag,0);}                              //109
            if(GET_BIT(outflag,0) == 0)                        //110
            {                                                  //111
             DisplayOneChar(11,0,'O');Delay_nms(10);           //112
             DisplayOneChar(12,0,'F');Delay_nms(10);           //113
             DisplayOneChar(13,0,'F');Delay_nms(10);           //114
            }                                                  //115
            else                                               //116
            {                                                  //117
             DisplayOneChar(11,0,' ');Delay_nms(10);           //118
             DisplayOneChar(12,0,'O');Delay_nms(10);           //119
             DisplayOneChar(13,0,'N');Delay_nms(10);           //120
if((run_time.hour == set_time.hour)&&(run_time.minute == set_time.minute))//121
             CLR_BIT(PORTB,7);                                 //122
            }                                                  //123
```

```c
            DisplayOneChar(0,0,run_time.year/1000 + 0x30);Delay_nms(10);            //124
            DisplayOneChar(1,0,(run_time.year/100) % 10 + 0x30);Delay_nms(10);      //125
            DisplayOneChar(2,0,(run_time.year % 100)/10 + 0x30);Delay_nms(10);      //126
            DisplayOneChar(3,0,run_time.year % 10 + 0x30);Delay_nms(10);            //127
            DisplayOneChar(5,0,run_time.month/10 + 0x30);Delay_nms(10);             //128
            DisplayOneChar(6,0,run_time.month % 10 + 0x30);Delay_nms(10);           //129
            DisplayOneChar(8,0,run_time.day/10 + 0x30);Delay_nms(10);               //130
            DisplayOneChar(9,0,run_time.day % 10 + 0x30);Delay_nms(10);             //131
            DisplayOneChar(0,1,run_time.hour/10 + 0x30);Delay_nms(10);              //132
            DisplayOneChar(1,1,run_time.hour % 10 + 0x30);Delay_nms(10);            //133
            DisplayOneChar(3,1,run_time.minute/10 + 0x30);Delay_nms(10);            //134
            DisplayOneChar(4,1,run_time.minute % 10 + 0x30);Delay_nms(10);          //135
            DisplayOneChar(6,1,run_time.second/10 + 0x30);Delay_nms(10);            //136
            DisplayOneChar(7,1,run_time.second % 10 + 0x30);Delay_nms(10);          //137
            DisplayOneChar(10,1,set_time.hour/10 + 0x30);Delay_nms(10);             //138
            DisplayOneChar(11,1,set_time.hour % 10 + 0x30);Delay_nms(10);           //139
            DisplayOneChar(13,1,set_time.minute/10 + 0x30);Delay_nms(10);           //140
            DisplayOneChar(14,1,set_time.minute % 10 + 0x30);Delay_nms(10);         //141
            break;                                                                  //142
    case 1:scan_S4();SREG = 0x00;                                                   //143
            LcdWriteCommand(0x0c,1);                                                //144
            DisplayOneChar(15,0,status + 0x30);Delay_nms(10);                       //145
            LcdWriteCommand(0x0f,1);                                                //146
            if(GET_BIT(PIND,S1) == 0)                                               //147
            {run_time.year = (run_time.year) + 100;                                 //148
            Delay_nms(250);}                                                        //149
            if(GET_BIT(PIND,S2) == 0)                                               //150
            {run_time.year = (run_time.year) - 100;                                 //151
            Delay_nms(250);}                                                        //152
            DisplayOneChar(0,0,run_time.year/1000 + 0x30);Delay_nms(10);            //153
            LcdWriteCommand(0x0c,1);                                                //154
            DisplayOneChar(1,0,(run_time.year/100) % 10 + 0x30);Delay_nms(10);      //155
            break;                                                                  //156
    case 2:scan_S4();                                                               //157
            LcdWriteCommand(0x0c,1);                                                //158
            DisplayOneChar(15,0,status + 0x30);Delay_nms(10);                       //159
            LcdWriteCommand(0x0f,1);                                                //160
            if(GET_BIT(PIND,S1) == 0)                                               //161
            {run_time.year ++ ;                                                     //162
            Delay_nms(250);}                                                        //163
            if(GET_BIT(PIND,S2) == 0)                                               //164
            {run_time.year -- ;                                                     //165
            Delay_nms(250);}                                                        //166
            DisplayOneChar(2,0,(run_time.year % 100)/10 + 0x30);Delay_nms(10);      //167
            LcdWriteCommand(0x0c,1);                                                //168
```

```c
            DisplayOneChar(3,0,run_time.year % 10 + 0x30);Delay_nms(10);      //169
            break;                                                             //170
    case 3:scan_S4();                                                          //171
            LcdWriteCommand(0x0c,1);                                           //172
            DisplayOneChar(15,0,status + 0x30);Delay_nms(10);                  //173
            LcdWriteCommand(0x0f,1);                                           //174
            if(GET_BIT(PIND,S1) == 0)                                          //175
            {if(run_time.month<12)run_time.month ++ ;                          //176
            Delay_nms(250);}                                                   //177
            if(GET_BIT(PIND,S2) == 0)                                          //178
            {if(run_time.month>1)run_time.month -- ;                           //179
            Delay_nms(250);}                                                   //180
            DisplayOneChar(5,0,run_time.month/10 + 0x30);Delay_nms(10);        //181
            LcdWriteCommand(0x0c,1);                                           //182
            DisplayOneChar(6,0,run_time.month % 10 + 0x30);Delay_nms(10);      //183
            break;                                                             //184
    case 4:scan_S4();                                                          //185
            LcdWriteCommand(0x0c,1);                                           //186
            DisplayOneChar(15,0,status + 0x30);Delay_nms(10);                  //187
            LcdWriteCommand(0x0f,1);                                           //188
            if(GET_BIT(PIND,S1) == 0)                                          //189
            {if(run_time.day<31)run_time.day ++ ;                              //190
            Delay_nms(250);}                                                   //191
            if(GET_BIT(PIND,S2) == 0)                                          //192
            {if(run_time.day>1)run_time.day -- ;                               //193
            Delay_nms(250);}                                                   //194
            DisplayOneChar(8,0,run_time.day/10 + 0x30);Delay_nms(10);          //195
            LcdWriteCommand(0x0c,1);                                           //196
            DisplayOneChar(9,0,run_time.day % 10 + 0x30);Delay_nms(10);        //197
            break;                                                             //198
    case 5:scan_S4();                                                          //199
            LcdWriteCommand(0x0c,1);                                           //200
            DisplayOneChar(15,0,status + 0x30);Delay_nms(10);                  //201
            LcdWriteCommand(0x0f,1);                                           //202
            if(GET_BIT(PIND,S1) == 0)                                          //203
            {if(run_time.hour<23)run_time.hour ++ ;                            //204
            Delay_nms(250);}                                                   //205
            if(GET_BIT(PIND,S2) == 0)                                          //206
            {if(run_time.hour>1)run_time.hour -- ;                             //207
            Delay_nms(250);}                                                   //208
            DisplayOneChar(0,1,run_time.hour/10 + 0x30);Delay_nms(10);         //209
            LcdWriteCommand(0x0c,1);                                           //210
            DisplayOneChar(1,1,run_time.hour % 10 + 0x30);Delay_nms(10);       //211
            break;                                                             //212
    case 6:scan_S4();                                                          //213
```

```c
            LcdWriteCommand(0x0c,1);                                        //214
            DisplayOneChar(15,0,status+0x30);Delay_nms(10);                 //215
            LcdWriteCommand(0x0f,1);                                        //216
            if(GET_BIT(PIND,S1)==0)                                         //217
            {if(run_time.minute<59)run_time.minute++;                       //218
            Delay_nms(250);}                                                //219
            if(GET_BIT(PIND,S2)==0)                                         //220
            {if(run_time.minute>0)run_time.minute--;                        //221
            Delay_nms(250);}                                                //222
            DisplayOneChar(3,1,run_time.minute/10+0x30);Delay_nms(10);      //223
            LcdWriteCommand(0x0c,1);                                        //224
            DisplayOneChar(4,1,run_time.minute%10+0x30);Delay_nms(10);      //225
            break;                                                          //226
    case 7:scan_S4();                                                       //227
            LcdWriteCommand(0x0c,1);                                        //228
            DisplayOneChar(15,0,status+0x30);Delay_nms(10);                 //229
            LcdWriteCommand(0x0f,1);                                        //230
            if(GET_BIT(PIND,S1)==0)                                         //231
            {if(set_time.hour<23)set_time.hour++;                           //232
            Delay_nms(250);}                                                //233
            if(GET_BIT(PIND,S2)==0)                                         //234
            {if(set_time.hour>0)set_time.hour--;                            //235
            Delay_nms(250);}                                                //236
            DisplayOneChar(10,1,set_time.hour/10+0x30);Delay_nms(10);       //237
            LcdWriteCommand(0x0c,1);                                        //238
            DisplayOneChar(11,1,set_time.hour%10+0x30);Delay_nms(10);       //239
            break;                                                          //240
    case 8:scan_S4();                                                       //241
            LcdWriteCommand(0x0c,1);                                        //242
            DisplayOneChar(15,0,status+0x30);Delay_nms(10);                 //243
            LcdWriteCommand(0x0f,1);                                        //244
            if(GET_BIT(PIND,S1)==0)                                         //245
            {if(set_time.minute<59)set_time.minute++;                       //246
            Delay_nms(250);}                                                //247
            if(GET_BIT(PIND,S2)==0)                                         //248
            {if(set_time.minute>0)set_time.minute--;                        //249
            Delay_nms(250);}                                                //250
            DisplayOneChar(13,1,set_time.minute/10+0x30);Delay_nms(10);     //251
            LcdWriteCommand(0x0c,1);                                        //252
            DisplayOneChar(14,1,set_time.minute%10+0x30);Delay_nms(10);     //253
            break;                                                          //254
    case 9:scan_S4();                                                       //255
            LcdWriteCommand(0x0c,1);                                        //256
            DisplayOneChar(15,0,status+0x30);Delay_nms(10);                 //257
            ePutstr(0,0,title5);                                            //258
```

第 11 章　ATMEGA16(L)的两线串行接口 TWI

```
            ePutstr(0,1,title6);                                    //259
            if(GET_BIT(PIND,S3) == 0)                               //260
            {                                                       //261
              WRITE_EEPROM(50,set_time.hour);Delay_nms(10);         //262
              WRITE_EEPROM(60,set_time.minute);Delay_nms(10);       //263
              DisplayOneChar(11,0,'O');Delay_nms(10);               //264
              DisplayOneChar(12,0,'K');Delay_nms(10);               //265
              Delay_nms(100);                                       //266
            }                                                       //267
            break;                                                  //268
      case 10:ePutstr(0,0,title3);                                  //269
            ePutstr(0,1,title4);                                    //270
            if(status>9)status = 0;                                 //271
            break;                                                  //272
      default:break;                                                //273
     }                                                              //274
    }                                                               //275
}                                                                   //276
/***********************************277***********/
#pragma vector = TIMER1_OVF_vect                                    //278
__interrupt void timer1_ovf_isr(void)                               //279
{                                                                   //280
  uchar tempday;                                                    //281
  TCNT1H = 0xE1;                              //282reload counter high value
  TCNT1L = 0x7C;                              //283reload counter low value
  tempday = conv(run_time.year,run_time.month);                     //284
  if(++run_time.second>59){run_time.minute++;run_time.second = 0;}  //285
  if(run_time.minute>59){run_time.hour++;run_time.minute = 0;}      //286
  if(run_time.hour>23){run_time.day++;run_time.hour = 0;}           //287
  if(run_time.day>tempday){run_time.month++;run_time.day = 1;}      //288
  if(run_time.month>12){run_time.year++;run_time.month = 1;}        //289
}                                                                   //290
```

　　程序中须用到 lcd1602_8bit.c 文件,因此编译前,须将 lcd1602_8bit.c 文件从第 8 章的实验程序文件夹 iar8-2 拷贝到当前目录中(iar11-3)。另外还要用到 RW_EEPROM.h 文件,须将 RW_EEPROM.h 文件从文件夹 iar11-2 拷贝到当前目录中(iar11-3)。

　　编译通过后,可进行实时在线仿真。仿真结束后,将 iar11-3.hex 文件下载到 AVR DEMO 实验板上。

　　注意: 标示"LCD16*2"的单排座上要正确插上 16×2 液晶模块(引脚号对应,不能插反)。标示"KEY"、"LED"的双排针应插上短路块。在标示"DC5V"电源端输入 5 V 稳压电压。

　　上电后,右上角的状态为 0,正常走时。进行如下操作,验证程序设计:
　　① 按动按键 S4 后,右上角的状态从 0 变为 1:按下 S1 或 S2 调整年为 20xx。
　　② 按动按键 S4 后,右上角的状态变为 2:按下 S1 或 S2 调整年为 2008。

③ 按动按键 S4 后,右上角的状态变为 3:按下 S1 或 S2 调整为 09。
④ 按动按键 S4 后,右上角的状态变为 4:按下 S1 或 S2 调整日为 15。
⑤ 按动按键 S4 后,右上角的状态变为 5:按下 S1 或 S2 调整时为 08。
⑥ 按动按键 S4 后,右上角的状态变为 6:按下 S1 或 S2 调整分为 30。
⑦ 按动按键 S4 后,右上角的状态变为 7:按下 S1 或 S2 调整定时时为 08。
⑧ 按动按键 S4 后,右上角的状态变为 8:按下 S1 或 S2 调整定时分为 32。
⑨ 按动按键 S4 后,右上角的状态变为 9:按下 S3 后可将定时设定的时分存入 EEPROM。
⑩ 按动按键 S4 后,右上角的状态变为 0:进入正常走时状态。在正常走时时,按下 S3 后可启动/关闭定时功能。在定时功能启动的情况下,如走时和定时相同,发光管 D8 点亮,可表示继电器吸合。图 11-9 为走时等于定时的照片,看到 D8 已经点亮。

图 11-9 走时=定时的照片

11.10.3 程序分析解释

序号 1:包含头文件;
序号 2:包含 ATMEGA16(L)内部 EEPROM 读/写的头文件;
序号 3:包含头文件;
序号 4:包含 1602LCD 的驱动文件;
序号 5:读取位的宏定义;
序号 6:翻转位的宏定义;
序号 7:置位位的宏定义;

第11章　ATMEGA16(L)的两线串行接口 TWI

序号 8：清除位的宏定义；
序号 9～12：宏定义；
序号 13～14：变量类型的宏定义；
序号 15～20：待显字符串；
序号 21：定义输出标志和状态变量 status；
序号 22：定义一个时间 time 的结构体类型；
序号 23：结构体类型开始。；
序号 24：定义无符号整型变量 year 为成员；
序号 25：定义无符号字符型变量 month、day 为成员；
序号 26：定义无符号字符型变量 hour、minute、second 为成员；
序号 27：结构体类型定义结束；
序号 28：定义 time 类型结构体的变量 run_time、set_time；
序号 29：程序分隔；
序号 30：定义端口初始化子函数；
序号 31：端口初始化子函数开始；
序号 32：PA 端口初始化输出 1111 1111；
序号 33：将 PA 端口设为输出；
序号 34：PB 端口初始化输出 1111 1111；
序号 35：将 PB 端口设为输出；
序号 36：PC 端口初始化输出 1111 1111；
序号 37：将 PC 端口设为输出；
序号 38：PD 端口初始化输出 1111 1111；
序号 39：将 PD 端口设为输入；
序号 40：端口初始化子函数结束；
序号 41：程序分隔；
序号 42：定义定时器 1 初始化子函数；
序号 43：定时器 1 初始化子函数开始；
序号 44：定时器 1 停止运行；
序号 45～46：设定 1 s 的定时初值；
序号 47：定时器 1 的比较功能没有使用；
序号 48：定时器 1 的计数预分频取 1 024，启动定时器 1；
序号 49：定时器 1 开中断；
序号 50：定时器 1 初始化子函数结束；
序号 51：程序分隔；
序号 52：定义芯片的初始化子函数；
序号 53：芯片的初始化子函数开始；
序号 54：调用端口初始化子函数；
序号 55：调用定时器 0 初始化子函数；
序号 56：使能总中断；
序号 57：芯片的初始化子函数结束；
序号 58：程序分隔；
序号 59～79：conv()子函数，通过输入年份、月份，计算出当月的天数；
序号 59：定义函数名为 conv 的子函数；
序号 60：conv()子函数开始，定义无符号字符型局部变量 len；
序号 61～77：switch 语句，根据月份(month)，得到天数(len)；

序号 62:switch 语句开始;
序号 63~73:1、3、5、7、8、10、12 月的天数为 31 天,4、6、9、11 月的天数为 30 天;
序号 74:2 月的天数如闰年为 29 天;
序号 75:否则是平年为 28 天;
序号 76:如月份出错(如输入了 13 个月),天数返回 0;
序号 77:switch 语句结束;
序号 78:如月份正确,返回该月的天数;
序号 79:conv()子函数结束;
序号 80:程序分隔;
序号 81:定义扫描按键 S4 的子函数;
序号 82:扫描按键 S4 的子函数开始;
序号 83:如果 S4 键按下;
序号 84:状态变量 status 递增;
序号 85:扫描按键 S4 的子函数结束;
序号 86:程序分隔;
序号 87:定义主函数;
序号 88:主函数开始;
序号 89:调用芯片初始化子函数;
序号 90:延时 400 ms;
序号 91:调用 LCD 初始化子函数;
序号 92~93:显示开机界面;
序号 94:延时 2 s;
序号 95:关总中断;
序号 96:从 ATMEGA16(L)内部 EEPROM 地址 50 中读出预存的定时时;
序号 97:从 ATMEGA16(L)内部 EEPROM 地址 60 中读出预存的定时分;
序号 98:如果读出定时时值>24,说明还未存数,我们将定时时置为 0;
序号 99:如果读出定时分值>60,说明还未存数,我们将定时分置为 0;
序号 100~101:界面上显示必要的符号;
序号 102:无限循环;
序号 103:无限循环开始;
序号 104:switch 语句,根据 status 进行散转;
序号 105:switch 语句开始;
序号 106:如果 status 为 0 时,LCD 的右上方显示状态值为 0;
序号 107:开总中断;
序号 108:如果 S3 键按下;
序号 109:输出标志 outflag 的 0 位翻转;
序号 110:如果标志 outflag 的 0 位为 0;
序号 111:if 语句开始;
序号 112~114:LCD 上会显示 OFF;
序号 115:if 语句结束;
序号 116:否则如果标志 outflag 的 0 位为 1;
序号 117:否则语句开始;
序号 118~120:LCD 上会显示 ON;
序号 121:如果定时时间到;
序号 122:D8 点亮;

第 11 章　ATMEGA16(L)的两线串行接口 TWI

序号 123:否则语句结束;
序号 124～126:LCD 上显示走时年;
序号 128～129:LCD 上显示走时月;
序号 130～131:LCD 上显示走时日;
序号 132～133:LCD 上显示走时时;
序号 134～135:LCD 上显示走时分;
序号 136～137:LCD 上显示走时秒;
序号 138～139:LCD 上显示定时时;
序号 140～141:LCD 上显示定时分;
序号 142:break 语句退出;
序号 143:如果 status 为 1 时,调用扫描 S4 键子函数,关总中断;
序号 144:显示屏打开,光标不显示、不闪烁;
序号 145:LCD 的右上方显示状态值为 1;
序号 146:显示屏打开,光标显示、闪烁;
序号 147:如果 S1 键按下;
序号 148:走时的年的高 2 位增加;
序号 149:延时 250 ms;
序号 150:如果 S2 键按下;
序号 151:走时的年的高 2 位减少;
序号 152:延时 250 ms;
序号 153～155:刷新走时的年的高 2 位;
序号 156:break 语句退出;
序号 157:如果 status 为 2 时,调用扫描 S4 键子函数;
序号 158:显示屏打开,光标不显示、不闪烁;
序号 159:LCD 的右上方显示状态值为 2;
序号 160:显示屏打开,光标显示、闪烁;
序号 161:如果 S1 键按下;
序号 162:走时的年的低 2 位增加;
序号 163:延时 250 ms;
序号 164:如果 S2 键按下;
序号 165:走时的年的低 2 位减少;
序号 166:延时 250 ms;
序号 167～169:刷新走时的年的低 2 位;
序号 170:break 语句退出;
序号 171:如果 status 为 3 时,调用扫描 S4 键子函数;
序号 172:显示屏打开,光标不显示、不闪烁;
序号 173:LCD 的右上方显示状态值为 3;
序号 174:显示屏打开,光标显示、闪烁;
序号 175:如果 S1 键按下;
序号 176:走时的月增加;
序号 177:延时 250 ms;
序号 178:如果 S2 键按下;
序号 179:走时的月减少;
序号 180:延时 250 ms;
序号 181～183:刷新走时的月;

序号 184:break 语句退出；
序号 185:如果 status 为 4 时,调用扫描 S4 键子函数；
序号 186:显示屏打开,光标不显示、不闪烁；
序号 187:LCD 的右上方显示状态值为 4；
序号 188:显示屏打开,光标显示、闪烁；
序号 189:如果 S1 键按下；
序号 190:走时的日增加；
序号 191:延时 250 ms；
序号 192:如果 S2 键按下；
序号 193:走时的日减少；
序号 194:延时 250 ms；
序号 195~197:刷新走时的日；
序号 198:break 语句退出；
序号 199:如果 status 为 5 时,调用扫描 S4 键子函数；
序号 200:显示屏打开,光标不显示、不闪烁；
序号 201:LCD 的右上方显示状态值为 5；
序号 202:显示屏打开,光标显示、闪烁；
序号 203:如果 S1 键按下；
序号 204:走时的时增加；
序号 205:延时 250 ms；
序号 206:如果 S2 键按下；
序号 207:走时的时减少；
序号 208:延时 250 ms；
序号 209~211:刷新走时的时；
序号 212:break 语句退出；
序号 213:如果 status 为 6 时,调用扫描 S4 键子函数；
序号 214:显示屏打开,光标不显示、不闪烁；
序号 215:LCD 的右上方显示状态值为 6；
序号 216:显示屏打开,光标显示、闪烁；
序号 217:如果 S1 键按下；
序号 218:走时的分增加；
序号 219:延时 250 ms；
序号 220:如果 S2 键按下；
序号 221:走时的分减少；
序号 222:延时 250 ms；
序号 223~225:刷新走时的分；
序号 226:break 语句退出；
序号 227:如果 status 为 7 时,调用扫描 S4 键子函数；
序号 228:显示屏打开,光标不显示、不闪烁；
序号 229:LCD 的右上方显示状态值为 7；
序号 230:显示屏打开,光标显示、闪烁；
序号 231:如果 S1 键按下；
序号 232:定时的时增加；
序号 233:延时 250 ms；
序号 234:如果 S2 键按下；

第 11 章 ATMEGA16(L)的两线串行接口 TWI

序号 235:定时的时减少;
序号 236:延时 250 ms;
序号 237~239:刷新定时的时;
序号 240:break 语句退出;
序号 241:如果 status 为 8 时,调用扫描 S4 键子函数;
序号 242:显示屏打开,光标不显示、不闪烁;
序号 243:LCD 的右上方显示状态值为 8;
序号 244:显示屏打开,光标显示、闪烁;
序号 245:如果 S1 键按下;
序号 246:定时的分增加;
序号 247:延时 250 ms;
序号 248:如果 S2 键按下;
序号 249:定时的分减少;
序号 250:延时 250 ms;
序号 251~253:刷新定时的分;
序号 254:break 语句退出;
序号 255:如果 status 为 9 时,调用扫描 S4 键子函数;
序号 256:显示屏打开,光标不显示、不闪烁;
序号 257:LCD 的右上方显示状态值为 9;
序号 258~259:LCD 上显示 Press S3 及 Write set_time;
序号 260:如果 S3 键按下;
序号 261~267:将定时的时、分写入单片机 EEPROM 的 50、60 单元;
序号 268:break 语句退出;
序号 269:如果 status 为 10 时;
序号 270~270:在 LCD 上消除数据;
序号 271:status 回到 0;
序号 272:break 语句退出;
序号 273:默认为退出;
序号 274:switch 语句结束;
序号 275:无限循环结束;
序号 276:主函数结束;
序号 277:程序分隔;
序号 278:定时器 1 中断溢出函数声明;
序号 279:定时器 1 中断溢出服务子函数;
序号 280:定时器 1 中断溢出服务子函数开始;
序号 281:定义局部变量;
序号 282~283:重装定时器 1 初值(1S);
序号 284:调用 conv()子函数,通过输入年份、月份,计算出当月的日(天数);
序号 285:走时秒的范围 0~59;
序号 286:走时分的范围 0~59;
序号 287:走时时的范围 0~23;
序号 288:走时日的范围由上面的 conv()子函数算出;
序号 289:走时月的范围 1~12;
序号 290:定时器 1 中断溢出服务子函数结束。

11.11　EEPROM AT24CXX 的性能特点

AVR DEMO 实验板上安装有外置的串行 EEPROM——AT24C01A,ATMEGA16(L)可对 AT24C01A 进行读/写。

AT24CXX 系列内存是 Atmel 公司生产的高集成度串行 EEPROM,可进行电擦除,提供的接口形式是 I²C。普通的 AT24CXX 封装有 DIP-8、SOIC-14 和 SOIC-8 共 3 种形式,3 种形式封装的引脚定义如图 11-10 所示。

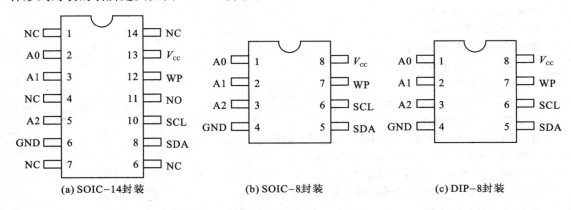

图 11-10　AT24CXX 3 种形式封装的引脚定义

11.12　AT24CXX 引脚定义

V_{cc}:电源。

SCL(Serial Clock):串行时钟,在时钟的上升沿,数据写入 EEPROM;在时钟的下降沿,数据从 EEPROM 被读出。

SDA(Serial Data):双向数据端口。这是一个漏极开路的引脚,满足"线与"的条件,在使用过程中须加上拉电阻(典型值:100 kHz 时为 10 kΩ,400 kHz 时为 1 kΩ)。

A0、A1、A2:地址输入端口,这些输入端用于多个器件级联时设置器件地址,当这些脚悬空时,默认值为 0(AT24C01 除外)。

WP(Write Protect):写保护,当该引脚连接到 GND 或悬空时,芯片可以进行正常的读/写操作;当连接到 V_{cc} 时,则所有的内容都被写保护(只能读)。

GND:地。

11.13　AT24CXX 系列存储器特点

AT24CXX 系列存储器具有如下特点:
① 可以适应标准电压和低电压操作,AT24CXX 系列能够使用的工作电压如下:
5.0 V(V_{cc}=4.5~5.5 V)
2.7 V(V_{cc}=2.7~5.5 V)

2.5 V(V_{cc}=2.5～5.5 V)
1.8 V(V_{cc}=1.8～5.5 V)

② 数据传输速率可变:当工作电压为 5 V 时,传输速率是 400 kHz;当工作电压为 2.7 V、2.5 V 和 1.8 V 时,传输速率是 100 kHz。

③ 分页式存储方式,每页的大小为 8 字节,根据内存容量的不同,支持不同大小的页面写入方式。

④ 自计时写周期小于 10 ms。

⑤ 高可靠性:可以进行 100 万次读/写操作,资料保存时间长于 100 年。

AT24CXX 系列 EEPROM 的种类和特征如表 11-2 所列。

表 11-2 AT24CXX 系列内存的种类和特征

型 号	容 量/KB	页	页面写入字节/字节/页
AT24C01	1	8 字节/页,128 页	8
AT24C02	2	8 字节/页,256 页	8
AT24C04	4	8 字节/页,256 页,2 块	16
AT24C08	8	8 字节/页,256 页,4 块	16
AT24C16	16	8 字节/页,256 页,8 块	16

11.14 AT24CXX 系列 EEPROM 的内部结构

AT24CXX 系列 EEPROM 的内部结构如图 11-11 所示,其中各个单元功能如下:

1. 启动和停止逻辑单元

接收引脚上的电平信号,进行判断是否进行启动和停止操作。

2. 串行控制逻辑单元

根据 SCL、SDA 以及"启动"、"停止"逻辑单元发出的各种信号进行区分并排列出有关的"寻址"、"读数据"和"写数据"等逻辑,将它们传送到相应的操作单元。例如:当操作命令为"寻址"时,它将通知地址计数器加 1 并启动器件地址比较器进行工作;在"读数据"时,它控制"数据输出确认逻辑单元";在"写数据"时,它控制升压/定时电路,以便向 EEPROM 电路提供编程所需要的高电压。

3. 地址/计数器单元

产生访问 EEPROM 所需要的存储单元的地址,并将其分别送到 X 译码器进行字选(字长 8 位),送到 Y 译码器进行位选。

4. 升压/定时单元

由于 EEPROM 资料写入时须向电路施加编程高电压,为了解决单一电源电压的供电问题,芯片生产厂家采用了电压的片内提升电路。电压的提升范围一般可以达到 12～21.5 V。

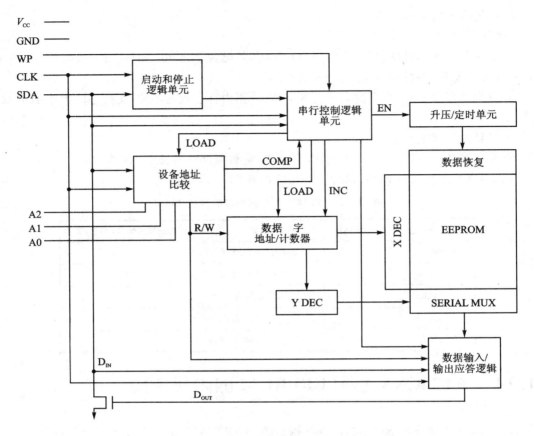

图 11-11　AT24CXX 系列 EEPROM 的内部结构

5. 数据输入/输出应答逻辑单元

地址和资料均以 8 位码串行输入/输出。数据传送时,每成功传送一字节数据后,接收器都必须产生一个应答信号;在第 9 个时钟周期时将 SDA 线置于低电压作为应答信号。

11.15　AT24CXX 系列 EEPROM 芯片的寻址

11.15.1　从器件地址

主器件通过发送一个起始信号启动发送过程,然后发送它所要寻址的从器件的地址。8 位从器件地址的高 4 位 D7～D4 固定为 1010(如表 11-3 所列),接下来的 3 位 D3～D1(A2、A1、A0)为器件的片选地址位或作为存储器页地址选择位,用来定义哪个器件以及器件的哪个部分被主器件访问,最多可以连接 8 个 AT24C01/02、4 个 AT24C04、2 个 AT24C08、8 个 AT24C32/64 和 4 个 AT24C256 器件到同一总线上,这些位必须与硬连线输入脚 A2、A1、A0 相对应。1 个 AT24C16/128 可单独被系统寻址。从器件 8 位地址的最低位 D0 作为读/写控制位,"1"表示对从器件进行读操作,"0"表示对从器件进行写操作。在主器件发送起始信号和从器件地址字节后,AT24CXX 监视总线,并当其地址与发送的从地址相符时响应一个应答信号(通过 SDA 线)。AT24CXX 再根据读/写控制位(R/W)的状态进行读或写操作。表 11-3 中 A0、A1 和 A2 对应器件的地址引脚 A0、A1、A2,a8、a9 和 a10 对应为存储阵列页地址选择位。

表 11-3 从器件地址

型号	控制码	片选	读/写	总线访问的器件
AT24C01	1010	A2A1A0	1/0	最多 8 个
AT24C02	1010	A2A1A0	1/0	最多 8 个
AT24C04	1010	A2A1a8	1/0	最多 4 个
AT24C08	1010	A2a9a8	1/0	最多 2 个
AT24C16	1010	a10a9a8	1/0	只有 1 个

11.15.2 应答信号

I^2C 总线数据传送时,每成功地传送一字节数据后,接收器都必须产生一个应答信号,应答的器件在第 9 个时钟周期时将 SDA 线拉低,表示其已收到一个 8 位数据。AT24CXX 在接收到起始信号和从器件地址之后响应一个应答信号。如果器件已选择了写操作,则在每接收一个 8 位字节之后响应一个应答信号。

当 AT24CXX 工作在读模式时,在发送一个 8 位数据后释放 SDA 线,并监视一个应答信号,一旦接收到应答信号,AT24CXX 继续发送数据;如主器件没有发送应答信号,器件停止传送数据并等待一个停止信号。主器件必须发一个停止信号给 AT24CXX,使其进入备用电源模式并使器件处于已知的状态。应答时序图如图 11-12 所示。

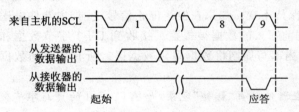

图 11-12 应答时序

11.15.3 数据地址分配

AT24CXX 系列串行 EEPROM 数据地址分配一览表如表 11-3 所列。AT24C01/02/04/08/16 的 A8～A15 位无效,只有 A0～A7 是有效位。对于 AT24C01/02 正好合适,但对于 AT24C04/08/16 来说,则须使用 a8、a9、a10 页面地址选择位(如表 11-3 所列)进行相应的配合。

11.16 写操作方式

11.16.1 字节写

如图 11-13 所示为 AT24CXX 字节写时序图。在字节写模式下,主器件发送起始命令和从器件地址信息("R/W"位置0)给从器件,主器件在收到从器件产生应答信号后发送1个8位字节地址写入 AT24C01/02/04/08/16 的地址指针。主器件在收到从器件的另一个应答信号后,再发送数据到被寻址的存储单元。AT24CXX 再次应答,并在主器件产生停止信号后开始内部数据的擦写。在内部擦写过程中,AT24CXX 不再应答主器件的任何请求。

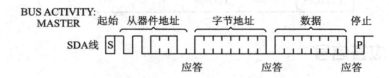

图 11-13 AT24C01/02/04/08/16 字节写时序图

11.16.2 页 写

如图 11-14 所示为 AT24CXX 页写时序图。在页写模式下,AT24C01/02/04/08/16 可一次写入 8/16/16/16/16 字节数据。页写操作的启动和字节写一样,不同之处在于传送了一字节数据后并不产生停止信号。主器件被允许发送 P(AT24C01:P=7;AT24C02/04/08/16:P=15)字节额外数据。每发送一字节数据后,AT24CXX 产生一个应答位,且内部低 3/3/4/4/4 位地址加 1,高位保持不变。如果在发送停止信号之前,主器件发送超过 P+1 字节,地址计数器将自动翻转,先前写入的数据被覆盖。接收到 P+1 字节数据和主器件发送的停止信号后,AT24CXX 启动内部写周期将数据写到数据区。所有接收的数据在一个写周期内写入 AT24CXX。

注意:页写时存在器件的页"翻转"现象,如 AT24C01 的页写字节数为 8,从 0 页首址 00H 处开始写入数据,当页写入数据超过 8 个时,会页"翻转";若从 03H 处开始写入数据,当页写入数据超过 5 个时,会页"翻转",其他情况依此类推。

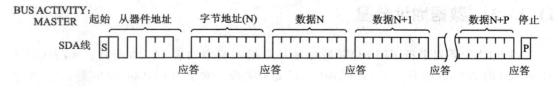

图 11-14 AT24C01/02/04/08/16 页写时序图

第 11 章 ATMEGA16(L)的两线串行接口 TWI

11.16.3 应答查询

可以利用内部写周期时禁止数据输入这一特性。一旦主器件发送停止位指示主器件操作结束时,AT24CXX 启动内部写周期,应答查询立即启动,包括发送一个起始信号和进行写操作的从器件地址。如果 AT24CXX 正在进行内部写操作,不会发送应答信号。如果 AT24CXX 已经完成了内部自写周期,将发送一个应答信号,主器件可以继续进行下一次读/写操作。

11.16.4 写保护

写保护操作特性可避免由于操作不当而造成对存储区域内部数据的改写。当 WP 引脚接高时,整个寄存器区全部被保护起来而变为只可读取。AT24CXX 可以接收从器件地址和字节地址,但在接收到第一个数据字节后不发送应答信号,可避免寄存器区域被编程改写。

11.17 读操作方式

对 AT24CXX 读操作的初始化方式和写操作时一样,仅把"R/W"位置为 1。它有 3 种不同的读操作方式:立即地址读取,读当前地址内容;随机地址读取,读随机地址内容及顺序地址读取,读顺序地址内容。

11.17.1 立即地址读取

如图 11-15 所示为 AT24CXX 立即地址读时序图。AT24CXX 的地址计数器内容为最后操作字节的地址加 1。也就是说,如果上次读/写的操作地址为 N,则立即读的地址从地址 $N+1$ 开始。如果 $N=E$(AT24C01,$E=127$;AT24C02,$E=255$;AT24C04,$E=511$;AT24C08,$E=1023$;AT24Cl6,$E=2047$),则计数器将翻转到 0 且继续输出数据。AT24CXX 接收到从器件地址信号后("R/W"位置 1),首先发送一个应答信号,然后发送一个 8 位字节数据。主器件不须发送一个应答信号,但要产生一个停止信号。

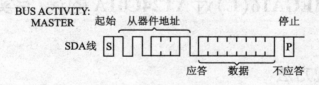

图 11-15 立即地址读时序图

11.17.2 随机地址读取

如图 11-16 所示为 AT24CXX 随机地址读时序图。随机读操作允许主器件对寄存器的任意字节进行读操作。主器件首先通过发送起始信号、从器件地址和要读取的字节数据的地址执行一个伪写操作。在 AT24CXX 应答之后,主器件重新发送起始信号和从器件地址,此时"R/W"位置 1,AT24CXX 响应并发送应答信号,然后输出所要求的一个 8 位字节数据。主器件不发送应答信号但产生一个停止信号。

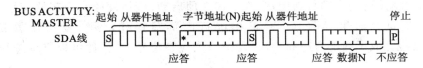

图 11-16　AT24C01/02/04/08/16 随机地址读时序图

11.17.3　顺序地址读取

如图 11-17 所示为 AT24CXX 顺序地址读时序图。顺序读操作可通过立即读或选择性读操作启动。在 AT24CXX 发送完一个 8 位字节数据后,主器件产生一个应答信号来响应,告知 AT24CXX 主器件要求更多的数据。对应每个主机产生的应答信号,AT24CXX 将发送一个 8 位字节数据。当主器件不发送应答信号而发送停止位时结束此操作。

从 AT24CXX 输出的数据按顺序由 N~N+1 输出。读操作时地址计数器在 AT24CXX 整个地址内增加,这样,整个寄存器区域可在一个读操作内全部读出。当读取的字节超过 E 时(AT24C01,E=127;AT24C02,E=255;AT24C04,E=511;AT24C08,E=1023;AT24C16,E=2047),计数器将翻转到零并继续输出数据字节。

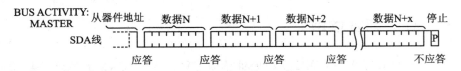

图 11-17　顺序地址读时序图

AVR 单片机 ATMEGA16(L)片上集成有两线制接口 TWI,因此我们在使用外挂的 I^2C 总线器件 AT24C01A 时,可以使用单片机硬件的 I^2C 结构进行驱动,不必采用 51 单片机的方法——使用软件进行 I^2C 时序的模拟,可节省大量的编程时间。

11.18　ATMEGA16(L)对 AT24C01A 的读/写实验

11.18.1　实现方法

用 S1 或 S2 键取数,按下 S3 后,将数写入 AT24C01A 的 88 号单元中。按下 S4 后,从 AT24C01A 的 88 号单元中读出该数。实验过程在液晶上显示。

11.18.2 源程序文件

打开 IAREW 集成开发环境,在 D 盘中建立一个文件目录(iar11-4),创建一个新工程项目 iar11-4.ewp 并建立 iar11-4.eww 的工作区。输入 C 源程序文件 iar11-4.c 如下:

```c
#include <iom16.h>                                              //1
#include <intrinsics.h>                                         //2
#include "lcd1602_8bit.c"                                       //3
#define GET_BIT(x,y) (x&(1<<y))                                 //4
#define CPL_BIT(x,y) (x^=(1<<y))                                //5
#define SET_BIT(x,y) (x|(1<<y))                                 //6
#define CLR_BIT(x,y) (x&=~(1<<y))                               //7
#define S1 4                                                    //8
#define S2 5                                                    //9
#define S3 6                                                    //10
#define S4 7                                                    //11
#define    TWINT    7                                           //12
#define    TWSTA    5                                           //13
#define    TWSTO    4                                           //14
#define    TWEN     2                                           //15
//-----------------------------------------------16----
#define uchar unsigned char                                     //17
#define uint unsigned int                                       //18
#define rd_device_add 0xa1                                      //19
#define wr_device_add 0xa0                                      //20
//==================================================21======
//TWI 状态定义:MT 主方式传输;MR 主方式接收***22
#define START 0x08                                              //23
#define RE_START 0x10                                           //24
#define MT_SLA_ACK 0x18                                         //25
#define MT_SLA_NOACK 0x20                                       //26
#define MT_DATA_ACK  0x28                                       //27
#define MT_DATA_NOACK 0x30                                      //28
#define MR_SLA_ACK   0x40                                       //29
#define MR_SLA_NOACK 0x48                                       //30
#define MR_DATA_ACK 0x50                                        //31
#define MR_DATA_NOACK 0x58                                      //32
//常用 TWI 操作(主模式写和主模式读)*******************33
#define Start()     (TWCR=(1<<TWINT)|(1<<TWSTA)|(1<<TWEN))      //34
#define Stop()      (TWCR=(1<<TWINT)|(1<<TWSTO)|(1<<TWEN))      //35
#define Wait()      {while(!(TWCR&(1<<TWINT)));}                //36
#define TestAck()   (TWSR&0xf8)                                 //37
#define SetAck()    (TWCR|(1<<TWEA))                            //38
#define SetNoAck()  (TWCR&=~(1<<TWEA))                          //39
```

```c
#define Twi()              (TWCR = (1 << TWINT)|(1 << TWEN))        //40
#define Write8Bit(x)  {TWDR = (x);TWCR = (1 << TWINT)|(1 << TWEN);}  //41
//=============================================42
uchar __flash str0[] = {"Write : "};                    //43
uchar __flash str1[] = {"Read : "};                     //44 待显字符串
/***************端口初始化********************45****/
void port_init(void)                                    //45
{                                                       //46
  PORTA = 0x00;                                         //47
  DDRA  = 0xFF;                                         //48
  PORTB = 0x00;                                         //49
  DDRB  = 0xFF;                                         //50
  PORTC = 0x00;                                         //51
  DDRC  = 0x03;                                         //52
  PORTD = 0xFF;                                         //53
  DDRD  = 0x00;                                         //54
}                                                       //55
/***I²C总线读一个字节,如果读失败返回0***************56**/
uchar i2c_Read(uchar RomAddress)                        //57
{                                                       //58
  uchar temp;                                           //59
  Start();                                              //60
  Wait();                                               //61
  if (TestAck()! = START) return 0;                     //62
  Write8Bit(wr_device_add);                             //63
  Wait();                                               //64
  if (TestAck()! = MT_SLA_ACK) return 0;                //65
  Write8Bit(RomAddress);                                //66
  Wait();                                               //67
  if (TestAck()! = MT_DATA_ACK) return 0;               //68
  Start();                                              //69
  Wait();                                               //70
  if (TestAck()! = RE_START)   return 0;                //71
  Write8Bit(rd_device_add);                             //72
  Wait();                                               //73
  if(TestAck()! = MR_SLA_ACK)   return 0;               //74
  Twi();                                                //75
  Wait();                                               //76
  if(TestAck()! = MR_DATA_NOACK) return 0;              //77ACK
  temp = TWDR;                                          //78
  Stop();                                               //79
  return temp;                                          //80
}                                                       //81
/**I2C总线写一个字节,返回0:写成功。返回非0:写失败******82**/
uchar i2c_Write(uchar RomAddress,uchar Wdata)           //83
```

```c
{                                                          //84
    Start();                                               //85
    Wait();                                                //86
    if(TestAck()! = START) return 1;                       //87
    Write8Bit(wr_device_add);                              //88
    Wait();                                                //89
    if(TestAck()! = MT_SLA_ACK) return 1;                  //90
    Write8Bit(RomAddress);                                 //91
    Wait();                                                //92
    if(TestAck()! = MT_DATA_ACK) return 1;                 //93
    Write8Bit(Wdata);                                      //94
    Wait();                                                //95
    if(TestAck()! = MT_DATA_ACK) return 1;                 //96
    Stop();                                                //97
    Delay_nms(10);                                         //98
    return 0;                                              //99
}                                                          //100
//************************************************101***
void main(void)                                            //102
{                                                          //103
    uchar wr_val = 0, rd_val = 0;                          //104
    port_init();                                           //105
    Delay_nms(400);                                        //106
    InitLcd();                                             //107
    ePutstr(0,0,str0);                                     //108
    ePutstr(0,1,str1);                                     //109
    /************************************************110***/
    while(1)                                               //111
    {                                                      //112
        DisplayOneChar(9,0,wr_val/100 + 0x30);             //113
        Delay_nms(10);                                     //114
        DisplayOneChar(10,0,(wr_val/10) % 10 + 0x30);      //115
        Delay_nms(10);                                     //116
        DisplayOneChar(11,0,wr_val % 10 + 0x30);           //117
        Delay_nms(10);                                     //118
        //-------------------------------------------119----
        DisplayOneChar(8,1,rd_val/100 + 0x30);             //120
        Delay_nms(10);                                     //121
        DisplayOneChar(9,1,(rd_val/10 % 10) + 0x30);       //122
        Delay_nms(10);                                     //123
        DisplayOneChar(10,1,rd_val % 10 + 0x30);           //124
        Delay_nms(10);                                     //125
        //-------------------------------------------126----
        if(GET_BIT(PIND,S1) == 0){if(wr_val<255)wr_val ++ ;}   //127
        if(GET_BIT(PIND,S2) == 0){if(wr_val>0)wr_val -- ;}     //128
```

```
            if(GET_BIT(PIND,S3) == 0)                               //129
            {i2c_Write(88,wr_val);                                   //130
             DisplayOneChar(15,0,0xef);}                             //131
            if(GET_BIT(PIND,S4) == 0)                               //132
            {rd_val = i2c_Read(88);                                  //133
             DisplayOneChar(15,1,0xef);}                             //134
            //-------------------------------------135---
            Delay_nms(200);                                          //136
            DisplayOneChar(15,0,0x20);Delay_nms(10);                 //137
            DisplayOneChar(15,1,0x20);Delay_nms(10);                 //138
          }                                                          //139
     }                                                               //140
```

程序中须用到 lcd1602_8bit.c 文件,因此编译前,须将 lcd1602_8bit.c 文件从第 8 章的实验程序文件夹 iar8-2 拷贝到当前目录中(iar11-4)。

编译通过后,可进行实时在线仿真。仿真结束后,将 iar11-4.hex 文件下载到 AVR DEMO 实验板上。

注意：标示"LCD16*2"的单排座上要正确插上 16×2 液晶模块(引脚号对应,不能插反)。标示"KEY"的双排针应插上短路块。在标示"DC5V"电源端输入 5 V 稳压电压。

上电后,按 S1 或 S2 选一个数(例如 50),按下 S3 后将数写入 AT24C01A 的 88 号单元,再按一下 S3 后读出该数。图 11-18 为读/写 AT24C01A 实验的照片。

图 11-18　读/写 AT24C01A 实验的照片

11.18.3　程序分析解释

序号 1~2:包含头文件;
序号 3:包含 1602LCD 的驱动文件;
序号 4:读取位的宏定义;
序号 5:翻转位的宏定义;
序号 6:置位位的宏定义;
序号 7:清除位的宏定义;
序号 8~15:宏定义;
序号 16:程序分隔;
序号 17~18:变量类型的宏定义;
序号 19~20:宏定义;
序号 21~22:程序分隔;
序号 23~32:宏定义;
序号 33:程序分隔;
序号 34:启动信号的宏定义;
序号 35:停止信号的宏定义;
序号 36:等待的宏定义;
序号 37:测试应答信号的宏定义;
序号 38:发送应答信号的宏定义;
序号 39:发送非应答信号的宏定义;
序号 40:启动 TWI 器件的宏定义;
序号 41:发送 8 位的宏定义;
序号 42:程序分隔;
序号 43~44:待显字符串;
序号 45:程序分隔;
序号 45:定义端口初始化子函数;
序号 46:端口初始化子函数开始;
序号 47:PA 端口初始化输出 0000 0000;
序号 48:将 PA 端口设为输出;
序号 49:PB 端口初始化输出 0000 0000;
序号 50:将 PB 端口设为输出;
序号 51:PC 端口初始化输出 0000 0000;
序号 52:将 PC 端口设为输出;
序号 53:PD 端口初始化输出 1111 1111;
序号 54:将 PD 端口设为输入;
序号 55:端口初始化子函数结束;
序号 56:程序分隔;
序号 57:定义读 I^2C 的子函数,RomAddress 为 AT24C01A 的单元地址;
序号 58:读 I^2C 的子函数开始;
序号 59:定义局部变量 temp;
序号 60:I^2C 启动;

序号 61：等待；
序号 62：测试应答；
序号 63：写 I²C 从器件地址和写方式；
序号 64：等待；
序号 65：测试应答；
序号 66：写 AT24C01A 的 ROM 地址；
序号 67：等待；
序号 68：测试应答；
序号 69：I²C 重新启动；
序号 70：等待；
序号 71：测试应答；
序号 72：写 I²C 从器件地址和读方式；
序号 73：等待；
序号 74：测试应答；
序号 75：启动主 I²C 读方式；
序号 76：等待；
序号 77：测试应答；
序号 78：读取 I²C 接收数据；
序号 79：I²C 停止；
序号 80：返回读取的数据；
序号 81：读 I²C 的子函数结束；
序号 82：程序分隔；
序号 83：定义写 I²C 的子函数，RomAddress 为 AT24C01A 的单元地址，Wdata 为待写数据；
序号 84：写 I²C 的子函数开始；
序号 85：I²C 启动；
序号 86：等待；
序号 87：测试应答；
序号 88：写 I²C 从器件地址和写方式；
序号 89：等待；
序号 90：测试应答；
序号 91：写 AT24C01A 的 ROM 地址；
序号 92：等待；
序号 93：测试应答；
序号 94：写数据到 AT24C01A 的 ROM；
序号 95：等待；
序号 96：测试应答；
序号 97：I²C 停止；
序号 98：延时等 EEPROM 写完；
序号 99：返回 0，代表写成功；
序号 100：写 I²C 的子函数结束；
序号 101：程序分隔；
序号 102：定义主函数；
序号 103：主函数开始；

第 11 章 ATMEGA16(L)的两线串行接口 TWI

序号 104:定义局部变量;
序号 105:调用端口初始化子函数;
序号 106:延时 400 ms;
序号 107:调用 LCD 初始化子函数;
序号 108~109:显示开机界面;
序号 110:程序分隔;
序号 111:无限循环;
序号 112:无限循环开始;
序号 113:第一行的第 9 个字符位置显示百位;
序号 114:延时 10 ms;
序号 115:第一行的第 10 个字符位置显示十位;
序号 116:延时 10 ms;
序号 117:第一行的第 11 个字符位置显示个位;
序号 118:延时 10 ms;
序号 119:程序分隔;
序号 120:第二行的第 8 个字符位置显示百位;
序号 121:延时 10 ms;
序号 122:第二行的第 9 个字符位置显示十位;
序号 123:延时 10 ms;
序号 124:第二行的第 10 个字符位置显示个位;
序号 125:延时 10 ms;
序号 126:程序分隔;
序号 127:如果 S1 键按下,进行加法取数;
序号 128:如果 S2 键按下,进行减法取数;
序号 129:如果 S3 键按下;
序号 130:将数写入 AT24C01A 的 88 号单元中;
序号 131:显示按下键的符号;
序号 132:如果 S4 键按下;
序号 133:从 AT24C01A 的 88 号单元中读出该数;
序号 134:显示按下键的符号;
序号 135:程序分隔;
序号 136:延时 200 ms;
序号 137~138:消除按下键的符号;
序号 112:无限循环结束;
序号 103:主函数结束。

11.19 使用库函数读/写内部的 EEPROM

IAREW 开发软件还提供了 2 个读/写 EEPROM 的库函数

```
#define    __EEPUT(ADR,VAL)   ( * ((unsigned char   __eeprom * )ADR) = VAL)
#define    __EEPUT(VAR,ADR)   (VAR = * ((unsigned char   __eeprom * )ADR))
```

使用这 2 个库函数必须包含 inavr.h 头文件。

11.19.1 实现方法

将一个数(98)写入内部 EEPROM 的 125 号单元中。然后从 125 号单元中读出该数并在数码管上显示。

11.19.2 源程序文件

打开 IAREW 集成开发环境,在 D 盘中建立一个文件目录(iar11-5),创建一个新工程项目 iar11-5.ewp 并建立 iar11-5.eww 的工作区。输入 C 源程序文件 iar11-5.c:

```
#include <iom16.h>                                      //1
#include <inavr.h>                                      //2
#define EEWE     1                                      //3
#define EEMWE    2                                      //4
#define EERE     0                                      //5
#define uchar unsigned char                             //6
#define uint  unsigned int                              //7
uchar __flash SEG7[10] = {0x3f,0x06,0x5b,               //8
0x4f,0x66,0x6d,0x7d,0x07,0x7f,0x6f};                    //9
uchar __flash ACT[3] = {0xfe,0xfd,0xfb};                //10
uchar DispBuff[3];                                      //11
//*************************12****
void delay_ms(uint k)                                   //13 延时子函数
{                                                       //14
    uint i,j;                                           //15
    for(i = 0;i<k;i++)                                  //16
    {                                                   //17
        for(j = 0;j<1140;j++)                           //18
        ;                                               //19
    }                                                   //20
}                                                       //21
//***************数据转换子函数********22************
void conv(uchar i)                                      //23
{                                                       //24
    uchar x;                                            //25
    x = i;                                              //26
    DispBuff[2] = x/100;                                //27
    x = i;                                              //28
    DispBuff[1] = (x/10) % 10;                          //29
    x = i;                                              //30
    DispBuff[0] = x % 10;                               //31
}                                                       //32
```

```c
//*****************************33****
void display(uchar * p)                      //34
{                                             //35
    PORTA = SEG7[ * p];                       //36
    PORTC = ACT[0];                           //37
    delay_ms(1);                              //38
    PORTA = SEG7[ * (p + 1)];                 //39
    PORTC = ACT[1];                           //40
    delay_ms(1);                              //41
    PORTA = SEG7[ * (p + 2)];                 //42
    PORTC = ACT[2];                           //43
    delay_ms(1);                              //44
}                                             //45
//*****************************46****
void port_init(void)                          //47 端口初始化子函数
{                                             //48
 PORTA = 0xFF;                                //49 PA 端口初始化输出 1111 1111
 DDRA  = 0xFF;                                //50 将 PA 端口设为输出
 PORTB = 0xFF;                                //51 PB 端口初始化输出 1111 1111
 DDRB  = 0xFF;                                //52 将 PB 端口设为输出
 PORTC = 0xFF;                                //53 PC 端口初始化输出 1111 1111
 DDRC  = 0xFF;                                //54 将 PC 端口设为输出
 PORTD = 0xFF;                                //55 PD 端口初始化输出 1111 1111
 DDRD  = 0xFF;                                //56 将 PD 端口设为输出
}                                             //57
//*****************************58****
void main(void)                               //59 定义主函数
{                                             //60
    uchar val = 0,temp = 168;                 //61
    port_init();                              //62 调用端口初始化子函数
    __EEPUT(125,temp);                        //63
    __EEGET(val,125);                         //64
    conv(val);                                //65 调用数据转换子函数
    while(1)                                  //66 无限循环
    {                                         //67
        display(DispBuff);                    //68 数码管显示
    }                                         //69
}                                             //70
```

编译通过后,将 iar11 - 5. hex 文件下载到 AVR DEMO 实验板上。

注意：标示"LEDMOD_DISP"、"LEDMOD_COM"的双排针应插上短路块。标示"DC5V"电源端输入 5V 稳压电压。则右侧 3 个数码管显示 098(如图 11 - 19 所示)。

图 11-19　右侧 3 个数码管显示 098

11.19.3　程序分析解释

序号 1~2:包含头文件;
序号 3~5:寄存器的位宏定义;
序号 6~7:变量类型的宏定义;
序号 8~9:共阴极数码管 0~9 的字形码;
序号 10:3 位共阴极数码管的位选码;
序号 11:定义数组;
序号 12:程序分隔;
序号 13~21:延时子函数;
序号 22:程序分隔;
序号 23:定义函数名为 conv 的数据转换子函数,将变量 i 分解成待显数并存入数组;
序号 24:conv 子函数开始;
序号 25:定义局部变量 x;
序号 26:i 赋给 x;
序号 27:取得 x 的百位值;
序号 28:i 赋给 x;
序号 29:取得 x 的拾位值;
序号 30:i 赋给 x;

序号 31:取得 x 的个位值;
序号 32:conv 子函数结束;
序号 33:程序分隔;
序号 34:定义函数名为 display 的显示子函数,将数组内容扫描到数码管上显示;
序号 35:display 子函数开始;
序号 36:传送个位值;
序号 37:选通个位;
序号 38:延时 1 ms;
序号 39:传送十位值;
序号 40:选通十位;
序号 41:延时 1 ms;
序号 42:传送百位值;
序号 43:选通百位;
序号 44:延时 1 ms;
序号 45:display 子函数结束;
序号 46:程序分隔;
序号 47:定义函数名为 port_init 的端口初始化子函数;
序号 48:端口初始化子函数开始;
序号 49:PA 端口初始化输出 1111 1111;
序号 50:将 PA 端口设为输出;
序号 51:PB 端口初始化输出 1111 1111;
序号 52:将 PB 端口设为输出;
序号 53:PC 端口初始化输出 1111 1111;
序号 54:将 PC 端口设为输出;
序号 55:PD 端口初始化输出 1111 1111;
序号 56:将 PD 端口设为输出;
序号 57:端口初始化子函数结束;
序号 58:程序分隔;
序号 59:定义主函数;
序号 60:主函数开始;
序号 61:定义局部变量;
序号 62:调用端口初始化子函数;
序号 63:将 168 写入 EEPROM 的 125 单元;
序号 64:从 EEPROM 的 125 单元中读出数据并传给 val;
序号 65:调用数据转换子函数;
序号 66:无限循环;
序号 67:无限循环开始;
序号 68:数码管显示;
序号 69:无限循环结束;
序号 70:主函数结束。

11.20 利用ATMEGA16(L)的内部EEPROM设计电子密码锁

11.20.1 实现方法

输入密码过程如下:
① 按动按键S4后,液晶的上面一行显示Set password,下面一行的左边显示一个数。按下S1或S2可调整显示的数(0~9)。
② 按动按键S4后,下面一行出现第2个数。按下S1或S2可调整显示的数(0~9)。
③ 按动按键S4后,下面一行出现第3个数。按下S1或S2可调整显示的数(0~9)。
④ 按动按键S4后,下面一行出现第4个数。按下S1或S2可调整显示的数(0~9)。
⑤ 按动按键S4后,下面一行出现第5个数。按下S1或S2可调整显示的数(0~9)。
⑥ 按动按键S4后,下面一行出现第6个数。按下S1或S2可调整显示的数(0~9)。
⑦ 按动按键S4后,下面一行出现第7个数。按下S1或S2可调整显示的数(0~9)。
⑧ 按动按键S4后,下面一行出现第8个数。按下S1或S2可调整显示的数(0~9)。
⑨ 按动按键S4后,下面一行出现第9个数。按下S1或S2可调整显示的数(0~9)。
以上如果发现有输错的数,可按动退格键INT0进行纠正。
⑩ 按动按键S4后,将刚才输入的9个密码数存入内部EEPROM中。

解码过程如下:
① 按动按键S3后,液晶的上面一行显示Input password,下面一行的左边显示一个数。按下S1或S2可调整显示的数(0~9)。
② 按动按键S3后,下面一行出现第2个数。按下S1或S2可调整显示的数(0~9)。
③ 按动按键S3后,下面一行出现第3个数。按下S1或S2可调整显示的数(0~9)。
④ 按动按键S3后,下面一行出现第4个数。按下S1或S2可调整显示的数(0~9)。
⑤ 按动按键S3后,下面一行出现第5个数。按下S1或S2可调整显示的数(0~9)。
⑥ 按动按键S3后,下面一行出现第6个数。按下S1或S2可调整显示的数(0~9)。
⑦ 按动按键S3后,下面一行出现第7个数。按下S1或S2可调整显示的数(0~9)。
⑧ 按动按键S3后,下面一行出现第8个数。按下S1或S2可调整显示的数(0~9)。
⑨ 按动按键S3后,下面一行出现第9个数。按下S1或S2可调整显示的数(0~9)。
以上如果发现有输错的数,可按动退格键INT0进行纠正。
⑩ 按动按键S3后,如果刚才输入的9个解码数与存放在EEPROM中的9个密码数完全相同,则开锁成功,D8指示灯点亮5 s(相当于开锁),如图11-20所示。

第 11 章 ATMEGA16(L)的两线串行接口 TWI

图 11-20 开锁成功

11.20.2 源程序文件

打开 IAREW 集成开发环境,在 D 盘中建立一个文件目录(iar11-6),创建一个新工程项目 iar11-6.ewp 并建立 iar11-6.eww 的工作区。输入 C 源程序文件 iar11-6.c 如下:

```
#include <iom16.h>                              //1
#include <inavr.h>                              //2
#include <intrinsics.h>                         //3
#include "lcd1602_8bit.c"                       //4
#define uchar unsigned char                     //5
#define uint  unsigned int                      //6
#define D8_0  (PORTB = PORTB&0x7f)              //7
#define D8_1  (PORTB = PORTB|0x80)              //8
#define S1 (PIND&0x10)                          //9
#define S2 (PIND&0x20)                          //10
#define S3 (PIND&0x40)                          //11
#define S4 (PIND&0x80)                          //12
#define INT1 (PIND&0x08)                        //13
#define time 200                                //14
/*************************************************** 15 */
```

```c
uchar __flash str0[] = {" Hello everyone "};              //16 待显字符串
uchar __flash str1[] = {" EEPROM Testing "};              //17 待显字符串
uchar __flash str2[] = {"                "};              //18
uchar __flash str3[] = {"   Set password  "};             //19 待显字符串
uchar __flash str4[] = {" Input password "};              //20 待显字符串
uchar a[9],b[9];                                          //21
uchar cnt,flag,s;                                         //22
#define CLR_LCM(x,y); {for(s=x;s<16;s++)DisplayOneChar(s,y,0x20);}//23
/***********************************************24***/
void port_init(void)                                      //25
{                                                         //26
  PORTA = 0x00;                                           //27
  DDRA = 0xFF;                                            //28
  PORTB = 0xFF;                                           //29
  DDRB = 0xFF;                                            //30
  PORTC = 0x00;                                           //31
  DDRC = 0x00;                                            //32
  PORTD = 0xFF;                                           //33
  DDRD = 0x00;                                            //34
}                                                         //35
//***********************************************36***
void main(void)                                           //37
{                                                         //38
  uchar val=0,i,status=0;                                 //39
  port_init();                                            //40
  Delay_nms(400);                                         //41
  InitLcd();                                              //42
  ePutstr(0,0,str0);                                      //43
  ePutstr(0,1,str1);                                      //44
  for(i=0;i<9;i++)                                        //45
  {__EEGET(a[i],i+100);Delay_nms(20);}                    //46
  __EEGET(flag,200);Delay_nms(20);                        //47
  Delay_nms(2000);                                        //48
  ePutstr(0,0,str2);                                      //49
  ePutstr(0,1,str2);                                      //50
/***********************************************51***/
  while(1)                                                //52
  {                                                       //53
    switch (status)                                       //54
    {                                                     //55
      case 0:ePutstr(0,0,str2);                           //56
             ePutstr(0,1,str2);                           //57
             if(S3==0){while(S3==0);if(flag==88)status=10;cnt=0;}//58
             if(S4==0){while(S4==0);status=30; }          //59
             Delay_nms(time);                             //60
```

```c
        break;                                                          //61
case 10:ePutstr(0,0,str4);                                              //62
        if(S1 == 0){if(val<9)val ++ ;}                                  //63
        if(S2 == 0){if(val>0)val -- ;}                                  //64
        if(S3 == 0){while(S3 == 0);status = 11;b[0] = val;}             //65
        CLR_LCM(1,1);                                                   //66
        DisplayOneChar(0,1,val + 0x30);                                 //67
        Delay_nms(time);                                                //68
        break;                                                          //69
case 11:if(S1 == 0){if(val<9)val ++ ;}                                  //70
        if(S2 == 0){if(val>0)val -- ;}                                  //71
        if(S3 == 0){while(S3 == 0);status = 12;b[1] = val;}             //72
        if(INT1 == 0){while(INT1 == 0);status = 10;val = b[0];}         //73
        CLR_LCM(2,1);                                                   //74
        DisplayOneChar(1,1,val + 0x30);                                 //75
        Delay_nms(time);                                                //76
        break;                                                          //77
case 12:if(S1 == 0){if(val<9)val ++ ;}                                  //78
        if(S2 == 0){if(val>0)val -- ;}                                  //79
        if(S3 == 0){while(S3 == 0);status = 13;b[2] = val;}             //80
        if(INT1 == 0){while(INT1 == 0);status = 11;val = b[1];}         //81
        CLR_LCM(3,1);                                                   //82
        DisplayOneChar(2,1,val + 0x30);                                 //83
        Delay_nms(time);                                                //84
        break;                                                          //85
case 13:if(S1 == 0){if(val<9)val ++ ;}                                  //86
        if(S2 == 0){if(val>0)val -- ;}                                  //87
        if(S3 == 0){while(S3 == 0);status = 14;b[3] = val;}             //88
        if(INT1 == 0){while(INT1 == 0);status = 12;val = b[2];}         //89
        CLR_LCM(4,1);                                                   //90
        DisplayOneChar(3,1,val + 0x30);                                 //91
        Delay_nms(time);                                                //92
        break;                                                          //93
case 14:if(S1 == 0){if(val<9)val ++ ;}                                  //94
        if(S2 == 0){if(val>0)val -- ;}                                  //95
        if(S3 == 0){while(S3 == 0);status = 15;b[4] = val;}             //96
        if(INT1 == 0){while(INT1 == 0);status = 13;val = b[3];}         //97
        CLR_LCM(5,1);                                                   //98
        DisplayOneChar(4,1,val + 0x30);                                 //99
        Delay_nms(time);                                                //100
        break;                                                          //101
case 15:if(S1 == 0){if(val<9)val ++ ;}                                  //102
        if(S2 == 0){if(val>0)val -- ;}                                  //103
        if(S3 == 0){while(S3 == 0);status = 16;b[5] = val;}             //104
        if(INT1 == 0){while(INT1 == 0);status = 14;val = b[4];}         //105
```

```c
            CLR_LCM(6,1);                                           //106
            DisplayOneChar(5,1,val + 0x30);                         //107
            Delay_nms(time);                                        //108
            break;                                                  //109
    case 16:if(S1 == 0){if(val<9)val ++ ;}                          //110
            if(S2 == 0){if(val>0)val -- ;}                          //111
            if(S3 == 0){while(S3 == 0);status = 17;b[6] = val;}     //112
            if(INT1 == 0){while(INT1 == 0);status = 15;val = b[5];} //113
            CLR_LCM(7,1);                                           //114
            DisplayOneChar(6,1,val + 0x30);                         //115
            Delay_nms(time);                                        //116
            break;                                                  //117
    case 17:if(S1 == 0){if(val<9)val ++ ;}                          //118
            if(S2 == 0){if(val>0)val -- ;}                          //119
            if(S3 == 0){while(S3 == 0);status = 18;b[7] = val;}     //120
            if(INT1 == 0){while(INT1 == 0);status = 16;val = b[6];} //121
            CLR_LCM(8,1);                                           //122
            DisplayOneChar(7,1,val + 0x30);                         //123
            Delay_nms(time);                                        //124
            break;                                                  //125
    case 18:if(S1 == 0){if(val<9)val ++ ;}                          //126
            if(S2 == 0){if(val>0)val -- ;}                          //127
            if(S3 == 0){while(S3 == 0);status = 19;b[8] = val;}     //128
            if(INT1 == 0){while(INT1 == 0);status = 17;val = b[7];} //129
            CLR_LCM(9,1);                                           //130
            DisplayOneChar(8,1,val + 0x30);                         //131
            Delay_nms(time);                                        //132
            break;                                                  //133
    case 19:if(cnt == 0)                                            //134
            {                                                       //135
                for(i = 0;i<9;i ++ )                                //136
                {                                                   //137
                    if(a[i] == b[i]){cnt ++ ;}                      //138
                }                                                   //139
            }                                                       //140
            if(cnt == 9){D8_0;}                                     //141
            else D8_1;                                              //142
            Delay_nms(5000);                                        //143
            D8_1;status = 0;cnt = 0;val = 0;                        //144
            break;                                                  //145
//---------------------------146---------------------------
    case 30:ePutstr(0,0,str3);                                      //147 第一行显示
            if(S1 == 0){if(val<9)val ++ ;}                          //148
            if(S2 == 0){if(val>0)val -- ;}                          //149
            if(S4 == 0){while(S4 == 0);status = 31;a[0] = val;}     //150
```

```c
            CLR_LCM(1,1);                                              //151
            DisplayOneChar(0,1,val + 0x30);                            //152
            Delay_nms(time);                                           //153
             break;                                                    //154
    case 31:if(S1 == 0){if(val<9)val ++ ;}                             //155
            if(S2 == 0){if(val>0)val -- ;}                             //156
            if(S4 == 0){while(S4 == 0);status = 32;a[1] = val;}        //157
            if(INT1 == 0){while(INT1 == 0);status = 30;val = a[0];}    //158
            CLR_LCM(2,1);                                              //159
            DisplayOneChar(1,1,val + 0x30);                            //160
            Delay_nms(time);                                           //161
             break;                                                    //162
    case 32:if(S1 == 0){if(val<9)val ++ ;}                             //163
            if(S2 == 0){if(val>0)val -- ;}                             //164
            if(S4 == 0){while(S4 == 0);status = 33;a[2] = val;}        //165
            if(INT1 == 0){while(INT1 == 0);status = 31;val = a[1];}    //166
            CLR_LCM(3,1);                                              //167
            DisplayOneChar(2,1,val + 0x30);                            //168
            Delay_nms(time);                                           //169
             break;                                                    //170
    case 33:if(S1 == 0){if(val<9)val ++ ;}                             //171
            if(S2 == 0){if(val>0)val -- ;}                             //172
            if(S4 == 0){while(S4 == 0);status = 34;a[3] = val;}        //173
            if(INT1 == 0){while(INT1 == 0);status = 32;val = a[2];}    //174
            CLR_LCM(4,1);                                              //175
            DisplayOneChar(3,1,val + 0x30);                            //176
            Delay_nms(time);                                           //177
             break;                                                    //178
    case 34:if(S1 == 0){if(val<9)val ++ ;}                             //179
            if(S2 == 0){if(val>0)val -- ;}                             //180
            if(S4 == 0){while(S4 == 0);status = 35;a[4] = val;}        //181
            if(INT1 == 0){while(INT1 == 0);status = 33;val = a[3];}    //182
            CLR_LCM(5,1);                                              //183
            DisplayOneChar(4,1,val + 0x30);                            //184
            Delay_nms(time);                                           //185
             break;                                                    //186
    case 35:if(S1 == 0){if(val<9)val ++ ;}                             //187
            if(S2 == 0){if(val>0)val -- ;}                             //188
            if(S4 == 0){while(S4 == 0);status = 36;a[5] = val;}        //189
            if(INT1 == 0){while(INT1 == 0);status = 34;val = a[4];}    //190
            CLR_LCM(6,1);                                              //191
            DisplayOneChar(5,1,val + 0x30);                            //192
            Delay_nms(time);                                           //193
             break;                                                    //194
    case 36:if(S1 == 0){if(val<9)val ++ ;}                             //195
```

```
                if(S2 == 0){if(val>0)val -- ;}                              //196
                if(S4 == 0){while(S4 == 0);status = 37;a[6] = val;}         //197
                if(INT1 == 0){while(INT1 == 0);status = 35;val = a[5];}     //198
                CLR_LCM(7,1);                                               //199
                DisplayOneChar(6,1,val + 0x30);                             //200
                Delay_nms(time);                                            //201
                 break;                                                     //202
        case 37:if(S1 == 0){if(val<9)val ++ ;}                              //203
                if(S2 == 0){if(val>0)val -- ;}                              //204
                if(S4 == 0){while(S4 == 0);status = 38;a[7] = val;}         //205
                if(INT1 == 0){while(INT1 == 0);status = 36;val = a[6];}     //206
                CLR_LCM(8,1);                                               //207
                DisplayOneChar(7,1,val + 0x30);                             //208
                Delay_nms(time);                                            //209
                 break;                                                     //210
        case 38:if(S1 == 0){if(val<9)val ++ ;}                              //211
                if(S2 == 0){if(val>0)val -- ;}                              //212
                if(S4 == 0){while(S4 == 0);status = 39;a[8] = val;}         //213
                if(INT1 == 0){while(INT1 == 0);status = 37;val = a[7];}     //214
                CLR_LCM(9,1);                                               //215
                DisplayOneChar(8,1,val + 0x30);                             //216
                Delay_nms(time);                                            //217
                 break;                                                     //218
        case 39:for(i = 0;i<9;i ++ )                                        //219
                {__EEPUT(i + 100,a[i]);Delay_nms(10);}                      //220
                flag = 88;__EEPUT(200,flag);                                //221
                Delay_nms(time);                                            //222
                status = 0;val = 0;                                         //223
                 break;                                                     //224
        default:break;                                                      //225
        }                                                                   //226
    }                                                                       //227
}                                                                           //228
```

程序中须用到 lcd1602_8bit.c 文件,因此编译前,须将 lcd1602_8bit.c 文件从第 8 章的实验程序文件夹 iar8 - 2 拷贝到当前目录中(iar11 - 6)。

编译通过后,可进行实时在线仿真。仿真结束后,将 iar11 - 6.hex 文件下载到 AVR DEMO 实验板上。

注意:标示"LCD16 * 2"的单排座上要正确插上 16×2 液晶模块(引脚号对应,不能插反)。标示"KEY"及"INT"的双排针应插上短路块。在标示"DC5V"电源端输入 5V 稳压电压。

实验的结果与设计目标完全一致。

11.20.3 程序分析解释

序号 1~3:包含头文件;

第 11 章　ATMEGA16(L)的两线串行接口 TWI

序号 4:包含 1602LCD 的驱动文件;
序号 5~6:变量类型的宏定义;
序号 7:清除 D8 的宏定义;
序号 8:置位 D8 的宏定义;
序号 9~14:宏定义;
序号 15:程序分隔;
序号 16~20:待显字符串;
序号 21:定义数组 a、b;
序号 22:定义全局变量;
序号 23:清除 LCD 屏幕的宏定义;
序号 24:程序分隔;
序号 25:定义端口初始化子函数;
序号 26:端口初始化子函数开始;
序号 27:PA 端口初始化输出 0000 0000;
序号 28:将 PA 端口设为输出;
序号 29:PB 端口初始化输出 1111 1111;
序号 30:将 PB 端口设为输出;
序号 31:PC 端口初始化输出 0000 0000;
序号 32:将 PC 端口设为输入;
序号 33:PD 端口初始化输出 1111 1111;
序号 34:将 PD 端口设为输入;
序号 35:端口初始化子函数结束;
序号 36:程序分隔;
序号 37:定义主函数;
序号 38:主函数开始;
序号 39:定义局部变量;
序号 40:调用端口初始化子函数;
序号 41:延时 400 ms;
序号 42:调用 LCD 初始化子函数;
序号 43~44:显示开机界面;
序号 45:每次开机后,读出上次的密码设定值;
序号 46:读出标志值;
序号 47:延时 2 s;
序号 48~50:然后清屏;
序号 51:程序分隔;
序号 52:无限循环;
序号 53:无限循环开始;
序号 54:switch 语句,根据 status 进行散转;
序号 55:switch 语句开始;
序号 56~57:如果 status 为 0 时,LCD 清屏;
序号 58:如果 S3 键按下并且标志值为 88,status 赋值 10;
序号 59:如果 S4 键按下,status 赋值 30;
序号 60:延时 200 ms;
序号 61:break 语句退出;
序号 62:如果 status 为 10 时,LCD 第一行显示 Input password,提示输入密码;

•359•

序号 63：如果 S1 键按下，从左开始的第 1 位数字增加（0～9）；
序号 64：如果 S2 键按下，从左开始的第 1 位数字减少（9～0）；
序号 65：如果 S3 键按下，status 赋值 11，并将第 1 位数字传给数组 b；
序号 66：清除第 2 位的值；
序号 67：显示第 1 位的值；
序号 68：延时 200 ms；
序号 69：break 语句退出；
序号 70：如果 status 为 11 时，如果 S1 键按下，从左开始的第 2 位数字增加（0～9）；
序号 71：如果 S2 键按下，从左开始的第 2 位数字减少（9～0）；
序号 72：如果 S3 键按下，status 赋值 12，并将第 2 位数字传给数组 b；
序号 73：如果 INT1 键按下，表示有输错，进行退格；
序号 74：清除第 3 位的值；
序号 75：显示第 2 位的值；
序号 76：延时 200 ms；
序号 77：break 语句退出；
序号 70～77：表示输入第 2 个数。如果有输错，按 INT1 键退格；如果正确，按 S3 键进行下一个数的输入；
序号 78～85：表示输入第 3 个数。如果有输错，按 INT1 键退格；如果正确，按 S3 键进行下一个数的输入；
序号 86～93：表示输入第 4 个数。如果有输错，按 INT1 键退格；如果正确，按 S3 键进行下一个数的输入；
序号 94～101：表示输入第 5 个数。如果有输错，按 INT1 键退格；如果正确，按 S3 键进行下一个数的输入；
序号 102～109：表示输入第 6 个数。如果有输错，按 INT1 键退格；如果正确，按 S3 键进行下一个数的输入；
序号 110～117：表示输入第 7 个数。如果有输错，按 INT1 键退格；如果正确，按 S3 键进行下一个数的输入；
序号 118～125：表示输入第 8 个数。如果有输错，按 INT1 键退格；如果正确，按 S3 键进行下一个数的输入；
序号 126～133：表示输入第 9 个数。如果有输错，按 INT1 键退格；如果正确，按 S3 键进行下一个数的输入；
序号 134～145：在 status 为 19 时，如果输入的 9 个密码与设定的 9 个密码完全相同，则 D8 点亮 5S，代表开锁成功；
序号 146：程序分隔；
序号 147：如果 status 为 30 时，LCD 第一行显示 Set password，提示设定密码；
序号 148：如果 S1 键按下，从左开始的第 1 位数字增加（0～9）；
序号 149：如果 S2 键按下，从左开始的第 1 位数字减少（9～0）；
序号 150：如果 S4 键按下，status 赋值 31，并将第 1 位数字传给数组 a；
序号 151：清除第 2 位的值；
序号 152：显示第 1 位的值；
序号 153：延时 200 ms；
序号 154：break 语句退出；
序号 155：如果 status 为 31 时，如果 S1 键按下，从左开始的第 2 位数字增加（0～9）；
序号 156：如果 S2 键按下，从左开始的第 2 位数字减少（9～0）；
序号 157：如果 S4 键按下，status 赋值 32，并将第 2 位数字传给数组 a；
序号 158：如果 INT1 键按下，表示有输错，进行退格；
序号 159：清除第 3 位的值；
序号 160：显示第 2 位的值；
序号 161：延时 200 ms；
序号 162：break 语句退出；
序号 155～162：表示设定第 2 个数。如果有输错，按 INT1 键退格；如果正确，按 S4 键进行下一个数的输入；
序号 155～162：表示设定第 2 个数。如果有输错，按 INT1 键退格；如果正确，按 S4 键进行下一个数的

第11章 ATMEGA16(L)的两线串行接口 TWI

输入;
序号 163~170:表示设定第 3 个数。如果有输错,按 INT1 键退格;如果正确,按 S4 键进行下一个数的输入;
序号 171~178:表示设定第 4 个数。如果有输错,按 INT1 键退格;如果正确,按 S4 键进行下一个数的输入;
序号 179~186:表示设定第 5 个数。如果有输错,按 INT1 键退格;如果正确,按 S4 键进行下一个数的输入;
序号 187~194:表示设定第 6 个数。如果有输错,按 INT1 键退格;如果正确,按 S4 键进行下一个数的输入;
序号 195~202:表示设定第 7 个数。如果有输错,按 INT1 键退格;如果正确,按 S4 键进行下一个数的输入;
序号 203~210:表示设定第 8 个数。如果有输错,按 INT1 键退格;如果正确,按 S4 键进行下一个数的输入;
序号 211~218:表示设定第 9 个数。如果有输错,按 INT1 键退格;如果正确,按 S4 键进行下一个数的输入;
序号 219~224:在 status 为 39 时,将设定的 9 个密码写入单片机的内部 EEPROM 中,同时将标志也写入,然后回到状态 0;
序号 225:默认为退出;
序号 226:switch 语句结束;
序号 227:无限循环结束;
序号 228:主函数结束。

第 12 章
ATMEGA16(L)的模拟比较器

12.1 模拟比较器介绍

模拟比较器对正极 AIN0 的值与负极 AIN1 的值进行比较。当 AIN0 上的电压比负极 AIN1 上的电压高时,模拟比较器的输出 ACO 置位。比较器的输出可用来触发定时/计数器 1 的输入捕获功能。此外,比较器还可触发自己专有的、独立的中断。用户可以选择比较器是以上升沿、下降沿还是交替变化的边沿来触发中断。图 12-1 为比较器及其外围逻辑电路的框图。

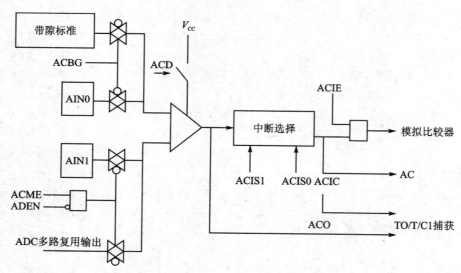

图 12-1 比较器及其外围逻辑电路的框图

12.1.1 特殊功能 IO 寄存器

特殊功能 IO 寄存器(SFIOR)定义如下:

第 12 章 ATMEGA16(L)的模拟比较器

Bit	7	6	5	4	3	2	1	0	
	ADTS2	ADTS1	ADTS0	–	ACME	PUD	PSR2	PSR10	SFIOR
读/写	R/W	R/W	R/W	R	R/W	R/W	R/W	R/W	
初始值	0	0	0	0	0	0	0	0	

➢ Bit 3——ACME：模拟比较器多路复用器使能位

当此位为逻辑"1"，且 ADC 处于关闭状态(ADCSRA 寄存器的 ADEN 为"0")时，ADC 多路复用器为模拟比较器选择负极输入。当此位为"0"时，AIN1 连接到比较器的负极输入端。

12.1.2 模拟比较器控制和状态寄存器

模拟比较器控制和状态寄存器(ACSR)定义如下：

Bit	7	6	5	4	3	2	1	0	
	ACD	ADBG	ACO	ACI	ACIE	ACIC	ACIS1	ACIS0	ACSR
读/写	R/W	R/W	R	R/W	R/W	R/W	R/W	R/W	
初始值	0	0	N/A	0	0	0	0	0	

➢ Bit 7——ACD：模拟比较器禁用

ACD 置位时，模拟比较器的电源被切断。可以在任何时候设置此位来关掉模拟比较器，可减少器件工作模式及空闲模式下的功耗。改变 ACD 位时，必须清零 ACSR 寄存器的 ACIE 位来禁止模拟比较器中断；否则 ACD 改变时可能会产生中断。

➢ Bit 6——ACBG：选择模拟比较器的能隙基准源

ACBG 置位后，模拟比较器的正极输入由能隙基准源所取代；否则，AIN0 连接到模拟比较器的正极输入。

➢ Bit 5——ACO：模拟比较器输出

模拟比较器的输出经过同步后直接连到 ACO。同步机制引入了 1~2 个时钟周期的延时。

➢ Bit 4——ACI：模拟比较器中断标志

当比较器的输出事件触发了由 ACIS1 和 ACIS0 定义的中断模式时，ACI 置位。如果 ACIE 和 SREG 寄存器的全局中断标志 I 也置位，那么模拟比较器中断服务程序即得以执行，同时 ACI 被硬件清零。ACI 也可以通过写"1"来清零。

➢ Bit 3——ACIE：模拟比较器中断使能

当 ACIE 位被置"1"且状态寄存器中的全局中断标志 I 也被置位时，模拟比较器中断被激活；否则中断被禁止。

➢ Bit 2——ACIC：模拟比较器输入捕获使能

ACIC 置位后允许通过模拟比较器来触发 T/C1 的输入捕获功能。此时比较器的输出被直接连接到输入捕捉的前端逻辑，从而使得比较器可以利用 T/C1 输入捕获中断逻辑的噪声抑制器及触发沿选择功能。ACIC 为"0"时，模拟比较器及输入捕捉功能之间没有任何联系。为了使比较器可以触发 T/C1 的输入捕获中断，定时器中断屏蔽寄存器 TIMSK 的 TICIE1 必须置位。

➢ Bits 1:0——ACIS1:0：模拟比较器中断模式选择

这两位确定触发模拟比较器中断的事件。表 12-1 给出了不同的设置。

表 12-1 ACIS1/ACIS0 设置

ACIS1	ACIS0	中断模式
0	0	比较器输出变化即可触发中断
0	1	保留
1	0	比较器输出的下降沿产生中断
1	1	比较器输出的上升沿产生中断

须改变 ACIS1/ACIS0 时，必须清零 ACSR 寄存器的中断使能位来禁止模拟比较器中断。否则有可能在改变这两位时产生中断。

12.1.3 模拟比较器多路输入

可以选择 ADC7～0 之中的任意一个来代替模拟比较器的负极输入端，此功能可由 ADC 复用器这个功能来完成。当然，为了使用这个功能，首先必须关掉 ADC。如果模拟比较器复用器使能位（SFIOR 中的 ACME）被置位，且 ADC 也已经关掉（ADCSRA 寄存器的 ADEN 为 0），则可以通过 ADMUX 寄存器的 MUX2:0 来选择替代模拟比较器负极输入的引脚，详见表 12-2。如果 ACME 清零或 ADEN 置位，则模拟比较器的负极输入为 AIN1。

表 12-2 模拟比较器复用输入

ACME	ADEN	MUX2:0	模拟比较器负极输入	ACME	ADEN	MUX2:0	模拟比较器负极输入
0	x	xxx	AIN1	1	0	011	ADC3
1	1	xxx	AIN1	1	0	100	ADC4
1	0	000	ADC0	1	0	101	ADC5
1	0	001	ADC1	1	0	110	ADC6
1	0	010	ADC2	1	0	111	ADC7

12.2 模拟比较器实验 1

该实验用查询法实现模拟比较器实验 1 做输入电压的状态指示。

12.2.1 实现方法

在 AVR DEMO 实验板上，将电位器 RV1 的滑动端（双排针 AD 的左端）通过跳线连接到 PB3（AIN1——模拟比较器的负极输入端），作为外部的输入电压。模拟比较器的正极输入端由能隙基准源（1.1 V）代替。用一把螺丝刀转动 RV1，改变模拟比较器的负极输入电压即可使比较器反转，使 LED 指示器 D8 点亮或熄灭。

第12章 ATMEGA16(L)的模拟比较器

12.2.2 源程序文件

打开 IAREW 集成开发环境,在 D 盘中建立一个文件目录(iar12-1),创建一个新工程项目 iar12-1.ewp 并建立 iar12-1.eww 的工作区。输入 C 源程序文件 iar12-1.c 如下:

```c
#include <iom16.h>                        //1
#include <intrinsics.h>                   //2
#define uchar unsigned char               //3
#define SET_BIT(x,y) (x|(1 << y))         //4
#define CLR_BIT(x,y) (x&=~(1 << y))       //5
/*****************************6*************/
void port_init(void)                      //7
{                                         //8
 PORTB = 0x80;                            //9
 DDRB = 0x80;                             //10
}                                         //11
/*****************************12************/
void comparator_init(void)                //13
{                                         //14
 ACSR = 0x40;                             //15
}                                         //16
/*****************************17*********/
void init_devices(void)                   //18
{                                         //19
 port_init();                             //20
 comparator_init();                       //21
 MCUCR = 0x00;                            //22
 GICR = 0x00;                             //23
 TIMSK = 0x00;                            //24
}                                         //25
/*****************************26********/
void main(void)                           //27
{                                         //28
 uchar temp;                              //29
 init_devices();                          //30
 while(1)                                 //31
 {                                        //32
  temp = ACSR&0x20;                       //33
  if(temp == 0)                           //34
  SET_BIT(PORTB,7);                       //35
  else                                    //36
  CLR_BIT(PORTB,7);                       //37
 }                                        //38
}                                         //39
```

编译通过后，可进行实时在线仿真。仿真结束后，将 iar12-1.hex 文件下载到 AVR DEMO 实验板上。

注意：标示"LED"的双排针应插上短路块。将电位器 RV1 的滑动端（双排针 AD 的左端）通过跳线连接到 PB3（AIN1——模拟比较器的负极输入端）。标示"DC5V"电源端输入 5 V 稳压电压。

实验的结果令人满意，当用螺丝刀转动 RV1，改变模拟比较器的负极输入电压在 1.1 V 左右时即可使比较器反转，与设计目标完全一致，见图 12-2。

图 12-2　改变模拟比较器的负极输入电压在 1.1 V 左右时即可使比较器反转

12.2.3　程序分析解释

序号 1~2：包含头文件；
序号 3：变量类型的宏定义；
序号 4：置位位的宏定义；
序号 5：清除位的宏定义；
序号 6：程序分隔；
序号 7：定义端口初始化子函数；
序号 8：端口初始化子函数开始；
序号 9：PB 端口初始化输出 1000 0000；
序号 10：将 PB 端口的最高位设为输出；
序号 11：端口初始化子函数结束；
序号 12：程序分隔；

第12章 ATMEGA16(L)的模拟比较器

序号13:定义模拟比较器初始化子函数；
序号14:模拟比较器初始化子函数开始；
序号15:模拟比较器的正极输入由能隙基准源1.1 V所取代；
序号16:模拟比较器初始化子函数结束；
序号17:程序分隔；
序号18:定义器件初始化子函数；
序号19:器件初始化子函数开始；
序号20:调用端口初始化子函数；
序号21:调用模拟比较器初始化子函数；
序号22:MCU控制寄存器初值为0；
序号23:通用中断控制寄存器初值为0；
序号24:T/C中断屏蔽寄存器初值为0；
序号25:器件初始化子函数结束；
序号26:程序分隔；
序号27:定义主函数；
序号28:主函数开始；
序号29:定义局部变量；
序号30:调用器件初始化子函数；
序号31:无限循环；
序号32:无限循环开始；
序号33:读取模拟比较器输出值(ACO位)；
序号34:如果输出值为0；
序号35:发光二极管D8熄灭；
序号36:否则如果输出值为1；
序号37:发光二极管D8点亮；
序号38:无限循环结束；
序号39:主函数结束。

12.3 模拟比较器实验2

该实验用中断法1实现模拟比较器实验2做输入电压的状态指示。

12.3.1 实现方法

实验1用查询标志的方法,完成用模拟比较器做输入电压的状态指示。这个实验采用效率很高的中断法,进行模拟比较器输入电压状态指示。实验的电路连接与上一次相同:在AVR DEMO实验板上,将电位器RV1的滑动端(双排针AD的左端)通过跳线连接到PB3(AIN1——模拟比较器的负极输入端),作为外部的输入电压。模拟比较器的正极输入端由能隙基准源(1.1 V)代替。用一把螺丝刀转动RV1,改变模拟比较器的负极输入电压即可使比较器反转,使LED指示器D7、D8点亮状态反转。

12.3.2 源程序文件

打开IAREW集成开发环境,在D盘中建立一个文件目录(iar12-2),创建一个新工程项目 iar12-2.ewp 并建立 iar12-2.eww 的工作区。输入 C 源程序文件 iar12-2.c 如下：

```c
#include <iom16.h>                              //1
#include <intrinsics.h>                         //2
#define uchar unsigned char                     //3
#define uint unsigned int                       //4
#define xtal 8                                  //5
#define SET_BIT(x,y) (x|(1 << y))               //6
#define CLR_BIT(x,y) (x&=~(1 << y))             //7
/*******************************8*********/
void Delay_1ms(void)                            //9
{ uint i;                                       //10
 for(i=1;i<(uint)(xtal*143-2);i++)              //11
    ;                                           //12
}                                               //13
/*******************************14*********/
void Delay_nms(uint n)                          //15
{                                               //16
    uint i=0;                                   //17
    while(i<n)                                  //18
    {Delay_1ms();                               //19
     i++;                                       //20
    }                                           //21
}                                               //22
/*******************************23*********/
void port_init(void)                            //24
{                                               //25
 PORTB = 0xc0;                                  //26
 DDRB = 0xc0;                                   //27
}                                               //28
/*******************************29*********/
void comparator_init(void)                      //30
{                                               //31
 ACSR = 0x48;                                   //32
}                                               //33
/*******************************34*********/
void init_devices(void)                         //35
{                                               //36
   __disable_interrupt();                       //37
 port_init();                                   //38
 comparator_init();                             //39
 MCUCR = 0x00;                                  //40
 GICR = 0x00;                                   //41
 TIMSK = 0x00;                                  //42
   __enable_interrupt();                        //43
}                                               //44
```

```c
/*****************************45*********/
void main(void)                          //46
{                                        //47
 init_devices();                         //48
 while(1)                                //49
 {                                       //50
  Delay_nms(10);                         //51
 }                                       //52
}                                        //53
/*****************************54*********/
#pragma vector = ANA_COMP_vect           //55
__interrupt void ana_comp_isr(void)      //56
{                                        //57
 uchar temp;                             //58
 temp = ACSR&0x20;                       //59
 if(temp == 0)                           //60
 {SET_BIT(PORTB,6); CLR_BIT(PORTB,7);}   //61
 else                                    //62
 {CLR_BIT(PORTB,6); SET_BIT(PORTB,7);}   //63
}                                        //64
```

编译通过后，可进行实时在线仿真。仿真结束后，将 iar12-2.hex 文件下载到 AVR DEMO 实验板上。

注意：标示"LED"的双排针应插上短路块。将电位器 RV1 的滑动端（双排针 AD 的左端）通过跳线连接到 PB3（AIN1——模拟比较器的负极输入端）。标示"DC5V"电源端输入 5 V 稳压电压。

实验的结果也令人满意，当用螺丝刀转动 RV1，改变模拟比较器的负极输入电压在 1.1 V 左右时即可使比较器反转，使 LED 指示器 D7、D8 点亮状态反转，与设计目标完全一致。

12.3.3 程序分析解释

序号 1～2：包含头文件；
序号 3～4：变量类型的宏定义；
序号 5：晶振频率的宏定义；
序号 6：置位位的宏定义；
序号 7：清除位的宏定义；
序号 8：程序分隔；
序号 9～13：1 ms 延时子函数；
序号 14：程序分隔；
序号 15～22：n×1 ms 延时子函数；
序号 23：程序分隔；
序号 24：定义端口初始化子函数；
序号 25：端口初始化子函数开始；
序号 26：PB 端口初始化输出 1100 0000；

序号 27：将 PB 端口的最高 2 位设为输出；
序号 28：端口初始化子函数结束；
序号 29：程序分隔；
序号 30：定义模拟比较器初始化子函数；
序号 31：模拟比较器初始化子函数开始；
序号 32：模拟比较器的正极输入由能隙基准源 1.1V 所取代,开中断；
序号 33：模拟比较器初始化子函数结束；
序号 34：程序分隔；
序号 35：定义器件初始化子函数；
序号 36：器件初始化子函数开始；
序号 37：先关总中断；
序号 38：调用端口初始化子函数；
序号 39：调用模拟比较器初始化子函数；
序号 40：MCU 控制寄存器初值为 0；
序号 41：通用中断控制寄存器初值为 0；
序号 42：T/C 中断屏蔽寄存器初值为 0；
序号 43：开总中断；
序号 44：器件初始化子函数结束；
序号 45：程序分隔；
序号 46：定义主函数；
序号 47：主函数开始；
序号 48：调用器件初始化子函数；
序号 49：无限循环；
序号 50：无限循环开始；
序号 51：调用延时子函数；
序号 52：无限循环结束；
序号 53：主函数结束；
序号 54：程序分隔；
序号 55：模拟比较器比较中断函数声明；
序号 56：模拟比较器比较中断服务子函数；
序号 57：模拟比较器比较中断服务子函数开始；
序号 58：定义局部变量；
序号 59：再判别模拟比较器输出值（ACO 位）；
序号 60：如果输出值为 0；
序号 61：发光二极管 D7 熄灭、D8 点亮；
序号 62：否则如果输出值为 1；
序号 63：发光二极管 D7 点亮、D8 熄灭；
序号 64：模拟比较器比较中断服务子函数结束。

12.4 模拟比较器实验 3

实验用中断法 2 实现模拟比较器实验 3 做输入电压的状态指示。

12.4.1 实现方法

实验 1 和实验 2,用模拟比较器做输入电压的状态指示实验,电路连接是相同的,即:在 AVR DEMO 实验板上,将电位器 RV1 的滑动端(双排针 AD 的左端)通过跳线连接到 PB3 (AIN1——模拟比较器的负极输入端),作为外部的输入电压。模拟比较器的正极输入端由能隙基准源(1.1 V)代替。用一把螺丝刀转动 RV1,改变模拟比较器的负极输入电压即可使比较器反转,使 LED 指示器 D8 点亮或熄灭。这次,稍微改变一下电路的连接,将双排针"AD"插入短路块,即电位器 RV1 的滑动端直接连接到 PA7,即 ADC 多路复用器作为模拟比较器负极输入,这里选择 ADC7(PA7)输入外部的电压。

12.4.2 源程序文件

打开 IAREW 集成开发环境,在 D 盘中建立一个文件目录(iar12-3),创建一个新工程项目 iar12-3.ewp 并建立 iar12-3.eww 的工作区。输入 C 源程序文件 iar12-3.c 如下:

```c
#include <iom16.h>                        //1
#include <intrinsics.h>                   //2
#define uchar unsigned char               //3
#define uint unsigned int                 //4
#define xtal 8                            //5
#define SET_BIT(x,y) (x|(1 << y))         //6
#define CLR_BIT(x,y) (x&=~(1 << y))       //7
/*****************************8*******/
void Delay_1ms(void)                      //9
{ uint i;                                 //10
 for(i=1;i<(uint)(xtal*143-2);i++)        //11
   ;                                      //12
}                                         //13
/****************************14*******/
void Delay_nms(uint n)                    //15
{                                         //16
   uint i = 0;                            //17
   while(i<n)                             //18
   {Delay_1ms();                          //19
    i++;                                  //20
   }                                      //21
}                                         //22
/****************************23*******/
void port_init(void)                      //24
{                                         //25
  PORTB = 0x60;                           //26
  DDRB = 0x60;                            //27
```

```
  }                                           //28
/************************29**********/
  void comparator_init(void)                  //30
  {                                           //31
    SFIOR = 0x08;                             //32
    ADMUX = 0x07;                             //33
    ACSR  = 0x48;                             //34
  }                                           //35
/************************36**********/
  void init_devices(void)                     //37
  {                                           //38
    __disable_interrupt();                    //39
    port_init();                              //40
    comparator_init();                        //41
    MCUCR = 0x00;                             //42
    GICR  = 0x00;                             //43
    TIMSK = 0x00;                             //44
    __enable_interrupt();                     //45
  }                                           //46
/************************47**********/
  void main(void)                             //48
  {                                           //49
    init_devices();                           //50
    while(1)                                  //51
    {                                         //52
      Delay_nms(10);                          //53
    }                                         //54
  }                                           //55
/************************56*********/
  #pragma vector = ANA_COMP_vect              //57
  __interrupt void ana_comp_isr(void)         //58
  {                                           //59
    uchar temp;                               //60
    temp = ACSR&0x20;                         //61
    if(temp == 0)                             //62
    {SET_BIT(PORTB,5); CLR_BIT(PORTB,6);}     //63
    else                                      //64
    {CLR_BIT(PORTB,5); SET_BIT(PORTB,6);}     //65
  }                                           //66
```

编译通过后,可进行实时在线仿真。仿真结束后,将 iar12-3.hex 文件下载到 AVR DEMO 实验板上。

注意:标示"LED"、"AD"的双排针应插上短路块。在标示"DC5V"电源端输入 5 V 稳压电压。

实验结果与上次基本一致,只是没有使用跳线而已,实验的照片如图 12-3 所示。

第 12 章　ATMEGA16(L)的模拟比较器

图 12 - 3　没有使用跳线的模拟比较器实验

12.4.3　程序分析解释

序号 1~2:包含头文件;
序号 3~4:变量类型的宏定义;
序号 5:晶振频率的宏定义;
序号 6:置位位的宏定义;
序号 7:清除位的宏定义;
序号 8:程序分隔;
序号 9~13:1 ms 延时子函数;
序号 14:程序分隔;
序号 15~22:$n \times 1$ ms 延时子函数;
序号 23:程序分隔;
序号 24:定义端口初始化子函数;
序号 25:端口初始化子函数开始;
序号 26:PB 端口初始化输出 0110 0000;
序号 27:将 PB 端口的 6、7 位设为输出;
序号 28:端口初始化子函数结束;
序号 29:程序分隔;
序号 30:定义模拟比较器初始化子函数;
序号 31:模拟比较器初始化子函数开始;

序号 32：模拟比较器多路复用器使能；
序号 33：使用 ADC7 的端口；
序号 34：模拟比较器的正极输入由能隙基准源 1.1 V 所取代，开中断；
序号 35：模拟比较器初始化子函数结束；
序号 36：程序分隔；
序号 37：定义器件初始化子函数；
序号 38：器件初始化子函数开始；
序号 39：先关总中断；
序号 40：调用端口初始化子函数；
序号 41：调用模拟比较器初始化子函数；
序号 42：MCU 控制寄存器初值为 0；
序号 43：通用中断控制寄存器初值为 0；
序号 44：T/C 中断屏蔽寄存器初值为 0；
序号 45：开总中断；
序号 46：器件初始化子函数结束；
序号 47：程序分隔；
序号 48：定义主函数；
序号 49：主函数开始；
序号 50：调用器件初始化子函数；
序号 51：无限循环；
序号 52：无限循环开始；
序号 53：调用延时子函数；
序号 54：无限循环结束；
序号 55：主函数结束；
序号 56：程序分隔；
序号 57：模拟比较器比较中断函数声明；
序号 58：模拟比较器比较中断服务子函数；
序号 59：模拟比较器比较中断服务子函数开始；
序号 60：定义局部变量；
序号 61：再判别模拟比较器输出值（ACO 位）；
序号 62：如果输出值为 0；
序号 63：发光二极管 D6 熄灭、D7 点亮；
序号 64：否则如果输出值为 1；
序号 65：发光二极管 D6 点亮、D7 熄灭；
序号 66：模拟比较器比较中断服务子函数结束。

第 13 章
ATMEGA16(L)的模/数转换器

13.1　ATMEAG16(L)的模/数转换器介绍

ATMEGA16(L)有一个 10 位的逐次逼近型 ADC(模/数转换器)，它包括一个 8 通道的模拟开关、一个采样保持比较器、一个转换逻辑和 4 个控制/状态寄存器。ADC 与一个 8 通道的模拟多路复用器连接，能对来自端口 A 的 8 路单端输入电压进行采样，单端电压输入以 0V (GND)为基准。

ATMEGA16(L)还支持 16 路差分电压输入组合。两路差分输入(ADC1、ADC0 与 ADC3、ADC2)有可编程增益级，在 A/D 转换前给差分输入电压提供 0dB(1x)、20dB(10x)或 46dB(200x)的放大级。七路差分模拟输入通道共享一个通用负端(ADC1)，而其他任何 ADC 输入可作为正输入端。如果使用 1×或 10×增益，可得到 8 位分辨率；如果使用 200×增益，可得到 7 位分辨率。

ADC 包括一个采样保持电路，以确保在转换过程中输入到 ADC 的电压保持恒定。ADC 的框图如图 13-1 所示。

ADC 由 AVCC 引脚单独提供电源。V_{AVCC} 与 V_{CC} 之间的偏差不能超过 ± 0.3 V。标称值为 2.56 V 的基准电压以及 V_{AVCC} 都位于器件之内。基准电压可以通过在 AREF 引脚上加一个电容进行解耦，以更好地抑制噪声。

ADC 中的 8 通道 10 位模拟开关的输入端同 PORTA 口相连复用，用于输入模拟信号。模拟开关的输出则接至采样保持比较器的输入上，采样保持比较器可以确保模/数转换逻辑的输入在转换过程中保持不变，它的输出接至模/数转换逻辑。

由于模拟开关的输入端同 PORTA 口相连复用，当一个应用系统不需要或者只需要少数的模/数转换器时，这个端口的其他引脚可以当作普通的 I/O 口使用。但是要注意，尽量不要在用到 A/D 转换器时，再将 PORTA 口作为普通 I/O 口使用，因为这会影响到 A/D 的转换精度。

模/数转换器可将输入的模拟电压信号转换成一个 10 位的数字量信号。它以某一个参考电压为基准(如内部标准参考电压 2.56 V 或者外部输入电压源)，将指定引脚上的输入电压量转换为数字信号量，写入到 AVR 处理器的 ADC 寄存器中。输入模拟电压的范围介于 AGND

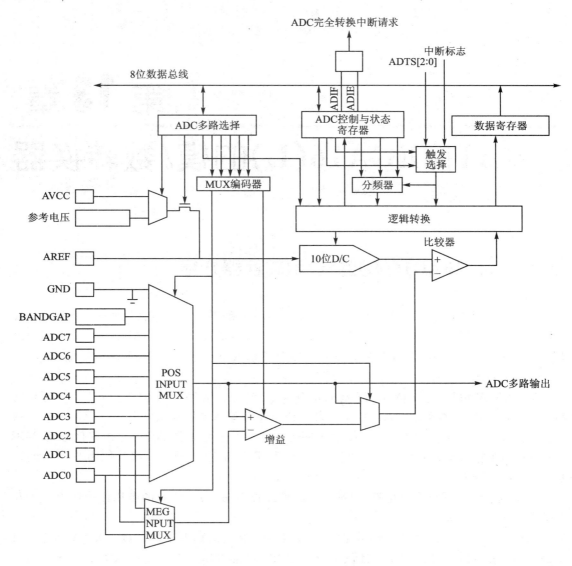

图 13-1 ADC 的框图

和 V_{AVCC} 之间。

ATMEGA16(L)的模/数转换器的精度最高为 10 位,当参考电压为 5 V 时,最小的分辨电压是 $5/2^{10} \approx 0.005$ V。另外,ATMEGA16(L)内部带有前置放大器,放大倍数为 10 倍和 200 倍,可将微弱的输入信号进行适当放大后再进行模/数转换。

13.2 ADC 工作过程

ADC 通过逐次逼近的方法将输入的模拟电压转换成一个 10 位的数字量。最小值代表 GND,最大值代表 AREF 引脚上的电压再减去 1 LSB。通过写 ADMUX 寄存器的 REFSn 位,可以把 V_{AVCC} 或内部 2.56 V 的参考电压连接到 AREF 引脚。在 AREF 上外加电容可以对片内参考电压进行退耦以提高噪声抑制性能。

模拟输入通道与差分增益可以通过写 ADMUX 寄存器的 MUX 位来选择。任何 ADC 输入引脚,像 GND 及固定能隙参考电压,都可以作为 ADC 的单端输入。ADC 输入引脚可选做差分增益放大器的正或负输入。

如果选择差分通道,通过选择被选输入信号对的增益因子得到电压差分放大级。然后放大值成为 ADC 的模拟输入。如果使用单端通道,将绕过增益放大器。

通过设置 ADCSRA 寄存器的 ADEN 即可启动 ADC。只有当 ADEN 置位时参考电压及输入通道选择才生效。ADEN 清零时 ADC 并不耗电,因此建议在进入节能睡眠模式之前关闭 ADC。

ADC 转换结果为 10 位,存放于 ADC 数据寄存器 ADCH 及 ADCL 中。默认情况下转换结果为右对齐,但可通过设置 ADMUX 寄存器的 ADLAR 变为左对齐。

如果要求转换结果左对齐,且最高只需 8 位的转换精度,那么只要读取 ADCH 就足够了。否则要先读 ADCL,再读 ADCH,以保证数据寄存器中的内容是同一次转换的结果。一旦读出 ADCL,ADC 对数据寄存器的寻址就被阻止了。也就是说,读取 ADCL 之后,即使在读 ADCH 之前又有一次 ADC 转换结束,数据寄存器的数据也不会更新,从而保证了转换结果不丢失。ADCH 被读出后,ADC 即可再次访问 ADCH 及 ADCL 寄存器。ADC 转换结束可以触发中断。即使由于转换发生在读取 ADCH 与 ADCL 之间而造成 ADC 无法访问数据寄存器,并因此丢失了转换数据,中断仍将触发。

13.3　启动一次转换

向 ADC 启动转换位 ADSC 写"1"可以启动单次转换。在转换过程中此位保持为高,直到转换结束,然后被硬件清零。如果在转换过程中选择了另一个通道,那么 ADC 会在改变通道前完成这一次转换。

ADC 转换有不同的触发源。设置 ADCSRA 寄存器的 ADC 自动触发允许位 ADATE 可以使能自动触发。设置 ADCSRB 寄存器的 ADC 触发选择位 ADTS 可以选择触发源。当所选的触发信号产生上跳沿时,ADC 预分频器复位并开始转换。这提供了一个在固定时间间隔下启动转换的方法。转换结束后即使触发信号仍然存在,也不会启动一次新的转换。如果在转换过程中触发信号中又产生了一个上跳沿,这个上跳沿将被忽略。即使特定的中断被禁止或全局中断使能位为 0,中断标志仍将置位。这样可以在不产生中断的情况下触发一次转换。但是为了在下次中断事件发生时触发新的转换,必须将中断标志清零。

使用 ADC 中断标志作为触发源,可以实现正在进行的转换结束后即开始下一次 ADC 转换。之后 ADC 便工作在连续转换模式,持续地进行采样并对 ADC 数据寄存器进行更新。第一次转换通过向 ADCSRA 寄存器的 ADSC 写"1"来启动。在此模式下,后续的 ADC 转换不依赖于 ADC 中断标志 ADIF 是否置位。

如果使能了自动触发,置位 ADCSRA 寄存器的 ADSC 将启动单次转换。ADSC 标志还可用来检测转换是否在进行之中。不论转换是如何启动的,在转换进行过程中 ADSC 一直为"1"。

13.4 预分频及ADC转换时序

在默认条件下,逐次逼近电路需要一个从50 kHz到200 kHz的输入时钟以获得最大精度。如果所需的转换精度低于10位,那么输入时钟频率可以高于200 kHz,以达到更高的采样率。

ADC模块包括一个预分频器,它可以由任何超过100 kHz的CPU时钟来产生可接受的ADC时钟。预分频器通过ADCSRA寄存器的ADPS进行设置。置位ADCSRA寄存器的ADEN将使能ADC,预分频器开始计数。只要ADEN为"1",预分频器就持续计数,直到ADEN清零。

ADCSRA寄存器的ADSC置位后,单端转换在下一个ADC时钟周期的上升沿开始启动。正常转换需要13个ADC时钟周期。为了初始化模拟电路,ADC使能(ADCSRA寄存器的ADEN置位)后的第一次转换需要25个ADC时钟周期。

在普通的ADC转换过程中,采样保持在转换启动之后的1.5个ADC时钟开始;而第一次ADC转换的采样保持则发生在转换启动之后的13.5个ADC时钟。转换结束后,ADC结果被送入ADC数据寄存器,且ADIF标志置位。ADSC同时清零(单次转换模式)。之后软件可以再次置位ADSC标志,从而在ADC的第一个上升沿启动一次新的转换。

使用自动触发时,触发事件发生将复位预分频器。这保证了触发事件和转换启动之间的延时是固定的。在此模式下,采样保持在触发信号上升沿之后的2个ADC时钟发生。为了实现同步逻辑需要额外的3个CPU时钟周期。如果使用差分模式,加上不是由ADC转换结束实现的自动触发,每次转换需要25个ADC时钟周期。因为每次转换结束后都要关闭ADC然后又启动它。

在连续转换模式下,当ADSC为"1"时,只要转换一结束,下一次转换马上开始。转换时间见表13-1。

表13-1 ADC转换时间

条件	采样与保持(启动转换后的时钟周期数)	转换时间(周期数)
第一次转换	14.5	25
正常转换,单端	1.5	13
自动触发的转换	2	13.5
正常转换,差分	1.5/2.5	13/14

13.5 差分增益信道

使用差分增益通道时,须考虑转换的确定特征。

差分转换与内部时钟CKADC2同步等于ADC时钟的一半。同步是当ADC接口在CKADC2边沿出现采样与保持时自动实现的。当CKADC2为低时,通过用户启动转换(即所有的单次转换与第一次连续转换)。当CKADC2为高时,由于同步机制,将会使用14个ADC时钟周期。在连续转换模式时,一次转换结束后立即启动新的转换,而由于CKADC2此时为高,所有的自动启动(即除第一次外)将使用 14 个 ADC 时钟周期。

在所有的增益设置中,当带宽为 4 kHz 时增益级最优。更高的频率可能会造成非线性放大。当输入信号包含高于增益级带宽的频率时,应在输入前加入低通滤波器。

注意：ADC 时钟频率不受增益级带宽限制。比如,不管通道带宽是多少,ADC 时钟周期为 6 μs,允许通道采样率为 12 kSPS。

如果使用差分增益通道且通过自动触发启动转换,在转换时 ADC 必须关闭。当使用自动触发时,ADC 预分频器在转换启动前复位。

13.6 改变通道或基准源

ADMUX 寄存器中的 MUXn 及 REFS1:0 通过临时寄存器实现了单缓冲。CPU 可对此临时寄存器进行随机访问。这保证了在转换过程中通道和基准源的切换发生于安全的时刻。在转换启动之前通道及基准源的选择可随时进行。一旦转换开始就不允许再选择通道和基准源了,从而保证 ADC 有充足的采样时间。在转换完成(ADCSRA 寄存器的 ADIF 置位)之前的最后一个时钟周期,通道和基准源的选择又可以重新开始。转换的开始时刻为 ADSC 置位后的下一个时钟的上升沿。因此,建议用户在置位 ADSC 之后的一个 ADC 时钟周期里,不要操作 ADMUX 选择新的通道及基准源。

使用自动触发时,触发事件发生的时间是不确定的。为了控制新设置对转换的影响,在更新 ADMUX 寄存器时一定要特别小心。

若 ADATE 及 ADEN 都置位,则中断事件可以在任意时刻发生。如果在此期间改变 ADMUX 寄存器的内容,那么用户就无法判别下一次转换是基于旧的设置还是最新的设置。在以下时刻可以安全地对 ADMUX 进行更新:

① ADATE 或 ADEN 为 0。
② 在转换过程中,但在触发事件发生后至少一个 ADC 时钟周期。
③ 转换结束之后,但在作为触发源的中断标志清零之前。

如果在上面提到的任何一种情况下更新 ADMUX,那么新设置将在下一次 ADC 时生效。当改变差分通道时要特别注意。一旦选定差分通道,增益级要用 125 μs 来稳定该值。因此在选定新通道后的 125 μs 内不应启动转换,或舍弃该时间段内的转换结果。

当改变 ADC 参考值后(通过改变 ADMUX 寄存器中的 REFS1:0 位)的第一次转换也要遵守前面的说明。

13.7 ADC 输入通道

选择模拟通道时请注意以下指导方针：

工作于单次转换模式时,总是在启动转换之前选定通道。在 ADSC 置位后的一个 ADC 时钟周期就可以选择新的模拟输入通道了。但最简单的办法是等待转换结束后再改变通道。

在连续转换模式下,总是在第一次转换开始之前选定通道。在 ADSC 置位后的一个 ADC 时钟周期就可以选择新的模拟输入通道了。但是最简单的办法是等待转换结束后再改变通道。然而,此时新一次转换已经自动开始了,下一次的转换结果反映的是以前选定的模拟输入通道。以后的转换才是针对新通道的。

当切换到差分增益通道时,由于自动偏移抵消电路需要时间积累,第一次转换结果准确率很低,用户最好舍弃第一次转换结果。

13.8 ADC 基准电压源

ADC 的参考电压源(V_{REF})反映了 ADC 的转换范围。若单端通道电平超过了 V_{REF},其结果将接近 0x3FF。V_{REF} 可以是 A_{VCC}、内部 2.56 V 基准或外接于 AREF 引脚的电压。

AVCC 通过一个无源开关与 ADC 相连。片内的 2.56 V 参考电压由能隙基准源(VBG)通过内部放大器产生。无论是哪种情况,V_{AREF} 都直接与 ADC 相连,通过在 AREF 与地之间外加电容可以提高参考电压的抗噪性。V_{REF} 可通过高输入内阻的伏特表在 AREF 引脚测得。

由于 V_{REF} 的阻抗很高,因此只能连接容性负载。

如果将一个固定电源接到 AREF 引脚,那么用户就不能选择其他的基准源了,因为这会导致片内基准源与外部参考源的短路。如果 AREF 引脚没有联接任何外部参考源,用户可以选择 V_{AVCC} 或 1.1 V 作为基准源。参考源改变后的第一次 ADC 转换结果可能不准确,建议用户不要使用这一次的转换结果。

13.9 模/数转换器相关寄存器

13.9.1 ADMUX

ADMUX 负责控制模/数转换输入通道的选择以及参考电压源的选取,其定义如下:

Bit	7	6	5	4	3	2	1	0	
	REFS1	REFS0	ADLAR	MUX4	MUX3	MUX2	MUX1	MUX0	ADMUX
读/写	R/W	R/W	R/W	R/W	R/W	R/W	R/W	R/W	
初始值	0	0	0	0	0	0	0	0	

➢ Bit 4:0——MUX4:0:控制选择 A/D 输入通道、放大倍数选取及差模输入方式选取。

➢ Bit 5——ADLAR:ADCH 和 ADCL 输出格式控制位,当该位置 1 时,输出结果左对齐;当该位置 0 时,输出结果右对齐。

➢ Bit 7:6—— REFS1:0:为控制参考电压的选择。表 13 - 2 所列为 REFS1、REFS0 的设置及对应的参考电压。

表 13 - 2 REFS1、REFS0 的设置及对应的参考电压

REFS1	REFS0	A/D 转换器参考电压
0	0	外部引脚 AREF,内部参考源断开
0	1	AVCC(AREF 引脚需并联电容)
1	0	保留
1	1	内部 2.56 V 电压源(AREF 引脚需并联电容)

13.9.2 ADCSRA

ADCSRA 为 ADC 控制和状态寄存器,其定义如下:

Bit	7	6	5	4	3	2	1	0	
	ADEN	ADSC	ADATE	ADIF	ADIE	ADPS2	ADPS1	ADPS0	ADCSRA
读/写	R/W	R/W	R/W	R/W	R/W	R/W	R/W	R/W	
初始值	0	0	0	0	0	0	0	0	

➢ Bit 2:0—— ADPS2:0:ADC 预分频选择,这 3 位决定 ADC 分频器的值,如表 13 - 3 所列。

表 13 - 3 ADC 预分频选择

ADPS2	ADPS1	ADPS0	分频数	ADPS2	ADPS1	ADPS0	分频数
0	0	0	2	1	0	0	16
0	0	1	2	1	0	1	32
0	1	0	4	1	1	0	64
0	1	1	8	1	1	1	128

➢ Bit 3——ADIE:ADC 中断使能。ADIE 为"1",则 ADC 转换结束中断即被使能;否则,中断禁止。

➢ Bit 4——ADIF:ADC 中断标志。ADC 转换完成,并且数据更新后,ADC 中断标志(ADIF)置"1"。此时若 ADC 的中断使能位(ADIE)和全局中断使能位(SREG)都为"1",则单片机产生一个 ADC 完全中断。当单片机执行相应的中断后,ADIF 被清"0"。ADIF 也可通过写入"0"来清除。

➢ Bit 5——ADATE:ADC 自动触发使能。ADATE 置位将启动 ADC 自动触发功能。触发信号的上跳沿启动 ADC 转换。触发信号源通过 SFIOR 寄存器的 ADC 触发信号源选择位 ADTS 设置。

➢ Bit 6——ADSC:模/数转换启动。当 ADC 工作于单次转换模式时,该位必须写入"1"才能启动每次转换过程;ADC 工作于自由转换模式时,ADSC 也必须在第一次转换时写入"1"。

注意:ADC 在上电后,必须首先进行一次初始化转换,这个转换值无效。

➢ Bit 7——ADEN:模/数转换使能。ADEN 为"1"时,单片机的模/数转换使能;否则禁止。

13.9.3 ADCH 和 ADCL

ADCH 和 ADCL 两个寄存器用于存储 ADC 的转换结果。寄存器定义如下:

ADLAR=0

Bit	15	14	13	12	11	10	9	8	
	–	–	–	–	–	–	ADC9	ADC8	ADCH
	ADC7	ADC6	ADC5	ADC4	ADC3	ADC2	ADC1	ADC0	ADCL
	7	6	5	4	3	2	1	0	
读/写	R	R	R	R	R	R	R	R	
	R	R	R	R	R	R	R	R	
初始值	0	0	0	0	0	0	0	0	
	0	0	0	0	0	0	0	0	

ADLAR=1

Bit	15	14	13	12	11	10	9	8	
	ADC9	ADC8	ADC7	ADC6	ADC5	ADC4	ADC3	ADC2	ADCH
	ADC1	ADC0	–	–	–	–	–	–	ADCL
	7	6	5	4	3	2	1	0	
读/写	R	R	R	R	R	R	R	R	
	R	R	R	R	R	R	R	R	
初始值	0	0	0	0	0	0	0	0	
	0	0	0	0	0	0	0	0	

为了确保数据读取的正确性,ADCL 寄存器的内容应当首先被读取,一旦用户开始对 ADCL 读取,ADC 对数据寄存器的写操作就被禁止。这就意味着,如果用户读取了 ADCL,那么即便另一次 ADC 转换过程在读 ADCH 之前结束了,两个数据寄存器中的内容也不会被更新。当用户对 ADCH 的读操作完成后,ADC 才可以更新 ADCH 和 ADCL。ADMUX 寄存器的 ADLAR 影响 ADC 转换结果在 ADC 数据寄存器中的存放形式。ADLAR 置位时,转换结果为左对齐;清零时,为右对齐。无论 ADC 转换是否在进行中,ADLAR 的改变将立即影响 ADC 数据寄存器的内容。

13.9.4 特殊功能 IO 寄存器

特殊功能 IO 寄存器(SFIOR)定义如下:

Bit	7	6	5	4	3	2	1	0	
	ADTS2	ADTS1	ADTS0	–	ACME	PUD	PSR2	PSR10	SFIOR
读/写	R/W	R/W	R/W	R	R/W	R/W	R/W	R/W	
初始值	0	0	0	0	0	0	0	0	

➤ Bit 7:5——ADTS2:0:ADC 自动触发源

若 ADCSRA 寄存器的 ADATE 置位,ADTS 的值将确定触发 ADC 转换的触发源;否则,ADTS 的设置没有意义。被选中的中断标志在其上升沿触发 ADC 转换。从一个中断标志清零的触发源切换到中断标志置位的触发源会使触发信号产生一个上升沿。如果此时 ADCSRA 寄存器的 ADEN 为"1",ADC 转换即被启动。切换到连续运行模式(ADTS[2:0]=0)时,即使 ADC 中断标志已经置位也不会产生触发事件。

➤ Bit 4——Res:保留位

这一位保留。为了与以后的器件相兼容,在写 SFIOR 时这一位应写"0"。

13.10　模/数转换器的使用

ATMEGA16(L)单片机的 ADC 模块由 ADCSRA 寄存器中的 ADEN 位使能。当 ADEN 为"1"时，ADC 功能有效，并且输入通道同模拟电压的输入引脚相连。此时，若 ADSC 置"1"，则 ADC 启动一次模/数转换过程，这个模/数转换过程用于初始化 ADC(转换结果无效)。

当 ADC 模块被启动以后，用户可以通过 ADATE 位选择 ADC 的两种转换模式，即单次转换模式和自由转换模式。若 ADATE 为"0"，则 ADC 工作在单次转换模式，此时，每个转换过程都需要置位 ADSC；若 ADATE 为"1"，则 ADC 工作在自由转换模式，此时，ADC 连续采样模拟输入端，并将转换得到的数据输出至 ADC 的数据寄存器 ADCH 和 ADCL 中。当一次转换过程结束后，ADIF 位被置"1"，此时，若 ADIE 和全局中断使能位(SREG 的 I)都为"1"，则单片机产生一个 ADC 中断。

13.11　0～5 V 数字式直流电压表实验

13.11.1　实现方法

用电位器 RV1 作模拟量的输入，右边 4 位数码管显示输入电压值。使用 PA 端口的第 7 位进行模拟量输入，而 PA 端口的第 0～6 位作数码管的段驱动，由于 PA7 设计时未用于驱动点亮数码管的小数点，显示的数字中小数点不能被点亮。因此，"千"位数码管相当于显示整数，而"个"、"十"、"百"位数码管相当于显示小数，例如：显示 2502 相当于 2.502 V 电压。

13.11.2　源程序文件

打开 IAREW 集成开发环境，在 D 盘中建立一个文件目录(iar13-1)，创建一个新工程项目 iar13-1.ewp 并建立 iar13-1.eww 的工作区。输入 C 源程序文件 iar13-1.c 如下：

```
#include <iom16.h>                                  //1
#define uchar unsigned char                         //2
#define uint  unsigned int                          //3
uchar __flash SEG7[10] = {0x3f,0x06,0x5b,           //4
0x4f,0x66,0x6d,0x7d,0x07,0x7f,0x6f};                //5
uchar __flash ACT[4] = {0xfe,0xfd,0xfb,0xf7};       //6
uint adc_val,dis_val;                               //7
uchar i,cnt;                                        //8
/**************************9************/
void port_init(void)                                //10
{                                                   //11
    PORTA = 0x7F;                                   //12
    DDRA  = 0x7F;                                   //13
    PORTB = 0xFF;                                   //14
```

```c
    DDRB = 0xFF;                                              //15
    PORTC = 0xFF;                                             //16
    DDRC = 0xFF;                                              //17
    PORTD = 0xFF;                                             //18
    DDRD = 0xFF;                                              //19
}                                                             //20
/*******************************************21***********/
void adc_init(void)                                           //22
{                                                             //23
    ADCSRA = 0xE3;                                            //24
    ADMUX = 0xc7;                                             //25
}                                                             //26
//******************************************27
void timer0_init(void)                                        //28
{                                                             //29
    TCNT0 = 0x83;                                             //30
    TCCR0 = 0x03;                                             //31
    TIMSK = 0x01;                                             //32
}                                                             //33
/******************************************34*********/
void init_devices(void)                                       //35
{                                                             //36
    port_init();                                              //37
    timer0_init();                                            //38
    adc_init();                                               //39
    SREG = 0x80;                                              //40
}                                                             //41
//*******************************************42
#pragma vector = TIMER0_OVF_vect                              //43
__interrupt void timer0_ovf_isr(void)                         //44
{                                                             //45
    TCNT0 = 0x83;                                             //46
    cnt++;                                                    //47
    if(++i>3)i=0;                                             //48
    switch(i)                                                 //49
    {                                                         //50
        case 0:PORTA = SEG7[dis_val % 10];PORTC = ACT[0];break;           //51
        case 1:PORTA = SEG7[(dis_val/10) % 10];PORTC = ACT[1];break;      //52
        case 2:PORTA = SEG7[(dis_val/100) % 10];PORTC = ACT[2];break;     //53
        case 3:PORTA = SEG7[dis_val/1000];PORTC = ACT[3];break;           //54
        default:break;                                        //55
    }                                                         //56
}                                                             //57
//=================================58
uint ADC_Convert(void)                                        //59
{uint temp1,temp2;                                            //60
```

第 13 章 ATMEGA16(L)的模/数转换器

```c
    temp1 = (uint)ADCL;                    //61
    temp2 = (uint)ADCH;                    //62
    temp2 = (temp2 << 8) + temp1;          //63
    return(temp2);                         //64
}                                          //65
/*****************************66*************/
uint conv(uint i)                          //67
{                                          //68
    long x;                                //69
    uint y;                                //70
    x = (5000 * (long)i)/1023;             //71
    y = (uint)x;                           //72
    return y;                              //73
}                                          //74
/*****************************75*************/
void delay(uint k)                         //76
{                                          //77
    uint i,j;                              //78
    for(i = 0;i<k;i++)                     //79
    {                                      //80
        for(j = 0;j<140;j++);              //81
    }                                      //82
}                                          //83
/*****************************84*************/
void main(void)                            //85
{                                          //86
    init_devices();                        //87
    while(1)                               //88
    {                                      //89
        if(cnt>100)                        //90
        {                                  //91
            adc_val = ADC_Convert();       //92
            dis_val = conv(adc_val);       //93
            cnt = 0;                       //94
        }                                  //95
        delay(10);                         //96
    }                                      //97
}                                          //98
```

编译通过后,将 iar13-1.hex 文件下载到 AVR 单片机综合实验板上。

注意:标示"LEDMOD_COM"、"AD"和"LEDMOD_DISP"的双排针应插上短路块,但"LEDMOD_DISP"的 PA7 位不要插短路块。标示"DC5V"电源端输入 5 V 稳压电压。

用一把螺丝刀慢慢调节电位器 RV1,改变输入的模拟电压,可看到数码管的显示在 0000～5000(相当于 0.000～5.000 V,因为小数点不显示)之间变化,如图 13-2 所示。

图 13-2 0～5 V 数字式直流电压表实验

13.11.3 程序分析解释

序号 1:包含头文件;
序号 2～3:变量类型的宏定义;
序号 4～5:共阴极数码管 0～9 的字形码;
序号 6:4 位共阴极数码管的位选码;
序号 7～8:定义全局变量;
序号 9:程序分隔;
序号 10:定义端口初始化子函数;
序号 11:端口初始化子函数开始;
序号 12:PA 端口初始化输出 0111 1111;
序号 13:将 PA 端口的低 7 位设为输出,最高位设为输入;
序号 14:PB 端口初始化输出 1111 1111;
序号 15:将 PB 端口设为输出;
序号 16:PC 端口初始化输出 1111 1111;
序号 17:将 PC 端口设为输出;
序号 18:PD 端口初始化输出 1111 1111;
序号 19:将 PD 端口设为输出;
序号 20:端口初始化子函数结束;
序号 21:程序分隔;

第13章 ATMEGA16(L)的模/数转换器

序号22:定义模/数转换初始化子函数;
序号23:模/数转换初始化子函数开始;
序号24:ADC工作在自由转换模式;
序号25:选择ADC输入通道为7;
序号26:模/数转换初始化子函数结束;
序号27:程序分隔;
序号28:定义定时器0初始化子函数;
序号29:定时器0初始化子函数开始;
序号30:1 ms的定时初值;
序号31:定时器0的计数预分频取64;
序号32:使能T/C0中断;
序号33:定时器0初始化子函数结束;
序号34:程序分隔;
序号35:定义芯片的初始化子函数;
序号36:芯片的初始化子函数开始;
序号37:调用端口初始化子函数;
序号38:调用定时器0初始化子函数;
序号39:调用模/数转换初始化子函数;
序号40:使能总中断;
序号41:芯片的初始化子函数结束;
序号42:程序分隔;
序号43:定时器0溢出中断函数声明;
序号44:定时器0溢出中断服务子函数;
序号45:定时器0溢出中断服务子函数开始;
序号46:重装1 ms的定时初值;
序号47:变量cnt递增;
序号48:变量i的计数范围0~3;
序号49:switch语句,根据i的值分别点亮4位数码管;
序号50:switch语句开始;
序号51:点亮个位数码管上的数;
序号52:点亮十位数码管上的数;
序号53:点亮百位数码管上的数;
序号54:点亮千位数码管上的数;
序号55:默认为退出;
序号56:switch语句结束;
序号57:定时器0溢出中断服务子函数结束;
序号58:程序分隔;
序号59:定义模/数转换子函数;
序号60:模/数转换子函数开始,定义无符号整型局部变量;
序号61~62:取得模数转换值;
序号63:转换成整型变量;
序号64:返回取得的模数转换值;
序号65:模数转换子函数结束;
序号66:程序分隔;
序号67:定义数据转换子函数,定义i为无符号整型变量;

序号 68:数据转换子函数开始;
序号 69:定义无符号长整型局部变量;
序号 70:定义无符号整型局部变量;
序号 71:将变量 i 转换成需要显示的形式;
序号 72:将无符号长整型变量 x 强制转换成无符号整型变量 y;
序号 73:返回 y 的值;
序号 74:数据转换子函数结束;
序号 75:程序分隔;
序号 76~83:延时子函数;
序号 84:程序分隔;
序号 85:定义主函数;
序号 86:主函数开始;
序号 87:调用芯片初始化子函数;
序号 88:无限循环;
序号 89:无限循环语句开始;
序号 90:如果 cnt 大于 100,进入 if 语句;
序号 91:if 语句开始;
序号 92:调用模数转换子函数得到转换值;
序号 93:将 adc_val 转换成需要显示的形式;
序号 94:cnt 回 0;
序号 95:if 语句结束;
序号 96:延时 10 ms;
序号 97:无限循环语句结束;
序号 98:主函数结束。

13.12 "施密特"电压比较器实验

13.12.1 实现方法

在自动控制中,经常使用"施密特"电压比较器进行信号的抗干扰识别。使用 ATMEGA16(L)单片机的 ADC 模块可实现软件的"施密特"电压比较器,用软件实现输入电压的识别:当输入电压大于 2.800 V 时,灯 D1 点亮;输入电压小于 2.200 V 时,灯 D2 点亮。

13.12.2 源程序文件

打开 IAREW 集成开发环境,在 D 盘中建立一个文件目录(iar13-2),创建一个新工程项目 iar13-2.ewp 并建立 iar13-2.eww 的工作区。输入 C 源程序文件 iar13-2.c:

```
#include <iom16.h>                              //1
#define uchar unsigned char                     //2
#define uint  unsigned int                      //3
#define D1_0    (PORTB = PORTB&0xfe)            //4
```

```c
#define D1_1    (PORTB = PORTB|0x01)                          //5
#define D2_0    (PORTB = PORTB&0xfd)                          //6
#define D2_1    (PORTB = PORTB|0x02)                          //7
uchar __flash SEG7[10] = {0x3f,0x06,0x5b,                     //8
                  0x4f,0x66,0x6d,0x7d,0x07,0x7f,0x6f};        //9
uchar __flash ACT[4] = {0xfe,0xfd,0xfb,0xf7};                 //10
uint value,dis_val;                                           //11
uchar status,i,flag;                                          //12
/***********************************************13*****/
void port_init(void)                                          //14
{                                                             //15
 PORTA = 0x7F;                                                //16
 DDRA  = 0x7F;                                                //17
 PORTB = 0xFF;                                                //18
 DDRB  = 0xFF;                                                //19
 PORTC = 0xFF;                                                //20
 DDRC  = 0xFF;                                                //21
 PORTD = 0xFF;                                                //22
 DDRD  = 0xFF;                                                //23
}                                                             //24
/*********************************************25**********/
void timer0_init(void)                                        //26
{                                                             //27
 TCNT0 = 0x83;                                                //28
 OCR0  = 0x7D;                                                //29
 TCCR0 = 0x03;                                                //30
}                                                             //31
/***********************************************32**********/
#pragma vector = TIMER0_OVF_vect                              //33
__interrupt void timer0_ovf_isr(void)                         //34
{                                                             //35
 TCNT0 = 0x83;                                                //36
 if(++i>3)i = 0;                                              //37
 switch(i)                                                    //38
 {                                                            //39
    case 0:PORTA = SEG7[dis_val%10];PORTC = ACT[0];break;     //40
    case 1:PORTA = SEG7[(dis_val/10)%10];PORTC = ACT[1];break;//41
    case 2:PORTA = SEG7[(dis_val/100)%10];PORTC = ACT[2];break;//42
    case 3:PORTA = SEG7[dis_val/1000];PORTC = ACT[3];break;   //43
    default:break;                                            //44
 }                                                            //45
}                                                             //46
/***********************************************47****/
void timer1_init(void)                                        //48
{                                                             //49
```

```c
    TCNT1H = 0xE7;                                        //50
    TCNT1L = 0x96;                                        //51
    TCCR1B = 0x03;                                        //52
}                                                         //53
/**********************************************54****/
#pragma vector = TIMER1_OVF_vect                          //55
__interrupt void timer1_ovf_isr(void)                     //56
{                                                         //57
    TCNT1H = 0xE7;                                        //58
    TCNT1L = 0x96;                                        //59
}                                                         //60
/**********************************************61****/
void adc_init(void)                                       //62
{                                                         //63
    ADMUX = 0x07;                                         //64
    ACSR = 0x80;                                          //65
    ADCSRA = 0xE9;                                        //66
}                                                         //67
/**********************************************68****/
#pragma vector = ADC_vect                                 //69
__interrupt void adc_isr(void)                            //70
{                                                         //71
    value = ADCL;                                         //72
    value(int)ADCH << 8;                                  //73
    flag = 1;                                             //74
}                                                         //75
/**********************************************76****/
void init_devices(void)                                   //77
{                                                         //78
    port_init();                                          //79
    timer0_init();                                        //80
    timer1_init();                                        //81
    adc_init();                                           //82
    TIMSK = 0x05;                                         //83
    SREG = 0x80;                                          //84
}                                                         //85
/**********************************************86*/
void delay(uint k)                                        //87
{                                                         //88
    uint i,j;                                             //89
    for(i = 0;i<k;i++)                                    //90
    {                                                     //91
        for(j = 0;j<140;j++);                             //92
    }                                                     //93
}                                                         //94
```

第13章 ATMEGA16(L)的模/数转换器

```c
/***********************************************95*****/
uint conv(uint i)                                       //96
{                                                       //97
    long x;                                             //98
    uint y;                                             //99
    x = (5000 * (long)i)/1023;                          //100
    y = (uint)x;                                        //101
    return y;                                           //102
}                                                       //103
/***********************************************104****/
void main(void)                                         //105
{                                                       //106
    init_devices();                                     //107
    while(1)                                            //108
    {                                                   //109
        if(flag == 1)                                   //110
        {                                               //111
            dis_val = conv(value);                      //112
            if(status == 0)                             //113
            {                                           //114
                if(dis_val>2800)                        //115
                {status = 1;                            //116
                D2_1;D1_0;                              //117
                }                                       //118
            }                                           //119
            else                                        //120
            {                                           //121
                if(dis_val<2200)                        //122
                {status = 0;                            //123
                D2_0;D1_1;                              //124
                }                                       //125
            }                                           //126
            flag = 0;                                   //127
        }                                               //128
        delay(10);                                      //129
    }                                                   //130
}                                                       //131
```

编译通过后,将iar13-2.hex文件下载到AVR单片机综合实验板上。

注意:标示"LEDMOD_COM"、"AD"和"LEDMOD_DISP"的双排针应插上短路块,但"LEDMOD_DISP"的PA7位不要插短路块。标示"DC5V"电源端输入5V稳压电压。

用一把螺丝刀调节电位器RV1,改变输入的模拟电压,数码管显示大于2800时,灯D1点亮;数码管显示小于2200时,灯D2点亮,达到实验的目的,如图13-3、图13-4所示。

手把手教你学 AVR 单片机 C 程序设计

图 13-3　大于 2800 时,灯 D1 点亮

图 13-4　小于 2200 时,灯 D2 点亮

13.12.3 程序分析解释

序号 1:包含头文件;
序号 2~3:变量类型的宏定义;
序号 4:定义灯 D1 端口为低电平;
序号 5:定义灯 D1 端口为高电平;
序号 6:定义灯 D2 端口为低电平;
序号 7:定义灯 D2 端口为高电平;
序号 8~9:共阴极数码管 0~9 的字形码;
序号 10:4 位共阴极数码管的位选码;
序号 11:无符号整型全局变量定义;
序号 12:无符号字符型全局变量定义;
序号 13:程序分隔;
序号 14:定义端口初始化子函数;
序号 15:端口初始化子函数开始;
序号 16:PA 端口初始化输出 0111 1111;
序号 17:将 PA 端口的低 7 位设为输出,最高位设为输入;
序号 18:PB 端口初始化输出 1111 1111;
序号 19:将 PB 端口设为输出;
序号 20:PC 端口初始化输出 1111 1111;
序号 21:将 PC 端口设为输出;
序号 22:PD 端口初始化输出 1111 1111;
序号 23:将 PD 端口设为输出;
序号 24:端口初始化子函数结束;
序号 25:程序分隔;
序号 26:定义定时器 0 初始化子函数;
序号 27:定时器 0 初始化子函数开始;
序号 28:1 ms 的定时初值;
序号 29:设置输出比较寄存器一个初值;
序号 30:定时器 0 的计数预分频取 64;
序号 31:定时器 0 初始化子函数结束;
序号 32:程序分隔;
序号 33:定时器 0 溢出中断函数声明;
序号 34:定时器 0 溢出中断服务子函数;
序号 35:定时器 0 溢出中断服务子函数开始;
序号 36:重装 1 ms 的定时初值;
序号 37:变量 i 的计数范围 0~3;
序号 38:switch 语句,根据 i 的值分别点亮 4 位数码管;
序号 39:switch 语句开始;
序号 40:点亮个位数码管上的数;
序号 41:点亮十位数码管上的数;
序号 42:点亮百位数码管上的数;
序号 43:点亮千位数码管上的数;
序号 44:默认为退出;

序号 45：switch 语句结束；
序号 46：定时器 0 溢出中断服务子函数结束；
序号 47：程序分隔；
序号 48：定义定时器 1 初始化子函数；
序号 49：定时器 1 初始化子函数开始；
序号 50~51：50 ms 的定时初值；
序号 52：定时器 1 的计数预分频取 64；
序号 53：定时器 1 初始化子函数结束；
序号 54：程序分隔；
序号 55：定时器 1 溢出中断函数声明；
序号 56：定时器 1 溢出中断服务子函数；
序号 57：定时器 1 溢出中断服务子函数开始；
序号 58~59：重装 50 ms 的定时初值；
序号 60：定时器 1 溢出中断服务子函数结束；
序号 61：程序分隔；
序号 62：定义模/数转换初始化子函数；
序号 63：模/数转换初始化子函数开始；
序号 64：选择 ADC 输入通道为 7；
序号 65：关掉模拟比较器；
序号 66：ADC 中断使能，预分频器系数取 2，ADC 转换使能，自动触发使能；
序号 67：模/数转换初始化子函数结束；
序号 68：程序分隔；
序号 69：模/数转换结束中断函数声明；
序号 70：模/数转换结束中断函数；
序号 71：模/数转换结束中断函数开始；
序号 72~73：取得模/数转换值；
序号 74：置标志 flag 为 1；
序号 75：模/数转换结束中断函数结束；
序号 76：程序分隔；
序号 77：定义芯片的初始化子函数；
序号 78：芯片初始化子函数开始；
序号 79：调用端口初始化子函数；
序号 80：调用定时器 0 初始化子函数；
序号 81：调用定时器 1 初始化子函数；
序号 82：调用模/数转换初始化子函数；
序号 83：T/C0、T/C1 溢出中断使能；
序号 84：使能总中断；
序号 85：芯片初始化子函数结束；
序号 86：程序分隔；
序号 87~94：延时子函数；
序号 95：程序分隔；
序号 96：定义数据转换子函数，i 为无符号整型变量；
序号 97：数据转换子函数开始；
序号 98：定义 x 为无符号长整型局部变量；
序号 99：定义 y 为无符号整型局部变量；

序号100:将变量i转换成需要显示的形式;
序号101:将无符号长整型变量x强制转换成无符号整型变量y;
序号102:返回y的值;
序号103:数据转换子函数结束;
序号104:程序分隔;
序号105:定义主函数;
序号106:主函数开始;
序号107:调用芯片初始化子函数;
序号108:无限循环;
序号109:无限循环开始;
序号110:如果flag为1;
序号111:进入if语句;
序号112:将value转换成需要显示的形式;
序号113:如果状态为0;
序号114:进入if语句;
序号115:如果数据>2800;
序号116:改变状态为1;
序号117:点亮D1,熄灭D2;
序号118:if语句结束;
序号119:if语句结束;
序号120:否则如果状态为1;
序号121:进入否则语句;
序号122:如果数据<2200;
序号123:改变状态为0;
序号124:点亮D2,熄灭D1;
序号125:if语句结束;
序号126:if语句结束;
序号127:将flag置0;
序号128:if语句结束;
序号129:延时10 ms,不是必需的;
序号130:无限循环结束;
序号131:主函数结束。

13.13 用模/数转换器测量PWM输出的电压值

13.13.1 实现方法

在第9章的PWM实验中,液晶上显示的输出电压值是直接取相关寄存器的数值,经数学运算得到的,是一个理论值。该实验中,PWM输出的信号经过运放组成的有源积分器后,再由模/数转换器进行测量,这样得到的输出电压值是真实的数值。

13.13.2 源程序文件

打开 IAREW 集成开发环境,在 D 盘中建立一个文件目录(iar13-3),创建一个新工程项目 iar13-3.ewp 并建立 iar13-3.eww 的工作区。输入 C 源程序文件 iar13-3.c 如下:

```c
#include <iom16.h>                                    //1
#include <intrinsics.h>                               //2
#define uchar unsigned char                           //3
#define uint unsigned int                             //4
uchar __flash SEG7[10] = {0x3f,0x06,0x5b,             //5
              0x4f,0x66,0x6d,0x7d,0x07,0x7f,0x6f};    //6
uchar __flash ACT[4] = {0xfe,0xfd,0xfb,0xf7};         //7
//**************************                          //8
#define xtal 8                                        //9
#define GET_BIT(x,y) (x&(1<<y))                       //10
uchar cnt;                                            //11
uint voltage,dis_voltage;                             //12
uint wide;                                            //13
/*********************14*********/
union adc                                             //15
{                                                     //16
  uchar a[2];                                         //17
  uint b;                                             //18
}adc_val;                                             //19
//**************************20
void Delay_1ms(void)                                  //21
{ uint i;                                             //22
  for(i=1;i<(uint)(xtal*143-2);i++)                   //23
    ;                                                 //24
}                                                     //25
/*********************26****/
void Delay_nms(uint n)                                //27
{                                                     //28
  uint i = 0;                                         //29
  while(i<n)                                          //30
  {Delay_1ms();                                       //31
   i++;                                               //32
  }                                                   //33
}                                                     //34
/*********************35******/
void delay(uint k)                                    //36
{                                                     //37
  uint i,j;                                           //38
  for(i=0;i<k;i++)                                    //39
```

```c
    {
        for(j = 0;j<140;j++);                  //40
    }                                          //41
}                                              //42
                                               //43
/*******************************44*******/
void port_init(void)                           //45
{                                              //46
  PORTA = 0x7F;                                //47
  DDRA = 0x7F;                                 //48
  PORTB = 0xFF;                                //49
  DDRB = 0xFF;                                 //50
  PORTC = 0xFF;                                //51
  DDRC = 0xFF;                                 //52
  PORTD = 0x0f;                                //53
  DDRD = 0xff;                                 //54
}                                              //55
/******************************56*******/
void timer0_init(void)                         //57
{                                              //58
  TCNT0 = 0x83;                                //59
  OCR0 = 0x7D;                                 //60
  TCCR0 = 0x03;                                //61
}                                              //62
/*****************************63******/
void timer1_init(void)                         //64
{                                              //65
  TCCR1A = 0x83;                               //66
  TCCR1B = 0x02;                               //67
}                                              //68
//***************************69
void adc_init(void)                            //70
{                                              //71
  ADMUX = 0x47;                                //72
  ACSR = 0x80;                                 //73
  ADCSRA = 0xCF;                               //74
}                                              //75
/******************************76********************/
void init_devices(void)                        //77
{                                              //78
  port_init();                                 //79
  timer0_init();                               //80
  timer1_init();                               //81
  adc_init();                                  //82
  MCUCR = 0x00;                                //83
  GICR = 0x00;                                 //84
```

```c
    TIMSK = 0x01;                        //85
    SREG = 0x80;                         //86
}                                        //87
//*****************************88
void scan_INT1(void)                     //89
{                                        //90
    if(GET_BIT(PIND,3) == 0)             //91
    {                                    //92
        if(wide<1023)wide++;             //93
        Delay_nms(100);                  //94
    }                                    //95
}                                        //96
//*****************************97
void scan_INT0(void)                     //98
{                                        //99
    if(GET_BIT(PIND,2) == 0)             //100
    {                                    //101
        if(wide>0)wide--;                //102
        Delay_nms(100);                  //103
    }                                    //104
}                                        //105
/*******************************106********/
uint conv(uint i)                        //107
{                                        //108
    long x;                              //109
    uint y;                              //110
    x = (5000 * (long)i)/1023;           //111
    y = (uint)x;                         //112
    return y;                            //113
}                                        //114
//*****************************115
void main(void)                          //116
{                                        //117
    init_devices();                      //118
    while(1)                             //119
    {                                    //120
        scan_INT1();                     //121
        scan_INT0();                     //122
        OCR1AH = (uchar)(wide >> 8);     //123
        OCR1AL = (uchar)(wide&0x00ff);   //124
    }                                    //125
}                                        //126
/*****************************127***/
#pragma vector = ADC_vect                //128
__interrupt void adc_isr(void)           //129
```

第13章 ATMEGA16(L)的模/数转换器

```
    {                                           //130
      adc_val.a[0] = ADCL;                      //131
      adc_val.a[1] = ADCH;                      //132
      voltage + = adc_val.b;                    //133
      adc_val.b = 0;                            //134
      ADCSRA = 0xCF;                            //135
      if(cnt<64)cnt ++ ;                        //136
      else                                      //137
      {voltage = voltage/64;                    //138
        dis_voltage = voltage;                  //139
        dis_voltage = conv(dis_voltage);        //140
        voltage = 0;                            //141
        cnt = 0;                                //142
      }                                         //143
    }                                           //144
/***************************145********/
#pragma vector = TIMER0_OVF_vect                //146
__interrupt void timer0_ovf_isr(void)           //147
{                                               //148
    static   uchar i;                           //149
    TCNT0 = 0x83;                               //150 重装1 ms的定时初值
    if( ++ i>3)i = 0;                           //151 变量i的计数范围0～3
    switch(i)                                   //152 switch语句,根据i的值分别点亮4位数码管
    {                                           //153
      case 0:PORTA = SEG7[dis_voltage % 10];PORTC = ACT[0];break;        //154
      case 1:PORTA = SEG7[(dis_voltage % 100)/10];PORTC = ACT[1];break;  //155
      case 2:PORTA = SEG7[(dis_voltage % 1000)/100];PORTC = ACT[2];break;//156
      case 3:PORTA = SEG7[dis_voltage/1000];PORTC = ACT[3];break;        //157
      default:break;                            //158
    }                                           //159
}                                               //160
```

编译通过后,将iar13-3.hex文件下载到AVR单片机综合实验板上。

注意:标示"LEDMOD_COM"、"LEDMOD_DISP"、"INT"的双排针应插上短路块,但"LEDMOD_DISP"的PA7位不要插短路块。"PWM_IN"双排针的最上面(即标示OC1A)也要插上一个短路块。再用一根跳线,一端插"PWM_OUT1"的输出端(注意:不是接地端),另一端插"JP2"双排针的PA7。特别注意:标示"DC/AC9-15V"的电源端输入12V电压。

按下INT1或INT0键后,改变定时器1的PWM输出,经由运放U6A组成的低通滤波器后,得到D/A的转换值(模拟值)。该模拟值通过跳线连到PA7,进行A/D转换(数字值),然后将所得的数字值经处理后在数码管上显示。

用万用表监测PA7的电压。按下INT1或INT0键后,数码管的显示会变化,观察万用表的读数,其电压值与数码管的显示值基本吻合,如图13-5所示。

手把手教你学 AVR 单片机 C 程序设计

图 13-5 用模/数转换器测量 PWM 输出电压值的实验

13.13.3 程序分析解释

序号 1～2：包含头文件；
序号 3～4：变量类型的宏定义；
序号 5～6：共阴极数码管 0～9 的字形码；
序号 7：4 位共阴极数码管的位选码；
序号 8：程序分隔；
序号 9：晶振频率的宏定义；
序号 10：读取位的宏定义；
序号 11：无符号字符型全局变量定义；
序号 12～13：无符号整型全局变量定义；
序号 14：程序分隔；
序号 15：定义一个 adc 的共用体类型；
序号 16：共用体类型开始；
序号 17：定义无符号字符型数组为成员；
序号 18：定义无符号整型变量 b 为成员；
序号 19：共用体类型定义结束,定义 adc 类型共用体变量 adc_val；
序号 20：程序分隔；
序号 21～25：1 ms 延时子函数；
序号 26：程序分隔；
序号 27～34：1 ms 延时子函数；
序号 35：程序分隔；
序号 36～43：延时子函数；

第 13 章 ATMEGA16(L)的模/数转换器

序号 44：程序分隔；
序号 45：定义端口初始化子函数；
序号 46：端口初始化子函数开始；
序号 47：PA 端口初始化输出 0111 1111；
序号 48：将 PA 端口的低 7 位设为输出，最高位设为输入；
序号 49：PB 端口初始化输出 1111 1111；
序号 50：将 PB 端口设为输出；
序号 51：PC 端口初始化输出 1111 1111；
序号 52：将 PC 端口设为输出；
序号 53：PD 端口初始化输出 0000 1111；
序号 54：将 PD 端口设为输出；
序号 55：端口初始化子函数结束；
序号 56：程序分隔；
序号 57：定义定时器 0 初始化子函数；
序号 58：定时器 0 初始化子函数开始；
序号 59：1 ms 的定时初值；
序号 60：设置输出比较寄存器一个初值；
序号 61：定时器 0 的计数预分频取 64；
序号 62：定时器 0 初始化子函数结束；
序号 63：程序分隔；
序号 64：定义定时器 1 初始化子函数；
序号 65：定时器 1 初始化子函数开始；
序号 66：比较匹配时清零 OC1A/OC1B（输出低电平），10 位相位修正 PWM；
序号 67：定时器 1 的计数预分频取 8；
序号 68：定时器 1 初始化子函数结束；
序号 69：程序分隔；
序号 70：定义模/数转换初始化子函数；
序号 71：模/数转换初始化子函数开始；
序号 72：选择 ADC 输入通道为 7；
序号 73：关掉模拟比较器；
序号 74：ADC 中断使能，预分频器系数取 128，ADC 转换使能，自动触发使能；
序号 75：模/数转换初始化子函数结束；
序号 76：程序分隔；
序号 77：定义芯片的初始化子函数；
序号 78：芯片初始化子函数开始；
序号 79：调用端口初始化子函数；
序号 80：调用定时器 0 初始化子函数；
序号 81：调用定时器 1 初始化子函数；
序号 82：调用模/数转换初始化子函数；
序号 83：MCUCR 寄存器初值为 0；
序号 84：GICR 寄存器初值为 0；
序号 85：T/C0 溢出中断使能；
序号 86：使能总中断；
序号 87：芯片初始化子函数结束；
序号 88：程序分隔；

序号 89:定义扫描 INT1 按键的子函数 scan_INT1;
序号 90:scan_INT1 子函数开始;
序号 91:如果 INT1 按键被按下;
序号 92:进入 if 语句;
序号 93:变量 wide 增加(0～1023),wide 用于控制 PWM;
序号 94:延时 100 ms;
序号 95:if 语句结束;
序号 96:scan_INT1 子函数结束;
序号 97:程序分隔;
序号 98:定义扫描 INT0 按键的子函数 scan_INT0;
序号 99:scan_INT0 子函数开始;
序号 100:如果 INT0 按键被按下;
序号 101:进入 if 语句;
序号 102:变量 wide 减少(1023～0),wide 用于控制 PWM;
序号 103:延时 100 ms;
序号 104:if 语句结束;
序号 105:scan_INT0 子函数结束;
序号 106:程序分隔;
序号 107:定义数据转换子函数,i 为无符号整型变量;
序号 108:数据转换子函数开始;
序号 109:定义 x 为无符号长整型局部变量;
序号 110:定义 y 为无符号整型局部变量;
序号 111:将变量 i 转换成需要显示的形式;
序号 112:将无符号长整型变量 x 强制转换成无符号整型变量 y;
序号 113:返回 y 的值;
序号 114:数据转换子函数结束;
序号 115:程序分隔;
序号 116:定义主函数;
序号 117:主函数开始;
序号 118:调用芯片初始化子函数;
序号 119:无限循环;
序号 120:无限循环开始;
序号 121:调用扫描 INT1 按键的子函数;
序号 122:调用扫描 INT0 按键的子函数;
序号 123～124:将无符号整型变量 wide 强行转成无符号字符型变量,赋给输出比较寄存器 OCR1A;
序号 125:无限循环结束;
序号 126:主函数结束;
序号 127:程序分隔;
序号 128:模/数转换结束中断函数声明;
序号 129:模/数转换结束中断函数;
序号 130:模/数转换结束中断函数开始;
序号 131～132:取得模/数转换值(2 个 8 位值);
序号 133:转换成 1 个 16 位值并累加;
序号 134:清除共用体变量中的 b 成员;
序号 135:启动 ADC 转换,ADC 中断使能,ADC 预分频 128;

第13章 ATMEGA16(L)的模/数转换器

序号 136：cnt 计数 64 次；
序号 137：64 次到；
序号 138：取 ADC 转换后的平均值（软件滤波）；
序号 139：ADC 转换后的平均值传送到显示变量；
序号 140：调用 conv 子函数将 ADC 值转成电压值；
序号 141：清除 ADC 平均值；
序号 142：计数值回 0；
序号 143：else 语句结束；
序号 144：模/数转换结束中断函数结束；
序号 145：程序分隔；
序号 146：定时器 0 溢出中断函数声明；
序号 147：定时器 0 溢出中断服务子函数；
序号 148：定时器 0 溢出中断服务子函数开始；
序号 149：定义静态的局部变量 i；
序号 150：重装 1 ms 的定时初值；
序号 151：变量 i 的计数范围 0~3；
序号 152：switch 语句，根据 i 的值分别点亮 4 位数码管；
序号 153：switch 语句开始；
序号 154：点亮个位数码管上的数；
序号 155：点亮十位数码管上的数；
序号 156：点亮百位数码管上的数；
序号 157：点亮千位数码管上的数；
序号 158：默认为退出；
序号 159：switch 语句结束；
序号 160：定时器 0 溢出中断服务子函数结束。

第 14 章

ATMEGA16(L)的同步串行接口 SPI

AVR 单片机的串行外设接口 SPI 允许 ATMEGA16(L)和外设或其他 AVR 器件进行高速的同步数据传输。

14.1 ATMEGA16(L)的 SPI 特点

- 全双工,3 线同步数据传输；
- 主机或从机操作；
- LSB 首先发送或 MSB 首先发送；
- 7 种可编程的比特率；
- 传输结束中断标志；
- 写碰撞标志检测；
- 可以从闲置模式唤醒；
- 作为主机时具有倍速模式(CK/2)。

14.2 主机和从机之间的 SPI 连接及原理

SPI 方框图如图 14-1 所示。主机和从机之间的 SPI 连接如图 14-2 所示。系统包括两个移位寄存器和一个主机时钟发生器。通过将需要的从机的 SS 引脚拉低,主机启动一次通信过程。主机和从机将需要发送的数据放入相应的移位寄存器。主机在 SCK 引脚上产生时钟脉冲以交换数据。主机的数据从主机的 MOSI 移出,从从机的 MOSI 移入；从机的数据从从机的 MISO 移出,从主机的 MISO 移入。主机通过将从机的 SS 引脚拉高实现与从机的同步。

主机和从机的两个移位寄存器可以被认为是一个分开的 16 位环形移位寄存器,当数据从主机移向从机时,同时从机的数据也从相反的方向移向主机。这意味着在一个移位周期内,主机和从机的数据进行了交换。

配置为 SPI 主机时,SPI 接口不自动控制 SS 引脚,必须由用户软件来处理。对 SPI 数据寄存器写入数据即启动 SPI 时钟,将 8 位的数据移入从机。传输结束后 SPI 时钟停止,传输结

第14章 ATMEGA16(L)的同步串行接口 SPI

束标志 SPIF 置位。如果此时 SPCR 寄存器的 SPI 中断使能位 SPIE 置位，中断就会发生。主机可以继续向 SPDR 写入数据以移位到从机中去，或者是将从机的 SS 引脚拉高以说明数据包发送完成。最后进来的数据将一直保存在缓冲寄存器里。

配置为从机时，只要 SS 引脚为高，SPI 接口将一直保持睡眠状态，并保持 MISO 为三态。这个状态下软件可以更新 SPI 数据寄存器 SPDR 的内容。即使此时 SCK 引脚有输入时钟，SPDR 的数据也不会移出，直至 SS 被拉低。一个字节完全移出之后，传输结束标志 SPIF 置位。如果此时 SPCR 寄存器的 SPI 中断使能位 SPIE 置位，就会产生中断请求。在读取移入的数据之前从机可以继续向 SPDR 写入数据。最后进来的数据将一直保存在缓冲寄存器里。

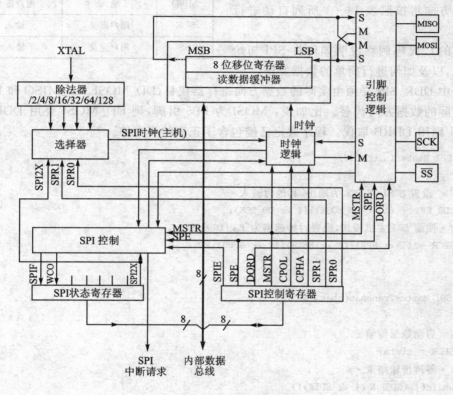

图 14-1　SPI 方框图

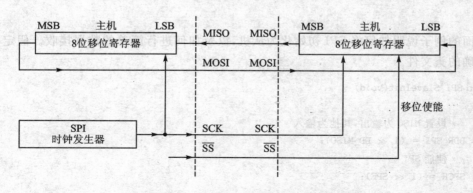

图 14-2　主机和从机之间的 SPI 连接

SPI 系统的发送方向只有一个缓冲器,而接收方向有两个缓冲器。也就是说,在发送时一定要等到移位过程全部结束后才能对 SPI 数据寄存器执行写操作。而在接收数据时,需要在下一个字符移位过程结束之前通过访问 SPI 数据寄存器读取当前接收到的字符。否则第一个字节将丢失。

工作于 SPI 从机模式时,控制逻辑对 SCK 引脚的输入信号进行采样。为了保证对时钟信号的正确采样,SPI 时钟不能超过 $f_{osc}/4$。

SPI 使能后,MOSI、MISO、SCK 和 SS 引脚的数据方向将按照表 14-1 所列自动进行配置。

表 14-1 SPI 引脚配置

引 脚	方向,SPI 主机	方向,SPI 从机
MOSI	用户定义	输入
MISO	输入	用户定义
SCK	用户定义	输入
SS	用户定义	输入

下面的 C 代码例程说明如何将 SPI 初始化为主机,以及如何进行简单的数据发送。

例子中 DDR_SPI 必须由实际的数据方向寄存器代替;DD_MOSI、DD_MISO 和 DD_SCK 必须由实际的数据方向代替。比如说,MOSI 为 PB5 引脚,则 DD_MOSI 要用 DDB5 取代,DDR_SPI 则用 DDRB 取代。程序假定已经包含了正确的头文件。

```
void SPI_MasterInit(void)
{
    /* 设置 MOSI 和 SCK 为输出,其他为输入 */
    DDR_SPI = (1 << DD_MOSI)|(1 << DD_SCK);
    /* 使能 SPI 主机模式,设置时钟速率为 f_ck/16 */
    SPCR = (1 << SPE)|(1 << MSTR)|(1 << SPR0);
}

void SPI_MasterTransmit(char cData)
{
    /* 启动数据传输 */
    SPDR = cData;
    /* 等待传输结束 */
    while(!(SPSR & (1 << SPIF)))
        ;
}
```

下面的例子说明如何将 SPI 初始化为从机,以及如何进行简单的数据接收。假定已经包含了正确的头文件。

```
void SPI_SlaveInit(void)
{
    /* 设置 MISO 为输出,其他为输入 */
    DDR_SPI = (1 << DD_MISO);
    /* 使能 SPI */
    SPCR = (1 << SPE);
}
```

```
char SPI_SlaveReceive(void)
{
    /* 等待接收结束 */
    while(! (SPSR & (1 << SPIF)))
    ;
    /* 返回数据 */
    return SPDR;
}
```

14.3 SPI 的配置及使用

14.3.1 从机模式

当 SPI 配置为主机时,从机选择引脚 SS 总是为输入。SS 为低将激活 SPI 接口,MISO 成为输出(用户必须进行相应的端口配置)引脚,其他引脚成为输入引脚。当 SS 为高时所有的引脚成为输入,SPI 逻辑复位,不再接收数据。

SS 引脚对于数据包/字节的同步非常有用,可以使从机的位计数器与主机的时钟发生器同步。当 SS 拉高时,SPI 从机立即复位接收和发送逻辑,并丢弃移位寄存器里不完整的数据。

14.3.2 主机模式

当 SPI 配置为主机时(MSTR 的 SPCR 置位),用户可以决定 SS 引脚的方向。若 SS 配置为输出,则此引脚可以用作普通的 I/O 口而不影响 SPI 系统。典型应用是用来驱动从机的 SS 引脚。如果 SS 配置为输入,必须保持为高以保证 SPI 的正常工作。若系统配置为主机,SS 为输入,但被外设拉低,则 SPI 系统会将此低电平解释为有一个外部主机将自己选择为从机。为了防止总线冲突,SPI 系统将实现如下动作:

① 清零 SPCR 的 MSTR 位,使 SPI 成为从机,从而 MOSI 和 SCK 变为输入。
② SPSR 的 SPIF 置位。若 SPI 中断和全局中断开放,则中断服务程序将得到执行。

因此,使用中断方式处理 SPI 主机的数据传输,并且存在 SS 被拉低的可能性时,中断服务程序应该检查 MSTR 是否为"1"。若被清零,用户必须将其置位,以重新使能 SPI 主机模式。

14.4 SPI 的相关寄存器

14.4.1 SPI 控制寄存器

SPI 控制寄存器(SPCR)定义如下:

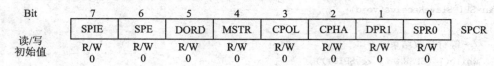

> Bit 7——SPIE：使能 SPI 中断

置位后，只要 SPSR 寄存器的 SPIF 和 SREG 寄存器的全局中断使能位置位，就会引发 SPI 中断。

> Bit 6——SPE：使能 SPI

SPE 置位将使能 SPI。进行任何 SPI 操作之前必须置位 SPE。

> Bit 5——DORD：数据次序

DORD 置位时数据的 LSB 首先发送；否则数据的 MSB 首先发送。

> Bit 4——MSTR：主/从选择

MSTR 置位时选择主机模式，否则为从机。如果 MSTR 为"1"，SS 配置为输入，但被拉低，则 MSTR 被清零，寄存器 SPSR 的 SPIF 置位。用户必须重新设置 MSTR 进入主机模式。

> Bit 3——CPOL：时钟极性

CPOL 置位表示空闲时 SCK 为高电平；否则空闲时 SCK 为低电平。CPOL 功能归纳如表 14-2 所列。

> Bit 2——CPHA：时钟相位

CPHA 决定数据是在 SCK 的起始沿采样还是在 SCK 的结束沿采样如表 14-3 所列。

表 14-2 CPOL 功能

CPOL	起始沿	结束沿
0	上升沿	下降沿
1	下降沿	上升沿

表 14-3 CPHA 功能

CPHA	起始沿	结束沿
0	采样	设置
1	设置	采样

> Bits 1:0——SPR1:0：SPI 时钟速率选择 1 与 0

确定主机的 SCK 速率。SPR1 和 SPR0 对从机没有影响。SCK 和振荡器的时钟频率 f_{osc} 关系如表 14-4 所列。

表 14-4 SCK 与振荡器时钟频率 f_{osc} 的关系

SPI2X	SPR1	SPR0	SCK 频率	SPI2X	SPR1	SPR0	SCK 频率
0	0	0	$f_{osc}/4$	1	0	0	$f_{osc}/2$
0	0	1	$f_{osc}/16$	1	0	1	$f_{osc}/8$
0	1	0	$f_{osc}/64$	1	1	0	$f_{osc}/32$
0	1	1	$f_{osc}/128$	1	1	1	$f_{osc}/64$

14.4.2 SPI 状态寄存器

SPI 状态寄存器（SPSR）定义如下：

Bit	7	6	5	4	3	2	1	0	
	SPIF	WCOL	—	—	—	—	—	SP12X	SPSR
读/写	R	R	R	R	R	R	R	R/W	
初始值	0	0	0	0	0	0	0	0	

➢ Bit 7——SPIF：SPI 中断标志

串行发送结束后，SPIF 置位。若此时寄存器 SPCR 的 SPIE 和全局中断使能位置位，SPI 中断即产生。如果 SPI 为主机，SS 配置为输入，且被拉低，SPIF 也将置位。进入中断服务程序后 SPIF 自动清零。或者可以通过先读 SPSR，紧接着访问 SPDR 来对 SPIF 清零。

➢ Bit 6——WCOL：写碰撞标志

在发送当中对 SPI 数据寄存器 SPDR 写数据将置位 WCOL。WCOL 可以通过先读 SPSR，紧接着访问 SPDR 来清零。

➢ Bit 5:1——Res：保留

保留位，读操作返回值为零。

➢ Bit 0——SPI2X：SPI 倍速

置位后 SPI 的速度加倍。若为主机，则 SCK 频率可达 CPU 频率的一半。若为从机，只能保证 $f_{osc}/4$。

ATMEGA16(L) 的 SPI 接口同时还用来实现程序和 EEPROM 的下载和上载。

14.4.3 SPI 数据寄存器

SPI 数据寄存器(SPDR)定义如下：

Bit	7	6	5	4	3	2	1	0	
	MSB							LSB	SPDR
读/写	R/W	R/W	R/W	R/W	R/W	R/W	R/W	R/W	
初始值	×	×	×	×	×	×	×	×	Undefined

SPI 数据寄存器为读/写寄存器，用来在寄存器文件和 SPI 移位寄存器之间传输数据。写寄存器将启动数据传输，读寄存器将读取寄存器的接收缓冲器。

14.5 两片 ATMEGA16(L) 的同步串口数据高速通信实验 1

14.5.1 实现方法

在两块 AVR DEMO 实验板的通信接口，按图 14-3 用 4 根跳线连接，实现两片 ATMEGA16(L) 的同步串口数据高速通信。主机 A(master)每隔 500 ms 发送数据 0x55 给从机，从机 B(slave)收到数据则取反 PB0，使 D1 指示灯闪烁。

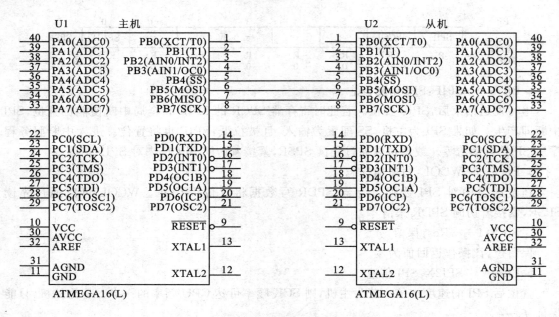

图 14-3 两块 AVR DEMO 试验板的连接

14.5.2 源程序文件

打开 IAREW 集成开发环境,在 D 盘中建立一个文件目录(iar14-1master),创建一个新工程项目 iar14-1master.ewp,并建立 iar14-1master.eww 的工作区。输入 C 源程序文件 iar14-1master.c 如下:

```
#include <iom16.h>                        //1
#define uchar unsigned char                //2
#define uint   unsigned int                //3
#define SPIF 7                             //4
#define xtal 8                             //5
//*******************************6*********
void Delay_1ms(void)                       //7
{ uint i;                                  //8
  for(i=1;i<(uint)(xtal*143-2);i++)        //9
   ;                                       //10
}                                          //11
//================================12=================
void Delay_nms(uint n)                     //13
{                                          //14
  uint i=0;                                //15
  while(i<n)                               //16
   {Delay_1ms();                           //17
    i++;                                   //18
```

第14章 ATMEGA16(L)的同步串行接口 SPI

```c
    }                                         //19
}                                             //20
/*************************21**************/
void port_init(void)                          //22
{                                             //23
    PORTB = 0x00;                             //24
    DDRB  = 0xB0;                             //25
}                                             //26
/*************************27**************/
void spi_init(void)                           //28
{                                             //29
    SPCR = 0x51;                              //30
}                                             //31
/*************************32**************/
void SPI_MasterTransmit(char cData)           //33
{                                             //34
    SPDR = cData;                             //35
    while(!(SPSR&(1 << SPIF)));               //36
}                                             //37
/*************************38**************/
void main(void)                               //39
{                                             //40
    port_init();                              //41
    spi_init();                               //42
    while(1)                                  //43
    {                                         //44
        SPI_MasterTransmit(0x55);             //45
        Delay_nms(500);                       //46
    }                                         //47
}                                             //48
```

编译通过后,将 iar14-1master.hex 文件下载到 AVR DEMO 实验板主机 A(master)上。

注意: 下载程序时,应将通信接口的 4 根跳线撤除,这样下载程序时主机和从机就不会发生冲突。标示"LED"的双排针应插上短路块。

打开 IAREW 集成开发环境,在 D 盘中建立一个文件目录(iar14-1slave),创建一个新工程项目 iar14-1 slave.ewp,并建立 iar14-1 slave.eww 的工作区。

输入 C 源程序文件 iar14-1 slave.c 如下:

```c
#include <iom16.h>                            //1
#define uchar unsigned char                   //2
#define uint  unsigned int                    //3
#define CLR_BIT(x,y) (x&=~(1 << y))           //4
```

```c
#define CPL_BIT(x,y) (x^=(1<<y))          //5
#define SPIF 7                             //6
/*******************************7********/
void port_init(void)                       //8
{                                          //9
  PORTB = 0x01;                            //10
  DDRB  = 0x41;                            //11
}                                          //12
/*******************************13********/
void spi_init(void)                        //14
{                                          //15
  SPCR = 0x41;                             //16setup SPI
}                                          //17
/*******************************18********/
uchar SPI_slavereceive(void)               //19
{                                          //20
  while(!(SPSR&(1<<SPIF)));                //21
    return SPDR;                           //22
}                                          //23
/*******************************24********/
void main(void)                            //25
{                                          //26
  uchar temp;                              //27
  port_init();                             //28
  spi_init();                              //29
  while(1)                                 //30
  {                                        //31
    temp = SPI_slavereceive();             //32
    CLR_BIT(SPSR,SPIF);                    //33
    if(temp == 0x55)                       //34
    {CPL_BIT(PORTB,0);temp = 0;}           //35
  }                                        //36
}                                          //37
```

编译通过后,将 iar14-1 slave.hex 文件下载到 AVR DEMO 实验板从机 B(slave)上。

注意:下载程序时,应将通信接口的 4 根跳线撤除,这样下载程序时主机和从机就不会发生冲突。标示"LED"的双排针应插上短路块。

按图 14-3 所示用跳线连接主机 A(master)和从机 B(slave),再用 2 根跳线将主机 A 和从机 B 的电源和地也连接起来。主机标示"DC5V"电源端输入 5 V 稳压电压。随着主机每隔 500 ms 发送数据 0x55 给从机,从机的 D1 指示灯每 500 ms 闪烁一次,如图 14-4 所示(上为主机,下为从机)。

第 14 章 ATMEGA16(L)的同步串行接口 SPI

图 14-4 从机的 D1 指示灯每 500 ms 闪烁一次

14.5.3 程序分析解释

1. iar14-1master.c 源程序文件的分析

序号 1：包含头文件；
序号 2~3：变量类型的宏定义；
序号 4：宏定义；
序号 5：晶振频率的宏定义；
序号 6：程序分隔；
序号 7~11：1 ms 延时子函数；
序号 12：程序分隔；
序号 13~20：$n \times 1$ ms 延时子函数；
序号 21：程序分隔；
序号 22：定义端口初始化子函数；
序号 23：端口初始化子函数开始；
序号 24：PB 端口初始化输出 0000 0000；
序号 25：将 PB 口的 MISO 设为输入，SS、MOSI、SCK 设为输出；
序号 26：端口初始化子函数结束；

序号 27:程序分隔;
序号 28:定义 SPI 寄存器初始化子函数;
序号 29:SPI 初始化子函数开始;
序号 30:使能 SPI,使能 SPI 主机模式,数据的 MSB 首先发送,设置时钟速率为 $f_{ck}/16$;
序号 31:SPI 初始化子函数结束;
序号 32:程序分隔;
序号 33:定义 SPI 主机发送子函数;
序号 34:SPI 主机发送子函数开始;
序号 35:启动数据传输;
序号 36:等待传输结束;
序号 37:SPI 主机发送子函数结束;
序号 38:程序分隔;
序号 39:定义主函数;
序号 40:主函数开始;
序号 41:调用端口初始化子函数;
序号 42:调用 SPI 初始化子函数;
序号 43:无限循环;
序号 44:无限循环开始;
序号 45:主机发送 0x55;
序号 46:延时 500 ms;
序号 47:无限循环结束;
序号 48:主函数结束。

2. iar14-1 slave.c 源程序文件的分析

序号 1:包含头文件;
序号 2~3:变量类型的宏定义;
序号 4:清除位的宏定义;
序号 5:取反位的宏定义;
序号 6:宏定义;
序号 7:程序分隔;
序号 8:定义端口初始化子函数;
序号 9:端口初始化子函数开始;
序号 10:PB 端口初始化输出 0000 0001;
序号 11:将 PB 口的 MISO 设为输出,SS、MOSI、SCK 设为输入;
序号 12:端口初始化子函数结束;
序号 13:程序分隔;
序号 14:定义 SPI 寄存器初始化子函数;
序号 15:SPI 初始化子函数开始;
序号 16:使能 SPI,SPI 从机模式,数据的 MSB 首先接收,设置时钟速率为 $f_{ck}/16$;
序号 17:SPI 初始化子函数结束;
序号 18:程序分隔;
序号 19:定义 SPI 从机接收子函数;
序号 20:SPI 从机接收子函数开始;
序号 21:等待接收结束 ;
序号 22:返回接收到的数据;

序号 23:SPI 从机接收子函数结束；
序号 24:程序分隔；
序号 25:定义主函数；
序号 26:主函数开始；
序号 27:定义局部变量 temp；
序号 28:调用端口初始化子函数；
序号 29:调用 SPI 初始化子函数；
序号 30:无限循环；
序号 31:无限循环开始；
序号 32:等待接收数据；
序号 33:接收完成后,清除接收标志；
序号 34:如果接收的数据为 0x55；
序号 35:取反 PB0,使 D1 灯闪烁；
序号 36:无限循环结束；
序号 37:主函数结束。

14.6 两片 ATMEGA16(L) 的同步串口数据高速通信实验 2

14.6.1 实现方法

在两块 AVR DEMO 实验板的通信接口,按图 14-3 用 4 根跳线连接,实现两片 AT-MEGA16(L) 的同步串口数据高速通信。主机 A(master)每隔 500 ms 发送数组的数据给从机,从机 B(slave)收到数据则发送 0x55 的应答信号。数组的数据分别在主机和从机的数码管上显示,如果看到主机和从机的数码管显示值相同,则证明通信正常。

14.6.2 源程序文件

打开 IAREW 集成开发环境,在 D 盘中建立一个文件目录(iar14-2master),创建一个新工程项目 iar14-2master.ewp 并建立 iar14-2master.eww 的工作区。输入 C 源程序文件 iar14-2master.c 如下：

```c
#include <iom16.h>                                      //1
#define uchar unsigned char                             //2
#define uint  unsigned int                              //3
#define SPIF 7                                          //4
#define SS 4                                            //5
#define xtal 8                                          //6
#define CLR_BIT(x,y) (x&=~(1<<y))                       //7
#define SET_BIT(x,y) (x|=(1<<y))                        //8
uchar __flash SEG7[10] = {0x3f,0x06,0x5b,0x4f,0x66,     //9
                  0x6d,0x7d,0x07,0x7f,0x6f};            //10
uchar __flash ACT[8] = {0xfe,0xfd,0xfb,0xf7,0xef,0xdf,0xbf,0x7f};  //11
```

```c
uchar TXbuffer[10] = {0,1,2,3,4,5,6,7,8,9};           //12
uchar i = 0;                                          //13
//*******************************************14****
void Delay_1ms(void)                                  //15
{ uint i;                                             //16
 for(i = 1;i<(uint)(xtal * 143 - 2);i ++ )            //17
    ;                                                 //18
}                                                     //19
//======================================= 20 ========
void Delay_nms(uint n)                                //21
{                                                     //22
 uint i = 0;                                          //23
    while(i<n)                                        //24
    {                                                 //25
    Delay_1ms();                                      //26
     i ++ ;                                           //27
    }                                                 //28
}                                                     //29
/*******************************************30***/
void port_init(void)                                  //31
{                                                     //32
 PORTA = 0x00;                                        //33
 DDRA  = 0xFF;                                        //34
 PORTC = 0xFF;                                        //35
 DDRC  = 0xFF;                                        //36
 PORTB = 0x10;                                        //37
 DDRB  = 0xB0;                                        //38
}                                                     //39
/*******************************************40****/
void spi_init(void)                                   //41
{                                                     //42
 SPCR = 0x51;                                         //43
}                                                     //44
/******************************************* 45 ****/
void SPI_MasterTransmit(char cData)                   //46
{                                                     //47
  SPDR = cData;                                       //48
  while(! (SPSR&(1 << SPIF))) ;                       //49
  CLR_BIT(SPSR,SPIF);                                 //50
}                                                     //51
/*******************************************52******/
void main(void)                                       //53
{                                                     //54
  uchar temp = 0;                                     //55
  Delay_nms(100);                                     //56
```

第14章 ATMEGA16(L)的同步串行接口 SPI

```
  port_init();                                //57
  spi_init();                                 //58
  while(1)                                    //59
  {                                           //60
    CLR_BIT(PORTB,SS);                        //61
    SPI_MasterTransmit(TXbuffer[i]);          //62
    temp = SPDR;                              //63
    SET_BIT(PORTB,SS);                        //64
    PORTA = SEG7[TXbuffer[i]];                //65
    PORTC = ACT[0];                           //66
    Delay_nms(500);                           //67
    while(temp! = 0x55);                      //68
    temp = 0;                                 //69
    if( ++ i>9)i = 0;                         //70
  }                                           //71
}                                             //72
```

编译通过后,将 iar14 - 2master. hex 文件下载到 AVR DEMO 实验板主机 A(master)上。

注意:下载程序时,应将通信接口的 4 根跳线撤除,这样下载程序时主机和从机就不会发生冲突。标示"LEDMOD_COM"和"LEDMOD_DISP"的双排针应插上短路块。

打开 IAREW 集成开发环境,在 D 盘中建立一个文件目录(iar14 - 2slave),创建一个新工程项目 iar14 - 2 slave. ewp 并建立 iar14 - 2 slave. eww 的工作区。

输入 C 源程序文件 iar14 - 2 slave. c 如下:

```
#include <iom16.h>                           //1
#define uchar unsigned char                  //2
#define uint  unsigned int                   //3
#define CLR_BIT(x,y) (x& = ~(1 << y))        //4
#define SPIF 7                               //5
#define xtal 8                               //6
uchar __flash SEG7[10] = {0x3f,0x06,0x5b,0x4f,0x66,   //7
              0x6d,0x7d,0x07,0x7f,0x6f};              //8
uchar __flash ACT[8] = {0xfe,0xfd,0xfb,0xf7,0xef,0xdf,0xbf,0x7f};  //9
uchar RXbuffer[10];                          //10
uchar i = 0;                                 //11
/*********************************************12 */
void Delay_1ms(void)                         //13
{ uint i;                                    //14
  for(i = 1;i<(uint)(xtal * 143 - 2);i ++ )  //15
    ;                                        //16
}                                            //17
//==============================================18===
void Delay_nms(uint n)                       //19
{                                            //20
  uint i = 0;                                //21
```

```c
    while(i<n)                                      //22
    {                                               //23
      Delay_1ms();                                  //24
      i++;                                          //25
    }                                               //26
}                                                   //27
/***********************************************28***/
void port_init(void)                                //29
{                                                   //30
  PORTA = 0x00;                                     //31
  DDRA  = 0xFF;                                     //32
  PORTC = 0xFF;                                     //33
  DDRC  = 0xFF;                                     //34
  PORTB = 0x10;                                     //35
  DDRB  = 0x40;                                     //36
}                                                   //37
/***********************************************38***/
void spi_init(void)                                 //39
{                                                   //40
  SPCR = 0x41;                                      //41
}                                                   //42
/***********************************************43***/
uchar SPI_slavereceive(void)                        //44
{                                                   //45
  while(!(SPSR&(1 << SPIF)));                       //46
  CLR_BIT(SPSR,SPIF);                               //47
  return SPDR;                                      //48
}                                                   //49
/***********************************************50***/
void main(void)                                     //51
{                                                   //52
  Delay_nms(50);                                    //53
  port_init();                                      //54
  spi_init();                                       //55
  SPDR = 0x55;                                      //56
  while(1)                                          //57
  {                                                 //58
    RXbuffer[i] = SPI_slavereceive();               //59
    SPDR = 0x55;                                    //60
    PORTA = SEG7[RXbuffer[i]];                      //61
    PORTC = ACT[0];                                 //62
    if(++i>9)i = 0;                                 //63
  }                                                 //64
}                                                   //65
```

编译通过后,将 iar14-2 slave.hex 文件下载到 AVR DEMO 实验板从机 B(slave)上。

第14章 ATMEGA16(L)的同步串行接口 SPI

注意：下载程序时，应将通信接口的4根跳线撤除，这样下载程序时主机和从机就不会发生冲突。标示"LEDMOD_COM"和"LEDMOD_DISP"的双排针应插上短路块。

按图14-3所示用跳线连接主机A(master)和从机B(slave)，再用2根跳线将主机A和从机B的电源和地也连接起来。主机标示"DC5V"电源端输入5V稳压电压。随每隔500 ms主机和从机的数码管显示值变化一次，并且相同，如图14-5所示（上为主机，下为从机）。

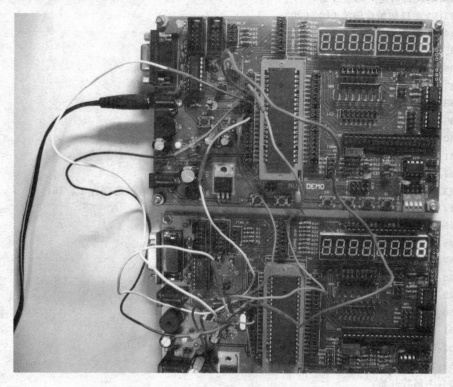

图14-5 每隔500 ms主机和从机的数码管显示值变化一次

14.6.3 程序分析解释

1. iar14-2master.c 源程序文件的分析如下：

序号1：包含头文件；
序号2~3：变量类型的宏定义；
序号4~5：宏定义；
序号6：晶振频率的宏定义；
序号7：清除位的宏定义；
序号8：置位位的宏定义；
序号9~10：共阴极数码管0~9的字形码；
序号11：8位共阴极数码管的位选码；
序号12：定义发送缓冲区并置初值；
序号13：定义全局变量；
序号14：程序分隔；

序号15~19:1 ms 延时子函数;
序号20:程序分隔;
序号21~29:n×1 ms 延时子函数;
序号30:程序分隔;
序号31:定义端口初始化子函数;
序号32:端口初始化子函数开始;
序号33:PA 端口初始化输出 0000 0000;
序号34:将 PA 口设为输出;
序号35:PC 端口初始化输出 1111 1111;
序号36:将 PC 口设为输出;
序号37:PB 端口初始化输出 0001 0000;
序号38:将 PB 口的 MISO 设为输入,SS、MOSI、SCK 设为输出;
序号39:端口初始化子函数结束;
序号40:程序分隔;
序号41:定义 SPI 寄存器初始化子函数;
序号42:SPI 初始化子函数开始;
序号43:使能 SPI,使能 SPI 主机模式,数据的 MSB 首先发送,设置时钟速率为 $f_{ck}/16$;
序号44:SPI 初始化子函数结束;
序号45:程序分隔;
序号46:定义 SPI 主机发送子函数;
序号47:SPI 主机发送子函数开始;
序号48:启动数据传输;
序号49:等待传输结束;
序号50:发送完成后,清除发送标志;
序号51:SPI 主机发送子函数结束;
序号52:程序分隔;
序号53:定义主函数;
序号54:主函数开始;
序号55:定义局部变量 temp;
序号56:延时 100 ms;
序号57:调用端口初始化子函数;
序号58:调用 SPI 初始化子函数;
序号59:无限循环;
序号60:无限循环开始;
序号61:清除 SS,准备发送;
序号62:主机发送缓冲区的内容;
序号63:接收从机移来的内容;
序号64:置位 SS,关闭发送;
序号65~66:显示刚才发送的内容;
序号67:延时 500 ms;
序号68:如果接收到的从机内容不是 0x55;
序号69:temp 置 0;
序号70:i 作为发送缓冲区的指针,其范围 0~9;
序号71:无限循环结束;
序号72:主函数结束。

第14章 ATMEGA16(L)的同步串行接口 SPI

2. iar14-2 slave.c 源程序文件的分析

序号1:包含头文件;
序号2~3:变量类型的宏定义;
序号4:清除位的宏定义;
序号5:宏定义;
序号6:晶振频率的宏定义;
序号7~8:共阴极数码管 0~9 的字型码;
序号9:8 位共阴极数码管的位选码;
序号10:定义接收缓冲区;
序号11:定义全局变量;
序号12:程序分隔;
序号13~17:1 ms 延时子函数;
序号18:程序分隔;
序号19~27:$n \times 1$ ms 延时子函数;
序号28:程序分隔;
序号29:定义端口初始化子函数;
序号30:端口初始化子函数开始;
序号31:PA 端口初始化输出 0000 0000;
序号32:将 PA 口设为输出;
序号33:PC 端口初始化输出 1111 1111;
序号34:将 PC 口设为输出;
序号35:PB 端口初始化输出 0001 0000;
序号36:将 PB 口的 MISO 设为输出,SS、MOSI、SCK 设为输入;
序号37:端口初始化子函数结束;
序号38:程序分隔;
序号39:定义 SPI 寄存器初始化子函数;
序号40:SPI 初始化子函数开始;
序号41:使能 SPI,SPI 从机模式,数据的 MSB 首先接收,设置时钟速率为 $f_{ck}/16$;
序号42:SPI 初始化子函数结束;
序号43:程序分隔;
序号44:定义 SPI 从机接收子函数;
序号45:SPI 从机接收子函数开始;
序号46:等待接收结束;
序号47:清除接收的标志;
序号48:返回接收到的数据;
序号49:SPI 从机接收子函数结束;
序号50:程序分隔;
序号51:定义主函数;
序号52:主函数开始;
序号53:延时 50 ms;
序号54:调用端口初始化子函数;
序号55:调用 SPI 初始化子函数;
序号56:SPDR 放入 0x55 数据等待移出;
序号57:无限循环;

序号 58：无限循环开始；
序号 59：等待接收数据到接收缓冲区；
序号 60：SPDR 放入 0x55 数据等待移出；
序号 61～62：显示接收到的内容；
序号 63：i 作为接收缓冲区的指针，其范围 0～9；
序号 64：无限循环结束；
序号 65：主函数结束。

14.7 两片 ATMEGA16(L) 的同步串口数据高速通信实验 3

14.7.1 实现方法

上面的 2 个通信实验，都是用查询的方法实现的。在实际的工作中，使用更多的是中断的方法，因为采用中断以后，系统的工作效率会大大提高。此实验中，用中断的方法实现主机 A(master) 和从机 B(slave) 的双向数据传送，将 2 组数组的内容互相传送交换。

两块 AVR DEMO 实验板的通信接口按图 14-3 用 4 根跳线连接，实现两片 ATMEGA16(L) 的同步串口数据高速通信。主机每隔 500 ms 发送数组的一个数据给从机，从机 B(slave) 收到后则发送自己数组的一个数据给主机，实现数组内容的交换。数组的内容在主机和从机的数码管上显示。

14.7.2 源程序文件

打开 IAREW 集成开发环境，在 D 盘中建立一个文件目录 (iar14-3master)，创建一个新工程项目 iar14-3master.ewp 并建立 iar14-3master.eww 的工作区。输入 C 源程序文件 iar14-3master.c 如下：

```
#include <iom16.h>                                    //1
#include <intrinsics.h>                               //2
#define uchar unsigned char                           //3
#define uint  unsigned int                            //4
#define SPIF 7                                        //5
#define SS 4                                          //6
#define xtal 8                                        //7
#define CLR_BIT(x,y) (x&=~(1<<y))                     //8
#define SET_BIT(x,y) (x|(1<<y))                       //9
uchar __flash SEG7[10]={0x3f,0x06,0x5b,0x4f,0x66,     //10
           0x6d,0x7d,0x07,0x7f,0x6f};                 //11
uchar __flash ACT[8]={0xfe,0xfd,0xfb,0xf7,0xef,0xdf,0xbf,0x7f};  //12
uchar TXbuffer[10]={0,1,2,3,4,5,6,7,8,9};             //13
uchar RXbuffer[10]={0,0,0,0,0,0,0,0,0,0};             //14
uchar i=0;                                            //15
```

第 14 章 ATMEGA16(L)的同步串行接口 SPI

```c
uchar M_flag = 0;                                    //16
//******************************* 17 ***
void Delay_1ms(void)                                 //18
{ uint i;                                            //19
 for(i = 1;i<(uint)(xtal * 143 - 2);i ++ )           //20
    ;                                                //21
}                                                    //22
//===================================== 23 ========
void Delay_nms(uint n)                               //24
{                                                    //25
   uint i = 0;                                       //26
   while(i<n)                                        //27
   {                                                 //28
    Delay_1ms();                                     //29
    i ++ ;                                           //30
   }                                                 //31
}                                                    //32
/*****************************33 ****/
void port_init(void)                                 //34
{                                                    //35
 PORTA = 0x00;                                       //36
 DDRA  = 0xFF;                                       //37
 PORTC = 0xFF;                                       //38
 DDRC  = 0xFF;                                       //39
 PORTB = 0x10;                                       //40
 DDRB  = 0xB0;                                       //41
}                                                    //42
/*******************************43 *******/
void spi_init(void)                                  //44
{                                                    //45
 SPCR = 0xD1;                                        //46
 SREG|0x80;                                          //47
}                                                    //48
/****************************** 49 ****/
void main(void)                                      //50
{                                                    //51
  uchar cnt;                                         //52
  port_init();                                       //53
  spi_init();                                        //54
  for(cnt = 0;cnt<10;cnt ++ )                        //55
    {                                                //56
      PORTA = SEG7[TXbuffer[cnt]];                   //57
      PORTC = ACT[0];                                //58
```

```
       Delay_nms(500);                                    //59
     }                                                    //60
   Delay_nms(100);                                        //61
   CLR_BIT(PORTB,SS);                                     //62
   SPDR = TXbuffer[0];                                    //63
   while(1)                                               //64
   {                                                      //65
     if(M_flag == 1)                                      //66
     {                                                    //67
       for(cnt = 0;cnt<10;cnt ++ )                        //68
       {                                                  //69
         PORTA = SEG7[RXbuffer[cnt]];                     //70
         PORTC = ACT[0];                                  //71
         Delay_nms(500);                                  //72
       }                                                  //73
     }                                                    //74
   }                                                      //75
}                                                         //76
/ * * * * * * * * * * * * * * * * * * * * * * * * * * * * *77 * * * * */
#pragma vector = SPI_STC_vect                             //78
__interrupt void spi_stc_isr(void)                        //79
{                                                         //80
  RXbuffer[i] = SPDR;                                     //81
  if(i>= 9){SET_BIT(PORTB,SS);M_flag = 1;goto end;}       //82
  i ++ ;                                                  //83
  SPDR = TXbuffer[i];                                     //84
  end:;                                                   //85
}                                                         //86
```

编译通过后,将 iar14-3master.hex 文件下载到 AVR DEMO 实验板主机 A(master)上。

注意:下载程序时,应将通信接口的 4 根跳线撤除,这样下载程序时主机和从机就不会发生冲突。标示"LEDMOD_COM"和"LEDMOD_DISP"的双排针应插上短路块。

打开 IAREW 集成开发环境,在 D 盘中建立一个文件目录(iar14-3slave),创建一个新工程项目 iar14-3 slave.ewp 并建立 iar14-3 slave.eww 的工作区。

输入 C 源程序文件 iar14-3 slave.c 如下:

```
#include <iom16.h>                                                    //1
#define uchar unsigned char                                           //2
#define uint  unsigned int                                            //3
#define SPIF 7                                                        //4
#define xtal 8                                                        //5
uchar __flash SEG7[10] = {0x3f,0x06,0x5b,0x4f,0x66,                   //6
                          0x6d,0x7d,0x07,0x7f,0x6f};                  //7
uchar __flash ACT[8] = {0xfe,0xfd,0xfb,0xf7,0xef,0xdf,0xbf,0x7f};     //8
```

第 14 章 ATMEGA16(L)的同步串行接口 SPI

```c
uchar RXb[10];                                    //9
uchar TXb[10] = {9,8,7,6,5,4,3,2,1,0};            //10
uchar i = 0;                                      //11
uchar S_flag = 0;                                 //12
/******************************13******/
void Delay_1ms(void)                              //14
{ uint i;                                         //15
 for(i = 1;i<(uint)(xtal * 143 - 2);i++)          //16
   ;                                              //17
}                                                 //18
//====================================19========
void Delay_nms(uint n)                            //20
{                                                 //21
   uint i = 0;                                    //22
   while(i<n)                                     //23
   {                                              //24
     Delay_1ms();                                 //25
     i++;                                         //26
   }                                              //27
}                                                 //28
/****************************** 29 ***/
void port_init(void)                              //30
{                                                 //31
 PORTA = 0x00;                                    //32
 DDRA  = 0xFF;                                    //33
 PORTC = 0xFF;                                    //34
 DDRC  = 0xFF;                                    //35
 PORTB = 0x10;                                    //36
 DDRB  = 0x40;                                    //37
}                                                 //38
/****************************** 39 ****/
void spi_init(void)                               //40
{                                                 //41
 SPCR = 0xC1;                                     //42
 SREG)x80;                                        //43
}                                                 //44
/****************************** 45 *****/
void main(void)                                   //46
{                                                 //47
   uchar cnt;                                     //48
   port_init();                                   //49
   spi_init();                                    //50
   for(cnt = 0;cnt<10;cnt++)                      //51
```

```c
        {                                                   //52
            PORTA = SEG7[TXb[cnt]];                         //53
            PORTC = ACT[0];                                 //54
            Delay_nms(500);                                 //55
        }                                                   //56
        Delay_nms(50);                                      //57
        SPDR = TXb[0];                                      //58
        while(1)                                            //59
        {                                                   //60
            if(S_flag == 1)                                 //61
            {                                               //62
                for(cnt = 0;cnt<10;cnt++)                   //63
                {                                           //64
                    PORTA = SEG7[RXb[cnt]];                 //65
                    PORTC = ACT[0];                         //66
                    Delay_nms(500);                         //67
                }                                           //68
            }                                               //69
        }                                                   //70
}                                                           //71
/*******************************************72***/
#pragma vector = SPI_STC_vect                               //73
__interrupt void spi_stc_isr(void)                          //74
{                                                           //75
    RXb[i] = SPDR;                                          //76
    if(i>=9){S_flag = 1;goto end;}                          //77
    i++;                                                    //78
    SPDR = TXb[i];                                          //79
    end:;                                                   //80
}                                                           //81
```

编译通过后,将 iar14 - 3 slave.hex 文件下载到 AVR DEMO 实验板从机 B(slave)上。

注意:下载程序时,应将通信接口的 4 根跳线撤除,这样下载程序时主机和从机就不会发生冲突。标示"LEDMOD_COM"和"LEDMOD_DISP"的双排针应插上短路块。

按图 14 - 3 所示用跳线连接主机 A(master)和从机 B(slave),再用 2 根跳线将主机 A 和从机 B 的电源和地也连接起来。主机标示"DC5V"电源端输入 5 V 稳压电压。刚开始,主机的显示是:每隔 500 ms 数码管显示值变化一次,是从 0~9 递增的;从机的显示是:每隔500 ms 数码管显示值变化一次,是从 9~0 递减的,如图 14 - 6 所示(上为主机,下为从机)。

随后,情况倒了过来,主机的显示是:每隔 500 ms 数码管显示值变化一次,是从 9~0 递减的;从机的显示是:每隔 500 ms 数码管显示值变化一次,是从 0~9 递增的,如图 14 - 7 所示(上为主机,下为从机)。

这说明,通过同步串口数据高速通信,主机与从机已实现了数组内容的交换。

第 14 章 ATMEGA16(L)的同步串行接口 SPI

图 14-6　主机显示值是递增的；从机显示值是递减的

图 14-7　主机显示值是递减的；从机显示值是递增的

14.7.3　程序分析解释

1. iar14-3master.c 源程序文件的分析

序号1~2：包含头文件；
序号3~4：变量类型的宏定义；
序号5~6：宏定义；
序号7：晶振频率的宏定义；
序号8：清除位的宏定义；
序号9：置位位的宏定义；
序号10~11：共阴极数码管0~9的字型码；
序号12：8位共阴极数码管的位选码；
序号13：定义发送缓冲区并置初值；
序号14：定义接收缓冲区并置初值；
序号15~16：定义全局变量；
序号17：程序分隔；
序号18~22：1 ms 延时子函数；
序号23：程序分隔；
序号24~32：n×1 ms 延时子函数；
序号33：程序分隔；
序号34：定义端口初始化子函数；
序号35：端口初始化子函数开始；
序号36：PA 端口初始化输出 0000 0000；
序号37：将 PA 口设为输出；
序号38：PC 端口初始化输出 1111 1111；
序号39：将 PC 口设为输出；
序号40：PB 端口初始化输出 0001 0000；
序号41：将 PB 口的 MISO 设为输入，SS、MOSI、SCK 设为输出；
序号42：端口初始化子函数结束；
序号43：程序分隔；
序号44：定义 SPI 寄存器初始化子函数；
序号45：SPI 初始化子函数开始；
序号46：使能 SPI，使能 SPI 主机模式，使能 SPI 中断，数据的 MSB 首先发送，设置时钟速率为 $f_{ck}/16$；
序号47：开总中断；
序号48：SPI 初始化子函数结束；
序号49：程序分隔；
序号50：定义主函数；
序号51：主函数开始；
序号52：定义局部变量 cnt；
序号53：调用端口初始化子函数；
序号54：调用 SPI 初始化子函数；
序号55：for 循环，循环 10 次；
序号56：for 循环开始；
序号57~58：循环显示发送缓冲区的数据；
序号59：每个数据延时显示 500 ms，以便观察；
序号60：for 循环结束；

第 14 章 ATMEGA16(L)的同步串行接口 SPI

序号 61:延时 100 ms;
序号 62:清除 SS,准备发送;
序号 63:主机发送缓冲区的内容;
序号 64:无限循环;
序号 65:无限循环开始;
序号 66:如果主机接收完毕的标志为 1;
序号 67:进入 if 语句;
序号 68:for 循环,循环 10 次;
序号 69:for 循环开始;
序号 70~71:循环显示接收缓冲区中收到的数据;
序号 72:每个数据延时显示 500 ms,以便观察;
序号 73:for 循环结束;
序号 74:if 语句结束;
序号 75:无限循环结束;
序号 76:主函数结束;
序号 77:程序分隔;
序号 78:SPI 中断函数声明;
序号 79:SPI 中断服务子函数;
序号 80:SPI 中断服务子函数开始;
序号 81:接收数据到接收缓冲区中;
序号 82:如果接收到第 10 个数据,置位 SS(关闭发送),同时置主机接收完毕的标志为 1;
序号 83:如果收到的数据<10 个,继续接收数据;
序号 84:并且继续发送数据;
序号 85:结束的标志;
序号 86:SPI 中断服务子函数结束。

2. iar14-3 slave.c 源程序文件的分析

序号 1:包含头文件;
序号 2~3:变量类型的宏定义;
序号 4:宏定义;
序号 5:晶振频率的宏定义;
序号 6~7:共阴极数码管 0~9 的字型码;
序号 8:8 位共阴极数码管的位选码;
序号 9:定义接收缓冲区;
序号 10:定义发送缓冲区并置初值;
序号 11~12:定义全局变量;
序号 13:程序分隔;
序号 14~18:1 ms 延时子函数;
序号 19:程序分隔;
序号 20~28:n×1 ms 延时子函数;
序号 29:程序分隔;
序号 30:定义端口初始化子函数;
序号 31:端口初始化子函数开始;
序号 32:PA 端口初始化输出 0000 0000;
序号 33:将 PA 口设为输出;
序号 34:PC 端口初始化输出 1111 1111;

序号 35:将 PC 口设为输出;
序号 36:PB 端口初始化输出 0001 0000;
序号 37:将 PB 口的 MISO 设为输出,SS、MOSI、SCK 设为输入;
序号 38:端口初始化子函数结束;
序号 39:程序分隔;
序号 40:定义 SPI 寄存器初始化子函数;
序号 41:SPI 初始化子函数开始;
序号 42:使能 SPI,SPI 从机模式,使能 SPI 中断,数据的 MSB 首先接收,设置时钟速率为 $f_{ck}/16$;
序号 43:开总中断;
序号 44:SPI 初始化子函数结束;
序号 45:程序分隔;
序号 46:定义主函数;
序号 47:主函数开始;
序号 48:定义局部变量 cnt;
序号 49:调用端口初始化子函数;
序号 50:调用 SPI 初始化子函数;
序号 51:for 循环,循环 10 次;
序号 52:for 循环开始;
序号 53~54:循环显示发送缓冲区的数据;
序号 55:每个数据延时显示 500 ms,以便观察;
序号 56:for 循环结束;
序号 57:延时 50 ms;
序号 58:SPDR 放入发送缓冲区的内容等待移出;
序号 59:无限循环;
序号 60:无限循环开始;
序号 61:如果从机接收完毕的标志为 1;
序号 62:进入 if 语句;
序号 63:for 循环,循环 10 次;
序号 64:for 循环开始;
序号 65~66:循环显示接收缓冲区中收到的数据;
序号 67:每个数据延时显示 500 ms,以便观察;
序号 68:for 循环结束;
序号 69:if 语句结束;
序号 70:无限循环结束;
序号 71:主函数结束;
序号 72:程序分隔;
序号 73:SPI 中断函数声明;
序号 74:SPI 中断服务子函数;
序号 75:SPI 中断服务子函数开始;
序号 76:接收数据到接收缓冲区中;
序号 77:如果接收到第 10 个数据,置位 SS(关闭发送),同时置从机接收完毕的标志为 1;
序号 78:如果收到的数据<10 个,继续接收数据;
序号 79:SPDR 放入发送缓冲区的数据等待移出;
序号 80:结束的标志;
序号 81:SPI 中断服务子函数结束。

14.8 同步串行 EEPROM AT93CXX 的性能特点

AVR DEMO 实验板上还安装有外置的同步串行 EEPROM——AT93C46,因此将介绍 ATMEGA16(L)对 AT93C46 的读/写驱动。

AT93C46/56/57/66/86 是 1K/2K/2K/4K/16K 位的串行 EEPROM 存储器器件,可配置为 16 位(ORG 引脚接 V_{CC})或者 8 位(ORG 引脚接 GND)的寄存器。每个寄存器都可通过 DI (或 DO 引脚)串行写入(或读出)。

AT93C46/56/57/66/86 采用先进的 CMOS EEPROM 浮动闸(floating gate)技术制造而成。器件可经受 1 000 000 次的编程/擦除操作,片内数据保存寿命高达 100 年。器件可采用 8 脚 DIP,8 脚 SOIC 或 8 脚 TSSOP 的封装形式。引脚封装如图 14-8 所示。

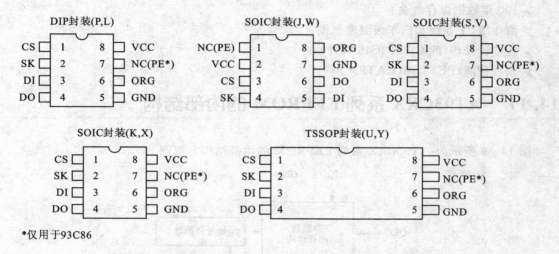

*仅用于93C86

图 14-8 AT93C46/56/57/66/86 引脚封装

14.9 AT93CXX 引脚定义

表 14-5 所列为 AT93CXX 的引脚定义。

表 14-5 AT93CXX 的引脚定义

引脚号	引脚名称	功 能	引脚号	引脚名称	功 能
1	CS	芯片选择	5	GND	地
2	SK	时钟输入	6	ORG	存储器结构
3	DI	串行数据输入	7	NC(PE*)	不连接(编程使能)
4	DO	串行数据输出	8	V_{CC}	+1.8~6.0 V 电源电压

注:当 ORG 引脚连接到 V_{CC} 时,选择×16 的结构。当 ORG 引脚连接到地时,选择×8 的结构。如果 ORG 引脚悬空,内部的上拉电阻将选择×16 的存储器结构。

14.10 AT93CXX 系列存储器特点

- 高速操作：93C56/57/66：1 MHz 的时钟频率；93C46/86：3 MHz 的时钟频率；
- 低功耗 CMOS 工艺；
- 工作电压范围：1.8～6.0 V；
- 存储器可选择×8 位或者×16 位结构；
- 写入时自动清除存储器内容；
- 硬件和软件写保护；
- 上电误写保护；
- 1 000 000 次编程/擦除周期；
- 100 年数据保存寿命；
- 商业级、工业级和汽车级温度范围；
- 连续读操作（除 CAT93C46 以外）；
- 编程使能（PE）引脚（CAT93C86）。

14.11 AT93CXX 系列 EEPROM 的内部结构

图 14-9 所示为 AT93CXX 系列 EEPROM 的内部结构方框图。

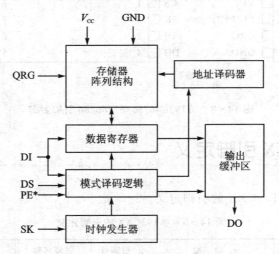

图 14-9 AT93CXX 系列 EEPROM 的内部结构方框图

14.12 AT93CXX 系列 EEPROM 的指令集

表 14-6 所列为 AT93CXX 系列 EEPROM 的指令集。

第14章　ATMEGA16(L)的同步串行接口 SPI

表 14-6　AT93CXX 系列 EEPROM 的指令集

指令	器件类型	起始位	操作码	地址 ×8	地址 ×16	数据 ×8	数据 ×16	命令	PE[②]
READ	93C46	1	10	A6～A0	A5～A0			读地址 AN～A0	
	93C56[①]	1	10	A8～A0	A7～A0				
	93C66	1	10	A8～A0	A7～A0				
	93C57	1	10	A7～A0	A6～A0				
	93C86	1	10	A10～A0	A9～A0				X
ERASE	93C46	1	11	A6～A0	A5～A0			清除地址 AN～A0	
	93C56[①]	1	11	A8～A0	A7～A0				
	93C66	1	11	A8～A0	A7～A0				
	93C57	1	11	A7～A0	A6～A0				
	93C86	1	11	A10～A0	A9～A0				I
WRITE	93C46	1	01	A6～A0	A5～A0	D7～D0	D15～D0	写地址 AN～A0	
	93C56[①]	1	01	A8～A0	A7～A0	D7～D0	D15～D0		
	93C66	1	01	A8～A0	A7～A0	D7～D0	D15～D0		
	93C57	1	01	A7～A0	A6～A0	D7～D0	D15～D0		
	93C86	1	01	A10～A0	A9～A0	D7～D0	D15～D0		I
EWEN	93C46	1	00	11XXXX	11XXXX			写使能	
	93C56[①]	1	00	11XXXXXX	11XXXXXX				
	93C66	1	00	11XXXXXX	11XXXXXX				
	93C57	1	00	11XXXXXX	11XXXXXX				
	93C86	1	00	11XXXXXXXX	11XXXXXXXX				X
EWDS	93C46	1	00	00XXXX	00XXXX			写禁止	
	93C56(1)	1	00	00XXXXXX	00XXXXXX				
	93C66	1	00	00XXXXXX	00XXXXXX				
	93C57	1	00	00XXXXXX	00XXXXXX				
	93C86	1	00	00XXXXXXXX	00XXXXXXXX				
ERAL	93C46	1	00	10XXXX	10XXXX			清除所有地址	
	93C56[①]	1	00	10XXXXXX	10XXXXXX				
	93C66	1	00	10XXXXXX	10XXXXXX				
	93C57	1	00	10XXXXXX	10XXXXXX				
	93C86	1	00	10XXXXXXXX	10XXXXXXXX				I
WRAL	93C46	1	00	01XXXX	01XXXX	D7～D0	D15～D0	写所有地址	
	93C56[①]	1	00	01XXXXXX	01XXXXXX	D7～D0	D15～D0		
	93C66	1	00	01XXXXXX	01XXXXXX	D7～D0	D15～D0		
	93C57	1	00	01XXXXXX	01XXXXXX	D7～D0	D15～D0		
	93C86	1	00	01XXXXXXXX	01XXXXXXXX	D7～D0	D15～D0		I

注：这是最初测试的参数，设计或加工改变后可能会影响参数的值。

① 256×8 ORG 的地址位 A8 和 128×16 ORG 的地址位 A7 为任意值，但对于读、写和擦除命令必须置 1 或置 0 来实现操作；

② 仅适用于 93C86。

14.13 器件操作

AT93C46/56(57)/66/86 是一个 1 024/2 048/4 096/16 384 位的非易失性存储器,可与工业标准的微处理器一同使用。AT93C46/56/57/66/86 可以选择为 16 位或 8 位结构。当选择为×16 位结构时,93C46 有 7 条 9 位的指令,93C57 有 7 条 10 位的指令,93C56 和 93C66 有 7 条 11 位的指令,93C86 有 7 条 13 位的指令,这些指令用来控制对器件的读、写和擦除操作。当选择×8 位结构时,93C46 有 7 条 10 位的指令,93C57 有 7 条 11 位的指令,93C56 和 93C66 有 7 条 12 位的指令,93C86 有 7 条 14 位的指令,由它们来控制对器件的读、写和擦除操作。

AT93C46/56/57/66/86 的所有操作都在单电源上进行,执行写操作时需要的高电压由芯片产生。

指令、地址和写入的数据在时钟信号(SK)的上升沿时由 DI 引脚输入。DO 引脚通常都是高阻态,读取器件的数据或在写操作后查询器件的准备/繁忙工作状态的情况除外。

写操作开始后,可通过选择器件(CS 高)和查询 DO 引脚来确定准备/繁忙状态:DO 为低电平时表示写操作还没有完成,而 DO 为高电平时则表示器件可以执行下一条指令。如果需要的话,可在芯片选择过程中通过向 DI 引脚移入一个虚"1"使 DO 引脚重新回到高阻态。DO 引脚将在时钟(SK)的下降沿进入高阻态。

发送到器件的所有指令的格式为:一个高电平"1"的起始位,一个 2 位(或 4 位)的操作码,6 位(93C46)/7 位(93C57)/8 位(93C56 或 93C66)/10 位(93C86)(当选择×8 结构时加一位)及写入数据时的 16 位数据域(选择 8 位结构时为×8 位)。

对于 93C86,写、擦除、全写和全擦除指令要求 PE=1。如果 PE 引脚悬空,93C86 进入编程使能模式。对于写使能和写禁止指令,PE 可以为任意值。

图 14-10 为数据传输同步时序。

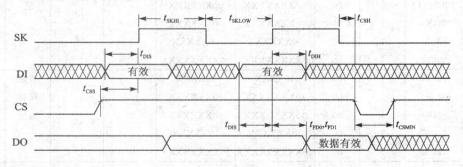

图 14-10 数据传输同步时序

14.13.1 读操作指令

在接收到一个读命令和地址(在时钟作用下从 DI 引脚输入)时,AT93C46/56/57/66/86 的 DO 引脚将退出高阻态,且在发送完一个初始的虚 0 位后,DO 引脚将开始移出寻址的数据(高位在前)。输出数据位在时钟信号(SK)的上升沿触发,经过一定的延迟时间后才能稳定(t_{PD0} 或 t_{PD1})。

在第一个数据字移位输出后且保持 CS 有效和时钟信号 SK 连续触发时,AT93C46/56/66/86 将自动加 1 到下一地址,并且在连续读模式下移出下一个数据字。只要 CS 持续有效且 SK 连续触发,器件使地址不断增加直至到达器件的末地址,然后再返回到地址 0。在连续读模式下,只有第一个数据字在虚拟 0 位的前面。所有后续的数据字将没有虚拟 0 位。图 14-11 为 93C46 的读指令时序。图 14-12 为 93C56/57/66/86 的读指令时序。

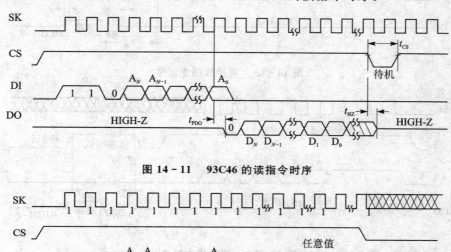

图 14-11　93C46 的读指令时序

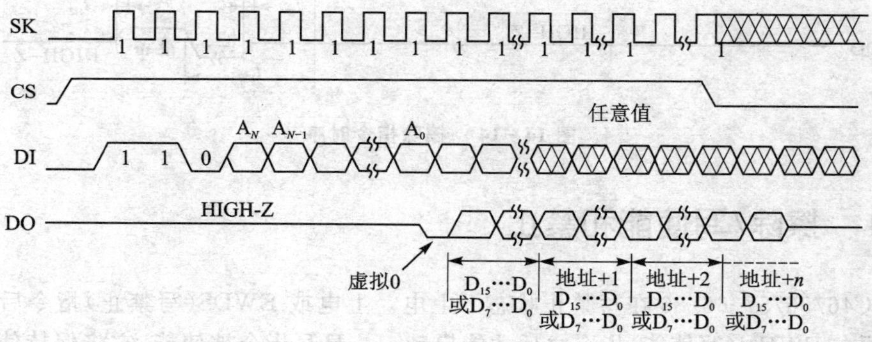

图 14-12　93C56/57/66/86 的读指令时序

14.13.2　写操作指令

在接收到写指令、地址和数据以后,CS(芯片选择)引脚不选中芯片的时间必须大于 t_{CSMIN}。在 CS 的下降沿,器件将启动对指令指定的存储单元的自动时钟擦除和数据保存周期。AT93C46/56/57/66/86 的准备/忙碌状态可通过选择器件和查询 DO 引脚来确定。由于该器件有在写入之前自动清除的特性,所以没有必要在写入之前擦除存储器单元的内容。图 14-13 所示为写操作指令时序。

14.13.3　擦　除

接收到擦除指令和地址时,CS(芯片选择)引脚不选中芯片的时间必须大于 t_{CSMIN}。在 CS 的下降沿,器件启动选择的存储器单元的自动时钟清除周期。AT93C46/56/57/66/86 的准备/忙碌状态可通过选择器件和查询 DO 引脚来确定。一旦清除,已清除单元的内容返回到逻辑"1"状态。图 14-14 为擦除指令时序。

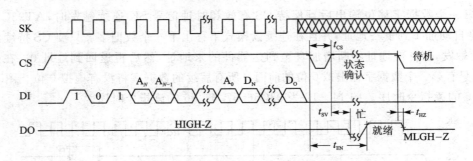

图 14-13 写操作指令时序

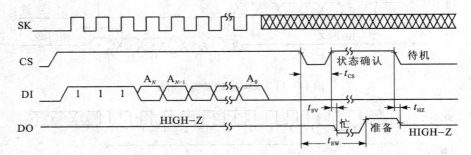

图 14-14 擦除指令时序

14.13.4 擦除/写使能和禁止

AT93C46/56/57/66/86 在写禁止状态下上电。上电或 EWDS(写禁止)指令后的所有写操作都必须在 EWEN(写使能)指令之后才能启动。一旦写指令被使能,它将保持使能直到器件的电源被移走或 EWDS 指令被发送。EWDS 指令可用来禁止所有对 AT93C46/56/57/66/86 的写入和擦除操作,并且将防止意外地对器件进行写入或擦除。无论写使能还是写禁止的状态,数据都可以照常从器件中读取。图 14-15 为擦除/写使能和禁止的指令时序。

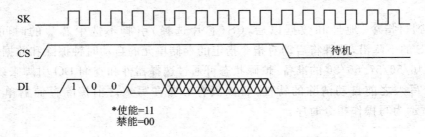

图 14-15 擦除/写使能和禁止的指令时序

14.13.5 擦除全部

在接收到 ERAL 指令时,CS(芯片选择)引脚不选中芯片的时间必须大于 t_{CSMIN}。在 CS 的下降沿,器件将启动所有存储器单元的自动时钟清除周期。

第14章 ATMEGA16(L)的同步串行接口 SPI

AT93C46/56/57/66/86 的准备/忙碌状态可通过选择器件和查询 DO 引脚来确定。一旦清除,所有存储器位的内容返回到逻辑"1"状态。图 14-16 为擦除全部的指令时序。

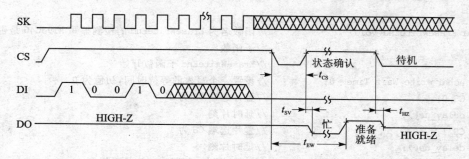

图 14-16 擦除全部的指令时序

14.13.6 写全部

接收到 WRAL 指令和数据时,CS(芯片选择)引脚不选中芯片的时间必须大于 t_{CSMIN}。在 CS 的下降沿,器件将启动自动时钟把数据内容写满器件的所有存储器。AT93C46/56/57/66/86 的准备/忙碌状态可通过选择器件和查询 DO 引脚来确定。没有必要在 WRAL 命令执行之前将所有存储器内容清除。图 14-17 为写全部的指令时序。

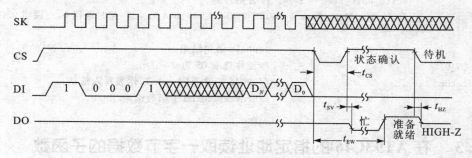

图 14-17 写全部的指令时序

14.14 ATMEGA16(L)驱动 AT93C46 的子函数

14.14.1 启动 AT93C46 子函数

```
void Start(void)                    //函数名为 Start 的启动 AT93C46 子函数
{                                   //Start 子函数开始
    CS_0;delay_us();                //置片选端 CS 为 0 并延时片刻
    SK_0;delay_us();                //置时钟端 SK 为 0 并延时片刻
    DI_0;delay_us();                //置数据输入端 DI 为 0 并延时片刻
    CS_1;delay_us();                //置片选端 CS 为 1 并延时片刻
}                                   //Start 子函数结束
```

14.14.2　检测擦写 AT93C46 是否成功的子函数

```
uchar EraseWriteEnd(void)              //函数名为 EraseWriteEnd 的检测擦写 AT93C46 是否成功的
                                       //子函数
{                                      //EraseWriteEnd 子函数开始
    uchar write_Wait_Time = 0;         //设置一个写入的等待时间,初值为 0
    CS_0;                              //置片选端 CS 为 0
    delay_us();                        //延时片刻
    CS_1;                              //置片选端 CS 为 1
    delay_us();                        //延时片刻
    while (GET_BIT(PINB,DO) == 0)      //while 语句,判断 93C46 是否损坏,
                                       //损坏后 DO 为 0
    {                                  //while 语句开始
        SK_1;                          //产生时钟脉冲
        delay_us();
        SK_0;
        Delay_nms(1);                  //等待 1 ms
        if(GET_BIT(PINB,DO) == 1) return 1;   //再次判断 93C46 是否正常,//正常返回 1
        else
        {
            write_Wait_Time ++ ;       //否则计时
            if (write_Wait_Time > WRITE_TIMEOUT) return 0;   //超时返回 0,//说明 93C46 故障
        }
    }                                  //while 语句结束
    CS_0;                              //置片选端 CS 为 0
    return 1;                          //93C46 正常返回一个 1,代表写入成功
}                                      //EraseWriteEnd 子函数结束
```

14.14.3　在 AT93C46 的指定地址读取一字节数据的子函数

```
uchar ReadOneByte(uchar Address)       //函数名为 ReadOneByte 的在 AT93C46 的指定地址
                                       //Address 读取一字节数据的子函数
{                                      //ReadOneByte 子函数开始
    uint mdata;                        //定义无符号整型(16 位)局部变量
    uchar inData = 0;                  //定义无符号字符型局部变量并置初值为 0
    int i;                             //定义整型局部变量
    Start();                           //启动 AT93C46
    mdata = 0x0300|(Address & 0x7f);   //读取一字节数据的指令为 0000 0011 0xxx xxxx
    SendData(mdata, SENDCMD_LEN);      //将 16 位数据 mdata 中的 SENDCMD_LEN 位
                                       //长度(指令)发送出去
    DI_0;                              //置数据输入端 DI 为 0
    delay_us();                        //延时片刻
    SK_0;                              //置时钟端 SK 为 0
    delay_us();                        //延时片刻
    for (i = 7; i >= 0; i--)           //for 循环,用来将 8 位读入
```

```
    {                                    //for 循环开始
        SK_1;                            //置时钟端 SK 为 1
        delay_us();                      //延时片刻
        if(GET_BIT(PINB,DO)) inData |=1 << i;    //如果 DO 位为 1,则 inData 的相应
                                         //位为 1
        else inData &= ~(1 << i);        //否则 inData 的相应位为 0
        SK_0;                            //置时钟端 SK 为 0
        delay_us();                      //延时片刻
    }                                    //for 循环结束
    CS_0;                                //置片选端 CS 为 0
    return inData;                       //返回读取的 8 位数据 inData
}                                        //ReadOneByte 子函数结束
```

14.14.4 在 AT93C46 的指定地址写入一字节数据的子函数

```
uchar WriteOneByte(uchar Address, uchar data)   //函数名为 WriteOneByte 的在 AT93C46
                                         //的指定地址 Address 写入一字节数据 data 的子函数
{                                        //WriteOneByte 子函数开始
    uint mdata;                          //定义无符号整型(16 位)局部变量
    Start();                             //启动 AT93C46
    mdata = 0x0280|(Address & 0x7f);     //产生写一字节数据的指令
    SendData(mdata, SENDCMD_LEN);        //将 16 位数据 mdata 中的 SENDCMD_LEN 位
                                         //长度(指令)发送出去
    SendData(data, 8);                   //将 8 位数据 data 发送出去
    return EraseWriteEnd();              //检测擦写 AT93C46 是否成功
}                                        //WriteOneByte 子函数结束
```

14.14.5 写使能子函数

```
void WriteEnable(void)                   //函数名为 WriteEnable 的写使能子函数
{                                        //WriteEnable 子函数开始
    uint mdata;                          //定义无符号整型(16 位)局部变量
    Start();                             //启动 AT93C46
    mdata = 0x0260;                      //写使能的指令为 0000 0010 0110 0000
    SendData(mdata, SENDCMD_LEN);        //将 16 位数据 mdata 中的 SENDCMD_LEN 位
                                         //长度(指令)发送出去
    CS_0;                                //置片选端 CS 为 0
}                                        //WriteEnable 子函数结束
```

14.14.6 在 AT93C46 的指定地址 Address 擦除一字节数据的子函数

```
uchar EraseOneByte(uchar Address)        //函数名为 EraseOneByte 的在 AT93C46 的指定地
```

```
                                      //址 Address 擦除一字节数据的子函数
                                      //EraseOneByte 子函数开始
{
    uint mdata;                       //定义无符号整型(16 位)局部变量
    Start();                          //启动 AT93C46
    //_delay_us(DELAY_US);            //延时片刻(不是必须的)
    mdata = 0x0380|(Address & 0x7f);  //产生擦除一字节数据的指令
    SendData(mdata, SENDCMD_LEN);     //将 16 位数据 mdata 中的 SENDCMD_LEN 位
                                      //长度(指令)发送出去
    return EraseWriteEnd();           //检测擦写 AT93C46 是否成功
}                                     //EraseOneByte 子函数结束
```

14.14.7 擦除 AT93C46 全部内容的子函数

```
uchar EraseAll(void)                  //函数名为 EraseAll 的擦除 AT93C46 全部内容的子
                                      //函数
{                                     //EraseAll 子函数开始
    uint mdata;                       //定义无符号整型(16 位)局部变量
    Start();                          //启动 AT93C46
    mdata = 0x0240;                   //产生擦除 AT93C46 全部内容的指令
    SendData(mdata, SENDCMD_LEN);     //将 16 位数据 mdata 中的 SENDCMD_LEN 位
                                      //长度(指令)发送出去
    return EraseWriteEnd();           //检测擦写 AT93C46 是否成功
}                                     //EraseAll 子函数结束
```

14.14.8 将数据 data 写入 AT93C46 全部单元的子函数

```
uchar WriteAll(uchar data)            //函数名为 WriteAll 的将数据 data 写入 AT93C46
                                      //全部单元的子函数
{                                     //WriteAll 子函数开始
    uint mdata;                       //定义无符号整型(16 位)局部变量
    Start();                          //启动 AT93C46
    mdata = 0x0220;                   //产生将数据 data 写入 AT93C46 全部单元的指令
    SendData(mdata, SENDCMD_LEN);     //将 16 位数据 mdata 中的 SENDCMD_LEN 位
                                      //长度(指令)发送出去
    SendData(data, 8);                //将 8 位数据 data 发送出去
    return EraseWriteEnd();           //检测擦写 AT93C46 是否成功
}                                     //WriteAll 子函数结束
```

14.14.9 写禁止子函数

```
void WriteDisable(void)               //函数名为 WriteDisable 的写禁止子函数
{                                     //WriteDisable 子函数开始
```

第14章 ATMEGA16(L)的同步串行接口 SPI

```
    uint mdata;                        //定义无符号整型(16位)局部变量
    Start();                           //启动 AT93C46
    mdata = 0x0200;                    //产生写禁止的指令
    SendData(mdata, SENDCMD_LEN);      //将16位数据 mdata 中的 SENDCMD_LEN 位
                                       //长度(指令)发送出去
    CS_0;                              //置片选端 CS 为 0
}                                      //WriteDisable 子函数结束
```

14.14.10 将16位数据 data 中的 len 位发送出去的子函数

```
void SendData(uint data, uchar len)    //函数名为 SendData 的将16位数据 data 中的 len
                                       //位发送出去的子函数
{                                      //SendData 子函数开始
    int i;                             //定义整型(16位)局部变量
    for(i = len - 1; i >= 0; i--)      //for 循环,用于将16位数据 data 中的 len 位发送
                                       //出去
    {                                  // for 循环开始
        if (data & (1 << i)) DI_1;     //如果 inData 的某位为1,相应 DI 位为1
        else DI_0;                     //否则相应 DI 位为0
        SK_1;                          //置时钟端 SK 为1
        delay_us();                    //延时片刻
        SK_0;                          //置时钟端 SK 为0
        delay_us();                    //延时片刻
    }                                  // for 循环结束
}                                      //SendData 子函数结束
```

14.15 ATMEGA16(L)对 AT93C46 的读/写实验

14.15.1 实现方法

将数108写入 AT93C46 的50号单元,然后再读出,读出的内容在数码管上显示。这里使用8位的方式(ORG 引脚接 GND)进行读/写。

14.15.2 源程序文件

打开 IAREW 集成开发环境,在 D 盘中建立一个文件目录(iar14-4),创建一个新工程项目 iar14-4.ewp 并建立 iar14-4.eww 的工作区。输入 C 源程序文件 iar14-4.c 如下:

```
#include <iom16.h>                     //1
#include <intrinsics.h>                //2
#define uchar   unsigned char          //3
```

```c
#define uint   unsigned int                                    //4
#define xtal 8                                                 //5
uchar __flash SEG7[17] = {0x3f,0x06,0x5b,0x4f,0x66,0x6d,0x7d,0x07,   //6
        0x7f,0x6f,0x77,0x7c,0x39,0x5e,0x79,0x71,0x80};         //7
uchar __flash ACT[8] = {0xfe,0xfd,0xfb,0xf7,0xef,0xdf,0xbf,0x7f};    //8
//*******************************9
#define CS        4                                            //10
#define DI        5                                            //11
#define DO        6                                            //12
#define SK        7                                            //13
#define ORG       0                                            //14
#define DI_1      PORTB|(1 << DI)                              //15
#define DI_0      PORTB&= ~(1 << DI)                           //16
#define CS_1      PORTB|(1 << CS)                              //17
#define CS_0      PORTB&= ~(1 << CS)                           //18
#define SK_1      PORTB|(1 << SK)                              //19
#define SK_0      PORTB&= ~(1 << SK)                           //20
/*******************************21********/
int SENDCMD_LEN = 10;                                          //22
#define WRITE_TIMEOUT 15                                       //23
#define SET_BIT(x,y) (x|(1 << y))                              //24
#define CLR_BIT(x,y) (x&= ~(1 << y))                           //25
#define GET_BIT(x,y) (x&(1 << y))                              //26
/*******************************27********/
void Start(void);                                              //28
uchar ReadOneByte(uchar Address);                              //29
uchar WriteOneByte(uchar Address, uchar data);                 //30
void WriteEnable(void);                                        //31
uchar EraseOneByte(uchar Address);                             //32
uchar EraseAll(void);                                          //33
uchar WriteAll(uchar data);                                    //34
void WriteDisable(void);                                       //35
void SendData(uint data, uchar len);                           //36
/*******************************37*********/
void Delay_1ms(void)                                           //38
{ uint i;                                                      //39
  for(i=1;i<(uint)(xtal*143-2);i++)                            //40
  ;                                                            //41
}                                                              //42
//===============================43=
void Delay_nms(uint n)                                         //44
{                                                              //45
  uint i = 0;                                                  //46
  while(i<n)                                                   //47
  {Delay_1ms();                                                //48
```

```c
        i ++ ;                                              //49
    }                                                       //50
}                                                           //51
/*******************************52********/
void port_init(void)                                        //53
{                                                           //54
    PORTA = 0x00;                                           //55
    DDRA  = 0xFF;                                           //56
    PORTC = 0xFF;                                           //57
    DDRC  = 0xFF;                                           //58
    DDRB  = 0xFF;                                           //59
    PORTB = 0xFF;                                           //60
    DDRB  = 0xB1;                                           //61
}                                                           //62
/*******************************63********/
void main(void)                                             //64
{                                                           //65
    uchar set_val = 108, rd_val;                            //66
    uchar temp = 0;                                         //67
    port_init();                                            //68
    WriteEnable();                                          //69
    temp = WriteOneByte(50, set_val);                       //70
    if(temp == 1)CLR_BIT(PORTB,0);                          //71
    else SET_BIT(PORTB,0);                                  //72
    rd_val = ReadOneByte(50);                               //73
    WriteDisable();                                         //74
    while(1)                                                //75
    {                                                       //76
        PORTA = SEG7[rd_val % 10];PORTC = ACT[0];Delay_1ms();     //77
        PORTA = SEG7[(rd_val/10) % 10];PORTC = ACT[1];Delay_1ms(); //78
        PORTA = SEG7[rd_val/100];PORTC = ACT[2];Delay_1ms();      //79
/*******************************80*********/
        PORTA = SEG7[set_val % 10];PORTC = ACT[5];Delay_1ms();    //81
        PORTA = SEG7[(set_val/10) % 10];PORTC = ACT[6];Delay_1ms(); //82
        PORTA = SEG7[set_val/100];PORTC = ACT[7];Delay_1ms();     //83
    }                                                       //84
}                                                           //85
/*******************************86*********/
void delay_us(void)                                         //87
{                                                           //88
    __no_operation();                                       //89
    __no_operation();                                       //90
    __no_operation();                                       //91
    __no_operation();                                       //92
}                                                           //93
```

```c
/*****************************************94*********/
void Start(void)                              //95
{                                             //96
    CS_0;delay_us();                          //97
    SK_0;delay_us();                          //98
    DI_0;delay_us();                          //99
    CS_1;delay_us();                          //100
}                                             //101
/*****************************************102********/
uchar EraseWriteEnd(void)                     //103
{                                             //104
    uchar write_Wait_Time = 0;                //105
    CS_0;                                     //106
    delay_us();                               //107
    CS_1;                                     //108
    delay_us();                               //109
    while (GET_BIT(PINB,DO) == 0)             //110
    {                                         //111
        SK_1;                                 //112
        delay_us();                           //113
        SK_0;                                 //114
        Delay_nms(1);                         //115
            if(GET_BIT(PINB,DO) == 1) return 1;   //116
            else {  write_Wait_Time ++ ;          //117
                if (write_Wait_Time > WRITE_TIMEOUT) return 0;   //118
                }                             //119
    }                                         //120
    CS_0;                                     //121
    return 1;                                 //122
}                                             //123
/*****************************************124********/
uchar ReadOneByte(uchar Address)              //125
{                                             //126
    uint mdata;                               //127
    uchar inData = 0;                         //128
    int i;                                    //129
    Start();                                  //130
    mdata = 0x0300|(Address & 0x7f);          //131   0000´0011´0xxx´xxxx
    SendData(mdata, SENDCMD_LEN);             //132
    DI_0;                                     //133
    delay_us();                               //134
    SK_0;                                     //135
    delay_us();                               //136
    for (i = 7; i >= 0; i--)                  //137
```

```c
        {                                                //138
            SK_1;                                        //139
            delay_us();                                  //140
            if(GET_BIT(PINB,DO)) inData |= 1 << i;       //141
            else inData &= ~(1 << i);                    //142
            SK_0;                                        //143
            delay_us();                                  //144
        }                                                //145
        CS_0;                                            //146
        return inData;                                   //147
    }                                                    //148
/******************************************149*******/
uchar WriteOneByte(uchar Address, uchar data)            //150
{                                                        //151
    uint mdata;                                          //152
    Start();                                             //153
    mdata = 0x0280|(Address & 0x7f);                     //154
    SendData(mdata, SENDCMD_LEN);                        //155
    SendData(data, 8);                                   //156
    return EraseWriteEnd();                              //157
}                                                        //158
/******************************************159*******/
void WriteEnable(void)                                   //160
{                                                        //161
    uint mdata;                                          //162
    Start();                                             //163
    mdata = 0x0260;                                      //164    0000´0010´0110´0000
    SendData(mdata, SENDCMD_LEN);                        //165
    CS_0;                                                //166
}                                                        //167
/******************************************168*****/
uchar EraseOneByte(uchar Address)                        //169
{                                                        //170
    uint mdata;                                          //171
    Start();                                             //172
    //_delay_us(DELAY_US);                               //173
    mdata = 0x0380|(Address & 0x7f);                     //174
    SendData(mdata, SENDCMD_LEN);                        //175
    return EraseWriteEnd();                              //176
}                                                        //177
/******************************************178**********/
uchar EraseAll(void)                                     //179
{                                                        //180
    uint mdata;                                          //181
    Start();                                             //182
```

```
    mdata = 0x0240;                              //183
    SendData(mdata, SENDCMD_LEN);                //184
    return EraseWriteEnd();                      //185
}                                                //186
/*********************************187*****/
uchar WriteAll(uchar data)                       //188
{                                                //189
    uint mdata;                                  //190
    Start();                                     //191
    mdata = 0x0220;                              //192
    SendData(mdata, SENDCMD_LEN);                //193
    SendData(data, 8);                           //194
    return EraseWriteEnd();                      //195
}                                                //196
/*********************************197****/
void WriteDisable(void)                          //198
{                                                //199
    uint mdata;                                  //200
    Start();                                     //201
    mdata = 0x0200;                              //202
    SendData(mdata, SENDCMD_LEN);                //203
    CS_0;                                        //204
}                                                //205
/*********************************206*****/
void SendData(uint data, uchar len)              //207
{                                                //208
    int i;                                       //209
    for (i = len - 1; i >= 0; i--)               //210
    {                                            //211
        if (data & (1 << i)) DI_1;               //212
        else DI_0;                               //213
            SK_1;                                //214
            delay_us();                          //215
            SK_0;                                //215
            delay_us();                          //216
    }                                            //217
}                                                //218
```

编译通过后,将iar14-4.hex文件下载到AVR DEMO实验板上。"LEDMOD_COM"、"LEDMOD_DISP"及"SPI"的双排针应插上短路块

标示"DC5V"电源端输入5 V直流稳压电压。数码管的显示屏上,最左3位显示108,这是须写入AT93C46的数;最右3位也显示108,这是写入AT93C46后,又从AT93C46中读出的数。如图14-18所示。

第14章 ATMEGA16(L)的同步串行接口 SPI

图 14-18 AT93C46 的读写实验

14.15.3 程序分析解释

序号 1~2:包含头文件;
序号 3~4:变量类型的宏定义;
序号 5:晶振频率的宏定义;
序号 6~7:共阴极数码管 0~9 的字型码;
序号 8:8 位共阴极数码管的位选码;
序号 9:定义发送缓冲区并置初值;
序号 10~13:宏定义;
序号 14:引脚 ORG 的宏定义:0 = 接地(8 位模式);1 = 接 V_{CC}(16 位模式);
序号 15~20:端口的位操作宏定义;
序号 21:程序分隔;
序号 22:发送命令长度宏定义;
序号 23:写入超时时间宏定义;
序号 24:置位位宏定义;
序号 25:清除位宏定义;
序号 26:读取位宏定义;
序号 27:程序分隔;
序号 28~36:函数声明;

序号 37:程序分隔;
序号 38~42:1 ms 延时子函数;
序号 43:程序分隔;
序号 44~51:n×1 ms 延时子函数;
序号 52:程序分隔;
序号 53:定义端口初始化子函数;
序号 54:端口初始化子函数开始;
序号 55:PA 端口初始化输出 0000 0000;
序号 56:将 PA 口设为输出;
序号 57:PC 端口初始化输出 1111 1111;
序号 58:将 PC 口设为输出;
序号 59:将 PB 口设为输出;
序号 60:PB 端口初始化输出 1111 1111;
序号 61:将 PB 口的 MISO 设为输入,SS、MOSI、SCK 设为输出;
序号 62:端口初始化子函数结束;
序号 63:程序分隔;
序号 64:定义主函数;
序号 65:主函数开始;
序号 66:定义局部变量 set_val,rd_val,set_val 置初值 108;
序号 67:定义局部变量 temp 并置初值 0;
序号 68:调用端口初始化子函数;
序号 69:调用写使能子函数;
序号 70:将 set_val 的值写入 AT93C46 的 50 号单元,并获得写入是否成功的信息;
序号 71:如果返回值为 1,说明写入成功;
序号 72:否则返回值不为 1,说明写入失败;
序号 73:再读取 AT93C46 的 50 号单元数据;
序号 74:调用写禁止子函数;
序号 75:无限循环;
序号 76:无限循环开始;
序号 77~79:将读取的数据显示在数码管的右 3 位;
序号 80:程序分隔;
序号 81~83:将写入的数据显示在数码管的左 3 位;
序号 84:无限循环结束;
序号 85:主函数结束;
序号 86:程序分隔;
序号 87~93:短延时子函数;
序号 94:程序分隔;
序号 95~101:启动 AT93C46 子函数;
序号 102:程序分隔;
序号 103~123:检测擦写 AT93C46 是否成功的子函数;
序号 124:程序分隔;
序号 125~148:在 AT93C46 的指定地址 Address 读取一字节数据的子函数;
序号 149:程序分隔;
序号 150~158:在 AT93C46 的指定地址 Address 写入一字节数据 data 的子函数;
序号 159:程序分隔;

第14章　ATMEGA16(L)的同步串行接口 SPI

序号 160～167：写使能的子函数；
序号 168：程序分隔；
序号 169～177：在 AT93C46 的指定地址 Address 擦除一字节数据的子函数；
序号 178：程序分隔；
序号 179～186：擦除 AT93C46 全部内容的子函数；
序号 187：程序分隔；
序号 188～196：将数据 data 写入 AT93C46 全部单元的子函数；
序号 197：程序分隔；
序号 198～205：写禁止子函数；
序号 206：程序分隔；
序号 207～218：将 16 位数据 data 中的 len 位发送出去的子函数。

第 15 章

ATMEGA16(L)驱动 128×64 点阵图形液晶模块

点阵图形液晶模块是一种用于显示各类图像、符号、汉字的显示模块,其显示屏的点阵像素连续排列,行和列在排布中没有间隔,因此可以显示连续、完整的图形。当然也能显示字母、数字等字符。点阵图形液晶模块依控制芯片的不同,其功能及控制方法与点阵字符液晶模块相比略有不同。点阵图形液晶模块的控制芯片生产厂商较多,典型的几种有:

➢ HD61202:日立公司产品;
➢ T6963C:东芝公司产品;
➢ HD61830(B):日立公司产品;
➢ SED1330(E-1330):精工公司产品;
➢ MSM6255:冲电气公司产品。

介绍点阵图形液晶模块,实际上就是介绍其控制芯片。这里以市场上常见的 128×64 点阵图形液晶模块为例来介绍,该液晶模块采用日立的 HD61202 和 HD61203 芯片。128×64 点阵图形液晶模块,表示横向有 128 点,纵向有 64 点,如果以每个汉字 16×16 点而言,每行可显示 8 个中文字,4 行共计 32 个中文字。用 HD61202 和 HD61203 芯片组成的 128×64 点阵图形液晶模块方框示意图如图 15-1 所示。点阵图形液晶 128×64 是 STN 点矩阵 LCD 模

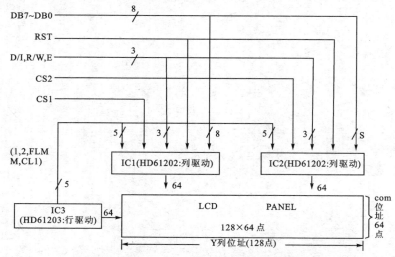

图 15-1　128×64 点阵图形液晶模块方框示意图

第 15 章 ATMEGA16(L)驱动 128×64 点阵图形液晶模块

组,由列驱动器 HD61202、行驱动器 HD61203 组成,可以直接与 8 位单片机相接。128×64 点阵图形液晶模块里有两个 HD61202 芯片,每个芯片有 512 字节(4096 位)供 RAM 显示。RAM 显示存储器单元的每位数据与 LCD 每点的像素状态 1/0 完全一致(1=亮,0=灭)。

15.1 128×64 点阵图形液晶模块特性

- +5 V 电压,反视度(明暗对比度)可调整。
- 背光分为两种:(EL 冷光)背光和 LED 背光。
- 行驱动:COM1~COM64(或 X1~X64)为行位址,由芯片 HD61203 驱动。
- 列驱动:Y1~Y128(或 SEG1~SEG128)为列位址,由两片芯片 HD61202 驱动,第一片芯片 U2 驱动 Y1~Y64,第二片芯片 HD61202 驱动 Y65~Y128。
- 左半屏/右半屏控制由 CS1/CS2 片选决定。CS1=1、CS2=0 时,U2 选中,U3 不选中,即选择左半屏;CS1=0、CS2=1 时,U3 选中,U2 不选中,即选择右半屏。
- 列驱动器 HD61202 有 512 字节的寄存器,所以 U2 和 U3 加起来共有 1 024 字节寄存器。

15.2 128×64 点阵图形液晶模块引脚及功能

1 脚(V_{ss}):接地。

2 脚(V_{dd}):电源 5(1±5%) V。

3 脚(V_O):反视度调整。

4 脚(D/I):寄存器选择。1:选择数据寄存器;0:选择指令寄存器。

5 脚(R/W):读/写选择。1:读;0:写。

6 脚(E):使能操作。1:LCM 可做读/写操作;0:LCM 不能做读/写操作。

7 脚(DB0):双向数据总线的第 0 位。

8 脚(DB1):双向数据总线的第 1 位。

9 脚(DB2):双向数据总线的第 2 位。

11 脚(DB3):双向数据总线的第 3 位。

11 脚(DB4):双向数据总线的第 4 位。

12 脚(DB5):双向数据总线的第 5 位。

13 脚(DB6):双向数据总线的第 6 位。

14 脚(DB7):双向数据总线的第 7 位。

15 脚(CS1):左半屏片选信号。1:选中;0:不选中。

16 脚(CS2):右半屏片选信号。1:选中;0:不选中。

17 脚(RST):复位信号,低电平有效。

18 脚(V_{EE}):LCD 负压驱动脚(−10~−18 V)。

19 脚(NC):空脚(或接背光电源)。

20 脚(NC):空脚(或接背光电源)。

15.3　128×64 点阵图形液晶模块的内部结构

128×64 点阵图形液晶模块的内部结构可分为 3 部分：LCD 控制器、LCD 驱动器、LCD 显示装置，如图 15-2 所示。

注意： 无背光液晶模块与 EL、LED 背光的液晶模块内部结构有较大的区别，特别注意第 19、20 引脚的供电来源及相关参数。

如图 15-3 所示为具有 EL 背光的点阵图形液晶模块方框示意图。表 15-1 所列为 EL/LED 背光供电参数表。图 15-4 为 128×64 点阵图形液晶模块的供电原理及对比度调整电路。LCD 与 MCU 之间利用 LCD 控制器进行通信。

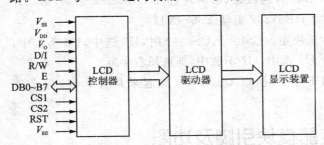

表 15-1　EL/LED 背光供电参数表

条目 背光 接口	R_{BL}		V_{BL}	
	LED	EL	LED	EL
19、20 引脚	5 Ω	0 Ω	5V_{CC}	110 VAC 400 Hz

图 15-2　128×64 点阵图形液晶模块的内部结构

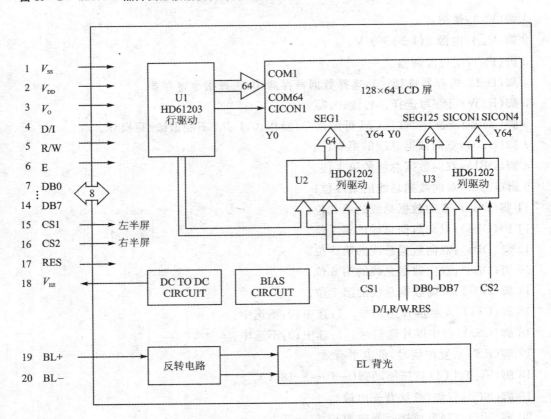

图 15-3　具有 EL 背光的点阵图形液晶模块方框示意图

第 15 章 ATMEGA16(L)驱动 128×64 点阵图形液晶模块

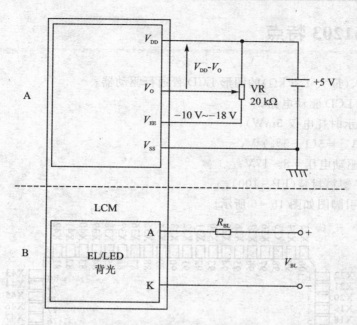

图 15-4 128×64 点阵图形液晶模块的供电原理及对比度调整电路

点阵图形液晶 128×64 分行、列驱动器，HD61203 是行驱动控制器，HD61202 是列驱动控制器。HD61202、HD61203 是点阵图形液晶显示控制器的代表电路。熟知 HD61202、HD61203 可通晓点阵图形液晶显示控制器的工作原理。图 15-5 为 128×64 点阵图形液晶的显示位置和 RAM 显示存储器映射图。

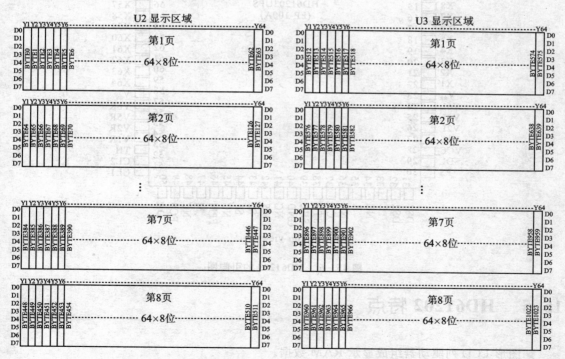

图 15-5 128×64 点阵图形液晶的显示位置和 RAM 显示存储器映射图

15.4　HD61203 特点

- 低阻抗输入(最大 1.5 kΩ)的图形 LCD 普通行驱动器；
- 内部 64 路 LCD 驱动电路；
- 低功耗(显示时耗电仅 5mW)；
- 工作电压：$V_{cc}=5(1\pm5\%)$ V；
- LCD 显示驱动电压＝8～17V；
- 100 脚扁平塑料封装(FP－100)。

HD61203 的引脚图如图 15－6 所示。

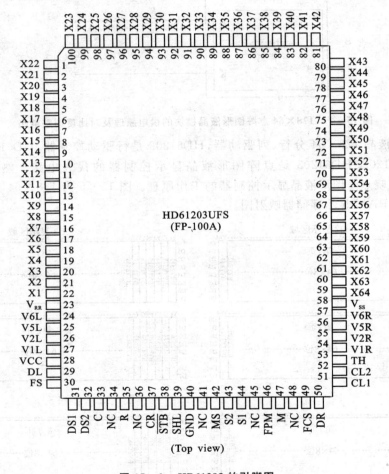

图 15－6　HD61203 的引脚图

15.5　HD61202 特点

- 图形 LCD 列驱动器组成显示 RAM 数据。
- 像素点亮/熄灭直接由内部 RAM 显示存储器单元。RAM 数据单元为"1"时,对应的像素点亮;RAM 数据单元为"0"时,对应的像素点灭。
- 内部 RAM 地址自动递增。
- 显示 RAM 容量达 512 字节(4096 位)。
- 8 位并行接口,适配 M6800 时序。
- 内部 LCD 列驱动电路为 64 路。
- 简单而较强的指令功能,可实现显示数据读/写、显示开/关、设置地址、设置开始行、读状态等。
- LCD 驱动电压范围为 8~17 V。
- 100 脚扁平塑料封装(FP-100)。

15.6　HD61202 工作原理

HD61202 的内部组成结构如图 15-7 所示。图 15-8 为 HD61202 的引脚图。

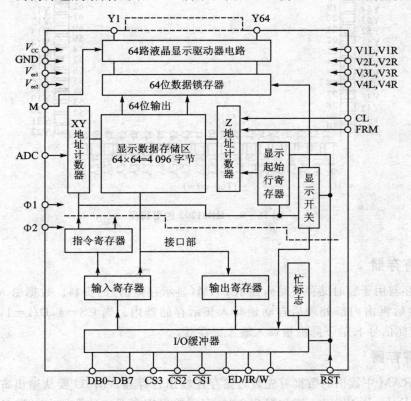

图 15-7　HD61202 的内部组成结构

1. I/O 缓冲器

I/O 缓冲器为双向三态数据缓冲器。是 HD61202 内部总线与计算机总线连接部。其作用是将两个不同时钟下工作的系统连接起来,实现通信。在 3 个片选信号 $\overline{CS1}$、$\overline{CS2}$ 和 CS3 组合有效状态下,I/O 缓冲器开放,实现 HD61202 与计算机之间的数据传递。当片选信号组合为无效状态时,I/O 缓冲器将中断 HD61202 内部总线与计算机数据总线的联系,对外总线呈

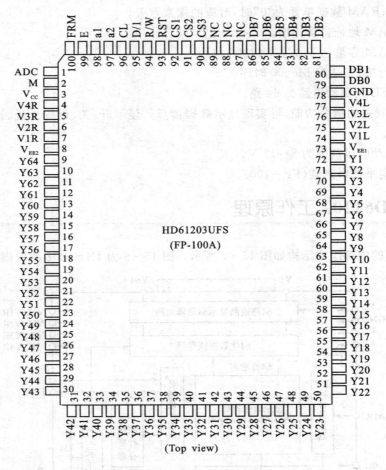

图 15-8　HD61202 的引脚图

高阻状态。

2. 输入寄存器

输入寄存器用于暂时储存要写入显示 RAM（显示存储器）的资料。数据由 MCU 写入输入寄存器，然后再由内部处理后自动地写入显示存储器内。当 CS＝1,D/I＝1,且 R/W＝1 时，数据在使能信号 E 的下降沿被锁入输入寄存器。

3. 输出寄存器

从显示 RAM 中读出的数据首先暂时储存在输出寄存器。MCU 要从输出寄存器读出数据则令 CS＝D/I＝R/W＝1。读数据命令时，存于输出寄存器中的数据在引脚 E 为高电平时输出；然后在引脚 E 信号为低电平时，地址指针指向的显示数据，接着被锁入输出寄存器而且地址指针递增。输出寄存器中，会因读数据的指令而被再写入新的数据，若为地址指针设定指令则数据维持不变。因此，发送完地址设定指令之后随即发送读取数据指令，将无法得到所指定地址的数据，必须再接着读取一次数据，该指定地址的数据才会输出。

4. 显示存储器电路

HD61202 具有 4096 位显示存储器。其结构是以一个 64×64 位的方阵形式排布的。显示存储器的作用一是存储计算机传来的显示数据,二是作为控制信号源直接控制液晶驱动电路的输出。显示存储器为双端口存储器结构,结构原理示意图如图 15-9 所示。

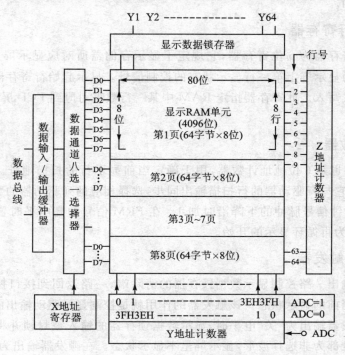

图 15-9 HD61202 双端口存储器结构

从数据总线侧看有 64 位,按 8 位数据总线长度分成 8 路,称为页面,由 X 地址寄存器控制;每个页面都有 64 字节,用 Y 地址计数器控制,这一侧是提供给计算机操作的,是双向传输形式。XY 地址计数器选择了计算机所要操作的显示存储器的页面和列地址,从而唯一地确定计算机所要访问的显示存储器单元。从驱动数据传输侧看有 64 位,共 64 行,这一侧是提供给驱动器使用的,仅有输出形式。

HD61202 列驱动器为 64 列驱动输出,正好与显示存储器列向(纵向)单元对应。Z 地址计数器为显示行指针,用来选择当前要传输的数据行。

5. XY 地址计数器

XY 地址计数器为 9 位的寄存器,它确定了计算机所须访问的显示存储器单元的地址。X 地址计数器为高 3 位,Y 地址计数器为低 6 位,分别有各自的指令来设定 X、Y 地址。计算机在访问显示存储器之前必须设置 XY 地址计数器。计算机写入或读出显示存储器的数据代表显示屏上某一列上的垂直 8 点的数据。D0 代表最上一点数据。

X 地址计数器是一个 3 位页地址寄存器,其输出控制着显示存储器中 8 个页面的选择,也就是控制着数据传输通道的八选一选择器。X 地址寄存器可以由计算机以指令形式设置。X 地址寄存器没有自动修改功能,所以要想转换页面须重新设置 X 地址寄存器的内容。

Y地址计数器是一个6位循环加1计数器。它管理某一页面上的64个单元,该数据总线上的64位数据直接控制驱动电路输出Y1～Y64的输出波形。Y地址计数器可以由计算机以指令形式设置,它和页地址指针结合唯一选通显示存储器的一个单元。Y地址计数器具有自动加1功能。在显示存储器读/写操作后Y地址计数器将自动加1。当计数器加至3FH后循环归零再继续递加。

6. 显示起始行寄存器

显示起始行寄存器为6位寄存器,它规定了显示存储器所对应显示屏上第一行的行号。该行的数据将作为显示屏上第一行显示状态的控制信号。显示起始行寄存器的内容由计算机以指令代码的格式写入。此寄存器指定RAM中某一行数据对应到LCD屏幕的最上行,可用做屏幕卷动。

7. Z地址计数器

Z地址计数器也是6位地址计数器,用于确定当前显示行的扫描地址。Z地址计数器具有自动加1功能,它与行驱动器的行扫描输出同步,选择相应的列驱动器的数据输出。在行驱动器发来的CL时钟信号脉冲的下降沿时加1。在FRM信号的高电平时置入显示起始行寄存器的内容,以作为再循环显示的开始。

8. 显示开/关触发器

该触发器的输出一路控制显示数据锁存器的清除端,一路返回到接口控制电路作为状态字中的一位表示当前的显示状态。该触发器的作用就是控制显示驱动输出的电平以控制显示屏的开关。在触发器输出为"关"电平时,显示数据锁存器的输入被封锁并将输出置"0",从而使显示驱动输出全部为非选择波形,显示屏呈不显示状态。在触发器输出为"开"电平时,显示数据锁存器受CL控制,显示驱动输出受显示驱动数据总线上数据控制,显示屏将呈显示状态。显示开/关触发器受逻辑电路控制,计算机可以通过硬件$\overline{RST}$复位和软件指令"显示开关设置"的写入来设置显示开/关触发器的输出状态。

9. 指令寄存器

指令寄存器用于接收计算机发来的指令代码,通过译码将指令代码置入相关的寄存器或触发器内。

10. 状态字寄存器

状态字寄存器是HD61202与计算机通信时唯一的"握手"信号。状态字寄存器向计算机表示了HD61202当前的工作状态。其中最主要的是忙碌信号(Busy),当忙碌信号为"1",表示HD61202正在忙于内部运作,除了状态读取指令外,其他任何指令都不被接受。忙碌信号(Busy)是由状态字读取指令所读出DB7表示。每次要发指令前,应先确定忙碌信号已为"0"。

11. 显示数据锁存器

数据要从显示数据RAM中输出到液晶驱动电路前,先暂时储存于此锁存器中,在时钟信号上升沿时数据被锁存。显示器开/关指令控制此锁存器动作,不会影响显示数据RAM中的数据。

15.7　HD61202 的工作过程

计算机要访问 HD61202,必须首先读取状态字寄存器的内容,主要是要判别状态字中的"Busy"标志;在"Busy"标志表示为 0 时,计算机方可访问 HD61202。在写操作时,HD61202 在计算机写操作信号的作用下将计算机发来的数据锁存进输入寄存器内,使其转到 HD61202 内部时钟的控制之下,同时 HD61202 将 I/O 缓冲器封锁,置"Busy"标志位为 1,向计算机提供 HD61202 正在处理计算机发来的数据的信息。HD61202 根据计算机在写数据时提供的 D/I 状态将输入寄存器的内容送入指令寄存器处理或显示存储器相应的单元,处理完成后,HD61202 将撤销对 I/O 缓冲器的封锁,同时将"Busy"标志位清零,向计算机表示 HD61202 已准备好接收下一个操作。

在读显示数据时,计算机要有一个操作周期的延时,即"空读"的过程。这是因为在计算机读操作下,HD61202 向数据总线提供输出寄存器当前的数据,并在读操作结束时将当前地址指针所指的显示存储器单元的数据写入输出寄存器内,同时将列地址计数器加 1。也就是说计算机不是直接读取到显示存储器单元,而是读取一个中间寄存器——输出寄存器的数据。而这个数据是上一次读操作后存入到输出寄存器的内容,这个数据可能是上一地址单元的内容,也可能是地址修改前某一单元的内容。因此在计算机设置所要读取的显示存储器地址后,第一次的读操作实际上是要求 HD61202 将所需的显示存储器单元的数据写入输出寄存器中,供计算机读取。只有从下一次计算机的读操作起,计算机才能读取所需的显示数据。

15.8　点阵图形液晶模块的控制器指令

128×64 图形液晶模块的控制指令共有 7 个:显示开/关、设置页(PAGE1～PAGE8)、读状态、设置开始显示行、设置列地址 Y、写显示数据、读显示数据。

1. 显示器开关

R/W	D/I	DB7	DB6	DB5	DB4	DB3	DB2	DB1	DB0
0	1	0	0	1	1	1	1	1	D

D:显示屏开启或关闭控制位。D=1 时,显示屏开启;D=0 时,则显示屏关闭,但显示数据仍保存于 DDRAM 中。

2. 设置页(x 地址)

R/W	D/I	DB7	DB6	DB5	DB4	DB3	DB2	DB1	DB0
0	0	1	0	1	1	1	A	A	A

显示 RAM 数据的 X 地址 AAA(二进制)被设置在 X 地址寄存器。设置后,读/写都在这一指定的页里执行,直到下页设置后再往下页执行,该指令设置了页面地址 X 地址寄存器的内容。HD61202 将显示存储器分成 8 页,指令代码中 AAA 就是要确定当前所要选择的页面地址,取值范围为 0～7H,代表第 1～8 页。

3. 读状态

R/W	D/I	DB7	DB6	DB5	DB4	DB3	DB2	DB1	DB0
1	0	Busy	0	ON/OFF	Reset	0	0	0	0

Busy：表示当前 HD61202 接口控制电路运行状态。Busy＝1 表示 HD61202 正忙于处理 MCU 发来的指令或数据。此时接口电路被封锁，不能接受除读状态以外的任何操作；Busy＝0 表示 HD61202 接口控制电路已处于空闲状态，等待 MCU 的访问。

ON/OFF：表示当前的显示状态。ON/OFF＝1 表示关显示状态；ON/OFF 表示开显示状态。

Reset：当 Reset＝1 状态时，HD61202 处于复位工作状态；当 Reset＝0 状态时，HD61202 为正常工作状态。

4. 显示开始行

R/W	D/I	DB7	DB6	DB5	DB4	DB3	DB2	DB1	DB0
0	0	1	1	A	A	A	A	A	A

该指令设置了显示起始行寄存器的内容。HD61202 有 64 行显示的管理能力，该指令中 AAAAAA（二进制）为显示起始行的地址，取值在 0～3FH（1～64 行）范围内，它规定了显示屏上最顶一行所对应的显示存储器的行地址。如果定时间隔等间距地修改（如加 1 或减 1）显示起始行寄存器的内容，则显示屏将呈现显示内容向上或向下平滑滚动的显示效果。

5. 设置 Y 地址

R/W	D/I	DB7	DB6	DB5	DB4	DB3	DB2	DB1	DB0
0	0	0	1	A	A	A	A	A	A

该指令设置了 Y 地址计数器的内容，AAAAAA＝0～3FH（1～64）代表某一页面上的某一单元地址，随后的一次读或写数据将在这个单元上进行。Y 地址计数器具有自动加一功能，在每一次读/写数据后它将自动加一，所以在连续进行读/写数据时，Y 地址计数器不必每次都设置一次。页面地址的设置和列地址的设置将显示存储器单元唯一地确定下来，为后来的显示数据的读/写作了地址的选通。

6. 写显示数据

R/W	D/I	DB7	DB6	DB5	DB4	DB3	DB2	DB1	DB0
0	1	D	D	D	D	D	D	D	D

该操作将 8 位数据写入先前已确定的显示存储器单元内，操作完成后列地址计数器自动加 1。

7. 读显示数据

R/W	D/I	DB7	DB6	DB5	DB4	DB3	DB2	DB1	DB0
1	1	D	D	D	D	D	D	D	D

第15章 ATMEGA16(L)驱动128×64点阵图形液晶模块

该操作将HD61202接口部的输出寄存器内容读出,然后列地址计数器自动加1。

注意:进行读操作之前,必须有一次空读操作,紧接着再读才会读出所要读的单元中的数据。

15.9 HD61202的操作时序图

对HD61202的操作必须严格按照时序进行。

1. 写入时序

写入时序如图15-10所示。

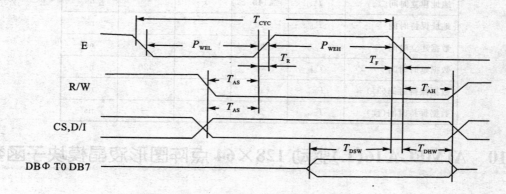

图15-10 HD61202的写入时序

2. 读取时序

读取时序如图15-11所示。

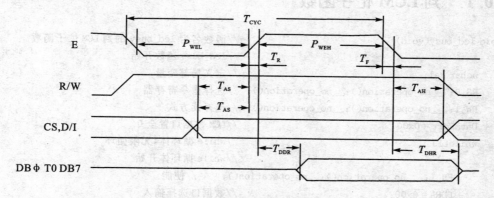

图15-11 HD61202的读取时序

3. 时序参数

时序参数如表15-2所列。

表 15-2　HD61202 的时序参数

$T_a = -20 \sim +75\ ℃$　　　　　$GND = 0\ V$　　　　$V_{cc} = 2.7 \sim 5.5\ V$

项　目	符　号	最小值	典型值	最大值	单　位
E 周期时间	T_{cyc}	1000	—	—	ns
E 高电平宽度	P_{weh}	450	—	—	ns
E 低电平宽度	P_{wel}	450	—	−25	ns
E 上升时间	T_r	—	—	25	ns
E 下降时间	T_f	—	—	—	ns
地址建立时间	T_{as}	140	—	—	ns
地址保持时间	T_{ah}	10	—	—	ns
数据建立时间	T_{dsw}	200	—	—	ns
数据延时时间	T_{ddr}	—	—	320	ns
数据保持时间(写)	T_{dhw}	10	—	—	ns
数据保持时间(读)	T_{dhr}	20	—	—	ns

15.10　ATMEGA 16(L)驱动 128×64 点阵图形液晶模块子函数

要实现对 128×64 点阵图形液晶模块的高效控制，必须按照模块设计方式，建立起相关的子函数模块，下面详细介绍各功能子函数。

15.10.1　判 LCM 忙子函数

```
void lcd_busy(void)                             //函数名为 lcd_busy 的判 LCM 忙子函数
{                                               //lcd_busy 函数开始
    uchar val;                                  //定义局部变量
    RS_0; __no_operation();__no_operation();    //选择指令寄存器
    RW_1; __no_operation();__no_operation();    //选择读方式
    DataPort = 0x00;                            //LCM 数据口置全 0
    while(1)                                    //while 循环体,无限循环
    {                                           //while 循环体开始
        EN_1; __no_operation();__no_operation();    //使能
        DDRA = 0x00;                            //数据口选择输入
        val = PINA;                             //将 LCM 的状态读入 MCU
        if(val<0x80) break;                     //若数据口读入的数据小于 0x80,说明最高位为 0,
                                                //LCM 空闲,执行 break 语句跳出 while 循环体
        EN_0; __no_operation();__no_operation();    //禁能
    }                                           // while 循环体结束
    DDRA = 0xff;                                //数据口选择输出
    EN_0; __no_operation();__no_operation();    //禁能
}                                               //lcd_busy 函数结束
```

15.10.2 写指令到 LCM 子函数

```
void wcode(uchar c,uchar sel_l,uchar sel_r)      /* 函数名为 wcode 的写指令到 LCM 子函数 */
                                                 //定义 c、sel_l、sel_r 为无符号字符型变量
{                                                // wcode 函数开始
    if(sel_l == 1)CS1_1;                         //如果 sel_l 为 1,CS1 置高电平,选择 LCM 的左半屏
    else CS1_0;                                  //否则,CS1 置低电平
    __no_operation();__no_operation();
    if(sel_r == 1)CS2_1;                         //如果 sel_r 为 1,CS2 置高电平,选择 LCM 的右半屏
    else CS2_0;                                  //否则,CS2 置低电平
    __no_operation();__no_operation();
    lcd_busy();                                  //调用判 LCM 忙子函数。
    RS_0; __no_operation();__no_operation();     //选择指令寄存器
    RW_0; __no_operation();__no_operation();     //选择写
    DataPort = c;                                //将变量 c 赋予 LCM 数据口
    EN_1; __no_operation();__no_operation();     //使能
    EN_0; __no_operation();__no_operation();     //禁能
}                                                // wcode 函数结束
```

15.10.3 写数据到 LCM 子函数

```
void wdata(uchar c,uchar sel_l,uchar sel_r)      /* 函数名为 wdata 的写数据到 LCM 子函数 */
                                                 //定义 c、sel_l、sel_r 为无符号字符型变量。
{                                                // wdata 函数开始
    if(sel_l == 1)CS1_1;                         //如果 sel_l 为 1,CS1 置高电平,选择 LCM 的左半屏
    else CS1_0;                                  //否则,CS1 置低电平
    __no_operation();__no_operation();
    if(sel_r == 1)CS2_1;                         //如果 sel_r 为 1,CS2 置高电平,选择 LCM 的右半屏
    else CS2_0;                                  //否则,CS2 置低电平
    __no_operation();__no_operation();
    lcd_busy();                                  //调用判 LCM 忙子函数
    RS_1; __no_operation();__no_operation();     //选择数据寄存器
    RW_0; __no_operation();__no_operation();     //选择写
    DataPort = c;                                //将变量 c 赋予 LCM 数据口
    EN_1; __no_operation();__no_operation();     //使能
    EN_0; __no_operation();__no_operation();     //禁能
}                                                // wdata 函数结束
```

15.10.4 设定起始行子函数

```
void set_startline(uchar i)                      //函数名为 set_startline 的设定起始行子函数
                                                 //定义 i 为无符号字符型变量
```

```
    {
        i = 0xc0 + i;                              // set_startline 函数开始
        wcode(i,1,1);                              //设定起始行指令代码
    }                                              //将指令代码写入 LCM 的左半屏及右半屏
                                                   // set_startline 函数结束
```

15.10.5　定位 x 方向、y 方向的子函数

```
    void set_xy(uchar x,uchar y)                   //函数名为 set_xy 的定位 x 方向、y 方向的
                                                   //子函数。定义 x、y 为无符号字符型变量
    {                                              // set_xy 函数开始
        x = x + 0x40;                              //设定 x 列的指令代码
        y = y + 0xb8;                              //设定 y 页的指令代码
        wcode(x,1,1);                              //将 x 列的指令代码写入 LCM 的左半屏及右半屏
        wcode(y,1,1);                              //将 y 页的指令代码写入 LCM 的左半屏及右半屏
    }                                              // set_xy 函数结束
```

15.10.6　屏幕开启、关闭子函数

```
    void dison_off(uchar o)                        //函数名为 dison_off 的屏幕开启、关闭子函数,
                                                   //定义 o 为无符号字符型变量
    {                                              // dison_off 函数开始
        o = o + 0x3e;                              //设定开、关屏幕的指令代码。o 为 1 开,o 为 0 关
        wcode(o,1,1);                              //将开、关屏幕的指令代码写入 LCM 的左半屏及右
                                                   //半屏
    }                                              // dison_off 函数结束
```

15.10.7　复位子函数

```
    void reset()                                   //函数名为 reset 的复位子函数
    {                                              // reset 函数开始
        RST_0;                                     //复位端置低电平
        Delay_nms(10);                             //延时一会儿
        RST_1;                                     //复位端置高电平
        Delay_nms(10);                             //延时一会儿
    }                                              // reset 函数结束
```

15.10.8　数据写入子函数

根据 x、y 地址定位,将数据写入 LCM 左半屏或右半屏的子函数。

```
    void lw(uchar x, uchar y, uchar dd)            //函数名为 lw 的写数据至 LCM 子函数
                                                   //定义 x、y、dd 为无符号字符型局部变量,
```

```
{
    if(x>=64)                                  //lw 子函数开始
    {set_xy(x-64,y);                           //若 x 大于等于 64,说明为右半屏操作
    wdata(dd,0,1);}                            //x(列)值减去 64,获得右半屏定位
    else                                       //将 dd 变量中的数据写入 LCM 右半屏
    {set_xy(x,y);                              //否则 x 小于 64,说明为左半屏操作
    wdata(dd,1,0);}                            //获得左半屏定位
}                                              //将 dd 变量中的数据写入 LCM 左半屏
                                               //lw 子函数结束
```

15.10.9　显示汉字子函数

```
void display_hz(uchar xx, uchar yy, uchar n, uchar fb)   //函数名为 display_hz 的
//显示汉字子函数。定义 xx、yy、n、fb 为无符号字符型局部变量。
//其中 xx、yy 为列、页定位值,n 为汉字点阵码表中的第 n 个汉字,fb 为反白显示选择
{                                              //dh 子函数开始
    uchar i,dx;                                //定义 i、dx 为无符号字符型局部变量
    for(i=0;i<16;i++)                          //for 循环体,用于扫描汉字的上半部分
    {dx=hz[2*i+n*32];                          //取得第 n 个汉字的上半部分数据代码
        if(fb)dx=255-dx;                       //若 fb 不为 0,获得反白数据代码
        lw(xx*8+i,yy,dx);                      //将数据代码写入 LCM
        dx=hz[(2*i+1)+n*32];                   //取得第 n 个汉字的下半部分数据代码
        if(fb)dx=255-dx;                       //若 fb 不为 0,获得反白数据代码
        lw(xx*8+i,yy+1,dx);                    //将数据代码写入 LCM
    }                                          //for 循环体结束
}                                              //display_hz 子函数结束
```

15.10.10　显示一幅图片子函数

```
void display_tu(uchar fb)                      //函数名为 display_tu 的显示一幅图片子函数,
                                               //fb 为反白显示选择
{                                              //display_tu 子函数开始
    uchar i,dx,n;                              //定义 i、dx、n 为无符号字符型局部变量
    for(n=0;n<8;n++)                           //for 循环,水平方向扫描 8 次
    {                                          //for 循环开始
        for(i=0;i<128;i++)                     //for 循环,每次水平扫描须写入 128 字节
                                               //数据代码
        {dx=tu[i+n*128];                       //for 循环开始,取得图片的数据代码
            if(fb)dx=255-dx;                   //若 fb 不为 0,获得反白数据代码
            lw(i,n,dx);                        //将数据代码写入 LCM
        }                                      //for 循环结束
    }                                          //for 循环结束
}                                              //display_tu 子函数结束
```

15.11 在 AVR 单片机综合实验板上实现液晶的汉字显示

此实例为在 AVR 单片机综合实验板上实现液晶的汉字显示。

15.11.1 实例效果

在 AVR 单片机综合实验板板上的 128×64 点阵图形液晶上显示汉字：屏幕上第 1 行显示"朝辞白帝彩云间，"，第 2 行显示"千里江陵一日还，"，第 3 行显示"两岸猿声啼不住，"，第 4 行显示"轻舟已过万重山。"，其中第 3、4 行反白显示。

15.11.2 源程序文件

打开 IAREW 集成开发环境，在 D 盘中建立一个文件目录（iar15-1），创建一个新工程项目 iar15-1.ewp 并建立 iar15-1.eww 的工作区。输入 C 源程序文件 iar15-1.c：

```c
#include <iom16.h>
#include <intrinsics.h>
#define uchar unsigned char
#define uint unsigned int
//----------------------------------
#define SET_BIT(x,y) (x|=(1<<y))
#define CLR_BIT(x,y) (x&=~(1<<y))
#define GET_BIT(x,y) (x&(1<<y))
#define PB0 0
#define PB1 1
#define PB2 2
#define PB3 3
#define PB4 4
#define PB5 5
#define PB6 6
#define PB7 7
//---------------引脚电平的宏定义
#define RS_1 SET_BIT(PORTB,PB0)
#define RS_0 CLR_BIT(PORTB,PB0)
#define RW_1 SET_BIT(PORTB,PB1)
#define RW_0 CLR_BIT(PORTB,PB1)
#define EN_1 SET_BIT(PORTB,PB2)
#define EN_0 CLR_BIT(PORTB,PB2)
#define CS1_1 SET_BIT(PORTB,PB3)
#define CS1_0 CLR_BIT(PORTB,PB3)
#define CS2_1 SET_BIT(PORTB,PB4)
#define CS2_0 CLR_BIT(PORTB,PB4)
```

第 15 章 ATMEGA16(L)驱动 128×64 点阵图形液晶模块

```c
#define RST_1 SET_BIT(PORTB,PB5)
#define RST_0 CLR_BIT(PORTB,PB5)
//=====================================
#define DataPort PORTA          //端口定义,双向数据总线。
#define xtal 8

void Delay_1ms(void)            //1 ms 延时子函数
{ uint i;
 for(i=1;i<(uint)(xtal*143-2);i++)
;
}
//=====================================
void Delay_nms(uint n)          //n*1 ms 延时子函数
{
 uint i=0;
   while(i<n)
   {Delay_1ms();
    i++;
   }
}
/***********函数声明列表**************/
void Delay_1ms(void);
void Delay_nms(uint n);
void wcode(uchar c,uchar sel_l,uchar sel_r);
void wdata(uchar c,uchar sel_l,uchar sel_r);
void set_startline(uchar i);
void set_xy(uchar x,uchar y);
void dison_off(uchar o);
void reset(void);
void m16_init(void);
void lcd_init(void);
void lw(uchar x, uchar y, uchar dd);
void display_hz(uchar x, uchar y, uchar n, uchar fb);
__flash uchar hz[];
/*************主函数**************/
void main(void)
{
uchar loop;
m16_init();
lcd_init();
Delay_nms(1000);
while(1)
{
/*************************************/
```

```c
    for(loop = 0;loop<8;loop++)
    {display_hz(2*loop,0,loop,0);}
    //------------------------------------
    for(loop = 0;loop<8;loop++)
    {display_hz(2*loop,2,loop+8,0);}
    //------------------------------------
    for(loop = 0;loop<8;loop++)
    {display_hz(2*loop,4,loop+16,1);}
    //------------------------------------
    for(loop = 0;loop<8;loop++)
    {display_hz(2*loop,6,loop+24,1);}
    //------------------------------------
    Delay_nms(3000);
    }
}
/*---------------ATMEGA16L 初始化子函数。------------------*/
void m16_init(void)
{
PORTA = 0x00;
DDRA = 0xff;
PORTB = 0x00;
DDRB = 0xff;
}
/*---------------判 LCM 忙子函数----------------*/
void lcd_busy(void)
{
uchar val;
RS_0;__no_operation();__no_operation();
RW_1;__no_operation();__no_operation();
DataPort = 0x00;
    while(1)
    {
    EN_1;__no_operation();  __no_operation();
    DDRA = 0x00;
    val = PINA;
    if(val<0x80) break;
    EN_0;__no_operation();  __no_operation();
    }
DDRA = 0xff;
EN_0;__no_operation();__no_operation();
}
/*--------------写指令到 LCM 子函数----------------*/
void wcode(uchar c,uchar sel_l,uchar sel_r)
{
```

```c
if(sel_l = = 1)CS1_1;
else CS1_0;
__no_operation();__no_operation();
if(sel_r = = 1)CS2_1;
else CS2_0;
__no_operation();__no_operation();
lcd_busy();
RS_0;__no_operation();__no_operation();
RW_0;__no_operation();__no_operation();
DataPort = c;
EN_1;__no_operation();__no_operation();
EN_0;__no_operation();__no_operation();
}
/*---------------写数据到 LCM 子函数--------------*/
void wdata(uchar c,uchar sel_l,uchar sel_r)
{
if(sel_l = = 1)CS1_1;
else CS1_0;
__no_operation();__no_operation();
if(sel_r = = 1)CS2_1;
else CS2_0;
__no_operation();__no_operation();
lcd_busy();
RS_1;__no_operation();__no_operation();
RW_0;__no_operation();__no_operation();
DataPort = c;
EN_1;__no_operation();__no_operation();
EN_0;__no_operation();__no_operation();
}
/*根据 x、y 地址定位,将数据写入 LCM 左半屏或右半屏的子函数*/
void lw(uchar x, uchar y, uchar dd)
{
if(x> = 64)
{set_xy(x - 64,y);
wdata(dd,0,1);}
else
{set_xy(x,y);
wdata(dd,1,0);}
}
/*---------------设定起始行子函数---------------*/
void set_startline(uchar i)
{
i = 0xc0 + i;
wcode(i,1,1);
```

}
/*---------------定位 x 方向、y 方向的子函数---------------*/
void set_xy(uchar x,uchar y)
{
x = x + 0x40;
y = y + 0xb8;
wcode(x,1,1);
wcode(y,1,1);
}
/*---------------屏幕开启、关闭子函数---------------*/
void dison_off(uchar o)
{
o = o + 0x3e;
wcode(o,1,1);
}
/*---------------复位子函数---------------*/
void reset(void)
{
RST_0;
Delay_nms(10);
RST_1;
Delay_nms(10);
}
/*---------------LCM 初始化子函数---------------*/
void lcd_init(void)
{uchar x,y;
reset();
set_startline(0);
dison_off(0);
for(y = 0;y<8;y++)
    {
    for(x = 0;x<128;x++)lw(x,y,0);
    }
dison_off(1);
}
/*---------------显示汉字子函数---------------*/
void display_hz(uchar xx, uchar yy, uchar n, uchar fb)
{
uchar i,dx;
for(i = 0;i<16;i++)
{dx = hz[2 * i + n * 32];
if(fb)dx = 255 - dx;
lw(xx * 8 + i,yy,dx);
dx = hz[(2 * i + 1) + n * 32];

第15章 ATMEGA16(L)驱动 128×64 点阵图形液晶模块

```
    if(fb)dx = 255 − dx;
    lw(xx * 8 + i, yy + 1, dx);
  }
}
/***********************汉字点阵码表***********************/
__flash uchar hz[] =
{0x00,0x04,0x04,0x04,0xF4,0x05,0x54,0x05,0x5F,0x7F,0x54,0x05,0xF4,0x05,0x04,0x44,
0x00,0x30,0xFE,0x0F,0x22,0x01,0x22,0x21,0x22,0x41,0xFE,0x3F,0x00,0x00,0x00,0x00,/*"朝",0*/
0x24,0x00,0x24,0x7E,0x24,0x22,0xFC,0x23,0x22,0x22,0x22,0x7E,0xA0,0x00,0x84,0x04,
0x94,0x04,0xA5,0x04,0x86,0xFF,0x84,0x04,0xA4,0x04,0x94,0x04,0x84,0x04,0x00,0x00,/*"辞",1*/
0x00,0x00,0x00,0x00,0xF8,0x7F,0x08,0x21,0x08,0x21,0x0C,0x21,0x0B,0x21,0x08,0x21,
0x08,0x21,0x08,0x21,0x08,0x21,0x08,0x21,0xF8,0x7F,0x00,0x00,0x00,0x00,0x00,0x00,/*"白",2*/
0x80,0x00,0x64,0x00,0x24,0x00,0x24,0x3F,0x2C,0x01,0x34,0x01,0x25,0x01,0xE6,0xFF,
0x24,0x01,0x24,0x11,0x34,0x21,0x2C,0x1F,0xA4,0x00,0x64,0x00,0x24,0x00,0x00,0x00,/*"帝",3*/
0x82,0x20,0x8A,0x10,0xB2,0x08,0x86,0x06,0xDB,0xFF,0xA1,0x02,0x91,0x04,0x8D,0x58,
0x88,0x48,0x20,0x20,0x10,0x22,0x08,0x11,0x86,0x08,0x64,0x07,0x40,0x02,0x00,0x00,/*"彩",4*/
0x40,0x00,0x40,0x20,0x44,0x70,0x44,0x38,0x44,0x2C,0x44,0x27,0xC4,0x23,0xC4,0x31,
0x44,0x10,0x44,0x12,0x46,0x14,0x46,0x18,0x64,0x70,0x60,0x20,0x40,0x00,0x00,0x00,/*"云",5*/
0x00,0x00,0xF8,0xFF,0x01,0x00,0x06,0x00,0x00,0x00,0xF0,0x07,0x92,0x04,0x92,0x04,
0x92,0x04,0x92,0x04,0xF2,0x07,0x02,0x40,0x02,0x80,0xFE,0x7F,0x00,0x00,0x00,0x00,/*"间",6*/
0x00,0x00,0x00,0x00,0x58,0x00,0x38,0x00,0x00,0x00,0x00,0x00,0x00,0x00,0x00,0x00,
0x00,0x00,0x00,0x00,0x00,0x00,0x00,0x00,0x00,0x00,0x00,0x00,0x00,0x00,0x00,0x00,/*",",7*/
0x40,0x00,0x40,0x00,0x44,0x00,0x44,0x00,0x44,0x00,0x44,0x00,0x44,0x00,0xFC,0x7F,
0x42,0x00,0x42,0x00,0x42,0x00,0x43,0x00,0x42,0x00,0x60,0x00,0x40,0x00,0x00,0x00,/*"千",8*/
0x00,0x40,0x00,0x40,0xFF,0x44,0x91,0x44,0x91,0x44,0x91,0x44,0x91,0x44,0xFF,0x7F,
0x91,0x44,0x91,0x44,0x91,0x44,0x91,0x44,0xFF,0x44,0x00,0x40,0x00,0x40,0x00,0x00,/*"里",9*/
0x10,0x04,0x60,0x04,0x01,0x7E,0xC6,0x01,0x30,0x20,0x00,0x20,0x04,0x20,0x04,0x20,
0x04,0x20,0xFC,0x3F,0x04,0x20,0x04,0x20,0x04,0x20,0x04,0x20,0x00,0x20,0x00,0x00,/*"江",10*/
0x00,0x00,0xFE,0xFF,0x22,0x02,0x5A,0x04,0x86,0x43,0x10,0x48,0x94,0x24,0x74,0x22,
0x94,0x15,0x1F,0x09,0x34,0x15,0x54,0x23,0x94,0x60,0x94,0xC0,0x10,0x40,0x00,0x00,/*"陵",11*/
0x00,0x00,0x80,0x00,0x80,0x00,0x80,0x00,0x80,0x00,0x80,0x00,0x80,0x00,0x80,0x00,
0x80,0x00,0x80,0x00,0x80,0x00,0x80,0x00,0x80,0x00,0xC0,0x00,0x80,0x00,0x00,0x00,/*"一",12*/
0x00,0x00,0x00,0x00,0x00,0x00,0xFE,0x3F,0x42,0x10,0x42,0x10,0x42,0x10,0x42,0x10,
0x42,0x10,0x42,0x10,0x42,0x10,0xFE,0x3F,0x00,0x00,0x00,0x00,0x00,0x00,0x00,0x00,/*"日",13*/
0x40,0x40,0x41,0x20,0xCE,0x1F,0x04,0x20,0x00,0x00,0x42,0x02,0x41,0x82,0x40,0x42,0x40,
0xF2,0x5F,0x0E,0x40,0x42,0x40,0x82,0x40,0x02,0x47,0x02,0x42,0x00,0x40,0x00,0x00,/*"还",14*/
0x00,0x00,0x00,0x00,0x00,0x58,0x00,0x38,0x00,0x00,0x00,0x00,0x00,0x00,0x00,0x00,
0x00,0x00,0x00,0x00,0x00,0x00,0x00,0x00,0x00,0x00,0x00,0x00,0x00,0x00,0x00,0x00,/*",",15*/
0x02,0x00,0xF2,0x7F,0x12,0x08,0x12,0x04,0x12,0x03,0xFE,0x00,0x92,0x10,0x12,0x09,
0x12,0x06,0xFE,0x01,0x12,0x01,0x12,0x26,0x12,0x40,0xFB,0x3F,0x12,0x00,0x00,0x00,/*"两",16*/
0x00,0x40,0x00,0x20,0xE0,0x1F,0x2E,0x04,0xA8,0x04,0xA8,0x04,0xA8,0x04,0xA8,0x04,
0xAF,0xFF,0xA8,0x04,0xA8,0x04,0xA8,0x04,0xA8,0x04,0xAE,0x04,0x20,0x04,0x00,0x00,/*"岸",17*/
0x20,0x04,0x12,0x42,0x0C,0x81,0x9C,0x40,0xE3,0x3F,0x10,0x10,0x14,0x08,0xD4,0xFD,
0x54,0x43,0x5F,0x27,0x54,0x09,0x54,0x11,0xD4,0x69,0x14,0xC4,0x10,0x44,0x00,0x00,/*"猿",18*/
```

0x02,0x40,0x12,0x30,0xD2,0x0F,0x52,0x02,0x52,0x02,0x52,0x02,0x52,0x02,0xDF,0x03,
0x52,0x02,0x52,0x02,0x52,0x02,0x52,0x02,0xD2,0x07,0x12,0x00,0x02,0x00,0x00,0x00,/* "声",19 */
0xFC,0x0F,0x04,0x02,0x04,0x02,0xFC,0x07,0x80,0x00,0x64,0x00,0x24,0x3F,0x2C,0x01,
0x35,0x01,0xE6,0xFF,0x24,0x11,0x34,0x21,0xAC,0x1F,0x66,0x00,0x24,0x00,0x00,0x00,/* "啼",20 */
0x00,0x00,0x02,0x08,0x02,0x04,0x02,0x02,0x02,0x01,0x82,0x00,0x42,0x00,0xFE,0x7F,
0x06,0x00,0x42,0x00,0xC2,0x00,0x82,0x01,0x02,0x07,0x03,0x02,0x02,0x00,0x00,0x00,/* "不",21 */
0x40,0x00,0x20,0x00,0xF0,0x7F,0x0C,0x00,0x03,0x20,0x08,0x21,0x08,0x21,0x09,0x21,
0x0A,0x21,0xFC,0x3F,0x08,0x21,0x08,0x21,0x8C,0x21,0x08,0x31,0x00,0x20,0x00,0x00,/* "住",22 */
0x00,0x00,0x00,0x00,0x00,0x00,0x58,0x00,0x38,0x00,0x00,0x00,0x00,0x00,0x00,0x00,
0x00,0x00,0x00,0x00,0x00,0x00,0x00,0x00,0x00,0x00,0x00,0x00,0x00,0x00,0x00,0x00,/* ",",23 */
0xC4,0x08,0xB4,0x08,0x8F,0x08,0xF4,0xFF,0x84,0x04,0x84,0x44,0x04,0x41,0x82,0x41,
0x42,0x41,0x22,0x41,0x12,0x7F,0x2A,0x41,0x46,0x41,0xC2,0x41,0x00,0x41,0x00,0x00,/* "轻",24 */
0x80,0x00,0x80,0x80,0x80,0x40,0x80,0x30,0xFC,0x0F,0x84,0x00,0x86,0x02,0x95,0x04,
0xA4,0x0C,0x84,0x40,0x84,0x80,0xFC,0x7F,0x80,0x00,0x80,0x00,0x80,0x00,0x00,0x00,/* "舟",25 */
0x00,0x00,0x00,0x00,0xE2,0x3F,0x42,0x20,0x42,0x20,0x42,0x20,0x42,0x20,0x42,0x20,
0x42,0x20,0x42,0x20,0x42,0x20,0x7E,0x20,0x00,0x20,0x00,0x3C,0x00,0x10,0x00,0x00,/* "已",26 */
0x80,0x40,0x81,0x20,0x8E,0x1F,0x04,0x20,0x00,0x20,0x10,0x00,0x50,0x40,0x90,0x43,
0x10,0x41,0x10,0x48,0x10,0x50,0xFF,0x4F,0x10,0x40,0x10,0x40,0x10,0x40,0x00,0x00,/* "过",27 */
0x00,0x00,0x02,0x00,0x02,0x20,0x02,0x10,0x02,0x0C,0x82,0x03,0x7E,0x00,0x22,0x00,
0x22,0x20,0x22,0x60,0x22,0x20,0xF2,0x1F,0x22,0x00,0x02,0x00,0x02,0x00,0x00,0x00,/* "万",28 */
0x08,0x40,0x08,0x40,0x0A,0x48,0xEA,0x4B,0xAA,0x4A,0xAA,0x4A,0xAA,0x4A,0xFF,0x7F,
0xA9,0x4A,0xA9,0x4A,0xA9,0x4A,0xE9,0x4B,0x08,0x48,0x08,0x40,0x08,0x40,0x00,0x00,/* "重",29 */
0x00,0x00,0x00,0x20,0xE0,0x7F,0x00,0x20,0x00,0x20,0x00,0x20,0x00,0x20,0xFF,0x3F,
0x00,0x20,0x00,0x20,0x00,0x20,0x00,0x20,0x00,0x20,0xE0,0x7F,0x00,0x00,0x00,0x00,/* "山",30 */
0x00,0x00,0x00,0x18,0x00,0x24,0x00,0x24,0x00,0x18,0x00,0x00,0x00,0x00,0x00,0x00,
0x00,0x00,0x00,0x00,0x00,0x00,0x00,0x00,0x00,0x00,0x00,0x00,0x00,0x00,0x00,0x00};/* "。",31 */

编译通过后,将 iar15-1.hex 文件下载到 AVR 单片机综合实验板上。AVR 单片机综合实验板上 LCD128x64 单排座上(20 芯)正确插上 128×64 点阵图形液晶模块(引脚号对应,不能插反)。接通 5 V 稳压电源。

液晶屏显示出唐代李白的诗。如果液晶屏的显示效果不理想,可以调整电位器 128x64LCD ADJ,改变液晶屏的对比度。图 15-12 为 iar15-1 的实验效果。

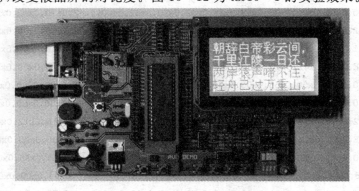

图 15-12 iar15-1 的实验效果

15.11.3 制作汉字点阵码表

以上的源程序中,需要读者自己生成汉字点阵码表,那么如何做?这里就介绍具体的做法。

汉字点阵码表需要由专用的软件生成,读者可到网上下载,也可上笔者的主页 http://www.hlelectron.com 下载 PCtoLCD2002 软件来制作自己所需的汉字点阵码表。汉字点阵码表生成步骤如下:

① 双击 PCtoLCD2002.exe 打开软件,如图 15-13 所示。

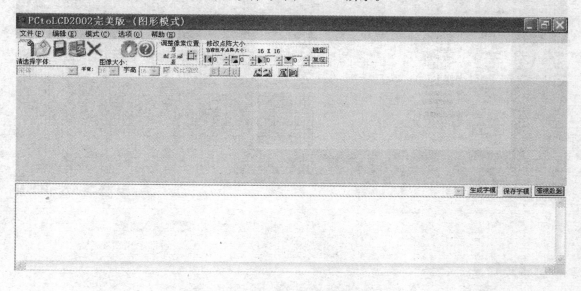

图 15-13　打开 PCtoLCD2002.exe 软件

② 在菜单栏中选择"模式"→"字符模式",如图 15-14 所示。

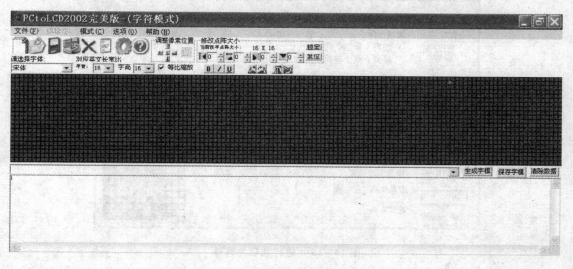

图 15-14　选择"模式"→"字符模式"

③ 在菜单栏中选择"选项",弹出"字模选项"对话框,如图 15-15 所示。按图 15-16 所示进行选项的选择。

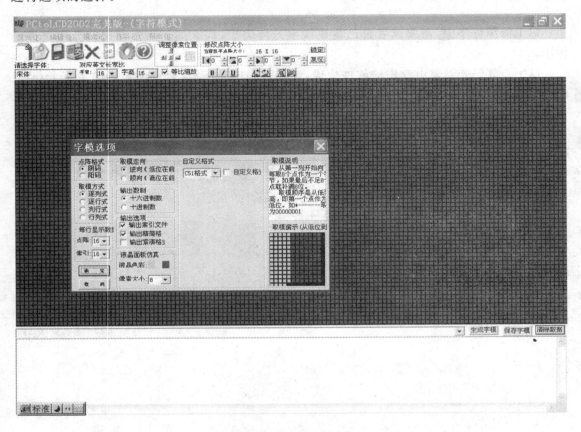

图 15-15 选择"选项"

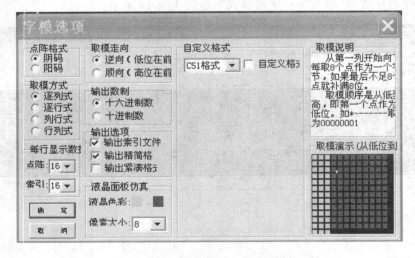

图 15-16 进行选项的选择

第15章 ATMEGA16(L)驱动 128×64 点阵图形液晶模块

④ 在字符输入区，输入"朝辞白帝彩云间，千里江陵一日还，两岸猿声啼不住，轻舟已过万重山。"单击"生成字模"按钮，在最下方的字模区就会生成所需的汉字点阵码数据。如图 15-17 所示。

⑤ 将汉字点阵码数据复制到源程序中的一个自己命名（如 hz）的数组中即可。

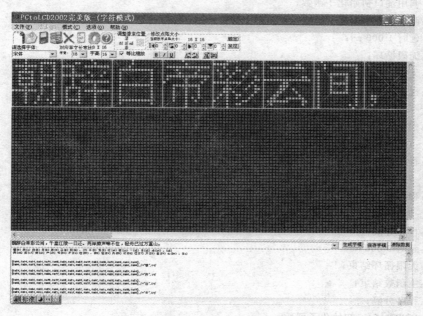

图 15-17　生成我们所需的汉字点阵码数据

15.11.4　程序分析解释

序号 1～2：包含头文件；
序号 3～4：变量类型的宏定义；
序号 5：程序分隔；
序号 6：设定位的宏定义；
序号 7：清除位的宏定义；
序号 8：读取位的宏定义；
序号 9～16：位定义；
序号 17：程序分隔；
序号 18～29：引脚电平的宏定义；
序号 30：程序分隔；
序号 31：端口定义，双向数据总线；
序号 32：晶振频率的宏定义；
序号 33：程序分隔；
序号 34～38：1 ms 延时子函数；
序号 39：程序分隔；
序号 40～47：n×1 ms 延时子函数；
序号 48：程序分隔；
序号 49～61：函数声明列表；

序号 62:程序分隔;
序号 63:定义主函数;
序号 64:主函数开始;
序号 65:定义局部变量 loop;
序号 66:调用端口初始化子函数;
序号 67:调用 LCD 初始化子函数;
序号 68:延时 1 000 ms;
序号 69:无限循环;
序号 70:无限循环开始;
序号 71:程序分隔;
序号 72~73:扫描第 1 行汉字;
序号 74:程序分隔;
序号 75~76:扫描第 2 行汉字;
序号 77:程序分隔;
序号 78~79:扫描第 3 行汉字;
序号 80:程序分隔;
序号 81~82:扫描第 4 行汉字;
序号 83:程序分隔;
序号 84:延时 3 000 ms;
序号 85:无限循环结束;
序号 86:主函数结束;
序号 87:程序分隔;
序号 88:ATMEGA16(L)初始化子函数;
序号 89:初始化子函数开始;
序号 90:PA 端口初始化输出 0000 0000;
序号 91:将 PA 端口设为输出;
序号 92:PB 端口初始化输出 0000 0000;
序号 93:将 PB 端口设为输出;
序号 94:初始化子函数结束;
序号 95:程序分隔;
序号 96~112:判 LCM 忙子函数;
序号 113:程序分隔;
序号 114~128:写指令到 LCM 子函数;
序号 129:程序分隔;
序号 130~144:写数据到 LCM 子函数;
序号 145:程序分隔;
序号 146~154:根据 x、y 地址定位,将数据写入 LCM 左半屏或右半屏的子函数;
序号 155:程序分隔;
序号 156~160:设定起始行子函数;
序号 161:程序分隔;
序号 162~168:定位 x 方向、y 方向的子函数;
序号 169:程序分隔;
序号 170~174:屏幕开启、关闭子函数;
序号 175:程序分隔;
序号 176~182:复位子函数;

第 15 章 ATMEGA16(L)驱动 128×64 点阵图形液晶模块

序号 183:程序分隔；
序号 184:定义 LCM 初始化子函数；
序号 185:LCM 初始化子函数开始；
序号 186:复位 LCM；
序号 187:设定起始行为 0 行；
序号 188:关闭显示屏；
序号 189～192:for 循环进行清屏；
序号 193:打开显示屏；
序号 194:LCM 初始化子函数结束；
序号 195:程序分隔；
序号 196～207:显示汉字子函数；
序号 208～结束:汉字点阵码表。

15.12　在 AVR 单片机综合实验板上实现液晶的汉字滚屏显示

15.12.1　实验效果

在 AVR 单片机综合实验板上的 128×64 点阵图形液晶上显示汉字：屏幕上第 1 行显示"故人西辞黄鹤楼，"，第 2 行显示"烟花三月下扬州。"，第 3 行显示"孤帆远影碧空尽，"，第 4 行显示"惟见长江天际流。"。然后沿屏幕缓缓向上移动，反复循环，实现滚屏显示的效果。

15.12.2　源程序文件

打开 IAREW 集成开发环境，在 D 盘中建立一个文件目录(iar15-2)，创建一个新工程项目 iar15-2.ewp 并建立 iar15-2.eww 的工作区。输入 C 源程序文件 iar15-2.c：

```
#include <iom16.h>                              //1
#include <intrinsics.h>                         //2
#define uchar unsigned char                     //3
#define uint unsigned int                       //4
//--------------------------------------        //5
#define SET_BIT(x,y) (x|(1<<y))                 //6
#define CLR_BIT(x,y) (x&=~(1<<y))               //7
#define GET_BIT(x,y) (x&(1<<y))                 //8
#define PB0 0                                   //9
#define PB1 1                                   //10
#define PB2 2                                   //11
#define PB3 3                                   //12
#define PB4 4                                   //13
#define PB5 5                                   //14
#define PB6 6                                   //15
#define PB7 7                                   //16
```

```c
//--------------引脚电平的宏定义--------------17
#define RS_1 SET_BIT(PORTB,PB0)              //18
#define RS_0 CLR_BIT(PORTB,PB0)              //19
#define RW_1 SET_BIT(PORTB,PB1)              //20
#define RW_0 CLR_BIT(PORTB,PB1)              //21
#define EN_1 SET_BIT(PORTB,PB2)              //22
#define EN_0 CLR_BIT(PORTB,PB2)              //23
#define CS1_1 SET_BIT(PORTB,PB3)             //24
#define CS1_0 CLR_BIT(PORTB,PB3)             //25
#define CS2_1 SET_BIT(PORTB,PB4)             //26
#define CS2_0 CLR_BIT(PORTB,PB4)             //27
#define RST_1 SET_BIT(PORTB,PB5)             //28
#define RST_0 CLR_BIT(PORTB,PB5)             //29
//==================================30
#define DataPort PORTA                       //31
#define xtal 8                               //32
/*******************************33*********/
void Delay_1ms(void)                         //34
{ uint i;                                    //35
 for(i=1;i<(uint)(xtal*143-2);i++)           //36
 ;                                           //37
}                                            //38
//==================================39
void Delay_nms(uint n)                       //40
{                                            //41
   uint i = 0;                               //42
   while(i<n)                                //43
   {Delay_1ms();                             //44
    i++;                                     //45
   }                                         //46
}                                            //47
/*******************函数声明列表******48**********/
void Delay_1ms(void);                        //49
void Delay_nms(uint n);                      //50
void wcode(uchar c,uchar sel_l,uchar sel_r); //51
void wdata(uchar c,uchar sel_l,uchar sel_r); //52
void set_startline(uchar i);                 //53
void set_xy(uchar x,uchar y);                //54
void dison_off(uchar o);                     //55
void reset(void);                            //56
void m16_init(void);                         //57
void lcd_init(void);                         //58
void lw(uchar x, uchar y, uchar dd);         //59
void display_hz(uchar x, uchar y, uchar n, uchar fb); //60
```

第 15 章　ATMEGA16(L)驱动 128×64 点阵图形液晶模块

```c
__flash uchar hz[];                                        //61
/*********************主函数**************62********/
void main(void)                                            //63
{                                                          //64
    uchar loop,line;                                       //65
    m16_init();                                            //66
    lcd_init();                                            //67
    Delay_nms(1000);                                       //68
    /******************************************69**********/
    for(loop = 0;loop<8;loop++)                            //70
    {display_hz(2 * loop,0,loop,0);}                       //71
    /******************************************72***********/
    for(loop = 0;loop<8;loop++)                            //73
    {display_hz(2 * loop,2,loop + 8,0);       }            //74
    /******************************************75**********/
    for(loop = 0;loop<8;loop++)                            //76
    {display_hz(2 * loop,4,loop + 16,0);}                  //77
    /******************************************78***********/
    for(loop = 0;loop<8;loop++)                            //79
    {display_hz(2 * loop,6,loop + 24,0);}                  //80
    //******************************************81
    for(;;)                                                //82
    {                                                      //83
        Delay_nms(150);                                    //84
        if(++line>63)line = 0;                             //85
        set_startline(line);                               //86
    }                                                      //87
}                                                          //88
/*----------------ATMEGA16L初始化子函数------89----------------*/
void m16_init(void)                                        //90
{                                                          //91
    PORTA = 0x00;                                          //92
    DDRA = 0xff;                                           //93
    PORTB = 0x00;                                          //94
    DDRB = 0xff;                                           //95
}                                                          //96
/*---------------------判 LCM 忙子函数-------97-------------*/
void lcd_busy(void)                                        //98
{                                                          //99
    uchar val;                                             //100
    RS_0;__no_operation();__no_operation();                //101
    RW_1;__no_operation();__no_operation();                //102
    DataPort = 0x00;                                       //103
    while(1)                                               //104
```

```c
        {                                                       //105
            EN_1;__no_operation();  __no_operation();           //106
            DDRA = 0x00;                                        //107
            val = PINA;                                         //108
            if(val<0x80) break;                                 //109
            EN_0;__no_operation();  __no_operation();           //110
        }                                                       //111
    DDRA = 0xff;                                                //112
    EN_0;__no_operation();__no_operation();                     //113
}                                                               //114
/*---------------------写指令到 LCM 子函数-------115--------------*/
void wcode(uchar c,uchar sel_l,uchar sel_r)                     //116
{                                                               //117
    if(sel_l == 1)CS1_1;                                        //118
    else CS1_0;                                                 //119
    __no_operation();__no_operation();                          //120
    if(sel_r == 1)CS2_1;                                        //121
    else CS2_0;                                                 //122
    __no_operation();__no_operation();                          //123
lcd_busy();                                                     //124
    RS_0;__no_operation();__no_operation();                     //125
    RW_0;__no_operation();__no_operation();                     //126
    DataPort = c;                                               //127
    EN_1;__no_operation();__no_operation();                     //128
    EN_0;__no_operation();__no_operation();                     //129
}                                                               //130
/*---------------------写数据到 LCM 子函数-----131--------------*/
void wdata(uchar c,uchar sel_l,uchar sel_r)                     //132
{                                                               //133
    if(sel_l == 1)CS1_1;                                        //134
    else CS1_0;                                                 //135
    __no_operation();__no_operation();                          //136
    if(sel_r == 1)CS2_1;                                        //137
    else CS2_0;                                                 //138
    __no_operation();__no_operation();                          //139
    lcd_busy();                                                 //140
    RS_1;__no_operation();__no_operation();                     //141
    RW_0;__no_operation();__no_operation();                     //142
    DataPort = c;                                               //143
    EN_1;__no_operation();__no_operation();                     //144
    EN_0;__no_operation();__no_operation();                     //145
}                                                               //146
/***根据 x、y 地址定位,将数据写入 LCM 左半屏或右半屏的子函数**147*/
void lw(uchar x, uchar y, uchar dd)                             //148
```

```c
    {                                                      //149
        if(x >= 64)                                        //150
        {set_xy(x-64,y);                                   //151
        wdata(dd,0,1);}                                    //152
        else                                               //153
        {set_xy(x,y);                                      //154
        wdata(dd,1,0);}                                    //155
    }                                                      //156
/*------------------设定起始行子函数--------157-------------*/
void set_startline(uchar i)                                //158
{                                                          //159
    i = 0xc0 + i;                                          //160
    wcode(i,1,1);                                          //161
}                                                          //162
/*--------------定位x方向、y方向的子函数-----163----------*/
void set_xy(uchar x,uchar y)                               //164
{                                                          //165
    x = x + 0x40;                                          //166
    y = y + 0xb8;                                          //167
    wcode(x,1,1);                                          //168
    wcode(y,1,1);                                          //169
}                                                          //170
/*--------------屏幕开启、关闭子函数---------171----*/
void dison_off(uchar o)                                    //172
{                                                          //173
    o = o + 0x3e;                                          //174
    wcode(o,1,1);                                          //175
}                                                          //176
/*------------------复位子函数--------------177----------*/
void reset(void)                                           //178
{                                                          //179
    RST_0;                                                 //180
    Delay_nms(10);                                         //181
    RST_1;                                                 //182
    Delay_nms(10);                                         //183
}                                                          //184
/*--------------------LCM初始化子函数------185-------------*/
void lcd_init(void)                                        //186
{   uchar x,y;                                             //187
    reset();                                               //188
    set_startline(0);                                      //189
    dison_off(0);                                          //190
    for(y = 0;y<8;y++)                                     //191
    {                                                      //192
```

```
        for(x = 0;x<128;x++)lw(x,y,0);              //193
    }                                                //194
    dison_off(1);                                    //195
}                                                    //196
/*---------------------显示汉字子函数--------197----------*/
void display_hz(uchar xx, uchar yy, uchar n, uchar fb)  //198
{                                                    //199
    uchar i,dx;                                      //200
    for(i = 0;i<16;i++)                              //201
    {   dx = hz[2*i+n*32];                           //202
        if(fb)dx = 255-dx;                           //203
        lw(xx*8+i,yy,dx);                            //204
        dx = hz[(2*i+1)+n*32];                       //205
        if(fb)dx = 255-dx;                           //206
        lw(xx*8+i,yy+1,dx);                          //207
    }                                                //208
}                                                    //209
/*********************汉字点阵码表********210****************/
__flash uchar hz[] =
{0x10,0x00,0x90,0x3F,0x90,0x10,0xFF,0x10,0x90,0x10,0x90,0x5F,0x10,0x41,0x80,0x20,0xF0,
0x20,0x1F,0x13,0x12,0x0C,0x10,0x13,0xF0,0x20,0x10,0x60,0x10,0x20,0x00,0x00,/*"故",0*/
0x00,0x00,0x00,0x40,0x00,0x20,0x00,0x10,0x00,0x0C,0x00,0x03,0xC0,0x00,0x3F,0x00,0xC2,0x01,
0x00,0x06,0x00,0x0C,0x00,0x18,0x00,0x30,0x00,0x60,0x00,0x20,0x00,0x00,/*"人",1*/
0x02,0x00,0xF2,0x7F,0x12,0x28,0x12,0x24,0x12,0x22,0xFE,0x21,0x12,0x20,0x12,0x20,0x12,0x20,
0xFE,0x21,0x12,0x22,0x12,0x22,0x12,0x22,0xF2,0x7F,0x02,0x00,0x00,0x00,/*"西",2*/
0x24,0x00,0x24,0x7E,0x24,0x22,0xFC,0x23,0x22,0x22,0x22,0x7E,0xA0,0x00,0x84,0x04,0x94,0x04,
0xA5,0x04,0x86,0xFF,0x84,0x04,0xA4,0x04,0x94,0x04,0x84,0x04,0x00,0x00,/*"辞",3*/
0x20,0x00,0x24,0x80,0x24,0x80,0xA4,0x5F,0xA4,0x32,0xBF,0x12,0xA4,0x12,0xE4,0x1F,0xA4,0x12,
0xBF,0x12,0xA4,0x32,0xA4,0x5F,0x24,0xC0,0x24,0x00,0x20,0x00,0x00,0x00,/*"黄",4*/
0x00,0x01,0x8C,0x00,0xE4,0xFF,0x5F,0x4A,0xD4,0x7F,0x64,0x4A,0x4C,0x4A,0x04,0x40,0xFC,0x09,
0x0E,0x09,0x35,0x09,0x04,0x09,0x44,0x49,0x7C,0x81,0x00,0x7F,0x00,0x00,/*"鹤",5*/
0x08,0x02,0x88,0x01,0x68,0x00,0xFF,0xFF,0x28,0x00,0x48,0x42,0x00,0x42,0x48,0x4A,0x2A,0x2E,
0x9C,0x33,0x7F,0x12,0x18,0x2E,0x2C,0x22,0x4A,0x42,0x48,0xC2,0x00,0x00,/*"楼",6*/
0x00,0x00,0x00,0x00,0x00,0x58,0x00,0x38,0x00,0x00,0x00,0x00,0x00,0x00,0x00,0x00,0x00,0x00,
0x00,0x00,0x00,0x00,0x00,0x00,0x00,0x00,0x00,0x00,0x00,0x00,0x00,0x00,/*",",7*/
0x80,0x40,0x70,0x30,0x00,0x0C,0xFF,0x03,0x20,0x0C,0x10,0x00,0xFE,0xFF,0x02,0x48,0x22,0x44,
0x22,0x43,0xFE,0x40,0x22,0x43,0x22,0x4C,0x02,0x40,0xFE,0xFF,0x00,0x00,/*"烟",8*/
0x04,0x00,0x04,0x02,0x04,0x01,0x84,0x00,0xF4,0xFF,0x2F,0x00,0x04,0x08,0x04,0x04,0xE4,0x3F,
0x0F,0x42,0x04,0x41,0xC4,0x40,0x84,0x40,0x04,0x78,0x04,0x20,0x00,0x00,/*"花",9*/
0x00,0x00,0x04,0x20,0x84,0x20,0x84,0x20,0x84,0x20,0x84,0x20,0x84,0x20,0x84,0x20,0x84,0x20,
0x84,0x20,0x84,0x20,0x84,0x20,0x84,0x20,0x04,0x20,0x00,0x20,0x00,0x00,/*"三",10*/
0x00,0x00,0x00,0x40,0x00,0x20,0x00,0x10,0x00,0x0C,0xFF,0x03,0x11,0x01,0x11,0x01,0x11,0x01,
0x11,0x21,0x11,0x41,0xFF,0x3F,0x00,0x00,0x00,0x00,0x00,0x00,0x00,0x00,/*"月",11*/
0x00,0x00,0x02,0x00,0x02,0x00,0x02,0x00,0x02,0x00,0x02,0x00,0x02,0x00,0xFE,0x7F,0x22,0x00,
```

第15章 ATMEGA16(L)驱动 128×64 点阵图形液晶模块

0x62,0x00,0xC2,0x01,0x82,0x00,0x02,0x00,0x03,0x00,0x02,0x00,0x00,0x00,/*"下",12*/
0x08,0x02,0x08,0x42,0x08,0x81,0xFF,0x7F,0x88,0x00,0x48,0x08,0x02,0x48,0x42,0x44,0x62,0x23,
0xD2,0x10,0x4A,0x0C,0xC6,0x43,0x42,0x80,0x40,0x40,0xC0,0x3F,0x00,0x00,/*"扬",13*/
0x00,0x01,0xE0,0x80,0x00,0x60,0x00,0x18,0xFF,0x07,0x20,0x00,0xC0,0x00,0x00,0x00,0xFE,0x7F,
0x10,0x00,0x60,0x00,0x80,0x01,0x00,0x00,0xFF,0xFF,0x00,0x00,0x00,0x00,/*"州",14*/
0x00,0x00,0x00,0x18,0x00,0x24,0x00,0x24,0x00,0x18,0x00,0x00,0x00,0x00,0x00,0x00,0x00,0x00,
0x00,0x00,0x00,0x00,0x00,0x00,0x00,0x00,0x00,0x00,0x00,0x00,0x00,0x00,/*"。",15*/
0x00,0x01,0x02,0x43,0x82,0x80,0xF2,0x7F,0x4A,0x00,0x26,0x40,0x02,0x30,0xFC,0x0F,0x04,0x20,
0xFC,0x7F,0x02,0x28,0xFE,0x71,0x02,0x26,0x02,0x18,0x00,0x30,0x00,0x00,/*"孤",16*/
0x00,0x00,0xF8,0x07,0x08,0x00,0xFF,0xFF,0x08,0x04,0xF8,0x87,0x00,0x60,0xFE,0x1F,0x42,0x00,
0x82,0x03,0x02,0x01,0xFE,0x3F,0x00,0x40,0x00,0x40,0x00,0x78,0x00,0x00,/*"帆",17*/
0x40,0x00,0x42,0x40,0x4C,0x20,0xC4,0x1F,0x20,0x20,0x22,0x48,0x22,0x44,0xE2,0x43,0x22,0x40,
0x22,0x40,0xE2,0x47,0x22,0x48,0x22,0x48,0x20,0x48,0x20,0x4E,0x00,0x00,/*"远",18*/
0x40,0x40,0x5F,0x27,0x55,0x55,0x55,0x85,0x75,0x7D,0x55,0x05,0x55,0x15,0x5F,0x67,0x40,0x20,
0x00,0x80,0x20,0x44,0x10,0x22,0x8C,0x11,0xE7,0x0C,0x42,0x08,0x00,0x00,/*"影",19*/
0x00,0x00,0x42,0x21,0x4A,0x11,0x4A,0x09,0x7E,0xFD,0x4A,0x4B,0x42,0x49,0x00,0x49,0x7E,0x49,
0x4A,0x49,0x4B,0x49,0x4A,0x49,0x4A,0xF9,0x7E,0x01,0x00,0x01,0x00,0x00,/*"碧",20*/
0x10,0x00,0x0C,0x40,0x84,0x40,0x44,0x41,0x24,0x41,0x14,0x41,0x05,0x41,0x06,0x7F,0x04,0x41,
0x14,0x41,0x24,0x41,0x44,0x41,0x84,0x40,0x14,0x40,0x0C,0x00,0x00,0x00,/*"空",21*/
0x00,0x08,0x00,0x04,0x00,0x03,0xFE,0x00,0x12,0x00,0x12,0x09,0x12,0x11,0x12,0x32,0x72,0x66,
0x92,0x00,0x12,0x01,0x12,0x02,0x1E,0x06,0x00,0x0C,0x00,0x04,0x00,0x00,/*"尽",22*/
0x00,0x00,0x00,0x00,0x00,0x58,0x00,0x38,0x00,0x00,0x00,0x00,0x00,0x00,0x00,0x00,0x00,0x00,
0x00,0x00,0x00,0x00,0x00,0x00,0x00,0x00,0x00,0x00,0x00,0x00,0x00,0x00,/*",",23*/
0x70,0x00,0x00,0x00,0xFF,0x7F,0x08,0x00,0x50,0x00,0x20,0x00,0xF8,0x7F,0x4F,0x22,0x48,0x22,
0x49,0x22,0xFE,0x3F,0x48,0x22,0x48,0x22,0x48,0x22,0x08,0x20,0x00,0x00,/*"惟",24*/
0x00,0x40,0x00,0x40,0x00,0x20,0xFF,0x21,0x01,0x10,0x01,0x0C,0x01,0x03,0xF9,0x00,0x01,0x3F,
0x01,0x40,0x01,0x40,0xFF,0x41,0x00,0x40,0x00,0x78,0x00,0x20,0x00,0x00,/*"见",25*/
0x80,0x00,0x80,0x00,0x80,0x00,0x80,0x00,0xFF,0xFF,0xA0,0x40,0xA0,0x21,0x90,0x12,0x90,0x04,
0x88,0x08,0x84,0x10,0x82,0x30,0x80,0x60,0x80,0x20,0x80,0x00,0x00,0x00,/*"长",26*/
0x10,0x04,0x60,0x04,0x01,0x7E,0xC6,0x01,0x30,0x20,0x00,0x20,0x04,0x20,0x04,0x20,0x04,0x20,
0xFC,0x3F,0x04,0x20,0x04,0x20,0x04,0x20,0x04,0x20,0x00,0x00,0x00,0x00,/*"江",27*/
0x00,0x00,0x40,0x80,0x42,0x40,0x42,0x20,0x42,0x10,0x42,0x08,0x42,0x06,0xFE,0x01,0x42,0x02,
0x42,0x04,0x42,0x08,0x42,0x10,0x42,0x30,0x42,0x60,0x40,0x20,0x00,0x00,/*"天",28*/
0xFE,0xFF,0x02,0x00,0x22,0x02,0x5A,0x04,0x86,0x13,0x20,0x0C,0x20,0x03,0x22,0x40,0x22,0x80,
0xE2,0x7F,0x22,0x00,0x22,0x01,0x22,0x02,0x22,0x1C,0x20,0x08,0x00,0x00,/*"际",29*/
0x10,0x04,0x60,0x04,0x01,0xFC,0x86,0x03,0x60,0x40,0x04,0x30,0x44,0x0F,0x64,0x00,0x55,0x00,
0x4E,0x7F,0x44,0x00,0x64,0x3F,0xC4,0x40,0x04,0x40,0x04,0x70,0x00,0x00,/*"流",30*/
0x00,0x00,0x00,0x18,0x00,0x24,0x00,0x24,0x00,0x18,0x00,0x00,0x00,0x00,0x00,0x00,0x00,0x00,
0x00,0x00,0x00,0x00,0x00,0x00,0x00,0x00,0x00,0x00,0x00,0x00,0x00,0x00};/*"。",31*/

编译通过后,将 iar15-2.hex 文件下载到 AVR 单片机综合实验板上。AVR 单片机综合实验板上 LCD128×64 单排座上(20 芯)正确插上 128×64 点阵图形液晶模块(引脚号对应,不能插反)。接通 5 V 稳压电源。

液晶屏显示出的诗篇会缓缓向上移动,反复循环,实现滚屏显示的效果。如果液晶屏的显示效果不理想,可以调整电位器 128x64LCD ADJ,改变液晶屏的对比度。图 15-18 所示为 iar15-2 的实验效果。

图 15-18　iar15-2 的实验效果

15.12.3　程序分析解释

序号 1~2:包含头文件;
序号 3~4:变量类型的宏定义;
序号 5:程序分隔;
序号 6:设定位的宏定义;
序号 7:清除位的宏定义;
序号 8:读取位的宏定义;
序号 9~16:位定义;
序号 17:程序分隔;
序号 18~29:引脚电平的宏定义;
序号 30:程序分隔;
序号 31:端口定义,双向数据总线;
序号 32:晶振频率的宏定义;
序号 33:程序分隔;
序号 34~38:1 ms 延时子函数;
序号 39:程序分隔;
序号 40~47:n×1 ms 延时子函数;
序号 48:程序分隔;
序号 49~61:函数声明列表;
序号 62:程序分隔;
序号 63:定义主函数;
序号 64:主函数开始;

第 15 章 ATMEGA16(L)驱动 128×64 点阵图形液晶模块

序号 65:定义局部变量 loop,line;
序号 66:调用端口初始化子函数;
序号 67:调用 LCD 初始化子函数;
序号 68:延时 1 000 ms;
序号 69:程序分隔;
序号 70~71:扫描第 1 行汉字;
序号 72:程序分隔;
序号 73~74:扫描第 2 行汉字;
序号 75:程序分隔;
序号 76~77:扫描第 3 行汉字;
序号 78:程序分隔;
序号 79~80:扫描第 4 行汉字;
序号 81:程序分隔;
序号 82:无限循环;
序号 83:无限循环开始;
序号 84:延时 150 ms;
序号 85:设置起始行(0~63);
序号 86:开始滚屏;
序号 87:无限循环结束;
序号 88:主函数结束;
序号 89:程序分隔;
序号 90:ATMEGA16(L)初始化子函数;
序号 91:初始化子函数开始;
序号 92:PA 端口初始化输出 0000 0000;
序号 93:将 PA 端口设为输出;
序号 94:PB 端口初始化输出 0000 0000;
序号 95:将 PB 端口设为输出;
序号 96:初始化子函数结束;
序号 97:程序分隔;
序号 98~114:判 LCM 忙子函数;
序号 115:程序分隔;
序号 116~130:写指令到 LCM 子函数;
序号 131:程序分隔;
序号 132~146:写数据到 LCM 子函数;
序号 147:程序分隔;
序号 148~156:根据 x、y 地址定位,将数据写入 LCM 左半屏或右半屏的子函数;
序号 157:程序分隔;
序号 158~162:设定起始行子函数;
序号 163:程序分隔;
序号 164~170:定位 x 方向、y 方向的子函数;
序号 171:程序分隔;
序号 172~176:屏幕开启、关闭子函数;
序号 177:程序分隔;
序号 178~184:复位子函数;
序号 185:程序分隔;

·485·

序号186:定义 LCM 初始化子函数;
序号187:LCM 初始化子函数开始;
序号188:复位 LCM;
序号189:设定起始行为 0 行;
序号190:关闭显示屏;
序号191~194:for 循环进行清屏;
序号195:打开显示屏;
序号196:LCM 初始化子函数结束;
序号197:程序分隔;
序号198~209:显示汉字子函数;
序号210~结束:汉字点阵码表。

15.13　在 AVR 单片机综合实验板上实现液晶的图片显示

15.13.1　实验效果

在 AVR 单片机综合实验板板上的 128×64 点阵图形液晶上显示一幅图片或照片。

15.13.2　源程序文件

打开 IAREW 集成开发环境,在 D 盘中建立一个文件目录(iar15-3),创建一个新工程项目 iar15-3.ewp 并建立 iar15-3.eww 的工作区。输入 C 源程序文件 iar15-3.c:

```
#include <iom16.h>                                   //1
#include<intrinsics.h>                               //2
#define uchar unsigned char                          //3
#define uint unsigned int                            //4
//-----------------------------------------5
#define SET_BIT(x,y) (x|(1 << y))                    //6
#define CLR_BIT(x,y) (x& = ~(1 << y))                //7
#define GET_BIT(x,y) (x&(1 << y))                    //8
#define PB0 0                                        //9
#define PB1 1                                        //10
#define PB2 2                                        //11
#define PB3 3                                        //12
#define PB4 4                                        //13
#define PB5 5                                        //14
#define PB6 6                                        //15
#define PB7 7                                        //16
//---------------引脚电平的宏定义---------------17
#define RS_1 SET_BIT(PORTB,PB0)                      //18
#define RS_0 CLR_BIT(PORTB,PB0)                      //19
```

第15章 ATMEGA16(L)驱动128×64点阵图形液晶模块

```c
#define RW_1 SET_BIT(PORTB,PB1)                         //20
#define RW_0 CLR_BIT(PORTB,PB1)                         //21
#define EN_1 SET_BIT(PORTB,PB2)                         //22
#define EN_0 CLR_BIT(PORTB,PB2)                         //23
#define CS1_1 SET_BIT(PORTB,PB3)                        //24
#define CS1_0 CLR_BIT(PORTB,PB3)                        //25
#define CS2_1 SET_BIT(PORTB,PB4)                        //26
#define CS2_0 CLR_BIT(PORTB,PB4)                        //27
#define RST_1 SET_BIT(PORTB,PB5)                        //28
#define RST_0 CLR_BIT(PORTB,PB5)                        //29
//==========================================30
#define DataPort PORTA                                  //31
#define xtal 8                                          //32
//------------------------------------------33
void Delay_1ms(void)                                    //34
{ uint i;                                               //35
 for(i=1;i<(uint)(xtal*143-2);i++)                      //36
 ;                                                      //37
}                                                       //38
//==========================================39
void Delay_nms(uint n)                                  //40
{                                                       //41
    uint i = 0;                                         //42
    while(i<n)                                          //43
    {Delay_1ms();                                       //44
     i++;                                               //45
    }                                                   //46
}                                                       //47
/******************函数声明列表************48********/
void Delay_1ms(void);                                   //49
void Delay_nms(uint n);                                 //50
void wcode(uchar c,uchar sel_l,uchar sel_r);            //51
void wdata(uchar c,uchar sel_l,uchar sel_r);            //52
void set_startline(uchar i);                            //53
void set_xy(uchar x,uchar y);                           //54
void dison_off(uchar o);                                //55
void reset(void);                                       //56
void m16_init(void);                                    //57
void lcd_init(void);                                    //58
void lw(uchar x, uchar y, uchar dd);                    //59
void display_tu(uchar fb);                              //60
__flash uchar tu[];                                     //61
/*********************主函数***********62******/
void main(void)                                         //63
{                                                       //64
```

```c
    m16_init();                                          //65
    lcd_init();                                          //66
    Delay_nms(1000);                                     //67
/******************************************************68************/
    display_tu(0);                                       //69
    Delay_nms(1000);                                     //70
    while(1);                                            //71
}                                                        //72
/*---------------------ATMEGA16L 初始化子函数----------73------*/
void m16_init(void)                                      //74
{                                                        //75
    PORTA = 0x00;                                        //76
    DDRA = 0xff;                                         //77
    PORTB = 0x00;                                        //78
    DDRB = 0xff;                                         //79
}                                                        //80
/*------------------------判 LCM 忙子函数--------81----------*/
void lcd_busy(void)                                      //82
{                                                        //83
    uchar val;                                           //84
    RS_0;__no_operation();__no_operation();              //85
    RW_1;__no_operation();__no_operation();              //86
    DataPort = 0x00;                                     //87
    while(1)                                             //88
    {                                                    //89
        EN_1;__no_operation();  __no_operation();        //90
        DDRA = 0x00;                                     //91
        val = PINA;                                      //92
        if(val<0x80) break;                              //93
        EN_0;__no_operation();  __no_operation();        //94
    }                                                    //95
    DDRA = 0xff;                                         //96
    EN_0;__no_operation();__no_operation();              //97
}                                                        //98
/*---------------------写指令到 LCM 子函数-------99-----------*/
void wcode(uchar c,uchar sel_l,uchar sel_r)              //100
{                                                        //101
    if(sel_l == 1)CS1_1;                                 //102
    else CS1_0;                                          //103
    __no_operation();__no_operation();                   //104
    if(sel_r == 1)CS2_1;                                 //105
    else CS2_0;                                          //106
    __no_operation();__no_operation();                   //107
    lcd_busy();                                          //108
    RS_0;__no_operation();__no_operation();              //109
```

```
    RW_0;__no_operation();__no_operation();              //110
    DataPort = c;                                        //111
    EN_1;__no_operation();__no_operation();              //112
    EN_0;__no_operation();__no_operation();              //113
}                                                        //114
/*---------------写数据到 LCM 子函数-------------115-----*/
void wdata(uchar c,uchar sel_l,uchar sel_r)              //116
{                                                        //117
    if(sel_l == 1)CS1_1;                                 //118
    else CS1_0;                                          //119
    __no_operation();__no_operation();                   //120
    if(sel_r == 1)CS2_1;                                 //121
    else CS2_0;                                          //122
    __no_operation();__no_operation();                   //123
    lcd_busy();                                          //124
    RS_1;__no_operation();__no_operation();              //125
    RW_0;__no_operation();__no_operation();              //126
    DataPort = c;                                        //127
    EN_1;__no_operation();__no_operation();              //128
    EN_0;__no_operation();__no_operation();              //129
}                                                        //130
/***根据 x、y 地址定位,将数据写入 LCM 左半屏或右半屏的子函数**131*/
void lw(uchar x, uchar y, uchar dd)                      //132
{                                                        //133
    if(x >= 64)                                          //134
    {set_xy(x-64,y);                                     //135
    wdata(dd,0,1);}                                      //136
    else                                                 //137
    {set_xy(x,y);                                        //138
    wdata(dd,1,0);}                                      //139
}                                                        //140
/*---------------------设定起始行子函数--------141--------*/
void set_startline(uchar i)                              //142
{                                                        //143
    i = 0xc0 + i;                                        //144
    wcode(i,1,1);                                        //145
}                                                        //146
/*-------------定位 x 方向、y 方向的子函数----------147-------*/
void set_xy(uchar x,uchar y)                             //148
{                                                        //149
    x = x + 0x40;                                        //150
    y = y + 0xb8;                                        //151
    wcode(x,1,1);                                        //152
    wcode(y,1,1);                                        //153
}                                                        //154
```

```c
/*---------------------屏幕开启、关闭子函数------------155---*/
void dison_off(uchar o)                              //156
{                                                    //157
    o = o + 0x3e;                                    //158
    wcode(o,1,1);                                    //159
}                                                    //160
/*------------------------复位子函数-----------161-----*/
void reset(void)                                     //162
{                                                    //163
    RST_0;                                           //164
    Delay_nms(10);                                   //165
    RST_1;                                           //166
    Delay_nms(10);                                   //167
}                                                    //168
/*------------------------LCM初始化子函数------169---------*/
void lcd_init(void)                                  //170
{   uchar x,y;                                       //171
    reset();                                         //172
    set_startline(0);                                //173
    dison_off(0);                                    //174
    for(y = 0;y<8;y++ )                              //175
    {                                                //176
        for(x = 0;x<128;x++ )lw(x,y,0);              //177
    }                                                //178
    dison_off(1);                                    //179
}                                                    //180
/*----------------显示一幅图片的子函数-----------181----*/
void display_tu(uchar fb)                            //182
{                                                    //183
    uchar i,dx,n;                                    //184
    for(n = 0;n<8;n++ )                              //185
    {                                                //186
        for(i = 0;i<128;i++ )                        //187
        {   dx = tu[i + n * 128];                    //188
            if(fb)dx = 255 - dx;                     //189
            lw(i,n,dx);                              //190
        }                                            //191
    }                                                //192
}                                                    //193
/***************一幅图片的点阵码表*************194***************/
__flash uchar tu[] =
{
0xF3,0xFF,0xFF,0xFF,0xFF,0xFF,0xFF,0xFF,0xFF,0xFF,0xFF,0xFF,0xFF,0xFF,0xFF,0xFF,0xFF,
0x9F,0x9F,0xDF,0xCF,0xCF,0xCF,0xCF,0xCF,0xCF,0x0F,0x0F,0x1F,0x3F,0x3F,0x1F,0x1F,0xCF,0xCF,0xEF,
0xEF,0xEF,0xEF,0xEF,0xFF,0xFF,0xFF,0xFF,0xFF,0xFF,0xFF,0xFF,0xFF,0xFF,0xFF,0xFF,0xFF,0xFF,0xFF,
```

第15章 ATMEGA16(L)驱动128×64点阵图形液晶模块

0xFF,0xFF,0xFF,0xFF,0xFF,0xFF,0xFF,0xFF,0xFF,0xFF,0xFF,0xFF,0xFF,0xFF,0xFF,0xFF,
0xFF,0xFF,0xFF,0xFF,0xFF,0xFF,0xFF,0xFF,0xFF,0xFF,0xFF,0xFF,0xFF,0xFF,0xFF,0xFF,
0xFF,0x7F,0x7F,0x3F,0x3F,0x3F,0x3F,0x3F,0x3F,0x3F,0x3F,0x1F,0x1F,0x1F,0x1F,0x1F,0x1F,0x1F,0x0F,
0x0F,0x4F,0x4F,0x4F,0x0F,0x0F,0x0F,0x8F,0x8F,0xCF,0xCF,0xCF,0xEF,0xFF,0xFF,0xCB,0xCF,0xCF,0xCF,
0xCF,0xCF,0xDF,0x9F,0x9F,0xCF,0xCF,0xEF,0xE7,0xE7,0xE7,0xE7,0xCF,0xEF,0xFF,0xFF,0xF7,0xFF,0xFF,
0xFF,0xFF,0xFF,0xFF,0xFE,0xFE,0xFE,0xFE,0xFE,0xFE,0xFF,0xFF,0xFF,0xFF,0xFF,0xFF,
0xFF,0xFF,0xFF,0xFF,0xFF,0xFF,0xFF,0xFF,0xFF,0xFF,0xFF,0xFF,0xFF,0xFF,0xFF,0xFF,
0xFF,0xFF,0xFF,0xFF,0xFF,0x7F,0x7F,0x7F,0x3F,0x3F,0x3F,0x1F,0x1F,0x1F,0x1F,0x0F,0x1F,0x1F,0x1F,
0x1F,0x3F,0xBF,0xBF,0xBF,0x3F,0x7F,0x7F,0x7F,0xFF,0xFF,0x3F,0x8F,0xE3,0x38,0x1C,0x0F,0x07,0x40,
0x70,0x70,0x78,0x7C,0x7E,0xFC,0xFE,0xFE,0xFE,0xFE,0xFE,0xFE,0xFE,0xFE,0xFF,0xFF,
0xFF,0xFF,0xFF,0xFF,0xFF,0xFF,0xFF,0xFF,0xFF,0xFF,0xFF,0xFF,0xFF,0xFF,0xFF,0xFF,
0xFF,0xFF,0xFF,0xFF,0xFF,0xFF,0xFF,0xFF,0xFF,0xFF,0xFF,0xFF,0xFF,0xFF,0xFF,0xFF,
0xFF,0xFF,0xFF,0xFF,0xFF,0xFF,0xFF,0xFF,0xFF,0xFF,0xFF,0xFF,0xFF,0xFF,0xFF,0xFF,
0xFF,0xFF,0xFF,0xFF,0xFF,0xFF,0xFF,0xFF,0xFF,0xFD,0xFC,0xFC,0xFC,0xFC,0xFC,0xFC,
0xFC,0xFC,0xFC,0xF8,0xFC,0xFC,0xFC,0xFE,0xFE,0xFE,0xFF,0xFF,0xDF,0xCF,0xCE,0xC6,0xC0,0xE0,0xE1,
0xE1,0xF1,0xF0,0xF4,0xF4,0xF4,0xF6,0xF7,0xF7,0xF6,0xF2,0xFA,0xFA,0xF9,0xF8,0xF8,0xF0,0xF8,0xF8,
0xFC,0xFC,0xFF,0xFF,0xFF,0xFF,0xFF,0xFF,0xFF,0xFF,0xFF,0xFF,0xFF,0xFF,0xFF,0xFF,
0xFF,0xFF,0xFF,0xFF,0xFF,0xFF,0xFF,0xFF,0xFF,0xFF,0xFF,0xFF,0xFF,0xFF,0xFF,0xFF,
0xFF,0xFF,0xFF,0xFF,0xFF,0xFF,0xFF,0xFF,0xFF,0xFF,0xFF,0xFF,0xFF,0xFF,0xFF,0xFF,
0xFF,0xFF,0xFF,0xFF,0xFF,0xFF,0xFF,0xFF,0xFF,0xFF,0xFF,0xFF,0xFF,0xFF,0xFF,0xFF,
0xFF,0xFF,0xFF,0xFF,0xFF,0xFF,0xFF,0xFF,0xFF,0xFF,0xFF,0xFF,0xFF,0xFF,0xFF,0xFF,
0xFF,0xFF,0xFF,0xFF,0xFF,0xFF,0xFF,0xFF,0xFF,0xFF,0xFF,0xFF,0xFF,0xFF,0xFF,0xFF,
0x17,0x07,0x0F,0x3F,0x1F,0x7F,0x7F,0x3F,0xFF,0xFF,0xFF,0xFF,0xFF,0xFF,0xFF,0xFF,
0xFF,0xFF,0xFF,0xFF,0xFF,0xFF,0xFF,0xFF,0xFF,0xFF,0xFF,0xFF,0xFF,0xFF,0xFF,0xFF,
0xFF,0xFF,0xFF,0xFF,0xFF,0xFF,0xFF,0xFF,0xFF,0xFF,0xFF,0xFF,0xFF,0xFF,0xFF,0xFF,
0xFF,0xFF,0xFF,0xFF,0xFF,0xFF,0xFF,0xFF,0xFF,0xFF,0xFF,0xFF,0xFF,0xFF,0xFF,0xFF,
0xFF,0xFF,0xFF,0xFF,0xFF,0xFF,0xFF,0xFF,0xFF,0xFF,0xFF,0x7F,0x3F,0x3F,0x9F,0x9F,0x1F,
0xCF,0xCF,0xCF,0xCF,0xDF,0x9F,0xDF,0xCF,0xCF,0xEF,0xE7,0xE7,0xE7,0xE7,0xEF,0x8F,0x8F,0x8F,
0x9F,0x9F,0x1F,0x3F,0x3F,0x3F,0x7F,0x3F,0x3F,0x7F,0x3F,0x1F,0x0F,0x0F,0x00,0x00,0x00,0x00,
0x00,0x00,0x01,0x03,0x07,0x03,0x03,0x01,0x03,0x03,0x05,0x03,0x03,0x01,0x01,0x01,0x01,0x01,
0x01,0x01,0x01,0x01,0x81,0x01,0x00,0x00,0x80,0x80,0xC0,0x81,0xC1,0x81,0x93,0x43,0x63,0x63,
0x47,0x47,0x0F,0x1F,0x3F,0xFF,0xDF,0x7F,0xFF,0x7F,0x7F,0xFF,0xEF,0xEF,0x7F,0x7F,0x7F,0x3F,0x1F,
0x1F,0xFF,0xFF,0xFF,0xFF,0xFF,0xFF,0x7F,0x7F,0x7F,0x7F,0x7F,0x7F,0x3F,0x3F,0x3F,0x1F,0x07,0x0F,
0x1F,0x1F,0x3F,0x3F,0x37,0x0F,0x1F,0x0F,0x07,0x01,0x00,0x00,0x60,0xC0,0xC0,0xCC,0xFF,0xFF,
0xF7,0xFF,0xFF,0xFF,0xFF,0xFF,0xFF,0xFF,0xFF,0xFF,0xFF,0xFF,0xFF,0xC7,0xC7,0xC3,0x03,
0x07,0x07,0x07,0x07,0x00,0x08,0x00,0x00,0x00,0x00,0x00,0x00,0x00,0x00,0x00,0x00,
0x00,0x00,0x00,0x00,0x00,0x00,0x00,0x00,0x00,0x00,0x00,0x80,0xC0,0xC0,0x80,0xC0,0xC0,
0xC0,0xE0,0xFC,0xFF,0xFF,0xFF,0xFF,0xFF,0xFF,0xFF,0xFF,0xFF,0xFF,0xFE,0xFE,0xFE,0xFE,0xFC,
0xFC,0xFC,0x58,0x71,0x41,0x02,0x02,0x00,0x00,0x00,0x01,0x01,0x00,0x00,0x00,0x02,0x00,0x01,
0x01,0x01,0x01,0x00,0x00,0x06,0x04,0x00,0x00,0x00,0x00,0x00,0x00,0x00,0x00,0x00,
0x00,0x00,0x00,0x00,0x00,0x00,0x00,0x00,0x00,0x00,0x00,0x00,0x00,0x0C,0x0C,0x1C,0x1F,
0xBF,0xFF,0x7F,0xFF,0xFF,0x7F,0x7F,0x7F,0x1F,0x1F,0x1F,0x0F,0x1F,0x1F,0x0F,0x07,0x03,0x03,0x06,
0x04,0x00,0x00,0x00,0x00,0x00,0x00,0x00,0x00,0x00,0x00,0x00,0x00,0x00,0x00,0x00,0x00,

0x00,0x00,0x00,0x00,0x00,0x00,0x00,0x00,0x00,0x00,0x00,0x00,0x00,0x00,0x00,0x00,0x01,
0x01,0x01,0x01,0x01,0x01,0x01,0x03,0x03,0x03,0x09,0x01,0x03,0x01,0x01,0x01,0x03,0x01,0x09,
0x01,0x02,0x04,0x3E,0x26,0x00,0x00,0x0C,0x04,0x00,0x00,0x40,0x00,0x80,0xE0,0x00,0x00,0x00,
0x00,0x00,0x00,0x00,0x00,0x00,0x00,0x00,0x00,0x00,0x00,0x00,0x00,0x00,0x00,0x00,0x00,0x00,
0x00,0x00,0x10,0x10,0x20,0x00,0x00,0x00,0x00,0x00,0x00,0x00,0x00,0x00,0x00,0x00,0x00,0x00,
0x00,0x01,0x01,0x01,0x01,0x00,0x00,0x00,0x00,0x00,0x00,0x00,0x00,0x00,0x00,0x00,0x00,0x00,
0x00,0x00,0x00,0x00,0x00,0x00,0x00,0x00,0x00,0x00,0x00,0x00,0x00,0x00
};

编译通过后,将 iar15 - 3.hex 文件下载到 AVR 单片机综合实验板上。AVR 单片机综合实验板上 LCD128×64 单排座上(20 芯)正确插上 128×64 点阵图形液晶模块(引脚号对应,不能插反)。接通 5 V 稳压电源。

液晶屏显示出几只勇敢的海燕翱翔在波涛汹涌的大海上,与拍摄的图片内容是一样的。如果液晶屏的显示效果不理想,可以调整电位器 128×64LCD ADJ,改变液晶屏的对比度。图 15 - 19 所示为 iar15 - 3 的实验效果。

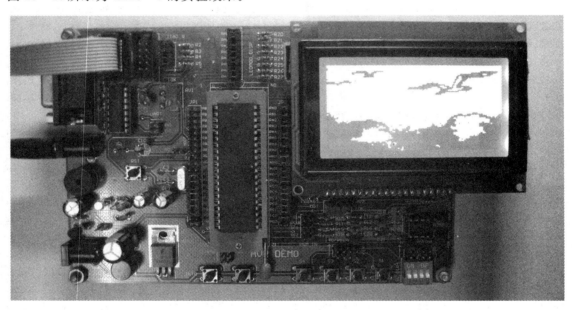

图 15 - 19 iar15 - 3 的实验效果

15.13.3 制作图片的点阵码表

以上的源程序中,读者需要自己生成图片的点阵码表,这里介绍具体的做法,步骤如下:

① 找一张素材图片(或者拍摄的照片),最好是反差明显的,并且图片的内容比较简洁。由于我们使用的液晶只有 128×64 的分辨率,如果图片的内容很冗杂的话,会使显示效果不理想。图 15 - 20 所示是笔者准备的素材图片。

② 用数码相机拍摄(或用扫描仪扫描)的方法,得到该素材图片的数字图片信息(*.JPG 文件)。

第15章　ATMEGA16(L)驱动128×64点阵图形液晶模块

图15-20　准备一张素材图片

③ 用PHOTOSHOP图像处理软件(或其他图像处理软件)将该素材图片的像素降低为128×64(*.JPG文件),如图15-21所示。

④ 用PHOTOSHOP图像处理软件(或其他图像处理软件)将该素材图片转成128×64的黑白图片(*.BMP文件),如图15-22所示。

图15-21　将素材图片的分辩率降低为128×64(*.JPG文件)

图15-22　将素材图片转成128×64的黑白图片(*.BMP文件)

⑤ 双击PCtoLCD2002.exe打开软件。

⑥ 在菜单栏中选择"模式"→"图形模式",如图15-23所示。

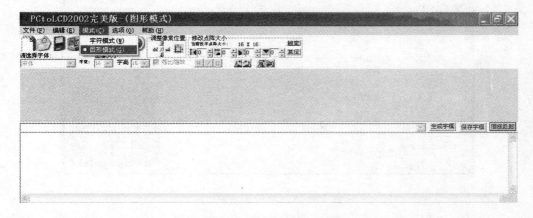

图15-23　选择"模式"→"图形模式"

•493•

⑦ 在菜单栏中选择"选项",弹出字模选项对话框,如图15-24所示。按图15-25所示进行选项的选择。

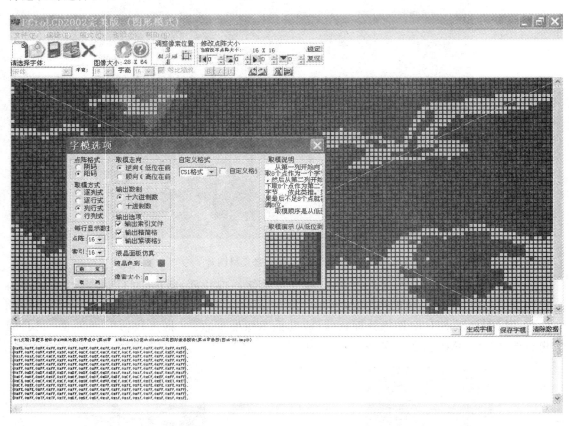

图15-24 选择"选项"

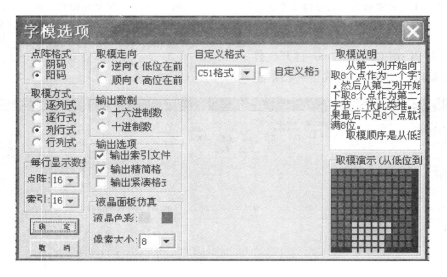

图15-25 进行选项的选择

⑧ 在菜单栏中选择"文件"→"打开",打开刚才制作的 128×64 的黑白图片(*.BMP 文件)。单击"生成字模"按钮,在最下方的字模区就会生成所需的图片点阵码数据,如图 15-26 所示。

⑨ 将图片点阵码数据复制到源程序中的一个自己命名(如 tu)的数组中即可。

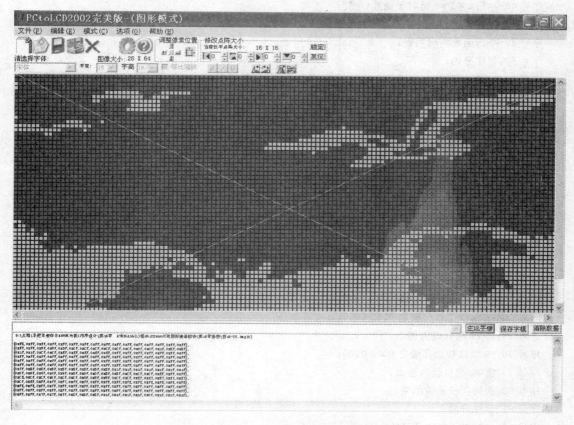

图 15-26　生成所需的图片点阵码数据

15.13.4　程序分析解释

序号 1~2:包含头文件;

序号 3~4:变量类型的宏定义;

序号 5:程序分隔;

序号 6:设定位的宏定义;

序号 7:清除位的宏定义;

序号 8:读取位的宏定义;

序号 9~16:位定义;

序号 17:程序分隔;

序号 18~29:引脚电平的宏定义;

序号 30:程序分隔;

序号 31:端口定义,双向数据总线;

序号 32:晶振频率的宏定义;
序号 33:程序分隔;
序号 34~38:1 ms 延时子函数;
序号 39:程序分隔;
序号 40~47:n×1 ms 延时子函数;
序号 48:程序分隔;
序号 49~61:函数声明列表;
序号 62:程序分隔;
序号 63:定义主函数;
序号 64:主函数开始;
序号 65:调用端口初始化子函数;
序号 66:调用 LCD 初始化子函数;
序号 67:延时 1 000 ms;
序号 68:程序分隔;
序号 69:显示一幅图片;
序号 70:延时 1 000 ms;
序号 71:无限循环;
序号 72:主函数结束;
序号 73:程序分隔;
序号 74:ATMEGA16(L)初始化子函数;
序号 75:初始化子函数开始;
序号 76:PA 端口初始化输出 0000 0000;
序号 77:将 PA 端口设为输出;
序号 78:PB 端口初始化输出 0000 0000;
序号 79:将 PB 端口设为输出;
序号 80:初始化子函数结束;
序号 81:程序分隔;
序号 82~98:判 LCM 忙子函数;
序号 99:程序分隔;
序号 100~114:写指令到 LCM 子函数;
序号 115:程序分隔;
序号 116~130:写数据到 LCM 子函数;
序号 131:程序分隔;
序号 132~140:根据 x、y 地址定位,将数据写入 LCM 左半屏或右半屏的子函数;
序号 141:程序分隔;
序号 142~146:设定起始行子函数;
序号 147:程序分隔;
序号 148~154:定位 x 方向、y 方向的子函数;
序号 155:程序分隔;
序号 156~160:屏幕开启、关闭子函数;
序号 161:程序分隔;
序号 162~168:复位子函数;
序号 169:程序分隔;

第 15 章 ATMEGA16(L)驱动 128×64 点阵图形液晶模块

序号 170：定义 LCM 初始化子函数；

序号 171：LCM 初始化子函数开始；

序号 172：复位 LCM；

序号 173：设定起始行为 0 行；

序号 174：关闭显示屏；

序号 175～178：for 循环进行清屏；

序号 179：打开显示屏；

序号 180：LCM 初始化子函数结束；

序号 181：程序分隔；

序号 182～193：显示一幅图片的子函数；

序号 194～结束：一幅图片的点阵码表。

第 16 章
ATMEGA16(L)的系统控制、复位和看门狗定时器

16.1 ATMEGA16(L)的系统控制和复位

ATMEGA16(L)复位时所有的I/O寄存器都被设置为初始值,程序从复位向量处开始执行。所有的复位信号消失之后,芯片内部的一个延迟计数器被激活,将内部复位的时间延长。这种处理方式使得单片机在正常工作之前有一定的延时时间让电源达到稳定的电平。延迟计数器的溢出时间通过熔丝位 SUT 与 CKSEL 设定。

单片机的控制和状态寄存器 MCUCSR 提供了有关引起 ATMEGA16(L)复位时的复位源信息。

16.1.1 控制和状态寄存器

控制和状态寄存器(MCUCSR)定义如下:

- Bit 4——JTRF:JTAG 复位标志

通过 JTAG 指令 AVR_RESET 可以使 JTAG 复位寄存器置位,并引发 MCU 复位,并使 JTRF 置位。上电复位将使其清零,也可以通过写"0"来清除。

- Bit 3——WDRF:看门狗复位标志

看门狗复位发生时置位。上电复位将使其清零,也可以通过写"0"来清除。

- Bit 2——BORF:掉电检测复位标志

掉电检测复位发生时置位。上电复位将使其清零,也可以通过写"0"来清除。

- Bit 1——EXTRF:外部复位标志

外部复位发生时置位。上电复位将使其清零,也可以通过写"0"来清除。

- Bit 0——PORF:上电复位标志

第 16 章　ATMEGA16(L)的系统控制、复位和看门狗定时器

上电复位发生时置位。只能通过写"0"来清除。

为了使用这些复位标志来识别复位条件，用户应该尽早读取此寄存器的数据，然后将其复位。如果在其他复位发生之前将此寄存器复位，则后续复位源可以通过检查复位标志来了解。

16.2　ATMEGA16(L)的复位源

ATMEGA16(L)有 5 个复位源，即上电复位、外部复位、掉电检测复位、JTAG AVR 复位和看门狗复位。

16.2.1　上电复位

上电复位是电源电压低于上电复位门限 VPOT 时，单片机复位。

上电复位(POR)脉冲由片内检测电路产生，无论何时 V_{CC} 低于检测电平 POR 即发生。POR 电路可以用来触发启动复位，或者用来检测电源故障，POR 电路保证器件在上电时复位。V_{CC} 达到上电门限电压后触发延迟计数器，在计数器溢出之前器件一直保持为复位状态。当 V_{CC} 下降时，只要低于检测门限，RESET 信号立即生效。

16.2.2　外部复位

外部复位即引脚 RESET 上的低电平持续时间大于最小脉冲宽度时单片机复位。

外部复位由外加于 RESET 引脚的低电平产生，当复位低电平持续时间大于最小脉冲宽度时即触发复位过程，即使此时并没有时钟信号在运行。当外加信号达到复位门限电压 V_{RST}（上升沿）时，t_{TOUT} 延时周期开始。延时结束后单片机即启动。

16.2.3　掉电检测复位

掉电检测复位是掉电检测复位功能使能，且电源电压低于掉电检测复位门限 V_{BOT} 时单片机复位。

ATTMEGA16(L)具有片内 BOD(Brown-out Detection)电路，通过与固定的触发电平的对比来检测工作过程中电源电压 V_{CC} 的变化。此触发电平通过熔丝位 BODLEVEL 来设定，有 2.7 V 和 4.0 V 两个值，BODLEVEL 未编程时为 2.7 V，BODLEVEL 已编程时为 4.0 V。BOD 的触发电平具有迟滞功能以消除电源尖峰的影响，BOD 电路的开关由熔丝位 BODEN 控制。

当 BOD 使能后(BODEN 被编程)，一旦 V_{CC} 下降到触发电平以下(V_{BOT-})，BOD 复位立即被激发。当 V_{CC} 上升到触发电平以上时(V_{BOT+})，延时计数器开始计数，一旦超过溢出时间 t_{TOUT}，单片机即恢复工作。如果 V_{CC} 一直低于触发电平并保持 t_{BOD} 时间，BOD 电路将只检测电压跌落。

16.2.4　JTAG AVR 复位

JTAG AVR 复位是复位寄存器为 1 时单片机复位。

复位寄存器是用来复位芯片的测试数据寄存器。复位寄存器不为零时相当于将外部复位引脚拉低。根据熔丝位对于时钟选择的设置,释放复位寄存器后器件会保持复位状态一个复位溢出时间。这个数据寄存器的输出没有锁存,所以复位可以立刻发生。

16.2.5　看门狗复位

看门狗复位是看门狗使能并且看门狗定时器溢出时复位发生。

看门狗定时器溢出时将产生持续时间为 1 个 CLK 周期的复位脉冲。在脉冲的下降沿,延时定时器开始对 t_{TOUT} 计数。看门狗定时器由独立的 1 MHz 片内振荡器驱动($V_{CC}=5$ V 时的典型值),通过设置看门狗定时器的预分频器可以调节看门狗复位的时间间隔。看门狗复位指令 WDR 用来复位看门狗定时器。如果没有及时复位定时器,一旦时间超过复位周期,ATMEGA16L 就复位,并执行复位向量指向的程序。

为了防止无意间禁止看门狗定时器,在看门狗禁用后必须跟一个特定的修改序列。

① 在同一个指令内对 WDTOE 和 WDE 写"1",即使 WDE 已经为"1"。

② 在紧接的 4 个时钟周期之内对 WDE 写"0"。

16.2.6　看门狗定时器控制寄存器

看门狗定时器控制寄存器(WDTCR)定义如下:

Bit	7	6	5	4	3	2	1	0	
	—	—	—	WDTOE	WDE	WDP2	WDP1	WDP0	WDTCR
读/写	R	R	R	R/W	R/W	R/W	R/W	R/W	
初始值	0	0	0	0	0	0	0	0	

➤ Bit 4——WDTOE:看门狗修改使能

清零 WDE 时必须置位 WDTOE,否则不能禁止看门狗。一旦置位,硬件将在紧接的 4 个时钟周期之后将其清零。

➤ Bit 3——WDE:使能看门狗

WDE 为"1"时,看门狗使能,否则看门狗将被禁止。只有在 WDTOE 为"1"时 WDE 才能清零。以下为关闭看门狗的步骤:

① 在同一个指令内对 WDTOE 和 WDE 写"1",即使 WDE 已经为"1"。

② 在紧接的 4 个时钟周期之内对 WDE 写"0"。

➤ Bit 2:0——WDP2、WDP1、WDP0:看门狗定时器预分频器 2、1 和 0

WDP2、WDP1 和 WDP0 决定看门狗定时器的预分频器,如表 16-1 所列。

第 16 章　ATMEGA16(L)的系统控制、复位和看门狗定时器

表 16-1　看门狗定时器的预分频器

WDP2	WDP1	WDP0	看门狗振荡器周期/个	$V_{CC}=3.0\text{ V}$ 时典型的溢出周期/ms	$V_{CC}=5.0\text{ V}$ 时典型的溢出周期/ms
0	0	0	16K(16384)	17.1	16.3
0	0	1	32K(32768)	34.3ms	32.5
0	1	0	64K(65536)	68.5	65
0	1	1	128K(131072)	140	130
1	0	0	256K(262144)	270	260
1	0	1	512K(524288)	550	520
1	1	0	1024K(1048576)	1100	1 000
1	1	1	2048K(2097152)	2 200	2 100

16.3　看门狗定时器的使用

　　单片机应用系统受到干扰而导致死机出错后,都要进行复位,因此一定要有一个可靠的复位电路,以使单片机重启工作。

　　现在已经有专用的复位电路芯片可供选用,专用的复位芯片具有快速上电复位、欠压复位等功能。

　　图 16-1 所示为从前 80C51 单片机外置看门狗电路的工作原理。如果单片机工作工常,则会经常地将看门狗定时器(WDT)清除,那么看门狗定时器就不会溢出复位信号,应用系统正常工作;反之,若单片机工作不正常,程序跑飞或进入死循环,那么它不会去清除看门狗定时器,一段时间后,WDT 溢出,输出复位信号给单片机,单片机重新启动工作。

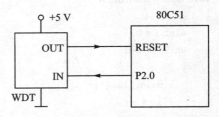

图 16-1　看门狗电路的工作原理

　　由于新型的 ATMEGA16(L)已经在内部集成了高性能的看门狗定时器,无需再外添元件,使用方便可靠。下面我们通过实例介绍其使用。

16.4 具有看门狗功能的流水灯实验

在 AVR DEMO 单片机综合实验板上,进行看门狗实验 1(看门狗启动后在程序中定时清除它):D1~D8 的 8 个 LED(发光管)依次流水点亮,形成"流水灯"实验。

16.4.1 实现方法

在看门狗定时器启动后,依次将 D1~D8 点亮,每位发光管点亮保持 3 ms。每点亮 4 位发光管后(此时耗时约 12 ms)将看门狗清除,防止溢出后复位单片机。

16.4.2 源程序文件

打开 IAREW 集成开发环境,在 D 盘中建立一个文件目录(iar16-1),创建一个新工程项目 iar16-1.ewp 并建立 iar16-1.eww 的工作区。最后输入 C 源程序文件 iar16-1.c:

```c
#include <iom16v.h>                    //1
#include <intrinsics.h>                //2
#define uchar unsigned char            //3
#define uint unsigned int              //4
//---------------------------------5
#define xtal 8                         //6
void delay_1ms(void)                   //7
{                                      //8
    uint i;                            //9
    for(i=1;i<(uint)(xtal*143-2);i++)  //10
        ;                              //11
}                                      //12
//================================13
void delay_ms(uint n)                  //14
{                                      //15
    uint i=0;                          //16
    while(i<n)                         //17
    {                                  //18
        delay_1ms();                   //19
        i++;                           //20
    }                                  //21
}                                      //22
//---------------------------------23
void port_init(void)                   //24
{                                      //25
    PORTA = 0x00;                      //26
    DDRA = 0x00;                       //27
    PORTB = 0xFF;                      //28
```

第 16 章 ATMEGA16(L)的系统控制、复位和看门狗定时器

```c
    DDRB = 0xFF;                        //29
    PORTC = 0x00;                       //30
    DDRC = 0x00;                        //31
    PORTD = 0x00;                       //32
    DDRD = 0x00;                        //33
}                                       //34
//*******************************35
void watchdog_init(void)                //36
{                                       //37
    __watchdog_reset();                 //38
    WDTCR = 0x08;                       //39
}                                       //40
//================================41
void init_devices(void)                 //42
{                                       //43
    port_init();                        //44
    watchdog_init();                    //45
}                                       //46
//*******************************47
void main(void)                         //48
{                                       //49
    init_devices();                     //50
    while(1)                            //51
    {                                   //52
        PORTB = 0xfe;                   //53
        delay_ms(3);                    //54
        PORTB = 0xfd;                   //55
        delay_ms(3);                    //56
        PORTB = 0xfb;                   //57
        delay_ms(3);                    //58
        PORTB = 0xf7;                   //59
        delay_ms(3);                    //60
        __watchdog_reset();             //61
        PORTB = 0xef;                   //62
        delay_ms(3);                    //63
        PORTB = 0xdf;                   //64
        delay_ms(3);                    //65
        PORTB = 0xbf;                   //66
        delay_ms(3);                    //67
        PORTB = 0x7f;                   //68
        delay_ms(3);                    //69
        PORTB = 0xff;                   //70
        delay_ms(3);                    //71
        __watchdog_reset();             //72
    }                                   //73
}                                       //74
```

编译通过后,AVR DEMO 单片机综合实验板接通 5 V 稳压电源,将生成的 iar16-1.hex 文件下载到实验板上的单片机中。

注意:注意,标示"LED"的双排针应插上短路块。

如图 16-2 所示,8 个发光二极管都在闪烁,这是由于扫描频率较高的缘故(每位发光管仅点亮 3 ms)。

图 16-2 8 个发光二极管都在闪烁

16.4.3 程序分析解释

序号 1~2:包含头文件;
序号 3~4:变量类型的宏定义;
序号 5:程序分隔;
序号 6:定义晶振频率;
序号 7~12:1 ms 延时子函数;
序号 13:程序分隔;
序号 14~22:$n \times 1$ ms 延时子函数;
序号 23:程序分隔;
序号 24:定义初始化 I/O 口的子函数;
序号 25:初始化 I/O 口子函数开始;
序号 26:PA 端口初始化输出 0000 0000;
序号 27:将 PA 端口设为输入;
序号 28:PB 端口初始化输出 0000 0000;
序号 29:将 PB 端口设为输出;
序号 30:PC 端口初始化输出 0000 0000;
序号 31:将 PC 端口设为输入;
序号 32:PD 端口初始化输出 0000 0000;

第16章　ATMEGA16(L)的系统控制、复位和看门狗定时器

序号 33:将 PD 端口设为输入；
序号 34:初始化 I/O 口子函数结束；
序号 35:程序分隔；
序号 36:定义看门狗初始化子函数；
序号 37:看门狗初始化子函数开始；
序号 38:启动看门狗；
序号 39:分频系数为 16384；
序号 40:看门狗初始化子函数结束；
序号 41:程序分隔；
序号 42:定义器件的初始化子函数；
序号 43:器件的初始化子函数开始；
序号 44:调用初始化 I/O 口子函数；
序号 45:调用看门狗初始化子函数；
序号 46:器件的初始化子函数结束；
序号 47:程序分隔；
序号 48:定义主函数；
序号 49:主函数开始；
序号 50:调用器件的初始化子函数；
序号 51:无限循环；
序号 52:无限循环开始；
序号 53:点亮 D1；
序号 54:延时 3 ms；
序号 55:点亮 D2；
序号 56:延时 3 ms；
序号 57:点亮 D3；
序号 58:延时 3 ms；
序号 59:点亮 D4；
序号 60:延时 3 ms；
序号 61:清除看门狗定时器(喂狗)；
序号 62:点亮 D5；
序号 63:延时 3 ms；
序号 64:点亮 D6；
序号 65:延时 3 ms；
序号 66:点亮 D7；
序号 67:延时 3 ms；
序号 68:点亮 D8；
序号 69:延时 3 ms；
序号 70:关闭所有的发光管；
序号 71:延时 3 ms；
序号 72:清除看门狗定时器(喂狗)；
序号 73:无限循环结束；
序号 74:主函数结束。

为了对比起见,再做一遍实验,这次在门狗定时器启动后,在程序中不再清除它(模拟程序失控的情况),观察门狗定时器是否起作用。

16.5 看门狗失控的流水灯实验

在 AVR DEMO 单片机综合实验板上,进行看门狗实验 2(看门狗启动后在程序中不再清除它,模拟程序失控的情况):D1～D8 的 8 个 LED(发光管)依次流水点亮,形成"流水灯"实验。

16.5.1 实现方法

看门狗定时器启动后,在主循环中不再清除它(模拟程序失控的情况),直到看门狗溢出后复位单片机。由于每位发光管点亮 3 ms 多,这样点亮 8 位发光管共需 24 ms 多。而看门狗溢出仅需约 16.3 ms,因此只有 5 位发光管被点亮。

16.5.2 源程序文件

打开 IAREW 集成开发环境,在 D 盘中建立一个文件目录(iar16-2),创建一个新工程项目 iar16-1.ewp 并建立 iar16-1.eww 的工作区。最后输入 C 源程序文件 iar16-1.c:

```
#include <iom16v.h>                       //1
#include <intrinsics.h>                   //2
#define  uchar unsigned char              //3
#define  uint unsigned int                //4
//----------------------------------------5
#define xtal 8                            //6
void delay_1ms(void)                      //7
{                                         //8
    uint i;                               //9
    for(i=1;i<(uint)(xtal*143-2);i++)     //10
    ;                                     //11
}                                         //12
//========================================13
void delay_ms(uint n)                     //14
{                                         //15
    uint i=0;                             //16
    while(i<n)                            //17
    {                                     //18
        delay_1ms();                      //19
        i++;                              //20
    }                                     //21
}                                         //22
//----------------------------------------23
void port_init(void)                      //24
{                                         //25
    PORTA = 0x00;                         //26
```

第 16 章　ATMEGA16(L)的系统控制、复位和看门狗定时器

```c
    DDRA  = 0x00;                            //27
    PORTB = 0xFF;                            //28
    DDRB  = 0xFF;                            //29
    PORTC = 0x00;                            //30
    DDRC  = 0x00;                            //31
    PORTD = 0x00;                            //32
    DDRD  = 0x00;                            //33
}                                            //34
//*******************************35
void watchdog_init(void)                     //36
{                                            //37
    __watchdog_reset();                      //38
    WDTCR = 0x08;                            //39
}                                            //40
//===============================41
void init_devices(void)                      //42
{                                            //43
    port_init();                             //44
    watchdog_init();                         //45
}                                            //46
//*******************************47
void main(void)                              //48
{                                            //49
    init_devices();                          //50
    while(1)                                 //51
    {                                        //52
        PORTB = 0xfe;                        //53
        delay_ms(3);                         //54
        PORTB = 0xfd;                        //55
        delay_ms(3);                         //56
    PORTB = 0xfb;                            //57
        delay_ms(3);                         //58
        PORTB = 0xf7;                        //59
        delay_ms(3);                         //60
        PORTB = 0xef;                        //61
        delay_ms(3);                         //62
        PORTB = 0xdf;                        //63
        delay_ms(3);                         //64
        PORTB = 0xbf;                        //65
        delay_ms(3);                         //66
        PORTB = 0x7f;                        //67
        delay_ms(3);                         //68
        PORTB = 0xff;                        //69
        delay_ms(3);                         //70
    }                                        //71
}                                            //72
```

编译通过后,AVR DEMO 单片机综合实验板接通 5 V 稳压电源,将生成的 iar16-2. hex 文件下载到实验板上的单片机中。

注意: 标示"LED"的双排针应插上短路块。

如图 16-3 所示,只有 5 个发光二极管在闪烁(D1～D5),这是由于在主循环中没有清除看门狗,看门狗溢出后(约 16.3 ms)复位单片机。由于每位发光管点亮 3 ms 多,所以只有 5 位发光管被点亮。

图 16-3 只有 5 个发光二极管在闪烁

16.5.3　程序分析解释

序号 1～2:包含头文件;
序号 3～4:变量类型的宏定义;
序号 5:程序分隔;
序号 6:定义晶振频率;
序号 7～12:1 ms 延时子函数;
序号 13:程序分隔;
序号 14～22:$n \times 1$ ms 延时子函数;
序号 23:程序分隔;
序号 24:定义初始化 I/O 口的子函数;
序号 25:初始化 I/O 口子函数开始;
序号 26:PA 端口初始化输出 0000 0000;
序号 27:将 PA 端口设为输入;
序号 28:PB 端口初始化输出 0000 0000;
序号 29:将 PB 端口设为输出;
序号 30:PC 端口初始化输出 0000 0000;
序号 31:将 PC 端口设为输入;
序号 32:PD 端口初始化输出 0000 0000;

第16章 ATMEGA16(L)的系统控制、复位和看门狗定时器

序号 33:将 PD 端口设为输入;
序号 34:初始化 I/O 口子函数结束;
序号 35:程序分隔;
序号 36:定义看门狗初始化子函数;
序号 37:看门狗初始化子函数开始;
序号 38:启动看门狗;
序号 39:分频系数为 16384;
序号 40:看门狗初始化子函数结束;
序号 41:程序分隔;
序号 42:定义器件的初始化子函数;
序号 43:器件的初始化子函数开始;
序号 44:调用初始化 I/O 口子函数;
序号 45:调用看门狗初始化子函数;
序号 46:器件的初始化子函数结束;
序号 47:程序分隔;
序号 48:定义主函数;
序号 49:主函数开始;
序号 50:调用器件的初始化子函数;
序号 51:无限循环;
序号 52:无限循环开始;
序号 53:点亮 D1;
序号 54:延时 3 ms;
序号 55:点亮 D2;
序号 56:延时 3 ms;
序号 57:点亮 D3;
序号 58:延时 3 ms;
序号 59:点亮 D4;
序号 60:延时 3 ms;
序号 61:点亮 D5;
序号 62:延时 3 ms;
序号 63:点亮 D6;
序号 64:延时 3 ms;
序号 65:点亮 D7;
序号 66:延时 3 ms;
序号 67:点亮 D8;
序号 68:延时 3 ms;
序号 69:关闭所有的发光管;
序号 70:延时 3 ms;
序号 71:无限循环结束;
序号 72:主函数结束。

16.6 熔丝位的设置

熔丝位是 AVR 单片机的工作配置,相当于 PIC 单片机的配置位。在每一种型号的 AVR

单片机内部都有一些特定含义的熔丝位,其特性表现为多次擦写的 EEPROM。用户通过配置(编程)这些熔丝位,可以固定地设置 AVR 的一些工作特性,当然也包括对片内运行代码的锁定(加密)。

用户使用并行编程方式、ISP 编程方式、JTAG 编程方式都可以对 AVR 的熔丝位进行配置,但不同的编程工具软件提供对熔丝位的配置方式(指人机界面)也是不同的。有的是通过直接填写熔丝位位值(如:CAVR、PonyProg2000 和 SLISP 等),有的是通过列出表格选择(如 AVR STUDIO、BASCOM—AVR)。前者程序界面比较简单,但是需要用户仔细核查后操作,否则会引起一些意想不到的后果,如:造成芯片无法正常运行,无法再次进入 ISP 编程模式等。

熔丝位的配置须注意以下情况:

① 在 AVR 的器件手册中,对熔丝位使用已编程(Programmed)和未编程(Unprogrammed)定义熔丝位的状态,"Unprogrammed"表示熔丝位的状态为"1"(禁止);"Programmed"表示熔丝位的状态为"0"(允许)。因此,配置熔丝位的过程实际上是配置熔丝位成为未编程状态"1"或成为已编程状态"0"。

② 在使用通过选择打钩"√"方式确定熔丝位状态值的编程工具软件时,请首先仔细阅读软件的使用说明,弄清楚"√"表示设置熔丝位状态为"0"还是为"1"。

③ 新的 AVR 芯片在使用前,应先查看它的熔丝位的配置情况(读出),再根据实际需要进行熔丝位的配置,并将各个熔丝位的状态记录备案。

④ AVR 芯片加密以后仅仅是不能读取芯片内部的 FLASH 和 EEPROM 中的数据,熔丝位的状态仍然可以读取但不能修改配置。芯片擦除命令是将 FLASH 和 EEPROM 中的数据清除,并同时将两位锁定位状态配置成"11",处于无锁定状态。但芯片擦除命令并不能改变其他熔丝位的状态。

⑤ 正确的操作步骤是:在芯片无锁定状态下,将代码写入(下载)到芯片中,配置相关的熔丝位,最后配置芯片的锁定位。芯片锁定后,如果发现熔丝位配置不对,必须使用芯片擦除命令清除芯片中的数据并解除锁定。然后重新写入代码,修改相关的熔丝位,最后再次配置芯片的锁定位。

⑥ 使用 ISP 串行方式下载编程时,应配置 SPIEN 熔丝位为"0",芯片出厂时 SPIEN 位的状态默认为"0",表示允许 ISP 串行方式下载编程。只有该位处于编程状态"0"时才可以通过 AVR 的 ISP 口进行 ISP 下载编程,如果该位处于编程状态"1"后,ISP 串行方式下载数据立即被禁止,此时只有通过并口方式或 JTAG 编程方式才能将 SPIEN 的状态重新设置为"0"来开放 ISP 编程方式。所以有时芯片在 ISP 方式下不能写入,不要认为芯片已坏,可以按以上方法开放 ISP 编程。通常情况下,应保持 SPIEN 的状态为"0",允许 ISP 编程不会影响其引脚的 I/O 功能,只要在硬件电路设计时,注意 ISP 接口与其接口器件进行必要的隔离,如使用串接电阻或断路跳线等。

⑦ 当不需要使用 JTAG 接口编程(或实时在线仿真调试)方式,且 JTAG 接口引脚需要作为 I/O 口使用时,最好设置熔丝位 JTAGEN 的状态为"1"。芯片出厂时 JTAGEN 的状态默认为"0",表示允许 JTAG 接口,JTAG 引脚不能作为 I/O 口使用。所以新的芯片如果需要用到 JTAG 引脚作 I/O 口,需设置 JTAGEN 为"1",当 JTAGEN 的状态设置为"1"后 JTAG 接口立即被禁止,此时只有通过并行方式或 ISP 编程方式才能将 JTAG 重新设置为"0"开放 JTAG。

第16章　ATMEGA16(L)的系统控制、复位和看门狗定时器

⑧ 使用内部有 RC 振荡器的 AVR 芯片时,要特别注意熔丝位 CKSEL 的配置。一般情况下,芯片出厂时 CKSEL 位的状态默认为使用内部 1 MHz 的 RC 振荡器作为系统的时钟源。如果使用了外部振荡器作为系统的时钟源时,不要忘记首先正确配置 CKSEL 熔丝位,否则整个系统的定时时间都会出现问题。而在设计中没有使用外部振荡器(或某钟特定的振荡源)作为系统的时钟源时,千万不要误操作或错误地把 CKSEL 熔丝位配置成使用外部振荡器(或其他不同类型的振荡源)。一旦这种情况产生,使用 ISP 编程方式则无法再对芯片操作了(因为 ISP 方式需要芯片的系统时钟工作并产生定时控制信号),芯片看上去"坏了"。此时只有取下芯片使用并行编程方式,或使用 JTAG 方式(如果 JTAG 为允许时且目标板上留有 JTAG 接口)来解救了。另一种解救的方式是:尝试在芯片的晶体引脚上临时人为地叠加上一个振荡时钟信号(如使用 555 电路搭成一个几百 kHz 的振荡器),一旦 ISP 可以对芯片操作,立即将 CKSEL 配置成使用内部 1 MHz 的 *RC* 振荡器作为系统的时钟源,然后再根据实际情况重新正确配置 CKSEL。

⑨ 使用支持 IAP 的 AVR 芯片时,如果不使用 BOOTLOADER 功能,注意不要把熔丝位 BOOTRST 设置为"0"状态,它会使芯片在上电时不是从 FLASH 的 0x0000 处开始执行程序。芯片出厂时 BOOTRST 位的状态默认为"1"。

第 17 章
多功能测温汉字时钟实验

17.1 实验目的

通过前面十几章的学习实验,相信大家已经对 AVR 单片机的各功能单元比较熟悉了。现在做一个综合实验,设计一个多功能测温汉字时钟,这个实验不使用实验板上的任何按键,所有需要输入的数据都通过 PC 机的串行通信完成。要求通过使用 PC 机的串行通信实现时钟的校时、定时设置及定时的启动/关闭。通过这个实验,可锻炼读者的综合设计能力。

作为 AVR 单片机的开发软件之一,美国 Imagecraft 公司的 ICCAVR 也是国内工程师使用较多的 AVR 单片机集成开发软件,上手也比较容易,因此这个实验使用 ICCAVR 进行开发。图 17-1 所示为多功能测温汉字时钟的运行效果图。

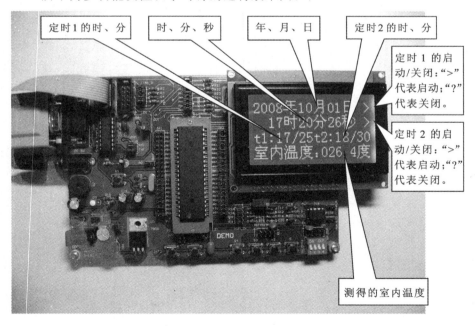

图 17-1　多功能测温汉字时钟的运行效果

17.2 实验要求

上电后,AVR 单片机综合实验板的图形液晶首先显示反白的图片,如图 17-2 所示。3 s 后显示为正常的图片,如图 17-3 所示。再过 3 s,显示一段简单的中文说明(图 17-4)。5 s 后,显示成测温汉字时钟的界面(图 17-5)。

图 17-2　首先显示反白的图片

图 17-3　显示为正常的图片

图 17-4　显示一段简单的中文说明

图 17-5　显示成测温汉字时钟的界面

　　这时,打开 COMPort Debuger 串口调试器软件,发送区输入(2008,10,01,17,20),打开串口后单击发送(图 17-6),AVR 单片机综合实验板上液晶显示的汉字时钟的计时时间已被校正,如图 17-7 所示;发送区输入{17,25;18,30},单击"发送"(图 17-8),2 个定时时间被设定,如图 17-9 所示;同样的,发送区输入<1;1>,单击"发送"(图 17-10),2 个定时启动了,如图 17-11 所示。

第17章 多功能测温汉字时钟实验

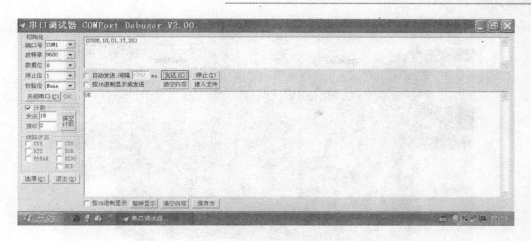

图17-6 发送区输入(2008,10,01,17,20)后点发送

图17-7 汉字时钟的计时时间已被校正

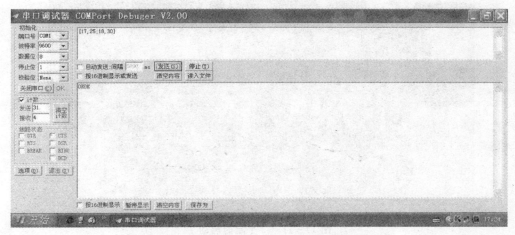

图17-8 发送区输入{17,25;18,30},单击"发送"

图 17-9　2 个定时时间被设定

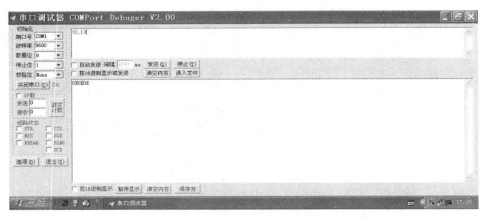

图 17-10　发送区输入<1;1>,单击"发送"

图 17-11　2 个定时启动了

对于以上的设置,如果分 3 次输入嫌麻烦的话,也可以采用连续输入的方法,如图 17-12 所示是输入计时时间和 2 个定时时间的界面。而图 17-13 所示是一次输入计时时间、2 个定时时间和 2 个定时时间启动的界面。

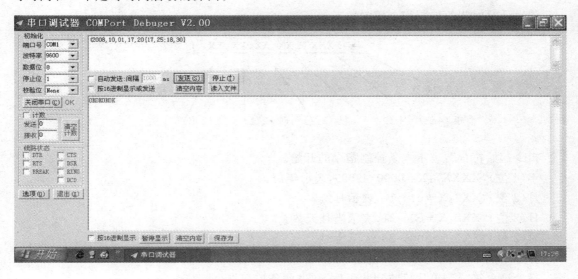

图 17-12　输入计时时间和 2 个定时时间

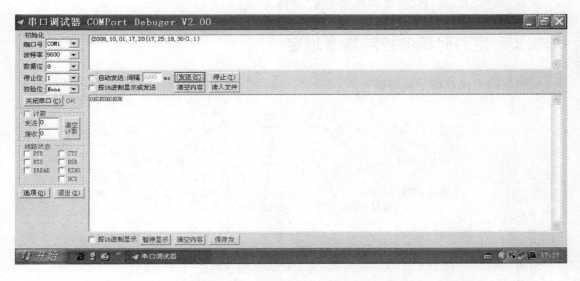

图 17-13　一次输入计时时间、2 个定时时间和 2 个定时时间启动的界面

17.3　控制指令的定义

上位机(PC 机)界面中,需要用户输入控制下位机(单片机)的指令,需要传送多个字符数据及多组控制指令,因此要进行控制指令的定义。

17.3.1 传送计时时间的控制指令规定

传送计时时间的控制指令规定如下：

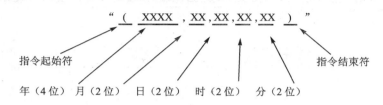

指令起始符"("：表示本条控制指令的开始。
年(4位)"XXXX"：X=0000～9999,表示年份。
月(2位)"XX"：X=01～12,表示月份。
日(2位)"XX"：X=00～31,表示当月天数。
时(2位)"XX"：X=00～23,表示小时。
分(2位)"XX"：X=01～59,表示分。
指令结束符")"：单片机收到此码后,知道此条控制指令已结束。
注意：在年、月、日、时、分之间均以逗号","隔离。

17.3.2 定时时间的控制指令规定

定时时间的控制指令规定如下：

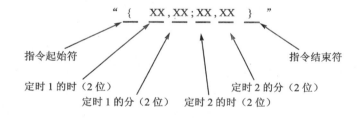

指令起始符"{"：表示本条控制指令的开始。
定时1的时(2位)"XX"：X=00～23,表示定时1的小时。
定时1的分(2位)"XX"：X=00～59,表示定时1的分。
定时2的时(2位)"XX"：X=00～23,表示定时2的小时。
定时2的分(2位)"XX"：X=00～59,表示定时2的分。
指令结束符"}"：单片机收到此码后,知道此条控制指令已结束。由于软件设计的兼容性,指令结束符也可用")"。
注意：在两个定时之间以分号";"隔离。同一个定时的时、分之间以逗号","隔离。

17.3.3 定时时间启动/关闭的控制指令规定

定时时间启动/关闭的控制指令规定如下：

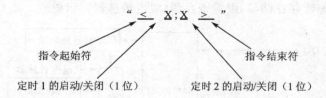

指令起始符"＜"：表示本条控制指令的开始。
定时 1 的启动/关闭（1 位）"X"：X＝0～1，1 表示启动定时 1；0 表示关闭定时 1。
定时 2 的启动/关闭（1 位）"X"：X＝0～1，1 表示启动定时 1；0 表示关闭定时 2。
指令结束符"＞"：单片机收到此码后，知道此条控制指令已结束。由于软件设计的兼容性，指令结束符也可用"）"。
注意：在两个定时的启动/关闭位之间以分号"；"隔离。

17.4 单线数字温度传感器 DS18B20

DS18B20 是美国 DALLAS 半导体公司继 DS1820 之后最新推出的一种改进型智能温度传感器。与传统的热敏电阻相比，它能够直接读出被测温度并且可根据实际要求通过简单的编程实现 9～12 位的数字值读数方式。可以分别在 93.75 ms 和 750 ms 内完成 9 位和 12 位的数字量，并且从 DS18B20 读出的信息或写入 DS18B20 的信息仅需要一根口线（单线接口）读/写，温度变换功率来源于数据总线，总线本身也可以向所挂接的 DS18B20 供电，而无需额外电源。因而使用 DS18B20 可使系统结构更趋简单，可靠性更高。它在测温精度、转换时间、传输距离、分辨率等方面较 DS1820 有了很大的改进，给用户带来了更方便的使用和更令人满意的效果。图 17-14 为 DS18B20 的外形封装。表 17-1 为其引脚定义。

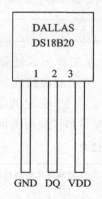

图 17-14 DS18B20 的外形封装

表 17-1 DS18B20 的引脚定义

引脚号	说　明
VDD	可选的供电电压输入
GND	地
DQ	数据输入/输出

17.4.1 DS18B20 内部结构与原理

图 17-15 所示为 DS18B20 的内部结构。主要由 64 位闪速 ROM、非易失性温度报警触发器 TH 和 TL、高速暂存存储器、配置寄存器、温度传感器等组成。

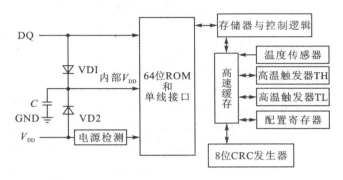

图 17-15　DS18B20 的内部结构

➢ 64 位闪速 ROM 的结构如下：

8 位校验 CRC		48 位序列号		8 位工厂代码(10H)	
MSB	LSB	MSB	LSB	MSB	LSB

开始 8 位是产品类型的编号，接着是每个器件的唯一的序号，共有 48 位，最后 8 位是前 56 位的 CRC 校验码，这也是多个 DS18B20 可以采用一线进行通信的原因。

➢ 非易失性温度报警触发器 TH 和 TL,可通过软件写入用户报警上下限。

➢ 高速暂存存储器

DS18B20 温度传感器的内部存储器包括一个高速暂存 RAM 和一个非易失性的可电擦除的 EERAM。后者用于存储 TH、TL 值。数据先写入 RAM,经校验后再传给 EERAM。而配置寄存器为高速暂存器中的第 5 字节,其内容用于确定温度值的数字转换分辨率,DS18B20 工作时按此寄存器中的分辨率将温度转换为相应精度的数值。该字节各位的定义如下：

TM	R1	R0	1	1	1	1	1

低 5 位一直都是 1,TM 是测试模式位,用于设置 DS18B20 在工作模式还是在测试模式。在 DS18B20 出厂时该位被设置为 0,用户不要去改动,R1 和 R0 决定温度转换的精度位数,即设置分辨率,如表 17-2 所列(DS18B20 出厂时被设置为 12 位)。可见,设定的分辨率越高,所需要的温度数据转换时间就越长。因此,在实际应用中要在分辨率和转换时间间权衡考虑。

表 17-2　R1 和 R0 决定温度转换的精度位数

R1	R0	分辨率	温度最大转换时间/ms	R1	R0	分辨率	温度最大转换时间/ms
0	0	9 位	93.75	1	0	11 位	275.00
0	1	10 位	187.5	1	1	12 位	750.00

第17章 多功能测温汉字时钟实验

高速暂存存储器除了配置寄存器外,还由其他8字节组成,其分配如下所示。其中温度信息(第1、2字节)、TH和TL值(第3、4字节),第6~8字节未用,表现为全逻辑1;第9字节读出的是前面所有8字节的CRC码,可用来保证通信正确。如下所示:

温度低位	温度高位	TH	TL	配置	保留	保留	保留	8位CRC
LSB								MSB

当DS18B20接收到温度转换命令后,开始启动转换。转换完成后的温度值就以16位带符号扩展的二进制补码形式存储在高速暂存存储器的第1、2字节。单片机可通过单线接口读到该数据,读取时低位在前,高位在后,数据格式以0.0625 ℃/LSB形式表示。温度值格式如下:

S	S	S	S	S	2^6	2^5	2^4	2^3	2^2	2^1	2^0	2^{-1}	2^{-2}	2^{-3}	2^{-4}
MSB															LSB

测得的温度计算:当符号位S=0时,直接将二进制位转换为十进制;当符号位S=1时,先将补码变换为原码,再计算十进制值。表17-3所列是部分温度值所对应的二进制或十六进制。

表17-3 部分温度值所对应的二进制或十六进制

温度/℃	二进制表示		十六进制表示
+125	0000 0111	1101 0000	07D0H
+25.0625	0000 0001	1001 0001	0191H
+0.5	0000 0000	0000 1000	0008H
0	0000 0000	0000 0000	0000H
−0.5	1111 1111	1111 1000	FFF8H
−25.0625	1111 1110	0110 1111	FE6FH
−55	1111 1100	1001 0000	FC90H

DS18B20完成温度转换后,就把测得的温度值与TH、TL比较,若T>TH或T<TL,则将该器件内的告警标志置位,并对主机发出的告警搜索命令作出响应。因此,可用多只DS18B20同时测量温度并进行告警搜索。

④ CRC的产生

在64位ROM的最高有效字节中存储有循环冗余校验码(CRC)。主机根据ROM的前56位来计算CRC值,并和存入DS18B20中的CRC值做比较,以判断主机收到的ROM数据是否正确。

17.4.2 DS18B20特点

- 独特的单线接口方式,DS18B20与微处理器连接时仅需要一条口线即可实现微处理器与DS18B20的双向通信。
- 在使用中不需要任何外围元件。

- 可用数据线供电,电压范围:+3.0～+5.5 V。
- 测温范围:-55～+125 ℃。固有测温分辨率为0.5 ℃。
- 通过编程可实现9～12位的数字读数方式。
- 用户可自设定非易失性的报警上下限值。
- 支持多点组网功能,多个DS18B20可以并联在唯一的三线上,实现多点测温。
- 负压特性,电源极性接反时,温度计不会因发热而烧毁,但不能正常工作。

虽然DS18B20有诸多优点,但使用起来并非易事,由于采用单总线数据传输方式,DS18B20的数据I/O均由同一条线完成。因此,对读/写的操作时序要求严格。为保证DS18B20的严格I/O时序,软件设计中需要做较精确的延时。

17.4.3 1-wire总线操作

DS18B20的1-wire总线硬件接口电路如图17-16所示。

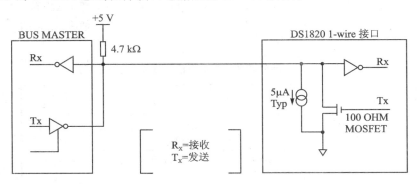

图17-16 DS18B20的1-wire总线硬件接口电路

1-wire总线支持一主多从式结构,硬件上须外接上拉电阻。当一方完成数据通信需要释放总线时,只需将总线置高电平即可;若须获取总线进行通信,则要监视总线是否空闲,若空闲,则置低电平获得总线控制权。

1-wire总线通信方式需要遵从严格的通信协议,对操作时序要求严格。几个主要的操作时序:总线复位、写数据位、读数据位的控制时序如图17-17～图17-21所示。

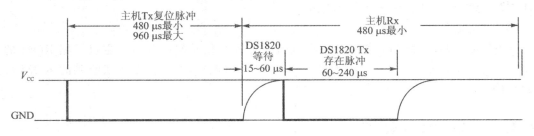

图17-17 总线复位

(1) 总线复位

置总线为低电平并保持至少480 μs,然后拉高电平,等待从端重新拉低电平作为响应,则总线复位完成。

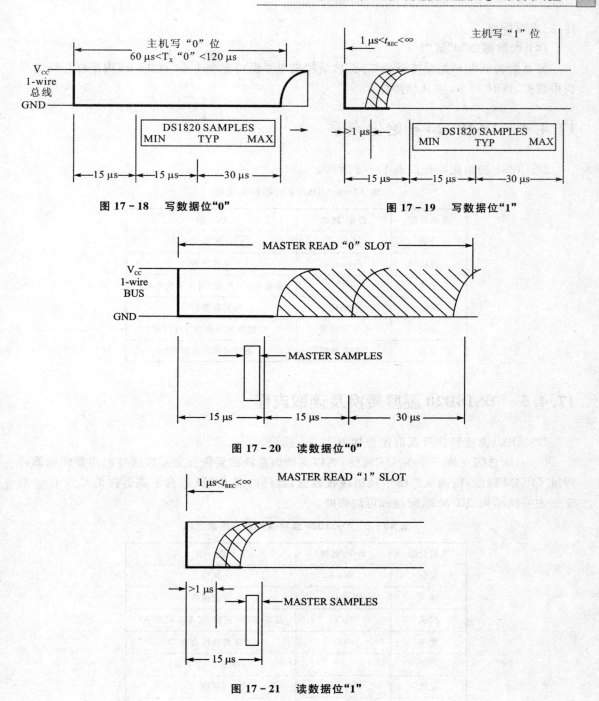

图 17-18 写数据位"0"

图 17-19 写数据位"1"

图 17-20 读数据位"0"

图 17-21 读数据位"1"

(2) 写数据位"0"

置总线为低电平并保持至少 15 μs,然后保持低电平 15～45 μs,等待从端对电平采样,最后拉高电平完成写操作。

(3) 写数据位"1"

置总线为低电平并保持 1～15 μs,然后拉高电平并保持 15～45 μs,等待从端对电平采样,完成写操作。

(4) 读数据位"0"或"1"

置总线为低电平并保持至少 1 μs,然后拉高电平保持至少 1 μs,在 15 μs 内采样总线电平获得数据,延时 45 μs 完成读操作。

17.4.4　DS18B20 初始化流程

DS18B20 初始化流程如表 17-4 所列。

表 17-4　DS18B20 初始化流程

主机状态	命令/数据	说　明
发送	Reset	复位
接收	Presence	从机应答
发送	0xCC	忽略 ROM 匹配(对单从机系统)
发送	0x4E	写暂存器命令
发送	2 字节数据	设置温度值边界 TH、TL
发送	1 字节数据	温度计模式控制字

17.4.5　DS18B20 温度转换及读取流程

DS18B20 温度转换及读取流程如表 17-5 所列。

1-wire 总线支持一主多从式通信,所以支持该总线的器件在交互数据过程需要完成器件寻址（ROM 匹配）以确认是哪个从机接收数据,器件内部 ROM 包含了该器件的唯一 ID。对于一主一从结构,ROM 匹配过程可以省略。

表 17-5　DS18B20 温度转换以及读取流程

主机状态	命令/数据	说　明
发送	Reset	复位
接收	Presence	从机应答
发送	0xCC	忽略 ROM 匹配(对单从机系统)
发送	0x44	温度转换命令
等待		等待 100～200 ms
发送	Reset	复位
接收	Presence	从机应答
发送	0xCC	忽略 ROM 匹配(对单从机系统)
发送	0xBE	读取内部寄存器命令
读取	9 字节数据	前 2 字节为温度数据

17.5 程序设计

17.5.1 程序设计思路

本实验涉及多种元器件的程序驱动,程序代码较大,也比较冗杂。为了使软件部分的设计清晰明了,便于阅读,程序设计分成主控程序文件(icc17-1.c)、液晶驱动程序文件(lcd.c)、串口接收程序文件(recever.c)、温度测量程序文件(ds18b20.c)、时间显示程序文件(display_time.c)和头文件等几大部分,这样设计速度较快,结构坚固完善,而且也便于整个程序的装配。

17.5.2 建立一个新的工程项目

打开 ICC6.31A 集成开发环境,在 D 盘中建立一个文件目录(icc17-1),创建一个新工程项目 icc17-1.prj 并保存在 icc17-1 目录下(图 17-22)。单击"保存"按钮后,系统自动初始化成 3 个空文件夹 Files、Headers、Documents,如图 17-23 所示。

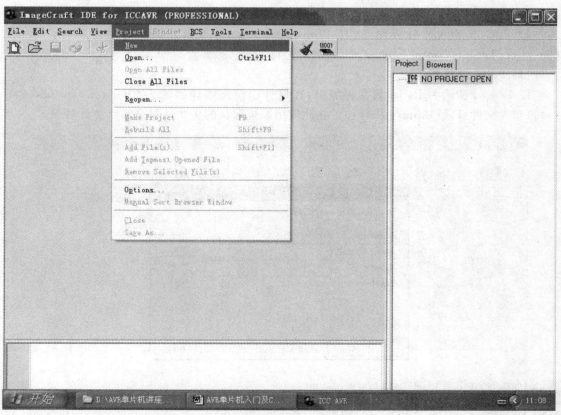

图 17-22 创建一个新工程项目

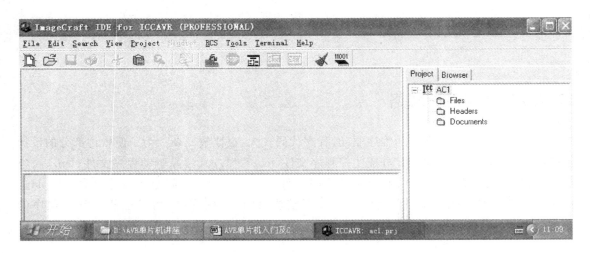

图 17-23　自动初始化成三个空文件夹 Files、Headers、Documents

17.5.3　设置 ICC6.31A

首先对 ICC6.31A 编译器属性进行设置，设置好的某些属性可保留起来作为新建工程的默认属性。

打开 ICC6.31A 软件界面，选择 Project→Option 进入属性设置对话窗。共有 Paths、Compiler、Target、Config Salvo 4 个属性标签页。

(1) Paths 标签页

图 17-24 所示为 Paths 属性标签页，在属性中设置编译器的头文件目录(Include Path(s):)和库文件目录(Library Path:)。在此使用系统默认的头文件目录和库文件目录。

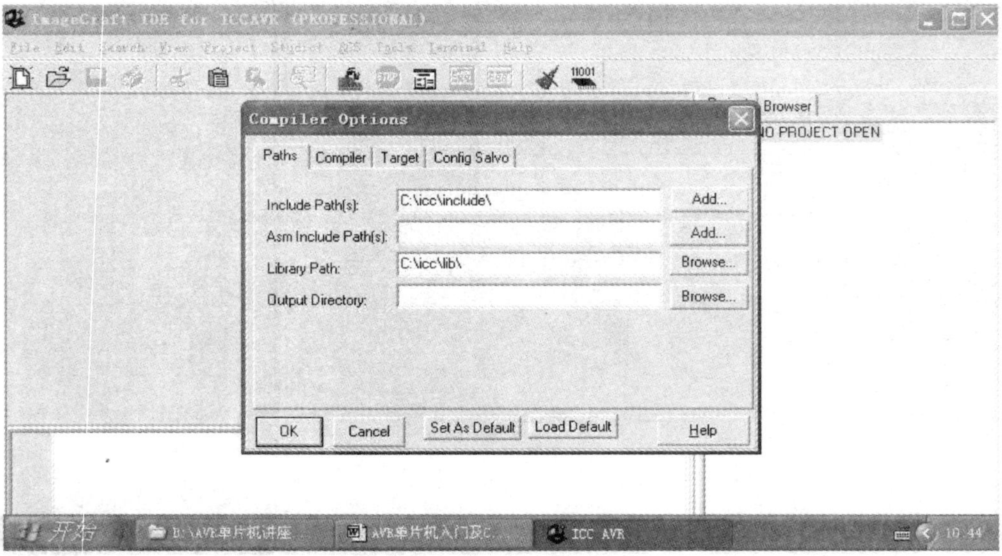

图 17-24　Paths 标签页

第 17 章　多功能测温汉字时钟实验

由于不使用汇编语言进行开发,因此汇编语言包含路径(Asm Include Path(s):)空着不填。

输出文件目录(Output Directory:)空着不填,则输出文件自动存放在工程项目目录中,否则存放在用户填写的路径下。

(2) Compiler 标签页

图 17-25 所示为 Compiler 属性标签页。

Strict ANSI C Checkings:选中表示进行严格的 C 语法检查。

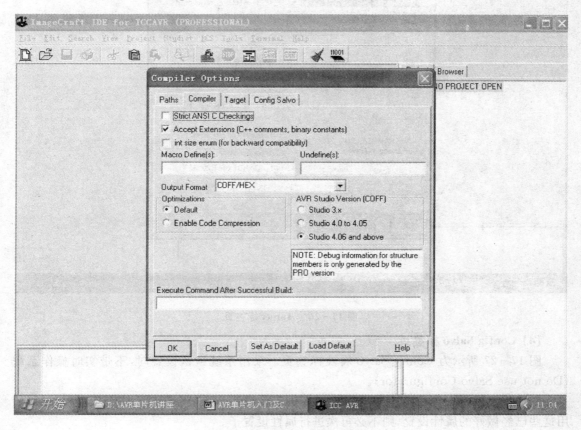

图 17-25　Compiler 标签页

Accept Extensions(C++ comments,binary constants):选中表示接受 C++风格的程序注释。

Int size enum(for backword compatibility):选中表示可以向下兼容程序。

Optimizations 栏可以选择默认设置(Default)或使能代码压缩功能(Enable code compression),对程序的编译进行优化。

Output Format 栏选择格式输出。COFF 格式的文件用于程序的仿真调试,HEX 格式的文件可烧写入单片机。

AVR Studio Version(COFF)栏中选择 Studio 4.06 and above。

(3) Target 标签页

图 17-26 所示为 Target 属性标签页。在 Device Configuration 下拉列表中,选择所使用

的单片机芯片型号,这里选择 ATMega16。其他选项采用默认设置。

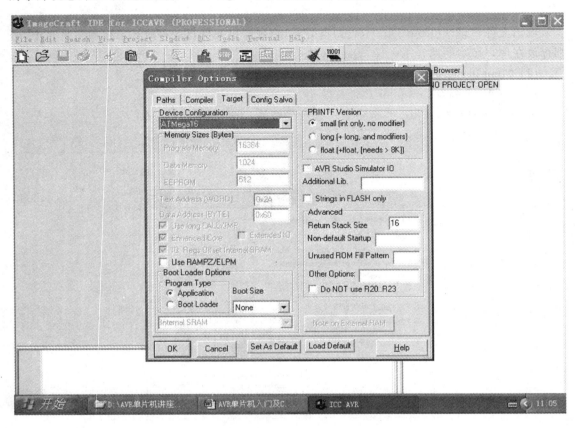

图 17-26 Target 标签页

(4) Config Salvo 标签页

图 17-27 所示为 Config Salvo 属性标签页。采用系统默认设置时,不带实时操作系统(Do not use Salvo Configurator)。

完成设置后,单击 OK 即完成 ICC6.31A 的属性设置。如果在开发下一个工程项目时,使用这些已经做好的属性设置,则不必再次进行属性设置了。

如图 17-23 所示界面中,单击 File 菜单,在下拉菜单中选择 New,在出现的 Untitled-0 文本文件编辑窗口中可输入源程序文件。分别输入以下多个 C 源程序文件。

17.5.4 icc17-1.c 源程序

```
#include <iom16v.h>              //包含头文件
#include <macros.h>
#define uchar unsigned char      //变量类型的宏定义
#define uint unsigned int
uchar col,row,cbyte;             //列 x,行(页)y,输出数据 cbyte
uchar const STR[16] = "t1:  /   t2:  /   ";  //定时 1、2 的显示界面
uint year = 0;                   //定义年
```

第 17 章　多功能测温汉字时钟实验

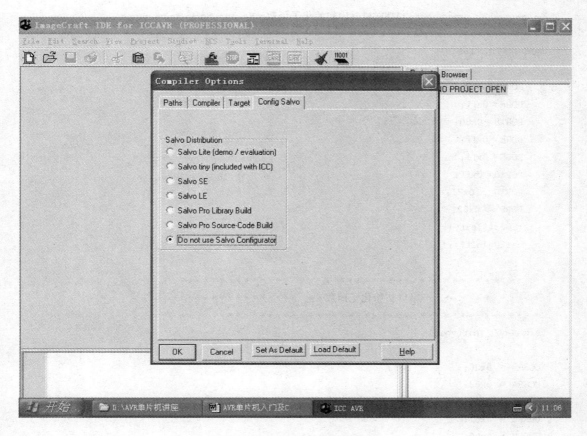

图 17 – 27　Config Salvo 标签页

```
uchar month = 0,date = 0,hour = 0,minute = 0,second = 0;  //定义月、日、时、分、秒
uchar set_hour1 = 0,set_minute1 = 0;           //定时 1 的时、分
uchar set_hour2 = 0,set_minute2 = 0;           //定时 2 的时、分
uchar temp;                                    //定义全局变量
uchar ReceverCnt = 0,ReceverEndFlag = 0,Flag = 0;  /*串行接收计数器、串行接收完成标志,串行接收
标志*/
uchar a[12],b[4],c[4],d[2];  /*a 数组存放年、月、日、时、分;b 数组存放定时 1 的时、分;c 数组存放
定时 2 的时、分;d 数组存放定时 1 及定时 2 的启动或关闭*/
uchar e[4];                                    //e 数组存放测得的室内温度
uchar temh,teml;                               //测量得到温度的高 8 位和低 8 位字节
uchar sign;                                    //温度正负标志,1 为温度正;0 为温度负
uchar Flag_1820Error = 0;                      //测温错误标志,1 代表 DS18B20 损坏或断线;0 代表正常
#include"head.h"                               //包含自定义头文件
#include"lcd.c"                                //包含液晶驱动程序文件
#include"display_time.c"                       //包含时间显示程序文件
#include"recever.c"                            //包含串口接收程序文件
#include"ds18b20.c"                            //包含温度测量程序文件


/***************************************************************/
```

```c
/* ---------------ATMEGA16(L)初始化子函数-----------------*/
/****************************************************/
void m16_init(void)
{
    PORTA = 0x00;
    DDRA = 0xff;
    PORTB = 0x80;
    DDRB = 0xff;
    DDRC = 0xff;
    PORTC = 0xff;
    PORTD = 0x7f;
    DDRD = 0x82;
    timer1_init();
    uart0_init();
}
/****************************************************/
/**************串口初始化子函数*********************/
/****************************************************/
void uart0_init(void)
{
    UCSRB = 0x00;
    UCSRA = 0x82;
    UCSRC = 0x06;
    UBRRL = 0x67;
    UBRRH = 0x00;
    UCSRB = 0x98;
}
/****************************************************/
/****************定时器1初始化子函数**************/
/****************************************************/
void timer1_init(void)
{
    CLI();                      //关总中断
    TCCR1B = 0x00;              //关闭定时器1
    TCNT1H = 0xE1;              //定时初值为1 s
    TCNT1L = 0x7C;
    TCCR1A = 0x00;
    TCCR1B = 0x05;              //定时器1的计数预分频取1 024,启动定时器1
    TIMSK = 0x04;               //定时器1开中断
    SEI();                      //开总中断
}
/******************************************/
/*************主函数**************/
/******************************************/
void main(void)
```

```c
{
    uchar loop,tempday;                     //定义局部变量
    m16_init();                             //调用 ATMEGA16(L)初始化子函数
    lcd_init();                             //调用液晶初始化子函数
    display_tu(1);                          //显示反白的图片
    Delay_nms(3000);                        //延时 3 s
    display_tu(0);                          //显示正常的图片
    Delay_nms(3000);                        //延时 3 s
    lcd_init();                             //再次对液晶初始化,清屏
    display_chinese();                      //显示简单的中文
    Delay_nms(5000);                        //延时 5 s
    lcd_init();                             //再次对液晶初始化,清屏
//-----------------------------------------------------------------
    display_hz(4,0,0,1,nian);               //液晶屏上显示出中文"年"
    display_hz(8,0,0,1,yue);                //液晶屏上显示出中文"月"
    display_hz(12,0,0,1,ri);                //液晶屏上显示出中文"日"
    display_hz(4,2,0,1,shi);                //液晶屏上显示出中文"时"
    display_hz(8,2,0,1,fen);                //液晶屏上显示出中文"分"
    display_hz(12,2,0,1,miao);              //液晶屏上显示出中文"秒"
//-----------------------------------------------------------------
    col = 0;row = 4;Putstr(STR,16);         //显示定时 1、2 界面
//-----------------------------------------------------------------
    for(loop = 0;loop<5;loop ++ )           //液晶屏上显示出"室内温度:"
    {display_hz(2 * loop,6,loop,1,temperature);}
    display_hz(14,6,0,1,du);                //液晶屏上显示出中文"度"
//-----------------------------------------------------------------
    for(;;)                                 //无限循环
    {
     if(Flag_1820Error == 0)read_temperature();     //如果 DS18B20 没有损坏,则读取温度
     tempday = conv(year,month);            //根据年及月,计算出当月的天数
     if(second>59){second = 0;minute ++ ;}  //以下为计时
     if(minute>59){minute = 0;hour ++ ;}
     if(hour>23){hour = 0;date ++ ;}
     if(date>tempday){date = 1;month ++ ;}
     if(month>12){month = 1;year ++ ;}
     if(year>9999)year = 0;
     dis_time();                            //显示时间
     //-----------------------------------------------------------------
     if(d[0] == 1)                          //如果定时 1 启动
     {
        if((hour == set_hour1)&&(minute == set_minute1))Led_On;  //定时 1 = 计时,LED 亮
     }
     //-----------------------------------------------------------------
     if(d[1] == 1)                          //如果定时 2 启动
     {
```

```c
        if((hour == set_hour2)&&(minute == set_minute2))Led_Off;  //定时2=计时,LED灭
    }
//-------------------------------------------------------------
    if(ReceverEndFlag>0)                  //如果串口接收数据串完成
      {
        ReceverEndFlag = 0;               //置完成标志为0,以备下一次接收使用
        uart0_send(0x4f);                 //向PC机回发"OK",代表已经接收成功
        uart0_send(0x4b);
        mov();                            //将数组内容转存到相应的变量中
      }
  }
}
/********************************************/
/*************1 ms 延时子函数***************/
/********************************************/
void Delay_1ms(void)
{ uint i;
  for(i=1;i<(uint)(xtal*143-2);i++)
    ;
}
/********************************************/
/*************n×1 ms 延时子函数*************/
/********************************************/
void Delay_nms(uint n)
{
    uint i = 0;
    while(i<n)
    {Delay_1ms();
     i++;
    }
}
/********************************************/
/**************定时器1中断服务子函数**********/
/********************************************/
#pragma interrupt_handler timer1_ovf_isr:9
void timer1_ovf_isr(void)
{
 TCNT1H = 0xE1;
 TCNT1L = 0x7C;                           //重装定时初值
 second++;                                //秒增加
}
/********************************************/
/**************串口接收中断服务子函数*********/
/********************************************/
#pragma interrupt_handler uart0_rx_isr:12
```

```c
void uart0_rx_isr(void)
{
    CLI();                              //关总中断
    temp = UDR;                         //读取数据
    Flag = 1;                           //置串口接收标志为 1
    Rece();                             //调用 Rece 子函数将接收的数据存放入相应的数组中
    SEI();                              //开总中断
}
```

17.5.5 DS18B20.c 源程序

```c
/***************************************************/
/*************测温元件 DS18B20 的初始化子函数**************/
/***************************************************/
void init_1820(void)
{
    uchar i;
    uint j = 0;
    PORTC |= (1 << 7);                  //拉高总线电平
    PORTC &= ~(1 << 7);                 //置总线为低电平
    for(i = 0;i<8;i++)delay_60us();     //低电平保持至少 480 μs
    PORTC |= (1 << 7);                  //拉高总线电平
    DDRC &= ~(1 << 7);                  //将 PORTC7 置为输入状态
    delay_15us();                       //等待 15~60 μs
    delay_15us();
    Flag_1820Error = 0;                 //首先将 DS18B20 的损坏标志置 0(认为 DS18B20 是好的)
    while(PINC&(1 << 7))                //等待从端重新拉低电平作为响应
    { delay_60us();
      j++;
      if(j >= 18000){Flag_1820Error = 1;break;}   //如果 1.08 s 后从端没有响应,
                                        //则 DS18B20 是坏的,损坏标志置 1
    }
    DDRC |= (1 << 7);                   //再将 PORTC7 置为输出状态
    PORTC |= (1 << 7);                  //拉高电平
    for(i = 0;i<4;i++)delay_60us();     //等待 240 μs
}

/******************************************/
/***************5 μs 延时******************/
/******************************************/
void delay_5us(void)
{
    uchar x = 7;
    while(x)
```

```c
    {
        x--;
    }
}
/*********************************************/
/***************15 μs 延时*******************/
/*********************************************/
void delay_15us(void)
{
    uchar x = 27;
    while(x)
    {
        x--;
    }
}
/*********************************************/
/***************60 μs 延时*******************/
/*********************************************/
void delay_60us(void)
{
    uchar x = 117;
    while(x)
    {
        x--;
    }
}
/*************************************************/
/*************写 DS18B20 数据的子函数**************/
/*************************************************/
void write_1820(uchar x)                    //x 为待写的一字节数据
{
    uchar m;
    for(m = 0;m<8;m++)
    {
        if(x&(1 << m))                      //写数据,从低位开始
        {PORTC& = ~(1 << 7);delay_5us();    //拉低电平,等待 5 μs
         PORTC|= (1 << 7);                  //写入"1"
         delay_15us();                      //等待 15~45 μs
         delay_15us();
         delay_15us();
        }
        else
        {PORTC& = ~(1 << 7);delay_15us();   //拉低电平并写入"0",等待 15 μs
         delay_15us();                      //等待 15~45 μs
         delay_15us();
```

第 17 章　多功能测温汉字时钟实验

```c
        delay_15us();
        PORTC|=(1<<7);                    //拉高总线电平
      }
    }
    PORTC|=(1<<7);                        //拉高总线电平
}
/****************************************************/
/************读 DS18B20 数据的子函数**************/
/****************************************************/
uchar read_1820(void)
{
    uchar temp,k,n;
    temp=0;
    for(n=0;n<8;n++)
    {
      PORTC&=~(1<<7);                     //置总线为低电平
      delay_5us();                        //等待 5 μs
      PORTC|=(1<<7);                      //拉高总线电平
      delay_5us();                        //等待 5 μs
      DDRC&=~(1<<7);                      //将 PORTC7 置为输入状态
      k=(PINC&(1<<7));                    //读数据,从低位开始
      if(k)
        temp|=(1<<n);                     //读"1"
      else
        temp&=~(1<<n);                    //读"0"
      delay_15us();                       //等待 45 μs
      delay_15us();
      delay_15us();
      DDRC|=(1<<7);                       //再将 PORTC7 置为输出状态
    }
    return(temp);                         //返回读取的数据
}
/****************************************************/
/************读取 DS18B20 测得的温度*****************/
/****************************************************/
void read_temperature(void)
{
    uchar tempval;
    init_1820();                          //复位 DS18B20
    write_1820(0xcc);                     //发出转换命令
    write_1820(0x44);
    Delay_nms(100);
    init_1820();
    write_1820(0xcc);                     //发出读温度命令
    write_1820(0xbe);
```

```c
    teml = read_1820();                    //读取到温度(前 2 字节)
    temh = read_1820();
    if(temh&0xf8)sign = 0;                 //测得的温度为正
    else sign = 1;                         //测得的温度为负
    if(sign == 0){temh = 255 - temh;teml = 255 - teml;}   //负的温度取补码
    temh = temh << 4;                      //temh 存放温度的整数值
    temh|= (teml&0xf0) >> 4;
    teml = teml&0x0f;                      //teml 存放温度的小数值
    teml = (teml * 10)/16;
    tempval = temh;e[0] = tempval/100;     //读取的温度数据转存数组中
    tempval = temh;e[1] = (tempval/10) % 10;
    tempval = temh;e[2] = tempval % 10;
    tempval = teml;e[3] = tempval;
}
```

17.5.6　recever.c 源程序

```c
/*********************************************************/
/******************串行接收处理子函数******************/
/*********************************************************/
void Rece(void)
{
  if(Flag == 1)                            //串行接收标志有效
   {
    SREG = 0x00;                           //关总中断
    switch(ReceverCnt)                     //根据接收计数器的值进行散转
    {
    case 0:if(temp == '(')ReceverCnt = 1;  //如果指令起始符为"(",计数器的值置 1
           else if(temp == '{')ReceverCnt = 20;  //如果指令起始符为"{",
                                           //计数器的值置 20
           else if(temp == '<')ReceverCnt = 40;  //如果指令起始符为"<",
                                           //计数器的值置 40
           else ReceverEndFlag = 0;break;  //如果首先收到的是乱码,
                                           //计数器的值清 0
//接收到"年"的数据
    case 1:if((temp>= 0x30)&&(temp<= 0x39)){a[0] = temp - 0x30;ReceverCnt = 2;}
           else ReceverEndFlag = 0;break;
    case 2:if((temp>= 0x30)&&(temp<= 0x39)){a[1] = temp - 0x30;ReceverCnt = 3;}
           else ReceverEndFlag = 0;break;
    case 3:if((temp>= 0x30)&&(temp<= 0x39)){a[2] = temp - 0x30;ReceverCnt = 4;}
           else ReceverEndFlag = 0;break;
    case 4:if((temp>= 0x30)&&(temp<= 0x39)){a[3] = temp - 0x30;ReceverCnt = 5;}
           else ReceverEndFlag = 0;break;
    case 5:if(temp == '-')ReceverCnt = 6;
```

```
              else ReceverEndFlag = 0;break;
    //接收到"月"的数据
    case 6:if((temp>= 0x30)&&(temp<= 0x39)){a[4] = temp - 0x30;ReceverCnt = 7;}
              else ReceverEndFlag = 0;break;
    case 7:if((temp>= 0x30)&&(temp<= 0x39)){a[5] = temp - 0x30;ReceverCnt = 8;}
              else ReceverEndFlag = 0;break;
    case 8:if(temp ==',')ReceverCnt = 9;
              else ReceverEndFlag = 0;break;
    //接收到"天"的数据
    case 9:if((temp>= 0x30)&&(temp<= 0x39)){a[6] = temp - 0x30;ReceverCnt = 10;}
              else ReceverEndFlag = 0;break;
    case 10:if((temp>= 0x30)&&(temp<= 0x39)){a[7] = temp - 0x30;ReceverCnt = 11;}
              else ReceverEndFlag = 0;break;
    case 11:if(temp ==',')ReceverCnt = 12;
              else ReceverEndFlag = 0;break;
    //接收到"时"的数据
    case 12:if((temp>= 0x30)&&(temp<= 0x39)){a[8] = temp - 0x30;ReceverCnt = 13;}
              else ReceverEndFlag = 0;break;
    case 13:if((temp>= 0x30)&&(temp<= 0x39)){a[9] = temp - 0x30;ReceverCnt = 14;}
              else ReceverEndFlag = 0;break;
    case 14:if(temp ==',')ReceverCnt = 15;
              else ReceverEndFlag = 0;break;
    //接收到"分"的数据
    case 15:if((temp>= 0x30)&&(temp<= 0x39)){a[10] = temp - 0x30;ReceverCnt = 16;}
              else ReceverEndFlag = 0;break;
    case 16:if((temp>= 0x30)&&(temp<= 0x39)){a[11] = temp - 0x30;ReceverCnt = 17;}
              else ReceverEndFlag = 0;break;
    // 接收到指令结束符")"
    case 17:if(temp ==')'){ReceverCnt = 0;ReceverEndFlag = 1;}
                  else if(temp =='(')ReceverCnt = 20;
                  else ReceverEndFlag = 0;break;
    // ****************************************************
    //接收到定时1"时"的数据
    case 20:if((temp>= 0x30)&&(temp<= 0x39)){b[0] = temp - 0x30;ReceverCnt = 21;}
              else ReceverEndFlag = 0;break;
    case 21:if((temp>= 0x30)&&(temp<= 0x39)){b[1] = temp - 0x30;ReceverCnt = 22;}
              else ReceverEndFlag = 0;break;
    case 22:if(temp ==',')ReceverCnt = 23;
              else ReceverEndFlag = 0;break;
    //接收到定时1"分"的数据
    case 23:if((temp>= 0x30)&&(temp<= 0x39)){b[2] = temp - 0x30;ReceverCnt = 24;}
              else ReceverEndFlag = 0;break;
    case 24:if((temp>= 0x30)&&(temp<= 0x39)){b[3] = temp - 0x30;ReceverCnt = 25;}
              else ReceverEndFlag = 0;break;
    case 25:if(temp ==',')ReceverCnt = 26;
```

```c
//------------------------------------------------
//接收到定时2"时"的数据
case 26:if((temp>=0x30)&&(temp<=0x39)){c[0]=temp-0x30;ReceverCnt=27;}//set_hour2
        else ReceverEndFlag=0;break;
case 27:if((temp>=0x30)&&(temp<=0x39)){c[1]=temp-0x30;ReceverCnt=28;}
        else ReceverEndFlag=0;break;
//接收到定时2"分"的数据
case 28:if((temp>=0x30)&&(temp<=0x39)){c[2]=temp-0x30;ReceverCnt=29;}
        else ReceverEndFlag=0;break;
case 29:if((temp>=0x30)&&(temp<=0x39)){c[3]=temp-0x30;ReceverCnt=30;}
        else ReceverEndFlag=0;break;
// 接收到指令结束符"}"或")"
case 30:if((temp=='}')||(temp==')')){ReceverCnt=0;ReceverEndFlag=2;}
        else if(temp=='<')ReceverCnt=40;
        else ReceverEndFlag=0;break;
//*******************************************************
//接收到定时1启动/关闭的数据
case 40:if((temp>=0x30)&&(temp<=0x39)){d[0]=temp-0x30;ReceverCnt=41;}
        else ReceverEndFlag=0;break;
case 41:if(temp==',')ReceverCnt=42;
        else ReceverEndFlag=0;break;
//接收到定时2启动/关闭的数据
case 42:if((temp>=0x30)&&(temp<=0x39)){d[1]=temp-0x30;ReceverCnt=43;}
        else ReceverEndFlag=0;break;
// 接收到指令结束符">"或")"
case 43:if((temp=='>')||(temp==')')){ReceverCnt=0;ReceverEndFlag=3;}
        else ReceverEndFlag=0;break;
default:ReceverCnt=0;break;
}
Flag=0;                                    //置串行接收标志为0,以备下一次接收
SREG=0x80;                                 //开总中断
}
}
//--------将数组内容转存到相应变量中的子函数--------
void mov(void)
{
    year=((uint)(a[0]*1000))+((uint)(a[1]*100))+((uint)(a[2]*10))+((uint)(a[3]));
    month=a[4]*10+a[5];
    date=a[6]*10+a[7];
    hour=a[8]*10+a[9];
    minute=a[10]*10+a[11];
    set_hour1=b[0]*10+b[1];
    set_minute1=b[2]*10+b[3];
    set_hour2=c[0]*10+c[1];
    set_minute2=c[2]*10+c[3];
```

}
/***/
/************串行发送子函数************/
/***/
void uart0_send(unsigned char i)   //i 为要发送的一字节数据
{
    while(!(UCSRA&(1 << UDRE)));   //等待发送
    UDR = i;   //将数据发送出去
}

17.5.7 display_time.c 源程序

```
/**********************************************************/
/************将相关数据显示到液晶上的子函数************/
/**********************************************************/
void dis_time(void)
{
    col = 0;row = 0;Putedot(year/1000 + 0x10);           //显示"年"
    col = 8;row = 0;Putedot((year/100) % 10 + 0x10);
    col = 16;row = 0;Putedot((year % 100)/10 + 0x10);
    col = 24;row = 0;Putedot(year % 10 + 0x10);
    col = 48;row = 0;Putedot(month/10 + 0x10);           //显示"月"
    col = 56;row = 0;Putedot(month % 10 + 0x10);
    col = 80;row = 0;Putedot(date/10 + 0x10);            //显示"日"
    col = 88;row = 0;Putedot(date % 10 + 0x10);
    col = 16;row = 2;Putedot(hour/10 + 0x10);            //显示"时"
    col = 24;row = 2;Putedot(hour % 10 + 0x10);
    col = 48;row = 2;Putedot(minute/10 + 0x10);          //显示"分"
    col = 56;row = 2;Putedot(minute % 10 + 0x10);
    col = 80;row = 2;Putedot(second/10 + 0x10);          //显示"秒"
    col = 88;row = 2;Putedot(second % 10 + 0x10);
    col = 24;row = 4;Putedot(set_hour1/10 + 0x10);       //显示定时 1 的"时"
    col = 32;row = 4;Putedot(set_hour1 % 10 + 0x10);
    col = 48;row = 4;Putedot(set_minute1/10 + 0x10);     //显示定时 1 的"分"
    col = 56;row = 4;Putedot(set_minute1 % 10 + 0x10);
    col = 88;row = 4;Putedot(set_hour2/10 + 0x10);       //显示定时 2 的"时"
    col = 96;row = 4;Putedot(set_hour2 % 10 + 0x10);
    col = 112;row = 4;Putedot(set_minute2/10 + 0x10);    //显示定时 2 的"分"
    col = 120;row = 4;Putedot(set_minute2 % 10 + 0x10);
    //----------------------------------------
    if(Flag_1820Error == 0)                              //如果 DS18B20 是好的
    {
        col = 72;row = 6;
        if(sign == 0)Putedot(0x0d);                      //显示正的温度
```

```c
                else Putedot(e[0] + 0x10);                    //显示负的温度
                col = 80;row = 6;Putedot(e[1] + 0x10);        //显示温度值
                col = 88;row = 6;Putedot(e[2] + 0x10);
                col = 96;row = 6;Putedot(0x0e);
                col = 104;row = 6;Putedot(e[3] + 0x10);
            }
            else                                              //否则如果 DS18B20 损坏
            {
                col = 72;row = 6;Putedot(0x1f);               //显示为"?"
                col = 80;row = 6;Putedot(0x1f);
                col = 88;row = 6;Putedot(0x1f);
                col = 96;row = 6;Putedot(0x1f);
                col = 104;row = 6;Putedot(0x1f);
            }
            //-----------------------------------
            if(d[0] == 1)                                     //如果定时 1 启动/关闭的数据为 1
            {col = 120;row = 0;Putedot(0x1e);}                //显示"<",表示启动
            else
            {col = 120;row = 0;Putedot(0x1f);}                //否则显示"?",表示关闭
            if(d[1] == 1)                                     //如果定时 2 启动/关闭的数据为 1
            {col = 120;row = 2;Putedot(0x1e);}                //显示"<",表示启动
    else
            {col = 120;row = 2;Putedot(0x1f);}                //否则显示"?",表示关闭
}
/*************************************************************/
/**************根据年及月,计算出当月的天数的子函数**************/
//1、3、5、7、8、10、12 月的天数为 31 天;4、6、9、11 月的天数为 30 天。
//2 月的天数如闰年为 29 天;是平年为 28 天。
//如月份出错(如输入了 13 个月),天数返回 0。
/*************************************************************/
uchar conv(uint year,uchar month)
{ uchar len;
    switch(month)
    {
    case 1:len = 31;break;
    case 3:len = 31;break;
    case 5:len = 31;break;
    case 7:len = 31;break;
    case 8:len = 31;break;
    case 10:len = 31;break;
    case 12:len = 31;break;
    case 4:len = 30;break;
    case 6:len = 30;break;
    case 9:len = 30;break;
    case 11:len = 30;break;
```

```
        case 2:if(year % 4 == 0&&year % 100! = 0||year % 400 == 0)len = 29;
            else len = 28;break;
        default:return 0;
    }
    return len;
}
```

17.5.8　lcd.c 源程序

```
/**************************************************/
/*------------------判液晶模块 LCM 忙子函数-----------------*/
/**************************************************/
void lcd_busy(void)
{
    uchar val;
    RS_0;_NOP();_NOP();
    RW_1;_NOP();_NOP();
    DataPort = 0x00;
    while(1)
    {
        EN_1;_NOP();_NOP();
        DDRA = 0x00;
        val = PINA;
        if(val<0x80) break;
        EN_0;_NOP();_NOP();
    }
    DDRA = 0xff;
    EN_0;_NOP();_NOP();
}
/**************************************************/
/*------------------写指令到 LCM 子函数-----------------*/
/**************************************************/
void wcode(uchar c,uchar sel_l,uchar sel_r)
{
    if(sel_l == 1)CS1_1;
    else CS1_0;
    _NOP();_NOP();
    if(sel_r == 1)CS2_1;
    else CS2_0;
    _NOP();_NOP();
    lcd_busy();
    RS_0;_NOP();_NOP();
    RW_0;_NOP();_NOP();
    DataPort = c;
```

```c
    EN_1;_NOP();_NOP();
    EN_0;_NOP();_NOP();
}
/****************************************************/
/*----------------写数据到LCM子函数----------------*/
/****************************************************/
void wdata(uchar c,uchar sel_l,uchar sel_r)
{
    if(sel_l==1)CS1_1;
    else CS1_0;
    _NOP();_NOP();
    if(sel_r==1)CS2_1;
    else CS2_0;
    _NOP();_NOP();
    lcd_busy();
    RS_1;_NOP();_NOP();
    RW_0;_NOP();_NOP();
    DataPort = c;
    EN_1;_NOP();_NOP();
    EN_0;_NOP();_NOP();
}
/****************************************************/
/*根据x、y地址定位,将数据写入LCM左半屏或右半屏的子函数*/
/****************************************************/
void lw(uchar x, uchar y, uchar dd)
{
    if(x>=64)
    {set_xy(x-64,y);
    wdata(dd,0,1);}
    else
    {set_xy(x,y);
    wdata(dd,1,0);}
}
/****************************************************/
/*----------------设定起始行子函数---------------*/
/****************************************************/
void set_startline(uchar i)
{
    i = 0xc0 + i;
    wcode(i,1,1);
}
/****************************************************/
/*----------------定位x方向、y方向的子函数--------------*/
/****************************************************/
void set_xy(uchar x,uchar y)
```

```c
    x = x + 0x40;
    y = y + 0xb8;
    wcode(x,1,1);
    wcode(y,1,1);
}
/*****************************************/
/*--------------屏幕开启、关闭子函数---------------*/
/*****************************************/
void dison_off(uchar o)
{
    o = o + 0x3e;
    wcode(o,1,1);
}
/*****************************************/
/*---------------复位子函数-----------------*/
/*****************************************/
void reset(void)
{
    RST_0;
    Delay_nms(10);
    RST_1;
    Delay_nms(10);
}
/*****************************************/
/*--------------LCM初始化子函数---------------*/
/*****************************************/
void lcd_init(void)
{ uchar x,y;
    reset();
    set_startline(0);
    dison_off(0);
    for(y = 0;y<8;y++)
    {
        for(x = 0;x<128;x++)lw(x,y,0);
    }
    dison_off(1);
}
/*****************************************/
/*--------------显示一个汉字子函数---------------*/
/*****************************************/
void display_hz(uchar xx, uchar yy, uchar n, uchar fb,uchar const *p)
{
    uchar i,dx;
    for(i = 0;i<16;i++)
```

```c
        { dx = p[2 * i + n * 32];
          if(fb)dx = 255 - dx;
          lw(xx * 8 + i,yy,dx);
          dx = p[(2 * i + 1) + n * 32];
          if(fb)dx = 255 - dx;
          lw(xx * 8 + i,yy + 1,dx);
        }
}
/*****************************************/
/************显示中文界面的子函数************/
/*****************************************/
void display_chinese(void)
{
    uchar loop;
    for(loop = 0;loop<8;loop ++ )
        {display_hz(2 * loop,0,loop,1,chinese);}
    /* ======================================== */
    for(loop = 0;loop<8;loop ++ )
        {display_hz(2 * loop,2,loop + 8,1,chinese);}
    /* ======================================== */
    for(loop = 0;loop<8;loop ++ )
        {display_hz(2 * loop,4,loop + 16,1,chinese);}
    /* ======================================== */
    for(loop = 0;loop<8;loop ++ )
        {display_hz(2 * loop,6,loop + 24,1,chinese);}
}
/*****************************************/
/***********一个ASCII字串的输出*********/
/*****************************************/
void Putstr(uchar const * puts,uchar i)
{
  uchar j,X;
  for (j = 0;j<i;j ++ )
  {
     X = puts[j];
     Putedot(X - 0x20);   /* ascii码表从 0x20 开始 */
  }
}
/*****************************************/
/*******   半角字符点阵码数据输出   ******/
/*****************************************/
void Putedot(uchar Order)
{
 uchar i,bakerx,bakery; /* 共定义 4 个局部变量 */
 int x;     /* 偏移量,字符量少的可以定义为 UCHAR */
```

第17章 多功能测温汉字时钟实验

```
    bakerx = col;    /* 暂存 x,y 坐标,已备下半个字符使用 */
    bakery = row;
    x = Order * 16;    /* 半角字符,每个字符 16 字节 */
    /* 上半个字符输出,8 列 */
    for(i = 0;i<8;i++)
    {
      cbyte = Ezk[x];    /* 取点阵码,rom 数组 */
      lw(col,row,cbyte);    /* 写输出一字节 */
      x++;
      col++;
      if (col == 128){col = 0;row++;row++;};    /* 下一列,如果列越界换行 */
      if (row>7) row = 0;    /* 如果行越界,返回首行 */
    }    /* 上半个字符输出结束 */
    col = bakerx;    /* 列对齐 */
    row = bakery + 1;    /* 指向下半个字符行 */
    /* 下半个字符输出,8 列 */
    for(i = 0;i<8;i++)
    {
      cbyte = Ezk[x];    /* 取点阵码 */
      lw(col,row,cbyte);    /* 写输出一字节 */
      x++;
      col++;
      if (col == 128){col = 0;row = row + 2;};    /* 下一列,如果列越界换行 */
      if (row>7) row = 1;    /* 如果行越界,返回首行 */
    }    /* 下半个字符输出结束 */
    row = bakery;
}    /* 整个字符输出结束 */
/*******************************************/
/* ----------------显示一幅图片的子函数---------------- */
/*******************************************/
void display_tu(uchar fb)
{
    uchar i,dx,n;
    for(n = 0;n<8;n++)
    {
      for(i = 0;i<128;i++)
      { dx = tu[i + n * 128];
        if(fb)dx = 255 - dx;
        lw(i,n,dx);
      }
    }
}
/*******************************************/
/*        定义 ASCII 字库                    */
/*******************************************/
```

```
uchar const Ezk[] = {
/* -文字:  - -0x20 */
0x00,0x00,0x00,0x00,0x00,0x00,0x00,0x00,0x00,0x00,0x00,0x00,0x00,0x00,0x00,0x00,
/* -文字:! - -0x21 */
0x00,0x00,0x00,0xF8,0x00,0x00,0x00,0x00,0x00,0x00,0x00,0x27,0x00,0x00,0x00,0x00,
/* -文字:" - -0x22 */
0x00,0x08,0x04,0x02,0x08,0x04,0x02,0x00,0x00,0x00,0x00,0x00,0x00,0x00,0x00,0x00,
/* -文字:# - -0x23 */
0x40,0x40,0xF8,0x40,0x40,0xF8,0x40,0x00,0x04,0x3F,0x04,0x04,0x3F,0x04,0x04,0x00,
/* -文字:$ - -0x24 */
0x00,0x70,0x88,0xFC,0x08,0x08,0x30,0x00,0x00,0x1C,0x20,0xFF,0x21,0x22,0x1C,0x00,
/* -文字:% - -0x25 */
0xF0,0x08,0xF0,0x80,0x70,0x08,0x00,0x00,0x00,0x31,0x0E,0x01,0x1E,0x21,0x1E,0x00,
/* -文字:& - -0x26 */
0x00,0xF0,0x08,0x88,0x70,0x00,0x00,0x00,0x1E,0x21,0x23,0x24,0x18,0x16,0x20,0x00,
/* -文字:' - -0x27 */
0x20,0x18,0x00,0x00,0x00,0x00,0x00,0x00,0x00,0x00,0x00,0x00,0x00,0x00,0x00,0x00,
/* -文字:( - -0x28 */
0x00,0x00,0x00,0x00,0xC0,0x30,0x08,0x04,0x00,0x00,0x00,0x00,0x03,0x0C,0x10,0x20,
/* -文字:) - -0x29 */
0x04,0x08,0x30,0xC0,0x00,0x00,0x00,0x00,0x20,0x10,0x0C,0x03,0x00,0x00,0x00,0x00,
/* -文字:* - -0x2a */
0x40,0x40,0x80,0xF0,0x80,0x40,0x40,0x00,0x02,0x02,0x01,0x0F,0x01,0x02,0x02,0x00,
/* -文字:+ - -0x2b */
0x00,0x00,0x00,0xE0,0x00,0x00,0x00,0x00,0x01,0x01,0x01,0x0F,0x01,0x01,0x01,0x00,
/* -文字:, - -0x2c */
0x00,0x00,0x00,0x00,0x00,0x00,0x00,0x00,0x80,0x60,0x00,0x00,0x00,0x00,0x00,0x00,
/* -文字:- - -0x2d */
0x00,0x00,0x00,0x00,0x00,0x00,0x00,0x00,0x01,0x01,0x01,0x01,0x01,0x01,0x01,0x00,
/* -文字:. - -0x2e */
0x00,0x00,0x00,0x00,0x00,0x00,0x00,0x00,0x00,0x20,0x00,0x00,0x00,0x00,0x00,0x00,
/* -文字:/ - -ox2f */
0x00,0x00,0x00,0x00,0x00,0xE0,0x18,0x04,0x00,0x40,0x30,0x0C,0x03,0x00,0x00,0x00,
/* -文字:0 - -0x30 */
0x00,0xE0,0x10,0x08,0x08,0x10,0xE0,0x00,0x00,0x0F,0x10,0x20,0x20,0x10,0x0F,0x00,
/* -文字:1 - -0x31 */
0x00,0x10,0x10,0xF8,0x00,0x00,0x00,0x00,0x00,0x20,0x20,0x3F,0x20,0x20,0x00,0x00,
/* -文字:2 - -0x32 */
0x00,0x70,0x08,0x08,0x08,0x88,0x70,0x00,0x00,0x30,0x28,0x24,0x22,0x21,0x30,0x00,
/* -文字:3 - -0x33 */
0x00,0x30,0x08,0x88,0x88,0x48,0x30,0x00,0x00,0x18,0x20,0x20,0x20,0x11,0x0E,0x00,
/* -文字:4 - -0x34 */
0x00,0x00,0xC0,0x20,0x10,0xF8,0x00,0x00,0x00,0x07,0x04,0x24,0x24,0x3F,0x24,0x00,
/* -文字:5 - -0x35 */
0x00,0xF8,0x08,0x88,0x88,0x08,0x08,0x00,0x00,0x19,0x21,0x20,0x20,0x11,0x0E,0x00,
```

第17章 多功能测温汉字时钟实验

```
/*--文字:6--0x36*/
0x00,0xE0,0x10,0x88,0x88,0x18,0x00,0x00,0x00,0x0F,0x11,0x20,0x20,0x11,0x0E,0x00,
/*--文字:7--0x37*/
0x00,0x38,0x08,0x08,0xC8,0x38,0x08,0x00,0x00,0x00,0x00,0x3F,0x00,0x00,0x00,0x00,
/*--文字:8--0x38*/
0x00,0x70,0x88,0x08,0x08,0x88,0x70,0x00,0x00,0x1C,0x22,0x21,0x21,0x22,0x1C,0x00,
/*--文字:9--0x39*/
0x00,0xE0,0x10,0x08,0x08,0x10,0xE0,0x00,0x00,0x00,0x31,0x22,0x22,0x11,0x0F,0x00,
/*--文字:;--*/
0x00,0x00,0x60,0x60,0x00,0x00,0x00,0x00,0x00,0x00,0x18,0x18,0x00,0x00,0x00,0x00,
/*--文字:/--*/
0x00,0x00,0x00,0x80,0x00,0x00,0x00,0x00,0x00,0x00,0x80,0x60,0x00,0x00,0x00,0x00,
/*--文字:<--*/
0x00,0x00,0x80,0x40,0x20,0x10,0x08,0x00,0x00,0x01,0x02,0x04,0x08,0x10,0x20,0x00,
/*--文字:=--*/
0x40,0x40,0x40,0x40,0x40,0x40,0x40,0x00,0x04,0x04,0x04,0x04,0x04,0x04,0x04,0x00,
/*--文字:>--*/
0x00,0x08,0x10,0x20,0x40,0x80,0x00,0x00,0x00,0x20,0x10,0x08,0x04,0x02,0x01,0x00,
/*--文字:?--*/
0x00,0x30,0x08,0x08,0x08,0x88,0x70,0x00,0x00,0x00,0x00,0x26,0x01,0x00,0x00,0x00,
/*--文字:@--*/
0xC0,0x30,0xC8,0x28,0xE8,0x10,0xE0,0x00,0x07,0x18,0x27,0x28,0x27,0x28,0x07,0x00,
/*--文字:A--*/
0x00,0x00,0xE0,0x18,0x18,0xE0,0x00,0x00,0x30,0x0F,0x04,0x04,0x04,0x04,0x0F,0x30,
/*--文字:B--*/
0xF8,0x08,0x08,0x08,0x08,0x90,0x60,0x00,0x3F,0x21,0x21,0x21,0x21,0x12,0x0C,0x00,
/*--文字:C--*/
0xE0,0x10,0x08,0x08,0x08,0x10,0x60,0x00,0x0F,0x10,0x20,0x20,0x20,0x10,0x0C,0x00,
/*--文字:D--*/
0xF8,0x08,0x08,0x08,0x08,0x10,0xE0,0x00,0x3F,0x20,0x20,0x20,0x20,0x10,0x0F,0x00,
/*--文字:E--*/
0x00,0xF8,0x08,0x08,0x08,0x08,0x08,0x00,0x00,0x3F,0x21,0x21,0x21,0x21,0x20,0x00,
/*--文字:F--*/
0xF8,0x08,0x08,0x08,0x08,0x08,0x08,0x00,0x3F,0x01,0x01,0x01,0x01,0x01,0x00,0x00,
/*--文字:G--*/
0xE0,0x10,0x08,0x08,0x08,0x10,0x60,0x00,0x0F,0x10,0x20,0x20,0x21,0x11,0x3F,0x00,
/*--文字:H--*/
0x00,0xF8,0x00,0x00,0x00,0x00,0xF8,0x00,0x00,0x3F,0x01,0x01,0x01,0x01,0x3F,0x00,
/*--文字:I--*/
0x00,0x00,0x00,0xF8,0x00,0x00,0x00,0x00,0x00,0x00,0x00,0x3F,0x00,0x00,0x00,0x00,
/*--文字:J--*/
0x00,0x00,0x00,0x00,0x00,0x00,0xF8,0x00,0x00,0x1C,0x20,0x20,0x20,0x20,0x1F,0x00,
/*--文字:K--*/
0x00,0xF8,0x00,0x80,0x40,0x20,0x10,0x08,0x00,0x3F,0x01,0x00,0x03,0x04,0x18,0x20,
/*--文字:L--*/
```

0xF8,0x00,0x00,0x00,0x00,0x00,0x00,0x00,0x3F,0x20,0x20,0x20,0x20,0x20,0x20,0x00,
/*－文字:M－－*/
0xF8,0xE0,0x00,0x00,0x00,0xE0,0xF8,0x00,0x3F,0x00,0x0F,0x30,0x0F,0x00,0x3F,0x00,
/*－文字:N－－*/
0x00,0xF8,0x30,0xC0,0x00,0x00,0xF8,0x00,0x00,0x3F,0x00,0x01,0x06,0x18,0x3F,0x00,
/*－文字:O－－*/
0x00,0xE0,0x10,0x08,0x08,0x10,0xE0,0x00,0x00,0x0F,0x10,0x20,0x20,0x10,0x0F,0x00,
/*－文字:P－－*/
0xF8,0x08,0x08,0x08,0x08,0x10,0xE0,0x00,0x3F,0x02,0x02,0x02,0x02,0x01,0x00,0x00,
/*－文字:Q－－*/
0x00,0xE0,0x10,0x08,0x08,0x10,0xE0,0x00,0x00,0x0F,0x10,0x20,0x2C,0x10,0x2F,0x00,
/*－文字:R－－*/
0xF8,0x08,0x08,0x08,0x08,0x90,0x60,0x00,0x3F,0x01,0x01,0x01,0x07,0x18,0x20,0x00,
/*－文字:S－－*/
0x60,0x90,0x88,0x08,0x08,0x10,0x20,0x00,0x0C,0x10,0x20,0x21,0x21,0x12,0x0C,0x00,
/*－文字:T－－*/
0x08,0x08,0x08,0xF8,0x08,0x08,0x08,0x00,0x00,0x00,0x00,0x3F,0x00,0x00,0x00,0x00,
/*－文字:U－－*/
0xF8,0x00,0x00,0x00,0x00,0x00,0xF8,0x00,0x0F,0x10,0x20,0x20,0x20,0x10,0x0F,0x00,
/*－文字:V－－*/
0x18,0xE0,0x00,0x00,0x00,0xE0,0x18,0x00,0x00,0x01,0x0E,0x30,0x0E,0x01,0x00,0x00,
/*－文字:W－－*/
0xF8,0x00,0xC0,0x38,0xC0,0x00,0xF8,0x00,0x03,0x3C,0x03,0x00,0x03,0x3C,0x03,0x00,
/*－文字:X－－*/
0x08,0x30,0xC0,0x00,0xC0,0x30,0x08,0x00,0x20,0x18,0x06,0x01,0x06,0x18,0x20,0x00,
/*－文字:Y－－*/
0x08,0x30,0xC0,0x00,0xC0,0x30,0x08,0x00,0x00,0x00,0x00,0x3F,0x00,0x00,0x00,0x00,
/*－文字:Z－－*/
0x08,0x08,0x08,0x08,0xC8,0x28,0x18,0x00,0x30,0x2C,0x22,0x21,0x20,0x20,0x20,0x00,
/*－文字:{－－*/
0x00,0x00,0x00,0x80,0x7E,0x02,0x00,0x00,0x00,0x00,0x00,0x00,0x00,0x3F,0x20,0x00,0x00,
/*－文字:\－－*/
0x00,0x08,0x70,0x80,0x00,0x00,0x00,0x00,0x00,0x00,0x00,0x00,0x01,0x0E,0x30,0xC0,0x00,
/*－文字:}－－*/
0x00,0x02,0x7E,0x80,0x00,0x00,0x00,0x00,0x00,0x20,0x3F,0x00,0x00,0x00,0x00,0x00;
/*－文字:^－－*/
0x00,0x08,0x04,0x02,0x02,0x04,0x08,0x00,0x00,0x00,0x00,0x00,0x00,0x00,0x00,0x00,
/*－文字:_－－*/
0x00,0x00,0x00,0x00,0x00,0x00,0x00,0x00,0x80,0x80,0x80,0x80,0x80,0x80,0x80,0x80,
/*－文字:`－－*/
0x00,0x00,0x02,0x06,0x04,0x08,0x00,0x00,0x00,0x00,0x00,0x00,0x00,0x00,0x00,0x00,
/*－文字:a－－*/
0x00,0x00,0x80,0x80,0x80,0x80,0x00,0x00,0x00,0x19,0x24,0x24,0x24,0x14,0x3F,0x00,
/*－文字:b－－*/
0x00,0xF8,0x00,0x80,0x80,0x80,0x00,0x00,0x00,0x3F,0x11,0x20,0x20,0x20,0x1F,0x00,

第17章 多功能测温汉字时钟实验

```
/*--文字:c--*/
0x00,0x00,0x80,0x80,0x80,0x80,0x00,0x00,0x0E,0x11,0x20,0x20,0x20,0x20,0x11,0x00,
/*--文字:d--*/
0x00,0x00,0x80,0x80,0x80,0x00,0xF8,0x00,0x00,0x1F,0x20,0x20,0x20,0x11,0x3F,0x00,
/*--文字:e--*/
0x00,0x00,0x80,0x80,0x80,0x80,0x00,0x00,0x0E,0x15,0x24,0x24,0x24,0x25,0x16,0x00,
/*--文字:f--*/
0x00,0x80,0x80,0xF0,0x88,0x88,0x88,0x00,0x00,0x00,0x00,0x3F,0x00,0x00,0x00,0x00,
/*--文字:g--*/
0x00,0x00,0x80,0x80,0x80,0x80,0x80,0x00,0x40,0xB7,0xA8,0xA8,0xA8,0xA7,0x40,0x00,
/*--文字:h--*/
0x00,0xF8,0x00,0x80,0x80,0x80,0x00,0x00,0x00,0x3F,0x01,0x00,0x00,0x00,0x3F,0x00,
/*--文字:i--*/
0x00,0x00,0x00,0x00,0x98,0x00,0x00,0x00,0x00,0x00,0x00,0x3F,0x00,0x00,0x00,0x00,
/*--文字:j--*/
0x00,0x00,0x00,0x00,0x98,0x00,0x00,0x00,0x00,0x80,0x80,0x80,0x7F,0x00,0x00,0x00,
/*--文字:k--*/
0x00,0xF8,0x00,0x00,0x00,0x80,0x80,0x00,0x00,0x3F,0x04,0x02,0x0D,0x10,0x20,0x00,
/*--文字:l--*/
0x00,0x00,0x00,0xF8,0x00,0x00,0x00,0x00,0x00,0x00,0x00,0x3F,0x00,0x00,0x00,0x00,
/*--文字:m--*/
0x80,0x80,0x80,0x80,0x80,0x80,0x00,0x00,0x3F,0x00,0x00,0x3F,0x00,0x00,0x3F,0x00,
/*--文字:n--*/
0x00,0x80,0x00,0x80,0x80,0x80,0x00,0x00,0x00,0x3F,0x01,0x00,0x00,0x00,0x3F,0x00,
/*--文字:o--*/
0x00,0x00,0x80,0x80,0x80,0x80,0x00,0x00,0x0E,0x11,0x20,0x20,0x20,0x11,0x0E,0x00,
/*--文字:p--*/
0x00,0x80,0x00,0x80,0x80,0x80,0x00,0x00,0x00,0xFF,0x11,0x20,0x20,0x20,0x1F,0x00,
/*--文字:q--*/
0x00,0x00,0x80,0x80,0x80,0x00,0x80,0x00,0x00,0x1F,0x20,0x20,0x20,0x11,0xFF,0x00,
/*--文字:r--*/
0x00,0x00,0x80,0x00,0x00,0x80,0x80,0x00,0x00,0x00,0x3F,0x01,0x01,0x00,0x00,0x00,
/*--文字:s--*/
0x00,0x00,0x80,0x80,0x80,0x80,0x00,0x00,0x00,0x13,0x24,0x24,0x24,0x24,0x19,0x00,
/*--文字:t--*/
0x00,0x80,0x80,0xE0,0x80,0x80,0x80,0x00,0x00,0x00,0x00,0x1F,0x20,0x20,0x20,0x00,
/*--文字:u--*/
0x00,0x80,0x00,0x00,0x00,0x00,0x00,0x00,0x1F,0x20,0x20,0x20,0x10,0x3F,0x00,
/*--文字:v--*/
0x80,0x00,0x00,0x00,0x00,0x00,0x80,0x00,0x00,0x07,0x18,0x20,0x18,0x07,0x00,0x00,
/*--文字:w--*/
0x80,0x00,0x00,0x80,0x00,0x00,0x80,0x00,0x0F,0x30,0x0E,0x01,0x0E,0x30,0x0F,0x00,
/*--文字:x--*/
0x80,0x00,0x00,0x00,0x00,0x00,0x80,0x00,0x20,0x11,0x0A,0x04,0x0A,0x11,0x20,0x00,
/*--文字:y--*/
```

0x80,0x00,0x00,0x00,0x00,0x00,0x80,0x00,0x00,0x87,0x98,0x60,0x18,0x07,0x00,0x00,
/* -文字:z- - */
0x00,0x80,0x80,0x80,0x80,0x80,0x80,0x00,0x00,0x30,0x28,0x24,0x22,0x21,0x20,0x00,
/* -文字:{- - */
0x00,0x00,0x00,0x80,0x7E,0x02,0x00,0x00,0x00,0x00,0x00,0x00,0x3F,0x20,0x00,0x00,
/* -文字:| - - */
0x00,0x00,0x00,0xFF,0x00,0x00,0x00,0x00,0x00,0x00,0x00,0xFF,0x00,0x00,0x00,0x00,
/* -文字:} - - */
0x00,0x02,0x7E,0x80,0x00,0x00,0x00,0x00,0x00,0x20,0x3F,0x00,0x00,0x00,0x00,0x00,
/* -文字:~ - - */
0x00,0x06,0x01,0x01,0x06,0x04,0x03,0x00,0x00,0x00,0x00,0x00,0x00,0x00,0x00,0x00
};
/***/
/***************"年"的点阵码*****************/
/***/
uchar const nian[] = {
0xBF,0xFB,0xDF,0xFB,0xEF,0xFB,0xF3,0xFB,0x1C,0xF8,0xDD,0xFB,0xDD,0xFB,0x01,0x00,
0xDD,0xFB,0xDD,0xFB,0xDD,0xFB,0xDD,0xFB,0xFD,0xFB,0xFF,0xFB,0xFF,0xFF/* "年",0 */
};
/***/
/***************"月"的点阵码*****************/
/***/
uchar const yue[] = {
0xFF,0xFF,0xFF,0xBF,0xFF,0xDF,0xFF,0xEF,0xFF,0xF3,0x00,0xFC,0xEE,0xFE,0xEE,0xFE,
0xEE,0xDE,0xEE,0xBE,0x00,0xC0,0xFF,0xFF,0xFF,0xFF,0xFF,0xFF,0xFF,0xFF/* "月",0 */
};
/***/
/***************"日"的点阵码*****************/
/***/
uchar const ri[] = {
0xFF,0xFF,0xFF,0xFF,0xFF,0xFF,0x01,0xC0,0xBD,0xEF,0xBD,0xEF,0xBD,0xEF,0xBD,0xEF,
0xBD,0xEF,0xBD,0xEF,0x01,0xC0,0xFF,0xFF,0xFF,0xFF,0xFF,0xFF,0xFF,0xFF/* "日",0 */
};
/***/
/***************"时"的点阵码*****************/
/***/
uchar const shi[] = {
0xFF,0xFF,0x03,0xF8,0xBB,0xFB,0xBB,0xFB,0xBB,0xFB,0x03,0xF8,0xEF,0xFF,0x6F,0xFF,0xEF,0xFC,
0xEF,0xBF,0xEF,0x7F,0x00,0x80,0xEF,0xFF,0xEF,0xFF,0xEF,0xFF,0xFF,0xFF/* "时",0 */
};
/***/
/***************"分"的点阵码*****************/
/***/
uchar const fen[] = {
0x7F,0xFF,0xBF,0x7F,0xDF,0xBF,0x67,0xDF,0x78,0xEF,0x7D,0xF0,0x7F,0xFF,0x7F,0xFF,0x7C,0xDF,

第17章 多功能测温汉字时钟实验

```
0x7B,0xBF,0x67,0xC0,0xCF,0xFF,0x9F,0xFF,0x3F,0xFF,0xBF,0xFF,0xFF,0xFF/*"分",0*/
};
/**************************************************/
/******************"秒"的点阵码*******************/
/**************************************************/
uchar const miao[] = {
0xED,0xFB,0xED,0xFC,0x2D,0xFF,0x01,0x00,0x6E,0xFF,0xEE,0x7C,0x3F,0x7F,0xC7,0xBF,0xEF,0xBF,
0xFF,0xDF,0x00,0xDC,0xFF,0xEF,0xF7,0xF7,0xEF,0xFB,0x9F,0xFC,0xFF,0xFF/*"秒",0*/
};
/**************************************************/
/***************"室内温度："的点阵码 **************/
/**************************************************/
uchar const temperature[] = {
0xFF,0xBF,0xEF,0xBF,0xD3,0xB7,0xDB,0xB6,0x5B,0xB6,0x9B,0xB6,0xDA,0xB6,0xD9,0x80,0xDB,0xB6,
0xDB,0xB6,0x5B,0xB6,0xDB,0xB4,0xCB,0xB7,0xD3,0xBF,0xFB,0xBF,0xFF,0xFF,/*"室",0*/
0xFF,0xFF,0xFF,0xFF,0x07,0x00,0xF7,0xF7,0xF7,0xFB,0xF7,0xFD,0x77,0xFE,0x80,0xFF,0xB7,0xFF,
0x77,0xFF,0xF7,0xFE,0xF7,0xB9,0xF7,0x7F,0x07,0x80,0xFF,0xFF,0xFF,0xFF,/*"内",1*/
0xEF,0xFD,0xDE,0x01,0x79,0xFE,0x8F,0xFF,0x80,0x81,0xBE,0xB5,0xBE,0x80,0xB5,0xBE,
0xB5,0xBE,0xB5,0x80,0x81,0xBE,0xFF,0xBE,0xFF,0x80,0xFF,0xBF,0xFF,0xFF,/*"温",2*/
0xFF,0x7F,0xFF,0x9F,0x03,0xE0,0xFB,0x7F,0xDB,0x7F,0xDB,0xBD,0x03,0xB9,0x5A,0xD5,0x59,0xED,
0x5B,0xED,0x03,0xD5,0xDB,0xD9,0xDB,0xBD,0xDB,0x3F,0xFB,0xBF,0xFF,0xFF,/*"度",3*/
0xFF,0xFF,0xFF,0xFF,0xFF,0xC9,0xFF,0xC9,0xFF,0xFF,0xFF,0xFF,0xFF,0xFF,
0xFF,0xFF,0xFF,0xFF,0xFF,0xFF,0xFF,0xFF,0xFF,0xFF,0xFF,0xFF,0xFF,0xFF/*"：",4*/
};
/**************************************************/
/******************"度"的点阵码*******************/
/**************************************************/
uchar const du[] = {
0xFF,0x7F,0xFF,0x9F,0x03,0xE0,0xFB,0x7F,0xDB,0x7F,0xDB,0xBD,0x03,0xB9,0x5A,0xD5,0x59,0xED,
0x5B,0xED,0x03,0xD5,0xDB,0xD9,0xDB,0xBD,0xDB,0x3F,0xFB,0xBF,0xFF,0xFF/*"度",0*/
};
/**************************************************/
/************     一幅图片的点阵码表     **********/
/**************************************************/
const uchar tu[] = {
0xF3,0xFF,0xFF,0xFF,0xFF,0xFF,0xFF,0xFF,0xFF,0xFF,0xFF,0xFF,0xFF,0xFF,0xFF,0xFF,
0xFF,0xFF,0x9F,0x9F,0xDF,0xCF,0xCF,0xCF,0xCF,0xCF,0xCF,0x0F,0x0F,0x1F,0x3F,0x3F,
0x1F,0x1F,0xCF,0xCF,0xEF,0xEF,0xEF,0xEF,0xEF,0xFF,0xFF,0xFF,0xFF,0xFF,0xFF,0xFF,
0xFF,0xFF,0xFF,0xFF,0xFF,0xFF,0xFF,0xFF,0xFF,0xFF,0xFF,0xFF,0xFF,0xFF,0xFF,0xFF,
0xFF,0xFF,0xFF,0xFF,0xFF,0xFF,0xFF,0xFF,0xFF,0xFF,0xFF,0xFF,0xFF,0xFF,0xFF,0xFF,
0xFF,0xFF,0xFF,0xFF,0xFF,0xFF,0xFF,0xFF,0xFF,0xFF,0xFF,0xFF,0xFF,0xFF,0xFF,0x7F,
0x7F,0x3F,0x3F,0x3F,0x3F,0x3F,0x3F,0x3F,0x3F,0x1F,0x1F,0x1F,0x1F,0x1F,0x1F,0x1F,
0x0F,0x0F,0x4F,0x4F,0x4F,0x0F,0x0F,0x0F,0x8F,0x8F,0xCF,0xCF,0xCF,0xEF,0xFF,0xFF,
0xCB,0xCF,0xCF,0xCF,0xCF,0xCF,0xDF,0x9F,0x9F,0xCF,0xCF,0xEF,0xE7,0xE7,0xE7,0xE7,
0xCF,0xEF,0xFF,0xFF,0xF7,0xFF,0xFF,0xFF,0xFF,0xFF,0xFE,0xFE,0xFE,0xFE,0xFE,0xFE,
```

0xFE,0xFE,0xFF,0xFF,0xFF,0xFF,0xFF,0xFF,0xFF,0xFF,0xFF,0xFF,0xFF,0xFF,0xFF,0xFF,
0xFF,0xFF,0xFF,0xFF,0xFF,0xFF,0xFF,0xFF,0xFF,0xFF,0xFF,0xFF,0xFF,0xFF,0xFF,0xFF,
0xFF,0xFF,0x7F,0x7F,0x7F,0x3F,0x3F,0x3F,0x1F,0x1F,0x1F,0x1F,0x0F,0x1F,0x1F,0x1F,
0x1F,0x3F,0xBF,0xBF,0xBF,0x3F,0x7F,0x7F,0x7F,0xFF,0xFF,0x3F,0x8F,0xE3,0x38,0x1C,
0x0F,0x07,0x40,0x70,0x70,0x78,0x7C,0x7E,0xFC,0xFE,0xFE,0xFE,0xFE,0xFE,0xFE,0xFE,
0xFE,0xFE,0xFE,0xFE,0xFF,0xFF,0xFF,0xFF,0xFF,0xFF,0xFF,0xFF,0xFF,0xFF,0xFF,0xFF,
0xFF,0xFF,0xFF,0xFF,0xFF,0xFF,0xFF,0xFF,0xFF,0xFF,0xFF,0xFF,0xFF,0xFF,0xFF,0xFF,
0xFF,0xFF,0xFF,0xFF,0xFF,0xFF,0xFF,0xFF,0xFF,0xFF,0xFF,0xFF,0xFF,0xFF,0xFF,0xFF,
0xFF,0xFF,0xFF,0xFF,0xFF,0xFF,0xFF,0xFF,0xFF,0xFF,0xFF,0xFF,0xFF,0xFF,0xFF,0xFF,
0xFF,0xFF,0xFF,0xFF,0xFF,0xFF,0xFF,0xFF,0xFF,0xFD,0xFC,0xFC,0xFC,0xFC,0xFC,0xFC,
0xFC,0xFC,0xFC,0xFC,0xFC,0xF8,0xFC,0xFC,0xFC,0xFE,0xFE,0xFE,0xFF,0xFF,0xDF,0xCF,
0xCE,0xC6,0xC0,0xE0,0xE1,0xE1,0xF1,0xF0,0xF4,0xF4,0xF4,0xF6,0xF7,0xF7,0xF6,0xF2,
0xFA,0xFA,0xF9,0xF8,0xF8,0xF0,0xF8,0xF8,0xFC,0xFC,0xFF,0xFF,0xFF,0xFF,0xFF,0xFF,
0xFF,0xFF,0xFF,0xFF,0xFF,0xFF,0xFF,0xFF,0xFF,0xFF,0xFF,0xFF,0xFF,0xFF,0xFF,0xFF,
0xFF,0xFF,0xFF,0xFF,0xFF,0xFF,0xFF,0xFF,0xFF,0xFF,0xFF,0xFF,0xFF,0xFF,0xFF,0xFF,
0xFF,0xFF,0xFF,0xFF,0xFF,0xFF,0xFF,0xFF,0xFF,0xFF,0xFF,0xFF,0xFF,0xFF,0xFF,0xFF,
0xFF,0xFF,0xFF,0xFF,0xFF,0xFF,0xFF,0xFF,0xFF,0xFF,0xFF,0xFF,0xFF,0xFF,0xFF,0xFF,
0xFF,0xFF,0xFF,0xFF,0xFF,0xFF,0xFF,0xFF,0xFF,0xFF,0xFF,0xFF,0xFF,0xFF,0xFF,0xFF,
0xFF,0xFF,0xFF,0xFF,0xFF,0xFF,0xFF,0xFF,0xFF,0xFF,0xFF,0xFF,0xFF,0xFF,0xFF,0xFF,
0xFF,0xFF,0xFF,0xFF,0xFF,0xFF,0xFF,0xFF,0xFF,0xFF,0xFF,0xFF,0xFF,0xFF,0xFF,0xFF,
0x17,0x07,0x0F,0x3F,0x1F,0x7F,0x7F,0x3F,0xFF,0xFF,0xFF,0xFF,0xFF,0xFF,0xFF,0xFF,
0xFF,0xFF,0xFF,0xFF,0xFF,0xFF,0xFF,0xFF,0xFF,0xFF,0xFF,0xFF,0xFF,0xFF,0xFF,0xFF,
0xFF,0xFF,0xFF,0xFF,0xFF,0xFF,0xFF,0xFF,0xFF,0xFF,0xFF,0xFF,0xFF,0xFF,0xFF,0xFF,
0xFF,0xFF,0xFF,0xFF,0xFF,0xFF,0xFF,0xFF,0xFF,0xFF,0xFF,0xFF,0xFF,0xFF,0xFF,0xFF,
0xFF,0xFF,0xFF,0xFF,0xFF,0xFF,0xFF,0xFF,0xFF,0xFF,0xFF,0xFF,0xFF,0xFF,0xFF,0xFF,
0xFF,0xFF,0xFF,0xFF,0xFF,0xFF,0xFF,0xFF,0x7F,0x3F,0x3F,0x9F,0x9F,0x1F,0xCF,
0xCF,0xCF,0xCF,0xDF,0x9F,0xDF,0xCF,0xCF,0xCF,0xEF,0xE7,0xE7,0xE7,0xE7,0xEF,0x8F,
0x8F,0x8F,0x9F,0x9F,0x1F,0x3F,0x3F,0x3F,0x7F,0x3F,0x3F,0x7F,0x3F,0x1F,0x0F,0x0F,
0x00,0x00,0x00,0x00,0x00,0x00,0x01,0x03,0x07,0x03,0x03,0x01,0x03,0x03,0x05,0x03,
0x03,0x01,0x01,0x01,0x01,0x01,0x01,0x01,0x01,0x01,0x81,0x01,0x00,0x00,0x80,0x80,
0xC0,0x81,0xC1,0x81,0x93,0x43,0x63,0x63,0x47,0x47,0x0F,0x1F,0x3F,0xFF,0xDF,0x7F,
0xFF,0x7F,0x7F,0xFF,0xEF,0xEF,0x7F,0x7F,0x7F,0x3F,0x1F,0x1F,0xFF,0xFF,0xFF,0xFF,
0xFF,0xFF,0x7F,0x7F,0x7F,0x7F,0x7F,0x7F,0x3F,0x3F,0x3F,0x1F,0x07,0x0F,0x1F,0x1F,
0x3F,0x3F,0x37,0x0F,0x1F,0x0F,0x07,0x01,0x00,0x00,0x60,0xC0,0xC0,0xCC,0xFF,0xFF,
0xF7,0xFF,0xFF,0xFF,0xFF,0xFF,0xFF,0xFF,0xFF,0xFF,0xFF,0xFF,0xFF,0xFF,0xFF,0xC7,
0xC7,0xC3,0x03,0x07,0x07,0x07,0x07,0x00,0x08,0x00,0x00,0x00,0x00,0x00,0x00,0x00,
0x00,0x00,0x00,0x00,0x00,0x00,0x00,0x00,0x00,0x00,0x00,0x00,0x00,0x00,0x00,0x00,
0x00,0x80,0xC0,0xC0,0x80,0xC0,0xC0,0xC0,0xE0,0xFC,0xFF,0xFF,0xFF,0xFF,0xFF,0xFF,
0xFF,0xFF,0xFF,0xFF,0xFF,0xFE,0xFE,0xFE,0xFE,0xFC,0xFC,0xFC,0x58,0x71,0x41,0x02,
0x02,0x00,0x00,0x00,0x01,0x01,0x00,0x00,0x00,0x02,0x00,0x01,0x01,0x01,0x01,0x00,
0x00,0x06,0x04,0x00,0x00,0x00,0x00,0x00,0x00,0x00,0x00,0x00,0x00,0x00,0x00,0x00,
0x00,0x00,0x00,0x00,0x00,0x00,0x00,0x00,0x00,0x00,0x00,0x00,0x0C,0x0C,0x1C,0x1F,
0xBF,0xFF,0x7F,0xFF,0xFF,0x7F,0x7F,0x7F,0x1F,0x1F,0x1F,0x0F,0x1F,0x1F,0x0F,0x07,

第17章 多功能测温汉字时钟实验

0x03,0x03,0x06,0x04,0x00,0x00,0x00,0x00,0x00,0x00,0x00,0x00,0x00,0x00,0x00,0x00,
0x00,0x00,0x00,0x00,0x00,0x00,0x00,0x00,0x00,0x00,0x00,0x00,0x00,0x00,0x00,0x00,
0x00,0x00,0x00,0x00,0x00,0x00,0x01,0x01,0x01,0x01,0x01,0x01,0x01,0x03,0x03,0x03,
0x09,0x01,0x03,0x01,0x01,0x01,0x03,0x01,0x09,0x01,0x02,0x04,0x3E,0x26,0x00,0x00,
0x0C,0x04,0x00,0x40,0x00,0x80,0xE0,0x00,0x00,0x00,0x00,0x00,0x00,0x00,0x00,0x00,
0x00,0x00,0x00,0x00,0x00,0x00,0x00,0x00,0x00,0x00,0x00,0x00,0x00,0x00,0x00,0x10,
0x10,0x20,0x00,0x00,0x00,0x00,0x00,0x00,0x00,0x00,0x00,0x00,0x00,0x00,0x00,0x00,
0x01,0x01,0x01,0x01,0x00,0x00,0x00,0x00,0x00,0x00,0x00,0x00,0x00,0x00,0x00,0x00,
0x00,0x00,0x00,0x00,0x00,0x00,0x00,0x00,0x00,0x00,0x00,0x00,0x00,0x00,0x00,0x00
};
/***/
/*************   整屏中文的点阵码表   **************/
/***/
uchar const chinese[] = {
0xBF,0xFF,0xBD,0xFF,0x33,0x80,0xFB,0xDF,0xFF,0xEF,0xAF,0x7D,0x6B,0xBC,0xCB,0xDD,0x2B,0xED,
0xE0,0xF5,0x2B,0xF8,0xEB,0xF5,0xAB,0xED,0xCB,0x1D,0xEF,0xBD,0xFF,0xFF,/*"读",0*/
0xFF,0xFB,0xDF,0xFB,0xDB,0xFB,0xDB,0xFD,0xDB,0xFD,0xDB,0x00,0x5B,0xB6,0x40,0xB6,0x9B,0xB6,
0xDB,0xB6,0xCB,0xB6,0xD7,0xB6,0xD9,0x00,0xDB,0xFF,0xDF,0xFF,0xFF,0xFF,/*"者",1*/
0xFF,0xBF,0xFF,0xCF,0x01,0xF0,0x6D,0xFF,0x6D,0xDF,0x6D,0xBF,0x6D,0x01,0xC0,0xFF,0xBF,0xFF,0xCF,
0x01,0xF0,0x6D,0xFF,0x6D,0xDF,0x6D,0xBF,0x01,0xC0,0xFF,0xFF,0xFF,0xFF,/*"朋",2*/
0xF7,0xBF,0xF7,0xDF,0xF7,0x6F,0xF7,0x77,0xF7,0xB9,0x37,0xBE,0x80,0xDE,0xB7,0xED,0xB7,0xF3,
0xB7,0xF3,0xB7,0xEC,0x37,0xDF,0xF7,0x9F,0xF7,0x3F,0xF7,0xBF,0xFF,0xFF,/*"友",3*/
0xFF,0xFF,0xFF,0xFF,0xFF,0xFF,0xC9,0xFF,0xC9,0xFF,0xFF,0xFF,0xFF,0xFF,0xFF,0xFF,0xFF,0xFF,
0xFF,0xFF,0xFF,0xFF,0xFF,0xFF,0xFF,0xFF,0xFF,0xFF,0xFF,0xFF,0xFF,0xFF,/*":",4*/
0xDF,0xFF,0xDF,0x7F,0xDF,0xBF,0xDF,0xDF,0xDF,0xEF,0xDF,0xF3,0x5F,0xFC,0x80,0xFF,0x5F,0xFE,
0xDF,0xF9,0xDF,0xF7,0xDF,0xCF,0xDF,0x9F,0xDF,0x3F,0xDF,0xBF,0xFF,0xFF,/*"大",5*/
0xFF,0xFF,0xE7,0xD6,0xFB,0xD6,0xEB,0xEA,0x6B,0xEB,0x6B,0xB5,0x2A,0x76,0x49,0xBB,0xEB,0xC0,
0xEB,0xF9,0x6B,0xF6,0xFB,0xF6,0xEB,0xEF,0xF3,0xCF,0xFB,0xEF,0xFF,0xFF,/*"家",6*/
0xEF,0x7F,0xEF,0xBC,0x0F,0xDD,0xE0,0xEB,0xEF,0xF3,0x0F,0x8C,0x7F,0xDF,0x7D,0xFF,0x7D,0xBF,
0x7D,0x7F,0x0D,0x80,0x75,0xFF,0x79,0xFF,0x7D,0xFF,0x7F,0xFF,0xFF,0xFF,/*"好",7*/
0xFF,0xFF,0xFF,0xFF,0xFF,0xFF,0x0F,0xA0,0xFF,0xFF,0xFF,0xFF,0xFF,0xFF,0xFF,0xFF,0xFF,0xFF,
0xFF,0xFF,0xFF,0xFF,0xFF,0xFF,0xFF,0xFF,0xFF,0xFF,0xFF,0xFF,0xFF,0xFF,/*"!",8*/
0xFD,0xF7,0xBD,0xF7,0xBD,0xF7,0x01,0xF8,0xBD,0x7B,0xBD,0xBB,0x01,0xDC,0xFD,0xE7,0xFD,0xF9,
0x05,0xFE,0xFD,0xC1,0xFD,0xBF,0x01,0xBC,0xFF,0xBF,0xFF,0x87,0xFF,0xFF,/*"现",9*/
0xFF,0xFB,0xFB,0xFD,0xFB,0xFE,0x3B,0x80,0x9B,0xFF,0x63,0xDF,0x78,0xDF,0x7B,0xDF,0x7B,0xDF,
0x1B,0xC0,0x7B,0xDF,0x7B,0xDF,0x7B,0xDF,0x7B,0xDF,0xFB,0xDF,0xFF,0xFF,/*"在",10*/
0x7F,0xFF,0x7D,0xBF,0x63,0xDF,0x77,0xE0,0xFF,0xDF,0x77,0xAF,0x77,0xB3,0x00,0xBC,0x77,0xBF,
0x77,0xBF,0x77,0xBF,0x00,0xA0,0x77,0xBF,0x77,0xBF,0x7F,0xBF,0xFF,0xFF,/*"进",11*/
0xEF,0xFD,0xF7,0xFE,0x7B,0xFF,0x39,0x00,0x8C,0xFF,0xDD,0xFF,0xBF,0xFF,0xBB,0xFF,0xBB,0xBF,
0xBB,0x7F,0x3B,0x80,0xBB,0xFF,0xBB,0xFF,0xBB,0xFF,0xBF,0xFF,0xFF,0xFF,/*"行",12*/
0xDF,0xDD,0xCF,0xDC,0x57,0xDD,0x98,0xED,0xCD,0xED,0xFF,0xDF,0xF3,0xEE,0xDB,0xF2,0xDB,0xBE,
0xDA,0x7E,0xD9,0x80,0xDB,0xFE,0xDB,0xFA,0xDB,0xF6,0xF3,0xCE,0xFF,0xFF,/*"综",13*/
0xBF,0xFF,0xBF,0xFF,0xDF,0xFF,0xAF,0x81,0xB7,0xDD,0xBB,0xDD,0xBD,0xDD,0xBE,0xDD,0xBD,0xDD,
0xBB,0xDD,0x97,0xDD,0xAF,0x81,0xCF,0xFF,0x9F,0xFF,0xDF,0xFF,0xFF,0xFF,/*"合",14*/
0xFF,0xFF,0xEF,0x7D,0xF3,0x7D,0xFB,0xBD,0xB3,0xBD,0x4B,0xDC,0x6B,0xED,0xFA,0xF5,0x09,0xF8,

·553·

0xFB,0xF5,0xFB,0xED,0xFB,0x1D,0xEB,0xBD,0xF3,0xFD,0xFB,0xFD,0xFF,0xFF,/*"实",15*/
　　0xFD,0xF7,0x05,0xF7,0x7D,0xFB,0x7D,0xDB,0x01,0xBF,0x7F,0xC0,0xBF,0xDD,0x9F,0xD3,0xA7,0xDE,
0xB9,0xD1,0xB7,0xDF,0xAF,0xCF,0xDF,0xD3,0xDF,0xDC,0xDF,0xDF,0xFF,0xFF,/*"验",16*/
　　0xFF,0xFF,0xFF,0xFF,0xFF,0xA7,0xFF,0xC7,0xFF,0xFF,0xFF,0xFF,0xFF,0xFF,0xFF,0xFF,0xFF,0xFF,
0xFF,0xFF,0xFF,0xFF,0xFF,0xFF,0xFF,0xFF,0xFF,0xFF,0xFF,0xFF,0xFF,0xFF,/*",",17*/
　　0xFF,0xFB,0xDF,0xFB,0xDB,0xDD,0xDB,0xE6,0x5B,0xFF,0x80,0xBF,0xDB,0x7F,0xDB,0x80,0xDB,0xFF,
0x80,0xF7,0x5B,0xCF,0xDB,0xF6,0xDB,0xCD,0xDB,0xFB,0xDF,0xFB,0xFF,0xFF,/*"恭",18*/
　　0xF7,0xFD,0xF7,0xFE,0x76,0xFF,0x31,0x00,0x57,0xFF,0xE7,0x7C,0xFF,0xBF,0x01,0xCF,0x7D,0xF0,
0x7D,0xFF,0x7D,0xFF,0x7D,0x80,0x01,0x7F,0xFF,0x7F,0xFF,0x0F,0xFF,0xFF,/*"祝",19*/
　　0xDF,0xFF,0xDF,0xFF,0x7F,0xDF,0xBF,0xDF,0xDF,0xDF,0xEF,0xDF,0xF3,0x5F,0xFC,0x80,0xFF,0x5F,0xFE,
0xDF,0xF9,0xDF,0xF7,0xDF,0xCF,0xDF,0x9F,0xDF,0x3F,0xDF,0xBF,0xFF,0xFF,/*"大",20*/
　　0xFF,0xFF,0xE7,0xD6,0xFB,0xD6,0xEB,0xEA,0x6B,0xEB,0x6B,0xB5,0x2A,0x76,0x49,0xBB,0xEB,0xC0,
0xEB,0xF9,0x6B,0xF6,0xFB,0xF6,0xEB,0xEF,0xF3,0xCF,0xFB,0xEF,0xFF,0xFF,/*"家",21*/
　　0xBF,0xFF,0xCF,0xFD,0xEF,0xFD,0xED,0xFD,0xA3,0xFD,0xAB,0xFD,0xAF,0xBD,0xAE,0x7D,0xA1,0x80,
0x2B,0xFD,0xAF,0xFD,0xE7,0xFD,0xA8,0xFD,0xCD,0xFD,0xEF,0xFD,0xFF,0xFF,/*"学",22*/
　　0xFF,0xFF,0xFF,0xFF,0xED,0xFB,0xDF,0xF3,0xF5,0xFB,0xED,0xFD,0xDD,0xFD,0x9D,0xFE,0xFD,0xFE,
0x7D,0xFF,0x7D,0xDF,0xBD,0xBF,0xFD,0x7F,0x01,0x80,0xFF,0xFF,0xFF,0xFF,/*"习",23*/
　　0x7F,0xFF,0x7D,0xBF,0x63,0xDF,0x77,0xE0,0xFF,0xDF,0x77,0xAF,0x77,0xB3,0x00,0xBC,0x77,0xBF,
0x77,0xBF,0x77,0xBF,0x00,0xA0,0x77,0xBF,0x77,0xBF,0x7F,0xBF,0xFF,0xFF,/*"进",24*/
　　0xFF,0xFF,0xDF,0xBB,0xDF,0xBB,0xDF,0xBD,0x43,0xBE,0xDF,0xDF,0xDF,0xDF,0xDF,0x00,0xE8,
0xDB,0xEF,0xDB,0xF7,0xDB,0xFB,0xDB,0xFC,0xDF,0xFD,0xDF,0xFF,0xFF,/*"步",25*/
　　0xFF,0xFF,0xFF,0xFF,0xFF,0xFF,0x0F,0xA0,0xFF,0xFF,0xFF,0xFF,0xFF,0xFF,0xFF,0xFF,
0xFF,0xFF,0xFF,0xFF,0xFF,0xFF,0xFF,0xFF,0xFF,0xFF,0xFF,0xFF,0xFF,0xFF,/*"!",26*/
　　0xFF,0xFF,0xFF,0xFF,0xFF,0xFF,0xFF,0xFF,0xFF,0xFF,0xFF,0xFF,0xFF,0xFF,0xFF,0xFF,
0xFF,0xFF,0xFF,0xFF,0xFF,0xFF,0xFF,0xFF,0xFF,0xFF,0xFF,0xFF,0xFF,0xFF,/*" ",27*/
　　0xFF,0x7F,0xFF,0xBF,0xFF,0xCF,0x01,0xF0,0xFD,0xFF,0xBD,0xFF,0xB5,0xE0,0xB5,0xF6,0x81,0xF6,
0xB5,0xF6,0xB5,0xE0,0xBD,0xBF,0xFD,0x7F,0x01,0x80,0xFF,0xFF,0xFF,0xFF,/*"周",28*/
　　0xFF,0xBF,0x7D,0xDF,0x73,0xEF,0x47,0xE7,0x6F,0xF1,0x7D,0xFB,0x73,0xFF,0x47,0xFF,0x6F,0xFF,
0x7F,0xFD,0x3F,0xFB,0x4F,0xE7,0x61,0x8F,0x7B,0xDF,0x7F,0xFF,0xFF,0xFF,/*"兴",29*/
　　0xDF,0xFF,0xEF,0xFB,0xF7,0xFB,0x03,0xFA,0xFC,0xFB,0xFD,0xFB,0xEF,0xFB,0xEF,0x00,0x80,0xFB,
0x77,0xFB,0x77,0xFB,0x7B,0xFB,0x79,0xFB,0x1B,0xFB,0xFF,0xFB,0xFF,0xFF,/*"华",30*/
　　0xFF,0xFF,0xFF,0xFF,0xFF,0xFF,0xFF,0xFF,0xFF,0xFF,0xFF,0xFF,0xFF,0xFF,0xFF,0xFF,
0xFF,0xFF,0xFF,0xFF,0xFF,0xFF,0xFF,0xFF,0xFF,0xFF,0xFF,0xFF,0xFF,0xFF/*" ",31*/
};

17.5.9　head.h 源程序

```
#include <iom16v.h>                       //包含头文件
#include <macros.h>
#define uchar unsigned char                //变量类型的宏定义
#define uint unsigned int
//------------------------------------------
#define SET_BIT(x,y) (x|=(1<<y))           //置位位
#define CLR_BIT(x,y) (x&=~(1<<y))          //清除位
```

```c
#define GET_BIT(x,y) (x&(1 << y))           //读取位
#define PB0 0                                //位的宏定义
#define PB1 1
#define PB2 2
#define PB3 3
#define PB4 4
#define PB5 5
#define PB6 6
#define PB7 7
//---------------引脚电平的宏定义-------------
#define RS_1 SET_BIT(PORTB,PB0)
#define RS_0 CLR_BIT(PORTB,PB0)
#define RW_1 SET_BIT(PORTB,PB1)
#define RW_0 CLR_BIT(PORTB,PB1)
#define EN_1 SET_BIT(PORTB,PB2)
#define EN_0 CLR_BIT(PORTB,PB2)
#define CS1_1 SET_BIT(PORTB,PB3)
#define CS1_0 CLR_BIT(PORTB,PB3)
#define CS2_1 SET_BIT(PORTB,PB4)
#define CS2_0 CLR_BIT(PORTB,PB4)
#define RST_1 SET_BIT(PORTB,PB5)
#define RST_0 CLR_BIT(PORTB,PB5)
#define Led_Off SET_BIT(PORTB,PB7)
#define Led_On CLR_BIT(PORTB,PB7)
//=====================================
#define DataPort PORTA                       //端口定义,双向数据总线
#define xtal 8                               //晶振频率定义
/********************************/
/**********函数声明列表**************/
/********************************/
void Delay_1ms(void);                        //1 ms 延时
void Delay_nms(uint n);                      //n×1 ms 延时
void wcode(uchar c,uchar sel_l,uchar sel_r); //写指令到 LCM 子函数
void wdata(uchar c,uchar sel_l,uchar sel_r); //写数据到 LCM 子函数
void set_startline(uchar i);                 //设定起始行子函数
void set_xy(uchar x,uchar y);                //定位 x 方向、y 方向的子函数
void dison_off(uchar o);                     //屏幕开启、关闭子函数
void reset(void);                            //复位 LCM 子函数
void m16_init(void);                         //ATMEGA16(L)初始化子函数
void lcd_init(void);                         //LCM 初始化子函数
//根据 x、y 地址定位,将数据写入 LCM 左半屏或右半屏的子函数
void lw(uchar x, uchar y, uchar dd);
//显示一个汉字子函数
void display_hz(uchar x, uchar y, uchar n, uchar fb,uchar const * p);
void Putedot(uchar Order);                   //半角字符点阵码数据输出
```

```c
//一个 ASCII 字串的输出
void Putstr(uchar const * puts,uchar i);
void display_chinese(void);              //显示中文界面的子函数
void display_tu(uchar fb);               //显示一幅图片的子函数
uchar const Ezk[];                       //定义 ASCII 字库 8 列×16 行
uchar const nian[];                      //"年"的点阵码表
uchar const yue[];                       //"月"的点阵码表
uchar const ri[];                        //"日"的点阵码表
uchar const shi[];                       //"时"的点阵码表
uchar const fen[];                       //"分"的点阵码表
uchar const miao[];                      //"秒"的点阵码表
uchar const temperature[];               //显示关于温度的点阵码表
uchar const chinese[];                   //整屏中文的点阵码表
const uchar tu[];                        //一幅图片的点阵码表
uchar conv(uint year,uchar month);       //根据年及月,计算出当月的天数的子函数
void timer1_init(void);                  //定时器 1 初始化子函数
void dis_time(void);                     //将相关数据显示到液晶上的子函数
void uart0_init(void);                   //串口初始化子函数
void Rece(void);                         //串行接收处理子函数
void mov(void);                          //将数组内容转存到相应变量中的子函数
void uart0_send(unsigned char i);        //串行发送子函数
void init_1820(void);                    //DS18B20 的初始化子函数
void delay_5us(void);                    //5 μs 延时
void delay_15us(void);                   //15 μs 延时
void delay_60us(void);                   //60 μs 延时
void write_1820(uchar x);                //写 DS18B20 数据的子函数
uchar read_1820(void);                   //读 DS18B20 数据的子函数
void read_temperature(void);             //读取 DS18B20 测得的温度
```

17.5.10 向工程项目中添加源文件

选中工程项目区(如图 17-23 所示的右侧 project)的 File 文件夹右击。在出现的下拉窗口中选择 Add Files,在添加文件窗口中选择 icc17-1.c 源文件,单击"打开"按钮,这时 icc17-1.c 文件便加入到工程项目中了,如图 17-28 所示。

17.5.11 编译文件

选择主菜单栏中的 Project,在下拉菜单中选中 Make Project,这时编译输出窗口出现源程序的编译信息,如图 17-29 所示。如果编译出错,会在编译输出窗口中显示出来。用户可以在源程序编辑窗口重新输入、修改源程序文件,并再次编译,直到编译通过并生成用户所需的文件。

第 17 章 多功能测温汉字时钟实验

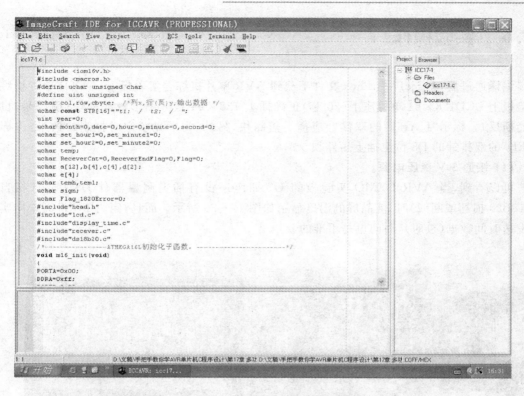

图 17-28　icc17-1.c 文件便加入到工程项目中了

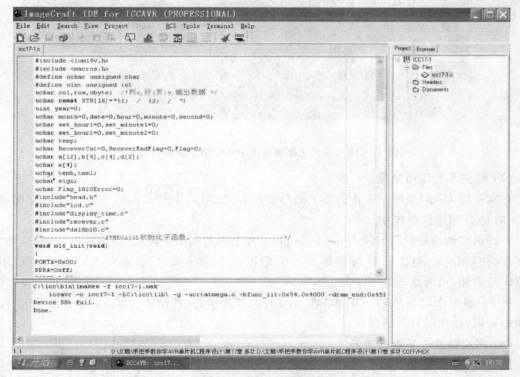

图 17-29　编译输出窗口出现源程序的编译信息

17.6 实验操作

编译通过后,将 icc17-1.hex 文件下载到 AVR 单片机综合实验板上。AVR 单片机综合实验板上 LCD128×64 单排座上(20 芯)正确插上 128×64 点阵图形液晶模块(引脚号对应,不能插反)。标示"UART"的双排针应插上短路块,另外,为了显示定时控制的效果,将标示"LED"的双排针的 D8 位也插上短路块。

(1) 接通 5 V 稳压电源。

可以看到,当 AVR DEMO 实验板的 U7 插座还没有插上测温器件 DS18B20(相当于 DS18B20 损坏或断线)时,液晶屏的温度显示如图 17-30 所示。而且,因为 PC 机尚未向实验板发送时间数据(校时),时间也是不准的。

图 17-30 未插上测温器件 DS18B20 的液晶屏显示

(2) 断开 5 V 稳压电源

在实验板 U7 的插座位置正确插上测温器件 DS18B20,如图 17-31 所示。然后正确插上 128×64 点阵图形液晶模块。

打开串口调试器软件 COMPort Debuger。左上方的初始化区域(如波特率、数据位等)不必更改(初始化为:端口号 1、波特率 9 600、数据位 8、停止位 1、校验位无)。若 PC 机串口 COM1 已占用,可考虑改用 COM2。

将 PC 机的串口与 AVR DEMO 实验板的串口连接好(连接串口线)。清空发送区、接收区的原有内容,然后打开串口。

(3) 再次接通 5 V 稳压电源

按照"17.2 实验要求"一步步进行实验。实验的结果如图 17-31 所示,非常令人满意。如果将两个定时时间值及定时的启动/关闭控制数据存入 ATMEGA16(L)的内部 EEP-

第 17 章　多功能测温汉字时钟实验

图 17-31　在实验板 U7 的插座位置正确插上测温器件 DS18B20

ROM 保存起来,使其不受断电的影响,那就更完美了。由于篇幅的关系,这些就留给读者朋友进一步设计完善了。

第 18 章
C++语言开发 AVR 单片机初步

18.1　C++语言简介

在前面所介绍的内容中,使用 C 语言进行设计与开发。C 语言是结构化和模块化的语言,是面向过程的,即可以用相应的数据类型来描述某一类数据,然后用函数来实现对该类数据的操作,这是一种面向过程的程序开发思想。其特点是数据和对数据操作的函数是分离开的。

在处理较小规模的程序时,程序员用 C 语言较得心应手。但是当问题比较复杂、程序的规模比较大时,结构化程序设计方法就显出它的不足。C 程序的设计者必须细致地设计程序中的每一个细节,准确地考虑到程序运行时每一时刻发生的事情,例如各个变量的值是如何变化的,什么时候应该进行哪些输入,什么时候应该进行哪些输出等。这对程序员的要求是比较高的,如果面对的是一个复杂问题,程序员往往感到力不从心。

但现实世界中,数据和操作该类数据的函数是密切相关的,特定的数据类型是由特定的函数操作的,若数据结构发生变化,则对其操作(函数)也会有变化。为了解决这种实质上相关联但形式上分离的矛盾,面向对象的程序设计方式(C++语言)应运而生。C++语言使用抽象、封装、继承和多态性支持复杂、大程序的开发,在 C++语言中,使用类来实现面向对象的程序设计。

C++语言是 20 世纪 80 年代发明的,它是由贝尔实验室的 Bjarne Stroustrup 博士及其同事在 C 语言的基础上开发成功的。C++保留了 C 语言原有的所有优点,增加了面向对象的机制。C++与 C 完全兼容,用 C 语言写的程序可以不加修改地用于 C++。从 C++名字可以看出它是对 C 的扩充,是 C 的超集。它既可以用于结构化程序设计,又可用于面向对象的程序设计,因此它是一个功能强大的混合型的程序设计语言。

C++是一种大型语言,其功能、概念和语法规定都比较复杂,要深入掌握它需要花较多的时间,尤其是需要有较丰富的实践经验。

C++对 C 的"增强",表现在两个方面:
① 在原来面向过程的机制基础上,对 C 语言的功能做了不少扩充。
② 增加了面向对象的机制。

18.2 对象和类

大家知道,客观世界中任何一个事物都可以看成一个对象。或者说,客观世界是由千千万万个对象组成的,它们之间通过一定的渠道相互联系。例如国家是一个对象,每个省也是一个对象。同样,一个学校、一个班级、一个学生都是对象。在实际生活中,人们往往在同对象打交道,或者说对象是进行活动的基本单位。类是用来定义对象的一种抽象数据类型,或者是产生对象的模板。例如:中国、美国、英国……都是国家类;江苏省、浙江省、安徽省……都是省类。

前面已经介绍了结构体的概念和使用方法,用结构体技术可以将相关联的数据构成一个独立的统一体,便于数据的组织和使用。但结构体内只含有数据成员,不含函数成员。类的定义与结构体的定义类似,但类内既包括数据成员,也可以包括操作这些数据的函数成员,因此,从本质上说,类实际是C++语言的一种导出数据类型,是一种既包括数据又包括函数的数据类型。因此,类是逻辑上相关的函数和数据的封装,是对所处理的问题的抽象描述,类的集成度比结构体高,更适合大型复杂程序的开发。

18.3 类的定义

C++语言是一种面向对象的程序设计语言,C++语言程序运行时,程序中的大部分对象都可以被看成具有相对独立性。对象是在程序执行时生成和删除的,对象还可以一起形成数组、表等结构。为了在程序中建立对象,必须先定义类。在C++语言程序中,类实际上是对一组性质相同的对象的描述,它包括了一组共同性质的数据和函数,程序运行时用类做模板来建立对象。这个过程称做类的实例化。类定义的一般格式如下。

```
class    类名
{private:
    私有数据成员和成员函数;
public:
    公有数据成员和成员函数;
 protected:
    保护数据成员和成员函数;
};
```

类定义的关键字是class,类名是一个有效的C++标示符。类所说明的内容用花括号括起来,以分号作为类说明语句的结束标志。在括号内的内容称为类体。在类体内定义类的成员(包括数据成员和成员函数)。类体内的关键字private、public和protected用于定义类成员的访问权限,在关键字private后的成员称为私有成员,在关键字public后的成员称为公有成员,在关键字protected后的成员称为保护成员。所谓访问权限用于控制对象的某个成员在程序中的可见性(可访问性)。

例如,定义学生(student)的类

class student

```
{ private:
    int nam;
    char name[10];
    char sex;
  public:
    void display( )
     {cout << "nam:" << num << endl;
      cout << "name:" << nume << endl;
      cout << "sex:" << sex << endl;}
};
```

这就声明了一个名为 student 的类。可以看到声明"类"的方法是由声明结构体类型的方法发展而来的。它除了包含数据部分以外，还包括了对这些数据的操作部分，也就是把数据和对数据的操作封装在一起。display 是一个函数，用来输出对象中学生的学号、姓名和性别。

类除了具有封装性外，还采用了信息隐藏原则，使类中的成员与外界的联系减少到最低限度。现在封装在 student 中的数据成员都是私有的(private)，对外界隐藏，外界不能调用它们。只有本类中的函数 display 是公用的(public)，外界只可通过它调用类中的数据。

类成员访问权限的控制，实际上就是类的隐藏和封装，这种控制实际上是通过设置类成员的访问控制属性来实现的，在 C++ 程序中，控制访问的目的在于减少出错的可能性。

18.4 对象的创建

所谓对象就是具有该类类型的一个特定实体，用类来创建对象就被称为对象实例化。

例如：前面我们定义学生(student)的类后就可以定义(创建)类的对象了。

Student 对象名1,对象名2,……对象名n；
(如:Student 张三,李四,……对象名n;)

18.5 对象的初始化和构造函数

在建立一个对象时，常常需要作某些初始化的工作(例如对数据赋予初值)，C++ 提供了一种特殊的成员函数——构造函数。构造函数是由用户定义的，它必须与类名同名，以便系统能识别它并把它作为构造函数。构造函数可以在对象创建时自动调用，完成对象的初始化任务。构造函数是类的特殊成员函数，它的作用是在创建对象时，使用确定的值将所创建的对象初始化，并且为新创建的对象分配存储空间。对于类对象，如果类内没有定义构造函数，系统会自动定义默认的构造函数。

下例为在声明的类中加入构造函数：

```
class student
{ private:
    int nam;
    char name[10];
    char sex;
```

第18章 C++语言开发AVR单片机初步

```
    public:
        student( )
        { nam = 12345;
          strcpy(name,"ZhangSan";
          sex = 'F';}
        void display( )
        {cout << "nam:" << num << endl;
         cout << "name:" << nume << endl;
         cout << "sex:" << sex << endl;}
};
```

构造函数的特点：
- C++语言规定，构造函数的名字必须与类的名字相同。
- 构造函数无返回类型。它有隐含的返回值，供系统内部使用。
- 构造函数是在建立对象的过程中自动调用的，在C++中不允许显式调用。
- 构造函数一般为公有函数，其函数体可以在类体内，也可以在类体外。
- 构造函数与普通函数一样，可以有一个或多个参数。
- 对于类，如果没有定义构造函数，则系统自动定义默认的构造函数。

C++语言规定，构造函数的名字必须与类的名字相同，并且构造函数无返回值，因此不允许定义构造函数的返回值类型，其中包括void类型。

18.6 析构函数

析构函数也是类的一个特殊成员函数，当对象撤销释放一个对象时（例如对象所在的函数已调用完毕），在对象删除之前，系统自动执行析构函数来做一些系统清理工作。如：对象撤销时，须恢复屏幕上原先被覆盖的内容，并释放由构造函数分配的内存。因此析构函数的功能与构造函数正好相反，析构函数往往用来做"清理善后"的工作。

析构函数的名字与类名一致，但在前面要加"~"符号，以区别于构造函数。析构函数无参数，也无返回值类型。对于类对象，如果用户没有定义析构函数，编译器自动提供默认析构函数。

下例为在声明的类中加入构造函数和析构函数：

```
class student
{ private:
    int nam;
    char name[10];
    char sex;
  public:
    student( )
    { nam = 12345;
      strcpy(name,"ZhangSan";
      sex = 'F';}
    ~student( )
    { }
    void display( )
```

```
{cout << "nam:" << num << endl;
 cout << "name:" << nume << endl;
 cout << "sex:" << sex << endl;}
};
```

析构函数的特点:
- C++语言规定,析构函数的名字必须与类的名字相同,但在前面要加"~"符合,以区别构造函数。
- 析构函数一般也为公有函数,其函数体可以在类体内,也可以在类体外。
- 一个类只能有一个析构函数。
- 析构函数可以被程序调用,也可以被系统自动调用。
- 对于类而言,如果没有定义析构函数,系统自动定义默认的析构函数。

C++中还有许多复杂的概念,如抽象性、封装性、继承性和多态性,读者朋友如有兴趣,可参考相应的书籍。

18.7 C++语言开发 AVR 单片机的一个实例

设计一个 8 路脉冲灯光控制器,每个灯的亮、灭时间在 1~65 535 ms 之间可快速、任意调整。

18.7.1 实现方法

定义一个定时器(Timer)的类,里面包含数据成员 ms(私有的)和对数据成员 ms 进行操作的成员函数,用单片机的定时器 1 产生 1 ms 的定时中断。每次定时中断产生时,通过成员函数 input_mtime 使数据成员 ms 自加。另一个成员函数 output_precess 则判断 ms 是否超过了设定值。如果超过了设定值,则控制灯光亮或灭。

定义了定时器(Timer)的类后,就可以用类来创建 8 个定时控制器(对象实例化)。

18.7.2 源程序文件

打开 IAREW 集成开发环境,在 D 盘中建立一个文件目录(iar18-1),创建一个新工程项目 iar18-1.ewp 并建立 iar18-1.eww 的工作区。

由于是用 C++ 设计,因此创建一个新工程项目时与之前的做法稍有不同。

单击 IAREW 图标,将出现 IAREW 启动界面。选择 project 下拉菜单中的 Create new project in current workspace,出现创建新工程项目后,在 Tool chain 中选择 AVR,Project templates 中选 Empty project 并选择 C++(见图 18-1),将 C++ 展开后选择 main(见图 18-2),单击 OK 后弹出一个另存为的界面,将文件名命名为 iar18-1.ewp,并在 D 盘下新建一个 iar18-1 文件夹,单击保存后将 iar18-1.ewp 工程项目保存在 iar18-1 文件夹中,这时系统自动生成 main.cpp 的 C++ 初始化文件(图 18-3)。保存 iar18-1.eww 工作区。因为源文件为 iar18-1.cpp,因此可将 main.cpp 关闭并从工程项目中移除。其他的设置与 C 语言设计完全相同。

第18章　C++语言开发AVR单片机初步

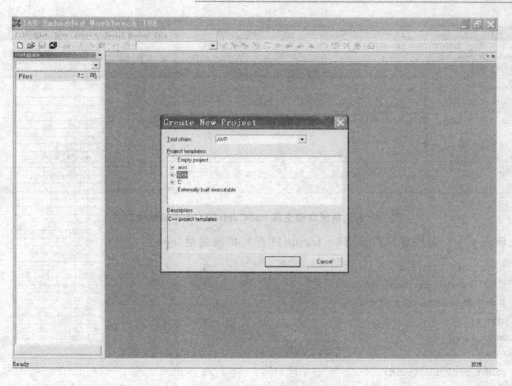

图 18-1　选 Empty project 并选择 C++

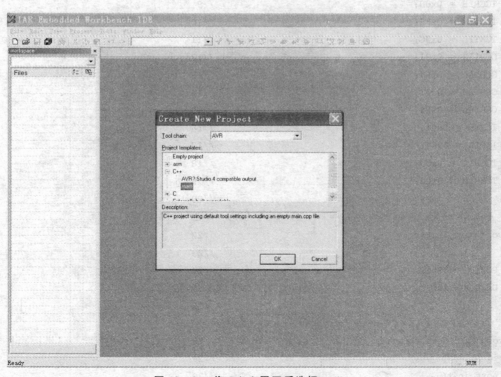

图 18-2　将 C++展开后选择 main

手把手教你学 AVR 单片机 C 程序设计

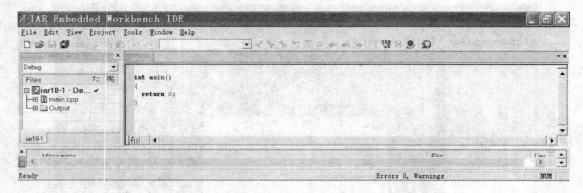

图 18-3　系统自动生成 main.cpp 的 C++初始化文件

输入 C++源程序文件 iar18-1.cpp（注意！扩展名是.cpp）：

```cpp
#include <iom16.h>                    //1
#define uint unsigned int             //2
#define uchar unsigned char           //3
uint x;                               //4
uchar Flag;                           //5
/*******************************6**********/
void timer1_init(void)                //7
{                                     //8
  TCCR1B = 0x00;                      //9
  TCNT1H = 0xFE;                      //10
  TCNT1L = 0x0C;                      //11
  OCR1AH = 0x01;                      //12
  OCR1AL = 0xF4;                      //13
  OCR1BH = 0x01;                      //14
  OCR1BL = 0xF4;                      //15
  ICR1H  = 0x01;                      //16
  ICR1L  = 0xF4;                      //17
  TCCR1A = 0x00;                      //18
  TCCR1B = 0x02;                      //19
}                                     //20
/*******************************21****/
void port_init(void)                  //22
{                                     //23
  PORTB = 0xff;                       //24
  DDRB  = 0xff;                       //25
}                                     //26
/*******************************27**/
void init_devices(void)               //28
{                                     //29
  port_init();                        //30
  timer1_init();                      //31
```

```
    MCUCR = 0x00;                                            //32
    GICR = 0x00;                                             //33
    TIMSK = 0x04;                                            //34
    SREG = 0x80;                                             //35
}                                                            //36
/*******************************************37**********/
class Timer                                                  //38
{                                                            //39
public:                                                      //40
    Timer(uint t);                                           //41
    ~Timer();                                                //42
    uint input_mtime(void);                                  //43
    void output_precess(uchar Nub,uint ON_Length,uint OFF_Length);   //44
    //--------------------------------45
private:                                                     //46
    uint ms;                                                 //47
};                                                           //48
/*******************************************49*****/
uint Timer::input_mtime(void)                                //50
{                                                            //51
    ms = ms + x;                                             //52
    return ms;                                               //53
}                                                            //54
/*******************************************55****/
void Timer::output_precess(uchar Nub,uint ON_Length,uint OFF_Length)   //56
{                                                            //57
    if((ms>0)&&(ms<=ON_Length))                              //58
        PORTB&=~(1<<Nub);                                    //59
    else if((ms>ON_Length)&&(ms<=(ON_Length+OFF_Length)))    //60
        PORTB|=(1<<Nub);                                     //61
    else if(ms>(ON_Length+OFF_Length))                       //62
        {ms=0;PORTB|=(1<<Nub);}                              //63
}                                                            //64
/*******************************************65**********/
Timer::Timer(uint t)                                         //66
{                                                            //67
    ms = t;                                                  //68
}                                                            //69
/*******************************************70**************/
Timer::~Timer()                                              //71
{                                                            //72
    ms = 0;                                                  //73
}                                                            //74
/*******************************************75**************/
int main(void)                                               //76
```

```
{                                                       //77
    Timer TimerB[8] = {0,0,0,0,0,0,0,0};                //78
    init_devices();                                     //79
    while(1)                                            //80
    {                                                   //81
        if(Flag == 1)                                   //82
        {                                               //83
            TimerB[0].input_mtime();                    //84
            TimerB[0].output_precess(0,1,1000);         //85
            //*******************************           //86
            TimerB[1].input_mtime();                    //87
            TimerB[1].output_precess(1,30000,30000);    //88
            //*******************************           //89
            TimerB[2].input_mtime();                    //90
            TimerB[2].output_precess(2,10000,10000);    //91
            //*******************************           //92
            TimerB[3].input_mtime();                    //93
            TimerB[3].output_precess(3,100,10000);      //94
            //*******************************           //95
            TimerB[4].input_mtime();                    //96
            TimerB[4].output_precess(4,500,10000);      //97
            //*******************************           //98
            TimerB[5].input_mtime();                    //99
            TimerB[5].output_precess(5,1000,10000);     //100
            //*******************************           //101
            TimerB[6].input_mtime();                    //102
            TimerB[6].output_precess(6,1000,1000);      //103
            //*******************************           //104
            TimerB[7].input_mtime();                    //105
            TimerB[7].output_precess(7,100,100);        //106
            //*******************************           //107
            Flag = 0;                                   //108
        }                                               //109
    }                                                   //110
}                                                       //111
/*******************************************112******/
#pragma vector = TIMER1_OVF_vect                        //113
__interrupt void timer1(void)                           //114
{                                                       //115
    TCNT1H = 0xFE;          //116reload counter high value
    TCNT1L = 0x0C;          //117reload counter low value
    Flag = 1;                                           //118
    x++;                                                //119
    if(x>1)x = 0;                                       //120
}                                                       //121
```

第 18 章　C++语言开发 AVR 单片机初步

编译成功的界面如图 18-4 所示。编译通过后，将 iar18-1.hex 文件下载到 AVR 单片机综合实验板上。

注意：标示"LED"的双排针应插上短路块。标示"DC5V"电源端输入 5 V 稳压电压。可看到 8 个 LED 的闪烁范围相当宽，最快的仅 1 ms，最慢的要数十秒。实验的照片如图 18-5 所示。

如果要改变某个定时控制器所控制的 LED 闪烁频率也是非常方便的，例如：要使第 5 个定时控制器所控制的 LED 点亮时间改为 8 ms，熄灭时间改为 1 008 ms，只须将第 100 行程序的

TimerB[5].output_precess(5,1000,10000);

改为

TimerB[5].output_precess(5,8,1008);

然后重新编译即可。

由此可见，C++对于复杂问题的解决能力，确实是 C 不能比拟的。当然，也可以设计成外部按键输入的方法，方便在实际应用场合快速修改 LED 的闪烁频率。另外，还可与 ATMEGA16(L)的内部 EEPROM 相配合，永久保存按键输入后的闪烁频率数据。这些，留待读者自己尝试改进。

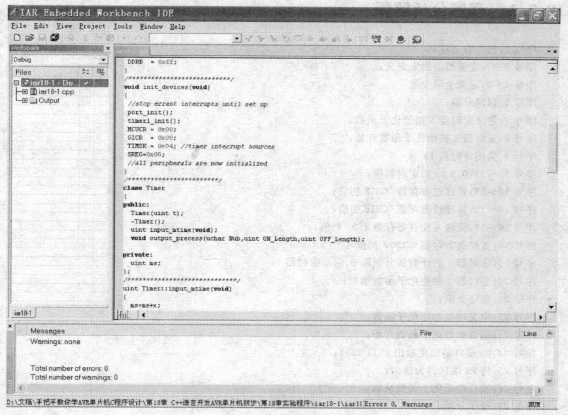

图 18-4　编译成功的界面

图 18-5　iar18-1 的实验照片

18.7.3　程序分析解释

序号 1:包含头文件;
序号 2~3:变量类型的宏定义;
序号 4~5:定义全局变量;
序号 6:程序分隔;
序号 7:定义定时器 1 初始化子函数;
序号 8:定时器 1 初始化子函数开始;
序号 9:关闭定时器 1;
序号 10~11:0.5 ms 的定时初值;
序号 12~13:置比较寄存器 OCR1A 初值;
序号 14~15:置比较寄存器 OCR1B 初值;
序号 16~17:置输入捕获寄存器 ICR1 初值;
序号 18:置控制寄存器 TCCR1A 初值;
序号 19:定时器 1 的计数预分频取 8,启动定时器 1;
序号 20:定时器 1 初始化子函数结束;
序号 21:程序分隔;
序号 22:定义端口初始化子函数;
序号 23:端口初始化子函数开始;
序号 24:PB 端口初始化输出 1111 1111;
序号 25:将 PB 端口设为输出;
序号 26:端口初始化子函数结束;
序号 27:程序分隔;
序号 28:定义芯片的初始化子函数;
序号 29:芯片的初始化子函数开始;

第18章 C++语言开发AVR单片机初步

序号 30:调用端口初始化子函数;
序号 31:调用定时器 1 初始化子函数;
序号 32~33:MCU 控制寄存器置初值;
序号 34:使能定时器 1 中断;
序号 35:使能总中断;
序号 36:芯片的初始化子函数结束;
序号 37:程序分隔;
序号 38:定义 Timer 的类;
序号 39:定义 Timer 的类开始;
序号 40:声明公有的;
序号 41:声明构造函数;
序号 42:声明析构函数;
序号 43:声明成员函数(计时);
序号 44:声明成员函数(控制灯光);
序号 45:程序分隔;
序号 46:声明私有的;
序号 47:定义数据成员(无符号整型变量);
序号 48:定义 Timer 的类结束;
序号 49:程序分隔;
序号 50:类的成员函数 input_mtime 定义;
序号 51:类的成员函数 input_mtime 定义开始;
序号 52:每 1 ms 计数(时)加 1;
序号 53:返回计数值;
序号 54:类的成员函数 input_mtime 定义结束;
序号 55:程序分隔;
序号 56:类的成员函数 output_precess 定义;
序号 57:类的成员函数 output_precess 定义开始;
序号 58:如果计时大于 0 而小于 ON_Length;
序号 59:第 Nub 定时控制器所对应的 LED 点亮;
序号 60:否则,如果计时大于 ON_Length 而小于 ON_Length + OFF_Length;
序号 61:第 Nub 定时控制器所对应的 LED 熄灭;
序号 62:如果计时大于 ON_Length + OFF_Length;
序号 63:计时清 0,第 Nub 定时控制器所对应的 LED 熄灭;
序号 64:类的成员函数 output_precess 定义结束;
序号 65:程序分隔;
序号 66:定义构造函数;
序号 67:定义构造函数开始;
序号 68:初始化计数(时)值;
序号 69:定义构造函数结束;
序号 70:程序分隔;
序号 71:定义析构函数;
序号 72:定义析构函数开始;
序号 73:计时清 0;
序号 74:定义析构函数结束;
序号 75:程序分隔;

序号 76:定义主函数;
序号 77:主函数开始;
序号 78:创建 8 个 Timer 类的对象并初始化;
序号 79:调用芯片初始化子函数;
序号 80:无限循环;
序号 81:无限循环语句开始;
序号 82:如果标志 Flag 为 1;
序号 83:if 语句开始;
序号 84:第 0 个定时控制器计数(时);
序号 85:第 0 个定时控制器的控制 LED 点亮时间为 1 ms,熄灭时间为 1 000 ms;
序号 86:程序分隔;
序号 87:第 1 个定时控制器计数(时);
序号 88:第 1 个定时控制器的控制 LED 点亮时间为 30 000 ms,熄灭时间为 30 000 ms;
序号 89:程序分隔;
序号 90:第 2 个定时控制器计数(时);
序号 91:第 2 个定时控制器的控制 LED 点亮时间为 10 000 ms,熄灭时间为 10 000 ms;
序号 92:程序分隔;
序号 93:第 3 个定时控制器计数(时);
序号 94:第 3 个定时控制器的控制 LED 点亮时间为 100 ms,熄灭时间为 10 000 ms;
序号 95:程序分隔;
序号 96:第 4 个定时控制器计数(时);
序号 97:第 4 个定时控制器的控制 LED 点亮时间为 500 ms,熄灭时间为 10 000 ms;
序号 98:程序分隔;
序号 99:第 5 个定时控制器计数(时);
序号 100:第 5 个定时控制器的控制 LED 点亮时间为 1 000 ms,熄灭时间为 10 000 ms;
序号 101:程序分隔;
序号 102:第 6 个定时控制器计数(时);
序号 103:第 6 个定时控制器的控制 LED 点亮时间为 1 000 ms,熄灭时间为 1 000 ms;
序号 104:程序分隔;
序号 105:第 7 个定时控制器计数(时);
序号 106:第 7 个定时控制器的控制 LED 点亮时间为 100 ms,熄灭时间为 100 ms;
序号 107:程序分隔;
序号 108:置标志 Flag 为 0;
序号 109:if 语句结束;
序号 110:无限循环语句结束;
序号 111:主函数结束;
序号 112:程序分隔;
序号 113:定时器 1 溢出中断函数声明;
序号 114:定时器 1 溢出中断服务子函数;
序号 115:定时器 1 溢出中断服务子函数开始;
序号 116~117:重装 0.5 ms 的定时初值;
序号 118:置标志 Flag 为 1;
序号 119:变量 X 递增;
序号 120:变量 X 的值 0 或 1;
序号 121:定时器 1 溢出中断服务子函数结束。

参考文献

[1] 谭浩强. C程序设计. 第2版. [M]. 北京:清华大学出版社,1999.
[2] 耿德根. AVR高速嵌入式单片机原理与应用[M]. 北京:北京航空航天大学出版社,2001.
[3] 沈文. AVR单片机C语言开发入门指导[M]. 北京:清华大学出版社,2003.
[4] 海涛. ATmega系列单片机原理及应用. 北京:机械工业出版社,2008.
[5] 周兴华. 手把手教你学单片机C程序设计[M]. 北京:北京航空航天大学出版社,2007.
[6] ATmega 16官方PDF[EB/OL]. http://www.ouravr.com/doc_avr_serial_pdf.html.
[7] AVR030:Getting Started with IAR Embedded Workbench for html. Atmel AVR [EB/OL]. http://www.atmel.com/dyn/products.
[8] AVR031:Getting Started with Image C for AVR [EB/OL]. http://www.atmel.com/dyn/products.